“十二五”普通高等教育本科国家级规划教材
普通高等学校自动化类一流本科专业建设系列教材

计算机控制系统

（第三版）

刘建昌　关守平　谭树彬　等　编著

顾树生　主审

科学出版社

北京

内 容 简 介

本书从计算机控制系统的信号转换开始，详细阐述了计算机控制系统的建模、性能分析、控制器设计及控制系统仿真与实现的理论、方法和实用技术。全书共10章，主要内容包括：信号转换与z变换，计算机控制系统的数学描述与性能分析，基于传递函数模型的数字控制器两类设计方法——模拟化设计方法和直接设计方法，基于状态空间模型的极点配置设计方法，先进控制规律的设计方法，网络与云控制系统的分析和控制器设计方法，以及计算机控制系统的仿真、设计与实现技术。全书理论联系实际，注重理论的详尽介绍和控制方法的工程化改进，便于读者理解、掌握和实际应用。

本书可作为高等院校自动化及相关专业本科生的教材或参考书，也可供有关教师、科研人员以及工程技术人员学习参考。

图书在版编目(CIP)数据

计算机控制系统 / 刘建昌等编著. —3版. 北京：科学出版社，2022.1
（"十二五"普通高等教育本科国家级规划教材·普通高等学校自动化类一流本科专业建设系列教材）

ISBN 978-7-03-071366-7

Ⅰ. ①计… Ⅱ. ①刘… Ⅲ. ①计算机控制系统–高等学校–教材 Ⅳ. ①TP273

中国版本图书馆CIP数据核字(2022)第006874号

责任编辑：余　江 / 责任校对：任苗苗
责任印制：赵　博 / 封面设计：迷底书装

科学出版社 出版
北京东黄城根北街16号
邮政编码：100717
http://www.sciencep.com

保定市中画美凯印刷有限公司印刷
科学出版社发行　各地新华书店经销

*

2009年 8月第一版　开本：787×1092　1/16
2016年 8月第二版　印张：21 1/2
2022年 1月第三版　字数：523 000
2025年 1月第二十二次印刷

定价：69.80元

（如有印装质量问题，我社负责调换）

前　言

计算机控制系统是一门理论与实际相结合的课程，采用计算机控制是工业现代化的重要标志。为了适应国家对高等学校人才培养的需要，创建符合自动化专业培养目标和教学改革要求的新型教材，同时涵盖计算机控制领域新的理论和技术成果，我们于 2009 年 8 月出版了《计算机控制系统》教材，突出理论与技术工程化应用的特色，使之与时俱进，适应国家经济和社会发展的要求。

2012 年，本书列入“十二五”普通高等教育本科国家级规划教材。编写团队所在的课程组，承担东北大学自动化及相关专业本科生课程“计算机控制系统”教学工作。课程组在国家精品课程(2009 年)的基础上，又建设成国家级精品资源共享课(2013 年)和中国大学慕课课程(2015 年)，并配套了丰富的数字课程资源。为配合课程的实验教学环节，课程组设计开发了与本课程教学内容密切结合的“仿真与控制一体化实验系统”和“便携式计算机控制实验系统”，并提供详细的实验设计方案和实验例程，加深学生对所学内容的理解，方便学生在不同的实验场所使用。

本书第一版出版后，得到了使用者的广泛好评。为进一步完善教学内容，我们于 2016 年 8 月出版了第二版，对第一版中的部分内容进行了修改，并增加了“计算机控制系统仿真分析”一章内容，使本书更好地从计算机控制系统理论、控制器设计、控制系统仿真、控制系统实现与应用等方面满足使用者的要求。同时，为了便于使用者更好地理解书中的内容，增加可读性和趣味性，书中部分关键知识点增加了多媒体视频演示和讲解(用手机微信“扫一扫”功能扫描书中相应的二维码，即可在线观看)，这部分工作在多次重印过程中得到了逐步的完善。

党的二十大报告指出，我们要“全面提高人才自主培养质量，着力造就拔尖创新人才”。为跟上时代发展的步伐，并结合计算机控制系统的最新研究成果，本书第三版对第二版中的部分内容进行了修改，并重点对第 8 章“基于网络的控制技术”内容进行了改进，增加了云控制系统建模与控制器设计内容。使学生能够了解我们国家在基础信息领域高端技术的发展现状，同时正视在某些基础技术方面存在的差距，从而激励学生增加民族自信心、使命感和责任感，进而推动我们国家在控制、网络、云计算等技术领域的不断发展。另外，东北大学“计算机控制系统”课程 2017 年被评为国家精品在线开放课程，2020 年又被评为首批国家级一流本科课程。在此过程中，课程组在原有的计算机控制实验系统的基础上，进一步设计开发了“虚拟现实轧制实验系统”和“云计算控制系统虚拟仿真实验室”，以便“使不可能的实验成为可能”，同时探索实现“计算机控制系统”课程的“线上实验教学”。

本书共 10 章。第 1 章介绍计算机控制系统的基本概念、组成与结构，计算机控制系统理论，以及计算机控制系统分类。第 2 章介绍计算机控制系统的信号变换问题，以香农采样定理为基础，用 z 变换和 z 反变换的数学方法来描述变换过程，用频谱分析的方法讨论信号变换的可行性和可靠性。第 3 章介绍计算机控制系统的数学描述问题，并根据系统的数学描述对系统进行性能分析，包括时域的差分方程、复数域脉冲传递函数、频域的频率特性，以及从时域特性和频域特性两方面对计算机控制系统稳定性、稳态性能和暂态性能的详细分析。

第 4 章介绍数字控制器的模拟化设计方法，包括模拟控制器的离散化方法、数字 PID 控制算法及其工程化改进、Smith 预估控制算法及其工程化改进。第 5 章介绍数字控制器的直接设计方法，包括最小拍控制器设计方法和大林算法，以及两种方法在工程应用过程中面临的问题和解决方法。第 6 章介绍基于状态空间模型的极点配置设计方法，包括状态空间的基本概念、状态空间模型的建立与求解、按极点配置设计控制规律和观测器等。第 7 章简要介绍 4 种先进的控制规律，即线性二次型最优控制、自校正控制、预测控制和模糊控制。第 8 章介绍网络控制系统与新兴的云控制系统的建模与控制方法。第 9 章介绍计算机控制系统仿真技术，包括信号特性仿真分析、模型描述与性能仿真分析，以及数字控制器性能仿真分析。第 10 章介绍计算机控制系统工程设计与实现中的若干实用技术。

本书作为本科生教材使用时，建议将教学内容分为基本教学模块(第 1～6 章)、扩展教学模块(第 7、8 章)和仿真与设计教学模块(第 9、10 章)，其中基本教学模块建议学时为 64(包括课程实验学时)，扩展教学模块建议学时为 12，仿真与设计教学模块建议学时为 14。不同学校可以根据各自的教学要求和计划学时数对教学内容进行取舍。

本书第 1、5、8 章由关守平编写；第 2、3 章由谭树彬编写；第 4 章由刘建昌编写；第 6、7、9 章由尤富强编写；第 10 章由陈宏志编写。全书由刘建昌和关守平统稿，顾树生教授主审。东北大学信息科学与工程学院周玮、王洪海、马丹为本书第三版的修订做了很多工作，在此一并表示感谢。在本书编写过程中参考并引用了有关文献内容，这些文献均列入本书的参考文献中，在此对文献作者表示诚挚的谢意。

由于作者水平有限，书中难免存在不足之处，诚请读者批评指正。

作　者

2023 年 10 月于东北大学

计算机控制系统课程资源

目　录

第 1 章　计算机控制系统概述

1.1　引　言

计算机控制是以控制理论与计算机技术为基础的一门新的工程科学技术，广泛应用于工业、交通、农业、军事等领域。随着控制理论和计算机技术的发展，以及工程技术人员对计算机应用技术的不断总结和创新，计算机控制系统的分析设计理论和方法不断得以完善和发展，并成为从事自动化技术工作的科技人员必须掌握的一门专业技术。

1946 年世界上第一台数字计算机诞生，从此引发了一场深刻的科学技术革命。 20 世纪 50 年代初产生了将数字计算机用于控制的思想，1955 年美国 TRW 航空公司与美国一个炼油厂合作，开始进行计算机控制的研究，这一开创性工作为计算机控制奠定了基础；1962 年英国的帝国化学工业公司应用计算机直接控制(DDC)被控过程的变量；1972 年开始，微型计算机的出现和发展，推动计算机控制进入了新发展阶段，并逐步取代模拟系统而成为主流控制系统。20 世纪 80 年代以后，微型处理器件的迅速发展对计算机控制产生了深远的影响，相互关联的微计算机组合、共同负担工作负荷的系统应运而生；进入 21 世纪，随着网络和通信技术的发展，以及云计算技术的出现，计算机控制系统进一步向分散化、网络化的方向发展，出现了新的计算机控制系统结构，使计算机控制进入了又一个新发展阶段。

另外，控制理论也从 20 世纪 40 年代以传递函数模型为基础的古典控制理论，逐渐发展到 60 年代以状态空间模型为基础的现代控制理论，进而从 80 年代开始出现了以人工智能为基础的智能控制理论；与此同时，以最优控制、多变量控制、系统辨识及自适应控制、鲁棒控制、预测控制为代表的一系列先进控制理论和方法也得到了迅速发展，为计算机控制理论的发展创造了有利的条件。

与常规模拟控制相比，计算机参与的控制系统也称数字控制系统，在性能上得到大幅提高的同时，也产生了一系列新的基本理论和分析、设计方法。本书将从信号变换、对象建模与性能分析、控制算法设计、控制系统仿真、控制系统实现等 5 个方面系统讲述计算机控制系统分析和设计的基本理论和方法，其中，在信号变换的工程化、控制算法的工程化及控制系统实现的工程化部分进行了重点阐述。

本章概要　1.1 节介绍计算机控制系统的发展进程和本书所要解决的基本问题；1.2 节介绍计算机控制系统的基本概念，包括计算机控制系统的组成、特点、工业要求和常用的性能指标；1.3 节介绍计算机控制系统的通道和总线接口技术；1.4 节介绍信号变换中的 A/D 与 D/A 转换原理；1.5 节介绍本书涉及的计算机控制系统的理论问题；1.6 节介绍计算机控制系统的基本类型。

1.2　计算机控制系统的基本概念

1.2.1　计算机控制系统的组成

由计算机参与并作为核心环节的自动控制系统，称为计算机控制系统。一个典型的电阻炉炉温计算机控制系统如图 1.1 所示。

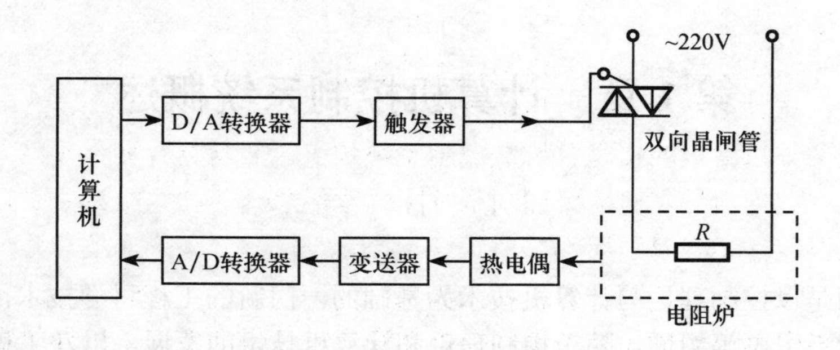

图 1.1 炉温计算机控制系统

炉温计算机控制系统工作过程如下：电阻炉温度这一物理量经过热电偶检测后，变成电信号(毫伏级)，再经变送器变成标准信号(1～5V 或 4～20mA)从现场进入控制室；经 A/D 转换器采样后变成数字信号进入计算机，与计算机内部的给定温度比较，得到偏差信号，该信号经过计算机内部的应用软件，即控制算法运算后得到一个控制信号的数字量，再经由 D/A 转换器将该数字量控制信号转换成模拟量；控制信号模拟量作用于执行机构触发器，进而控制双向晶闸管对交流电压(220V)进行 PWM 调制，达到控制加热电阻两端电压的目的；电阻两端电压的高低决定了电阻加热能力的大小，从而调节炉温变化，最终达到计算机内部的给定温度。

将类似上述炉温计算机控制系统的各类计算机控制系统抽象化，得到图 1.2 所示的计算机控制系统典型结构，其中图 1.1 中的 A/D 转换器包括图 1.2 中的 A/D 环节和采样开关，D/A 转换器包括图 1.2 中的 D/A 环节和保持器。数字控制器、D/A 转换器、执行机构和被控对象组成控制的前向通道；而测量变送环节、A/D 转换器组成控制的反馈通道。

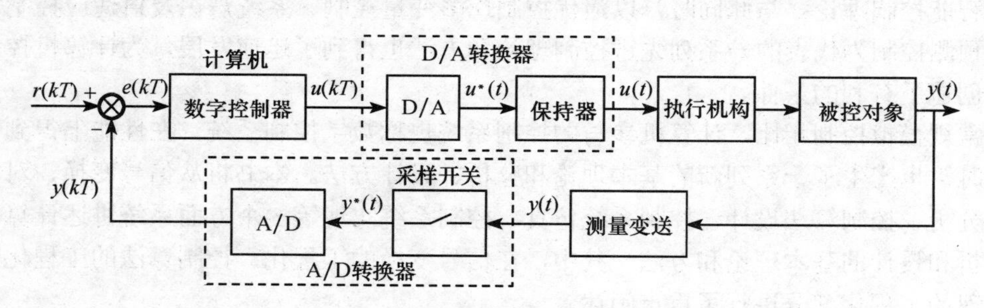

图 1.2 计算机控制系统典型结构

图 1.2 中包括三种信号，数字信号(时间上离散，幅值上量化)：$r(kT)$——给定输入，$y(kT)$——经 A/D 转换后的系统输出，$u(kT)$——由控制器计算的控制信号，$e(kT)=r(kT)-y(kT)$——偏差信号；模拟信号(时间上连续，幅值上也连续)：$y(t)$——系统输出(被控制量)，$u(t)$——D/A 转换后经保持器输出的控制量；离散模拟信号(时间上离散，幅值上连续)：$y^*(t)$——经过采样开关的被控量信号，$u^*(t)$——经 D/A 转换后的控制量信号。从图 1.2 可以看出，典型的计算机控制系统是连续-离散混合系统，其特点是：模拟、数字和离散模拟信号同在；输入输出均为模拟量的连续环节(被控对象、传感器)、输入和输出均为数字量的数字环节(数字控制器、偏差计算)、输入输出为两类不同量的离散模拟环节(A/D 和

D/A）共存。

如果忽略量化效应等因素，常将数字信号和离散模拟信号统称为离散信号(或采样信号)，而模拟信号也可称为连续信号。模拟控制系统可称为连续控制系统，而计算机控制系统常称为数字控制系统，有时也简称为离散控制系统。

计算机控制系统与常规的连续(模拟)控制系统相比，通常具有如下优点。

(1) 设计和控制灵活。在计算机控制系统中，数字控制器的控制算法是通过编程的方法来实现的，所以很容易实现多种控制算法，修改控制算法的参数也比较方便。还可以通过软件的标准化和模块化，反复、多次调用这些控制软件。

(2) 能实现集中监视和操作。由于计算机具有分时操作功能，采用计算机控制时，可以监视几个、几十个甚至上百个控制量，把生产过程的各个被控对象都管理起来，组成一个统一的控制系统，便于集中监视、集中操作管理。

(3) 能实现综合控制。计算机控制不仅能实现常规的控制规律，而且由于计算机的存储、逻辑功能和判断功能，它可以综合生产的各方面情况，在环境与参数变化时，能及时进行判断、选择最合适的方案进行控制，必要时可以通过人机对话等方式进行人工干预，这些都是传统模拟控制无法胜任的。

(4) 可靠性高，抗干扰能力强。在计算机控制系统中，可以利用程序实现故障的自诊断、自修复功能，使计算机控制系统具有很强的可维护性。另外，计算机控制系统的控制算法是通过软件的方式来实现的，程序代码存储于计算机中，一般情况下不会因外部干扰而改变，因此计算机控制系统的抗干扰能力较强。

1.2.2 计算机控制系统的应用要求

计算机控制系统大多应用于工业现场环境中，因此计算机控制系统应满足如下基本要求。

(1) 可靠性高。计算机控制系统通常用于控制不间断的生产过程，在运行期间不允许停机检测，一旦发生故障将会导致质量事故，甚至生产事故。因此要求计算机控制系统具有很高的可靠性。

(2) 实时性好。计算机控制系统对生产过程进行实时控制与监测，因此要求它必须实时地响应控制对象各种参数的变化。当过程的状态参数出现偏差或故障时，系统要能及时响应，并能实时地进行报警和处理。

(3) 环境适应性强。有的工业现场环境复杂，存在电磁干扰，因此要求计算机控制系统具有很强的环境适应能力，如对温度/湿度变化范围要求高；要具有防尘、防腐蚀、防振动冲击的能力等。

(4) 过程输入和输出配套较好。计算机控制系统要具有丰富的多种功能的过程输入和输出配套模板，如模拟量、开关量、脉冲量、频率量等输入输出模板；具有多种类型的信号调理功能，如隔离型和非隔离型信号调理等。

(5) 系统扩充性好。随着工厂自动化水平的提高，控制规模也在不断扩大，因此要求计算机控制系统具有灵活的扩充性。

(6) 系统开放性。要求计算机控制系统具有开放性体系结构，也就是说在主系统接口、网络通信、软件兼容及升级等方面遵守开放性原则，以便于系统扩充、异机种连接、软件的可移植和互换。

(7) 控制软件包功能强。计算机控制系统应用软件包应具备丰富的控制算法，同时还应具有人机交互方便、画面丰富、实时性好等性能。

1.2.3 计算机控制系统的性能指标

计算机控制系统的性能与连续控制系统类似，可以用稳定性、稳态特性和动态特性来表征，相应地用稳定性、稳态指标、动态指标和综合指标来衡量一个系统的好坏或优劣。这些基本性能指标以及性能指标与系统的固有参数和设计参数的关系，为分析和设计计算机控制系统提供了依据。

1. 稳定性

任何系统在扰动作用下都会偏离原来的平衡工作状态。稳定性是指当扰动作用消失以后，系统恢复原平衡状态的能力。稳定性是系统的固有特性，它与扰动的形式无关，只取决于系统本身的结构及参数。不稳定的系统是无法进行工作的。连续系统稳定的充分必要条件是闭环系统的特征根位于 s 左半平面，而离散系统稳定的充分必要条件是闭环系统的特征根位于 z 平面的单位圆内。

2. 稳态指标

稳态指标是衡量控制系统精度的指标，用稳态误差来表征。稳态误差是输出量 $y(t)$ 的稳态值 $y(\infty)$ 与给定值 y_0 的差值，定义为

$$e(\infty) = y_0 - y(\infty) \tag{1.1}$$

$e(\infty)$ 表示控制精度，因此希望 $e(\infty)$ 越小越好。稳态误差 $e(\infty)$ 与控制系统本身的特性（如系统的开环传递函数）有关，也与系统的输入信号（如阶跃、速度或加速度输入信号）以及反馈通道的干扰（测量干扰或检测回路中的干扰）有关。

3. 动态指标

动态指标能够比较直观地反映控制系统的过渡过程特性。动态指标包括超调量 $\sigma\%$、调节时间 t_s、峰值时间 t_p、衰减比 η 和振荡次数 N，以上 5 项动态指标也称为时域指标，用得最多的是超调量 $\sigma\%$、调节时间 t_s 和衰减比 η。

4. 综合指标

设计最优控制系统时，既要考虑到能对系统的性能做出正确的评价，又要考虑到数学上容易处理或工程上便于实现，因此经常使用综合性能指标来评价一个控制系统。常用的综合性能指标为积分型指标，如

$$J = \int_0^t e^2(t)\,\mathrm{d}t \tag{1.2}$$

这种“先误差平方后积分”形式的性能指标用来权衡系统总体误差的大小，数学上容易处理，可以得到解析解，因此经常使用，如在宇宙飞船控制系统中按 J 最小设计，可使动力消耗最少。

1.3 计算机控制系统的过程通道和总线接口技术

图 1.2 所示的计算机控制系统典型结构，若从硬件实现的角度进一步细化，就得到图 1.3 所示的计算机控制系统的典型硬件组成示意图。

从图 1.3 可以看出，计算机控制系统的硬件构成包括三部分。

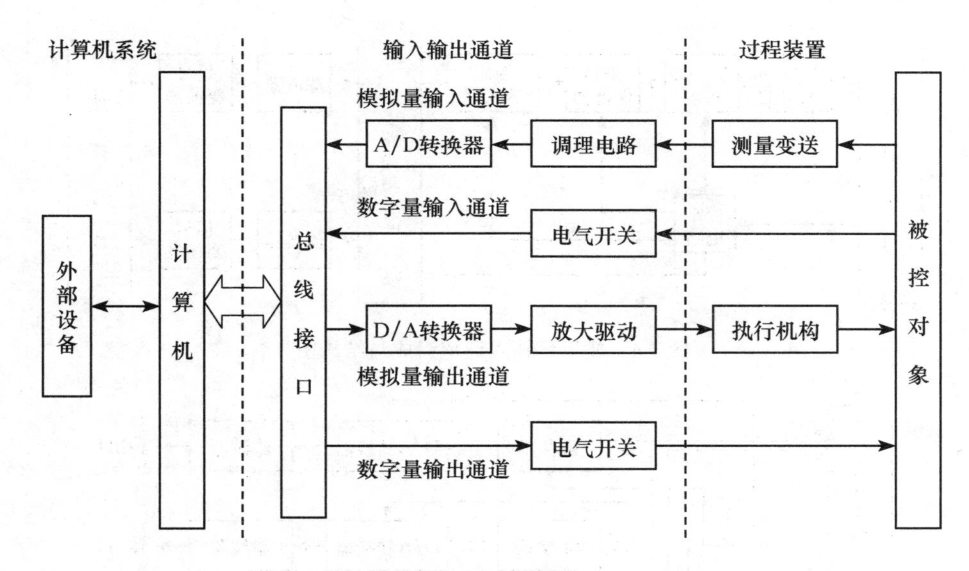

图 1.3　计算机控制系统硬件组成示意图

(1)过程装置。包括被控对象、执行机构和测量变送装置。

(2)输入输出通道。包括过程通道和总线接口。

(3)计算机系统。包括计算机和外部设备。外部设备包括人机联系设备(如鼠标、键盘等)和通用外部设备(如显示器、打印机等)。

计算机内部包含完成各种功能的计算机程序，统称为计算机软件系统，具体包括系统软件、应用软件和数据库。系统软件是指为提高计算机使用效率和扩大功能、为用户使用和维护计算机提供方便的程序的总称，一般包括操作系统、程序设计系统和公共程序与诊断系统；应用软件是用户为解决实时控制问题、完成特定功能而设计和编写的各种程序的总称，一般包括过程监控程序、过程控制程序和信息管理程序；数据库是用于支持数据管理、存取的软件，它包括数据库和数据库管理系统等。

下面主要对输入输出通道中的过程通道和总线接口技术进行详细介绍。

1.3.1　过程通道

过程通道分为模拟量输入通道、模拟量输出通道、数字量输入通道和数字量输出通道。过程输入通道把生产对象的被控参数变换成计算机可以接收的数字代码；而过程输出通道把计算机输出的控制命令和数据，变换成可以对工业对象进行控制的信号。

1. 模拟量输入通道

图 1.4 是模拟量输入通道的组成与结构框图，可以看出模拟量输入通道通常由信号变换器、滤波器、多路模拟开关、前置放大器、采样保持器、A/D 转换器、接口和控制电路等部分组成。

2. 模拟量输出通道

模拟量输出通道通常由接口控制电路、D/A 转换器(零阶保持器)、滤波器等部分组成。模拟量输出通道有两种结构形式：一是每个通道配置一个 D/A 转换器，如图 1.5(a)所示；二是通过多路模拟开关共用一个 D/A 转换器，如图 1.5 (b)所示。

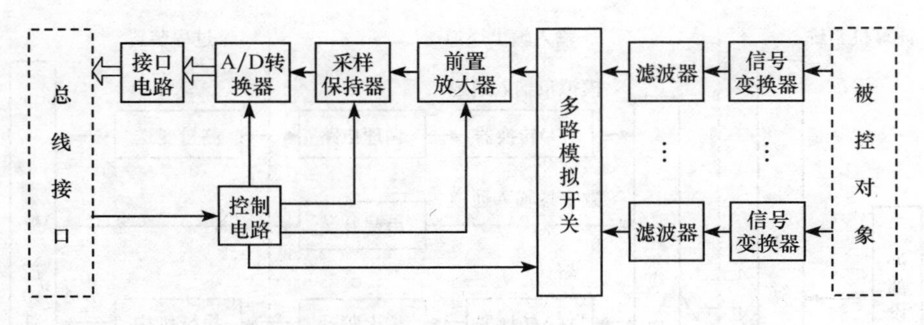

图 1.4 模拟量输入通道组成与结构图

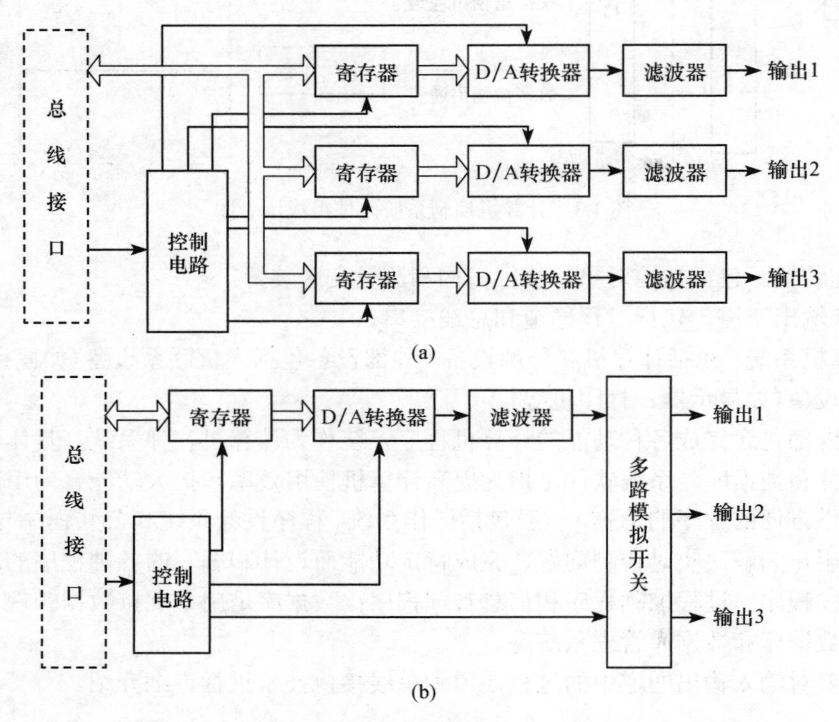

图 1.5 模拟量输出通道组成与结构图

3. 数字量输入通道

数字量输入通道的基本功能是把来自现场的数字信号或开关信号、脉冲信号，按照一定的时序要求送入数字控制器。图 1.6 是某数字量输入通道的原理示意图，图中开关触点($S_7 \sim S_0$)直接驱动光电耦合器发光二极管的亮或灭，CPU 通过执行输入指令来读取开关状态，当开关闭合时，发光二极管亮，光敏三极管导通，对应数字量“0”输入；反之，开关断开，发光二极管灭，光敏三极管截止，对应数字量“1”输入。因数字量需经由 PC 的内部总线输入，输入缓冲器应选用带有三态门的芯片，如 74LS244。

4. 数字量输出通道

数字量输出通道的基本功能是把控制器输出的数字控制信号，按照一定的时序要求，送入输出通道中的数字执行机构，如继电器、可编程器件、步进电动机等，通过数字执行机构的动作实现对被控对象的控制作用。图 1.7 是某数字量输出通道的原理示意图，CPU 执行输出指令后，把一组数字量($D_7 \sim D_0$)存入锁存器 74LS273 中，经过光电耦合器 TLP-521-4 驱

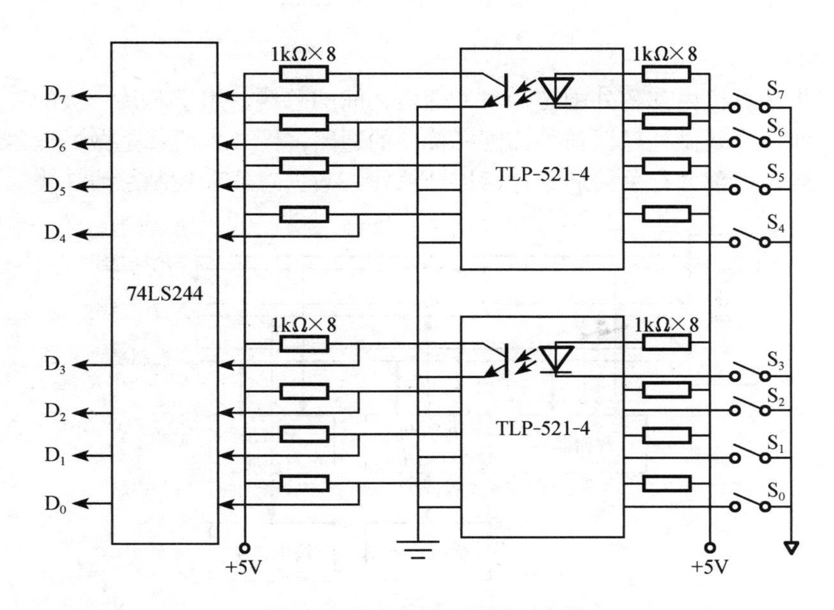

图 1.6　数字量输入通道示意图

动继电器或指示灯。当输出量为“0”时，发光二极管亮，光敏三极管导通，继电器工作或指示灯亮；反之，当输出数字量为“1”状态时，发光二极管灭，光敏三极管截止，继电器不工作或指示灯灭。因数字量需经由 PC 的内部总线输出，输出缓冲器应选用带有锁存功能的芯片，如 74LS273。

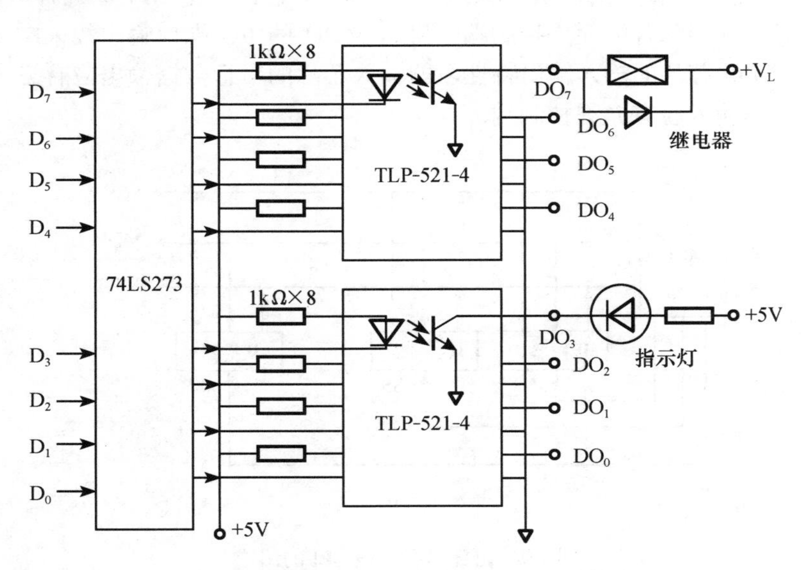

图 1.7　数字量输出通道示意图

1.3.2　总线接口技术

为了简化系统结构，常用一组线路，配置以适当的接口电路，与各部件和外围设备连接，这组共用的连接线路被称为总线。总线是计算机各模块之间、计算机与外部设备之间的公共通道。总线分类如下。

1. 内部总线

内部总线指计算机内部各外围芯片与处理器之间的总线，用于芯片一级的互连，是微处理器总线的延伸，也是微处理器与外部硬件接口的通路，图 1.8 所示是微处理器或子系统内所用的并行总线。内部并行总线通常包括地址总线、数据总线和控制总线 3 类。

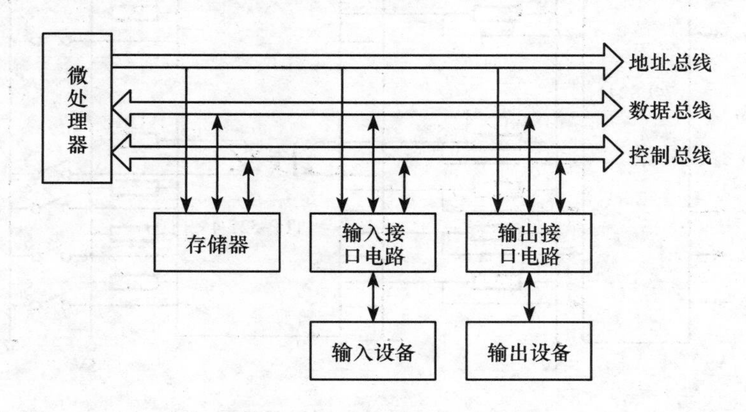

图 1.8　内部并行总线及组成

图 1.9 所示是内部串行总线 SPI（serial peripheral interface）的典型结构。SPI 系统使用 4 条线：串行时钟线（SCK）、主机输入/从机输出数据线（MISO）、主机输出/从机输入数据线（MOSI）和低电平有效的从机选择线（/SS）。这 4 条线就可以完成 MCU 与各种外围器件的通信（其中时钟、数据输入和数据输出 3 条线为共享数据线）。在把 SPI 与几种不同的串行 I/O 芯片相连时，必须使用每片的允许控制端，可用 MCU 的 I/O 端口输出线来实现。此时应特别注意这些串行 I/O 芯片的输入输出特性，即输入芯片的串行数据输出应有三态控制端，输出芯片的串行数据输入应有允许控制端。

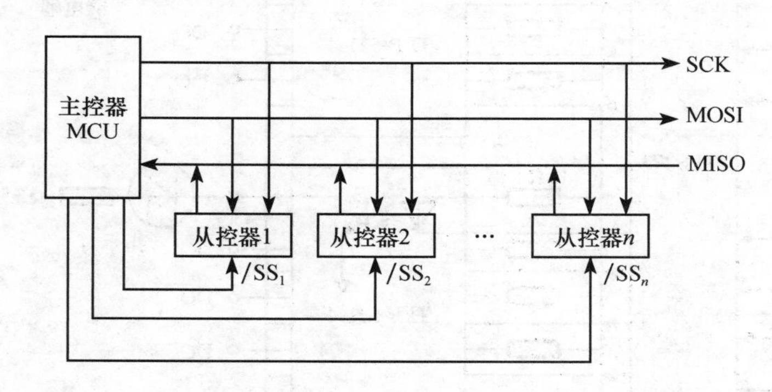

图 1.9　内部串行总线 SPI 的组成

2. 系统总线

系统总线指计算机中各插件板与系统板之间的总线（如 Multibus 总线、STD 总线和 PC 总线），用于插件板一级的互连，为计算机系统所特有，是构成计算机系统的总线。由于微处理器芯片总线驱动能力有限，因此大量的接口芯片不能直接挂在微处理器芯片上。同样，如果存储器芯片、I/O 接口芯片太多，在一个印刷电路板上安排不下，采用模块化设计又会增加总线的负载，这时微处理器芯片与总线之间必须加上驱动器。系统总线及组成如图 1.10 所示。

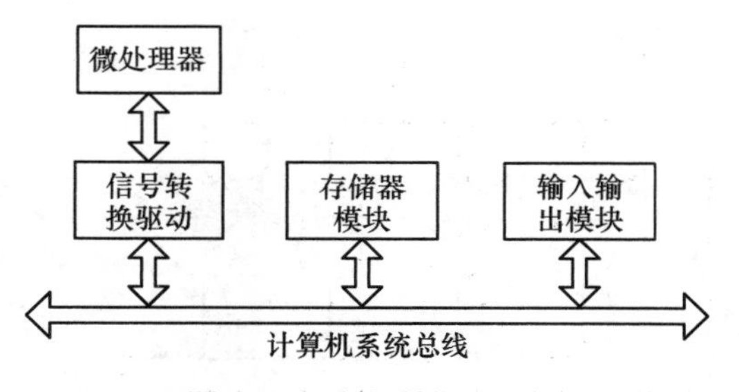

图 1.10　系统总线及组成

系统总线通常为 50～100 条信号线，这些信号线可分为 5 个主要类型。

(1) 数据线：决定数据宽度。

(2) 地址线：决定直接选址范围。

(3) 控制线：具有控制、时序和中断功能，决定总线功能和适应性的好坏。

(4) 电源线和地线：决定电源的种类及地线的分布和用法。

(5) 备用线：留给厂家或用户自己定义。

3. 外部总线

外部总线指计算机和计算机之间、计算机与外部其他仪表或设备之间进行连接通信的总线。计算机作为一种设备，通过该总线和其他设备进行信息与数据交换，它用于设备一级的互连。外部总线通常通过总线控制器挂接在系统总线上，外部总线及组成如图 1.11 所示。

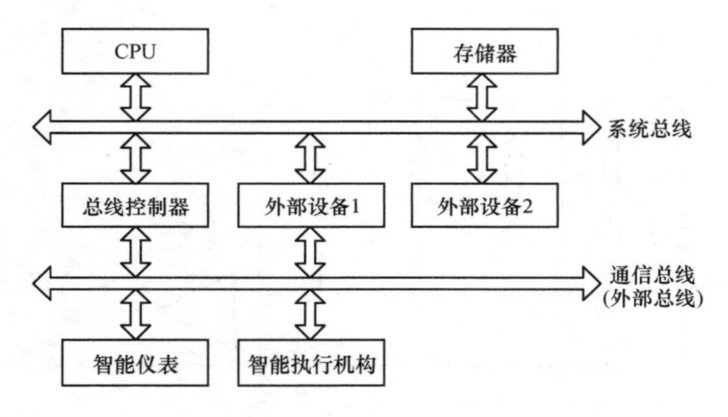

图 1.11　外部总线及组成

1.4　模拟与数字信号之间的相互转换

计算机处理的是数字信号，而绝大多数工业生产对象的输入及输出都是模拟信号，因此，由数字信号到模拟信号的转换(digital to analogue converter，D/A)，实现计算机的控制输出；而由模拟信号到数字信号的转换(analogue to digital converter，A/D)，则实现对工业对象的信号采集输入。D/A 或 A/D 转换器都早已集成化，这给具体应用带来很大方便。

1.4.1　D/A 转换及其误差

1. D/A 转换器原理

D/A 转换器是按照规定的时间间隔 T 对控制器输出的数字量进行 D/A 转换的。D/A 转换器的工作原理可以归结为“按权展开求和”的基本原则，对输入数字量中的每一位，按权值分别转换为模拟量，然后通过运算放大器求和，得到相应模拟量的输出。

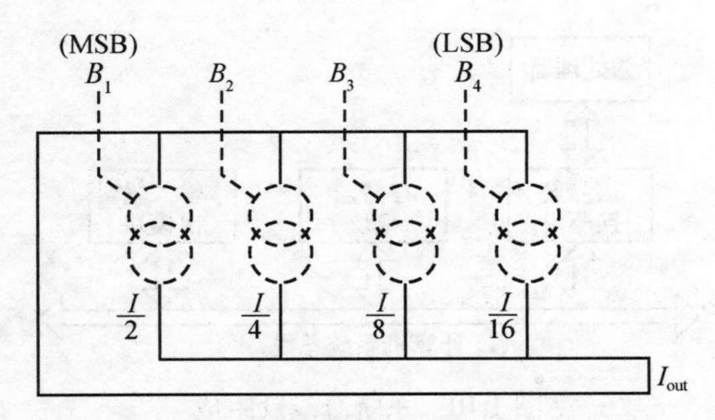

图 1.12 使用电流源的 DAC 概念图

相应于无符号整数形式的二进制代码，n 位 D/A 转换器器件(DAC)的输出电压 V_{out} 遵守如下等式：

$$V_{out} = V_{FSR}\left(\frac{B_1}{2}+\frac{B_2}{2^2}+\frac{B_3}{2^3}+\cdots+\frac{B_n}{2^n}\right) \tag{1.3}$$

式中，V_{FSR} 为输出的满幅值电压；B_1 是二进制的最高有效位；B_n 是最低有效位。

以 4 位二进制为例，图 1.12 给出了一个实例。在图 1.12 中每个电流源值取决于相应二进制位的状态，电流源值或者为零，或者为图中显示值，则输出电流的总和为

$$I_{out} = I\left(\frac{B_1}{2}+\frac{B_2}{2^2}+\frac{B_3}{2^3}+\frac{B_4}{2^4}\right) \tag{1.4}$$

我们可以用稳定的参考电压及不同阻值的电阻来替代图 1.12 中的各个电流源，在电流的汇合输出处加入电流/电压变换器，因此，可以得到权电阻法数字到模拟量转换器的原理图，如图 1.13 所示。图中位切换开关的数量，就是 D/A 转换器的字长。

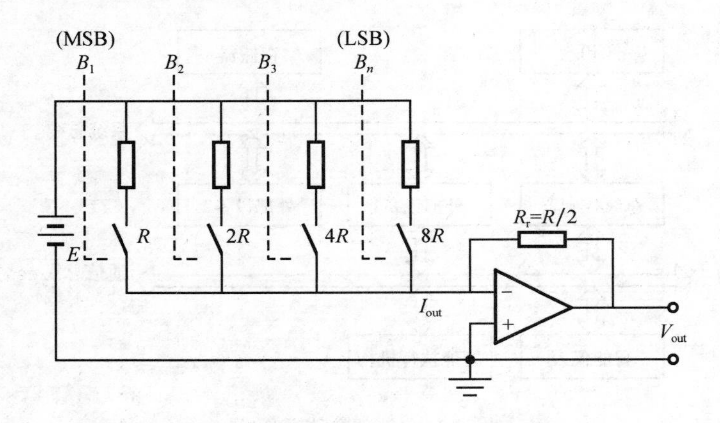

图 1.13 权电阻法 D/A 转换器的原理图

当用 R-2R T 型电阻网络代替权电阻网络来生产集成 DAC 芯片时，生产工艺会更简单、更易于实现，而受控加权电流值叠加的原理并没有改变。在实际应用中，大部分并行 D/A 转换集成芯片仍保持电流输出的形式，若要取得电压值的输出，需使用者另外自行增加电流/电压变换电路来实现。

2. D/A 转换的误差

D/A 转换器将数字编码信号转换为相应的时间连续模拟信号，一般用电流或电压表示。通常 D/A 转换器要完成解码和信号恢复两个变换。

解码器的功能是把数字量转换为幅值等于该数字量的模拟脉冲信号(离散模拟信号)，这时的信号在时间上仍是离散的，但幅值上已是解码后的模拟脉冲信号(电压或电流)。

信号恢复器(保持器)将离散的模拟脉冲信号按一定的规则保持规定的时间间隔 T，使时间上离散的信号变成时间上连续的信号。

解码只是信号形式的改变，是一个无误差的等效变换过程。规定的时间间隔 T 越小，则

保持器输出的脉冲序列的包络线畸变就越小，因此，D/A 转换的误差主要由 D/A 转换器转换精度(转换器字长)和保持器(采样点之间插值)的形式以及规定的时间间隔 T 来决定。

1.4.2 A/D 转换及其误差

常用的 A/D 转换芯片有四种转换类型，分别为计数器式、并行比较式、双积分式和逐次逼近式。计数器式器件简单、价格便宜，但转换速度很慢，很少采用。并行比较式转换速度很快，用在超高速采样场合，但当位数多时成本很高。双积分式精度高，有较强的抗干扰能力，但速度慢，用在高精度低速度的场合。逐次逼近式很好地兼顾了精度与速度，故在 16 位以下的 A/D 转换器中得到了广泛应用。

下面主要介绍逐次逼近式和双积分式 A/D 转换器的转换原理。

1. 逐次逼近式 A/D 转换器原理

逐次逼近式 A/D 转换器原理图如图 1.14 所示，它主要由比较器、数字电压转换器、逐次逼近 n 位寄存器、时序及控制逻辑等组成。

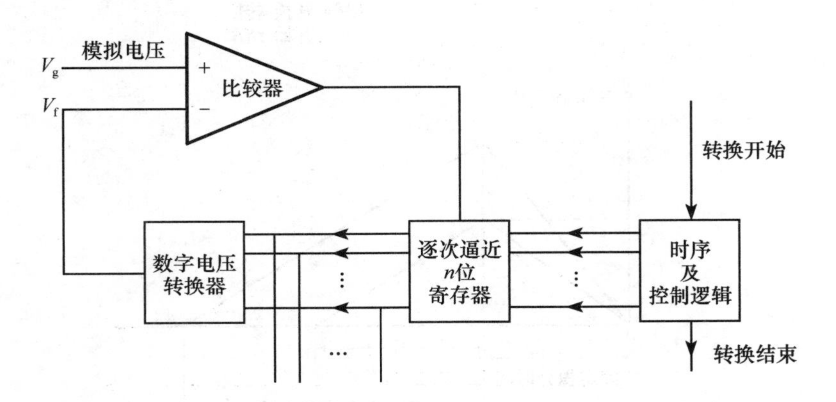

图 1.14　逐次逼近式 A/D 转换器原理框图

这种 A/D 转换类似于天平称重，当计算机发出转换开始命令并清除 n 位寄存器后，控制逻辑电路先设定寄存器中的最高位为“1”，其余位为“0”，输出此预测数据为 100…0 被送到 D/A 转换器，转换成电压信号 V_f 后与输入模拟电压 V_g 在比较器中进行比较，若 $V_g \geqslant V_f$，说明此位置“1”是对的，应予保留；若 $V_g < V_f$，说明此位置“1”不合适，应置“0”。然后对次高位按同样方法进行比较判断，决定次高位应保留“1”还是清除。这样逐位比较下去，直到寄存器最低一位。这个过程完成后，发出转换结束命令。这时寄存器里的内容就是输入的模拟电压所对应的数字量。

2. 双积分式 A/D 转换器原理

双积分式 A/D 转换器转换原理框图如图 1.15(a)所示，转换波形如图 1.15(b)所示。这个转换方法是进行两次积分：一次是在固定时间 T 输入模拟电压 V_g 向电容充电；另一次是在已知参考电压 V_{REF} 下放电，放电所需时间与固定时间之比就等于参考电压与模拟输入电压之比。

结合图 1.15(a)说明工作原理：当 t=0 时，“转换开始”信号输入，V_g 在 T 时间内充电几个时钟脉冲，时间 T 一到，控制逻辑就把模拟开关转换到 V_{REF} 上，V_{REF} 与 V_g 极性相反，电容以固定的斜率开始放电。放电期间计数器计数，脉冲的多少反映了放电时间的长短，从而决定了输入电压的大小。放电到零时，将由比较器动作，计数器停止计数，并由控制逻辑发出“转换结束”信号。这时计数器中得到的数字即为模拟量转换成的数字量，此数字量可并行输出。

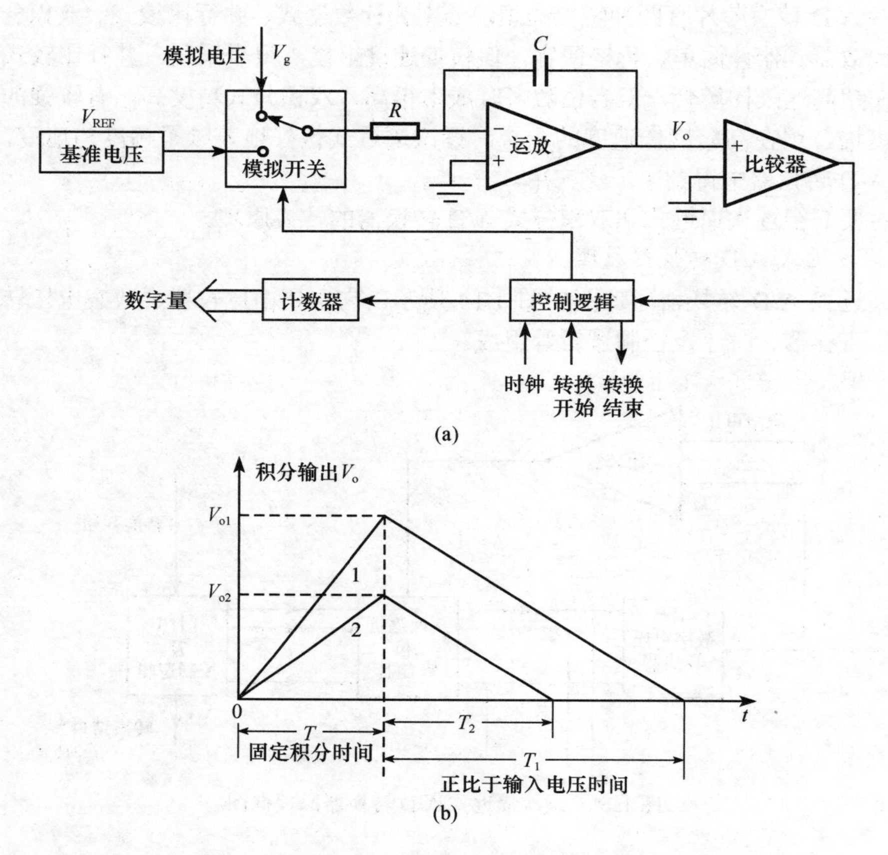

图 1.15　双积分式 A/D 转换器原理及波形图

3. A/D 转换的误差

A/D 转换器是将连续模拟信号变换成离散数字编码信号的装置，通常 A/D 转换器要完成采样、量化和编码三个变换。

采样保持器 S/H 对连续的模拟输入信号按一定的时间间隔 T 进行采样，变成时间离散、幅值等于采样时刻输入信号值的序列信号。这个将连续时间信号变成离散时间信号的过程是 A/D 转换中最本质的变换。

将采样时刻的信号幅值按最小量化单位取整的过程称为量化，量化单位越小，采样时刻信号的幅值与变换成的有限位数的二进制数码的差异也越小。

编码是将量化的分层信号变换为二进制数码形式，编码只是信号表示形式的改变，是一个无误差的等效变换过程。

因此，A/D 转换的误差主要应由 A/D 转换器转换速率(孔径时间)和转换精度(量化误差)来决定。

1.5 计算机控制系统的基本内容

1.5.1 信号变换问题

因为多数系统的被控对象及执行部件、测量部件都是连续模拟式的，所以计算机控制系统在结构上通常是由模拟与数字部件组成的混合系统。另外，由于计算机是串行工作的，必须按一定的采样间隔(称为采样周期)对连续信号进行采样，将其变成时间上是断续的离散信号，进而变成数字信号才能进入计算机；反之，从计算机输出的数字信号，也要经过 D/A 变换成模拟信号，才能将控制信号作用在被控对象之上。所以计算机控制系统除有连续模拟信号外，还有离散模拟、离散数字等信号形式，是一种混合信号系统。这种系统结构和信号形式上的特点，使信号变换问题成为计算机控制系统所特有的、必须面对和解决的问题。本书将在第 2 章系统讲述计算机控制系统的信号变换问题。

1.5.2 对象建模与性能分析

计算机控制系统虽然是由纯离散系统的计算机和纯连续系统的被控对象构成的混合系统，但是为了分析和设计方便，通常都是将其等效地化为离散系统来处理。对于离散系统，通常使用时域的差分方程、复数域的 z 变换和脉冲传递函数、频域的频率特性以及离散状态空间方程作为系统数学描述的基本工具。本书将在第 3 章系统讲述计算机控制系统的数学描述问题，并根据系统的数学描述对计算机控制系统进行性能分析。

1.5.3 控制算法设计

在实际工程设计时，数字控制器有两种经典的设计方法，即模拟化设计方法和直接数字设计方法，它们基本上属于古典控制理论的范畴，适用于进行单输入、单输出线性离散系统的算法设计。本书将在第 4、5 章介绍这方面的内容。

以状态空间模型为基础的数字控制器的设计方法，属于现代控制理论的范畴，不仅适用于单输入、单输出系统的设计，而且适用于多输入、多输出的系统设计，这些系统可以是线性的也可以是非线性的，可以是定常的也可以是时变的。本书将在第 6 章介绍这方面的内容。

随着研究对象复杂程度的提高，常规控制理论常常难以解决复杂控制系统的控制问题，因此本书将在第 7 章介绍多种先进控制规律的设计方法，同时在第 8 章介绍新近出现的基于网络的控制技术。

1.5.4 控制系统仿真分析

在计算机控制系统设计完成后，常常需要校核系统的性能。如果不满足控制系统的要求，就需要重新修改设计。即使在控制系统设计过程中，有时为了研究信号的变化特性，对被控对象进行模型辨识和性能分析，以及研究系统参数(包括采样周期)变化对系统性能的影响等，也需要对控制系统进行相应指标的计算。校核或计算系统性能的一个直观的方法是对控制系统进行仿真，而这一工作常借助于 MATLAB 这一强大的控制系统仿真工具进行。本书将在第 9 章详细介绍计算机控制系统仿真的知识，包括信号变换分析、模型描述与性能分析、控制器设计等内容。

1.5.5 控制系统实现技术

在计算机控制系统中，由于采用了数字控制器，因此会产生数值误差。这些误差的来源、产生的原因、对系统性能的影响、与数字控制器程序实现方法的关系及减小误差影响的方法(如 A/D 转换器的量化误差)；当计算机运算超过预先规定的字长，必须作舍入或截断处理而产生的乘法误差；系统因不能装入某系数的所有有效数位而产生的系数设置误差；以及这些误差的传播，都会极大地影响系统的控制精度和它的动态性能，因此，计算机控制系统的工程设计是一项复杂的系统工程，涉及的领域比较广泛。本书将在第 10 章描述计算机控制系统实现技术的工程化问题，同时在其他章节中也介绍信号变换的工程化和控制算法的工程化等技术。

1.6 计算机控制系统的基本类型

广泛应用的计算机控制系统，不仅可以实现反馈控制系统的功能，而且可以实现其他多种自动化控制系统的功能。计算机控制系统的分类方法很多，按照计算机控制系统的功能来分类，可以分为操作指导系统、直接数字控制系统和监督控制系统；而按照计算机控制系统的结构来分类，可以分为集中控制系统、集散控制系统、现场总线控制系统、网络控制系统和云控制系统。

1. 操作指导系统(产生于 20 世纪 50 年代前后)

操作指导系统(operation guide system，OGS)的构成如图 1.16 所示。这类系统不仅提供现场情况和进行异常报警，而且还按着预先建立的数学模型和控制算法进行运算和处理，将得出的最优设定值打印和显示出来，操作人员根据计算机给出的操作指导，并且根据实际经验，经过分析判断，由人直接改变调节器的给定值或操作执行机构。当对生产过程的数学模型了解不够彻底时，采用这种控制能够得到满意的结果，所以操作指导系统具有灵活、安全和可靠等优点；但仍有人工操作、控制速度受到限制、不能同时控制多个回路等缺点。

2. 直接数字控制系统(产生于 20 世纪 60 年代初)

直接数字控制(direct digital control，DDC)系统是在操作指导系统的基础上发展起来的，其构成如图 1.17 所示。

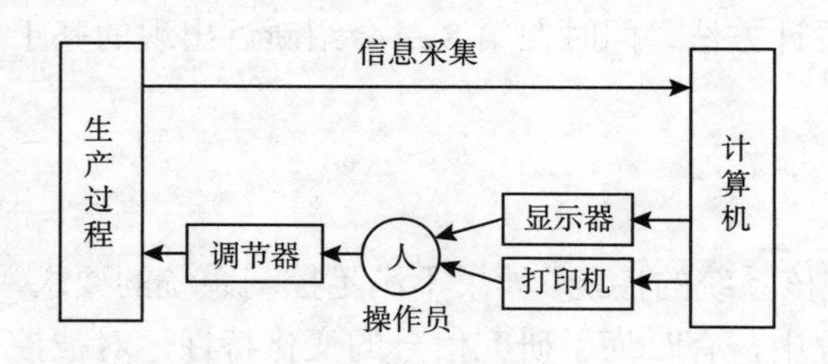

图 1.16　操作指导系统结构图

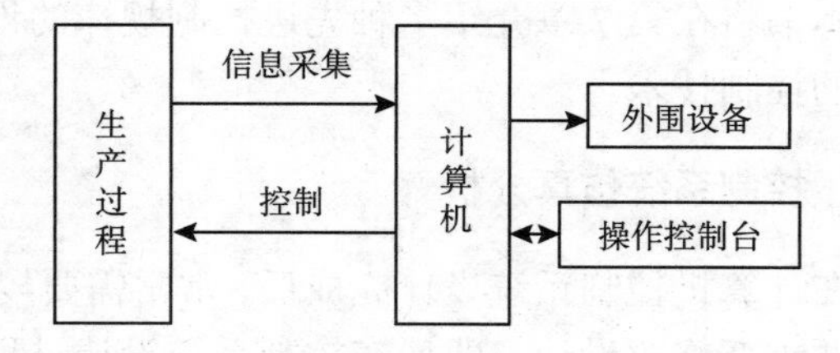

图 1.17　直接数字控制系统结构图

DDC 系统是计算机把运算结果直接输出去控制生产过程，属于闭环控制系统。计算机对生产过程各参量进行检测，并根据规定的数学模型，如 PID 算法进行运算，然后发出控制信号，直接控制生产过程。它的主要功能不仅能完全取代模拟调节器，而且只要改变程序就可以实现其他的复杂控制规律，如前馈控制、非线性控制等。它把显示、打印、报警和设定值的设定等功能都集中到操作控制台上，实现集中监督和控制，给操作人员带来了极大的方便，但 DDC 对计算机可靠性要求很高，否则会影响生产。

3. 监督控制系统(产生于 20 世纪 60 年代)

监督控制(supervisory computer control, SCC)系统也称为计算机设定值控制系统，这是一个二级计算机控制系统，其构成如图 1.18 所示。

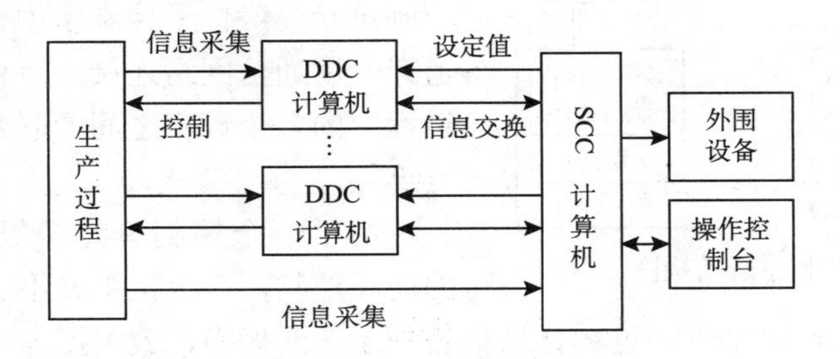

图 1.18　监督控制系统结构图

SCC 计算机根据不断变化的生产和工艺条件及环境条件等信息，按照生产过程的数学模型，计算出各控制回路的最优设定值，并输出给对应的 DDC 系统，从而使 DDC 系统能适应生产过程情况的变化，始终工作在最优工作状态，如最优质量、最低成本、最低消耗等。

4. 集中控制系统(产生于 20 世纪 60 年代)

集中控制系统(integrated control system, ICS)是由一台计算机完成生产过程中多个设备的控制任务，即控制多个控制回路或控制点的计算机控制系统，其构成如图 1.19 所示。控制计算机一般放置在控制室中，通过电缆与生产过程中的多种设备连接。初期的 DDC 系统中采用的计算机，由于其体积大、价格高，因此一般都是集中控制系统的结构。

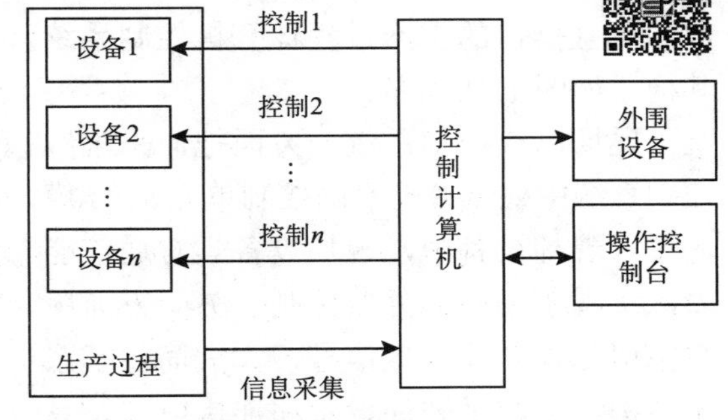

图 1.19　集中控制系统结构图

集中控制系统具有结构简单、易于构建、系统造价低等优点，因此在计算机应用的初期得到了较为广泛的应用。在现今的工业生产过程中，在被控对象较为简单，或者可靠性要求不高的情况下，也可以采用计算机集中控制系统的结构。但由于集中控制系统高度集中的控制结构，功能过于集中，计算机的负荷过重，计算机出现的任何故障都会产生非常严重的后果，因此该系统较为脆弱，安全可靠性得不到保障。而且系统结构越庞大，系统开发周期越长，现场调试、布线施工等费时费力，很难满足用户的要求。

5. 集散控制系统(产生于 20 世纪 70 年代中期)

由于生产过程大型、复杂与分散化，若采用一台计算机控制和管理，一旦计算机出了故障，整个系统将要停顿，影响面大，即所谓“危险集中”。集散控制的设计思想是“危险分散”，将控制功能分散，将监控和操作功能高度集中。

集散控制系统(distributed control system，DCS)是利用计算机对生产过程集中监视、操作、管理和分散控制的计算机控制系统，充分体现了“分散控制，集中管理”原则。集散控制系统通常有多级的结构模式，图 1.20 给出了一个二级结构模式的典型结构图。

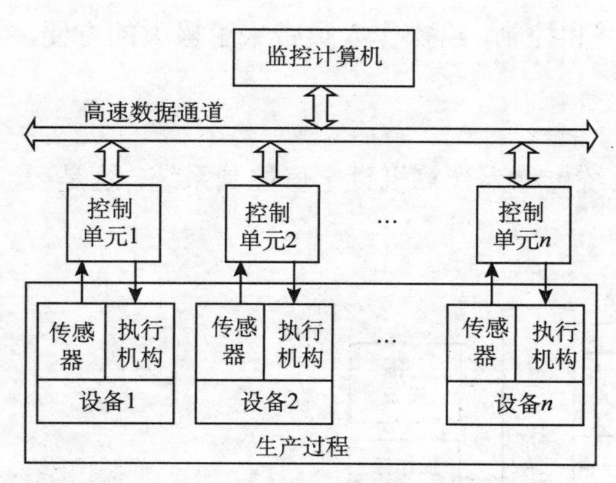

图 1.20　集散控制系统结构图

二级结构的集散控制系统中，第一级为前端计算机，也称为下位机或直接控制单元，它直接面对对象，完成实时控制、前端处理功能；第二级称为中央处理机，又称为上位机，完成管理、监控等功能，实现最优控制。上位机与多个直接控制单元一般位于控制室中，其间以高速数据通道或专用通信网络连接；而直接控制单元与生产过程中的多个设备之间的联系，一般通过电缆进行连接。

由于一个控制单元一般只完成一个控制点的闭环控制，而上位机又不参与直接控制，因此计算机的故障不会导致整个生产过程计算机控制系统的瘫痪，大大提高了整个过程控制系统的可靠性。同时，其积木式的结构使控制系统的结构灵活，易于扩展。

6. 现场总线控制系统(产生于20世纪80年代中后期)

现场总线控制系统(fieldbus control system, FCS)是指生产过程中的各种现场智能仪表(包含控制单元)与控制室内中央处理机通过现场总线网络互连，从而组成的一个全分散、全数字化、全开放和可互操作的生产过程计算机控制系统，其构成如图 1.21 所示。

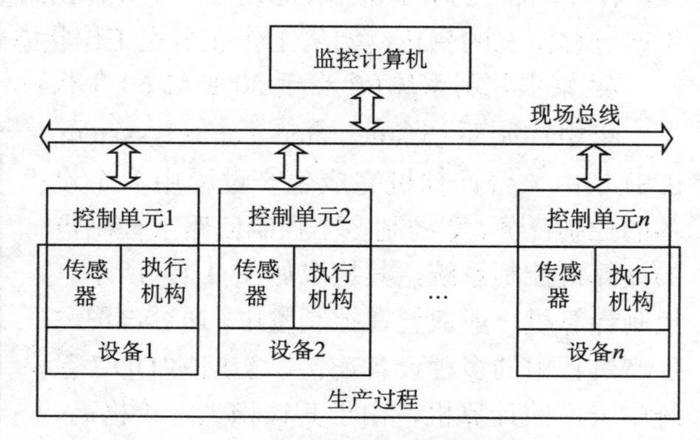

图 1.21　现场总线控制系统结构图

现场总线控制系统一方面把原来集散控制系统中处于控制室的控制单元、I/O 模块置入现场设备中，现场设备具有通信能力，实现了彻底的分散控制；另一方面用数字信号代替了模拟信号，大大简化了系统结构，节约了硬件设备和连接电缆，系统的开放性、互用性、可靠性等得到提高。

7. 网络控制系统(产生于21世纪初)

网络控制系统(networked control system, NCS)是指传感器、控制器和执行器机构通过通信网络(如互联网)形成闭环的控制系统。也就是说，在 NCS 中控制部件间通过共享通信网络进行信息(对象输出、参考输入和控制器输出等)交换，图 1.22 是网络控制系统的典型结构图。

由于网络控制系统属于一种彻底的分布式控制结构，因此它具有连线少、可靠性高、易于系统扩展以及能够实现信息资源共享等优点。但同时由于网络通信带宽、承载能力和服务能力的限制，使数据的传输不可避免地存在时延、丢包、多包传输及抖动等诸多问题，导致控制系统性能的下降甚至不稳定，同时也给控制系统的分析、设计带来了很大困难。目前网络控制系统是一个研究热点，且在理论方面已经取得大量研究成果，但是在实用化方面由于网络性能的限制，影响其大规模应用。随着 5G 通信技术的出现和逐步普及，网络性能将会得到极大的提高，因此未来网络控制系统的应用将会越来越广泛。

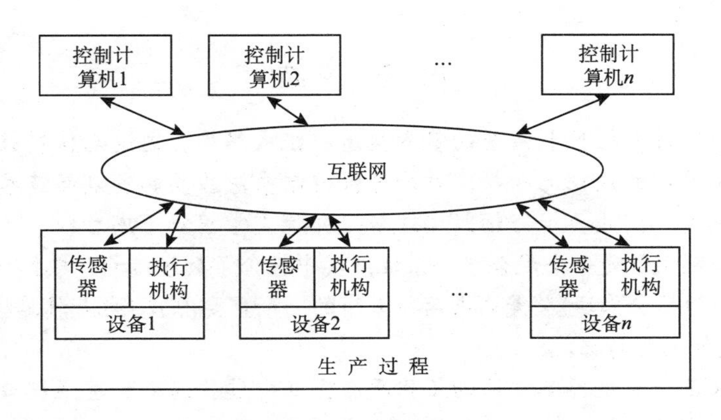

图 1.22　网络控制系统结构图

8. 云控制系统（产生于21世纪10年代）

云控制系统（cloud control system, CCS）是云参与并作为核心环节的计算机控制系统，其典型特征是将控制算法置于云端。实际上，将图 1.22 中的多个控制计算机用云计算来替代，将控制计算机完成的功能用云端的“虚拟控制机”来实现，就构成了一个典型的云控制系统，图 1.23 是云控制系统的典型结构图。

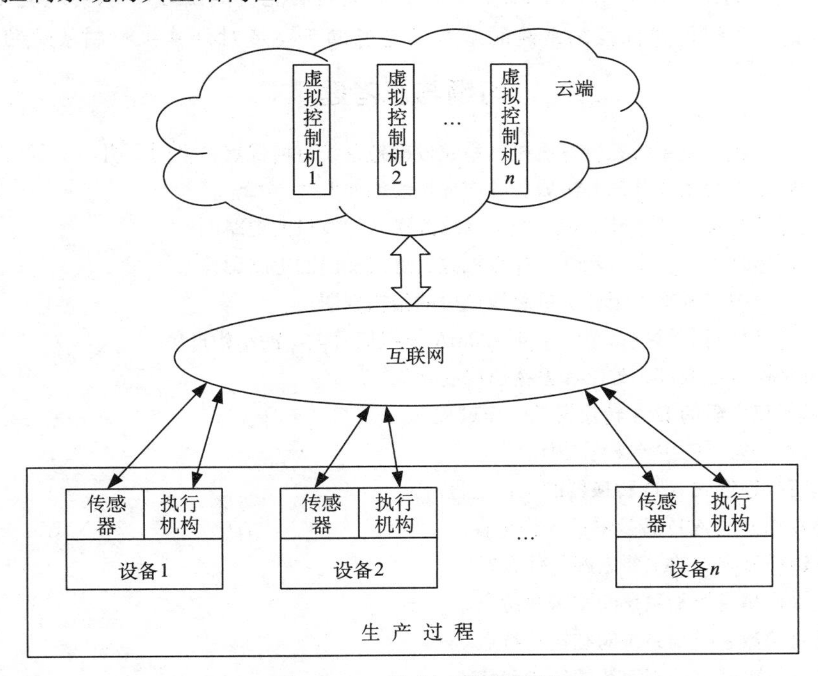

图 1.23　云控制系统结构图

该结构可以有效地克服现有控制系统控制算法更新替换不灵活、对于系统硬件要求高的问题，使控制系统设计更加实用和方便。在不增加硬件成本的前提下，工程师可以针对不同被控对象的不同状态，灵活地选择云控制器中相应的控制算法。但是，云控制系统除了包括网络的不确定性外，还包括云计算本身的不确定性，众多不确定性的混合给云控制系统的建模和控制研究增加了难度。目前云控制系统的研究尚处于起步阶段，但是其相关的理论和技术问题已经逐渐成为计算机控制系统新的研究热点，我们期待这些研究取得突破性进展！

本章小结

本章主要介绍了计算机控制系统的基本概念、组成结构、通道与接口技术、信号转换原理以及计算机控制系统的理论问题等，对计算机控制系统涉及的各方面技术进行了较全面的阐述，是全书的纲要，因此要求仔细阅读理解，并侧重掌握如下内容：

(1) 计算机控制系统是一个混合信号系统，其中包含了数字信号、模拟信号和离散模拟信号，对信号的分析(时域和频域)将是本书后续章节的一个重要内容，也是计算机控制系统区别于传统模拟控制系统的主要特征。

(2) 硬件组成是计算机控制系统的工作平台，其中过程通道和总线接口是计算机控制系统的关键环节，也是计算机控制系统扩展的基本途径。

(3) 计算机控制系统中的信号转换是通过 A/D 和 D/A 环节实现的，应重点认识和理解 A/D、D/A 转换的特性和误差产生的原因及其特点。

(4) 计算机控制系统的理论问题包括信号转换问题、被控对象建模与性能分析问题、控制算法设计问题、控制系统仿真问题以及计算机控制系统的实现问题，了解这些问题的内容有益于对本书后续章节内容的理解。

(5) 计算机控制系统不仅可以实现反馈控制系统的功能，而且还可以实现其他多种自动化控制系统的功能，了解计算机控制系统的基本类型有助于拓展对计算机控制系统的理解和认识。

习题与思考题

1.1 什么是计算机控制系统？计算机控制系统较模拟系统有何优点？举例说明。

1.2 计算机控制系统由哪几部分组成？各部分作用如何？

1.3 应用逻辑器件设计一个开关信号经数据总线接入计算机的电路图。

1.4 应用逻辑器件设计一个指示灯经计算机数据总线输出的电路图。

1.5 设计一个模拟信号输入至计算机总线接口的结构框图。

1.6 设计一个计算机总线接口至一个 4～20mA 模拟信号输出的结构框图。

1.7 简述并举例说明内部、外部和系统总线的功能。

1.8 详述基于权电阻的 D/A 转换器的工作过程。

1.9 D/A 转换器误差的主要来源是什么？

1.10 详述逐次逼近式 A/D 转换器的工作过程。

1.11 详述双积分式 A/D 转换器的工作过程。

1.12 A/D 转换器误差的主要来源是什么？

1.13 简述操作指导控制系统的结构和特点。

1.14 简述直接数字控制系统的结构和特点。

1.15 简述计算机监督控制系统的结构和特点。

1.16 简述集中控制系统的结构和特点。

1.17 简述 DCS 控制系统的结构和特点。

1.18 简述 FCS 控制系统的结构和特点。

1.19 简述 NCS 控制系统的结构和特点。

1.20 简述 CCS 控制系统的结构和特点。

1.21* SPI 总线中的从控器应满足什么要求？(注：带“*”的为思考题，以后章节同此含义)

1.22* 智能仪表接入计算机有几种途径？

1.23* 针对计算机控制系统所涉及的重要理论问题，举例说明。

第 2 章　信号转换与 z 变换

2.1　引　　言

计算机控制系统是一个模拟与数字信号混合的系统，信号变换问题既出现在控制系统的正向通道，也出现在控制系统的反馈通道。在信号变换中，计算机控制系统采样理论以香农采样定理为基础，本章用 z 变换和 z 反变换的数学方法来描述变换过程，用频谱分析的方法讨论信号变换的可行性和可靠性，由此得到可以表征计算机控制系统信号的数学表达方法。

本章概要　2.1 节介绍本章所要解决的基本问题和研究内容；2.2 节基于香农采样定理讨论了信号采样问题，并对计算机控制系统采样周期 T 进行了讨论；2.3 节对采样信号恢复与保持器的性质进行了频域分析；2.4 节讨论 A/D、D/A 的技术指标及信号转换的工程化问题；2.5 节和 2.6 节分别介绍 z 变换与 z 反变换的定义、变换方法和定理；2.7 节重点讨论采样点之间信号的变换问题，即超前和滞后扩展 z 变换问题。

2.2　信号变换原理

2.2.1　计算机控制系统信号转换分析

计算机进行运算和处理的是数字信号，而实际系统大部分是连续系统，连续系统中的给定量、反馈量及被控对象都是连续型的时间函数，把计算机引入连续系统，这就造成了信息表示形式与运算形式的不同，为了设计与分析计算机控制系统，就要对两种信息进行变换。

用结构图 2.1 来说明计算机控制系统的信息转换关系。

(1) 模拟信号。时间上连续，幅值上也连续的信号，即通常所说的连续信号。

(2) 离散模拟信号。时间上离散而幅值上连续的信号，即常说的采样信号。

(3) 数字信号。时间上离散且幅值上也离散(已经量化)的信号，可用一个序列数字表示。

(4) 量化。采用一组数码(多用二进制数码)来逼近离散模拟信号的幅值，将其转换成数字信号。

(5) 采样。利用采样开关，将模拟信号按一定时间间隔抽样成离散模拟信号的过程。

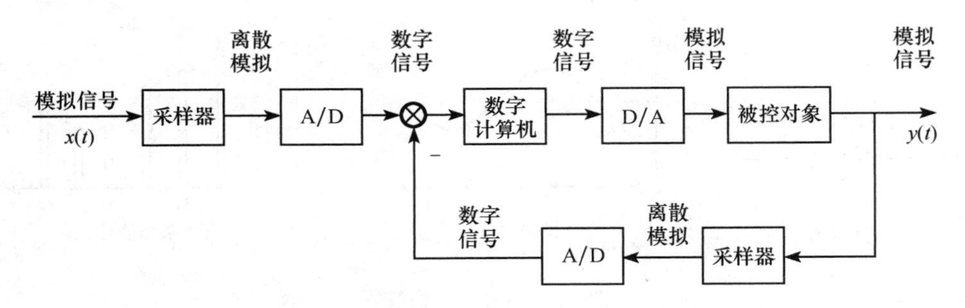

图 2.1　计算机控制系统信号转换关系示意图

计算机前后信息的转换过程是将模拟信号，经过按一定周期闭合的采样器，变成离散模拟信号，再经过 A/D 转换器，就转换成数字信号了，计算机将输入的数字信号进行运算与处理，输出数字信号，再送到 D/A 转换器，经 D/A 转换器变成被控对象可以接受的连续模拟信号，即通常所说的模拟控制信号。

为了对控制系统进行分析与运算，常需把图 2.1 变换成能够进行数学运算的结构图 2.2。这里假设A/D转换有足够的精度，因此由A/D转换器形成的量化误差在数学上是可以不计的，这样可以把采样器和 A/D 转换器用周期为 T 的理想采样开关代替。该采样开关在不同采样时刻的输出脉冲强度(又称脉冲冲量)表示 A/D 转换在这一时刻的采样值。这样采样函数可以用 $x^*(t)$、$y^*(t)$ 及 $e^*(t)$ 表示，*表示离散化的意思。数字计算机用一个等效的数字控制器来表示，令等效的数字控制输出的脉冲强度对应于计算机的数字量输出。计算机的输出通道 D/A 转换器的作用是把数字量转化成模拟量，D/A 转换器在精度足够高的情况下(通常也是满足的)，数学上可用零阶保持器来代替。图 2.2 所示为由计算机作为控制器的计算机控制系统，在数学上可以等效为一个典型的离散控制系统。在上述假定下，分析和研究离散控制系统的方法可以被直接应用于计算机控制系统。

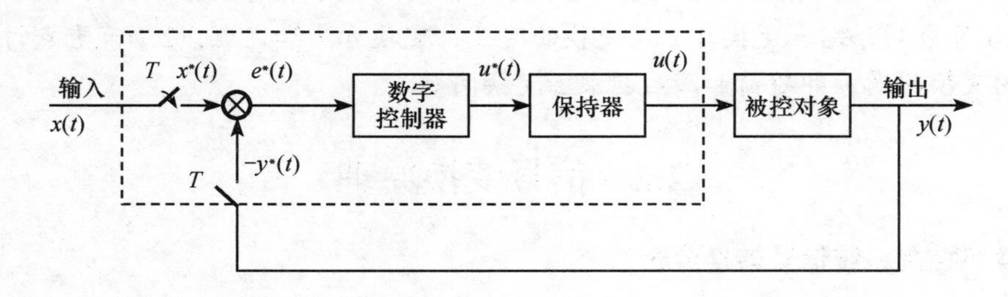

图 2.2　计算机控制系统结构示意图

若整个采样过程中采样周期不变，这种采样称为均匀采样；若采样周期是变化的，称为非均匀采样；若采样间隔大小随机变化，称为随机采样。若一个系统里各点采样器的采样周期均相同，称为单速率系统。若各点采样器的采样周期不相同，则称为多速率系统。本书只讨论单速率采样。

2.2.2　采样过程及采样函数的数学表示

计算机控制系统中，一个连续模拟信号经采样开关后，变成了采样信号，即离散模拟信号，采样信号再经过量化过程才变成数字信号，如图 2.3 所示。

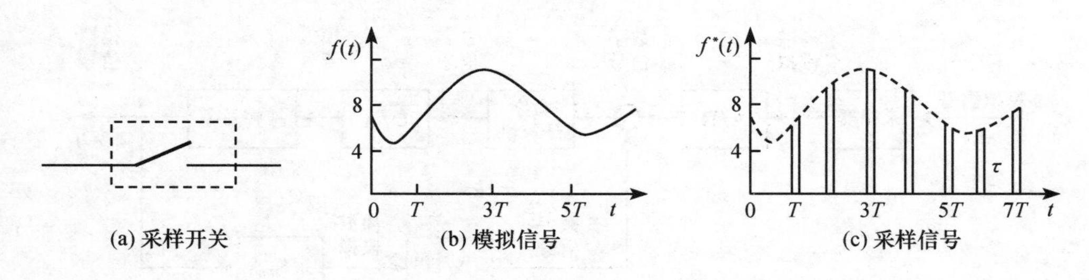

图 2.3　信号的转换过程

图 2.3(a)是采样开关，每隔一定时间(如 T 秒)，开关闭合短暂时间(如 τ 秒)，对模拟信号进行采样，得到时间上离散的数值序列

$$f^*(t)=\{f(0T),f(1T),f(2T),\cdots f(kT),\cdots\}$$

式中，T 为采样周期；$0T, 1T, 2T, \cdots$ 为采样时刻；$f(kT)$ 表示采样 k 时刻的数值。由于实际系统 $t<0$ 时，$f(t)=0$，因此从 $t=0$ 开始采样是合理的。

如果采样周期 T 比采样开关闭合时间 τ 大得多，即 $\tau \ll T$，而且 τ 比起被控对象的时间常数也非常小，那么认为 $\tau \to 0$。这样做是为了数学上的分析方便，由于以后要用到的 z 变换与脉冲传递函数在数学上只能处理脉冲序列，因此引入脉冲采样器的概念，脉冲采样器的调制过程如图 2.4 所示。

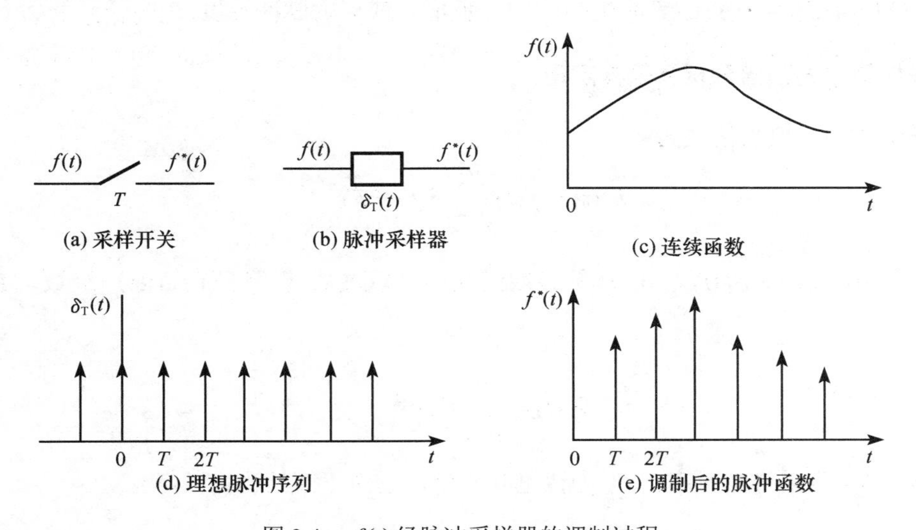

图 2.4　$f(t)$ 经脉冲采样器的调制过程

给脉冲采样器输入一个连续函数 $f(t)$，经脉冲采样器调制后输出一个采样函数 $f^*(t)$（图中 $\delta_{\mathrm{T}}(t)=\sum_{k=0}^{\infty}\delta(t-kT)$，称为单位理想脉冲序列，它是一个以 T 为周期的周期函数）。

采样函数表达式为

$$f^*(t)=f(t)\sum_{k=0}^{\infty}\delta(t-kT) \tag{2.1}$$

式中，k 为整数；T 为采样周期；$\delta(t)$ 为理想单位脉冲；$\delta(t-kT)$ 为 $t=kT$ 时刻的理想单位脉冲，它定义为

$$\delta(t-kT)=\begin{cases}\infty, & t=kT\\ 0, & t\neq kT\end{cases} \tag{2.2}$$

且冲量为 1，即

$$\int_0^{\infty}\delta(t-kT)\,\mathrm{d}t=1 \tag{2.3}$$

式(2.2)中，当 $t\neq kT$ 时，$\delta(t-kT)=0$，因此 $f(t)$ 在 $t\neq kT$ 时的取值大小没有意义，所以式(2.1)可以改写为

$$f^*(t)=\sum_{k=0}^{\infty}f(kT)\delta(t-kT) \tag{2.4}$$

这就是理想脉冲采样函数的数学表达式。式(2.4)的物理意义可以这样理解：采样函数 $f^*(t)$ 为一脉冲序列，它是两个函数的乘积，其中 $\delta(t-kT)$ 仅表示脉冲存在的时刻，冲量为 1，而脉冲的大小由采样时刻的函数值 $f(kT)$ 决定。

需要指出的是，具有无穷大幅值和时间为零的理想单位脉冲纯属数学上的假设，它不会在实际的物理系统中产生。因此在实际应用中，对理想单位脉冲来说，只有讲它的面积，即冲量或强度才有意义，用式(2.3)表示。

式(2.4)中，$f(kT)$ 是采样值，可以看作是级数求和公式里对脉冲序列 $\delta(t-kT)$ 的加权系数，即 $f(kT)$ 是 $\delta(t-kT)$ 在 kT 时刻的脉冲冲量值，或称为脉冲强度。

2.2.3　采样函数的频谱分析及采样定理

采样函数的一般表达式为

$$f^*(t)=f(t)\sum_{k=-\infty}^{\infty}\delta(t-kT) \tag{2.5}$$

又因为 $\sum\limits_{k=-\infty}^{\infty}\delta(t-kT)=\delta_{\mathrm{T}}(t)$，$\delta_{\mathrm{T}}(t)$ 是周期函数，可以展成傅里叶(Fourier)级数，它的复数形式为

$$\delta_{\mathrm{T}}(t)=\sum_{k=-\infty}^{\infty}C_k\,\mathrm{e}^{\mathrm{j}k\omega_{\mathrm{s}}t} \tag{2.6}$$

式中，$\omega_{\mathrm{s}}=\dfrac{2\pi}{T}$ 为采样角频率；C_k 为傅里叶系数，它由下式给出：

$$C_k=\frac{1}{T}\int_{-\frac{T}{2}}^{\frac{T}{2}}\delta_{\mathrm{T}}(t)\mathrm{e}^{-\mathrm{j}k\omega_{\mathrm{s}}t}\,\mathrm{d}t$$

因为 $\delta_{\mathrm{T}}(t)$ 在 $[-T/2,T/2]$ 时间内仅有 $t=0$ 时的脉冲，考虑到脉冲函数 $\delta(t)$ 的筛选特性，即

$$\int_{-\infty}^{\infty}\delta(t)f(t)\mathrm{d}t=f(t)\big|_{t=0}$$

于是得

$$C_k=\frac{1}{T}\int_{-T/2}^{T/2}\delta(t)\mathrm{e}^{-\mathrm{j}k\omega_{\mathrm{s}}t}\,\mathrm{d}t=\frac{1}{T}\mathrm{e}^{-\mathrm{j}k\omega_{\mathrm{s}}t}\big|_{t=0}=\frac{1}{T}$$

将 C_k 代入式(2.6)中，得

$$\delta_{\mathrm{T}}(t)=\frac{1}{T}\sum_{k=-\infty}^{\infty}\mathrm{e}^{\mathrm{j}k\omega_{\mathrm{s}}t} \tag{2.7}$$

将式(2.7)代入式(2.5)，得

$$f^*(t)=\frac{1}{T}\sum_{k=-\infty}^{\infty}f(t)\mathrm{e}^{\mathrm{j}k\omega_{\mathrm{s}}t} \tag{2.8}$$

定义 $F(s)$ 是 $f(t)$ 的拉普拉斯变换式 $\left[F(s)=\int_0^{\infty}f(t)\mathrm{e}^{-st}\,\mathrm{d}t\right]$，则采样函数 $f^*(t)$ 的拉普拉斯变换式为

$$F^*(s)=\int_0^{\infty} f^*(t)\mathrm{e}^{-st}\,\mathrm{d}t=\int_0^{\infty}\frac{1}{T}\sum_{k=-\infty}^{\infty} f(t)\mathrm{e}^{\mathrm{j}k\omega_s t}\,\mathrm{e}^{-st}\,\mathrm{d}t$$

根据拉普拉斯变换复位移定理得

$$F^*(s)=\frac{1}{T}\sum_{k=-\infty}^{\infty} F(s-\mathrm{j}k\omega_s)$$

令 $n=-k$，得到

$$F^*(s)=\frac{1}{T}\sum_{n=-\infty}^{\infty} F(s+\mathrm{j}n\omega_s) \tag{2.9}$$

它是采样函数 $f^*(t)$ 拉普拉斯变换式的一种表达式。可见，采样函数的拉普拉斯变换式 $F^*(s)$ 是以 ω_s 为周期的周期函数。若令 $s=\mathrm{j}\omega$，直接求得采样函数的傅里叶变换式，即

$$F^*(\mathrm{j}\omega)=\frac{1}{T}\sum_{n=-\infty}^{\infty} F(\mathrm{j}\omega+\mathrm{j}n\omega_s) \tag{2.10}$$

式(2.10)建立了采样函数频谱与连续函数频谱之间的关系，$F(\mathrm{j}\omega)$ 为原连续函数 $f(t)$ 的频谱（$F(\mathrm{j}\omega)=\int_0^{\infty} f(t)\mathrm{e}^{-\mathrm{j}\omega t}\,\mathrm{d}t$），$F^*(\mathrm{j}\omega)$ 为采样函数 $f^*(t)$ 的频谱，如图 2.5 所示。图 2.5(a)表示连续函数 $f(t)$ 的频谱 $F(\mathrm{j}\omega)$ 是孤立的，非周期频谱，只有在 $-\omega_{\max}$ 与 $+\omega_{\max}$ 之间有频谱，此外，$|F(\mathrm{j}\omega)|=0$。而采样函数 $f^*(t)$ 的频谱 $F^*(\mathrm{j}\omega)$ 是采样频率 ω_s 的周期函数，其中 $n=0$ 为主频谱，除了主频谱外，$F^*(\mathrm{j}\omega)$ 尚包括 $|n|>0$ 的无穷多个附加的高频频谱，如图 2.5(b)所示。

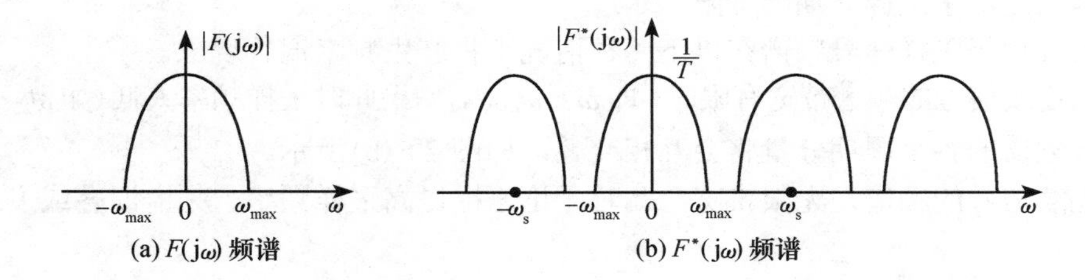

图 2.5　频谱图

频率域内的周期 ω_s 与时间域内的采样角频率 $2\pi/T$ 相等，即关系为

$$\omega_s=\frac{2\pi}{T} \tag{2.11}$$

显然采样周期 T 的选择会影响 $f^*(t)$ 的频谱。采样定理所要解决的问题是，采样周期选择多大，才能将采样信号较少失真地恢复为原连续信号。

当 $\omega_s\geqslant 2\omega_{\max}$，即 $T\leqslant\dfrac{\pi}{\omega_{\max}}$ 时，由式(2.11)可知，如图 2.6(a)所示采样信号 $f^*(t)$ 的频谱是由无穷多个孤立频谱组成的离散频谱。其中主频谱就是原连续函数 $f(t)$ 的频谱，只是幅值是原来的 $\dfrac{1}{T}$，其他与 $|n|>0$ 所对应的频谱都是由于采样过程而产生的高频频谱。如果将 $f^*(t)$ 经过一个频带宽度大于 $\omega_{\max}$ 而小于 ω_s 的理想滤波器 $W(\mathrm{j}\omega)$，则滤波器输出就是原连续函数的频谱，说明当 $\omega_s\geqslant 2\omega_{\max}$ 时，采样函数 $f^*(t)$ 能恢复出不失真的原连续信号。这是我们希望得到的。

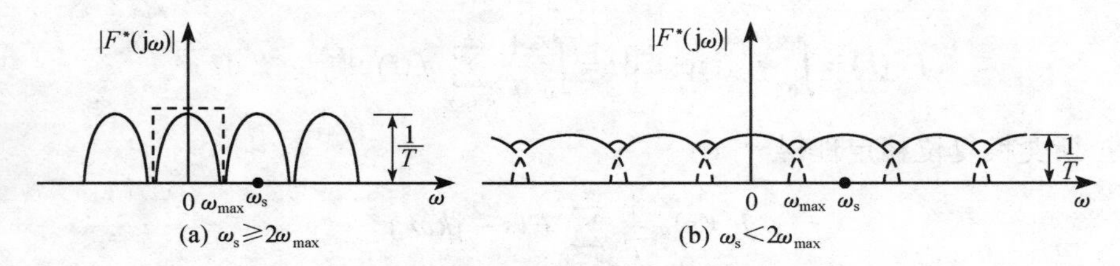

图 2.6 采样信号频谱的两种情况

而当 $\omega_s < 2\omega_{max}$，即 $T > \dfrac{\pi}{\omega_{max}}$ 时，如图 2.6(b)所示，采样函数 $f^*(t)$ 的频谱已变成连续频谱，重叠部分的频谱中没有哪部分与原连续函数频谱 $F(j\omega)$ 相似，这样，采样信号 $f^*(t)$ 再不能通过低通滤波方法不失真地恢复原连续信号了。这种采样信号各频谱分量的互相交叠称为频率混叠现象。

因此，对采样周期就要有个限制。为了不失真地由采样函数恢复原连续函数，要求

$$\omega_s \geqslant 2\omega_{max} \tag{2.12}$$

即

$$T \leqslant \pi / \omega_{max} \tag{2.13}$$

“如果一个连续信号不包含高于频率 ω_{max} 的频率分量(连续信号中所含频率分量的最高频率为 ω_{max})，那么就完全可以用周期 $T \leqslant \pi / \omega_{max}$ 的均匀采样值来描述。或者说，如果采样频率 $\omega_s \geqslant 2\omega_{max}$，那么就可以从采样信号中不失真地恢复原连续信号”。这就是香农(Shannon)采样定理，它给出了采样周期的上限。

事实上，理想采样信号频谱在以下两种情况下将产生频率混叠现象。

(1) 当连续信号的频谱带宽有限时，即 $\omega < \omega_{max}$，如果此时采样频率太低(如 $\omega_s < 2\omega_{max}$)，则采样信号频谱的各个周期分量将会互相交叠，如图 2.6(b)所示。

(2) 连续信号的频谱是无限带宽，此时无论怎样提高采样频率，频谱混叠或多或少都将发生。

2.2.4 采样周期 *T* 的讨论

采样周期 T 的选择是实现计算机控制系统的一个关键问题。采样周期取得大些，在计算工作量一定的情况下，对计算机运行速度、A/D 及 D/A 转换速度的要求就可以低些，从而降低系统的成本，也可以有较充裕的时间允许系统采用更复杂的算法。但采样周期过大又会使系统的性能降低，导致系统动态品质恶化，甚至导致系统不稳定，前功尽弃。采样周期的选择至今没有一个统一公式，至于香农采样定理只给出了理论指导原则，实际应用还有些问题，主要是系统数学模型不好精确地测量，系统的最高角频率 ω_{max} 不好确定，况且采样周期的选择与很多因素有关，比较明显的因素有控制系统的动态品质指标、被控对象的动态特性、扰动信号的频谱、控制算法与计算机性能等。

目前采样周期的选择是在一般理论指导下，结合实际对象进行初步选择，然后再在实践中通过实验来确定的。

对于惯性大、反应慢的生产过程，采样周期 T 要选长一些，不宜调节过于频繁。虽然 T 越小，复现原连续信号的精度越高，但是计算机的负担加重。因此，一般可根据被控对象的性质大致地选用采样周期，表 2.1 列出了某些经验数据。

表 2.1　模拟量的采样周期

被控对象	流量	液位	压力	温度	成分
采样周期 T/s	1～5	5～10	3～10 优选 3～8	10～20 或取纯滞后时间	15～20

对于一些快速系统，如直流调速系统、随动系统，要求响应快，抗干扰能力强，采样周期可以根据动态品质指标来选择。假如系统的预期开环频率特性如图 2.7(a)所示，预期闭环频率特性如图 2.7(b)所示，在一般情况下，闭环系统的频率特性具有低通滤波器的功能，当控制系统输入信号频率大于 ω_0（谐振频率）时，幅值将会快速衰减。反馈理论告诉我们，ω_0 很接近它的开环频率特性的截止频率 ω_c，因此可以认为 $\omega_0 \approx \omega_c$，这样，我们对被研究的控制系统的频率特性可以这样认为：通过它的控制信号的最高分量是 ω_c，超过 ω_c 的分量被大大地衰减掉了。根据经验，用计算机来实现模拟校正环节功能时，选择采样角频率为

$$\omega_s \approx 10\omega_c \tag{2.14}$$

或

$$T \approx \frac{\pi}{5\omega_c} \tag{2.15}$$

可见，式(2.14)、式(2.15)是式(2.12)、式(2.13)的具体体现。

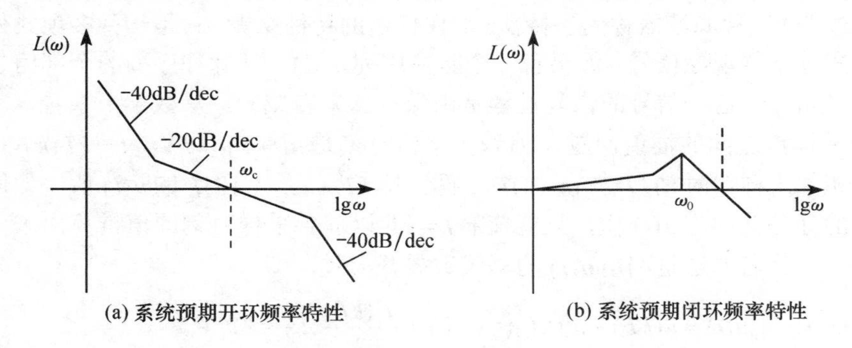

(a) 系统预期开环频率特性　　(b) 系统预期闭环频率特性

图 2.7　频谱法分析系统

若按式(2.15)选择采样周期 T，则不仅不会产生采样信号的频谱混叠现象，而且对系统的预期校正会得到满意的结果。

在快速系统中，也可以根据系统上升时间来确定采样周期，即保证上升时间内 2～4 次采样。设 T_r 为上升时间，N_r 为上升时间采样次数，则经验公式为

$$N_r = T_r / T = 2 \sim 4 \tag{2.16}$$

2.3　采样信号恢复与保持器

计算机控制系统中的计算机作为信息处理装置，其输出一般有两种形式：一种是直接数字量输出形式，就是直接以数字量形式输出，如开关控制、步进电机控制等；另一种是需要将数字信号 $u(kT)$ 转换成连续信号 $u(t)$，用输出信号去控制被控对象。假如被控对象是伺服电动机，则它是一个将电能转换成机械能的驱动器，是连续装置，因此，必须把计算机的数

字信号转换为连续信号。

若想把数字信号无失真地复现成连续信号，由香农采样定理可知，采样频率 $\omega_s \geqslant 2\omega_{\max}$，则在被控对象前加一个理想滤波器，可以再现主频谱分量而除掉附加的高频频谱分量，如图 2.8 所示。

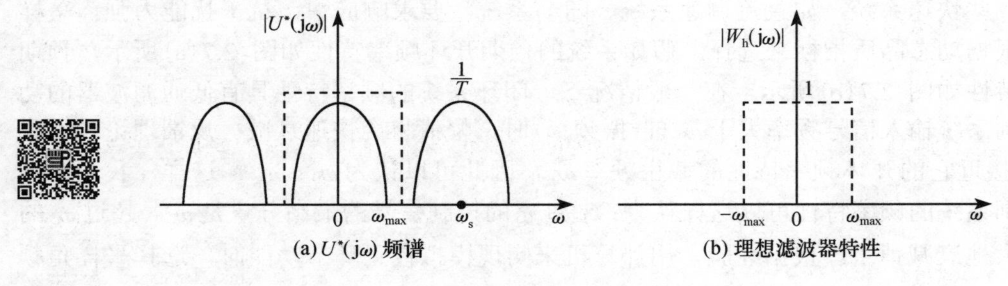

图 2.8　理想滤波器特性

理想的低通滤波器的截止频率为 $\omega = \omega_{\max}$，并且满足

$$|W_h(j\omega)| = \begin{cases} 1, & -\omega_{\max} \leqslant \omega \leqslant \omega_{\max} \\ 0, & |\omega| \geqslant \omega_{\max} \end{cases} \tag{2.17}$$

但是，这种理想滤波器是不存在的，必须找出一种与理想滤波器特性相近的物理上可实现的实际滤波器，这种滤波器称为保持器。从保持器的特性来看，它是一种多项式外推装置。

用多项式外推复现原信号。如果有一个脉冲序列 $u^*(t)$，从脉冲序列的全部信息中恢复原来的连续信号 $u(t)$，这一信号的恢复过程是由保持器来完成的。从数学上来看，它的任务是解决在两个采样点之间的插值问题，因为在采样时刻是 $u(t) = u(kT)$，$t = kT\ (k = 0,1,2,\cdots)$，但是在两个相邻采样器时刻 kT 与 $(k+1)T$ 之间，即 $kT \leqslant t < (k+1)T$ 的 $u(t)$ 值，如何确定呢？这是保持器的任务。决定 $u(t)$ 值，只能依靠 $t = kT$ 以前各采样时刻的值推算出来。实现这样一个外推的一个著名方法是利用 $u(t)$ 的幂级数展开公式，即

$$u(t) = u(kT) + u'(kT)(t - kT) + \frac{u''(kT)}{2}(t - kT)^2 + \cdots \tag{2.18}$$

式中，$kT \leqslant t < (k+1)T$。

为了计算式(2.18)中的各项系数值，必须求出函数 $u(t)$ 在各个采样时刻的各阶导数值。但是，信号被采样后，$u(t)$ 的值仅在各个采样时刻才有意义，因此，这些导数可以用各采样时刻的各阶差商来表示。于是，$u(t)$ 在 $t = kT$ 时刻的一阶导数的近似值可以表示为

$$u'(kT) = \frac{1}{T}\left\{u(kT) - u\left[(k-1)T\right]\right\} \tag{2.19}$$

$t = kT$ 时刻的二阶导数的近似值为

$$u''(kT) = \frac{1}{T}\left\{u'(kT) - u'\left[(k-1)T\right]\right\} \tag{2.20}$$

由于

$$u'\left[(k-1)T\right] = \frac{1}{T}\left\{u\left[(k-1)T\right] - u\left[(k-2)T\right]\right\}$$

因此将上式和式(2.19)代入式(2.20)，整理得

$$u''(kT)=\frac{1}{T^2}\left\{u(kT)-2u\left[(k-1)T\right]+u\left[(k-2)T\right]\right\} \tag{2.21}$$

以此类推，可以得到其他各阶导数。外推装置是由硬件完成的，实践中经常用到的外推装置是由式(2.18)的前一项或前两项组成的外推装置。按式(2.18)的第一项组成外推器，因所用的$u(t)$的多项式是零阶的，故将该外推装置称为零阶保持器；而按式(2.18)的前两项组成外推装置，因所用多项式是一阶的，故将该外推装置称为一阶保持器。

2.3.1 零阶保持器

仅取式(2.18)幂级数的第一项，这时组成的外推器称为零阶保持器。因此，式(2.18)简化为

$$u_{\mathrm{h}}(t)=u(kT),\qquad kT\leqslant t<(k+1)T \tag{2.22}$$

式中，$u_{\mathrm{h}}(t)=u(t)$。

零阶保持器的特点是把kT时刻的采样值，简单地、不增不减地保持到下一个采样时刻$(k+1)T$到来之前。零阶保持器的输入输出关系如图2.9所示。

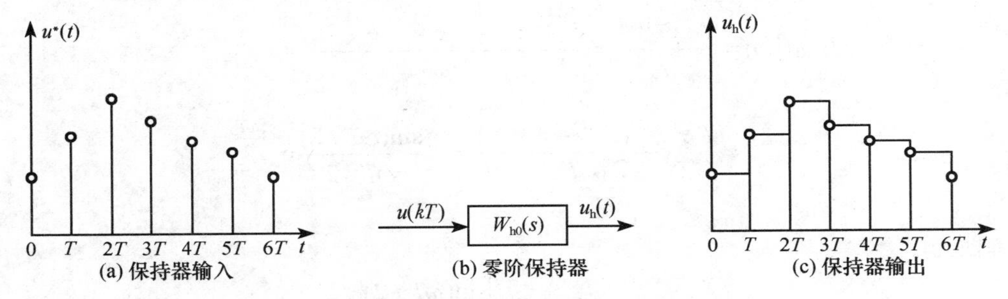

图2.9　零阶保持器输入输出的关系

为了对零阶保持器进一步分析，必须求出零阶保持器传递函数。因此，我们先求出保持器的脉冲响应函数，即在单位脉冲$\delta(t)$作用下，零阶保持器的输出响应函数$g_0(t)$。如图2.10(b)所示，它是高度为1宽度为T的方波。

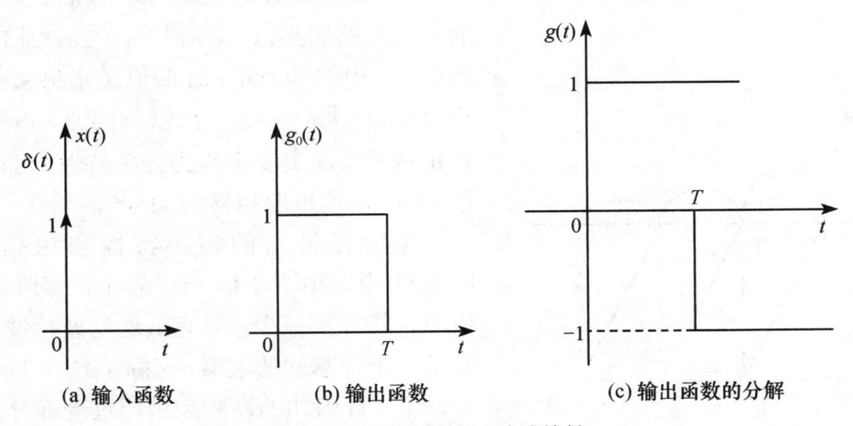

图2.10　零阶保持器时域特性

为了便于计算，把脉冲响应函数$g_0(t)$分解为图2.10 (c)，根据线性函数可加性，可表示为

$$g_0(t) = 1(t) - 1(t-T) \tag{2.23}$$

式中，$1(t)$ 是如下单位阶跃函数：

$$1(t) = \begin{cases} 1, & t \geqslant 0 \\ 0, & t < 0 \end{cases}$$

式(2.23)的拉普拉斯变换为

$$G_0(s) = L\left[g_0(t)\right] = \frac{1}{s} - \frac{1}{s}\mathrm{e}^{-sT} = \frac{1-\mathrm{e}^{-sT}}{s}$$

输入单位脉冲 $\delta(t)$ 的拉普拉斯变换为

$$X(s) = L\left[\delta(t)\right] = 1$$

故求得零阶保持器的传递函数为

$$W_{\mathrm{h}0}(s) = \frac{G_0(s)}{X(s)} = \frac{1-\mathrm{e}^{-sT}}{s} \tag{2.24}$$

令 $s = \mathrm{j}\omega$，代入式(2.24)得零阶保持器的频率特性为

$$\begin{aligned} W_{\mathrm{h}0}(\mathrm{j}\omega) &= \frac{1-\mathrm{e}^{-\mathrm{j}T\omega}}{\mathrm{j}\omega} = \frac{\mathrm{e}^{\mathrm{j}\frac{\omega T}{2}}\mathrm{e}^{-\mathrm{j}\frac{\omega T}{2}} - \mathrm{e}^{-\mathrm{j}\frac{\omega T}{2}}\mathrm{e}^{-\mathrm{j}\frac{\omega T}{2}}}{j\omega} \\ &= \frac{T\mathrm{e}^{-\mathrm{j}\frac{\omega T}{2}}\left(\mathrm{e}^{\mathrm{j}\frac{\omega T}{2}} - \mathrm{e}^{-\mathrm{j}\frac{\omega T}{2}}\right)}{\dfrac{2\mathrm{j}\omega T}{2}} = T\frac{\sin(\omega T/2)}{\omega T/2}\mathrm{e}^{-\mathrm{j}\frac{\omega T}{2}} \end{aligned} \tag{2.25}$$

幅频特性为

$$\left|W_{\mathrm{h}0}(\mathrm{j}\omega)\right| = T\frac{\left|\sin(\omega T/2)\right|}{\omega T/2}$$

相频特性为

$$\underline{/W_{\mathrm{h}0}(\mathrm{j}\omega)} = -\omega T/2 + k\pi, \quad k = \mathrm{INT}(\omega/\omega_{\mathrm{s}}) \tag{2.26}$$

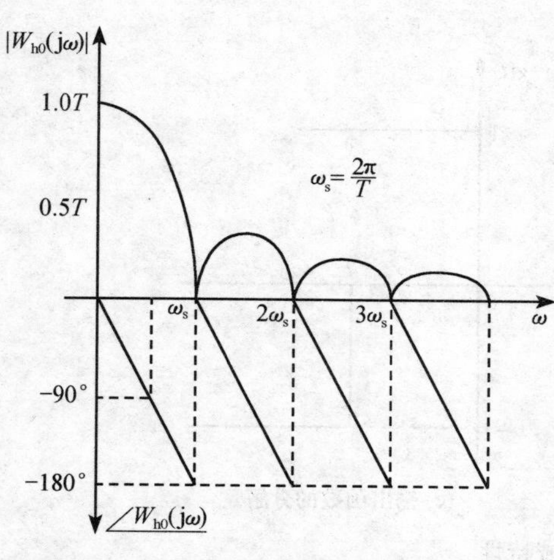

图 2.11　零阶保持器的幅频特性与相频特性

式中，$\mathrm{INT}(\cdot)$ 为取整函数，$\omega_{\mathrm{s}} = 2\pi/T$。注意，当 ω 的值从 0 增加到 ω_{s}，ω_{s} 到 $2\omega_{\mathrm{s}}$，$2\omega_{\mathrm{s}}$ 到 $3\omega_{\mathrm{s}}$，…时，式(2.25)中的 $\sin(\omega T/2)$ 的值是正负交替的，因此相位在 $\omega = k\omega_{\mathrm{s}} = 2\pi k/T$（$k = 1,2,3,\cdots$）处突变，这种正负符号的突变也称为开关特性，可以认为是相移 $\pm 180°$，这里取相移为 $+180°$。

零阶保持器的幅频特性和相频特性绘于图 2.11 中。由图 2.11 可以看出，零阶保持器的幅值随 ω 增加而减少，具有低通滤波特性。但是，它不是一个理想的滤波器，它除了允许主频谱通过之外，还允许附加的高频频谱通过一部分，因此，被恢复的信号 $u_{\mathrm{h}}(t)$ 与 $u(t)$ 是有差别的，图 2.9 中 $u_{\mathrm{h}}(t)$ 的阶梯波形就说明了这一点。

从相频特性上看，$u_{\mathrm{h}}(t)$ 比 $u(t)$ 平均滞后 $T/2$ 时间。零阶保持器附加了滞后相位移，增

加了系统不稳定因素。但是和一阶或高阶保持器相比，它具有最小的相位滞后，而且反应快，对稳定性影响相对减少，再加上容易实现，所以在实际系统中经常采样零阶保持器。

2.3.2 一阶保持器

如果仅取式(2.18)的前两项，组成的外推器称为一阶保持器。此时，式(2.18)简化为

$$u_{\mathrm{h}}(t)=u(kT)+u'(kT)(t-kT),\qquad kT\leqslant t<(k+1)T \tag{2.27}$$

式中，$u'(kT)$ 由式(2.19)给出，代入式(2.27)得

$$u_{\mathrm{h}}(t)=u(kT)+\frac{u(kT)-u\left[(k-1)T\right]}{T}(t-kT) \tag{2.28}$$

式(2.28)表示一阶保持器在相邻采样时刻 kT 与 $(k+1)T$ 之间的输出函数，是一个线性外推公式，外推的斜率是一阶差商。图2.12给出了一阶保持器工作情况，可见一阶保持器是利用最新的两个过去时刻采样值，以直线外推的方法获得本采样时刻到下采样时刻的信号插值。

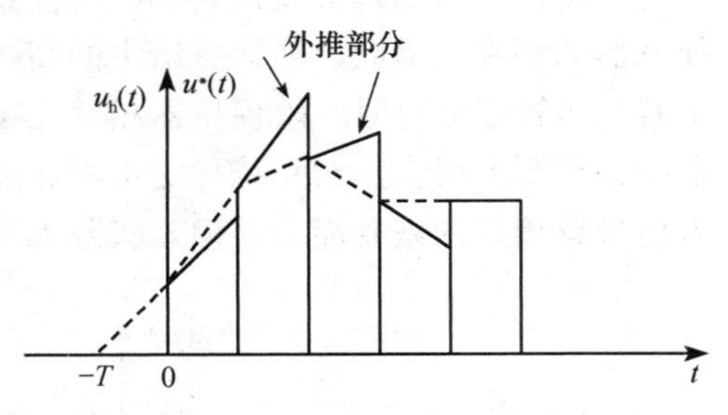

图2.12　一阶保持器工作情况

根据一阶保持器的外推可知，每个采样时刻的采样值其作用都是延长两个周期。下面分析推导一阶保持器的单位脉冲响应函数，如图2.13所示。

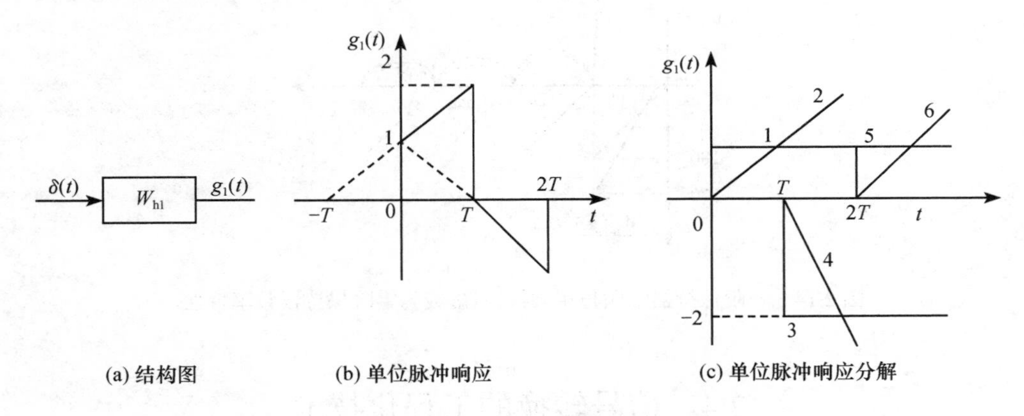

图2.13　一阶保持器的脉冲响应

图2.13(c)中，1为$1(t)$；2为$\dfrac{t}{T}\times 1(t)$；3为$-2\times 1(t-T)$；4为$-\dfrac{2(t-T)}{T}\times 1(t-T)$；5为$1(t-2T)$；6为$\dfrac{(t-2T)}{T}\times 1(t-2T)$。

$$\begin{aligned}g_1(t)=&1(t)+\frac{t}{T}\times 1(t)-2\times 1(t-T)-\frac{2(t-T)}{T}\times 1(t-T)\\&+1(t-2T)+\frac{(t-2T)}{T}\times 1(t-2T)\end{aligned} \tag{2.29}$$

取拉普拉斯变换得

$$W_{h1}(s)=\frac{1}{s}+\frac{1}{T}\cdot\frac{1}{s^2}-\frac{2}{s}e^{-sT}-\frac{2}{T}\cdot\frac{1}{s^2}\cdot e^{-sT}+\frac{1}{s}e^{-2sT}+\frac{1}{T}\cdot\frac{1}{s^2}e^{-2sT}$$

合并整理可得

$$W_{h1}(s)=T(1+sT)\left(\frac{1-e^{-sT}}{sT}\right)^2 \tag{2.30}$$

频率特性为

$$W_{h1}(j\omega)=T\sqrt{1+(\omega T)^2}\left[\frac{\sin(\omega T/2)}{\omega T/2}\right]^2\cdot\angle -\omega T+\arctan\omega T \tag{2.31}$$

一阶保持器的幅频特性与相频特性绘于图 2.14 中。可见，一阶保持器的幅频特性比零阶保持器的要高，因此，离散频谱中的高频变量通过一阶保持器更容易些。另外，从相频特性上看，尽管在低频时一阶保持器相移比零阶保持器要小，但是在整个频率范围内，一阶保持器的相移要大得多，对系统稳定不利。加之一阶保持器结构复杂，所以虽然一阶保持器对输入信号有较好的恢复能力，但是实际上较少采用。

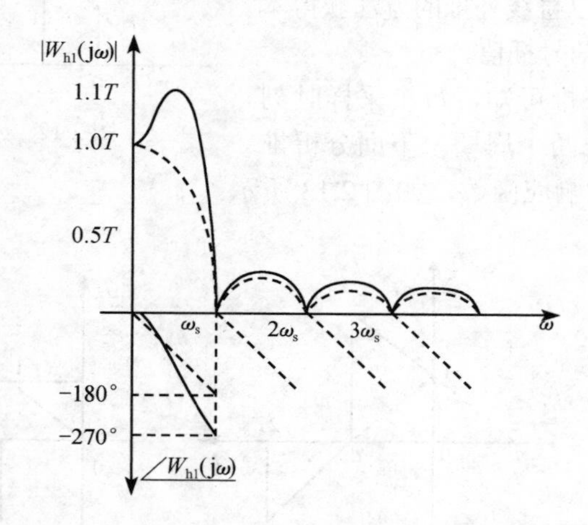

图 2.14　一阶保持器幅频与相频特性(虚线为零阶保持器频率特性)

2.4　信号转换的工程化技术

2.4.1　A/D 转换的基本工程化技术

1. A/D 转换的性能指标

1）A/D 精度

A/D 精度指转换后所得数字量相当于实际模拟量值的准确度,即指对应一个给定的数字量的实际模拟量输入与理论模拟量输入接近的程度。对应于同一个数字量，其模拟输入是一个范围，因此，对应一个已知数字量的输入模拟量，定义为模拟量输入范围的中间值。例如，一个 A/D 转换器理论上 5V 对应数字量 800H，但实际上 4.997～4.999V 均产生数字量 800H，那么绝对误差将为｜(4.997+4.999)/2−5｜=2mV，或者相对误差将为｜(4.997+4.999)/2−5｜/5=0.04%。

A/D 转换器精度的数字部分由 A/D 转换器的位数决定，模拟部分由比较器、T 型网络中的电阻以及基准电源的误差决定。

2）分辨率

A/D 转换器的分辨率是指输出数字量对输入模拟量变化的分辨能力，利用它可以决定使输出数码增加(或减少)一位所需要的输入信号最小变化量。如 ADC0809 芯片能够输出 8 位数字量，则称它的分辨率为 8 位。设 A/D 转换器的位数为 n，则 A/D 转换器的分辨率为

$$D=\frac{1}{2^n-1} \tag{2.32}$$

有时也用最小有效位 LSB 所代表的模拟量来表示，如 12 位 A/D 芯片的分辨率为

$$D=\frac{1}{2^{12}-1}=\frac{1}{4095}=2.44\times10^{-4}$$

如果输入电压最大值为 5V，则 12 位 A/D 芯片能够分辨的输入电压最小变化量为

$$\frac{5\,\text{V}}{2^{12}-1}=1.22\,\text{mV}$$

3）转换时间

设 A/D 转换器已经处于就绪状态，从 A/D 转换的启动信号加入时起，到获得数字输出信号(与输入信号对应之值)为止所需的时间称为 A/D 转换时间。该时间的倒数称为转换速率。A/D 的转换速率与 A/D 的位数有关，一般来说，A/D 的位数越大，则相应的转换速率就越慢。逐次逼近式 A/D 转换器转换时间为几微秒到几百微秒，双积分式 A/D 转换器的转换时间为几十毫秒到几百毫秒。

4）量程

量程指测量的模拟量的变化范围，一般有单极性(如 0～10V、0～20V)和双极性(如−5～+5V、−10～+10V)两种。为了充分发挥 A/D 转换器件的分辨率，应尽量通过调理环节使待转换信号的变化范围充满量程。

2. A/D 转换的典型芯片

ADC0809 是一种采用逐次逼近式转换原理的 8 位 8 通道的 A/D 转换器芯片，通过外部控制，可从 8 路输入模拟量中选择 1 路进行 A/D 转换，输出 8 位数字量。以下是 ADC0809 的主要特性参数。

分辨率：8 位，零位误差和满量程误差均小于 0.5LSB。

量程：0～5V。

通道：8 个模拟量输入通道，有通道地址锁存、输出数据三态锁存功能。

转换时间：约为 $100\,\mu\text{s}$。

工作温度范围：−40～+85℃。

功耗：15mW。

电源：单一的+5V 电源供电。

AD574A 是 12 位的 A/D 转换芯片，转换时间约为 $25\,\mu\text{s}$，采用逐次逼近式转换原理，内部含有脉冲时钟源和基准电压源，可以接收单极性和双极性模拟电压信号输入。

3. A/D 转换的数据传输方式

1）查询方式

查询方式的传送是由 CPU 执行输入指令启动并完成的，每次传送数据之前，要先输入 A/D 转换器的状态，经过查询符合条件后才可以进行数据的输入。查询传送方式有比较大的

灵活性，可以协调好计算机和外部设备之间的工作节奏，但由于在读写数据端口指令之前需要重复执行多次查询状态的指令，尤其在外部设备速度比较慢的情况下，会造成 CPU 效率大大降低。唯有在 CPU 除了采集数据和简单的计算外没有很多工作要做的情况下才适合用查询方式。

2）中断方式

在要求一旦数据转换完成就及时输入数据，或 CPU 同时要处理很多工作的情况下，应采用中断方式。转换完成信号经过中断管理电路发出中断请求，CPU 通过中断服务子程序中读入转换结果。中断方式可以省掉重复烦琐的查询，并可及时响应外部设备的要求。在这种方式下，CPU 和外部设备基本上实现了并行工作，但由于增加了中断管理功能，因此对应的接口电路和程序要比查询方式复杂。

3）DMA 方式

在高速数据采集系统中，不仅要选用高速 A/D 转换电路，而且传送转换结果也要求非常及时迅速，为此可以考虑选用 DMA 方式。这就需要检查计算机保留的 DMA 通道，连接有关 DMA 请求及应答信号，而且要修改 DMA 控制电路的初始化编程。

4. A/D 转换的输入信号形式

在计算机控制系统内，A/D 输入信号可以有单极性和双极性两种形式。通过对参考电压的不同连接，可以构成不同的模拟量输入电路。图 2.15 中，ADC0809 相关引脚如下：

D_7～D_0 为 8 路数字量输出引脚，D_7 为最高位，D_0 为最低位；

IN_0～IN_7 为 8 路模拟量输入端，ADDA、ADDB、ADDC 为 3 位地址输入线，用于选通 8 路模拟输入中的 1 路；

START 为 A/D 转换启动信号(输入，高电平有效)；EOC 为 A/D 转换结束信号(输出，转换期间该端一直为低电平，当 A/D 转换结束时，输出一个高电平)；

OE 为数据输出允许信号(输入，高电平有效)，当 A/D 转换结束时，向该端输入一个高电平，才能打开输出三态门，输出数字量。

$V_{REF(+)}$、$V_{REF(-)}$为基准电压引脚，基准电压的取值范围为−10～+10V，可视实际情况选择。

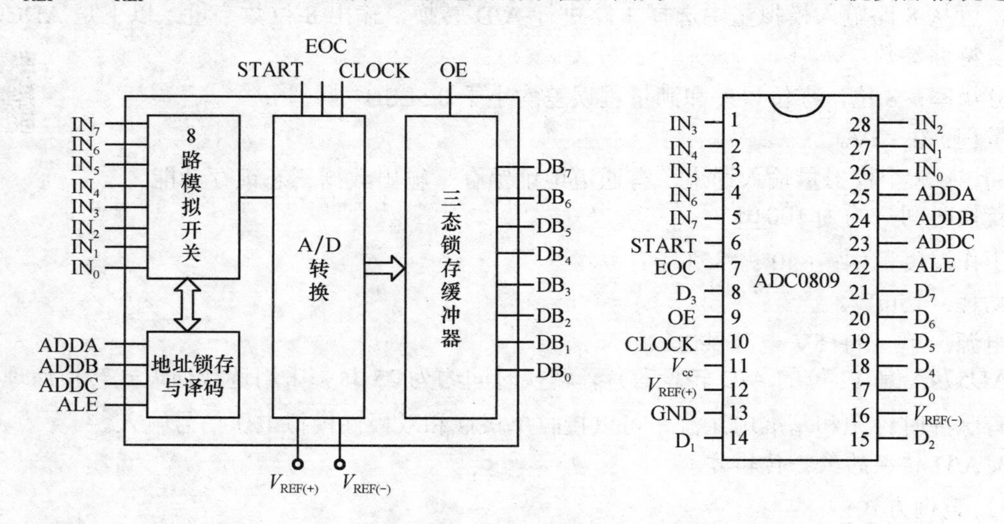

图 2.15 ADC0809 的功能框图与引脚图

A/D 转换器的输入电压 V_{in}，位数 n，参考电压 $V_{REF(+)}$、$V_{REF(-)}$的关系为

$$D=\frac{V_{in}-V_{REF(-)}}{V_{REF(+)}-V_{REF(-)}}\times 2^n \tag{2.33}$$

ADC0809 为 8 位 A/D 转换器，故 n=8，应用单极性形式转换时，若取基准电压 $V_{REF(+)}$=5V，$V_{REF(-)}$=0V，输入模拟电压 V_{in}=1.5V，则 D=[(1.5–0)/(5–0)]×256=76.8≈77=4DH；应用双极性形式转换时，若取基准电压 $V_{REF(+)}$=+5V，$V_{REF(-)}$=–5V，输入模拟电压 V_{in}=–1.5V，则 D=[(–1.5+5)/(5+5)]×256=89.6≈90=5AH。

5. A/D 转换芯片的选择

选择 A/D 芯片时，除了要满足用户的各种技术要求外，还必须注意 A/D 的输出方式、A/D 芯片对启动信号的要求、A/D 的转换精度和转换时间、A/D 的稳定性及抗干扰能力等。A/D 转换器的精度与传感器的精度有关，一般比传感器的精度高一个数量级；A/D 转换器转换速率的选择还与系统的频带密切相关。

根据输入模拟信号的动态范围可以选择 A/D 转换器的位数。设 A/D 转换器的位数为 n，模拟输入信号的最大值 u_{max} 为 A/D 转换器的满刻度，则模拟输入信号的最小值 u_{min} 应大于或等于 A/D 转换器的最低有效位。即有

$$\frac{u_{max}}{2^n-1}\leqslant u_{min} \tag{2.34}$$

所以

$$n\geqslant \lg(u_{max}/u_{min}+1)/\lg 2 \tag{2.35}$$

6. A/D 转换的标度变换

被控对象的被控量如质量、温度、速度、压力、流量、电压、电流等物理量，在控制领域常被称为工程量。在进行计算机系统的 A/D 转换即采样前，需要使用变送器将其变成标准电信号，如 0～10V、0～20V 或 4～20mA，进而通过 A/D 转换变成数字量，因此在计算机控制系统的反馈通道中，信号的变换需要经过以下过程：物理量→传感器信号→标准电信号→A/D 转换信号(数字量)。

另外，在计算机系统内部对于被控量的处理，如编程、显示、存储等，使用的一般还是被控对象的工程量，而不是经过 A/D 转换后的数字量，因此需要对经过 A/D 转换得到的数字量进行标度转化，将采样得到的数字量重新转换为工程量，该过程相当于前述信号转化的逆过程，只不过是通过软件编程实现的。

假定物理量为 A，范围为 A_0～A_m，实时物理量为 X；标准电信号为 B_0～B_m，实时电信号为 Y；A/D 转换后数字量为 C_0～C_m，实时数字量为 C。即 C_0 对应于 B_0 和 A_0，C_m 对应于 B_m 和 A_m，C 对应于 Y 和 X，则函数关系为 $Y=f(X)$，$C=g(Y)$，其中 $f(\cdot)$ 和 $g(\cdot)$ 为映射函数。

假设映射为线性关系，于是由 $Y=f(X)$ 得

$$Y=\frac{B_m-B_0}{A_m-A_0}(X-A_0)+B_0 \tag{2.36}$$

由 $C=g(Y)$ 得

$$C=\frac{C_m-C_0}{B_m-B_0}(Y-B_0)+C_0 \tag{2.37}$$

若 $B_0=0$，得

$$C = \frac{C_m - C_0}{A_m - A_0}(X - A_0) + C_0 \tag{2.38}$$

由式(2.38)得

$$X = \frac{(A_m - A_0) \times (C - C_0)}{C_m - C_0} + A_0 \tag{2.39}$$

式中，C 为计算机已知的数字量，计算得到的 X 就是被检测的工程量。

以 PLC S7-200 和 0～5V 标准输入信号为例。经 A/D 转换器转换后，得到的数值是 6400～32000，C_0=6400，C_m=32000，于是有

$$X = \frac{(A_m - A_0) \times (C - 6400)}{32000 - 6400} + A_0$$

若温度传感器检测的温度范围为–10～60℃，用上述的方程可表达为

$$X = \frac{70(C - 6400)}{25600} - 10$$

当计算机的 A/D 转换数据，即采样数据为 C=16000 时，得到 X=16.25，意味着此时温度值为 16.25℃。

2.4.2 D/A 转换的基本工程化技术

1. D/A 转换的性能指标

1）D/A 精度

D/A 精度指实际输出模拟量值与理论值之间接近的程度。例如，一个 D/A 转换器，某二进制数码的理论输出为 2.5V，实际输出值为 2.45V，则该 D/A 转换器的精度为 2%。若已知 D/A 转换器的精度为±0.1%，则理论输出为 2.5V 时，其实际输出值可在 2.5025～2.4975V 变化。

D/A 转换器的精度与 D/A 转换器的字长、基准电压有关，主要由线性误差、增益误差及偏移误差的大小决定，如图 2.16 所示。

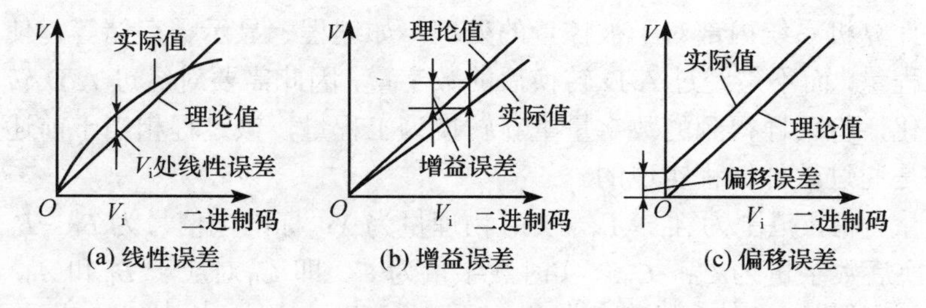

图 2.16　D/A 转换器的误差

2）分辨率

D/A 转换器的分辨率是指输入数字量发生单位数码变化时输出模拟量的变化量。分辨率也常用数字量的位数来表示，如对于分辨率为 12 位的 D/A 转换器，表示它可以对满量程的 $1/2^{12}$=1/4096 的增量做出反应。

分辨率与精度是不同的两个概念，原理上两者无直接关系。分辨率是指在精度无限高的理想情况下，D/A 转换器的输出最小电压增量的能力，它完全由 D/A 转换器的位数所决定。精度是指在给定分辨率最小电压增量的条件下，D/A 输出电压的准确度。虽然二者为不同的

概念，但在一个系统里它们应当协调一致。如果分辨率很高，即位数很多，那么精度也应当要求较高，否则高精度也是无效的。反之，分辨率很低，但精度很高，也是不合理的。

3）转换时间

对于 D/A 转换器来说，从接收一组数字量时起到完成转换输出模拟量为止所需的时间称为 D/A 转换时间。由于 D/A 转换器并行接收数字量输入，每位代码是同时转换为模拟量的，故这种转换的速度很快，一般为微秒级，有时可以短到几十纳秒。

一般情况下，D/A 转换器芯片中，都含有数字量输入锁存环节，可以对所接收的一组数字量进行锁存，在 D/A 转换器接收下一组数字量之前，该锁存器的内容保持不变，相应的模拟量输出也保持不变，这实际上是 D/A 转换器的零阶保持功能。

4）输出电平与代码形式

对于 D/A 来说，不同型号的 D/A 转换器的输出电平相差较大，一般为 5～10V，高压输出型的输出电平可达 24～30V。还有一些电流输出型，低的有 20mA，高的可达 3A。D/A 转换器单极性输出时，有二进制码、BCD 码；当双极性输出时，有原码、补码、偏移二进制码等。

2. D/A 转换的主要芯片

常用的 8 位 D/A 转换器芯片 DAC0832 内，有 R-2R T 型电阻网络，用于对基准电流进行分流，完成数字量输入到模拟量输出的转换。在实际应用中，通常采用外加运算放大器的方法，将 DAC0832 的电流输出转换为电压输出。以下是 DAC0832 的主要特性参数。

输入数字量分辨率：8 位。

电流建立时间：1 μs 。

精度：1LBS。

基准电压：−10～+10V。

电源电压：5～15V。

输入电平：符合 TTL 电平标准。

功耗：20mW。

常用的 12 位 D/A 转换器 DAC1208/DAC1209/DAC1210，与 DAC0832 相比，除分辨率不同外，其转换原理基本相同。

3. D/A 转换的输出方式

在控制系统中需要有多个 D/A 转换通道时，常用图 2.17 所示的两种实现方式。图 2.17(a)由于采用了多个 D/A 转换器，硬件成本较高，但当要求同时对多个对象进行精确控制时，这种方案可以很好地满足要求。图 2.17(b)的实现方案中，由于只用了一个 D/A 转换器、多路开关和相应的采样保持器，因此比较经济。

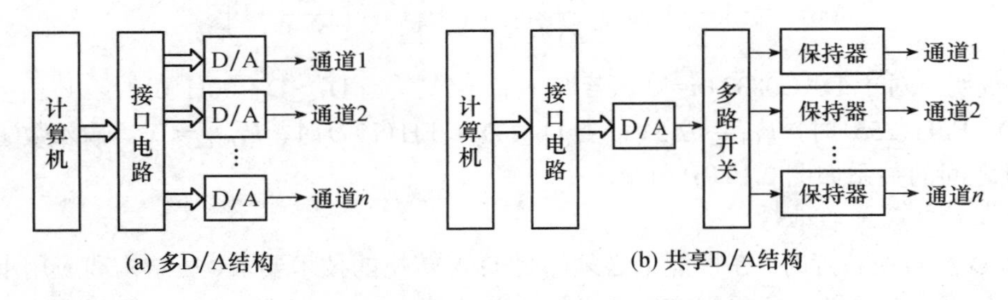

图 2.17　模拟量输出通道的两种实现结构图

4. D/A 转换的输出信号形式

在计算机控制系统中，D/A 输出信号也可以有单极性和双极性两种形式。通过对输出电路的不同连接，也可以构成不同的模拟量输出电路。DAC0832 相关引脚如下。

D_7～D_0 为 8 路数字量输入引脚，D_7 为最高位，D_0 为最低位；

I_{OUT1} 为转换电流信号输出引脚 1，是逻辑电平为“1”的各数字量所对应模拟电流之和；

I_{OUT2} 为转换电流信号输出引脚 2，是逻辑电平为“0”的各数字量所对应模拟电流之和；

R_{FB} 为内置反馈电阻引线端，用于把芯片内部的标准电阻引出，作为外接运放的反馈电阻；

V_{REF} 为基准电压引脚，基准电压的取值范围为–10～+10V，可视实际情况选择。

如图 2.18(a)所示，运算放大器 A_1 在电路中起反相比例求和作用，可以实现 D/A 的单极性输出。此时，V_{OUT1}、V_{REF}、D_7～$D_0(D)$ 的关系为

$$V_{OUT1} = -V_{REF} D / 2^n \tag{2.40}$$

式(2.40)说明，对于 DAC0832(n=8)，若取 V_{REF} =5V，当 D_7～D_0=00H(0)时，V_{OUT1}=0V。

当 D_7～D_0=FFH(255)时，V_{OUT1}=–5V；当 D_7～D_0=7FH(127)时，V_{OUT1}=–2.5V。输入数字量与输出物理量之间的关系如图 2.18 (b)所示。

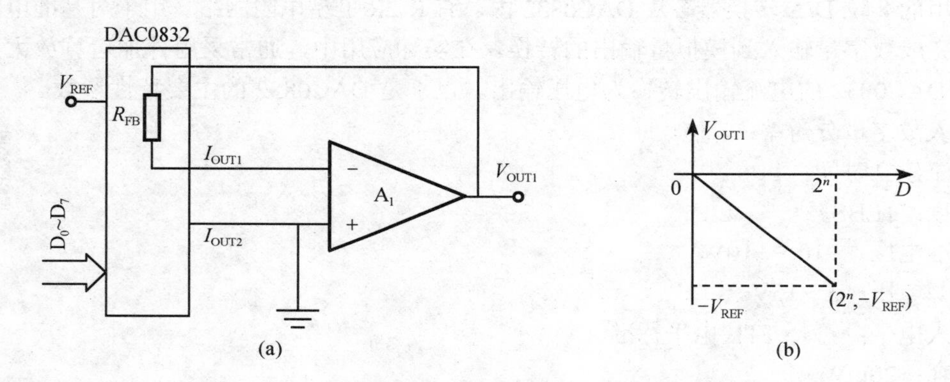

图 2.18　DAC0832 的单极性输出方式与变换关系

将图 2.18(a)稍加改动，可以实现 D/A 的双极性输出。如图 2.19(a)所示。V_{REF} 经电阻 R_1 向运算放大器 A_2 提供一个偏流 I_1，其电流与 I_2 相反，所以运算放大器 A_2 输入的电流为 I_2 与 I_1 的差，由于 R_2=0.5R_1，因此，V_{REF} 产生的偏流为运算放大器 A_1 输出电流的 1/2，正好使运算放大器 A_2 的输出在运算放大器 A_1 的基础上偏移 0.5V_{REF}。此时，V_{OUT2}、V_{REF}、D_7～$D_0(D)$ 的关系为

$$V_{OUT2} = -\left(\frac{R_3}{R_1}V_{REF} + \frac{R_3}{R_2}V_{OUT1}\right) = \frac{1}{2}V_{REF}\left(\frac{D}{2^{n-1}} - 1\right) \tag{2.41}$$

式(2.41)说明，对于 DAC0832(n=8)，若取 V_{REF} =5V，当 D_7～D_0=00H(0)时，V_{OUT2}=–2.5V；当 D_7～D_0=FFH(255)时，V_{OUT2}=2.5V；当 D_7～D_0=7FH(127)时，V_{OUT2}=0V。输入数字量与输出物理量之间的关系如图 2.19(b)所示。

5. D/A 转换芯片的选择

选择 D/A 转换芯片时，在性能上必须满足 D/A 转换的技术要求，在结构和应用上满足接口方便、外围电路简单、价格低廉等要求。在芯片选择时，主要考虑的是用位数(字长)表示的转换分辨率、转换精度及转换时间。

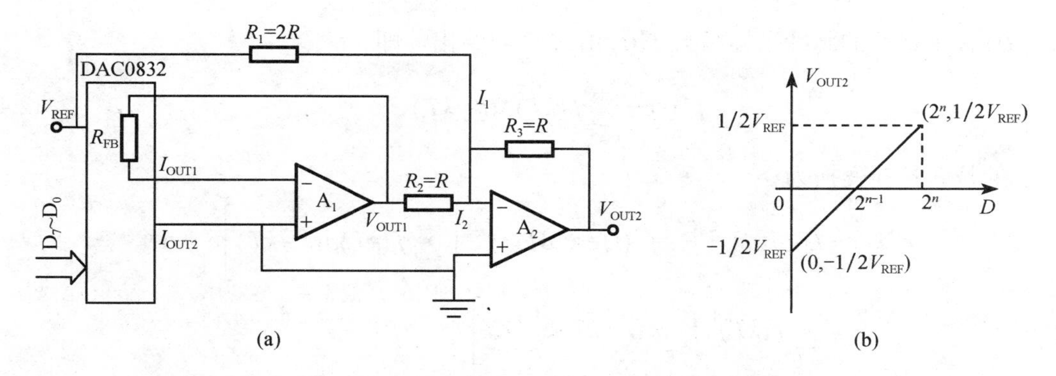

图 2.19　DAC0832 的双极性输出方式与变换关系

对于 D/A 转换器的字长的选择，可以由计算机控制系统中 D/A 转换器后面的执行机构的动态范围来选定。设执行机构的最大输入为 $u_{\max}$，执行机构的死区电压为 u_{R}，D/A 转换器的字长为 n，则计算机控制系统的最小输出单位应小于执行机构的死区，即

$$\frac{u_{\max}}{2^n-1} \leqslant u_{\mathrm{R}} \tag{2.42}$$

所以

$$n \geqslant \lg(u_{\max}/u_{\mathrm{R}}+1)/\lg 2 \tag{2.43}$$

6. D/A 转换的标度变换

D/A 转换是将数字量转换为模拟量，进而通过执行机构编程驱动被控对象的工程量，如电压、电流、位置信号等，在计算机控制系统中上述过程主要发生在前向通道。另一方面，在计算机内部使用的一般是工程量，因此在进行 D/A 转换前，需要将工程量转换为数字量，即进行标度变换，该过程相当于 D/A 转换的逆过程。

在计算机控制系统的前向通道中，信号的变换需要经过以下过程：数字量→D/A 转换信号(标准电信号)→执行机构→物理量。为简单起见，这里假设各环节的变换皆为线性变换关系，上述过程恰是 A/D 变换过程中信号变换的逆过程，因此 A/D 变换过程的标度变换公式仍然适用，即式(2.38)仍然成立，即

$$C=\frac{C_{\mathrm{m}}-C_0}{A_{\mathrm{m}}-A_0}(X-A_0)+C_0 \tag{2.44}$$

不过，式(2.44)中，X 为计算机内部计算得到的物理量，即执行机构输出的物理量，范围为 A_0～A_{m}；C 为与 X 对应的数字量，即 D/A 变换前的数字量，范围为 C_0～C_{m}。

2.5　z 变换

z 变换是由拉普拉斯变换引出的，是拉普拉斯变换的特殊形式，它将在离散系统的分析及设计中发挥重要作用。

2.5.1　z 变换的定义

设连续函数 $f(t)$ 是可以进行拉普拉斯变换的，它的拉普拉斯变换被定义为

$$F(s)=L[f(t)]=\int_{-\infty}^{\infty} f(t)\mathrm{e}^{-st}\,\mathrm{d}t \tag{2.45}$$

$f(t)$ 被采样后的脉冲采样函数 $f^*(t)$ 由式(2.4)给出，即

$$f^*(t)=\sum_{k=0}^{\infty}f(kT)\delta(t-kT) \tag{2.46}$$

它的拉普拉斯变换为

$$\begin{aligned}F^*(s)=L[f^*(t)]&=\int_{-\infty}^{\infty}f^*(t)\mathrm{e}^{-st}\,\mathrm{d}t=\int_{-\infty}^{\infty}\left[\sum_{k=0}^{\infty}f(kT)\delta(t-kT)\right]\mathrm{e}^{-st}\,\mathrm{d}t\\&=\sum_{k=0}^{\infty}f(kT)\left[\int_{-\infty}^{\infty}\delta(t-kT)\mathrm{e}^{-st}\,\mathrm{d}t\right]\end{aligned}$$

根据单位脉冲函数 $\delta(t)$ 的性质

$$\int_{-\infty}^{\infty}\delta(t-kT)\mathrm{e}^{-st}\,\mathrm{d}t=\mathrm{e}^{-skT}=L[\delta(t-KT)]$$

得

$$F^*(s)=\sum_{k=0}^{\infty}f(kT)\mathrm{e}^{-skT} \tag{2.47}$$

式中，$F^*(s)$ 是脉冲采样函数的拉普拉斯变换式，因复变量 s 含在指数 e^{-skT} 中，不便计算，故引进一个新变量。令

$$z=\mathrm{e}^{sT} \tag{2.48}$$

式中，s 为复数；z 为复变函数；T 为采样周期。

将式(2.48)代入式(2.47)中，可以得到以 z 为变量的函数，即

$$F(z)=\sum_{k=0}^{\infty}f(kT)z^{-k} \tag{2.49}$$

式(2.49)被定义为采样函数 $f^*(t)$ 的 z 变换。$F(z)$ 是 z 的无穷幂级数之和，式中一般项的物理意义是，$f(kT)$ 表示时间序列的强度，z^{-k} 表示时间序列出现的时刻，相对时间的起点延迟了 k 个采样周期。因此，$F(z)$ 既包含了信号幅值的信息，又包含了时间信息。式(2.46)、式(2.47)和式(2.49)分别是采样信号在时域、s 域和 z 域的表达式。可见，s 域中的 e^{-skT}、时域中的 $\delta(t-kT)$ 和 z 域中的 z^{-k} 均表示信号延迟了 k 步，体现了信号的定时关系。因此，应记住 z 变换中 z^{-1} 代表信号滞后了一个采样周期，可称为单位延迟因子。在 z 变换过程中，由于仅仅考虑采样时刻的采样值，因此式(2.49)只能表征采样函数 $f^*(t)$ 的 z 变换，也只能表征连续时间函数 $f(t)$ 在采样时刻上的特性，而不表征采样点之间的特性。我们习惯称 $F(z)$ 是 $f(t)$ 的 z 变换，指的是 $f(t)$ 经采样后 $f^*(t)$ 的 z 变换，即

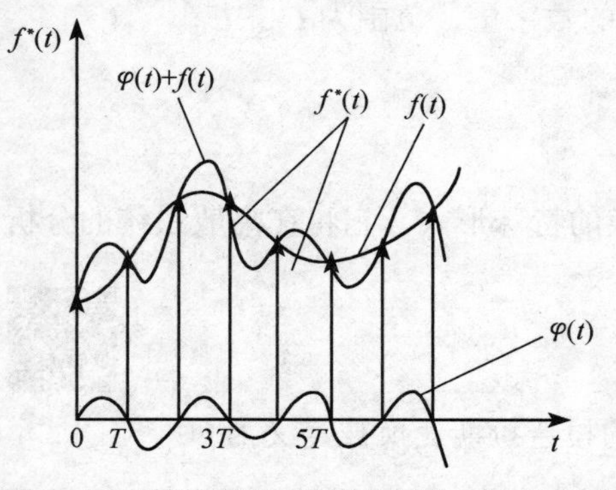

图 2.20　采样时刻为零值的函数 $\varphi(t)$ 的影响

$$Z[f(t)]=Z[f^*(t)]=F(z)=\sum_{k=0}^{\infty}f(kT)z^{-k} \tag{2.50}$$

这里应特别指出，z 变换的非一一对应性。任何采样时刻为零值的函数 $\varphi(t)$（图 2.20）与 $f(t)$ 相加，得曲线 $f(t)+\varphi(t)$，将不改变 $f^*(t)$ 的采样值，因而它们的 z 变换相同。由此可见，采样函数 $f^*(t)$ 与

$F(z)$ 是一一对应关系，$F(s)$ 与 $f(t)$ 是一一对应的，而 $F(z)$ 与 $f(t)$ 不是一一对应关系，一个 $F(z)$ 可以有无穷多个 $f(t)$ 与之对应。

2.5.2　z 变换的方法

求取采样函数的 z 变换有多种方法，每种方法的适用性和各自的特点不同，下面介绍几种常用方法。

1. 级数求和法

它是利用式(2.50)直接展开而得，下面举例说明。

例 2.1　求单位阶跃函数 $1(t)$ 的 z 变换。

解　单位阶跃函数 $1(t)$ 在任何采样时刻的值均为 1(图 2.21(a))，即

$$f(kT)=1(kT)=1, \quad k=0,1,2,\cdots$$

代入式(2.50)中，得

$$F(z)=\sum_{k=0}^{\infty} f(kT)z^{-k}=1z^{0}+1z^{-1}+1z^{-2}+\cdots+1z^{-k}+\cdots \tag{2.51}$$

将式(2.51)两边乘以 z^{-1}，有

$$z^{-1}F(z)=z^{-1}+z^{-2}+\cdots+z^{-k}+\cdots \tag{2.52}$$

上两式相减得

$$F(z)-z^{-1}F(z)=1 \tag{2.53}$$

所以

$$F(z)=\frac{1}{1-z^{-1}}=\frac{z}{z-1} \tag{2.54}$$

式(2.51)为单位阶跃函数 z 变换的级数展开式，式(2.54)为其闭合形式。从式(2.51)可以清楚地看出，原函数在各个采样时刻采样值的大小及分布情况。z^{-k} 可以看作时序变量。另外从式(2.51)也可看出，已知一连续函数 $f(t)$，可以利用 z 变换定义式很容易地写出 z 变换的级数展开式。由于无穷级数是开放的，在运算中不方便，因此往往希望求出其闭合形式，这往往需要一定技巧。

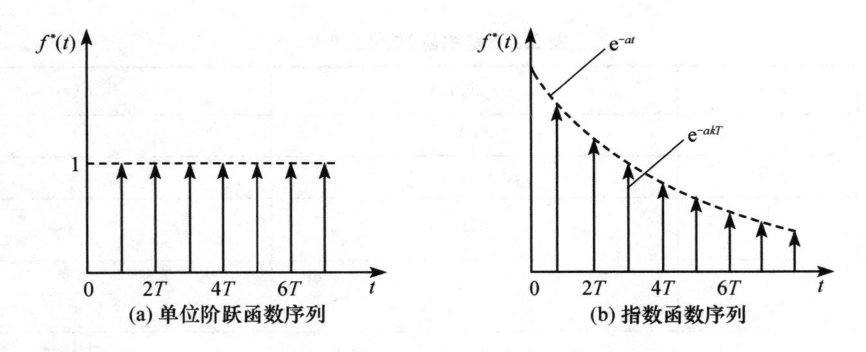

图 2.21　单位阶跃函数与指数函数的 z 变换

例 2.2　求衰减指数的 z 变换。

$$f(t)=\begin{cases}0, & t<0\\ e^{-at}, & t\geqslant 0\end{cases}$$

解 令 $t=kT$。指数函数 e^{-at} 在各个采样时刻的值为(图 2.21(b))。

$$f(kT)=e^{-akT},\quad k=0,1,2,\cdots$$

代入式(2.50)中得

$$F(z)=\sum_{k=0}^{\infty}e^{-akT}z^{-k}=1+e^{-aT}z^{-1}+e^{-2aT}z^{-2}+\cdots+e^{-akT}z^{-k}+\cdots$$

将两边同乘以 $e^{-aT}z^{-1}$ 得

$$e^{-aT}z^{-1}F(z)=e^{-aT}z^{-1}+e^{-2aT}z^{-2}+\cdots+e^{-akT}z^{-k}+\cdots$$

将上两式相减得到

$$F(z)-e^{-aT}z^{-1}F(z)=1$$

即

$$F(z)=\frac{1}{1-e^{-aT}z^{-1}}=\frac{z}{z-e^{-aT}}$$

2. 部分分式法

设连续函数 $f(t)$ 的拉普拉斯变换 $F(s)$ 为有理函数，具体形式如下：

$$F(s)=\frac{M(s)}{N(s)}$$

式中，$M(s)$ 与 $N(s)$ 都是复变量 s 的多项式。通常无重极点的 $F(s)$ 能够分解成如下部分分式形式：

$$F(s)=\sum_{i=1}^{n}\frac{A_i}{s+a_i},\quad A_i=(s+a_i)F(s)|_{s=-a_i}$$

它是相应的连续时间函数，$f(t)$ 为诸指数函数 $A_i e^{-a_i t}$ 之和，根据例 2.2 可知，其对应的 z 变换形式为 $A_i/(1-e^{-aT}z^{-1})$，这样利用已知的典型函数 z 变换或查表(表 2.2)，便可求出各个环节的 z 变换，进而求出整个函数 $F(s)$ 的 z 变换 $F(z)$，即 $F(z)=Z[F(s)]$。现举例说明此方法。

表 2.2　常用函数的 z 变换

序号	$F(s)$	$f(t)$或$f(k)$	$F(z)$
1	1	$\delta(t)$	1
2	e^{-kTs}	$\delta(t-kT)$	z^{-k}
3	$\frac{1}{s}$	$1(t)$	$\frac{1}{1-z^{-1}}$
4	$\frac{1}{s^2}$	t	$\frac{Tz^{-1}}{(1-z^{-1})^2}$
5	$\frac{1}{s^3}$	$\frac{1}{2}t^2$	$\frac{T^2z^{-1}(1+z^{-1})}{2(1-z^{-1})^3}$
6	$\frac{1}{s+a}$	e^{-at}	$\frac{1}{1-e^{-aT}z^{-1}}$
7		a^k	$\frac{1}{1-az^{-1}}$

续表

序号	$F(s)$	$f(t)$或$f(k)$	$F(z)$
8	$\dfrac{1}{(s+a)^2}$	$t\,\mathrm{e}^{-at}$	$\dfrac{T\,\mathrm{e}^{-aT}z^{-1}}{(1-\mathrm{e}^{-aT}z^{-1})^2}$
9	$\dfrac{\omega}{s^2+\omega^2}$	$\sin\omega t$	$\dfrac{(\sin\omega T)z^{-1}}{1-2(\cos\omega T)z^{-1}+z^{-2}}$
10	$\dfrac{s}{s^2+\omega^2}$	$\cos\omega t$	$\dfrac{1-(\cos\omega T)z^{-1}}{1-2(\cos\omega T)z^{-1}+z^{-2}}$
11		$a^k\cos k\pi$	$\dfrac{1}{1+az^{-1}}$

例 2.3 求$F(s)=\dfrac{a}{s(s+a)}$的 z 变换。

解 因为$F(s)=\dfrac{a}{s(s+a)}=\dfrac{1}{s}-\dfrac{1}{s+a}$，与$\dfrac{1}{s}$相对应的连续时间函数是$1(t)$，相应的 z 变换是$\dfrac{1}{1-z^{-1}}$；与$\dfrac{1}{s+a}$相对应的连续函数是e^{-at}，相应的 z 变换是$\dfrac{1}{1-\mathrm{e}^{-aT}z^{-1}}$，所以

$$F(z)=\frac{1}{1-z^{-1}}-\frac{1}{1-\mathrm{e}^{-aT}z^{-1}}=\frac{(1-\mathrm{e}^{-aT})z^{-1}}{(1-z^{-1})(1-\mathrm{e}^{-aT}z^{-1})}$$

例 2.4 求$F(s)=\dfrac{s+3}{(s+2)^2(s+1)}$的 z 变换$F(z)$。

解 将$F(s)$分解成部分分式

$$F(s)=\frac{A}{(s+2)^2}+\frac{B}{s+2}+\frac{C}{s+1}$$

求得 A、B、C 分别为

$$A=\left[\frac{s+3}{(s+2)^2(s+1)}(s+2)^2\right]_{s=-2}=-1$$

$$B=\left\{\frac{\mathrm{d}}{\mathrm{d}s}\left[\frac{s+3}{(s+2)^2(s+1)}(s+2)^2\right]\right\}_{s=-2}=\frac{(s+1)-(s+3)}{(s+1)^2}\bigg|_{s=-2}=-2$$

$$C=\left[\frac{s+3}{(s+2)^2(s+1)}(s+1)\right]_{s=-1}=2$$

所以

$$F(s)=\frac{-1}{(s+2)^2}-\frac{2}{s+2}+\frac{2}{s+1}$$

式中等号右边第一项不常见，查表 2.2 得

$$F(z)=\frac{-T\,\mathrm{e}^{-2T}z^{-1}}{(1-\mathrm{e}^{-2T}z^{-1})^2}-\frac{2}{1-\mathrm{e}^{-2T}z^{-1}}+\frac{2}{1-\mathrm{e}^{-T}z^{-1}}$$

$$=\frac{(-T+2)\mathrm{e}^{-2T}z^{-1}-2}{(1-\mathrm{e}^{-2T}z^{-1})^2}+\frac{2}{1-\mathrm{e}^{-T}z^{-1}}$$

$$=\frac{(-T+2)\mathrm{e}^{-2T}z-2z^2}{(z-\mathrm{e}^{-2T})^2}+\frac{2z}{z-\mathrm{e}^{-T}}$$

比较例 2.3 和例 2.4 可知，对于单极点的情况，将 $F(s)$ 分解成部分分式后，可由拉普拉斯变换直接写出 $F(s)$ 的 z 变换式，对于有重极点的情况，需查 z 变换表，因此部分分式法一般来说适用于单极点的情况。

求拉普拉斯变换式 $F(s)$ 的 z 变换的含义是，将拉普拉斯变换式所代表的连续函数 $f(t)$ 进行采样，然后求它的 z 变换。为此，首先应通过拉普拉斯反变换求得连续函数 $f(t)$，然后对它的采样序列做 z 变换。通常，在给定 $F(s)$ 后，应利用 s 域中的部分分式展开法将 $F(s)$ 分解为简单因式，进而得到简单的时间函数之和，然后对各时间函数进行 z 变换。因此，对 $F(s)$ 做 z 变换时，不能将 $s=(1/T)\ln z$ 直接代入求 $F(z)$，如已求得了采样信号的拉普拉斯变换式 $F^*(s)$，可以用 $s=(1/T)\ln z$ 直接代入求取 $F(z)$。

例 2.5 用采样信号的拉普拉斯变换式 $F^*(s)$ 求例 2.2 中衰减指数的 z 变换。

解 将 $f(kT)=\mathrm{e}^{-akT}\ (k=0,1,2,\cdots)$ 代入式(2.47)中得

$$F^*(s)=\sum_{k=0}^{\infty}\mathrm{e}^{-akT}\,\mathrm{e}^{-skT}=1+\mathrm{e}^{-T(a+s)}+\mathrm{e}^{-2T(a+s)}+\cdots$$

若 $\left|\mathrm{e}^{-T(a+s)}\right|<1$，上述级数可写成闭合形式

$$F^*(s)=\frac{1}{1-\mathrm{e}^{-T(a+s)}}$$

$$F(z)=F^*(s)\Big|_{s=\frac{1}{T}\ln z}=\frac{1}{1-\mathrm{e}^{-T(a+s)}}\Bigg|_{s=\frac{1}{T}\ln z}=\frac{1}{1-\mathrm{e}^{-aT}\,\mathrm{e}^{-\ln z}}=\frac{1}{1-\mathrm{e}^{-aT}z^{-1}}=\frac{z}{z-\mathrm{e}^{-aT}}$$

所得结果与例 2.2 同。

3. 留数计算法

若已知连续时间函数 $f(t)$ 的拉普拉斯变换式 $F(s)$ 及全部极点 $s_i\ (i=1,2,3,\cdots,m)$，则 $f(t)$ 的 z 变换可由下面留数计算公式求得

$$F(z)=\sum_{i=1}^{m}\mathrm{Res}\left[F(s_i)\frac{z}{z-\mathrm{e}^{s_iT}}\right]\tag{2.55}$$

式中，$\mathrm{Res}\left[F(s_i)\dfrac{z}{z-\mathrm{e}^{s_iT}}\right]$ 表示 $s=s_i$ 处的留数。

极点上的留数分以下两种情况求取。

(1) 单极点情况

$$\mathrm{Res}\left[F(s_i)\frac{z}{z-\mathrm{e}^{s_iT}}\right]=\left[(s-s_i)F(s)\frac{z}{z-\mathrm{e}^{sT}}\right]_{s=s_i}\tag{2.56}$$

(2) n 阶重极点情况

$$\mathrm{Res}\left[F(s_i)\frac{z}{z-\mathrm{e}^{s_iT}}\right]=\frac{1}{(n-1)!}\frac{\mathrm{d}^{n-1}}{\mathrm{d}s^{n-1}}\left[(s-s_i)^nF(s)\frac{z}{z-\mathrm{e}^{sT}}\right]_{s=s_i}\tag{2.57}$$

用留数计算法求取 z 变换，对有理函数与无理函数都是有效的。由于这种方法要用到柯西留数定理，故称留数法。

例 2.6 求 $F(s)=\dfrac{1}{(s+1)(s+3)}$ 的 z 变换。

解 上式有两个单极点 $s_1=-1$，$s_2=-3$，$m=2$，利用式(2.56)得

$$F(z)=\left[(s+1)\frac{1}{(s+1)(s+3)}\frac{z}{z-e^{sT}}\right]_{s=-1}+\left[(s+3)\frac{1}{(s+1)(s+3)}\frac{z}{z-e^{sT}}\right]_{s=-3}$$

$$=\frac{z}{2(z-e^{-T})}+\frac{z}{(-2)(z-e^{-3T})}=\frac{z(e^{-T}-e^{-3T})}{2(z-e^{-T})(z-e^{-3T})}$$

例 2.7 求 $F(s)=\dfrac{1}{(s+a)^2}$ 的 z 变换。

解 上式有二重极点 $s_{1,2}=-a,\ n=2$，根据式(2.57)得

$$F(z)=\frac{1}{(2-1)!}\frac{d}{ds}\left[(s+a)^2\frac{1}{(s+a)^2}\frac{z}{z-e^{sT}}\right]_{s=-a}=\frac{Tz\,e^{-aT}}{(z-e^{-aT})^2}$$

留数计算法的优点是给出了 $F(s)$ 的 z 变换公式，不必查常用 z 变换表，按照规定的步骤求解也不麻烦。留数计算法适用于普遍的情况，单极点和多重极点的情形都能够直接计算。

例 2.8 求出 $F(s)=\dfrac{s+3}{(s+2)^2(s+1)}$ 的 z 变换。

解 用留数法，$F(s)$ 的极点 $s_1=-1$，$s_{2,3}=-2$，$m=2$，$n=2$，则

$$F(z)=\frac{1}{(2-1)!}\frac{d}{ds}\left[(s+2)^2\frac{(s+3)}{(s+2)^2(s+1)}\frac{z}{z-e^{sT}}\right]_{s=-2}+\left[(s+1)\frac{(s+3)}{(s+2)^2(s+1)}\frac{z}{z-e^{sT}}\right]_{s=-1}$$

$$=\frac{d}{ds}\left[\frac{sz+3z}{sz-s\,e^{sT}+z-e^{sT}}\right]_{s=-2}+\frac{2z}{z-e^{-T}}$$

$$=\left.\frac{z(sz-s\,e^{sT}+z-e^{sT})-(sz+3z)(z-e^{sT}-Ts\,e^{sT}-T\,e^{sT})}{(sz-s\,e^{sT}+z-e^{sT})^2}\right|_{s=-2}+\frac{2z}{z-e^{-T}}$$

$$=\frac{-2z^2+2z\,e^{-2T}+z^2-e^{-2T}z-(-2z+3z)(z-e^{-2T}+2T\,e^{-2T}-T\,e^{-2T})}{(-2z+2e^{-2T}+z-e^{-2T})^2}+\frac{2z}{z-e^{-T}}$$

$$=\frac{-z^2+2z\,e^{-2T}-z\,e^{-2T}-z^2+z\,e^{-2T}-T\,e^{-2T}z}{(e^{-2T}-z)^2}+\frac{2z}{z-e^{-T}}$$

$$=\frac{(-T+2)e^{-2T}z-2z^2}{(z-e^{-2T})^2}+\frac{2z}{z-e^{-T}}$$

结果与例 2.4 相同。

2.5.3 z 变换的基本定理

像拉普拉斯变换一样，z 变换也有相应的基本定理，它可以为采样函数求取 z 变换表达式提供简便的计算公式，使 z 变换的应用变得简单和方便。z 变换的基本定理确定了原函数采样脉冲序列 $f^*(t)$ 和像函数 $F(z)$ 之间的关系。

1. 线性定理

线性函数满足齐次性和叠加性，若

$$Z[f_1(t)]=F_1(z),\quad Z[f_2(t)]=F_2(z)$$

a 、b 为任意常数，$f(t)=af_1(t)\pm bf_2(t)$，则

$$F(z)=aF_1(z)\pm bF_2(z) \tag{2.58}$$

证明 根据 z 变换定义，得

$$\begin{aligned}F(z)&=\sum_{k=0}^{\infty}[af_1(kT)\pm bf_2(kT)]z^{-k}=a\sum_{k=0}^{\infty}f_1(kT)z^{-k}\pm b\sum_{k=0}^{\infty}f_2(kT)z^{-k}\\&=aZ[f_1(t)]\pm bZ[f_2(t)]=aF_1(z)\pm bF_2(z)\end{aligned}$$

证毕。

即脉冲采样函数线性组合的像函数，等于它们像函数的线性组合。

2. *滞后定理(右位移定理)*

如果 $t<0$ 时，$f(t)=0$，则

$$Z\left[f(t-nT)\right]=z^{-n}F(z) \tag{2.59}$$

证明 根据 z 变换定义，得

$$Z\left[f(t-nT)\right]=\sum_{k=0}^{\infty}f(kT-nT)z^{-k}=z^{-n}\sum_{k=0}^{\infty}f(kT-nT)z^{-(k-n)}$$

令 $k-n=m$，则

$$\begin{aligned}Z\left[f(t-nT)\right]&=z^{-n}\sum_{m=-n}^{\infty}f(mT)z^{-m}=z^{-n}\sum_{m=0}^{\infty}f(mT)z^{-m}+z^{-n}\sum_{m=-1}^{-n}f(mT)z^{-m}\\&=z^{-n}F(z)+z^{-n}\sum_{m=-1}^{-n}f(mT)z^{-m}\end{aligned}$$

因为 $t<0$ 时，$f(t)=0$ (物理的可实现性)，上式成为

$$Z\left[f(t-nT)\right]=z^{-n}F(z)$$

证毕。

右位移 nT 用函数 $f(t-nT)$ 表示，$f(k-n)$ 相对时间起点延迟了 n 个采样周期。该定理还表明 $F(z)$ 经过一个 z^{-n} 的纯滞后环节，相当于其时间特性向后移动 n 步。

3. *超前定理(左位移定理)*

$$Z\left[f(t+nT)\right]=z^{n}F(z)-z^{n}\sum_{j=0}^{n-1}f(jT)z^{-j} \tag{2.60}$$

如果

$$f(0T)=f(T)=\cdots=f\left[(n-1)T\right]=0$$

则

$$Z\left[f(t+nT)\right]=z^{n}F(z) \tag{2.61}$$

证明 根据 z 变换定义

$$Z\left[f(t+nT)\right]=\sum_{k=0}^{\infty}f(kT+nT)z^{-k}=z^{n}\sum_{k=0}^{\infty}f(kT+nT)z^{-(k+n)}$$

令 $k+n=r$，则

$$Z\left[f(t+nT)\right]=z^n\sum_{r=n}^{\infty}f(rT)z^{-r}=z^n\left[\sum_{r=0}^{\infty}f(rT)z^{-r}-\sum_{r=0}^{n-1}f(rT)z^{-r}\right]$$

$$=z^n\left[F(z)-\sum_{j=0}^{n-1}f(jT)z^{-j}\right]$$

当 $f(0T)=f(T)=\cdots=f\left[(n-1)T\right]=0$（零初始条件）时，上式变为

$$Z\left[f(t+nT)\right]=z^nF(z)$$

证毕。

左位移 nT 用函数 $f(t+nT)$ 表示，$f(k+n)$ 相对时间起点超前 n 个采样周期出现。该定理还表明 $F(z)$ 经过一个 z^n 的纯超前环节，相当于其时间特性向前移动 n 步。从滞后和超前定理再次可见，复变量 z 有明显的物理意义，z^{-n} 代表时间滞后作用，z^n 代表时间超前作用。

4. *初值定理*

如果 $f(t)$ 的 z 变换为 $F(z)$，而 $\lim\limits_{z\to\infty}F(z)$ 存在，则

$$f(0)=\lim_{z\to\infty}F(z) \tag{2.62}$$

证明 根据 z 变换定义

$$F(z)=\sum_{k=0}^{\infty}f(kT)z^{-k}=f(0T)+f(T)z^{-1}+f(2T)z^{-2}+\cdots$$

当 $z\to\infty$ 时，上式两端取极限，得

$$\lim_{z\to\infty}F(z)=f(0)=\lim_{k\to 0}f(kT)$$

证毕。

利用初值定理检查 z 变换的结果是否有错是很方便的。由于 $f(0)$ 通常是已知的，因此通过求取 $\lim\limits_{z\to\infty}F(z)$ 就可以很容易判断 z 变换是否有误了。

5. *终值定理*

如果 $f(t)$ 的 z 变换为 $F(z)$，而 $(1-z^{-1})F(z)$ 在 z 平面以原点为圆心的单位圆上或圆外没有极点，则

$$\lim_{t\to\infty}f(t)=\lim_{k\to\infty}f(kT)=\lim_{z\to 1}(1-z^{-1})F(z)=\lim_{z\to 1}\frac{(z-1)}{z}F(z) \tag{2.63}$$

证明 根据 z 变换定义有

$$Z\left[f(t)\right]=F(z)=\sum_{k=0}^{\infty}f(kT)z^{-k}$$

$$Z\left[f(kT-T)\right]=z^{-1}F(z)=\sum_{k=0}^{\infty}f(kT-T)z^{-k}$$

因此，有

$$\sum_{k=0}^{\infty}f(kT)z^{-k}-\sum_{k=0}^{\infty}f(kT-T)z^{-k}=F(z)-z^{-1}F(z)$$

当 $z\to 1$ 时，上式两端取极限得

$$\lim_{z\to 1}\left[\sum_{k=0}^{\infty}f(kT)z^{-k}-\sum_{k=0}^{\infty}f(kT-T)z^{-k}\right]=\lim_{z\to 1}(1-z^{-1})F(z)$$

由于$t<0$时，所有的$f(t)=0$，上式左侧成为

$$\sum_{k=0}^{\infty}[f(kT)-f(kT-T)]=[f(0T)-f(-T)]+[f(T)-f(0T)]$$
$$+[f(2T)-f(T)]+\cdots=f(\infty)=\lim_{k\to\infty}f(kT)$$

因此，有

$$\lim_{k\to\infty}f(kT)=\lim_{z\to 1}(1-z^{-1})F(z)$$

证毕。

必须注意，终值定理成立的条件是，$F(z)$全部极点均在z平面的单位圆内或最多有一个极点在$z=1$处，实际上即是要求$(1-z^{-1})F(z)$在单位圆上和圆外没有极点，即脉冲函数序列应当是收敛的，否则求出的终值是错误的。例如，函数$F(z)=z/(z-2)$，其对应的脉冲序列函数为$f(k)=2^k$，当$k\to\infty$时是发散的，而直接应用终值定理得z反变换

$$f(k)\Big|_{k\to\infty}=\lim_{z\to 1}(1-z^{-1})\frac{z}{z-2}=0$$

与实际情况相矛盾，这是因为函数$F(z)$不满足终值定理条件。应用终值定理可以很方便地从$f(t)$的z变换中确定$f(kT)$在$k\to\infty$时的特性，这在研究系统的稳态特性时非常方便。

例 2.9 已知$f(t)=1-\mathrm{e}^{-at}$的z变换为$F(z)=\dfrac{(1-\mathrm{e}^{-T})z^{-1}}{(1-z^{-1})(1-\mathrm{e}^{-T}z^{-1})}$，试确定$f(t)$的初值和终值。

解 由初值定理可知

$$f(0)=\lim_{z\to\infty}\frac{(1-\mathrm{e}^{-T})z^{-1}}{(1-z^{-1})(1-\mathrm{e}^{-T}z^{-1})}=0$$

从所给函数$f(t)=1-\mathrm{e}^{-at}$也可判断$f(0)=0$。从所给$F(z)$可知，$F(z)$有 2 个极点：$z=1$和$z=\mathrm{e}^{-T}$，满足终值定理条件，有

$$f(\infty)=\lim_{z\to 1}(1-z^{-1})F(z)=\lim_{z\to 1}(1-z^{-1})\frac{(1-\mathrm{e}^{-T})z^{-1}}{(1-z^{-1})(1-\mathrm{e}^{-T}z^{-1})}=1$$

从所给函数$f(t)=1-\mathrm{e}^{-at}$也可判断$f(\infty)=1$。

6. 求和定理(叠值定理)

在离散控制系统中，与连续控制系统积分相类似的概念称为叠分，用$\sum_{j=0}^{k}f(j)$来表示。

如果

$$g(k)=\sum_{j=0}^{k}f(j),\quad k=0,1,2,\cdots$$

则

$$G(z)=Z\left[g(k)\right]=\frac{F(z)}{1-z^{-1}}=\frac{z}{z-1}F(z)\tag{2.64}$$

证明　根据已知条件，$g(k)$ 与 $g(k-1)$ 的差值为

$$g(k)-g(k-1)=\sum_{j=0}^{k}f(j)-\sum_{j=0}^{k-1}f(j)=f(k) \tag{2.65}$$

当 $k<0$ 时，有 $g(k)=0$，对式(2.65)进行 z 变换为

$$G(z)-z^{-1}G(z)=F(z)，\quad G(z)=\frac{1}{1-z^{-1}}F(z)$$

即

$$Z\left[\sum_{j=0}^{k}f(j)\right]=\frac{1}{1-z^{-1}}F(z)$$

证毕。

求和定理在差分方程中，计算积分(用积分的和式表示)调节规律时要用到。

7. 复域位移定理

如果 $f(t)$ 的 z 变换为 $F(z)$，a 是常数，则

$$F(z\mathrm{e}^{\pm aT})=Z\left[\mathrm{e}^{\mp at}f(t)\right] \tag{2.66}$$

位移定理说明，像函数域内自变量偏移 $\mathrm{e}^{\pm aT}$ 时，相当于原函数乘以 $\mathrm{e}^{\mp at}$。

证明　根据 z 变换定义得

$$Z\left[\mathrm{e}^{\mp at}f(t)\right]=\sum_{k=0}^{\infty}f(kT)\mathrm{e}^{\mp akT}z^{-k}$$

令 $z_1=z\mathrm{e}^{\pm aT}$，上式可写成

$$Z\left[\mathrm{e}^{\mp at}f(t)\right]=\sum_{k=0}^{\infty}f(kT)z_1^{-k}=F(z_1)$$

代入 $z_1=z\mathrm{e}^{\pm aT}$，得

$$Z\left[\mathrm{e}^{\mp at}f(t)\right]=F(z\mathrm{e}^{\pm aT})$$

证毕。

8. 复域微分定理

如果 $f(t)$ 的 z 变换为 $F(z)$，则

$$Z[tf(t)]=-Tz\frac{\mathrm{d}F(z)}{\mathrm{d}z} \tag{2.67}$$

证明　由 z 变换定义得

$$F(z)=\sum_{k=0}^{\infty}f(kT)z^{-k}$$

对上式两端求导，得

$$\frac{\mathrm{d}F(z)}{\mathrm{d}z}=\sum_{k=0}^{\infty}f(kT)\frac{\mathrm{d}z^{-k}}{\mathrm{d}z}=\sum_{k=0}^{\infty}-kf(kT)z^{-k-1}$$

对上式进行整理，得

$$-Tz\frac{\mathrm{d}F(z)}{\mathrm{d}z}=\sum_{k=0}^{\infty}kTf(kT)z^{-k}=Z[tf(t)]$$

证毕。

例 2.10 用微分定理求 $f(t)=t$ 的 z 变换。

解 由于 $t=t\cdot 1(t)$，$Z[1(t)]=\dfrac{1}{1-z^{-1}}$，于是，得

$$Z(t)=Z[t\cdot 1(t)]=-Tz\frac{\mathrm{d}}{\mathrm{d}z}\left(\frac{1}{1-z^{-1}}\right)=\frac{Tz^{-1}}{(1-z^{-1})^2}$$

9. 复域积分定理

如果 $f(t)$ 的 z 变换为 $F(z)$，则

$$Z\left[\frac{f(t)}{t}\right]=\int_z^{\infty}\frac{F(z)}{Tz}\mathrm{d}z+\lim_{t\to 0}\frac{f(t)}{t} \tag{2.68}$$

证明 由 z 变换定义，令

$$G(z)=Z\left[\frac{f(t)}{t}\right]=\sum_{k=0}^{\infty}\frac{f(kT)}{kT}z^{-k}$$

利用微分性质得

$$\frac{\mathrm{d}G(z)}{\mathrm{d}z}=\sum_{k=0}^{\infty}-\frac{f(kT)}{T}z^{-k-1}=-\frac{1}{Tz}\sum_{k=0}^{\infty}f(kT)z^{-k}=-\frac{1}{Tz}F(z)$$

对上式两边同时积分，有

$$\int_{\infty}^{z}\frac{\mathrm{d}G(z)}{\mathrm{d}z}\mathrm{d}z=\int_{\infty}^{z}-\frac{1}{Tz}F(z)\mathrm{d}z，\quad G(z)-\lim_{z\to\infty}G(z)=\int_z^{\infty}\frac{F(z)}{Tz}\mathrm{d}z$$

根据初值定理得

$$\lim_{z\to\infty}G(z)=\lim_{t\to 0}\frac{f(t)}{t}$$

所以

$$G(z)=Z\left[\frac{f(t)}{t}\right]=\int_z^{\infty}\frac{F(z)}{Tz}\mathrm{d}z+\lim_{t\to 0}\frac{f(t)}{t}$$

证毕。

例 2.11 用积分定理求 $1(t-T)/t$ 的 z 变换。

解 因为 $Z[1(t)]=\dfrac{1}{1-z^{-1}}$，根据滞后定理有

$$Z[1(t-T)]=\frac{z^{-1}}{1-z^{-1}}$$

所以

$$Z\left[\frac{1(t-T)}{t}\right]=\int_z^{\infty}\frac{z^{-2}}{T(1-z^{-1})}\mathrm{d}z+\lim_{t\to 0}\frac{1(t-T)}{t}=\frac{1}{T}\ln(1-z^{-1})\Big|_z^{\infty}=-\frac{1}{T}\ln(1-z^{-1})$$

10. 卷积定理

两个时间序列(或采样信号) $f(k)$ 和 $g(k)$，相应的 z 变换为 $F(z)$ 和 $G(z)$，当 $t<0$ 时，$f(k)=g(k)=0$，$t\geqslant 0$ 的卷积记为 $f(k)*g(k)$，其定义为

$$f(k)*g(k)=\sum_{i=0}^{k}f(k-i)g(i)=\sum_{i=0}^{\infty}f(k-i)g(i)$$

或

$$f(k)*g(k)=\sum_{i=0}^{k}g(k-i)f(i)=\sum_{i=0}^{\infty}g(k-i)f(i)$$

则

$$Z[f(k)*g(k)]=F(z)G(z) \tag{2.69}$$

证明
$$Z[f(k)*g(k)]=Z\left[\sum_{i=0}^{\infty}f(k-i)g(i)\right]=\sum_{k=0}^{\infty}\left[\sum_{i=0}^{\infty}f(k-i)g(i)\right]z^{-k}$$

令 $m=k-i$，则 $k=m+i$，因而

$$Z[f(k)*g(k)]=\sum_{m=-i}^{\infty}\left[\sum_{i=0}^{\infty}f(m)g(i)\right]z^{-m}z^{-i}=\sum_{m=-i}^{\infty}f(m)z^{-m}\sum_{i=0}^{\infty}g(i)z^{-i}$$

因为 $m<0$ 时 $f(m)=0$，所以

$$Z[f(k)*g(k)]=\sum_{m=0}^{\infty}f(m)z^{-m}\sum_{i=0}^{\infty}g(i)z^{-i}=F(z)G(z)$$

证毕。

2.6 z 反变换

从 z 变换 $F(z)$ 求出的采样函数 $f^*(t)$，称为 z 反变换，表示为

$$Z^{-1}[F(z)]=f^*(t)$$

应该指出，z 反变换得到各采样时刻上连续函数 $f(t)$ 的数值序列值 $f(kT)$，而得不到两个采样时刻之间的连续函数的信息，因此，不能用 z 反变换方法求原连续函数 $f(t)$，即 $Z^{-1}[F(z)]\neq f(t)$。下面介绍 3 种常用的 z 反变换法。

2.6.1 长除法

在实际应用中，对控制工程中的多数信号，z 变换所表示的无穷级数是收敛的，并可写成闭合形式，其表达式是 z 的有理分式

$$F(z)=\frac{K(z^m+b_1z^{m-1}+\cdots+b_{m-1}z+b_m)}{z^n+a_1z^{n-1}+\cdots+a_{n-1}z+a_n},\qquad m\leqslant n \tag{2.70}$$

或 z^{-1} 的有理分式

$$F(z)=\frac{Kz^{-l}(1+b_1z^{-1}+\cdots+b_{m-1}z^{-m+1}+b_mz^{-m})}{1+a_1z^{-1}+\cdots+a_{n-1}z^{-n+1}+a_nz^{-n}},\qquad l=n-m \tag{2.71}$$

用 $F(z)$ 表达式的分子除以分母，得到 z^{-k} 升幂排列的级数展开式，即

$$F(z)=\sum_{k=0}^{\infty}f(kT)z^{-k}=f(0)+f(1T)z^{-1}+f(2T)z^{-2}+\cdots+f(kT)z^{-k}+\cdots \tag{2.72}$$

前面已经说过 z^{-k} 代表时序变量，因此，由式(2.72)直接求得 $f^*(t)$ 为

$$f^*(t)=f(0)+f(1T)\delta(t-T)+f(2T)\delta(t-2T)+\cdots+f(kT)\delta(t-kT)+\cdots \tag{2.73}$$

其结果 $f^*(t)$ 是开放形式。

例 2.12 求 $F(z)=\dfrac{5z}{z^2-3z+2}$ 的 z 反变换。

解 首先按 z^{-1} 的升幂排列 $F(z)$ 的分子和分母，即

$$F(z)=\frac{5z^{-1}}{1-3z^{-1}+2z^{-2}}$$

应用长除法，得

$$\begin{array}{r@{}l}
 & 5z^{-1}+15z^{-2}+35z^{-3}+\cdots \\
1-3z^{-1}+2z^{-2}\big) & 5z^{-1} \\
 & \underline{5z^{-1}-15z^{-2}+10z^{-3}} \\
 & \qquad 15z^{-2}-10z^{-3} \\
 & \qquad \underline{15z^{-2}-45z^{-3}+30z^{-4}} \\
 & \qquad\qquad 35z^{-3}-30z^{-4} \\
 & \qquad\qquad \underline{35z^{-3}-105z^{-4}+70z^{-5}} \\
 & \qquad\qquad\qquad 75z^{-4}-70z^{-5} \\
 & \qquad\qquad\qquad \vdots \qquad\quad \vdots
\end{array}$$

于是，得

$$F(z)=5z^{-1}+15z^{-2}+35z^{-3}+\cdots$$

相应脉冲采样函数为

$$f^*(t)=5\delta(t-T)+15\delta(t-2T)+35\delta(t-3T)+\cdots$$

一般来说，长除法所得为无穷多项式，实际应用时，取其有限项就可以了。这种方法应用简单，主要缺点是难于得到采样函数的闭合形式。

2.6.2 部分分式法

长除法只有在只需数值序列最初 n 个数值时可以使用，而部分分式法可以求出采样函数的闭合表达式或对应的一个时间函数。

将 $F(z)$ 写成如下有理式标准形式：

$$F(z)=\frac{M(z)}{N(z)}=\frac{b_0z^m+b_1z^{m-1}+\cdots+b_m}{z^n+a_1z^{n-1}+\cdots+a_n} \tag{2.74}$$

式中，$m\leqslant n$；系数 $b_j\,(j=0,1,2,\cdots,m)$ 和 $a_i\,(i=1,2,\cdots,n)$ 均为实常数。对 $F(z)$ 的分母进行因式分解，即

$$N(z)=(z-z_1)(z-z_2)\cdots(z-z_n) \tag{2.75}$$

式中，$z_i\,(i=1,2,\cdots,n)$ 称为 $F(z)$ 的极点，它们是实数或复数。

1. 所有极点是互不相同的单极点

由于 $F(z)$ 的部分分式展开式为 $\dfrac{A_i}{z-z_i}$ 形式的诸项和，而由表 2.2 可知，指数序列 a^k 的 z 变换为 $\dfrac{z}{z-a}$，因此最好先求 $\dfrac{F(z)}{z}$ 的部分分式，然后再乘以 z，就得到希望的形式。方法如下：

$$\frac{F(z)}{z}=\frac{A_1}{z-z_1}+\frac{A_2}{z-z_2}+\cdots+\frac{A_n}{z-z_n} \tag{2.76}$$

则

$$F(z)=\frac{A_1 z}{z-z_1}+\frac{A_2 z}{z-z_2}+\cdots+\frac{A_n z}{z-z_n} \tag{2.77}$$

式(2.77)中的系数 $A_i\,(i=1,2,\cdots,n)$ 的求法与拉普拉斯变换展开成部分分式的求法相同，即

$$A_i=(z-z_i)\frac{F(z)}{z}\bigg|_{z=z_i} \tag{2.78}$$

式(2.77)中各个分式所对应的时间序列为通常熟悉的指数序列 $A_i z_i^k$，即

$$f_i(kT)=Z^{-1}\left[\frac{A_i z}{z-z_i}\right]=A_i z_i^k,\quad k\geqslant 0,\ i=1,2,\cdots,n \tag{2.79}$$

例 2.13 求 $F(z)=\dfrac{0.5z}{(z-1)(z-0.5)}$ 的 z 反变换。

解 将 $F(z)$ 除以 z，并展开成部分分式，得

$$\frac{F(z)}{z}=\frac{1}{z-1}-\frac{1}{z-0.5}$$

上式两边乘以 z，得

$$F(z)=\frac{z}{z-1}-\frac{z}{z-0.5}=\frac{1}{1-z^{-1}}-\frac{1}{1-0.5z^{-1}}$$

由式(2.79)得到

$$f(kT)=1-(0.5)^k,\quad k=0,1,2,\cdots$$

于是，得

$$f^*(t)=\sum_{k=0}^{\infty}f(kT)\delta(t-kT)=\sum_{k=0}^{\infty}[1-(0.5)^k]\delta(t-kT)$$

例 2.14 求 $F(z)=\dfrac{2z^2+1}{(z-1)(z+2)}$ 的 z 反变换。

解 将 $F(z)$ 除以 z，并展开成部分分式，得

$$\frac{F(z)}{z}=\frac{2z^2+1}{z(z-1)(z+2)}=-\frac{0.5}{z}+\frac{1}{z-1}+\frac{1.5}{z+2}$$

上式两边乘以 z，得

$$F(z)=-0.5+\frac{z}{z-1}+\frac{1.5z}{z+2}=-0.5+\frac{1}{1-z^{-1}}+\frac{1.5}{1+2z^{-1}}$$

由式(2.79)得到

$$f(kT)=-0.5\delta(k)+1+1.5(-2)^k,\quad k=0,1,2,\cdots$$

于是，得

$$f^*(t)=\sum_{k=0}^{\infty}f(kT)\delta(t-kT)=\sum_{k=0}^{\infty}[-0.5\delta(k)+1+1.5(-2)^k]\delta(t-kT)$$

2. $F(z)$ 含重极点

设 $F(z)$ 含有二重极点 z_1，其余极点 $z_3, z_4, \cdots, z_n$ 互不相同。首先将 $F(z)/z$ 展开成部分分式，即

$$\frac{F(z)}{z}=\frac{A_1}{(z-z_1)^2}+\frac{A_2}{z-z_1}+\frac{A_3}{z-z_3}+\cdots+\frac{A_n}{z-z_n} \tag{2.80}$$

则

$$F(z)=\frac{A_1 z}{(z-z_1)^2}+\frac{A_2 z}{z-z_1}+\frac{A_3 z}{z-z_3}+\cdots+\frac{A_n z}{z-z_n} \tag{2.81}$$

式(2.81)中的第一项 $\frac{A_1 z}{(z-z_1)^2}$ 的 z 反变换为

$$f_1(kT)=A_1 k z_1^{k-1},\ k\geqslant 0 \tag{2.82}$$

第二项 $\frac{A_2 z}{z-z_1}$ 的 z 反变换为 $A_2 z_1^k$，其余各项对应的时间序列均为指数序列 $A_i z_i^k$，$k\geqslant 0$，$i=3,4,\cdots,n$。因而 $F(z)$ 的 z 反变换的时间序列一般表示为

$$f(kT)=Z^{-1}[F(z)]=A_1 k z_1^{k-1}+A_2 z_1^k+\sum_{i=3}^{n} A_i z_i^k,\quad k\geqslant 0 \tag{2.83}$$

例 2.15 求 $F(z)=\frac{z}{z^3-4z^2+5z-2}$ 的 z 反变换。

解 对 $F(z)$ 的分母进行因式分解，得

$$F(z)=\frac{z}{(z-1)^2(z-2)}$$

$F(z)$ 在 $z_1=z_2=1$ 处为二重极点，在 $z_3=2$ 处为单极点。首先将 $F(z)/z$ 展开

$$\frac{F(z)}{z}=F_1(z)=\frac{1}{(z-1)^2(z-2)}=\frac{A_1}{(z-1)^2}+\frac{A_2}{z-1}+\frac{A_3}{z-2}$$

式中

$$A_1=(z-1)^2F_1(z)|_{z=1}=-1,\quad A_2=\frac{\mathrm{d}}{\mathrm{d}z}\left[(z-1)^2F_1(z)\right]\Big|_{z=1}=-1$$

$$A_3=(z-2)F_1(z)|_{z=2}=1$$

于是得到

$$F(z)=\frac{-z}{(z-1)^2}-\frac{z}{z-1}+\frac{z}{z-2}$$

由式(2.83)，得到

$$f(kT)=Z^{-1}[F(z)]=-k-1+2^k=2^k-k-1,\quad k\geqslant 0$$

于是，得

$$f^*(t)=\sum_{k=0}^{\infty}(2^k-k-1)\delta(t-kT)$$

2.6.3 留数法

在留数法中，采样函数 $f^*(t)$ 等于 $F(z)z^{k-1}$ 各个极点上留数之和，即

$$f(kT)=\sum_{i=1}^{m}\mathrm{Res}[F(z)z^{k-1}]_{z=z_i} \tag{2.84}$$

式中，z_i 表示 $F(z)$ 中的第 i 个极点，全部极点数为 m 个；$\mathrm{Res}[F(z)z^{k-1}]_{z=z_i}$ 代表在 $z=z_i$ 处的留数。极点上的留数分两种情况求取。

(1) 单极点情况

$$\mathrm{Res}[F(z)z^{k-1}]_{z=z_i}=[(z-z_i)F(z)z^{k-1}]_{z=z_i} \tag{2.85}$$

(2) n 阶重极点情况

$$\mathrm{Res}[F(z)z^{k-1}]_{z=z_i}=\frac{1}{(n-1)!}\frac{\mathrm{d}^{n-1}}{\mathrm{d}z^{n-1}}[(z-z_i)^n F(z)z^{k-1}]_{z=z_i} \tag{2.86}$$

例 2.16 求 $F(z)=\dfrac{5z}{z^2-3z+2}$ 的 z 反变换。

解 $F(z)$ 中有两个单极点 $z_1=2$，$z_2=1$，$m=2$，利用式(2.85)求出对于这两个极点的留数。当 $z=z_1=2$ 时

$$\mathrm{Res}[F(z)z^{k-1}]_{z=z_1}=[(z-z_1)F(z)z^{k-1}]_{z=z_1}=\left[(z-2)\frac{5z}{(z-2)(z-1)}z^{k-1}\right]_{z=2}=5\times 2^k$$

当 $z=z_2=1$ 时

$$\mathrm{Res}[F(z)z^{k-1}]_{z=z_2}=\left[(z-1)\frac{5z}{(z-2)(z-1)}z^{k-1}\right]_{z=1}=-5\times 1^k=-5$$

根据式(2.84)，得

$$f(kT)=\sum_{i=1}^{2}\mathrm{Res}[F(z)z^{k-1}]_{z=z_i}=5\times 2^k-5=5(2^k-1)$$

于是，得

$$f^*(t)=\sum_{k=0}^{\infty}5(2^k-1)\delta(t-kT)$$

例 2.17 求取 $\dfrac{z}{(z-2)(z-1)^2}$ 的 z 反变换。

解 $F(z)$ 中有一个单极点和两个重极点

$$z_1=2,\quad z_{2,3}=1,\quad m=2,\quad n=2$$

利用式(2.85)求出 $z=z_1=2$ 时的留数

$$\mathrm{Res}[F(z)z^{k-1}]_{z=z_1}=\left[(z-2)\frac{z}{(z-2)(z-1)^2}z^{k-1}\right]_{z=2}=2^k$$

利用式(2.86)求出 $z=z_{2,3}=1$ 的留数，其中 $n=2$。

$$\mathrm{Res}[F(z)z^{k-1}]_{z=z_{2,3}}=\frac{1}{(2-1)!}\frac{\mathrm{d}}{\mathrm{d}z}\left[(z-1)^2\frac{z}{(z-2)(z-1)^2}z^{k-1}\right]_{z=1}$$

$$=\frac{\mathrm{d}}{\mathrm{d}z}\left[\frac{z^k}{(z-2)}\right]_{z=1}=\left[\frac{kz^{k-1}(z-2)-z^k}{(z-2)^2}\right]_{z=1}=-k-1$$

根据式(2.84)，得

$$f(kT)=2^k-k-1$$

从而

$$f^*(t)=\sum_{k=0}^{\infty}(2^k-k-1)\delta(t-kT)$$

应该指出，当$F(z)$的z有理分式的分子中无z公因子时，用留数法式(2.84)计算出$F(z)$的通项表达式$f(kT)$，只适合$k>0$的情况，而不能表示$k=0$时刻序列值$f(0)$。$f(0)$的值应由初值定理确定或令$k=0$再用式(2.84)来计算。这是因为，对于这样的$F(z)$，当$k=0$时，式(2.84)中的被积函数为$F(z)z^{-1}$，它比$k>0$时的被积函数$F(z)z^{k-1}$多一个$z=0$的极点，所以应分别计算$f(0)$和$k>0$的通项$f(kT)$。

由初值定理可以推断，当$F(z)$的分母阶数n和分子阶数m相等时，$F(z)$对应的初始序列值为$f(0)\neq 0$，应为一个有界常数；当$n-m=d>0$时，相应时间序列$f(kT)$的前d项均为零，即$f(0)=f(1)=\cdots=f(d-1)=0$。现举例说明这种情况。

例 2.18 已知$F(z)=\dfrac{10}{(z-1)(z-2)}$，用留数法求取$F(z)$的反变换。

解

$$F(z)z^{k-1}=\frac{10z^{k-1}}{(z-1)(z-2)}$$

由此可以看出，当$k=0$时，$F(z)z^{k-1}=\dfrac{10}{z(z-1)(z-2)}$，含有3个简单极点：$z_1=0$，$z_2=1$，$z_3=2$。但是，当$k\geqslant 1$时，$F(z)z^{k-1}=\dfrac{10z^{k-1}}{(z-1)(z-2)}$只有2个极点$z_1=1$，$z_2=2$。因此必须分别求$f(0)$以及$f(kT)$（$k\geqslant 1$）。

(1) 求$f(0)$的值。

$$f(0)=\sum_{i=1}^{3}\mathrm{Res}[F(z)z^{k-1}]_{z=z_i}=K_1+K_2+K_3$$

$$K_1=\mathrm{Res}\left[F(z)z^{k-1}\right]_{z=z_1}=\left[z\frac{10}{z(z-1)(z-2)}\right]_{z=0}=5$$

$$K_2=\mathrm{Res}\left[F(z)z^{k-1}\right]_{z=z_2}=\left[(z-1)\frac{10}{z(z-1)(z-2)}\right]_{z=1}=-10$$

$$K_3=\mathrm{Res}\left[F(z)z^{k-1}\right]_{z=z_3}=\left[(z-2)\frac{10}{z(z-1)(z-2)}\right]_{z=2}=5$$

因而

$$f(0)=K_1+K_2+K_3=5-10+5=0$$

(2) 求$k\geqslant 1$时的$f(kT)$。

$$f(kT)=\sum_{i=1}^{2}\mathrm{Res}[F(z)z^{k-1}]_{z=z_i}=K_1+K_2$$

$$K_1=\text{Res}\left[F(z)z^{k-1}\right]_{z=z_1}=\left[(z-1)\frac{10z^{k-1}}{(z-1)(z-2)}\right]_{z=1}=-10$$

$$K_2=\text{Res}\left[F(z)z^{k-1}\right]_{z=z_2}=\left[(z-2)\frac{10z^{k-1}}{(z-1)(z-2)}\right]_{z=2}=10\cdot 2^{k-1}$$

因而

$$f(kT)=K_1+K_2=-10+10\cdot 2^{k-1}=10(2^{k-1}-1),\quad k=1,2,\cdots$$

综合以上(1)和(2)的结果，得

$$f(kT)=\begin{cases}0, & k=0\\ 10(2^{k-1}-1), & k\geqslant 1\end{cases}$$

于是得到

$$f^*(t)=\sum_{k=1}^{\infty}[10(2^{k-1}-1)]\delta(t-kT)$$

从概念上来讲，用留数计算法求 z 反变换是最直接的计算方法，留数计算法的优点是给出了直接求 z 变换的闭合表达式的公式，并且不用查常用函数 z 变换表。它的缺点是用了复变函数的数学方法，对有些人不熟悉，但是如果按着规定步骤求解，也是很简单的。

2.7 扩展 z 变换

2.7.1 扩展 z 变换的定义

由 2.5 节所讲的 z 变换定义可知，与连续信号 $f(t)$ 的 z 变换 $F(z)$ 对应的是 $f(t)$ 的按给定采样周期 T 采样的序列 $f^*(t)$，所以 $F(z)$ 只能反映连续信号 $f(t)$ 在各个采样时刻的变化情况，而不能反映 $f(t)$ 在采样时刻之间的任何变化信息。换句话说，因为 z 变换的分析方法及所得的结论，只针对一些离散时刻有效，而在这些离散时刻之间的时刻是无效的。

在进行计算机控制系统的分析和设计时，我们往往不仅关心系统在采样点上的输入、输出关系，还要求关心采样点之间的输入、输出关系，为了达到这个目的，必须对 z 变换作适当的扩展或改进，即为扩展 z 变换。

如果需要 z 变换能够反映 $f(t)$ 在采样时刻之间的变化情况，可以人为地使连续信号 $f(t)$ 延迟 $\lambda T(\lambda<1)$ 后再作 z 变换，如图 2.22 (a)所示。

这样，延迟后的连续信号 $f(t-\lambda T)$ 的 z 变换就与采样序列 $f^*(t-\lambda T)$ 相对应，采样序列 $f^*(t-\lambda T)$ 与 $f^*(t)$ 的关系如图 2.22(b)所示。由图可知，$f^*(t-\lambda T)$ 的各序列值正是 $f(t)$ 在采样信号 $f^*(t)$ 的各采样时刻之间的数值。当 λ 由 1→0 变化，相应的 z 变换 $Z\left[f(t-\lambda T)\right]$ 就能反映连续信号 $f(t)$ 在 $f^*(t)$ 的各采样时刻之间任一时刻的变化情况。通常称信号 $f(t)$ 延迟 λT 后的 $f(t-\lambda T)$ $(\lambda<1)$ 的 z 变换 $Z\left[f(t-\lambda T)\right]$ (将 $m=1-\lambda$ 作为参变数)为信号 $f(t)$ 的扩展 z 变换。扩展 z 变换并非新的概念，与前面讲的一般 z 变换一样，扩展 z 变换在计算机控制系统分析中也是很有用的，可以用来计算计算机控制系统连续输出在采样时刻之间的任意时刻的数值，也可以用来处理被控对象带有非采样周期整数倍的延迟，以及非同步采样和多速率采样的计算机控制系统的有关分析问题。

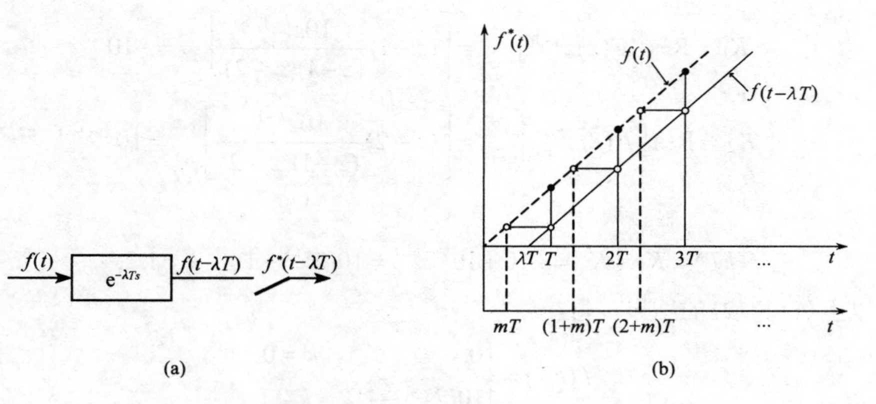

图 2.22　信号右移扩展 z 变换

扩展 z 变换常用符号 $Z_m[\cdot]$ 作为变换算子符，用 $F(z,m)$ 表示变换后的表示式。连续信号 $f(t)$ 的扩展 z 变换定义为

$$F(z,m)=Z_m\left[f(t)\right]=Z\left[f(t-\lambda T)\right],\quad 0<\lambda<1 \tag{2.87}$$

考虑到

$$\begin{aligned}Z\left[f(t-\lambda T)\right]&=\sum_{k=0}^{\infty}f(kT-\lambda T)z^{-k}\\&=f(-\lambda T)+f(T-\lambda T)z^{-1}+f(2T-\lambda T)z^{-2}+\cdots\\&=f(T-\lambda T)z^{-1}+f(2T-\lambda T)z^{-2}+\cdots\ (\text{因为}\ f(t)=0,t<0)\end{aligned} \tag{2.88}$$

令 $m=1-\lambda$，则

$$\begin{aligned}Z\left[f(t-\lambda T)\right]&=f(mT)z^{-1}+f(T+mT)z^{-2}+f(2T+mT)z^{-3}+\cdots\\&=z^{-1}\left[f(mT)+f(T+mT)z^{-1}+f(2T+mT)z^{-2}+\cdots\right]\\&=z^{-1}\sum_{k=0}^{\infty}f(kT+mT)z^{-k}=z^{-1}Z\left[f(kT+mT)\right]\end{aligned} \tag{2.89}$$

于是可利用式(2.87)，将 $f(t)$ 的扩展 z 变换表示为

$$F(z,m)=Z_m\left[f(t)\right]=z^{-1}Z\left[f(kT+mT)\right]=z^{-1}\sum_{k=0}^{\infty}f(kT+mT)z^{-k} \tag{2.90}$$

式中，$m=1-\lambda$，$0<m<1$ 为扩展 z 变换 $F(z,m)$ 的参变数。式(2.90)即为扩展 z 变换的定义式。

对于用 $F(s)$ 表示的连续函数，其扩展 z 变换为

$$\begin{aligned}F(z,m)&=Z_m\left[F(s)\right]=Z\left[F(s)e^{-\lambda Ts}\right]\\&=Z\left[F(s)e^{-Ts+(T-\lambda T)s}\right]=z^{-1}Z\left[F(s)e^{mTs}\right]\end{aligned} \tag{2.91}$$

$F(z,m)$ 的参变数 m 有两种极端情况：

(1)　$m=0$（即 $\lambda=1$），则

$$F(z,0)=z^{-1}Z\left[f(kT)\right]=z^{-1}\sum_{k=0}^{\infty}f(kT)z^{-k}=z^{-1}F(z) \tag{2.92}$$

这表示，当 $m=0$ 时，相当于 $f(t)$ 延迟一个采样周期。

（2） $m=1$（即 $\lambda=0$），则

$$F(z,1)=z^{-1}Z\left[f(kT+T)\right]=z^{-1}\left[zF(z)-zf(0)\right]=F(z)-f(0) \tag{2.93}$$

如果 $f(0)=0$，则

$$F(z,1)=F(z) \tag{2.94}$$

这意味着，当 $m=1$，且 $f(0)=0$ 时，$f(t)$ 扩展 z 变换就变为一般 z 变换。

2.7.2　几种典型函数的扩展 z 变换

1）单位阶跃函数

$$f(t)=\begin{cases}0, & t<0\\ 1, & t\geqslant 0\end{cases} \tag{2.95}$$

根据式(2.90)扩展 z 变换的定义得

$$\begin{aligned}F(z,m)&=Z_m\left[f(t)\right]=z^{-1}\sum_{k=0}^{\infty}f(kT+mT)z^{-k}\\ &=z^{-1}\left[f(mT)+f(T+mT)z^{-1}+f(2T+mT)z^{-2}+\cdots\right]\\ &=z^{-1}\left[1+z^{-1}+z^{-2}+\cdots\right]=\frac{z^{-1}}{1-z^{-1}}=\frac{1}{z-1}\end{aligned} \tag{2.96}$$

注意到，单位阶跃函数的扩展 z 变换与参数 m 无关。

2）单位斜坡函数

$$f(t)=\begin{cases}0, & t<0\\ t, & t\geqslant 0\end{cases} \tag{2.97}$$

根据扩展 z 变换定义得

$$\begin{aligned}F(z,m)&=z^{-1}\sum_{k=0}^{\infty}f(kT+mT)z^{-k}\\ &=z^{-1}\left[f(mT)+f(T+mT)z^{-1}+f(2T+mT)z^{-2}+\cdots\right]\\ &=z^{-1}\left[mT+(T+mT)z^{-1}+(2T+mT)z^{-2}+\cdots\right]\\ &=z^{-1}\left[mT+mTz^{-1}+mTz^{-2}+\cdots+Tz^{-1}+2Tz^{-2}+\cdots\right]\\ &=z^{-1}\left[\frac{mT}{1-z^{-1}}+\frac{Tz^{-1}}{(1-z^{-1})^2}\right]\\ &=\frac{mTz^{-1}}{1-z^{-1}}+\frac{Tz^{-2}}{(1-z^{-1})^2}=\frac{mT(z-1)+T}{(z-1)^2}\end{aligned} \tag{2.98}$$

3）指数函数

$$f(t)=\begin{cases}0, & t<0\\ \mathrm{e}^{-at}, & t\geqslant 0\end{cases} \tag{2.99}$$

同样，根据扩展 z 变换定义得

$$
\begin{aligned}
F(z,m) &= z^{-1}\sum_{k=0}^{\infty} f(kT+mT)z^{-k} = z^{-1}\sum_{k=0}^{\infty} \mathrm{e}^{-a(kT+mT)}\, z^{-k} \\
&= z^{-1}\left[\mathrm{e}^{-amT} + \mathrm{e}^{-amT-aT}\, z^{-1} + \mathrm{e}^{-amT-2aT}\, z^{-2} + \cdots\right] \\
&= z^{-1}\left[\mathrm{e}^{-amT}(1+\mathrm{e}^{-aT}\, z^{-1} + \mathrm{e}^{-2aT}\, z^{-2} + \cdots)\right] \\
&= \frac{\mathrm{e}^{-amT}\, z^{-1}}{1-\mathrm{e}^{-aT}\, z^{-1}} = \frac{\mathrm{e}^{-amT}}{z-\mathrm{e}^{-aT}}
\end{aligned} \tag{2.100}
$$

常用函数的扩展 z 变换在表 2.3 中列出，以备查阅。

表 2.3　常用函数扩展 z 变换表

序号	$F(s)$	$F(z,m)$
1	$\frac{1}{s}$	$\frac{z^{-1}}{1-z^{-1}}$
2	$\frac{1}{s^2}$	$\frac{mTz^{-1}}{1-z^{-1}}+\frac{Tz^{-2}}{(1-z^{-1})^2}$
3	$\frac{1}{s^3}$	$\frac{T^2}{2}\left[\frac{m^2z^{-1}}{1-z^{-1}}+\frac{(2m+1)z^{-2}}{(1-z^{-1})^2}+\frac{2z^{-3}}{(1-z^{-1})^3}\right]$
4	$\frac{1}{s+a}$	$\frac{\mathrm{e}^{-amT}\, z^{-1}}{1-\mathrm{e}^{-aT}\, z^{-1}}$
5	$\frac{1}{(s+a)^2}$	$T\,\mathrm{e}^{-amT}\left[\frac{mz^{-1}}{1-\mathrm{e}^{-aT}\, z^{-1}}+\frac{\mathrm{e}^{-aT}\, z^{-2}}{(1-\mathrm{e}^{-aT}\, z^{-1})^2}\right]$
6	$\frac{a}{s(s+a)}$	$\frac{z^{-1}}{1-z^{-1}}-\frac{\mathrm{e}^{-amT}\, z^{-1}}{1-\mathrm{e}^{-aT}\, z^{-1}}$
7	$\frac{a}{s^2(s+a)}$	$\frac{Tz^{-2}}{(1-z^{-1})^2}+\frac{(mT-1/a)z^{-1}}{1-z^{-1}}+\frac{\mathrm{e}^{-amT}\, z^{-1}}{a(1-\mathrm{e}^{-aT}\, z^{-1})}$
8	$\frac{\omega}{s^2+\omega^2}$	$\frac{z^{-1}\left[\sin m\omega T+z^{-1}\sin(1-m)\omega T\right]}{1-2z^{-1}\cos\omega T+z^{-2}}$
9	$\frac{s}{s^2+\omega^2}$	$\frac{z^{-1}\left[\cos m\omega T-z^{-1}\cos(1-m)\omega T\right]}{1-2z^{-1}\cos\omega T+z^{-2}}$
10	$\frac{b-a}{(s+a)(s+b)}$	$\frac{\mathrm{e}^{-amT}\, z^{-1}}{1-\mathrm{e}^{-aT}\, z^{-1}}-\frac{\mathrm{e}^{-bmT}\, z^{-1}}{1-\mathrm{e}^{-bT}\, z^{-1}}$
11	$\frac{ba}{s(s+a)(s+b)}$	$\frac{z^{-1}}{1-z^{-1}}+\frac{1}{a-b}\left(\frac{b\,\mathrm{e}^{-amT}\, z^{-1}}{1-\mathrm{e}^{-aT}\, z^{-1}}-\frac{a\,\mathrm{e}^{-bmT}\, z^{-1}}{1-\mathrm{e}^{-bT}\, z^{-1}}\right)$

综上所述，对于常用函数扩展 z 变换可以查表 2.3 得到结果。为了加深理解，如果已知连续信号的传递函数为 $F(s)$，可以根据扩展 z 变换定义逐步推演求出 $F(z,m)$，其步骤如下：

(1) 由传递函数 $F(s)$ 求出单位脉冲响应 $f(t)$；

(2) 根据拉普拉斯变换的平移定理，由 $F(s)\mathrm{e}^{mTs}$ 和 $f(t)$，可求得 $f(t+mT)$；

(3) 根据扩展 z 变换定义 $F(z,m)=z^{-1}\sum_{k=0}^{\infty} f(kT+mT)z^{-k}$，求出扩展 z 变换。

注意到，$F(z,m)=z^{-1}\sum_{k=0}^{\infty} f(kT+mT)z^{-k}$，$F(z,m)$ 的 z 反变换为 $f(kT-T+mT)$ 或

$f(kT-\lambda T)$，当 $k=0$ 时，$f(-\lambda T)=0$，因此，在求扩展 z 反变换时，得出序列函数 $f(kT-T+mT)$，k 应从大于或等于 1 算起（$k\geqslant 1$）。

扩展 z 变换有超前和滞后两种形式，设图 2.23 中的曲线 a 为连续函数 $f(t)$，其拉普拉斯变换为 $F(s)$，其超前函数为 $f(t+\Delta T)$，其中 T 为离散化时的采样周期，$0<\Delta<1$ 表示超前时间不是采样周期的整数倍。根据拉普拉斯变换的时域位移性质，下列关系成立：

$$F(s,\Delta)=F(s)\mathrm{e}^{\Delta Ts}=L[f(t+\Delta T)],\quad 0<\Delta<1$$

要取得 $f(t+\Delta T)$ 在采样点上的值，则有 z 变换

$$\begin{aligned}F(z,\Delta)&=Z[F(s,\Delta)]=Z[F(s)\mathrm{e}^{\Delta Ts}]\\&=Z[f(t+\Delta T)]=\sum_{k=0}^{\infty}f(kT+\Delta T)z^{-k},\quad 0<\Delta<1\end{aligned}\tag{2.101}$$

比较式(2.90)和式(2.101)，可见超前型和滞后型扩展 z 变换没有本质上的差别，实际应用中可以采用任何一种形式。可以认为图 2.23 中的曲线 b 和 c 分别是曲线 a 经过一定时间的超前和滞后而得到的，其中超前和滞后环节是假想的，是为了求两个采样点之间输入、输出值而做出的辅助手段。

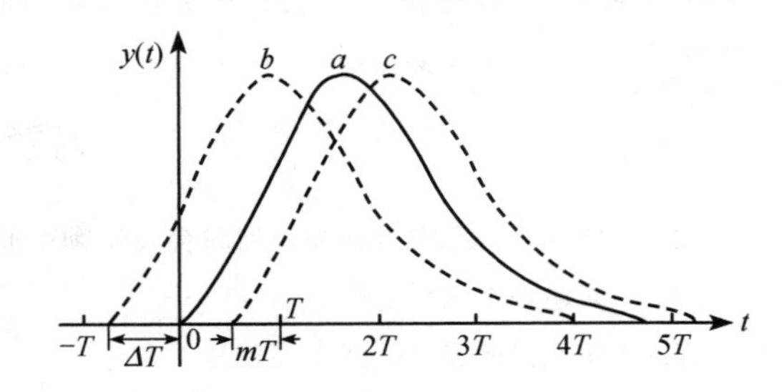

图 2.23　z 变换的超前和滞后

例 2.19　已知 $F(s)=1/(s+a)$，求 $F(s)$ 的广义 z 变换 $F(z,\Delta),F(z,m)$。

解　由(2.101)知

$$\begin{aligned}F(z,\Delta)&=Z[F(s)\mathrm{e}^{\Delta Ts}]=Z\left[\frac{1}{s+a}\mathrm{e}^{\Delta Ts}\right]\\&=Z[\mathrm{e}^{-a(t+\Delta T)}]=\mathrm{e}^{-a\Delta T}Z[\mathrm{e}^{-at}]=\frac{z\,\mathrm{e}^{-a\Delta T}}{z-\mathrm{e}^{-aT}}\end{aligned}$$

同理，由式(2.90)可知

$$\begin{aligned}F(z,m)&=z^{-1}Z[F(s)\mathrm{e}^{mTs}]=z^{-1}Z\left[\frac{1}{s+a}\mathrm{e}^{mTs}\right]=z^{-1}Z[\mathrm{e}^{-a(t+mT)}]\\&=z^{-1}\mathrm{e}^{-amT}Z[\mathrm{e}^{-at}]=z^{-1}\mathrm{e}^{-amT}\frac{z}{z-\mathrm{e}^{-aT}}=\frac{\mathrm{e}^{-amT}}{z-\mathrm{e}^{-aT}}\end{aligned}$$

本 章 小 结

本章先介绍了信号变换的原理，在此基础上，讨论了采样信号的恢复与保持问题，叙述了采样点以及采样点之间信号变换的数学分析方法。要求掌握以下内容：

(1) 采样定理是信号变换问题中最重要的定理，采样定理说明当 $\omega_s\geqslant 2\omega_{\max}$ 时，采样信号可以不失真地恢复原连续信号。如果采样时不满足采样定理的要求，采样信号将会发生混频等现象。但信号变换过程说明，由于理想滤波器是不存在的，准确恢复原连续信号是不可能的。

(2) $f^*(t)$ 可看成是用 $f(t)$ 对理想脉冲序列的调幅，理想脉冲序列 $\delta(t-kT)$（$k=1,2,\cdots$）线的高度不表示幅值，只表示强度，幅值的高度是无穷大，无法用图形表示。

(3) A/D 和 D/A 转换中，最重要的是采样、量化和保持(或信号恢复)3 个变换过程，要重点理解计算机中的采样值与实际物理量之间的对应关系。

(4) 采样器是各种不同形式的开关，虽然零阶保持器是一个相位滞后的低通滤波环节，其相应响应是一种阶梯形状，幅频曲线具有振荡衰减的高频分量，相频滞后与频率及采样周期成正比，但综合考虑，仍是一个最经常使用的信号恢复器。

(5) z 变换只是对采样序列进行变换，不同的连续函数，只要它们的采样序列相同，其 z 变换亦相同，一个 $F(z)$ 可有无穷多个 $f(t)$ 与之对应。扩展 z 变换是对 z 变换的补充，可以用于分析采样点之间的输入、输出关系，也可以用来处理被控对象带有非采样周期整数倍的延迟。

(6) z 反变换是将 z 域函数 $F(z)$ 变换为时间序列 $f(kT)$ 或采样信号 $f^*(t)$。由于 z 变换仅仅是描述采样时刻的特性，z 反变换直接求得的只是时间序列信号 $f(kT)$，因此，不能用 z 反变换方法求原连续函数 $f(t)$。

习题与思考题

2.1　什么是频率混叠现象？何时会发生频率混叠现象？

2.2　简述香农采样定理。

2.3　D/A 转换器有哪些主要芯片？

2.4　D/A 转换器的字长如何选择？

2.5　简述 D/A 输出通道的实现方式。

2.6　A/D 转换器有哪些主要芯片？

2.7　A/D 转换器的字长如何选择？

2.8　简述 A/D 输入通道的实现方式。

2.9　简述 A/D 的转换时间的含义及其与 A/D 转换速率和位数的关系。

2.10　写出 $f(t)$ 的 z 变换的多种表达方式(如 $Z(f(t))$ 等)。

2.11　证明下列关系式。

(1) $Z[a^k]=\dfrac{1}{1-az^{-1}}$　　(2) $Z[a^k f(t)]=f\left(\dfrac{z}{a}\right)$

(3) $Z[tf(t)]=-Tz\dfrac{\mathrm{d}}{\mathrm{d}z}F(z)$　　(4) $Z[t^2]=\dfrac{T^2z^{-1}(1+z^{-1})}{(1-z^{-1})^3}$

(5) $Z[t\,\mathrm{e}^{-at}]=\dfrac{T\,\mathrm{e}^{-aT}z^{-1}}{(1-\mathrm{e}^{-aT}z^{-1})^2}$　　(6) $Z[a^t f(t)]=F(a^{-T}z)$

2.12　用部分分式法和留数法求下列函数的 z 变换。

(1) $F(s)=\dfrac{1}{s(s+1)}$　　(2) $F(s)=\dfrac{s+1}{(s+3)(s+2)}$

(3) $F(s)=\dfrac{s+1}{(s+3)^2(s+2)}$　　(4) $F(s)=\dfrac{s+3}{(s+2)^2(s+1)}$

(5) $F(s)=\dfrac{1-\mathrm{e}^{-sT}}{s(s+1)^2}$　　(6) $F(s)=\dfrac{1-\mathrm{e}^{-sT}}{s^2(s+1)}$

2.13　用级数求和法求下列函数的 z 变换。

(1) $f(k)=a^k$　　(2) $f(k)=a^{k-1}$

(3) $f(t)=ta^{k-1}$　　(4) $f(t)=t^2\mathrm{e}^{-5t}$

2.14 用长除法、部分分式法、留数法对下列函数进行 z 反变换。

(1) $F(z)=\dfrac{z^{-1}(1-e^{-aT})}{(1-z^{-1})(1-e^{-aT}z^{-1})}$

(2) $F(z)=\dfrac{2z^{-1}}{(1-z^{-1})(1-2z^{-1})}$

(3) $F(z)=\dfrac{-6+2z^{-1}}{1-2z^{-1}+z^{-2}}$

(4) $F(z)=\dfrac{0.5z^{-1}}{1-1.5z^{-1}+0.5z^{-2}}$

(5) $F(z)=\dfrac{-3+z^{-1}}{1-2z^{-1}+z^{-2}}$

(6) $F(z)=\dfrac{z}{(z-2)(z-1)^2}$

2.15 举例说明 z 变换有几种方法。

2.16 简述 z 变换的线性定理，并证明之。

2.17 简述 z 变换的滞后定理，并证明之。

2.18 简述 z 变换的超前定理，并证明之。

2.19 简述 z 变换的初值定理，并证明之。

2.20 简述 z 变换的终值定理，并证明之。

2.21 简述 z 变换的求和定理，并证明之。

2.22 简述 z 变换的复域位移定理，并证明之。

2.23 简述 z 变换的复域微分定理，并证明之。

2.24 简述 z 变换的复域积分定理，并证明之。

2.25 简述 z 变换的卷积和定理，并证明之。

2.26 举例说明 z 反变换有几种方法。

2.27* 为什么要使用扩展 z 变换？

2.28* 简述慢过程中采样周期的选择。

2.29* 简述快过程中采样周期的选择。

2.30* 简述两种外推装置组成的保持器。

2.31* 基于幅相频率特性，比较零阶保持器和一阶保持器的优缺点。

2.32* 简述 A/D 或 D/A 分辨率与精度有何区别和联系。

2.33* 什么是超前扩展 z 变换？

2.34* 什么是滞后扩展 z 变换？

第3章　计算机控制系统的数学描述与性能分析

3.1　引　　言

本章将系统讲述计算机控制系统的数学描述问题，并根据系统的数学描述对系统进行性能分析。计算机控制系统的数学描述就是用某种数学形式对计算机控制系统的动态行为予以定量表征，由此得到可以表征计算机控制系统动态行为的数学模型。实际计算机控制系统虽然是由纯离散系统的计算机和纯连续系统的被控对象构成的混合系统，但是为了分析和设计方便，通常都是将其等效地化为离散系统来处理。对于离散系统，通常使用时域的差分方程、复数域的 z 变换和脉冲传递函数、频域的频率特性以及离散状态空间方程作为系统数学描述的基本工具。本章将对线性定常离散系统的数学描述形式进行详细讲述，具体包括时域的差分方程、复数域脉冲传递函数，以及频域的频率特性，其中 z 变换已经在第2章中进行了介绍，离散状态空间方程将在第6章中进行讲述。在此基础上，从时域特性和频域特性两方面对计算机控制系统的稳定性、稳态性能和暂态性能进行详细分析，也就是对计算机控制系统的稳定性、准确性和快速性进行定量评价，建立计算机控制系统性能指标与计算机控制系统数学模型的结构及其参数之间的定性和定量关系，用以指导计算机控制系统的设计。

本章概要　3.1 节介绍本章所要解决的基本问题、研究内容以及内容之间的相互关系；3.2 节介绍差分方程及其求解方法；3.3 节介绍脉冲传递函数的概念和计算机控制系统脉冲传递函数模型的建立方法；3.4 节介绍计算机控制系统稳定性的概念、s 平面与 z 平面的映射关系，以及采样周期对系统稳定性的影响；3.5 节介绍计算机控制系统的两个代数稳定判据：劳斯判据和朱利判据；3.6 节对计算机控制系统的稳态性能进行分析，具体分析稳态误差与误差系数、系统类型以及采样周期之间的关系；3.7 节对计算机控制系统的暂态性能进行分析，具体分析暂态性能指标与系统零极点、采样周期之间的关系；3.8 节从频域的角度对计算机控制系统进行描述与稳定性分析。

3.2　线性常系数差分方程

3.2.1　离散系统与差分方程

离散时间系统(简称离散系统)就是输入和输出均为离散信号的物理系统，在数学上，离散系统可以抽象为一种系统的离散输入信号和系统的离散输出信号之间的数学变换或映射。设单输入单输出离散系统 D 的输入为 $e(k)$，输出为 $u(k)$ (为了书写简便，把表示采样时刻离散时间 kT 缩写成 k，以后不再说明)，$e(k)$ 与 $u(k)$ 都是离散的数值序列，如图 3.1 所示。

如果 D 是确定的变换函数或映射，则 $e(k)$，$u(k)$ 和 D 三者之间的关系为

$$u(k) = D[e(k)] \tag{3.1}$$

当变换函数 D 满足叠加原理，即当输入为 $e(k) = ae_1(k) + be_2(k)$ 时(其中 a、b 为常数)，输出为

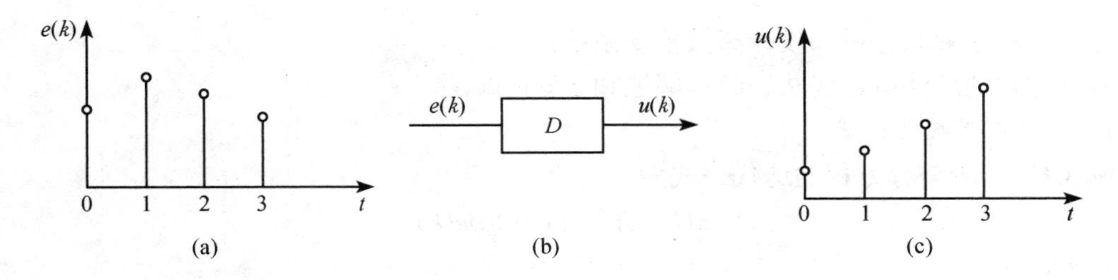

图 3.1　离散系统

$$u(k)=D[e(k)]=aD[e_1(k)]+bD[e_2(k)] \tag{3.2}$$

那么认为该系统的变换函数 D 是线性的。$u(k)$ 与 $e(k)$ 之间的关系是线性的，即图 3.1 所示为线性离散系统。

如果系统 D 的参数不随时间变化，即系统 D 的响应不取决于输入作用的时刻，则系统是常系数的，即定常系统，输入输出的关系为

$$u(k-n)=D[e(k-n)] \tag{3.3}$$

大部分实际系统随时间的增长，其参数都是要发生变化。如果在系统运行期间，参数变化超过了一定范围，则认为系统是时变系统；如果参数变化范围很小，可以忽略不计，则仍认为是线性常系数系统。

线性常系数离散控制系统一般采用差分方程来描述。在图 3.1 中，系统在某一时刻 k 的输出 $u(k)$，不仅取决于本时刻的输入 $e(k)$，与过去时刻的输入数值序列 $e(k-1)$，$e(k-2)$，$\cdots$ 有关，而且还与该时刻以前的输出值 $u(k-1)$，$u(k-2),\cdots$ 有关，这种关系可用数学方程描述为

$$\begin{aligned}&u(k)+a_1u(k-1)+a_2u(k-2)+\cdots+a_nu(k-n)\\&=b_0e(k)+b_1e(k-1)+b_2e(k-2)+\cdots+b_me(k-m)\end{aligned} \tag{3.4}$$

或表示为

$$u(k)=-\sum_{i=1}^{n}a_iu(k-i)+\sum_{j=0}^{m}b_je(k-j) \tag{3.5}$$

式中当系数均为常数时，就是一个 n 阶线性常系数差分方程，式(3.5)称为 n 阶后向非齐次差分方程。对于 n 阶差分方程，$a_n\neq 0$。

线性常系数离散控制系统也可以用非齐次前向差分方程来描述，与式(3.4)类似，其差分方程基本形式为

$$\begin{aligned}&u(k+n)+a_1u(k+n-1)+a_2u(k+n-2)+\cdots+a_nu(k)\\&=b_0e(k+m)+b_1e(k+m-1)+b_2e(k+m-2)+\cdots+b_me(k)\end{aligned} \tag{3.6}$$

式(3.6)阶次为 n 阶，通常 $m\leqslant n$，这样才能满足物理系统中因果关系的条件。

前向差分方程和后向差分方程并无本质区别，前向差分方程多用于描述非零初始值的离散系统，而后向差分方程多用于描述全零初始值的离散系统。若不考虑系统的初始值，两者完全等价，可以相互转换。本书后续内容以后向差分方程为主进行介绍。

3.2.2　差分方程求解

线性差分方程是研究离散系统性能的数学工具，它不仅能描述离散控制系统，而且能通

过差分方程的求解来分析和设计离散控制系统。

差分方程的解法有迭代法、经典解法和 z 变换解法。

1. *差分方程的迭代法*

例 3.1 一阶差分方程的迭代公式为

$$u(k+1)=au(k)+be(k)$$

求差分方程的解。

解 设 $u(0)$ 是给定的边界条件，则

当 $k=0$ 时，$u(1)=au(0)+be(0)$

当 $k=1$ 时，$u(2)=au(1)+be(1)=a^2u(0)+abe(0)+be(1)$

当 $k=2$ 时，$u(3)=au(2)+be(2)=a^3u(0)+a^2be(0)+abe(1)+be(2)$

以此类推，有

$$\begin{aligned}u(k)&=a^ku(0)+a^{k-1}be(0)+a^{k-2}be(1)+a^{k-3}be(2)+\cdots+be(k-1)\\&=a^ku(0)+\sum_{j=0}^{k-1}a^{k-j-1}be(j)\end{aligned}\tag{3.7}$$

一阶差分方程的齐次方程 $u(k+1)=au(k)$ 的特征根 $\lambda=a$，所以 $a^ku(0)$ 是对应齐次方程的通解，称为自由变量，它是输入为零时的解，故又称为零输入解。一阶差分方程的非齐次方程 $u(k+1)=au(k)+be(k)$ 的特解为式(3.7)中的另一项 $\sum_{j=0}^{k-1}a^{k-j-1}be(j)$，称为强制分量，它又是输出 $u(0)=0$ 时，输入 $e(j)$ 产生的解，又称为零状态解。

迭代法适合于计算机求解，可以编制程序。

例 3.2 用迭代法求解如下差分方程

$$u(k)-8u(k-1)+12u(k-2)=0\tag{3.8}$$

已知初始条件为 $u(1)=1$，$u(2)=3$。

解 当 $k=3$ 时，$u(3)=8u(2)-12u(1)=24-12=12$

当 $k=4$ 时，$u(4)=8u(3)-12u(2)=60$

当 $k=5$ 时，$u(5)=8u(4)-12u(3)=336$

可知

$$u(1)=1,\quad u(2)=3,\quad u(3)=12,\quad u(4)=60,\quad u(5)=336,\cdots$$

2. *差分方程的经典解法*

差分方程的经典解法与微分方程的经典解法类似，方程的全解包括两部分，一部分是对应齐次差分方程的通解，另一部分是对应非齐次方程的特解，其解的结果是各采样时刻的输出值。

差分方程的一般形式如式(3.5)，即

$$u(k)=-\sum_{i=1}^{n}a_iu(k-i)+\sum_{j=0}^{m}b_je(k-j)$$

此式就是线性非齐次差分方程。

当输入 $e(k)=0$（$k=0,1,2,3,\cdots$）时，它变成 n 阶线性齐次差分方程，即

$$u(k)=-\sum_{i=1}^{n}a_i u(k-i)$$

展开上式得

$$u(k)+a_1u(k-1)+a_2u(k-2)+\cdots+a_nu(k-n)=0 \tag{3.9}$$

设其通解形式由$u(k)=c\lambda^k\neq 0$的一些项组成，代入方程(3.9)得

$$\begin{aligned}&c\lambda^k+a_1c\lambda^{k-1}+a_2c\lambda^{k-2}+\cdots+a_nc\lambda^{k-n}=0\\&c\lambda^{k-n}(\lambda^n+a_1\lambda^{n-1}+a_2\lambda^{n-2}+\cdots+a_n)=0\end{aligned} \tag{3.10}$$

由于$c\lambda^{k-n}\neq 0$，则

$$\lambda^n+a_1\lambda^{n-1}+a_2\lambda^{n-2}+\cdots+a_n=0 \tag{3.11}$$

式(3.11)为齐次方程(3.9)的特征方程，如果求解式(3.11)，可得$\lambda_1,\lambda_2,\cdots$共$n$个根，假设都是单根时，则齐次方程(3.9)的通解为

$$u(k)=c_1\lambda_1^k+c_2\lambda_2^k+\cdots+c_n\lambda_n^k=\sum_{i=1}^{n}c_i\lambda_i^k \tag{3.12}$$

式中，系数c_i将由初始条件决定。

例 3.3 用经典解法求解例 3.2 中的差分方程。

解 式(3.8)的特征方程为

$$\lambda^2-8\lambda+12=0$$

解得特征根为$\lambda_1=6$，$\lambda_2=2$。

由式(3.12)得齐次方程通解

$$u(k)=c_1\lambda_1^k+c_2\lambda_2^k=c_1 6^k+c_2 2^k$$

由初始条件确定c_1、c_2，

$$\begin{cases}u(1)=c_1\lambda_1^1+c_2\lambda_2^1\\u(2)=c_1\lambda_1^2+c_2\lambda_2^2\end{cases}$$

即

$$\begin{cases}1=c_1\times 6+c_2\times 2\\3=c_1\times 6^2+c_2\times 2^2\end{cases}$$

上两式联立求解，得

$$c_1=\frac{1}{24},\qquad c_2=\frac{3}{8}$$

所以差分方程的通解为

$$u(k)=\frac{1}{24}(6^k)+\frac{3}{8}(2^k)$$

当$k=0,1,2,3,4,\cdots$时，结果与例 3.2 结果相同。式(3.8)的右边为零，所以其特解为零。上式通解就是式(3.8)的全解。

当特征根中有重根时，如特征根λ_1有m重，则齐次方程的通解为

$$u(k)=(c_1k^{m-1}+c_2k^{m-2}+\cdots+c_m)\lambda_1^k+c_{m+1}\lambda_2^k+\cdots+c_n\lambda_{n-m+1}^k$$

对于非齐次方程特解可用试探法进行求解，这种经典方法是十分麻烦的。因此，下面引

入 z 变换，把差分方程简化为代数方程，从而使差分方程的求解变得简单。

3. 用 z 变换求解差分方程

用 z 变换求解差分方程的步骤是对差分方程求 z 变换，得到函数的 z 变换表达式如 $F(z)$，然后通过 z 反变换求出差分方程的通解。

例 3.4 求解齐次差分方程

$$f(k+2)+3f(k+1)+2f(k)=0$$

初始条件：$f(0)=0$，$f(1)=1$。

解 由 z 变换超前定理得到

$$Z[f(k)]=F(z)$$
$$Z[f(k+1)]=zF(z)-zf(0)$$
$$Z[f(k+2)]=z^2F(z)-z^2f(0)-zf(1)$$

代入原式，得

$$z^2F(z)-z^2f(0)-zf(1)+3zF(z)-3zf(0)+2F(z)=0$$

代入初始条件得

$$z^2F(z)-z+3zF(z)+2F(z)=0$$

整理后得

$$F(z)=\frac{z}{(z+1)(z+2)}$$

利用部分分式法可化成

$$F(z)=\frac{z}{z+1}-\frac{z}{z+2}$$

查 z 变换表得

$$f(k)=(-1)^k-(-2)^k,\quad k=0,1,2,\cdots$$

例 3.5 初始条件为 $f(0)=0$，$f(1)=0$，求解下列非齐次差分方程：

$$f(k+2)-3f(k+1)+2f(k)=\delta(t)$$

输入条件 $\delta(t)=\begin{cases}\infty, & t=0\\ 0, & t\neq 0\end{cases}$。

解 $Z[\delta(k)]=1$，对原式两端求 z 变换并代入初始条件，得

$$z^2F(z)-3zF(z)+2F(z)=1$$

因此

$$F(z)=\frac{1}{(z-1)(z-2)}=\frac{-1}{z-1}+\frac{1}{z-2}$$

由于上式在 z 变换中查不出反变换，则利用下述关系

$$Z[f(k+1)]=zF(z)-zf(0)$$

将初始条件 $f(0)=0$ 代入，得

$$Z[f(k+1)]=zF(z)$$

将 $F(z)$ 代入，得

$$Z[f(k+1)]=\frac{-z}{z-1}+\frac{z}{z-2}$$

经 z 反变换为

$$f(k+1)=2^k-1^k, \quad k=0,1,2,\cdots$$

或者

$$f(k)=2^{k-1}-1, \quad k=1,2,3,\cdots$$

说明：本例题也可以用留数法直接进行 z 反变换，从而更简洁地得到本题的最终结果。

例 3.6 初始条件为 $u(1)=1$，$u(2)=3$，用 z 变换方法求解例 3.2 所给的差分方程。

解 由 z 变换滞后定理，得

$$Z[u(k)]=U(z), \quad Z[u(k-1)]=z^{-1}U(z)+u(-1)$$

$$Z[u(k-2)]=z^{-2}U(z)+z^{-1}u(-1)+u(-2)$$

上式中的 $u(-1)$、$u(-2)$ 可由原式和初始条件解出。

当 $k=2$ 时，因为 $u(2)-8u(1)+12u(0)=0$，所以

$$u(0)=\frac{8u(1)-u(2)}{12}=\frac{8\times1-3}{12}=\frac{5}{12}$$

当 $k=1$ 时，因为 $u(1)-8u(0)+12u(-1)=0$，所以

$$u(-1)=\frac{8u(0)-u(1)}{12}=\frac{7}{36}$$

当 $k=0$ 时，因为 $u(0)-8u(-1)+12u(-2)=0$，所以

$$u(-2)=\frac{8u(-1)-u(0)}{12}=\frac{41}{432}$$

代入原式，得

$$U(z)-8[z^{-1}U(z)+u(-1)]+12[z^{-2}U(z)+z^{-1}u(-1)+u(-2)]=0$$

代入初始条件，整理得

$$U(z)=\frac{15/36-21/9z^{-1}}{(1-6z^{-1})(1-2z^{-1})}$$

利用部分分式法，可化成

$$U(z)=\frac{1/24}{1-6z^{-1}}+\frac{3/8}{1-2z^{-1}}$$

经 z 反变换，得

$$u(k)=\frac{1}{24}(6^k)+\frac{3}{8}(2^k), \quad k=0,1,2,\cdots$$

从而得

$$u(0)=0.417, \quad u(1)=1, \quad u(2)=3, \quad u(3)=12, \ \cdots$$

3.3 脉冲传递函数

线性连续系统的动态特性主要用传递函数来描述，在线性离散控制系统中，主要用脉冲传递函数来描述。脉冲传递函数也简称为 z 传递函数。

3.3.1 脉冲传递函数的定义

线性离散控制系统中，在零初始条件下，一个系统(或环节)输出脉冲序列的 z 变换与输入脉冲序列的 z 变换之比，被定义为该系统(或环节)的脉冲传递函数，用公式表示为

$$W(z)=\frac{Y(z)}{X(z)}=\frac{\text{输出脉冲序列的}z\text{变换}}{\text{输入脉冲序列的}z\text{变换}}$$

应当指出，无论是连续系统还是离散系统，都是在零初始条件下，即 $x(-T)$，$x(-2T)$，$x(-3T)$, $\cdots$，$y(-T)$，$y(-2T)$, $\cdots$ 均为零初始条件下的，同时脉冲传递函数也仅取决于系统本身的特性，与输入量无关。

描述脉冲传递函数的方框图如图 3.2 所示。通常物理系统的输出量是时间的连续函数，在图 3.2 中是 $y(t)$，但是由于 z 变换定义的原函数是离散化的脉冲序列，它只能给出采样时刻的特性，因此这里求系统(或环节)的脉冲传递函数，实际上是取该系统(或环节)的脉冲序列作为输出量，这就是图 3.2 中输出端加虚线同步开关的原因。

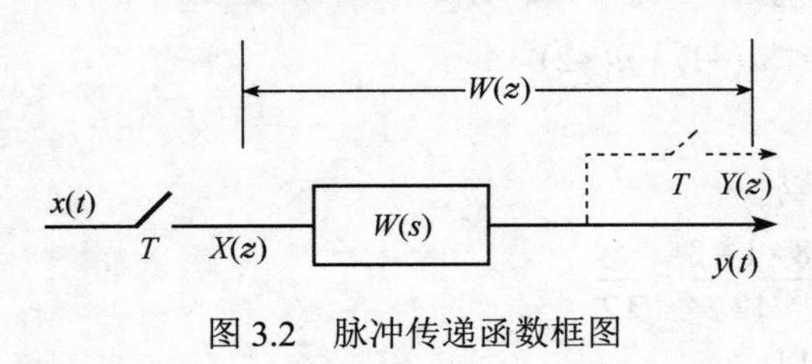

图 3.2　脉冲传递函数框图

3.3.2 脉冲传递函数的推导

1. 由单位脉冲响应推出脉冲传递函数 $W(z)$

由单位脉冲响应推出脉冲传递函数，可以从概念上掌握脉冲传递函数的物理意义。

当输入信号 $x(t)$ 被采样后，脉冲序列为 $x^*(t)$，它可表示为

$$x^*(t)=x(0)\delta(t)+x(T)\delta(t-T)+\cdots+x(kT)\delta(t-kT)+\cdots$$

这一系列脉冲作用于连续系统(或环节) $W(s)$ 时，该系统(或环节)输出各脉冲响应之和，如图 3.3 所示。

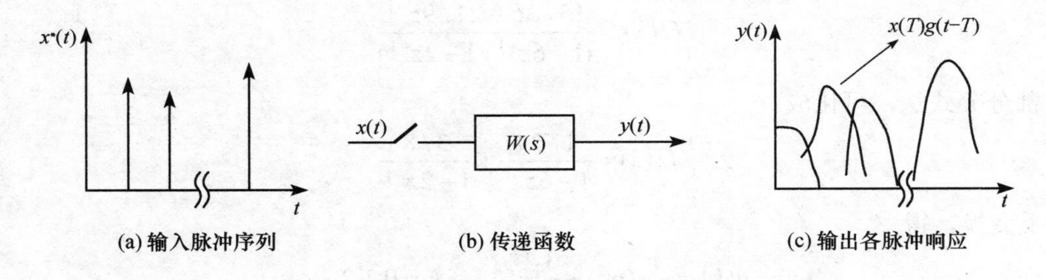

(a) 输入脉冲序列　(b) 传递函数　(c) 输出各脉冲响应

图 3.3　脉冲响应

如在 $0\leqslant t<T$ 时间间隔内，作用于 $W(s)$ 的输入脉冲为 $x(0T)$，则 $W(s)$ 的输出响应为

$$y(t)=x(0T)g(t)$$

式中，$g(t)$ 为系统(或环节)的单位脉冲响应，满足

$$g(t)=\begin{cases}g(t), & t\geqslant 0\\ 0, & t<0\end{cases}$$

在 $T\leqslant t<2T$ 时间间隔内，有两个输入脉冲作用于系统：一个是 $t=0$ 时的 $x(0T)$，它产生

的脉冲响应依然存在；另一个是 $t=T$ 时的 $x(T)$，所以在此区间的脉冲响应为

$$y(t)=x(0T)g(t)+x(T)g(t-T)$$

式中

$$g(t-T)=\begin{cases} g(t), & t \geqslant T \\ 0, & t<T \end{cases}$$

所以当系统(或环节)的输入为一系列脉冲时，输出应为各个脉冲响应之和。

这样，在 $kT \leqslant t<(k+1)T$ 的时间间隔内，输出响应为

$$y(t)=\sum_{i=0}^{k} g(t-iT)x(iT)$$

式中

$$g(t-iT)=\begin{cases} g(t), & t \geqslant iT \\ 0, & t<iT \end{cases} \qquad i=0,1,2,\cdots$$

在 $t=kT$ 时刻输出的脉冲值，是 kT 时刻和 kT 时刻以前的所有输入脉冲在该时刻脉冲响应的总和，故

$$y(kT)=\sum_{i=0}^{k} g[(k-i)T]x(iT)$$

即 kT 时刻以后的一系列输入脉冲，即 $x[(k+1)T], x[(k+2)T], \cdots$ 不会对 kT 时刻的输出有任何影响，上式的求和上限 k 可以扩展成 ∞，故上式又可写成

$$y(kT)=\sum_{i=0}^{\infty} g[(k-i)T]x(iT) \tag{3.13}$$

由卷积定理可得

$$Y(z)=W(z)X(z)$$

式中，$X(z)$、$Y(z)$、$W(z)$ 分别是函数 $x(t)$、$y(t)$、$g(t)$ 的 z 变换式。由此可得

$$W(z)=\frac{Y(z)}{X(z)}=Z[g(t)]$$

即脉冲传递函数 $W(z)$ 等于其单位脉冲响应 $g(t)$ 的 z 变换。

2. 由拉普拉斯变换求出 $W(z)$

由图 3.2 得

$$Y(s)=W(s)X^{*}(s)$$

对等式两边取脉冲采样函数的拉普拉斯变换，由第 2 章 2.2.3 节采样函数的频谱分析可知，采样信号的频谱为

$$F^{*}(s)=\frac{1}{T}\sum_{n=-\infty}^{\infty} F(s+\mathrm{j}n\omega_{\mathrm{s}})$$

于是可以得到

$$Y^{*}(s)=[W(s)X^{*}(s)]^{*}=\frac{1}{T}\left[\sum_{n=-\infty}^{\infty} W(s+\mathrm{j}n\omega_{\mathrm{s}})\right]X^{*}(s)=W^{*}(s)X^{*}(s) \tag{3.14}$$

所以用 z 变换式表示为

$$Y(z)=W(z)X(z)$$

$$W(z)=\frac{Y(z)}{X(z)}=Z[W^*(s)]=z[W(s)]$$

因此，若已知系统(或环节)的拉普拉斯变换式 $W(s)$，即已知连续系统的传递函数模型，则可以直接应用 z 变换进行离散系统模型 $W(z)$ 的推导，$W(z)=Z[W(s)]$，所应用的方法有 z 变换的部分分式法和留数计算法。

3. 由差分方程求出脉冲传递函数 $W(z)$

设线性离散控制系统用下列差分方程来描述：

$$\begin{aligned}&y(k)+a_1y(k-1)+a_2y(k-2)+\cdots+a_ny(k-n)\\&=b_0x(k)+b_1x(k-1)+\cdots+b_mx(k-m)\end{aligned}$$

在零初始条件下，对上式两边取 z 变换得

$$(1+a_1z^{-1}+a_2z^{-2}+\cdots+a_nz^{-n})Y(z)=(b_0+b_1z^{-1}+\cdots+b_mz^{-m})X(z)$$

所以该离散系统的脉冲传递函数为

$$W(z)=\frac{Y(z)}{X(z)}=\frac{b_0+b_1z^{-1}+\cdots+b_mz^{-m}}{1+a_1z^{-1}+a_2z^{-2}+\cdots+a_nz^{-n}} \tag{3.15}$$

在处理实际系统时，若给出了系统或环节的差分方程，则可用式(3.15)求其对应的脉冲传递函数。

3.3.3 离散系统的框图分析

离散系统的脉冲传递函数定义与连续系统的传递函数定义在形式上完全相同，因此在求离散系统的脉冲传递函数时，两者有许多相似之处。连续系统中许多方框图变换原理在离散系统中也适用，但是连续系统中传递函数所对应的输入与输出是连续量，而离散系统中脉冲传递函数所对应的输入与输出是脉冲序列，尤其是采样系统中同步采样开关在各环节之间的位置不同，则求出的脉冲传递函数截然不同。

1. 串联环节的脉冲传递函数

串联各环节分为环节间有采样开关和环节间没有采样开关两种情况。对于图 3.4 环节间有采样开关的情况，其输出与输入信号间的脉冲传递函数可由定义直接求出。

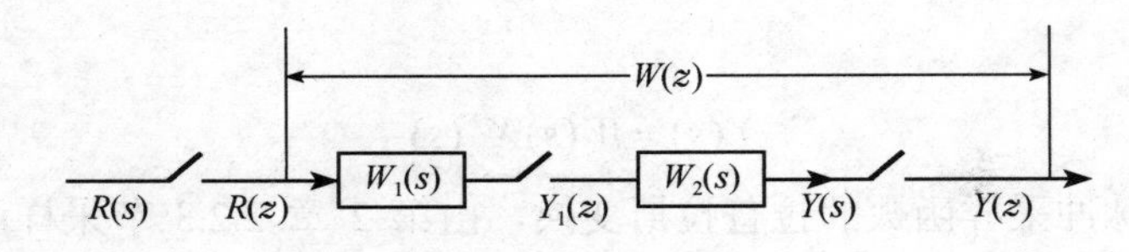

图 3.4 串联环节间有采样开关

第一个环节 $Y_1(z)=W_1(z)R(z)$，第二个环节 $Y(z)=W_2(z)Y_1(z)$，系统总的脉冲传递函数为

$$W(z)=\frac{Y(z)}{R(z)}=W_1(z)W_2(z) \tag{3.16}$$

这就是说，中间有采样开关的串联环节，其脉冲传递函数等于各环节脉冲传递函数的乘积。

对于图 3.5 环节间没有采样开关的情况，根据脉冲传递函数定义，得

$$W(z)=Z[W_1(s)W_2(s)]=W_1W_2(z) \tag{3.17}$$

可以看出，中间没有采样开关时，其总的传递函数等于各环节传递函数相乘后再取 z 变换。

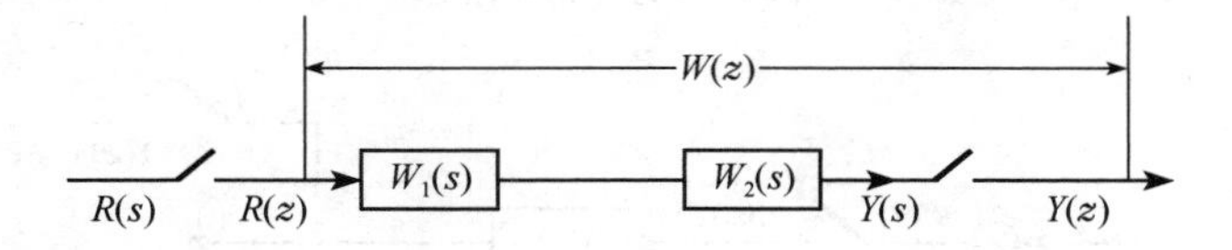

图 3.5　串联环节间没有采样开关

例 3.7　已知 $W_1(s)=\dfrac{1}{s}$，$W_2(s)=\dfrac{a}{s+a}$，试求中间有、无采样开关时的 $W(z)$。

解　中间有采样开关时

$$W_1(z)=Z\left(\frac{1}{s}\right)=\frac{1}{1-z^{-1}},\qquad W_2(z)=Z\left(\frac{a}{s+a}\right)=\frac{a}{1-\mathrm{e}^{-aT}z^{-1}}$$

$$W(z)=W_1(z)W_2(z)=\frac{a}{(1-z^{-1})(1-\mathrm{e}^{-aT}z^{-1})}$$

中间没有采样开关时

$$\begin{aligned}W(z)&=Z[W_1(s)W_2(s)]=Z\left(\frac{1}{s}\cdot\frac{a}{s+a}\right)\\&=Z\left(\frac{1}{s}-\frac{1}{s+a}\right)=\frac{1}{1-z^{-1}}-\frac{1}{1-\mathrm{e}^{-aT}z^{-1}}\\&=\frac{(1-\mathrm{e}^{-aT})z^{-1}}{(1-z^{-1})(1-\mathrm{e}^{-aT}z^{-1})}\end{aligned}$$

由上两式可看出，有无采样开关时，其脉冲传递函数是不同的，但极点是相同的。

2. 并联环节的脉冲传递函数

对于图 3.6(a)与图 3.6(b)两种情况，根据叠加原理，有

$$W(z)=Z[W_1(s)]+Z[W_2(s)]=W_1(z)+W_2(z)$$

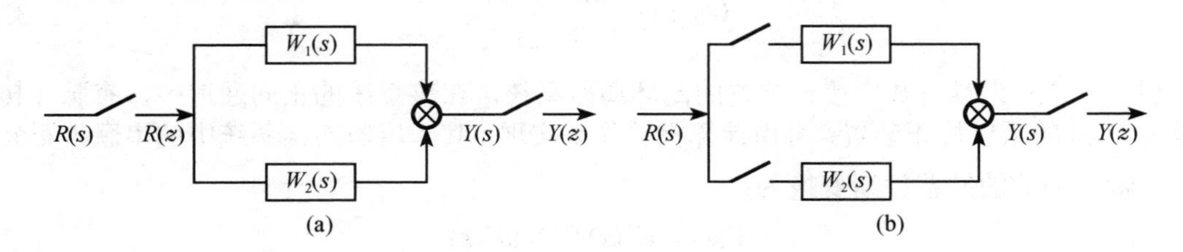

图 3.6　两个环节并联

上述各环节串联和并联的连接形式，并没有构成闭环的反馈连接形式，因此所得到的系统输出信号 $Y(z)$ 与输入信号 $R(z)$ 之间的脉冲传递函数 $W(z)$ 统称为开环传递函数。

3. 反馈连接环节的脉冲传递函数

当系统中各环节通过反馈形成闭环连接时，其闭环系统脉冲传递函数的求解，同样也必须注意在闭环的各个通道以及环节之间是否有采样开关，因为有无采样开关所得的闭环脉冲传递函数是不同的。下面推导几种典型闭环系统的脉冲传递函数。

(1) 图 3.7 为误差离散系统，它是具有负反馈的线性离散系统，$W(s)$ 与 $H(s)$ 分别表示正向通道与反馈通道的传递函数。输出信号的拉普拉斯变换为

$$Y(s)=E^*(s)W(s)$$

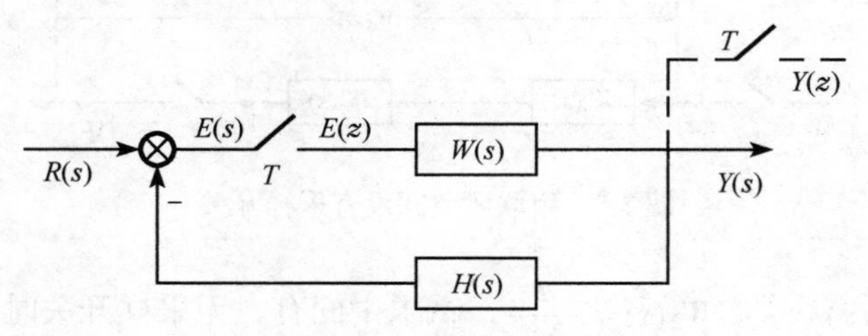

图 3.7 误差离散系统结构图

由式(3.14)可得输出信号 $Y(\mathrm{s})$ 的 z 变换为

$$Y(z)=E(z)W(z) \tag{3.18}$$

又因误差信号的拉普拉斯变换为

$$E(s)=R(s)-Y(s)H(s)=R(s)-E^*(s)W(s)H(s)$$

由式(3.14)和式(3.17)可得误差信号 $E(\mathrm{s})$ 的 z 变换为

$$E(z)=R(z)-E(z)WH(z)$$

于是得到闭环系统误差脉冲传递函数为

$$W_{\mathrm{e}}(z)=\frac{E(z)}{R(z)}=\frac{1}{1+WH(z)}=\frac{1}{1+W_{\mathrm{K}}(z)} \tag{3.19}$$

式中，$W_{\mathrm{K}}(z)=WH(z)$ 为系统开环脉冲传递函数。

由式(3.18)和式(3.19)求得闭环系统传递函数为

$$W_{\mathrm{B}}(z)=\frac{Y(z)}{R(z)}=\frac{W(z)}{1+WH(z)}$$

若系统反馈为单位反馈，即 $H(s)=1$，则有

$$W_{\mathrm{B}}(z)=\frac{W(z)}{1+W(z)} \tag{3.20}$$

(2) 图 3.8 为具有数字校正装置的闭环离散系统，在该系统的正向通道中，有脉冲传递函数为 $D(z)$ 的数字校正装置，可由计算机软件来实现，其作用与连续系统中的串联校正装置相同。输出函数的拉普拉斯变换为

$$Y(s)=E^*(s)D^*(s)W(s)$$

式中，$D^*(s)$ 为 $D(z)$ 的 z 反变换式。则 $Y(s)$ 的 z 变换式为

$$Y(z)=E(z)D(z)W(z) \tag{3.21}$$

又因误差信号的拉普拉斯变换为

$$E(s)=R(s)-Y(s)H(s)=R(s)-E^*(s)D^*(s)W(s)H(s)$$

则其 z 变换式为

$$E(z)=R(z)-E(z)D(z)WH(z)$$

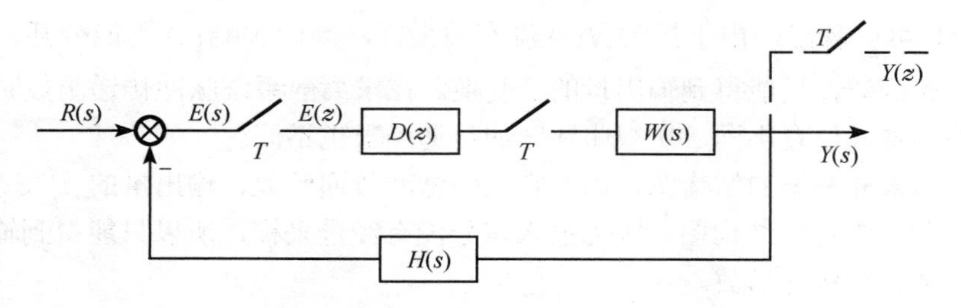

图 3.8　带有数字校正的离散系统结构图

所以闭环误差脉冲传递函数为

$$W_{\mathrm{e}}(z)=\frac{E(z)}{R(z)}=\frac{1}{1+D(z)WH(z)}=\frac{1}{1+W_{\mathrm{K}}(z)} \tag{3.22}$$

式中，$W_{\mathrm{K}}(z)$ 为开环脉冲传递函数。闭环脉冲传递函数可由式(3.21)与式(3.22)得到

$$W_{\mathrm{B}}(z)=\frac{Y(z)}{R(z)}=\frac{D(z)W(z)}{1+D(z)WH(z)}=\frac{D(z)W(z)}{1+W_{\mathrm{K}}(z)} \tag{3.23}$$

(3) 图 3.9 所示为扰动输入时的离散系统，该系统连续部分的扰动输入信号 $N(s)$，对输出量的影响常是衡量系统性能的一个重要指标。分析方法与连续系统一样，在求输出对扰动的脉冲传递函数时，认为输入量 $r(t)=0$，即 $R(s)=0$。

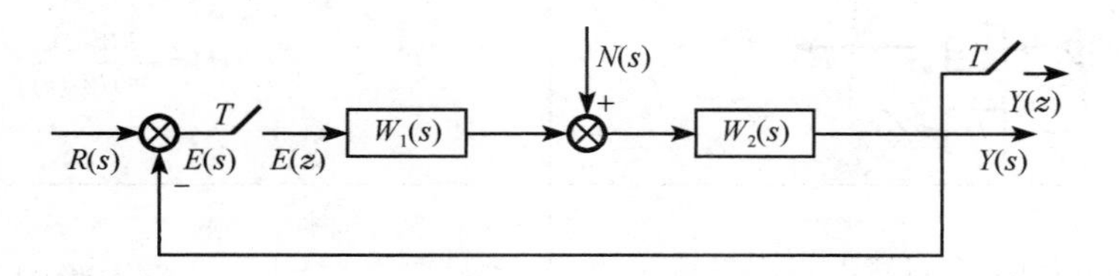

图 3.9　扰动输入时离散系统结构图

为了求输出与扰动之间的关系，首先将图 3.9 变换为图 3.10，由图 3.10 得到输出信号的拉普拉斯变换式为

$$Y(s)=[N(s)-Y^{*}(s)W_1(s)]W_2(s)=N(s)W_2(s)-Y^{*}(s)W_1(s)W_2(s)$$

z 变换式为

$$Y(z)=NW_2(z)-Y(z)W_1W_2(z)$$

所以

$$Y(z)=\frac{NW_2(z)}{1+W_1W_2(z)} \tag{3.24}$$

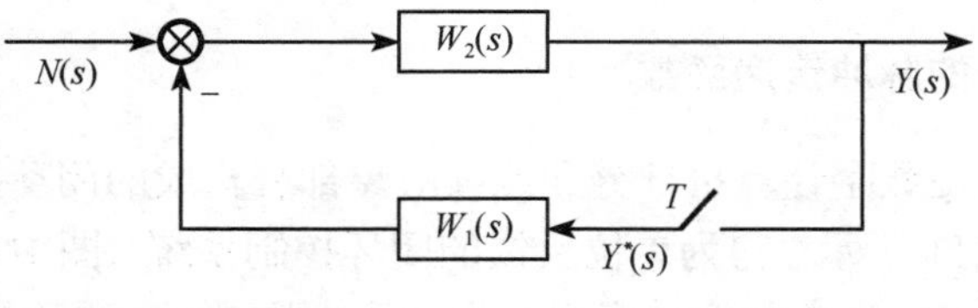

图 3.10　扰动输入时的等效结构图

由式(3.24)可以看出，由于扰动$N(s)$没有被采样，因此$NW_2(z)$不能分开，不能得到对扰动的脉冲传递函数，只能得到输出量的z变换。在求离散系统脉冲传递函数时，应特别注意采样开关的位置，位置不同，所得闭环脉冲传递函数也不同。

几种常见的采样系统的结构图，以及它们的脉冲传递函数、输出量的z变换列于表3.1中，其中第4、5、7行的结构图，因为输入信号没有经过采样，所以只能得到输出量的z变换，而不能定义脉冲传递函数。

表3.1　几种常见的采样系统的z变换

系统的结构图	输出的z变换$Y(z)$
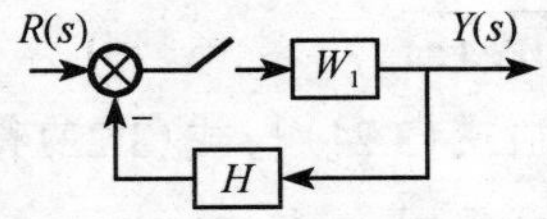 $R(s)$ W_1 H $Y(s)$ $-$	$Y(z)=\dfrac{W_1(z)}{1+HW_1(z)}R(z)$
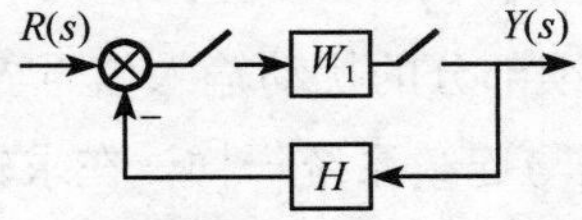 $R(s)$ W_1 H $Y(s)$ $-$	$Y(z)=\dfrac{W_1(z)}{1+W_1(z)H(z)}R(z)$
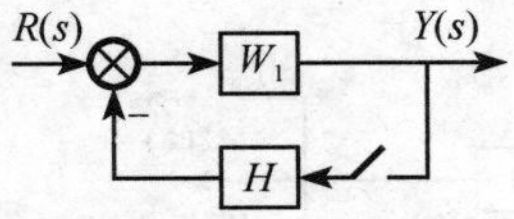 $R(s)$ W_1 H $Y(s)$ $-$	$Y(z)=\dfrac{RW_1(z)}{1+HW_1(z)}$
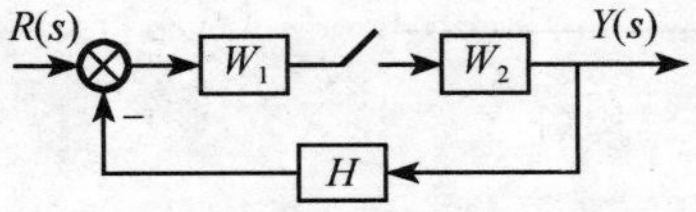 $R(s)$ W_1 W_2 H $Y(s)$ $-$	$Y(z)=\dfrac{RW_1(z)W_2(z)}{1+W_1W_2H(z)}$
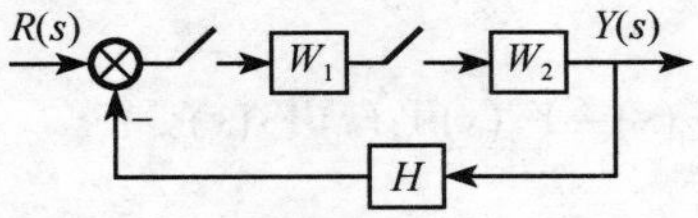 $R(s)$ W_1 W_2 H $Y(s)$ $-$	$Y(z)=\dfrac{W_1(z)W_2(z)}{1+W_1(z)HW_2(z)}R(z)$
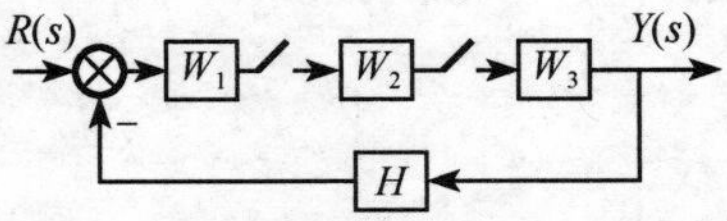 $R(s)$ W_1 W_2 W_3 H $Y(s)$ $-$	$Y(z)=\dfrac{W_2(z)W_3(z)RW_1(z)}{1+W_2(z)W_1W_3H(z)}$

3.3.4　计算机控制系统的脉冲传递函数

计算机控制系统是由数字计算机部分和连续对象部分构成的闭环控制系统，典型的计算机控制系统通常如图3.11所示，它为单位反馈的闭环控制系统。图中数字部分表示计算机控制算法，它的输入和输出皆为离散信号序列，因此可以用脉冲传递函数$D(z)$来表示其输出与输入的关系；如果再求出连续系统的等效脉冲传递函数$W_\mathrm{d}(z)$，则能够求出计算机控制系统的各种脉冲传递函数。

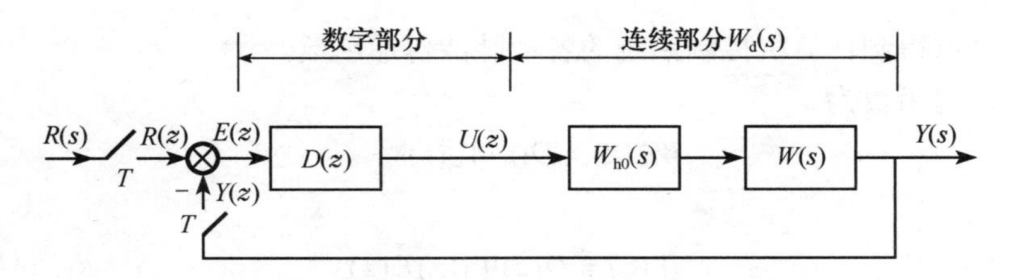

图 3.11　计算机控制系统结构图

1）数字部分的脉冲传递函数

计算机内的控制算法，通常以差分方程表示。图 3.11 所示的计算机控制系统，输入计算机的为离散的误差信号 $E(z)$，输出计算机的为离散的控制信号 $U(z)$，表示为差分方程如下：

$$u(k)+a_1u(k-1)+\cdots+a_nu(k-n)=b_0e(k)+b_1e(k-1)+\cdots+b_me(k-m) \tag{3.25}$$

或写成如下的递推形式：

$$u(k)=-a_1u(k-1)-\cdots-a_nu(k-n)+b_0e(k)+b_1e(k-1)+\cdots+b_me(k-m) \tag{3.26}$$

控制算法的差分方程式(3.25)通过在初始值为零的条件下进行 z 变换，得到数字部分的脉冲传递函数如下：

$$D(z)=\frac{b_0+b_1z^{-1}+\cdots+b_mz^{-m}}{1+a_1z^{-1}+\cdots+a_nz^{-n}} \tag{3.27}$$

在 z 域中设计的计算机控制系统控制算法(或数字控制器)通常都是以 z 传递函数的形式给出的，编写计算机程序时，可将设计好的 z 传递函数形式的控制算法化为相应的差分方程(式(3.25))，进而导出控制信号 $u(k)$ 的递推计算式(式(3.26))并进行程序编写。

2）连续部分的脉冲传递函数

从图 3.11 所示的计算机控制系统典型结构中可以看出，计算机输出的控制指令 $U(z)$ 是通过零阶保持器加到被控对象上的，零阶保持器 $W_{h0}(s)$ 和被控对象 $W(s)$ 一起，是系统的连续部分 $W_d(s)$。所以，连续部分的传递函数为

$$W_d(s)=W_{h0}(s)W(s)=\frac{1-e^{-sT}}{s}W(s)$$

式中，$W_{h0}(s)=\dfrac{1-e^{-sT}}{s}$ 为零阶保持器的传递函数。

通常被控对象的输出是连续变化的，为了研究方便，需要将其转换为纯离散系统，为此对输出信号 $Y(s)$ 进行采样，得到离散信号 $Y(z)$。于是连续部分的脉冲传递函数为

$$\begin{aligned}W_d(z)=\frac{Y(z)}{U(z)}&=Z[W_{h0}(s)W(s)]=Z\left[\frac{1-e^{-sT}}{s}W(s)\right]\\&=Z\left[\frac{1}{s}W(s)\right]-Z\left[\frac{1}{s}W(s)e^{-sT}\right]\\&=Z\left[\frac{1}{s}W(s)\right]-Z\left[\frac{1}{s}W(s)\right]\cdot z^{-1}=(1-z^{-1})Z\left[\frac{1}{s}W(s)\right]\end{aligned} \tag{3.28}$$

从式(3.28)可以看出，z 变换时，零阶保持器中的 $(1-e^{-sT})$ 可以直接变换为 $(1-z^{-1})$。

3）计算机控制系统的脉冲传递函数

在求得了控制器脉冲传递函数 $D(z)$ 和连续部分的脉冲传递函数 $W_d(z)$ 后，根据图 3.11 所

示的结构图，可以得到计算机控制系统的各种脉冲传递函数。

开环脉冲传递函数为

$$W_{K}(z)=D(z)W_{d}(z) \tag{3.29}$$

由于

$$Y(z)=D(z)W_{d}(z)E(z)$$
$$E(z)=R(z)-Y(z)$$

于是得到闭环系统的脉冲传递函数为

$$W_{B}(z)=\frac{Y(z)}{R(z)}=\frac{D(z)W_{d}(z)}{1+D(z)W_{d}(z)}=\frac{W_{K}(z)}{1+W_{K}(z)} \tag{3.30}$$

式中，$1+D(z)W_{d}(z)=1+W_{K}(z)=0$ 为计算机控制闭环系统的特征方程，其根为闭环系统的特征根。

同理，可以得到闭环系统的误差脉冲传递函数为

$$W_{e}(z)=\frac{E(z)}{R(z)}=\frac{1}{1+D(z)W_{d}(z)}=\frac{1}{1+W_{K}(z)} \tag{3.31}$$

由此可以看出，闭环系统脉冲传递函数 $W_{B}(z)$ 与闭环系统误差脉冲传递函数 $W_{e}(z)$ 的特征方程相同，满足如下的恒等关系：

$$W_{B}(z)=1-W_{e}(z) \tag{3.32}$$

例 3.8 已知计算机控制系统的结构如图 3.11 所示，被控对象模型 $W(s)=\dfrac{1}{s(s+1)}$，控制器为比例控制器，即 $D(z)=K_{p}$，取 $K_{p}=1$，采样周期 $T=1\text{s}$，求闭环系统的脉冲传递函数 $W_{B}(z)$。

解 零阶保持器的被控对象脉冲传递函数为

$$\begin{aligned}
W_{d}(z)&=Z[W_{h0}(s)W_{d}(s)]=Z\left[\frac{1-e^{-sT}}{s}\cdot\frac{1}{s(s+1)}\right]\\
&=(1-z^{-1})Z\left[\frac{1}{s^{2}}-\frac{1}{s}+\frac{1}{s+1}\right]\\
&=(1-z^{-1})\left[\frac{Tz^{-1}}{(1-z^{-1})^{2}}-\frac{1}{1-z^{-1}}+\frac{1}{1-e^{-T}z^{-1}}\right]\\
&=\frac{e^{-1}z^{-1}+z^{-2}-2e^{-1}z^{-2}}{1-(1+e^{-1})z^{-1}+e^{-1}z^{-2}}=\frac{0.368z^{-1}+0.264z^{-2}}{1-1.368z^{-1}+0.368z^{-2}}
\end{aligned}$$

于是得到开环系统的脉冲传递函数为

$$W_{K}(z)=D(z)W_{d}(z)=K_{p}W_{d}(z)=W_{d}(z)$$

从而得到闭环系统的脉冲传递函数为

$$W_{B}(z)=\frac{Y(z)}{R(z)}=\frac{D(z)W_{d}(z)}{1+D(z)W_{d}(z)}=\frac{W_{K}(z)}{1+W_{K}(z)}=\frac{0.368z^{-1}+0.264z^{-2}}{1-z^{-1}+0.632z^{-2}}$$

闭环系统的误差脉冲传递函数为

$$W_{e}(z)=1-W_{B}(z)=\frac{1-1.368z^{-1}+0.368z^{-2}}{1-z^{-1}+0.632z^{-2}}$$

3.4 计算机控制系统稳定性分析

稳定性是设计计算机控制系统首先要考虑的问题。分析稳定性的基础是 z 变换，由于 z 变换与连续系统的 s 变换在数学上的内在联系，我们有可能经过一定的变换把分析连续系统稳定性的方法引入到离散控制系统中来。因此我们首先由 s 平面上稳定条件来分析 z 平面的稳定条件，然后再研究 s 平面到 z 平面的映射，最后分析采样周期对系统稳定性的影响。

3.4.1 离散系统的稳定性条件

在连续系统中，闭环传递函数可以写成两个多项式之比，即

$$\frac{Y(s)}{R(s)}=\frac{b_0s^m+b_1s^{m-1}+\cdots+b_{m-1}s+b_m}{s^n+a_1s^{n-1}+\cdots+a_{n-1}s+a_n}$$

系统稳定条件是闭环传递函数的全部极点位于 s 平面的左半平面内。对于一个连续系统，当输入为一有界信号时，如最简单的情况，令 $r(t)=1(t)$（稳定性与输入信号无关），输出的拉普拉斯变换为

$$\begin{aligned}Y(s)&=\frac{b_0s^m+b_1s^{m-1}+\cdots+b_{m-1}s+b_m}{s^n+a_1s^{n-1}+\cdots+a_{n-1}s+a_n}\cdot\frac{1}{s}\\&=\frac{A_0}{s}+\frac{A_1}{s+p_1}+\frac{A_2}{s+p_2}+\cdots+\frac{A_n}{s+p_n}\end{aligned}$$

它的时间函数为

$$y(t)=A_0+A_1\,\mathrm{e}^{-p_1t}+A_2\,\mathrm{e}^{-p_2t}+\cdots+A_n\,\mathrm{e}^{-p_nt}=A_0+\sum_{i=1}^{n}A_i\,\mathrm{e}^{-p_it}$$

式中，$s_i=-p_i$（$i=1,2,3,\cdots,n$）为闭环函数的极点。

可见，当 $t\to\infty$ 时，系统输出不趋于无穷大的条件是所有暂态项趋于零，即

$$\lim_{t\to\infty}\sum_{i=1}^{n}A_i\,\mathrm{e}^{-p_it}\to 0$$

要求闭环传递函数的极点具有负实部，或者极点均分布在 s 平面的左半平面。

在离散系统中，若输入序列是有限的，其输出序列也是有限的，则离散系统稳定的条件是闭环脉冲传递函数的全部极点位于 z 平面上以原点为圆心的单位圆内，可以用与连续系统类似的方法求出。

设离散系统在单位阶跃函数作用下，其输出的 z 变换为

$$\begin{aligned}Y(z)&=\frac{b_0z^m+b_1z^{m-1}+\cdots+b_{m-1}z+b_m}{z^n+a_1z^{n-1}+\cdots+a_{n-1}z+a_n}\cdot\frac{z}{z-1}\\&=\frac{A_0z}{z-1}+\frac{A_1z}{z+p_1}+\frac{A_2z}{z+p_2}+\cdots+\frac{A_nz}{z-p_n}\\&=\frac{A_0z}{z-1}+\sum_{i=1}^{n}A_i\frac{z}{z+p_i}\end{aligned}$$

式中，$z_i=-p_i(i=1,2,3,\cdots,n)$ 为闭环脉冲传递函数的极点。对上式取反变换，并写成序列形式为

$$y(k)=A_0 1(k)+\sum_{i=1}^{n} A_i z_i^k \tag{3.33}$$

式中，第一项为系统的稳态分量，第二项为系统的暂态分量。显然，若系统是稳定的，当 k 趋于无穷大时，系统输出的暂态分量应趋于零，即

$$\lim_{k\to\infty}\sum_{i=1}^{n} A_i z_i^k \to 0$$

为满足这一条件，要求闭环系统脉冲传递函数的全部极点 $z_i(i=1,2,3,\cdots,n)$ 满足

$$|z_i|<1 \tag{3.34}$$

这一条件说明系统稳定条件是闭环脉冲传递函数的全部极点 $z_i(i=1,2,3,\cdots,n)$ 位于 z 平面上以原点为圆心的单位圆内。

应当指出，上述稳定条件虽然是从没有重极点或复数极点的情况下推导出来的，但是对于有重极点或复数极点的情况，上述结论也是成立的。系统只要有一个极点在单位圆上或单位圆外，系统就不稳定。

3.4.2　s 平面与 z 平面的映射分析

离散系统的稳定条件也可由 s 平面与 z 平面间的关系得到进一步说明。

复变量 s 与 z 的关系为

$$z=\mathrm{e}^{sT} \tag{3.35}$$

式中，z 和 s 均为复变量，T 为采样周期。设 $s=\sigma+\mathrm{j}\omega$，则

$$z=\mathrm{e}^{sT}=\mathrm{e}^{(\sigma+\mathrm{j}\omega)T}=\mathrm{e}^{\sigma T}\,\mathrm{e}^{\mathrm{j}\omega T}$$

z 的模和相角分别为

$$|z|=\mathrm{e}^{\sigma T},\quad \angle z=\theta=\omega T$$

在实际计算机控制系统中，如果采样频率 ω_s 远远大于系统中被采样信号的最高频率 ω_{max}，即 $\omega_s\gg 2\omega_{max}$（根据采样定理，$\omega_s\geqslant 2\omega_{max}$，$\omega_{max}\leqslant\omega_s/2$），则系统的实际工作频率 ω 的范围在主频区 $-\omega_s/2\sim+\omega_s/2$。因而，在研究 s 平面和 z 平面之间的关系时，主要讨论 s 平面主频区与 z 平面之间的关系即可。因为 $\omega_s=2\pi/T$，$\omega_s/2=\pi/T$，所以 s 平面主频区对应的 ω 的范围是 $-\pi/T\sim+\pi/T$。把 s 平面主频区的左半平面映射到 z 平面上，如图 3.12 所示，其中

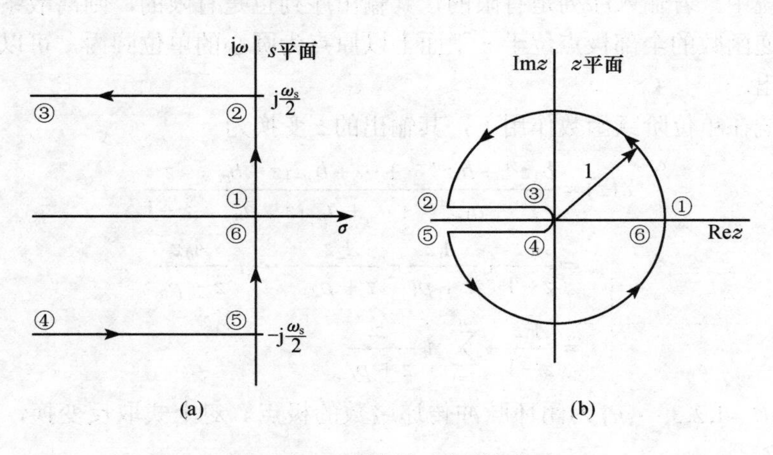

图 3.12　s 平面到 z 平面的映射

s 平面主频区为平行于实轴的直线 $\mathrm{j}\omega_s/2$ 和 $-\mathrm{j}\omega_s/2$ 围成的带状区。另外在 s 平面上，以主频区为基准，任一宽度为 ω_s 的带状区域称为次频区，即从 $\mathrm{j}\omega_s/2$ 到 $\mathrm{j}3\omega_s/2$，从 $\mathrm{j}3\omega_s/2$ 到 $\mathrm{j}5\omega_s/2$，…，以及从 $-\mathrm{j}\omega_s/2$ 到 $-\mathrm{j}3\omega_s/2$，从 $-\mathrm{j}3\omega_s/2$ 到 $-\mathrm{j}5\omega_s/2$，…。次频区到 z 平面的映射与主频区相同。

从图 3.12 可以看出：

(1) s 平面虚轴上①～②段，$\mathrm{j}0 \leqslant \mathrm{j}\omega \leqslant \mathrm{j}\pi/T$，映射到 z 平面半径为 1 的上半圆。因为 $s=\mathrm{j}\omega$，则 $z=\mathrm{e}^{sT}=\mathrm{e}^{\mathrm{j}\omega T}=1\underline{/\omega T}$。$z$ 的模为 1，相角为 $\theta=\omega T=0\sim\pi$。

(2) s 平面上②～③段，$s=\sigma+\mathrm{j}\omega$，$\sigma=0\sim-\infty$，$\omega=\pi/T$。因而映射到 z 平面上，z 的模 $|z|=\mathrm{e}^{(0\sim-\infty)T}=1\sim0$，$z$ 的相角 $\theta=\omega T=\pi$。该段对应于 z 平面上的②～③段，实际上与负实轴重合(沿着负实轴由−1 变到 0)，但为了表示清楚，将②～③段与负实轴分开画出。

(3) s 平面上③～④段，$s=\sigma+\mathrm{j}\omega$，$\sigma=-\infty$，$\omega=+\pi/T\sim-\pi/T$。因而映射到 z 平面上，z 的模 $|z|=\mathrm{e}^{-\infty T}=0$，$z$ 的相角 $\theta=\omega T=\pi\sim-\pi$。③点、④点重合，但是相角改变了 2π。

(4) s 平面上④～⑤段，$s=\sigma+\mathrm{j}\omega$，$\sigma=-\infty\sim0$，$\omega=-\pi/T$。因而映射到 z 平面上，z 的模 $|z|=\mathrm{e}^{(-\infty\sim0)T}=0\sim1$，$z$ 的相角 $\theta=\omega T=-\pi$。该段对应于 z 平面上的④～⑤段。

(5) s 平面上⑤～⑥段，s 沿负虚轴变化，$s=\sigma+\mathrm{j}\omega$，$\sigma=0$，$\omega=-\pi/T\sim0$。因而映射到 z 平面上，z 的模 $|z|=\mathrm{e}^{0T}=1$，z 的相角 $\theta=\omega T=-\pi\sim0$。该段对应于 z 平面上的⑤～⑥，即半径为 1 的下半圆。

若 s 沿 $\mathrm{j}\omega$ 由 $-\infty$ 向 $+\infty$ 移动，$z=\mathrm{e}^{\mathrm{j}\omega T}$ 的轨迹仍然是个以圆点为圆心的单位圆，只不过在 z 平面的轨迹沿着单位圆转了无数圈。

由此可见，s 平面左半部映射到 z 平面的以原点为圆心的单位圆内。其映射关系与系统的稳定性条件为

在 s 平面内	在 z 平面内
$\sigma>0$ 系统不稳定	$\lvert z\rvert>1$
$\sigma=0$ 临界稳定	$\lvert z\rvert=1$
$\sigma<0$ 系统稳定	$\lvert z\rvert<1$

通过上述分析，可以得到如下 s 平面主频区到 z 平面的映射规律。以 s 平面内 5 条恒频率线 $-\mathrm{j}\omega_s/2$、$-\mathrm{j}\omega_s/4$、$\mathrm{j}0$、$\mathrm{j}\omega_s/4$、$\mathrm{j}\omega_s/2$ 为界，将主频区化为 4 条平行带，如图 3.13 所示。

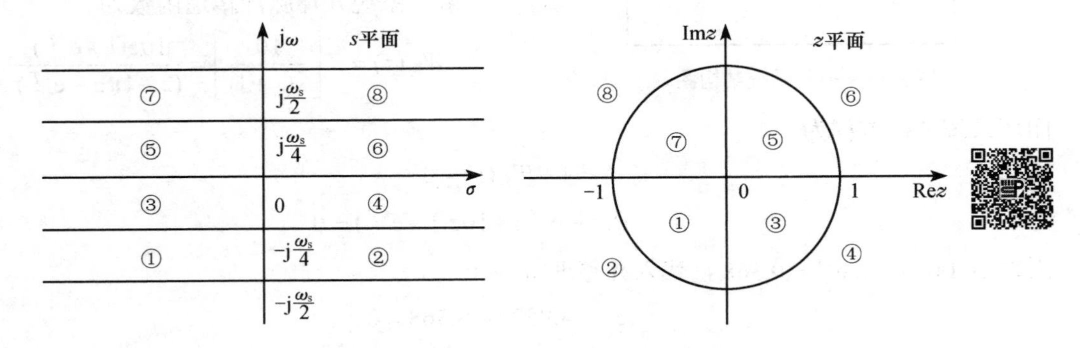

图 3.13　s 平面上的极点与 z 平面的对应关系

（1）s 左半平面的恒定频率线 $\omega = \pm\omega_s / 2$，映射为 z 平面负实轴上 0 到−1 之间的线段；s 右半平面的恒定频率线 $\omega = \pm\omega_s / 2$，映射为 z 平面负实轴上−1 到−∞之间的线段。

（2）s 平面内负实轴对应于 z 平面内 0 到 1 之间的实轴；s 平面的正实轴映射为 z 平面正实轴 1 到+∞ 的部分。

（3）s 平面内 $-\mathrm{j}\omega_s / 2$ 到 $-\mathrm{j}\omega_s / 4$ 之间的区域，即①和②区，映射到 z 平面第 3 象限内，①区在单位圆内，②区在单位圆外。

（4）s 平面内 $-\mathrm{j}\omega_s / 4$ 到 j0 之间的区域，即③和④区，映射到 z 平面第 4 象限内，③区在单位圆内，④区在单位圆外。

（5）s 平面内 j0 到 $\mathrm{j}\omega_s / 4$ 之间的区域，即⑤和⑥区，映射到 z 平面第 1 象限内，⑤区在单位圆内，⑥区在单位圆外。

（6）s 平面内 $\mathrm{j}\omega_s / 4$ 到 $\mathrm{j}\omega_s / 2$ 之间的区域，即⑦和⑧区，映射到 z 平面第 2 象限内，⑦区在单位圆内，⑧区在单位圆外。

依照上述映射规律，对于图 3.14 中 s 平面的各点，映射到 z 平面的位置如图 3.14 所示，其中 5～8 点为共轭复数点。

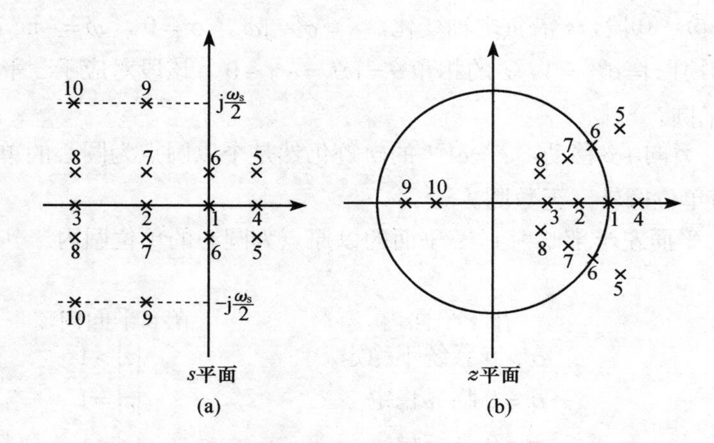

图 3.14　s 平面上的极点到 z 平面的映射

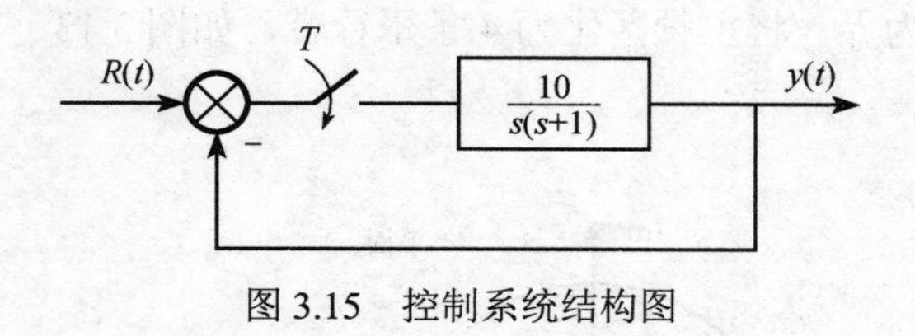

图 3.15　控制系统结构图

例 3.9　图 3.15 所示系统，若采样周期 T=1s，试分析系统的稳定性。

解　系统开环脉冲传递函数为

$$W_K(z) = Z\left[\frac{10}{s(s+1)}\right] = \frac{10z(1-\mathrm{e}^{-T})}{(z-1)(z-\mathrm{e}^{-T})}$$

闭环系统特征方程为

$$1 + W_K(z) = 0$$

$$(z-1)(z-\mathrm{e}^{-T}) + 10z(1-\mathrm{e}^{-T}) = 0$$

因为 T=1s，所以 $\mathrm{e}^{-1} = 0.368$，代入并整理得

$$z^2 + 4.952z + 0.368 = 0$$

解之得

$$z_1 = -0.076 , \quad z_2 = -4.87$$

由于$|z_2|>1$，因此系统是不稳定的。

3.4.3 采样周期与系统稳定性关系

计算机控制系统的控制对象是连续系统，它的等效离散化后的闭环系统的 z 传递函数模型与采样周期的选取有关，其极点分布也必然与采样周期的选取有关，因此采样周期的大小是影响计算机控制系统稳定性的一个重要因素。同一个计算机控制系统，取某个采样周期系统是稳定的，然而改换成另一个采样周期，系统有可能变得不稳定。一般来说，采样周期越小，系统稳定性越高。采样周期对系统稳定性的影响主要是由于计算机控制系统中采样保持器引起的，若不考虑采样保持器的影响，则采样周期与计算机控制系统的稳定性没有必然的联系，由例 3.9 和例 3.10 可知，系统的稳定性是由采样周期和被控对象本身的特性(如增益)共同决定的。下面通过一个例子来说明这个问题。

例 3.10 判断图 3.16 所示系统在采样周期 T=1s 和 T=4s 时的稳定性，图中取 K=1。

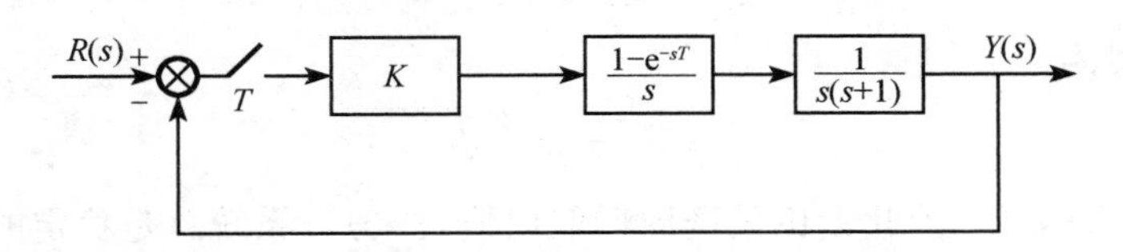

图 3.16 例 3.10 计算机控制系统结构

解 零阶保持器时对象的传递函数模型为

$$W_{\mathrm{d}}(s)=\frac{1-\mathrm{e}^{-sT}}{s}\cdot\frac{1}{s(s+1)}$$

其脉冲传递函数模型为

$$\begin{aligned}W_{\mathrm{d}}(z)&=Z\left[\frac{1-\mathrm{e}^{-sT}}{s}\cdot\frac{1}{s(s+1)}\right]=(1-z^{-1})Z\left[\frac{1}{s^2}-\frac{1}{s}+\frac{1}{s+1}\right]\\&=(1-z^{-1})\left[\frac{Tz^{-1}}{(1-z^{-1})^2}-\frac{1}{1-z^{-1}}+\frac{1}{1-\mathrm{e}^{-T}z^{-1}}\right]\\&=\frac{(\mathrm{e}^{-T}+T-1)z+(1-\mathrm{e}^{-T}-T\mathrm{e}^{-T})}{z^2-(1+\mathrm{e}^{-T})z+\mathrm{e}^{-T}}\end{aligned}$$

则系统的闭环脉冲传递函数为

$$W_{\mathrm{B}}(z)=\frac{KW_{\mathrm{d}}(z)}{1+KW_{\mathrm{d}}(z)}=\frac{W_{\mathrm{d}}(z)}{1+W_{\mathrm{d}}(z)}$$

其特征方程为$1+W_{\mathrm{d}}(z)=0$，代入$W_{\mathrm{d}}(z)$后，得

$$z^2+(T-2)z+(1-T\mathrm{e}^{-T})=0$$

(1) 当 T=1s 时，系统的特征方程为

$$z^2-z+0.6321=0$$

解方程得到特征根为

$$z_1=0.5+\mathrm{j}0.6181,\quad z_2=0.5-\mathrm{j}0.6181$$

因为$|z_1|=|z_2|<1$，所以采样周期 T=1s 时，系统是稳定的。

（2）当 T=4s 时，系统的特征方程为

$$z^2 + 2z + 0.9267 = 0$$

解方程得到特征根为

$$z_1 = -0.7293, \quad z_2 = -1.2707$$

因为$|z_2|>1$，所以采样周期 T=4s 时，系统是不稳定的。

若不考虑零阶保持器，对象的离散化传递函数模型为

$$W(z) = Z\left[\frac{1}{s(s+1)}\right] = Z\left[\frac{1}{s} - \frac{1}{s+1}\right]$$

$$= \frac{1}{1-z^{-1}} - \frac{1}{1-\mathrm{e}^{-T}z^{-1}} = \frac{z(1-\mathrm{e}^{-T})}{z^2-(1+\mathrm{e}^{-T})z+\mathrm{e}^{-T}}$$

则闭环系统的特征方程为

$$z^2 - 2\mathrm{e}^{-T}z + \mathrm{e}^{-T} = 0$$

解方程得到特征根为

$$z_{1,2} = \mathrm{e}^{-T} \pm \mathrm{j}\mathrm{e}^{-T}\sqrt{\mathrm{e}^{T}-1}$$

由于$|z_{1,2}|=\mathrm{e}^{-T/2}<1$，因此无论采样周期取何值（$T$>0），系统总是稳定的，即系统的稳定性与采样周期 T 无关。

3.5 计算机控制系统的代数稳定性判据

由以上分析可知，离散系统稳定性判别归结为判断系统特征方程的根，即系统的极点是否全部分布于 z 平面单位圆内部，或单位圆外部是否有系统的极点。直接求解系统特征方程的根，虽然可以判别系统稳定性，但三阶以上的特征方程求解很麻烦。为此，通常都用间接的方法来判别系统的稳定性。下面给出两种间接判别离散系统稳定性的代数判据。

3.5.1 劳斯稳定性判据

在连续系统中，用劳斯(Routh)稳定性判据，通过判断系统特征方程的根是否都在 s 平面虚轴左边来确定系统是否稳定，这种判别方法很简便。但是，因离散系统的稳定边界是 z 平面的单位圆，而非虚轴，所以连续系统的劳斯判据不能直接用于离散系统稳定性的判别，而需要引入 w 变换（又称双线性变换）。通过这种变换，把离散系统在 z 平面的稳定边界单位圆映射为新的 w 平面的虚轴；把离散系统 z 平面上的稳定域——单位圆内部区域映射为新的 w 平面的左半平面，并且将离散系统原来以 z 为变量的特征多项式化为以 w 为变量的特征多项式。w 变换的定义如下：

$$z = \frac{1+(T/2)w}{1-(T/2)w} \tag{3.36}$$

式中，T为采样周期；解出 w 为

$$w = \frac{2}{T}\frac{z-1}{z+1} \tag{3.37}$$

在 z 平面上，单位圆为$z=\mathrm{e}^{\mathrm{j}\omega T}$，代入式(3.37)，则有

$$
\begin{aligned}
w&=\frac{2}{T}\frac{z-1}{z+1}\bigg|_{z=\mathrm{e}^{\mathrm{j}\omega T}}=\frac{2}{T}\frac{\mathrm{e}^{\mathrm{j}\omega T}-1}{\mathrm{e}^{\mathrm{j}\omega T}+1}\\
&=\frac{2}{T}\frac{\mathrm{e}^{\mathrm{j}\omega T/2}-\mathrm{e}^{-\mathrm{j}\omega T/2}}{\mathrm{e}^{\mathrm{j}\omega T/2}+\mathrm{e}^{-\mathrm{j}\omega T/2}}=\mathrm{j}\frac{2}{T}\tan\left(\frac{\omega T}{2}\right)
\end{aligned}
\tag{3.38}
$$

因而，由式(3.38)可以看出，z 平面的单位圆变成 w 平面上的虚轴，见图 3.17。

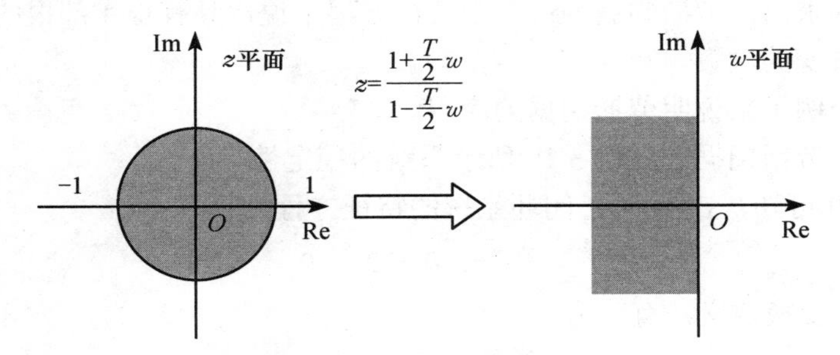

图 3.17　z 平面与 w 平面的映射关系

w 平面上的稳定区就是左半平面。双线性变换就是通过式(3.36)将 z 平面上离散系统的特征方程变换到 w 平面上，再判定特征方程的根是否位于 w 平面左半平面来确定系统是否稳定。

式(3.36)的 w 变换定义是为了保证 w 平面与 s 平面在低频段频率特性相同(见 3.8.2 节)。单从考察系统的稳定性的角度来看，w 变换也可以定义如下：

$$
z=\frac{1+w}{1-w}
\tag{3.39}
$$

从而有

$$
w=\frac{z-1}{z+1}
\tag{3.40}
$$

上述 w 变换定义具有同式(3.36)相同的性质，即将 z 平面单位圆映射为 w 左半平面，但是与采样周期 T 无关，简化了 w 变换过程。

劳斯稳定性判据的应用步骤如下：

(1) 若已知特征方程的形式为

$$
F(w)=b_n w^n+b_{n-1}w^{n-1}+\cdots+b_1 w+b_0=0
\tag{3.41}
$$

则劳斯阵列为

$$
\begin{array}{lllll}
w^n & b_n & b_{n-2} & b_{n-4} & \cdots\\
w^{n-1} & b_{n-1} & b_{n-3} & b_{n-5} & \cdots\\
w^{n-2} & c_1 & c_2 & c_3 & \cdots\\
w^{n-3} & d_1 & d_2 & d_3 & \cdots\\
\vdots & \vdots & \vdots & & \\
w^1 & j_1 & & & \\
w^0 & k_1 & & &
\end{array}
$$

(2) 阵列的前两行是由特征方程的系数得到的，其余行计算为

$$
c_1=\frac{b_{n-1}b_{n-2}-b_n b_{n-3}}{b_{n-1}},\qquad d_1=\frac{c_1 b_{n-3}-b_{n-1}c_2}{c_1}
$$

$$c_2 = \frac{b_{n-1}b_{n-4} - b_n b_{n-5}}{b_{n-1}}, \qquad d_2 = \frac{c_1 b_{n-5} - b_{n-1}c_3}{c_1}$$

$$c_3 = \frac{b_{n-1}b_{n-6} - b_n b_{n-7}}{b_{n-1}}, \qquad \vdots$$

$$\vdots$$

(3) 一旦阵列求出，劳斯判据为：对于特征方程来说，具有正实部根的个数等于阵列中第一列系数符号改变的次数。

现在通过一个例子来说明劳斯判据的应用。

例 3.11 利用劳斯判据研究例 3.10 所示系统的稳定性。

解 由例 3.10 可知，T=1s 时，闭环系统的特征方程为

$$z^2 - z + 0.6321 = 0$$

采用式(3.36)的 w 变换定义，有

$$\left(\frac{1+0.5w}{1-0.5w}\right)^2 - \left(\frac{1+0.5w}{1-0.5w}\right) + 0.6321 = 0$$

化简，得

$$0.658w^2 + 0.3679w + 0.6321 = 0$$

劳斯阵列为

$$\begin{matrix} w^2 & 0.658 & 0.6321 \\ w^1 & 0.3679 & \\ w^0 & 0.6321 & \end{matrix}$$

考察阵列第 1 列，系数全部大于零，因此特征方程的特征根全部位于 w 平面的左半平面，系统是稳定的，与例 3.10 的结论一致。

同理，当 T=4s 时，系统的特征方程为

$$z^2 + 2z + 0.9267 = 0$$

进行 w 变换后，得

$$-0.2932w^2 + 0.0733w + 3.9267 = 0$$

劳斯阵列为

$$\begin{matrix} w^2 & -0.2932 & 3.9267 \\ w^1 & 0.0733 & \\ w^0 & 3.9267 & \end{matrix}$$

考察阵列第 1 列，系数不全大于零，有 1 次符号的变化，因此特征方程的特征根有 1 个位于 w 平面的右半平面，系统是不稳定的，与例 3.10 的结论一致。

应用式(3.39)的 w 变换定义进行稳定性判断，所得结论与上述结论相同。

3.5.2 朱利稳定性判据

朱利(Jury)稳定性判据同劳斯稳定性判据一样，是根据系统特征方程的系数判断系统的稳定性，不用求特征方程的根。朱利判据的一个重要优点是可以在 z 域直接进行，不必像劳斯判据那样需要进行 z-w 变换。但是劳斯判据不仅可以判断系统的稳定性，还可以判断出不稳定极点的个数，而朱利判据则只能判断出系统是否稳定。

现在来讨论朱利稳定性准则。设离散系统的特征方程为

$$F(z)=a_n z^n + a_{n-1}z^{n-1} + \cdots + a_1 z + a_0 = 0 \tag{3.42}$$

式中，$a_n > 0$。如果$a_n < 0$，则用-1乘$F(z)$，使a_n变为正值。

根据式(3.42)的系数列出朱利阵列如下：

z^0	z^1	z^2	$\cdots$	z^{n-k}	$\cdots$	z^{n-2}	z^{n-1}	z^n
a_0	a_1	a_2	$\cdots$	a_{n-k}	$\cdots$	a_{n-2}	a_{n-1}	a_n
a_n	a_{n-1}	a_{n-2}	$\cdots$	a_k	$\cdots$	a_2	a_1	a_0
b_0	b_1	b_2	$\cdots$	b_{n-k}	$\cdots$	b_{n-2}	b_{n-1}	
b_{n-1}	b_{n-2}	b_{n-3}	$\cdots$	b_{k-1}	$\cdots$	b_1	b_0	
c_0	c_1	c_2	$\cdots$	c_{n-k}	$\cdots$	c_{n-2}		
c_{n-2}	c_{n-3}	c_{n-4}	$\cdots$	c_{k-2}	$\cdots$	c_0		
$\vdots$	$\vdots$	$\vdots$	$\vdots$	$\vdots$				
l_0	l_1	l_2	l_3					
l_3	l_2	l_1	l_0					
m_0	m_1	m_2						

注意到表中最后一行包含 3 个元素，因此当特征方程的阶数$n=2$时，只需要 1 行；当$n=3$时，只需要 3 行。前两行不需要计算，只是将$F(z)$的原系数先倒排，然后顺排。从第三行开始，第一项用 2 行 2 列的行列式进行计算，阵列中偶数行的元素就是前一行元素反过来的顺序，如此计算到第$(2n-3)$行各项为止。奇数行元素的定义为

$$\begin{cases} b_k = \begin{vmatrix} a_0 & a_{n-k} \\ a_n & a_k \end{vmatrix}, \quad k=0,1,2,\cdots,n-1 \\ c_k = \begin{vmatrix} b_0 & b_{n-1-k} \\ b_{n-1} & b_k \end{vmatrix}, \quad k=0,1,2,\cdots,n-2 \\ d_k = \begin{vmatrix} c_0 & c_{n-2-k} \\ c_{n-2} & c_k \end{vmatrix}, \quad k=0,1,2,\cdots,n-3 \\ \vdots \\ m_0 = \begin{vmatrix} l_0 & l_3 \\ l_3 & l_0 \end{vmatrix}, \quad m_1 = \begin{vmatrix} l_0 & l_2 \\ l_3 & l_1 \end{vmatrix}, \quad m_2 = \begin{vmatrix} l_0 & l_1 \\ l_3 & l_2 \end{vmatrix} \end{cases} \tag{3.43}$$

朱利稳定性准则：特征方程(3.42)等于零的根（极点）全部位于 z 平面单位圆内的充分必要条件是（$a_n>0$）

$$\begin{cases} F(1)>0 \\ (-1)^n F(-1) > 0 \\ |a_0| < a_n \\ |b_0| > |b_{n-1}| \\ |c_0| > |c_{n-2}| \\ |d_0| > |d_{n-3}| \\ \vdots \\ |m_0| > |m_2| \end{cases} \tag{3.44}$$

对于一个系统，式(3.44)的条件必须全部满足，才是稳定的。若有一个条件不满足，则系统是不稳定的。

下面列出了一些常用的低阶系统根据朱利阵列得到的稳定条件，这些稳定条件用特征方程的系数表示。

(1) 一阶系统 $(n=1): F(z)=a_1 z+a_0=0, a_1>0$ 的稳定条件为

$$\left|\frac{a_0}{a_1}\right|<1$$

(2) 二阶系统 $(n=2): F(z)=a_2 z^2+a_1 z+a_0=0, a_2>0$ 的稳定条件为

$$\begin{aligned}&a_2+a_1+a_0>0\\&a_2-a_1+a_0>0\\&|a_0|<a_2\end{aligned}$$

(3) 三阶系统 $(n=3): F(z)=a_3 z^3+a_2 z^2+a_1 z+a_0=0, a_3>0$ 的稳定条件为

$$\begin{aligned}&a_3+a_2+a_1+a_0>0\\&a_3-a_2+a_1-a_0>0\\&|a_0|<a_3\\&|a_0^2-a_3^2|>|a_0 a_2-a_1 a_3|\end{aligned}$$

下面仅就三阶系统 $(n=3)$ 的稳定条件进行讨论。

① 当 $F(1)>0$ 时，将 $z=1$ 代入三阶特征方程，得

$$a_3(1)^3+a_2(1)^2+a_1(1)+a_0>0$$

则

$$a_3+a_2+a_1+a_0>0$$

② 当 $(-1)^n F(-1)>0$ 时，因为 $n=3$ 为奇数，$F(-1)<0$，将 $z=-1$ 代入三阶特征方程，得

$$a_3(-1)^3+a_2(-1)^2+a_1(-1)+a_0<0$$

则

$$a_3-a_2+a_1-a_0>0$$

③ 当 $|a_0|<a_n$ 时，$|a_0|<a_3$。

④ 当 $|b_0|>|b_{n-1}|$ 时，由式(3.43)，得

$$b_k=\begin{vmatrix}a_0 & a_{n-k}\\ a_n & a_k\end{vmatrix}$$

根据上式计算 $b_0(n=3, k=0)$，即

$$b_0=\begin{vmatrix}a_0 & a_{3-0}\\ a_3 & a_0\end{vmatrix}=a_0^2-a_3^2$$

计算 $b_2(n=3, k=2)$，即

$$b_2=\begin{vmatrix}a_0 & a_{3-2}\\ a_3 & a_2\end{vmatrix}=a_0 a_2-a_1 a_3$$

$$|a_0^2-a_3^2|>|a_0 a_2-a_1 a_3|$$

例 3.12 仍研究例 3.10 所示系统，试用朱利稳定性准则判定系统的稳定性。

解 由例 3.10 可知，T=1s 时，闭环系统的特征方程为

$$F(z)=z^2-z+0.6321=0$$

二阶系统只有 3 项，因而不需要再计算其他的行，z^2 系数等于$1>0$。根据前述二阶系统稳定条件，得

① $F(1)=0.6321>0$；

② $(-1)^2F(-1)=2.6321>0$；

③ $|a_0|=0.6321$，$a_2=1$，因此$|a_0|<a_2$；

从而系统是是稳定的。

同理，当 T=4s 时，系统的特征方程为

$$z^2+2z+0.9267=0$$

① $F(1)=3.9267>0$；

② $(-1)^2F(-1)=-0.0733<0$，不满足$(-1)^nF(-1)>0$的条件；

③ $|a_0|=0.9267$，$a_2=1$，因此$|a_0|<a_2$；

由于第②条件没有得到满足，因此系统是不稳定的。

例 3.13 设某离散闭环系统的特征方程为

$$F(z)=z^3-3z^2+2.25z-0.5=0$$

试用朱利稳定性准则，判定该系统是否稳定。

解 在上述条件下，朱利阵列为

z^0	z^1	z^2	z^3
−0.5	2.25	−3	1
1	−3	2.25	−0.5
−0.75	1.875	−0.75	

最后一行计算如下：

$$b_0=\begin{vmatrix}-0.5 & 1\\ 1 & -0.5\end{vmatrix}=-0.75$$

$$b_1=\begin{vmatrix}-0.5 & -3\\ 1 & 2.25\end{vmatrix}=1.875$$

$$b_2=\begin{vmatrix}-0.5 & 2.25\\ 1 & -3\end{vmatrix}=-0.75$$

① 条件$F(1)>0$不满足，因为

$$F(1)=1-3+2.25-0.5=-0.25<0$$

② 条件$(-1)^nF(-1)>0$满足，因为

$$(-1)^3F(-1)=1+3+2.25+0.5=6.75>0$$

③ $|a_0|<a_3$ 即$|-0.5|<1$满足；

④ $|b_0|>|b_{n-1}|$不满足，因为$b_0=b_2=-0.75$；

由以上分析可知，该系统是不稳定的。

该系统特征方程 $F(z)$ 可进行因式分解

$$F(z)=(z-0.5)^2(z-2)=0$$

其中有一个根 $p=2,\ |p|>1$，清楚表明系统是不稳定的。

例 3.14 设某系统的特征方程为

$$z^2-\left[(1+\mathrm{e}^{-T})-(1-\mathrm{e}^{-T})(K_\mathrm{i}+K_\mathrm{p})\right]z+\mathrm{e}^{-T}-(1-\mathrm{e}^{-T})K_\mathrm{p}=0$$

式中，采样周期 $T=0.1\mathrm{s}$，$K_\mathrm{i}=100T=10$，试确定出系统稳定时 K_p 的范围。

解 将 T、K_i 代入特征方程，得

$$z^2-(0.953-0.0952K_\mathrm{p})z+0.905-0.0952K_\mathrm{p}=0$$

该特征方程为二阶方程，且 $a_2=1>0$。因此，根据朱利稳定性准则，得

① $F(1)=1-0.953+0.0952K_\mathrm{p}+0.905-0.0952K_\mathrm{p}=0.952>0$，条件满足，且与 K_p 无关；

② $(-1)^2F(-1)=1+0.953-0.0952K_\mathrm{p}+0.905-0.0952K_\mathrm{p}>0$，由此求出

$$K_\mathrm{p}<15.01$$

③ $|a_0|<a_2, |0.905-0.0952K_\mathrm{p}|<1$，由此求出

$$-0.998<K_\mathrm{p}<20.0$$

因此，$-0.998<K_\mathrm{p}<15.01$ 时系统稳定。

3.6 计算机控制系统稳态过程分析

计算机控制系统的稳态指标用稳态误差来表示。稳态误差指系统过渡过程结束到达稳态以后，系统参考输入与系统输出之间的偏差。稳态误差是衡量计算机控制系统准确性的一项重要指标，在实际系统中，通常都是希望系统的稳态误差越小越好，稳态误差越小，表明系统控制的稳态精度就越高。

由图 3.11 可知，稳态误差为

$$E(z)=R(z)-Y(z)=R(z)-D(z)W_\mathrm{d}(z)E(z) \tag{3.45}$$

于是有

$$E(z)=\frac{R(z)}{1+D(z)W_\mathrm{d}(z)} \tag{3.46}$$

$$W_\mathrm{e}(z)=\frac{E(z)}{R(z)}=\frac{1}{1+D(z)W_\mathrm{d}(z)}=\frac{1}{1+W_\mathrm{K}(z)} \tag{3.47}$$

式中，$W_\mathrm{e}(z)$ 为系统的闭环误差脉冲传递函数；$W_\mathrm{K}(z)=D(z)W_\mathrm{d}(z)$ 为系统的开环脉冲传递函数。根据终值定理，系统的稳态误差为

$$e(\infty)=\lim_{z\to1}(z-1)E(z)=\lim_{z\to1}(z-1)\frac{R(z)}{1+D(z)W_\mathrm{d}(z)}=\lim_{z\to1}(z-1)\frac{R(z)}{1+W_\mathrm{K}(z)} \tag{3.48}$$

可见，系统的稳态误差不仅与系统的结构有关(如与系统的开环脉冲传递函数 $W_\mathrm{K}(z)$ 有关)，而且与系统输入的类型有关。

3.6.1 稳态误差与误差系数

下面以工程中常用的三种输入信号：单位阶跃信号、单位速度信号(斜坡信号)、单位加

速度信号为例，对系统稳态误差加以研究。

1. 位置误差系数

对于单位阶跃输入，$r(t)=1(t)$，有 $R(z)=\dfrac{z}{z-1}$。

代入式(3.48)，求出单位阶跃输入时，系统的稳态误差为

$$\begin{aligned}e_{\mathrm{p}}(\infty)&=\lim_{z\to1}(z-1)\frac{1}{1+D(z)W_{\mathrm{d}}(z)}\cdot\frac{z}{z-1}=\lim_{z\to1}\frac{1}{1+D(z)W_{\mathrm{d}}(z)}\\&=\frac{1}{1+D(1)W_{\mathrm{d}}(1)}=\frac{1}{1+K_{\mathrm{p}}}\end{aligned}\tag{3.49}$$

式中

$$K_{\mathrm{p}}=\lim_{z\to1}D(z)W_{\mathrm{d}}(z)=\lim_{z\to1}W_{\mathrm{K}}(z)=W_{\mathrm{K}}(1)\tag{3.50}$$

称为系统位置误差系数。如果 $K_{\mathrm{p}}=\infty$，则系统单位阶跃输入时稳态误差为零，此时系统开环脉冲传递函数 $W_{\mathrm{K}}(z)=D(z)W_{\mathrm{d}}(z)$ 中有 $z=1$ 的极点。

2. 速度误差系数

对于单位速度输入 $r(t)=t\cdot1(t)$，有 $R(z)=\dfrac{Tz}{(z-1)^2}$。

代入式(3.48)，求出单位速度输入时，系统的稳态误差为

$$\begin{aligned}e_{\mathrm{v}}(\infty)&=\lim_{z\to1}(z-1)\frac{1}{1+D(z)W_{\mathrm{d}}(z)}\cdot\frac{Tz}{(z-1)^2}=\lim_{z\to1}\frac{T}{(z-1)[1+D(z)W_{\mathrm{d}}(z)]}\\&=\lim_{z\to1}\frac{T}{(z-1)D(z)W_{\mathrm{d}}(z)}=\frac{1}{K_{\mathrm{v}}}\end{aligned}\tag{3.51}$$

式中

$$K_{\mathrm{v}}=\lim_{z\to1}\frac{(z-1)D(z)W_{\mathrm{d}}(z)}{T}=\lim_{z\to1}\frac{(z-1)W_{\mathrm{K}}(z)}{T}\tag{3.52}$$

称为系统速度误差系数。如果 $K_{\mathrm{v}}=\infty$，则系统单位速度输入时稳态误差为零，此时系统开环脉冲传递函数 $W_{\mathrm{K}}(z)$ 中有 $z=1$ 的双极点。

3. 加速度误差系数

对于单位加速度输入 $r(t)=\dfrac{1}{2}t^2\cdot1(t)$，有 $R(z)=\dfrac{T^2z(z+1)}{2(z-1)^3}$。

代入式(3.48)，求出单位加速度输入时，系统的稳态误差为

$$\begin{aligned}e_{\mathrm{a}}(\infty)&=\lim_{z\to1}(z-1)\frac{1}{1+D(z)W_{\mathrm{d}}(z)}\cdot\frac{T^2z(z+1)}{2(z-1)^3}=\lim_{z\to1}\frac{T^2}{(z-1)^2[1+D(z)W_{\mathrm{d}}(z)]}\\&=\lim_{z\to1}\frac{T^2}{(z-1)^2D(z)W_{\mathrm{d}}(z)}=\frac{1}{K_{\mathrm{a}}}\end{aligned}\tag{3.53}$$

式中

$$K_{\mathrm{a}}=\lim_{z\to1}\frac{(z-1)^2D(z)W_{\mathrm{d}}(z)}{T^2}=\lim_{z\to1}\frac{(z-1)^2W_{\mathrm{K}}(z)}{T^2}\tag{3.54}$$

称为系统加速度误差系数，如果 $K_{\mathrm{a}}=\infty$，则系统单位加速度输入时稳态误差为零，此时系统开环脉冲传递函数 $W_{\mathrm{K}}(z)$ 中有 $z=1$ 的三重极点。

3.6.2 系统类型与稳态误差

将控制系统的开环脉冲传递函数写成如下形式：

$$W_K(z)=D(z)W_d(z)=\frac{W_0(z)}{(z-1)^r} \tag{3.55}$$

式中，$W_0(z)$的分母中无$(z-1)$因子，即$W_0(z)$中无积分环节；r为系统中的积分环节的阶次，称为系统的类型数。若开环传递函数$W_K(z)$中无积分环节，即$r=0$，则系统为0型系统；若$W_K(z)$中有一阶积分环节，即$r=1$，则系统为I型系统；若$W_K(z)$中有二阶积分环节，即$r=2$，则系统为II型系统，以此类推。

下面分别考察0型、I型、II型系统的稳态误差系数以及它们分别对单位阶跃信号、单位速度信号、单位加速度信号三种典型参考输入的稳态误差。

1. 0型系统

按照系统稳态误差系数定义式(3.50)、式(3.52)和式(3.54)，0型系统的稳态误差系数为

$$K_p=\lim_{z\to 1}W_K(z)=W_K(1)$$

$$K_v=\lim_{z\to 1}\frac{(z-1)W_K(z)}{T}=0$$

$$K_a=\lim_{z\to 1}\frac{(z-1)^2W_K(z)}{T^2}=0$$

于是0型系统对应三种典型输入的稳态误差分别为

$$e_p(\infty)=\frac{1}{1+K_p}=\frac{1}{1+W_K(1)},\quad e_v(\infty)=\frac{1}{K_v}=\infty,\quad e_a(\infty)=\frac{1}{K_a}=\infty$$

由以上分析可知，0型系统不能完全消除对阶跃输入信号的稳态误差，总有一定的稳态误差存在。0型系统对于单位速度信号和加速度信号输入的稳态误差均为无穷大，所以0型系统无法实现对单位速度和加速度输入信号的跟踪。

2. I型系统

同理，I型系统的稳态误差系数为

$$K_p=\lim_{z\to 1}W_K(z)=\lim_{z\to 1}\frac{W_0(z)}{(z-1)}=\infty$$

$$K_v=\lim_{z\to 1}\frac{(z-1)W_K(z)}{T}=\lim_{z\to 1}\frac{W_0(z)}{T}=\frac{W_0(1)}{T}$$

$$K_a=\lim_{z\to 1}\frac{(z-1)^2W_K(z)}{T^2}=\lim_{z\to 1}\frac{(z-1)W_0(z)}{T^2}=0$$

于是I型系统对应三种典型输入的稳态误差分别为

$$e_p(\infty)=\frac{1}{1+K_p}=0,\quad e_v(\infty)=\frac{1}{K_v}=\frac{T}{W_0(1)},\quad e_a(\infty)=\frac{1}{K_a}=\infty$$

由以上分析可知，I型系统对参考输入信号的稳态复现能力比0型系统强，对阶跃输入信号能够完全消除稳态误差。对于速度输入信号也有一定的稳态复现能力，并且随着系统开环稳态增益$W_0(1)$的增大而增强，相应的稳态误差也随之减小，但I型系统不能完全消除对于单位速度输入信号的稳态误差。I型系统不能对加速度输入信号进行稳态复现，其相应的

稳态误差为无穷大，所以I型系统不能实现对加速度输入信号的跟踪。

3. II 型系统

同理，II 型系统的稳态误差系数为

$$K_{\mathrm{p}}=\lim_{z\to1}W_{\mathrm{K}}(z)=\lim_{z\to1}\frac{W_0(z)}{(z-1)^2}=\infty$$

$$K_{\mathrm{v}}=\lim_{z\to1}\frac{(z-1)W_{\mathrm{K}}(z)}{T}=\lim_{z\to1}\frac{W_0(z)}{T(z-1)}=\infty$$

$$K_{\mathrm{a}}=\lim_{z\to1}\frac{(z-1)^2W_{\mathrm{K}}(z)}{T^2}=\lim_{z\to1}\frac{W_0(z)}{T^2}=\frac{W_0(1)}{T^2}$$

于是 II 型系统对应三种典型输入的稳态误差分别为

$$e_{\mathrm{p}}(\infty)=\frac{1}{1+K_{\mathrm{p}}}=0,\quad e_{\mathrm{v}}(\infty)=\frac{1}{K_{\mathrm{v}}}=0,\quad e_{\mathrm{a}}(\infty)=\frac{1}{K_{\mathrm{a}}}=\frac{T^2}{W_0(1)}$$

由以上分析可知，II 型系统对参考输入信号的稳态复现能力比 0 型和 I 型系统都强，它可以完全消除阶跃输入信号和单位速度输入信号的稳态误差，对于加速度输入信号也有一定的稳态复现能力，其相应的稳态误差随着系统开环稳态增益 $W_0(1)$ 的增大而减小，可以实现对加速度输入信号的跟踪，但不能完全消除加速度输入信号的稳态误差。

0 型系统、I 型系统和 II 型系统的各种稳态误差系数以及它们分别对单位阶跃信号、单位速度和加速度信号三种典型参考输入信号的稳态误差如表 3.2 所示。

表 3.2　三种类型系统的误差系数与稳态误差

系统类型	K_{p}	K_{v}	K_{a}	$e_{\mathrm{p}}(\infty)$	$e_{\mathrm{v}}(\infty)$	$e_{\mathrm{a}}(\infty)$
0	$W_{\mathrm{K}}(1)$	0	0	$\frac{1}{1+W_{\mathrm{K}}(1)}$	∞	∞
I	∞	$\frac{W_0(1)}{T}$	0	0	$\frac{T}{W_0(1)}$	∞
II	∞	∞	$\frac{W_0(1)}{T^2}$	0	0	$\frac{T^2}{W_0(1)}$

3.6.3　采样周期对稳态误差的影响

表 3.2 表明，速度误差系数 K_{v}、加速度误差系统 K_{a}，以及与之相对应的稳态误差 $e_{\mathrm{v}}(\infty)$ 和 $e_{\mathrm{a}}(\infty)$ 都与采样周期 T 有关，似乎只要减小了采样周期 T 就可以达到提高控制精度、改善稳态误差的目的。实际上，具有零阶保持器的计算机控制系统，在对象与零阶保持器一起离散后，系统的稳态误差与采样周期 T 之间没有必然的联系。如果被控对象中包含与其类型相同的积分环节(即 I 型系统——被控对象中要求有 1 个积分环节；II 型系统——被控对象中要求有 2 个积分环节，以此类推)，则系统稳态误差只与系统的类型、放大系数和信号的形式有关，而与采样周期 T 无关；反之，如果被控对象中不包含足够多的积分环节，则稳态误差将与采样周期有关，采样周期越小，系统的稳态误差也就越小。下面通过一个例题进行说明。

例 3.15　图 3.18 所示系统的输入为单位速度输入 $r(t)=t\cdot1(t)$，分析采样周期与系统稳态误差的关系。图中控制器传递函数和对象传递函数分别取如下两种形式：

（1）控制器取为比例型，即 $D(z)=K$，对象模型取为 $W(s)=\dfrac{1}{s(s+1)}$。

（2）控制器取为积分型，即 $D(z)=\dfrac{K}{1-z^{-1}}$，对象模型取为 $W(s)=\dfrac{1}{s+1}$。

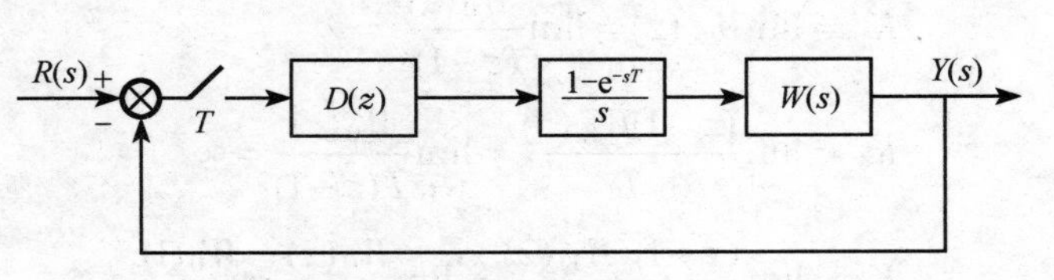

图 3.18　计算机控制系统结构

解　第(1)种情况下：

由例 3.10 可知，考虑零阶保持器时对象的传递函数模型为

$$W_{\mathrm{d}}(s)=\frac{1-\mathrm{e}^{-sT}}{s}\cdot\frac{1}{s(s+1)}$$

其脉冲传递函数模型为

$$W_{\mathrm{d}}(z)=\frac{(\mathrm{e}^{-T}+T-1)z+(1-\mathrm{e}^{-T}-T\,\mathrm{e}^{-T})}{(z-1)(z-\mathrm{e}^{-T})}$$

则系统开环传递函数模型为

$$W_{\mathrm{K}}=D(z)W_{\mathrm{d}}(z)=K\frac{(\mathrm{e}^{-T}+T-1)z+(1-\mathrm{e}^{-T}-T\,\mathrm{e}^{-T})}{(z-1)(z-\mathrm{e}^{-T})}$$

由此可知，系统包含 1 个积分环节，为 I 型系统。

单位速度输入下，系统的速度误差系数为

$$K_{\mathrm{v}}=\lim_{z\to 1}\frac{(z-1)W_{\mathrm{K}}(z)}{T}=K\frac{(\mathrm{e}^{-T}+T-1)+(1-\mathrm{e}^{-T}-T\,\mathrm{e}^{-T})}{T(1-\mathrm{e}^{-T})}=K$$

因此系统的稳态误差为

$$e_{\mathrm{v}}(\infty)=\frac{1}{K_{\mathrm{v}}}=\frac{1}{K}$$

即系统的稳态误差 $e_{\mathrm{v}}(\infty)$ 与采样周期 T 无关。

第(2)种情况下：

考虑零阶保持器时对象的传递函数模型为

$$W_{\mathrm{d}}(s)=\frac{1-\mathrm{e}^{-sT}}{s}\cdot\frac{1}{s+1}$$

其脉冲传递函数模型为

$$\begin{aligned}W_{\mathrm{d}}(z)&=Z\left[\frac{1-\mathrm{e}^{-sT}}{s}\cdot\frac{1}{s+1}\right]=(1-z^{-1})Z\left[\frac{1}{s(s+1)}\right]\\&=(1-z^{-1})Z\left[\frac{1}{s}-\frac{1}{s+1}\right]=\frac{z-1}{z}\left[\frac{z}{z-1}-\frac{z}{z-\mathrm{e}^{-T}}\right]=\frac{1-\mathrm{e}^{-T}}{z-\mathrm{e}^{-T}}\end{aligned}$$

则系统开环传递函数模型为

$$W_{\mathrm{K}}=D(z)W_{\mathrm{d}}(z)=\frac{(1-\mathrm{e}^{-T})Kz}{(z-1)(z-\mathrm{e}^{-T})}$$

由此可知，系统包含1个积分环节，为I型系统。

单位速度输入下，系统的速度误差系数为

$$K_{\mathrm{v}}=\lim_{z\to 1}\frac{(z-1)W_{\mathrm{K}}(z)}{T}=\frac{(1-\mathrm{e}^{-T})K}{T(1-\mathrm{e}^{-T})}=\frac{K}{T}$$

因此系统的稳态误差为

$$e_{\mathrm{v}}(\infty)=\frac{1}{K_{\mathrm{v}}}=\frac{T}{K}$$

即系统的稳态误差 $e_{\mathrm{v}}(\infty)$ 与采样周期 T 有关。当控制器增益 K 一定时，采样周期越小，系统的稳态误差就越小。

3.7　计算机控制系统暂态过程分析

计算机控制系统的暂态性能主要用系统在单位阶跃输入信号作用下的相应特性来描述，如图3.19所示，它反映了控制系统的动态过程。主要性能指标用超调量 $\sigma\%$、上升时间 t_{r}、峰值时间 t_{p} 和调节时间 t_{s} 表示，其定义与连续系统一致。

必须指出，尽管上述暂态特性的提法与连续系统相同，但在 z 域进行分析时所得到的只是各采样时刻的值。对计算机控制系统而言，被控对象常常是连续变化的，因此，在采样间隔内系统的状态并不能被表示出来，它们尚不能精确地描述计算机控制系统的真实特性。如图3.20所示，实际系统输出是连续变化的，它的最大峰值输出为 y_{m}，但在 z 域计算时，得到的峰值为 y_{m}^{*}，一般情况下，$y_{\mathrm{m}}^{*}<y_{\mathrm{m}}$。若采样周期 T 较小，响应的采样值可能更接近连续响应；如果采样周期 T 较大，两者的差别可能较大。多数情况下，只要采样周期 T 选择合适，把两个采样值连接起来就可以近似代表采样间隔之间的连续输出值。若要精确描述采样间隔之间的信息，可以采用第2章讲述的扩展 z 变化法进行理论计算。

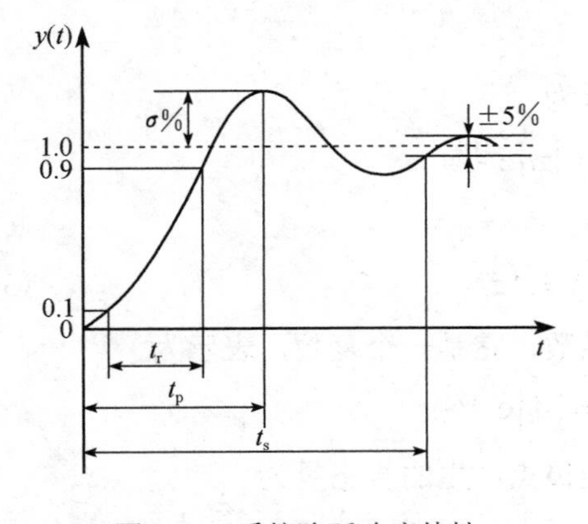

图3.19　系统阶跃响应特性

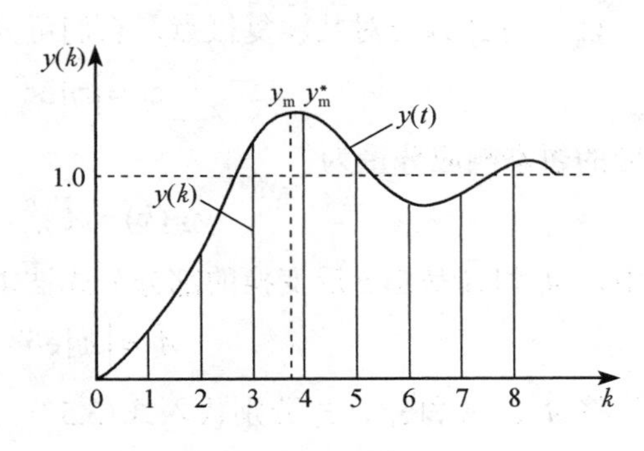

图3.20　系统阶跃响应的采样

3.7.1　z 平面极点分布与暂态响应的关系

在离散控制系统中，闭环脉冲传递函数的极点在 z 平面单位圆上和单位圆内、外的不同位置，系统的暂态特性是不同的。

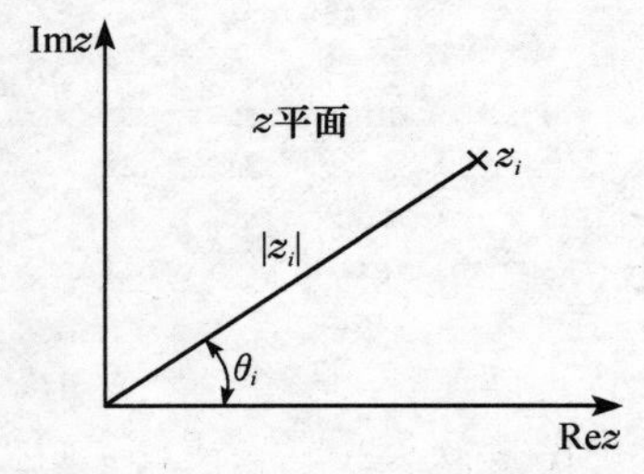

图 3.21　极点 z_i 在 z 平面的位置

由式(3.33)可知，在单位阶跃输入下，系统的输出为

$$y(k)=A_0 1(k)+\sum_{i=1}^{n}A_i z_i^k \tag{3.56}$$

式中，z_i 为闭环系统脉冲传递函数在 z 平面上的极点，可表示为

$$z_i=|z_i|\mathrm{e}^{\mathrm{j}\theta_i}$$

θ_i 表示极点 z_i 在 z 平面的矢量与正实轴的夹角，如图 3.21 所示。

下面分两种情况加以讨论。

(1) 极点位于 z 平面实轴上的情况。

在式(3.56)中，由极点给出的暂态响应分量为

$$y_i(k)=A_i z_i^k=A_i|z_i|^k\mathrm{e}^{\mathrm{j}k\theta_i}$$

当 z_i 在正实轴上时，$\theta_i=0$，所以

$$y_i(k)=A_i|z_i|^k$$

在单位圆内 $|z_i|<1$，当 k 增加时，$y_i(k)$ 为单调衰减过程；在单位圆外 $|z_i|>1$，当 k 增加时，$y_i(k)$ 为单调发散过程；在单位圆上 $|z_i|=1$，当 k 增加时，$y_i(k)$ 不变，为常值的脉冲序列。

当 z_i 在负实轴上时，$\theta_i=\pi$，所以

$$y_i(k)=A_i|z_i|^k\mathrm{e}^{\mathrm{j}k\pi}$$

因为 $\mathrm{e}^{\mathrm{j}k\pi}=\cos k\pi+\mathrm{j}\sin k\pi$，所以当 $k=1$ 时，$\mathrm{e}^{\mathrm{j}\pi}=-1$，当 $k=2$ 时，$\mathrm{e}^{\mathrm{j}2\pi}=1$，…，$y_i(k)$ 为正负交替的振荡过程。在单位圆内 $|z_i|<1$，当 k 增加时，$y_i(k)$ 为振荡衰减过程；在单位圆外 $|z_i|>1$，当 k 增加时，$y_i(k)$ 为振荡发散过程；在单位圆上 $|z_i|=1$，当 k 增加时，$y_i(k)$ 为等幅振荡过程。

(2) 极点位于 z 平面复平面上的情况。

设 z_i 与 $\bar{z}_i$ 为一对共轭复极点，它们可分别表示为

$$z_i=|z_i|\mathrm{e}^{\mathrm{j}\theta_i},\qquad \bar{z}_i=|z_i|\mathrm{e}^{-\mathrm{j}\theta_i}$$

对应的暂态响应分量为

$$y_{iz_i}(k)=A_i z_i^k,\qquad \bar{y}_{iz_i}(k)=\bar{A}_i\bar{z}_i^k \tag{3.57}$$

式中，A_i 和 $\bar{A}_i$ 是由 z 反变换的部分分式法求得的系数，它是一个复数，表示为

$$A_i=|A_i|\mathrm{e}^{\mathrm{j}\theta_{A_i}},\qquad \bar{A}_i=|A_i|\mathrm{e}^{-\mathrm{j}\theta_{A_i}}$$

将 A_i、$\bar{A}_i$ 和 z_i、$\bar{z}_i$ 分别代入式(3.57)，则共轭极点产生的暂态量为

$$\begin{aligned}y_i(k)&=y_{iz_i}(k)+\bar{y}_{iz_i}(k)=|A_i||z_i|^k\mathrm{e}^{\mathrm{j}(k\theta_i+\theta_{A_i})}+|A_i||z_i|^k\mathrm{e}^{-\mathrm{j}(k\theta_i+\theta_{A_i})}\\&=2|A_i||z_i|^k\cos(k\theta_i+\theta_{A_i})\end{aligned} \tag{3.58}$$

显然，同上面的分析一样，极点在单位圆内 $|z_i|<1$，系统响应为衰减振荡过程，极点在单位圆外 $|z_i|>1$，系统响应为发散振荡过程；极点在单位圆上 $|z_i|=1$，系统响应为等幅振荡

过程。

式(3.58)表明，系统复极点的相角 θ_i 决定了复极点的暂态响应分量在其每个振荡周期内的采样次数，其关系为

$$N_i = 2\pi / \theta_i \tag{3.59}$$

复极点的暂态响应分量的振荡周期和频率为

$$T_i = N_i T = \frac{2\pi}{\theta_i} T \ (\mathrm{s}), \quad \omega_i = \frac{\theta_i}{T} \ (\mathrm{rad/s}) \tag{3.60}$$

若系统暂态响应为衰减振荡形式，依据工程经验，应按照每个振荡周期采样 6～10 次的准则来选取采样周期。

极点在 z 平面上的分布及其响应如图 3.22 所示。从图中可见，为使系统的暂态响应超调量小，调整时间短，系统的极点应分布在 z 平面单位圆内正实轴原点附近。

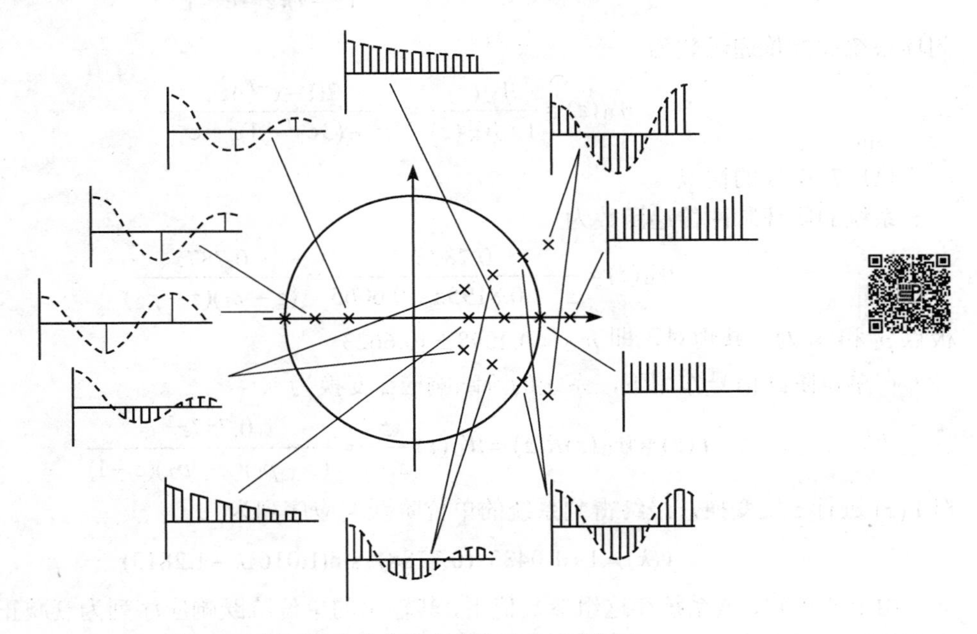

图 3.22　闭环极点分布与相应的动态响应形式

3.7.2　采样周期对暂态响应的影响

在 3.4.3 节中分析过，采样周期是影响计算机控制系统稳定性的一个重要参数，而系统的暂态响应特性是与系统的稳定性密不可分的，系统暂态响应特性不仅直接反映系统稳定与否，而且还可以反映系统的相对稳定程度。由此可以判断，采样周期的大小也是影响计算机控制系统暂态响应特性的重要参数。一般来说，采样周期大对系统稳定性不利，对系统动态品质也不利。下面通过一个例题来具体考察采样周期 T 对计算机控制系统暂态响应特性的影响。

例 3.16　计算机控制系统结构如图 3.23 所示，分析当采样周期 T 分别为 0.5s、1s、2s、3s 时系统的暂态响应特性。

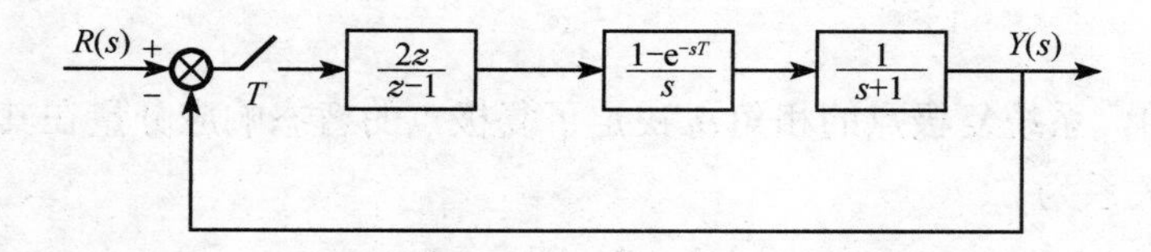

图 3.23　例 3.16 计算机控制系统实例

解　对象脉冲传递函数为

$$W_d(z)=Z\left[\frac{1-e^{-sT}}{s}\cdot\frac{1}{s+1}\right]=(1-z^{-1})Z\left[\frac{1}{s(s+1)}\right]=\frac{1-e^{-T}}{z-e^{-T}}$$

于是得到系统的开环脉冲传递函数为

$$W_K(z)=D(z)W_d(z)=\frac{2(1-e^{-T})z}{(z-1)(z-e^{-T})}$$

闭环系统脉冲传递函数为

$$W_B(z)=\frac{W_K(z)}{1+W_K(z)}=\frac{2(1-e^{-T})z}{z^2-(3e^{-T}-1)z+e^{-T}}$$

(1) T=0.5s 的情况。

系统的闭环脉冲传递函数为

$$W_B(z)=\frac{0.787z}{z^2-0.8195z+0.6065}=\frac{0.787z}{(z-p_1)(z-p_2)}$$

极点 p_1 和 p_2 为一共轭对，即 $p_{1,2}=0.4098\pm j0.6623$。

在单位阶跃信号作用下，系统的阶跃响应 z 变换为

$$Y(z)=W_B(z)R(z)=W_B(z)\frac{z}{z-1}=\frac{0.787z^2}{(z-p_1)(z-p_2)(z-1)}$$

对 $Y(z)$ 进行 z 反变换，最终得到系统的单位阶跃响应序列为

$$y(k)=1+1.0433\cdot(0.7788)^k\sin(1.0161k-1.2813)$$

由上式可知，该系统在这组参数值下，其输出的单位阶跃响应序列为衰减正弦振荡形式，在正弦振荡每个周期内的采样次数 $N=2\pi/1.0161=6.18$ 次，所以该系统的采样周期 T 取 0.5s 基本符合前述采样周期的经验准则。系统的阶跃响应如图 3.24 所示。

(2) T=1s 的情况。

系统的闭环脉冲传递函数为

$$W_B(z)=\frac{1.2642z}{z^2-0.1037z+0.368}=\frac{1.2642z}{(z-p_1)(z-p_2)}$$

极点 p_1 和 p_2 为一共轭对，即 $p_{1,2}=0.0159\pm j0.6043$。

系统输出的单位阶跃响应序列为

$$y(k)=1+1.1295\cdot(0.607)^k\sin(1.4217k-1.0885)$$

因采样周期增大，系统共轭极点的相角也增大，相应的暂态响应每个振荡周期的采样次数明显减少，为 $N=2\pi/1.4217=4.42$ 次，比经验规则要求的振荡周期的采样次数的下限(6次)还少。系统的阶跃响应如图 3.25 所示。

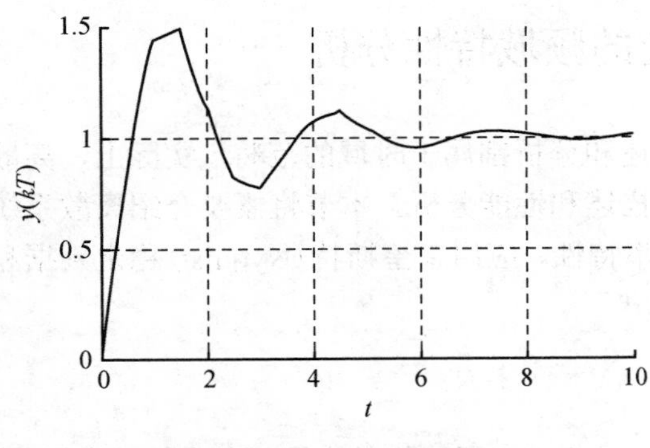

图 3.24　T=0.5s 的系统响应

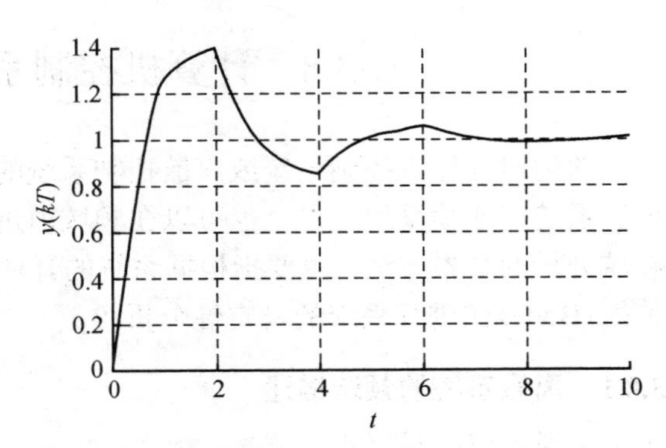

图 3.25　T=1s 的系统响应

（3）T=2s 的情况。

系统的闭环脉冲传递函数为

$$W_B(z)=\frac{1.7293z}{z^2+0.594z+0.1353}=\frac{1.7293z}{(z-p_1)(z-p_2)}$$

极点 p_1 和 p_2 为一共轭对，即 $p_{1,2}=0.297\pm \mathrm{j}0.217$ 。

系统输出的单位阶跃响应序列为

$$y(k)=1+2.23\cdot(0.368)^k\sin(2.5094k-0.4649)$$

暂态响应每个振荡周期的采样次数 $N=2\pi/2.5094=2.5$ 次，远小于经验规则要求的采样周期的下限，这样的采样周期是不可接受的。系统的阶跃响应如图 3.26 所示。

（4）T=3s 的情况。

系统的闭环脉冲传递函数为

$$W_B(z)=\frac{1.9z}{z^2+0.85z+0.05}=\frac{1.9z}{(z+0.778)(z+0.064)}$$

这种情况下，两个闭环极点变为负的实极点，且其中一个极点（−0.778）靠近 −1 处，可以预见系统暂态响应会出现大幅度的振荡。系统输出的单位阶跃响应序列为

$$y(k)=1-1.157\cdot(-0.788)^k+0.158\cdot(-0.064)^k$$

系统的阶跃响应如图 3.27 所示。显然，系统确实存在衰减较慢的大幅度振荡。

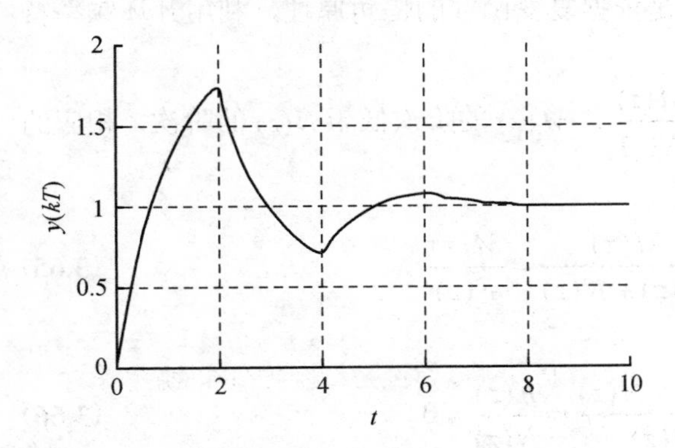

图 3.26　T=2s 的系统响应

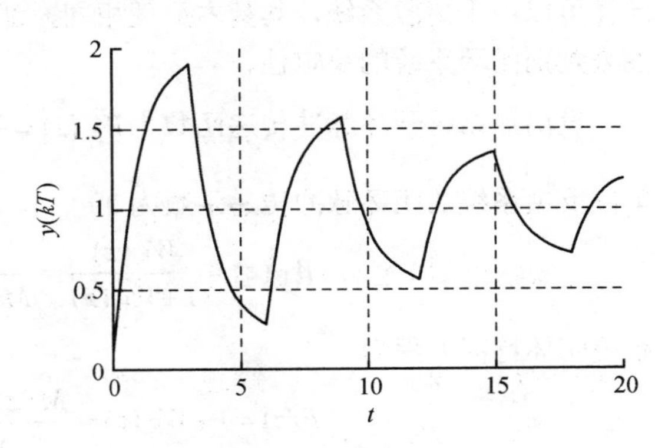

图 3.27　T=3s 的系统响应

3.8 计算机控制系统的频域特性分析

前述对计算机控制系统或离散控制系统的描述和分析都属于时域的范畴，实际上，离散控制系统同连续系统一样，也可以在频域内进行描述和性能分析。本节将概要介绍离散系统频域分析的基本方法，主要指根据系统的开环频率特性，应用奈奎斯特(Nyquist)稳定判据和伯德(Bode)图进行系统的稳定性分析等。

3.8.1 离散系统的频域描述

在连续系统中，一个系统(或环节)的频率特性是指，在正弦信号作用下，系统（或环节）的稳态输出与输入的复数比随输入信号频率变化的特性。上述定义对离散系统也成立，但此时输入及输出信号均取离散值。

连续系统的频率特性可按下式计算

$$W(\mathrm{j}\omega)=W(s)|_{s=\mathrm{j}\omega} \tag{3.61}$$

可以推得，离散系统的频率特性按下式计算

$$W(\mathrm{e}^{\mathrm{j}\omega T})=W(z)|_{z=\mathrm{e}^{\mathrm{j}\omega T}} \tag{3.62}$$

通常称函数$W(\mathrm{e}^{\mathrm{j}\omega T})$为正弦脉冲传递函数，其表达式为

$$W(\mathrm{e}^{\mathrm{j}\omega T})=|W(\mathrm{e}^{\mathrm{j}\omega T})|\underline{/W(\mathrm{e}^{\mathrm{j}\omega T})} \tag{3.63}$$

式中，$|W(\mathrm{e}^{\mathrm{j}\omega T})|$称为幅频特性；$\underline{/W(\mathrm{e}^{\mathrm{j}\omega T})}$称为相频特性。由于

$$\mathrm{e}^{\mathrm{j}[\omega+(2\pi/T)]T}=\mathrm{e}^{\mathrm{j}\omega T}\,\mathrm{e}^{\mathrm{j}2\pi}=\mathrm{e}^{\mathrm{j}\omega T} \tag{3.64}$$

因此离散系统的频率特性$W(\mathrm{e}^{\mathrm{j}\omega T})$是$\omega$的周期函数，其周期为采样频率$\omega_{\mathrm{s}}=2\pi/T$。

连续域频率特性$W(\mathrm{j}\omega)$随ω变化，相当于考察$W(s)$在s沿虚轴变化时($s=\mathrm{j}\omega$)的特性，而离散系统频率特性相当于考察传递函数$W(z)$在z沿单位圆变化时($z=\mathrm{e}^{\mathrm{j}\omega T}$)的特性。

3.8.2 离散系统频域稳定性分析

在连续系统控制理论中，奈奎斯特稳定判据(简称奈氏判据)是系统频域分析和设计方法的理论基础，它不仅可以判别系统稳定性，还可以用来指导控制系统的校正设计。奈氏判据同样可以用于离散系统，其基本原理相同，都是依据复变函数的幅角原理，利用开环频率特性来判别闭环系统的稳定性。

设离散系统开环脉冲传递函数为$W_{\mathrm{K}}(z)=\dfrac{M(z)}{N(z)}$，$M(z)$的阶次低于$N(z)$的阶次，相应的单位反馈系统的闭环脉冲传递函数为

$$W_{\mathrm{B}}(z)=\frac{W_{\mathrm{K}}(z)}{1+W_{\mathrm{K}}(z)}=\frac{M(z)}{M(z)+N(z)}=\frac{M(z)}{F(z)} \tag{3.65}$$

系统闭环特征方程为

$$P(z)=1+W_{\mathrm{K}}(z)=\frac{M(z)+N(z)}{N(z)}=\frac{F(z)}{N(z)}=0 \tag{3.66}$$

式中，$N(z)$为系统开环特征多项式，其零点为开环系统极点；$F(z)$为系统闭环特征多项式，

其零点为闭环系统极点。因此，闭环系统稳定的充要条件是 $F(z)$（或 $P(z)$）在单位圆外无零点。

取 z 平面单位圆和半径无穷大的圆连成的封闭线作为奈氏围线，如图 3.28(a) 所示，奈氏围线包围单位圆外全部区域，映射到 s 平面则是 s 平面主频区的虚轴和右边两条相距实轴 $\omega_s/2$ 的平行线以及距虚轴无穷远、平行于虚轴的线段连成的封闭线，包围主频区右半平面如图 3.28(b) 所示。当 z 顺时针沿奈氏围线变化一周，函数 $W_K(z)$ 将在 $W_K(z)$ 平面上也形成一条对应的封闭线，称为奈氏图。如果 $W_K(z)$ 在单位圆上有极点，如 z=1，就将奈氏围线以无穷小半径的圆弧从极点右边绕过，如图 3.28(a) 所示，这时就将极点 z=1 视为单位圆内。

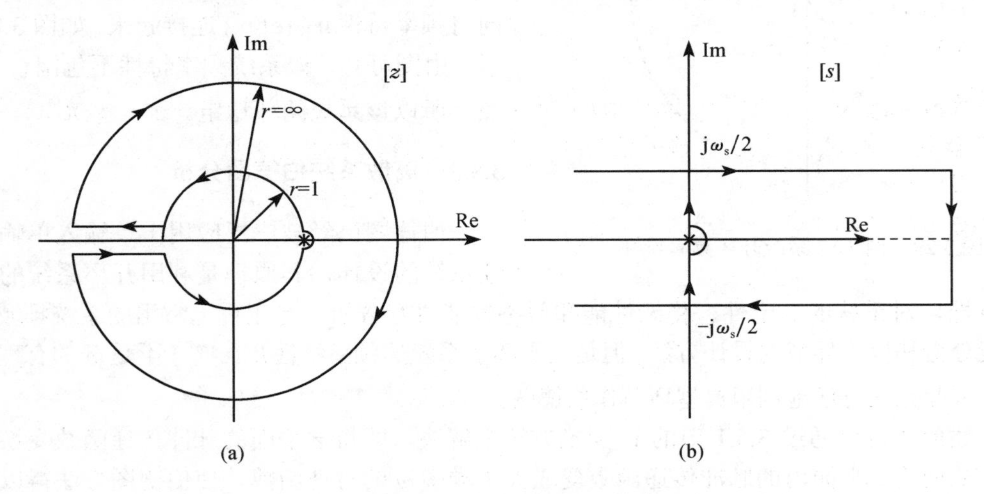

图 3.28 离散系统的奈氏围线

按照幅角原理，若函数 $P(z)=1+W_K(z)$ 在奈氏围线内(即单位圆外)有 N_Z 个零点(即闭环极点)，N_P 个极点(即开环极点)，则 $W_K(z)$ 的奈氏图顺时针绕 $(-1,\mathrm{j}0)$ 点的圈数为

$$N=N_Z-N_P \tag{3.67}$$

若闭环稳定，必定 $N_Z=0$，所以闭环系统稳定的充要条件是：$W_K(z)$ 的奈氏图顺时针绕 $(-1,\mathrm{j}0)$ 点的圈数为 $-N_P$，即逆时针绕 $(-1,\mathrm{j}0)$ 点 N_P 圈；若开环系统稳定，即 $N_P=0$，则闭环系统稳定的充要条件是：$W_K(z)$ 的奈氏图不包围 $(-1,\mathrm{j}0)$ 点。若 $W_K(z)$ 的分子阶次低于分母阶次，则 $z\to\infty$ 时，$W_K(z)\to 0$，于是可用系统的开环频率特性 $W_K(\mathrm{e}^{\mathrm{j}\omega T})$，$-\pi\leqslant\omega T\leqslant\pi$，即单位圆所对应的奈氏图，作为 $W_K(z)$ 的奈氏图来检验闭环系统的稳定性。

因此离散系统奈氏判据为：若开环系统不稳定，开环系统在单位圆外有 N_P 个极点，则闭环系统稳定的充要条件是系统的开环频率特性 $W_K(\mathrm{e}^{\mathrm{j}\omega T})$ 逆时针绕 $(-1,\mathrm{j}0)$ 点 N_P 圈；若开环系统稳定，则闭环系统稳定的充要条件是开环频率特性 $W_K(\mathrm{e}^{\mathrm{j}\omega T})$ 不包围 $(-1,\mathrm{j}0)$ 点。

例 3.17 设单位反馈计算机控制系统的开环脉冲传递函数为

$$W_K(z)=\frac{0.368(z+0.722)}{(z-1)(z-0.368)}$$

试用奈氏判据判别系统的稳定性。

解 计算绘制开环频率特性如图 3.29 所示

$$W_K(\mathrm{e}^{\mathrm{j}\omega T})=\frac{0.368(\mathrm{e}^{\mathrm{j}\omega T}+0.722)}{(\mathrm{e}^{\mathrm{j}\omega T}-1)(\mathrm{e}^{\mathrm{j}\omega T}-0.368)},\quad 0\leqslant\omega T\leqslant\pi$$

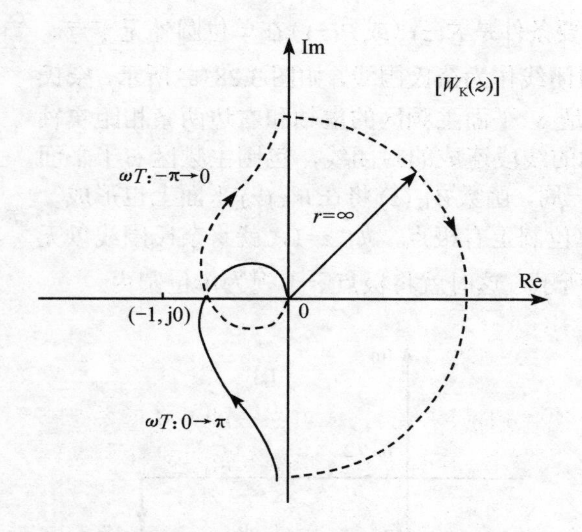

图 3.29　例 3.17 系统开环频率特性

$W_K(e^{j\omega T})$ 在 $-\pi \leqslant \omega T \leqslant 0$ 内的频率特性与在 $0 \leqslant \omega T \leqslant \pi$ 内的特性对称于实轴，如图 3.29 所示。该系统在单位圆上有一个开环极点 $z=1$，将其视为稳定极点，奈氏图以无穷小半径圆弧从该极点右边绕过，如图 3.28(a) 所示。这段无穷小半径圆弧所对应的奈氏图在 $W_K(e^{j\omega T})$ 平面上为一半径为无穷大的圆弧，并按顺时针方向将频率特性 $W_K(e^{j\omega T})$ 连接起来，如图 3.29 所示。由图可知，该系统频率特性不包围 $(-1, j0)$ 点，所以该系统闭环稳定。

3.8.3　离散系统伯德图分析

伯德图已经被广泛应用于单输入单输出连续系统的设计，其原理是利用开环系统的对数频率特性，对系统的稳定性、稳态性能和暂态性能进行分析，是工程上常用的系统频域特性的性能分析和校正环节的设计方法。但是由于离散系统的频率特性 $W(e^{j\omega T})$ 不是 ω 的有理分式函数，因此无法方便地利用典型环节作伯德图。

上述问题可以通过 3.5.1 节的 w 变换方法来解决，即将 z 平面的脉冲传递函数变换到 w 平面，从而将 z 平面内的脉冲传递函数变成关于频率 ω 的有理函数，使伯德图方法得以扩展到离散控制系统。w 变换是一种双线性变换，定义如式(3.36)，逆映射如式(3.37)，上述两式重写如下

$$z=\frac{1+\dfrac{T}{2}w}{1-\dfrac{T}{2}w} \quad 或 \quad w=\frac{2}{T}\frac{z-1}{z+1}$$

在 z 平面上，单位圆为 $z=e^{j\omega T}$，由式(3.38)可知

$$w=j\frac{2}{T}\tan\left(\frac{\omega T}{2}\right)$$

从上式可以看出，z 平面上的单位圆被映射到 w 平面的虚部。s 平面的主频带映射到 z 平面的图形示于图 3.30。从图上看出，w 平面的稳定域在左半平面。

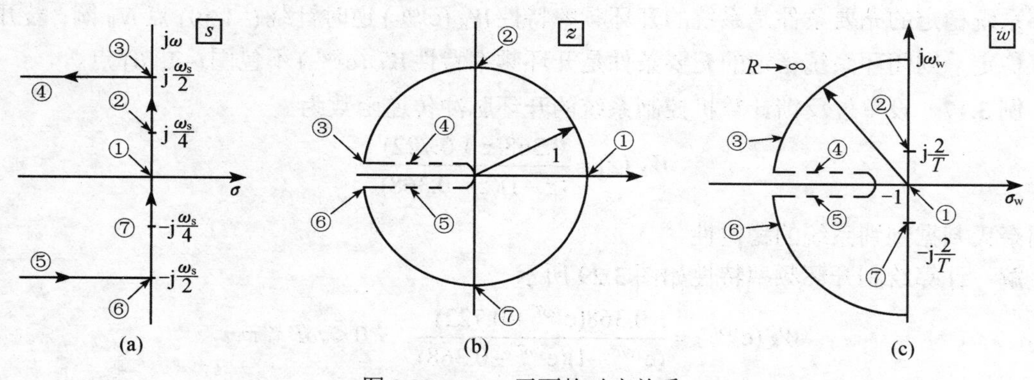

图 3.30　s-z-w 平面的对应关系

令 $j\omega_w$ 为 w 平面的虚部，则有

$$\omega_w = \frac{2}{T}\tan\left(\frac{\omega T}{2}\right) \tag{3.68}$$

式(3.68)给出了 s 平面与 w 平面频率间的关系。有些书中把 w 变换写成 $w=(z-1)/(z+1)$，这个关系式并不影响对于离散系统稳定性分析的结论。然而，我们认为这里给出的定义是较好的，因为当频率较小时，ω_w 变为

$$\omega_w = \frac{2}{T}\tan\left(\frac{\omega T}{2}\right) \approx \frac{2}{T}\left(\frac{\omega T}{2}\right) = \omega$$

这样 w 平面的频率就等于 s 平面的频率。

离散系统的伯德图也是由若干典型环节的伯德图组成的，每个典型环节的伯德图都是由直线代替曲线构成的。这样，系统的伯德图就很容易画出。典型环节的伯德图如图 3.31 所示。

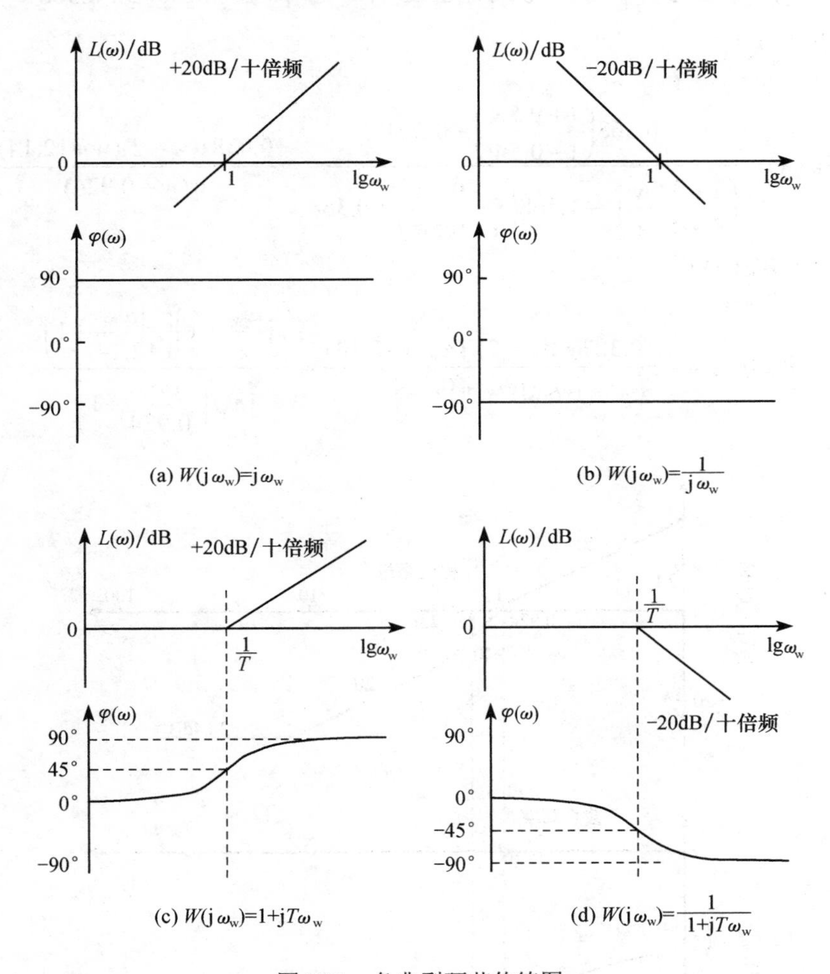

图 3.31 各典型环节伯德图

例 3.18 画出图 3.32 所示系统的伯德图。

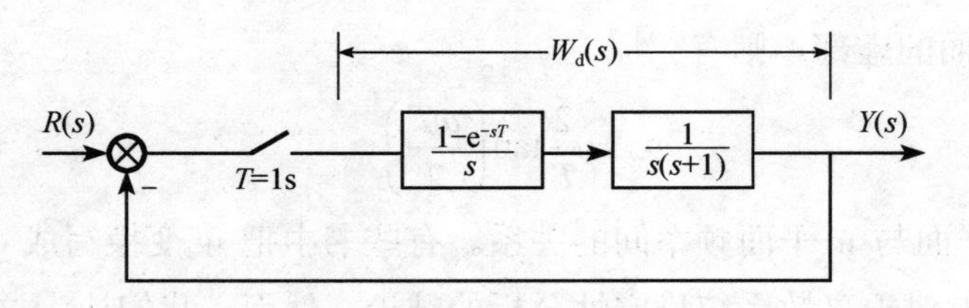

图 3.32　例 3.18 系统结构图

解　系统开环脉冲传递函数为

$$W_K(z) = (1-z^{-1})Z\left[\frac{1}{s^2(s+1)}\right]$$

$$= \frac{z-1}{z} z\left[\frac{(1-1+e^{-1})z+(1-e^{-1}-e^{-1})}{(z-1)^2(z-e^{-1})}\right] = \frac{0.368z+0.264}{z^2-1.368z+0.368}$$

将 $z = \dfrac{1+0.5w}{1-0.5w}$ 代入得

$$W_K(w) = \frac{0.368\left(\dfrac{1+0.5w}{1-0.5w}\right)+0.264}{\left(\dfrac{1+0.5w}{1-0.5w}\right)^2 - 1.368\left(\dfrac{1+0.5w}{1-0.5w}\right)+0.368} = \frac{0.0381(w-2)(w+12.14)}{w(w+0.924)}$$

将 $j\omega_w$ 代入 $W_K(w)$ 得

$$W_K(j\omega_w) = -\frac{0.381(j\omega_w-2)(j\omega_w+12.14)}{j\omega_w(j\omega_w+0.924)} = \frac{\left(j\dfrac{\omega_w}{2}-1\right)\left(\dfrac{j\omega_w}{12.14}+1\right)}{j\omega_w\left(\dfrac{j\omega_w}{0.924}+1\right)}$$

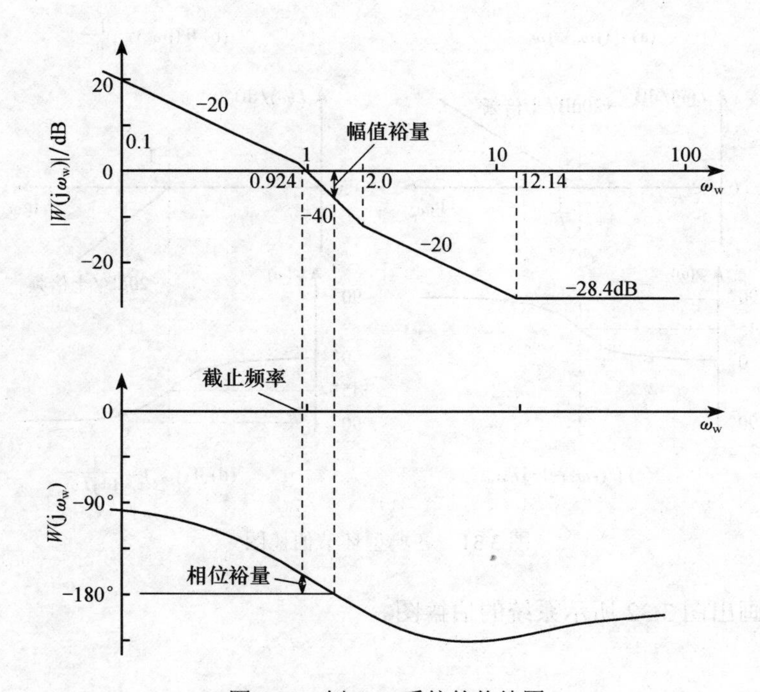

图 3.33　例 3.18 系统的伯德图

据此式可画出伯德图，如图 3.33 所示。从图中可以找出截止频率、相位裕量与幅值裕量，从而对系统进行稳定性、稳态性能和暂态性能分析。和连续系统一样，为达到所要求的相位裕量和幅值裕量，可以通过改变系统的参数或加入调节器来实现。

本章小结

本章首先介绍了离散系统常用的差分方程和脉冲传递函数的描述方法，在此基础上，进行了计算机控制系统的稳定性、稳态性能和暂态性能分析。此外，简要介绍了离散系统的频域特性分析方法。本章所介绍的内容是对计算机控制系统进行分析和设计的基础，要求掌握以下内容：

(1) 如同微分方程是描述连续系统的基本方法一样，差分方程是描述离散系统的基本手段，应掌握差分方程的求解方法——迭代求解法、经典求解法和 z 变换求解法。

(2) 线性离散控制系统最常用的数学描述方法是脉冲传递函数。在使用脉冲传递函数时要注意，与连续系统不同，一个系统(或环节)只有在输入输出两端都有采样开关时，方能写出系统或环节的脉冲传递函数，有的系统只能写出输出的 z 变换式，而不能写出脉冲传递函数。

(3) 计算机控制系统与离散系统不完全相同，应了解计算机控制系统的数字部分和连续部分的含义，熟记连续部分中“零阶保持器与被控对象”组合离散的一般结果，即 $W_{\mathrm{d}}(z)=(1-z^{-1})Z\left[W(s)/s\right]$，掌握计算机控制系统开环脉冲传递函数、闭环脉冲传递函数和闭环误差脉冲传递函数的推导。

(4) 系统的稳定性是分析和设计控制系统的基本要求。应牢记离散系统稳定的条件，即闭环系统的特征根位于单位圆内；熟练掌握 s 平面与 z 平面的映射关系，清楚地了解 s 左半平面的所有点，将周期重复地映射在 z 平面的单位圆内，即主频区与次频区的相互重叠。注意采样周期对系统稳定性的影响，在存在零阶保持器的情况下，增大采样周期通常使系统的稳定性降低。

(5) 离散系统的稳态误差的概念与连续系统类似，应掌握系统稳态误差与误差系数、系统类型的关系，注意采样周期对系统稳态误差的影响，只有被控对象中包含足够的积分环节时，采样周期才不会对系统稳态误差产生影响。

(6) 在研究离散系统的暂态过程时，应注意其性能指标与连续系统的细微区别，注意了解 z 平面极点分布与时域响应的关系以及相应的规律，同时了解采样周期对系统暂态性能的影响，采样周期增大通常降低系统的动态品质。

(7) 离散系统频率特性定义与连续系统相同。若已知系统脉冲传递函数 $W_{\mathrm{K}}(z)$，则频率特性为 $W_{\mathrm{K}}(\mathrm{e}^{\mathrm{j}\omega T})=W_{\mathrm{K}}(z)\big|_{z=\mathrm{e}^{\mathrm{j}\omega T}}$；离散系统频率特性是 ω 的周期函数，周期是 ω_{s}。根据系统的频率特性，可以应用奈氏判据进行系统的稳定性分析；另外，可以应用 w 变换将离散系统的频率特性 $W_{\mathrm{K}}(\mathrm{e}^{\mathrm{j}\omega T})$ 变为 ω 的有理函数，从而可以应用连续系统的对数频率特性(伯德图)对系统性能进行分析。

习题与思考题

3.1 用迭代法求解下列差分方程。

(1) $y(k+2)+3y(k+1)+2y(k)=0$，已知 $y(0)=1, y(1)=2$。

(2) $y(k+2)-3y(k+1)+2y(k)=\delta(t)$，已知 $y(0)=0, y(1)=0$。

(3) $y(k)+2y(k-1)=k-2$，已知 $y(0)=1$。

(4) $y(k)+2y(k-1)+y(k-2)=3^k$，已知 $y(-1)=0, y(0)=0$。

3.2 用 z 变换求解下列差分方程。

(1) $f(k)-6f(k-1)+10f(k-2)=0$，已知 $f(1)=1, f(2)=3$。

(2) $f(k+2)-3f(k+1)+f(k)=1$，已知 $f(0)=0, f(1)=0$。

(3) $f(k)-f(k-1)-f(k-2)=0$，已知 $f(1)=1, f(2)=1$。

(4) $f(k)+2f(k-1)=x(k)-x(k-1)$，已知 $x(k)=k^2, f(0)=1$。

3.3 试求下列各系统（或环节）的脉冲传递函数。

(1) $W(s)=\dfrac{K}{s(T_1s+a)}$ (2) $W(s)=\dfrac{1-e^{-sT}}{s}\cdot\dfrac{K}{s(s+a)}$

3.4 推导题图 1 各图输出量的 z 变换。

(1)

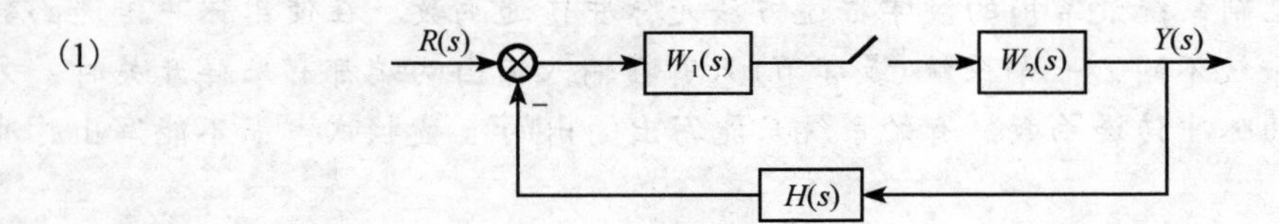

(2)

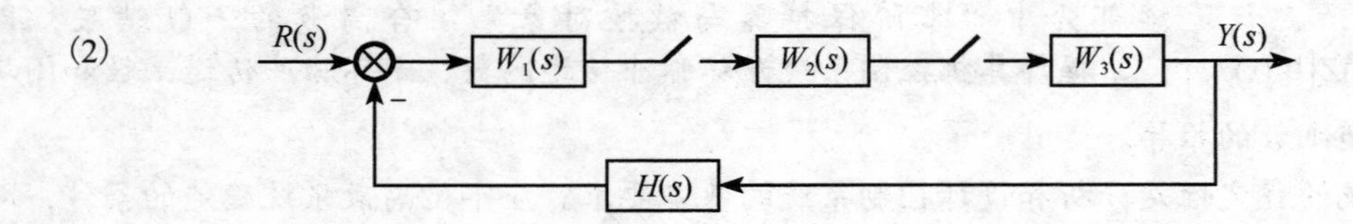

(3)

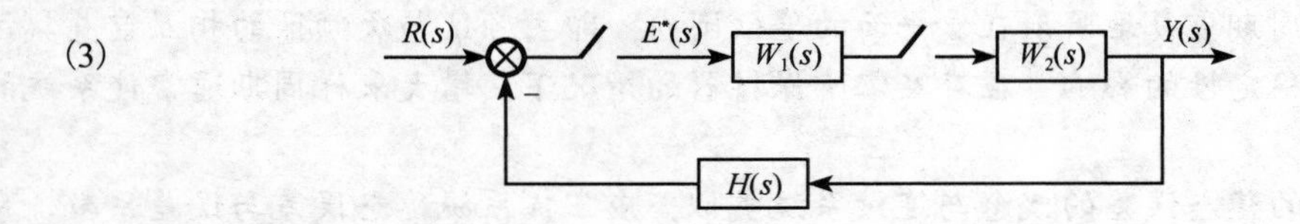

(4)

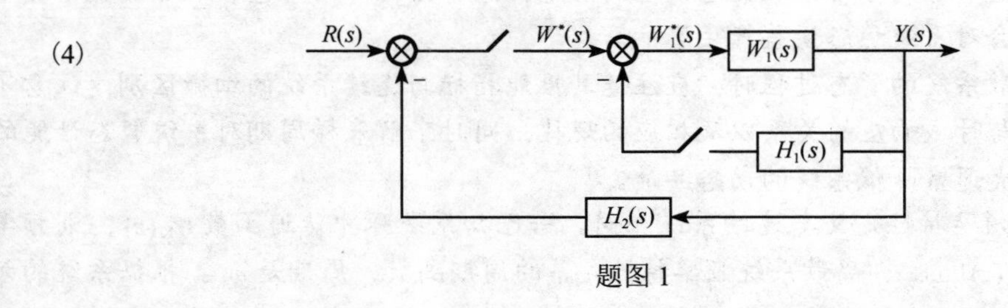

题图 1

3.5 离散控制系统如题图 2 所示，当输入为单位阶跃函数时，求其输出响应。图中 $T=1\text{s}$，$W_{h0}(s)=\dfrac{1-e^{-sT}}{s}$，$W(s)=\dfrac{4}{s+1}$。

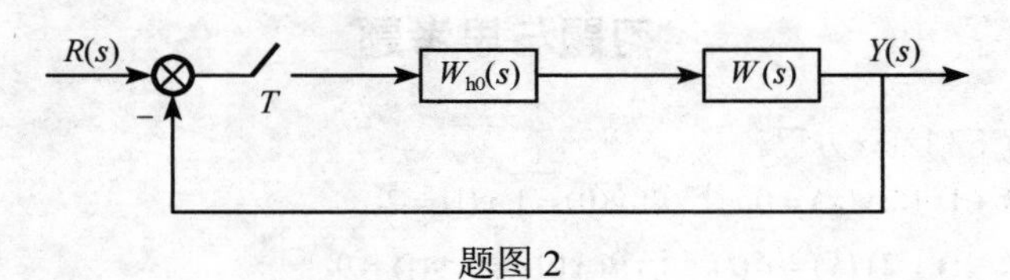

题图 2

3.6 离散控制系统如题图 3 所示，求使系统处于稳定状态的 k 值。

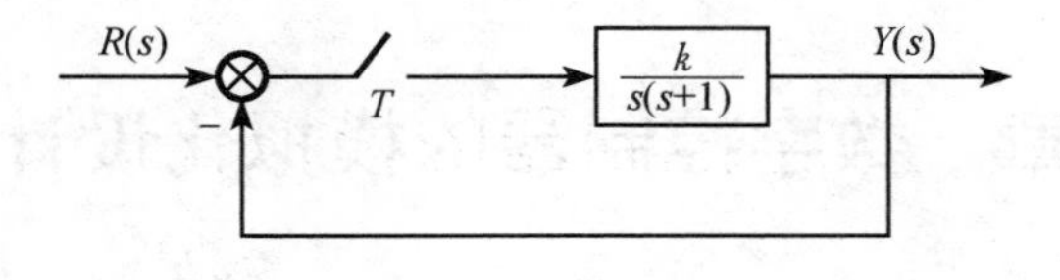

题图 3

3.7 已知下列闭环系统的特征方程，试判断系统的稳定性，并指出不稳定的极点数。

(1) $45z^3-117z^2+119z-39=0$　　(2) $z^3-1.5z^2-0.25z+0.4=0$

(3) $z^3-1.001z^2+0.3356z+0.00535=0$　　(4) $z^2-z+0.632=0$

(5) $(z+1)(z+0.5)(z+2)=0$

3.8 已知下列单位反馈系统开环脉冲传递函数，试判断闭环系统的稳定性。

(1) $W_{\mathrm{K}}(z)=\dfrac{0.368z+0.264}{z^2-1.368z+0.368}$　　(2) $W_{\mathrm{K}}(z)=\dfrac{z+0.7}{(z-1)(z-0.368)}$

(3) $W_{\mathrm{K}}(z)=\dfrac{10z^2+21z+2}{z^3-1.5z^2+0.5z-0.04}$　　(4) $W_{\mathrm{K}}(z)=\dfrac{10z}{z^2-z+0.5}$

3.9 已知下列闭环系统的特征方程，试用朱利稳定性判据判断系统是否稳定。

(1) $z^2-1.5z+0.6=0$　　(2) $z^2-1.7z+1.05=0$

(3) $z^3-2.3z^2+1.7z-0.3=0$　　(4) $z^3-2.2z^2+1.51z-0.33=0$

3.10 离散控制系统如题图 4 所示，试求系统在输入信号分别为$1(t)$, t和$t^2/2$时的系统稳态误差。图中$T=1\mathrm{s}$, $W_{\mathrm{h0}}(s)=\dfrac{1-\mathrm{e}^{-sT}}{s}$, $W(s)=\dfrac{4}{s+1}$。

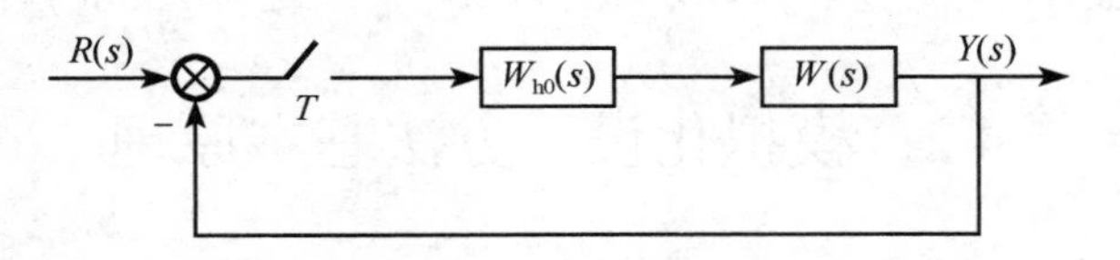

题图 4

3.11 已知单位反馈闭环系统传递函数为$W_{\mathrm{B}}(z)=\dfrac{z+0.5}{3(z^2-z+0.5)}$，$T=1\mathrm{s}$，试求开环传递函数$W_{\mathrm{K}}(z)$，并绘制伯德图，求相位、增益稳定裕量度。

3.12 若开环传递函数为$W(s)=\dfrac{1}{s(s+1)}$，试绘制连续系统奈奎斯特图及带零阶保持器和不带零阶保持器离散系统的奈奎斯特图，设采样周期$T=0.2\mathrm{s}$。

3.13* 一般来说，计算机控制系统的稳定性与采样周期的关系为：采样周期越小，系统稳定性越高；采样周期越大，系统稳定性越差，甚至变成不稳定。试对此进行详细分析。

3.14* 试说明劳斯判据应用的特殊情况及其处理方法。

3.15* 离散系统的稳定性判据除了书中介绍的方法外，还有哪些？各自有何特点？

3.16* 试从理论上分析采样周期与系统稳态误差之间的关系。

3.17* 减小或消除系统的稳态误差有哪些方法？试分析之。

3.18* 当离散系统的极点位于 z 平面复平面上时(复根)，试推导系统暂态响应表达式。

第 4 章　数字控制器的模拟化设计方法

4.1　引　　言

计算机控制系统的设计，是指在给定系统性能指标的条件下，设计出数字控制器，使系统达到要求的性能指标。计算机控制系统的设计方法一般分为离散化设计方法(直接设计)、模拟化设计方法(间接设计)、状态空间设计方法和先进控制规律的设计方法等。本章介绍数字控制器的模拟化设计方法，其他设计方法将在后续章节中介绍。

模拟控制系统的设计方法主要包括频率设计法和根轨迹设计法，这些方法在经典控制理论的教材中都有详细介绍。这些方法的理论研究已经比较成熟，并已得到广泛应用。借助这些成熟的方法来直接设计模拟控制器，并在一定条件下，通过某种方法把模拟控制器变换成数字控制器，间接设计出计算机控制系统中的数字控制器，是本章要解决的核心问题。

本章概要　4.1 节介绍本章所要解决的基本问题；4.2 节介绍数字控制器的模拟化设计方法的基本概念、基本原理和设计方法；4.3 节介绍连续控制器的离散化方法，包括 z 变换法、差分变换法、双线性变换法、零极点匹配法，重点解释频率混叠、频率畸变等现象的原理；4.4 节介绍数字 PID 控制器，包括基本 PID 控制算法、各种改进的 PID 控制算法、PID 控制器的参数整定方法等；4.5 节介绍 Smith 预估控制，对纯滞后对象采用常规控制方法所存在的问题进行分析，介绍 Smith 预估控制器的设计思想和设计方法，以及两种改进的 Smith 预估控制方案。

4.2　模拟化设计方法基本原理

典型计算机控制系统的基本结构如第 1 章图 1.2 所示，重画如图 4.1 所示。

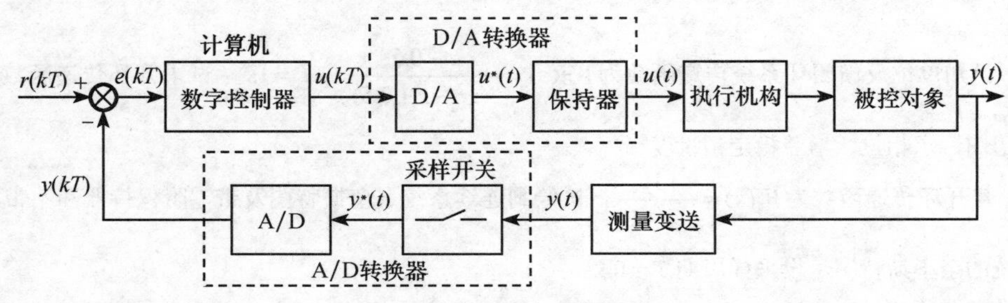

图 4.1　典型计算机控制系统结构

图 4.1 中包括数字信号、模拟信号和离散模拟信号。对于这种混合的计算机控制系统，其主要设计方法或思路有两种：一是利用我们比较熟悉并且积累了丰富经验的各种模拟系统设计方法(也称连续域设计方法)设计出令人满意的模拟控制器，然后将其离散化成数字控制器，这就是数字控制器的模拟化设计方法；二是首先把模拟被控对象的连续部分离散化，然后直接在离散域设计数字控制器，这就是所谓的离散化设计(直接设计)方法，详见第 5 章。

对于数字控制器的模拟化设计方法，我们主要关心的是把混合系统当作模拟系统来设计需要什么约束条件以及模拟控制器的离散化会给系统的性能带来什么影响。

在现有的技术条件下，计算机控制系统中数字控制器的运算速度和精度可以足够高，既不会产生滞后影响也不会影响系统精度。对模数转换(A/D)来说，可以根据系统对采样信号处理的需要选择采样频率，可以通过选择合适的输入信号量程和字长(位数)来满足系统对转换精度的要求；对数模转换(D/A)来说，转换精度(量化精度)取决于 D/A 字长(位数)和输出信号量程，转换速度也可以足够快，只要合理选择就可以了。

但是，D/A 同时起到零阶保持器的作用，它把当前时刻 kT 的控制信号保持到下一控制时刻 $(k+1)T$，也就是把当前时刻的控制信号按常数外推一个控制周期，这将有可能使系统的性能发生变化，下面对这个问题进行简单分析。

图 4.2 为 D/A 转换器的等效结构。假设把计算机控制系统中的数字控制器换成模拟控制器，其输出信号为 $u_0(t)$，采样信号 $u_0^*(t)$ 的频率特性为

$$U_0^*(\mathrm{j}\omega)=\frac{1}{T}\sum_{k=-\infty}^{\infty}U_0(\mathrm{j}\omega+\mathrm{j}k\omega_\mathrm{s}) \tag{4.1}$$

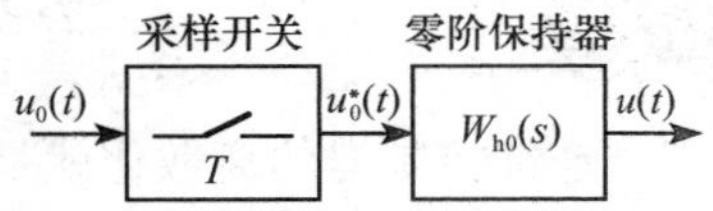

采样开关　零阶保持器

$u_0(t)$ → T → $u_0^*(t)$ → $W_{\mathrm{h}0}(s)$ → $u(t)$

图 4.2　D/A 转换器的等效作用

式中，$\omega_\mathrm{s}=\dfrac{2\pi}{T}$ 为系统的采样角频率。由 2.3 节已知零阶保持器的传递函数为

$$W_{\mathrm{h}0}(s)=\frac{1-\mathrm{e}^{-sT}}{s} \tag{4.2}$$

其频率特性为

$$W_{\mathrm{h}0}(\mathrm{j}\omega)=\frac{1-\mathrm{e}^{-\mathrm{j}\omega T}}{\mathrm{j}\omega}=T\frac{\sin(\omega T/2)}{\omega T/2}\mathrm{e}^{-\mathrm{j}\omega T/2} \tag{4.3}$$

可见，零阶保持器的幅值随着频率的增高而逐渐减小，具有低通滤波器特性；同时，零阶保持器会产生滞后相移$\left(-\dfrac{\omega T}{2}=-\dfrac{\omega}{\omega_\mathrm{s}}\pi\right)$。

零阶保持器输出信号 $u(t)$ 的频率特性为

$$U(\mathrm{j}\omega)=W_{\mathrm{h}0}(\mathrm{j}\omega)U_0^*(\mathrm{j}\omega)=\frac{\sin(\omega T/2)}{\omega T/2}\mathrm{e}^{-\mathrm{j}\omega T/2}\sum_{k=-\infty}^{\infty}U_0(\mathrm{j}\omega+\mathrm{j}k\omega_\mathrm{s}) \tag{4.4}$$

由式(4.4)可知，当采样周期足够小，即采样角频率 ω_s 足够高时，由于零阶保持器的低通滤波器特性，$U^*(\mathrm{j}\omega)$ 的高频部分几乎全被滤掉，因此式(4.4)可以简化为

$$U(\mathrm{j}\omega)\approx\frac{\sin(\omega T/2)}{\omega T/2}\mathrm{e}^{-\mathrm{j}\omega T/2}U_0(\mathrm{j}\omega) \tag{4.5}$$

由式(4.5)可知，当系统带宽 $\omega_\mathrm{b}\ll\omega_\mathrm{s}$ 时，$\dfrac{\sin(\omega T/2)}{\omega T/2}\approx 1$，则式(4.5)变为

$$U(\mathrm{j}\omega)\approx\mathrm{e}^{-\mathrm{j}\omega T/2}U_0(\mathrm{j}\omega) \tag{4.6}$$

可见，在采样周期 T 足够小的情况下，信号 $U(\mathrm{j}\omega)$ 与 $U_0(\mathrm{j}\omega)$ 之间，只是存在较小的相位滞后。例如，当 $\dfrac{\omega_\mathrm{b}}{\omega_\mathrm{s}}<\dfrac{1}{10}$ 时，相位滞后 $\dfrac{\omega}{\omega_\mathrm{s}}\pi<\dfrac{\pi}{10}=18^\circ$。这说明当系统的带宽比采样角频率低很多时，可以忽略零阶保持器的影响。

以上分析表明，在合理选择 A/D、D/A 等环节的基础上，只要选择足够小的采样周期 T，

计算机控制系统就可以近似为连续系统，计算机控制系统的设计就可以引用连续控制系统的设计方法，设计出模拟控制器 $D(s)$后，对其进行离散化得到数字控制器 $D(z)$，由计算机实现数字控制器 $D(z)$。

由于模拟控制系统的设计方法(主要包括频率设计法和根轨迹设计法)在经典控制理论的教材中都有详细介绍，因此数字控制系统的模拟化设计方法的关键是连续控制器的离散化方法，这也是本章的重点。

应该说明的是，数字控制系统的模拟化设计方法是有一定局限性的，如果采样周期不能取得太小，则由零阶保持器特性产生的幅值误差和相位滞后对系统性能的影响将难以忽略，这时应采取相应的补偿或校正措施，否则只能采取其他设计方法。

4.3　连续控制器的离散化方法

连续控制器的离散化就是求连续控制器的传递函数 $D(s)$的等效离散传递函数 $D(z)$。离散化方法包括 z 变换法、差分变换法、双线性变换法、零极点匹配法等，每种方法都有各自的特点，但不管选择哪种方法都必须保证离散化后的数字控制器与原模拟控制器具有相同或相近的动态特性和频率特性。

4.3.1　z 变换法

在已知模拟控制器传递函数的情况下，可按照 2.5 节介绍的各种 z 变换方法，直接求取数字控制器，即 $D(z)=Z\left[D(s)\right]$。例如用部分分式法，将模拟控制器 $D(s)$分解成如下部分分式：

$$D(s)=\sum_{i=1}^{n}\frac{A_i}{s+a_i} \tag{4.7}$$

则可直接求得数字控制器为

$$D(z)=Z\left[D(s)\right]=\sum_{i=1}^{n}\frac{A_i}{1-\mathrm{e}^{-a_iT}z^{-1}} \tag{4.8}$$

z 变换法形式简单，在 $D(s)$不是很复杂的情况下易于实现。其主要特点是：

(1) $D(z)$与 $D(s)$的脉冲响应序列相同(故这种变换方法也称为冲击响应不变法)。因为这种变换方法符合 z 变换的定义，即 $D(z)=Z[D(s)]$，所以通过对 $D(s)$和 $D(z)$分别进行拉普拉斯反变换和 z 反变换可得到相同的脉冲响应序列。

(2) 若 $D(s)$稳定，则 $D(z)$也稳定。由 $z=\mathrm{e}^{sT}$ 得 $D(s)$与 $D(z)$的频率映射关系如图 4.3 所示，即 s 平面的虚轴映射为 z 平面的单位圆；s 平面的左半平面映射到 z 平面的单位圆内，因此，若 $D(s)$稳定，则 $D(z)$也稳定。

(3) 将 s 平面采样角频率 ω_{s} 整数倍的频率信号都变换为 z 平面上的同一频率点，所以出现了频率混叠现象。由于 $z=\mathrm{e}^{sT}$，因此 s 平面角频率 ω 与 z 平面角频率 ω_1 之间的关系为：$z\,|_{\omega_1}=\mathrm{e}^{\mathrm{j}\omega T}=\mathrm{e}^{\mathrm{j}(\omega T+2k\pi)}=\mathrm{e}^{\mathrm{j}(\omega+k\frac{2\pi}{T})T}=\mathrm{e}^{\mathrm{j}(\omega+k\omega_{\mathrm{s}})T}$，可见，$s$ 平面上采样角频率 ω_{s} 整数倍的所有点都映射到 z 平面上的同一频率点。

频率混叠将使数字控制器的频率响应与模拟控制器的频率响应的近似性变差，因此，尽管 z 变换法看起来严格且简单，但并不实用。

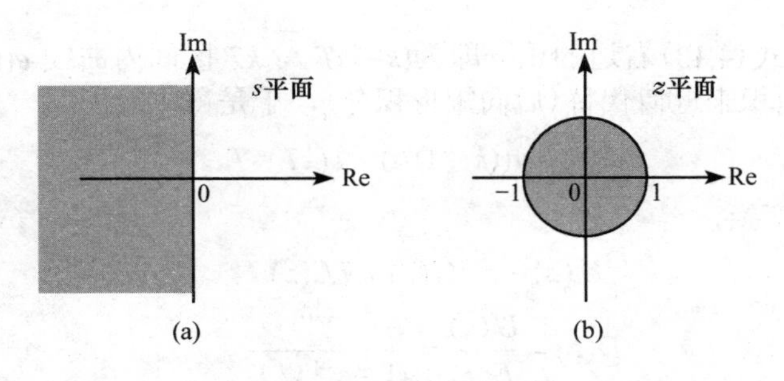

图 4.3　z 变换的频率映射关系

4.3.2　差分变换法

若模拟控制器在时域中可以用微分方程来表示，则所谓差分变换法就是把微分方程中的导数用有限差分来近似等效，得到一个与原微分方程逼近的差分方程。差分变换法包括后向差分变换和前向差分变换。

1. 后向差分变换

假设有模拟信号 $e(t)$，其微分为 $\dfrac{\mathrm{d}\,e(t)}{\mathrm{d}\,t}$，其后向差分为 $\dfrac{e(kT)-e(kT-T)}{T}$，所谓后向差分变换就是用 $\dfrac{e(kT)-e(kT-T)}{T}$ 来代替 $\dfrac{\mathrm{d}\,e(t)}{\mathrm{d}\,t}$，即

$$\frac{\mathrm{d}\,e(t)}{\mathrm{d}\,t}=\frac{e(kT)-e(kT-T)}{T} \tag{4.9}$$

对式(4.9)两边取拉普拉斯变换(z 变换)得

$$sE(s)=\frac{1-z^{-1}}{T}E(z)$$

如果数字信号和模拟信号具有相同特性，则

$$s=\frac{1-z^{-1}}{T}\quad 或\quad z=\frac{1}{1-Ts} \tag{4.10}$$

后向差分变换法亦称为后向矩形积分法，如图 4.4 所示，即用后向矩形面积来近似代替积分面积，具体做法如下。

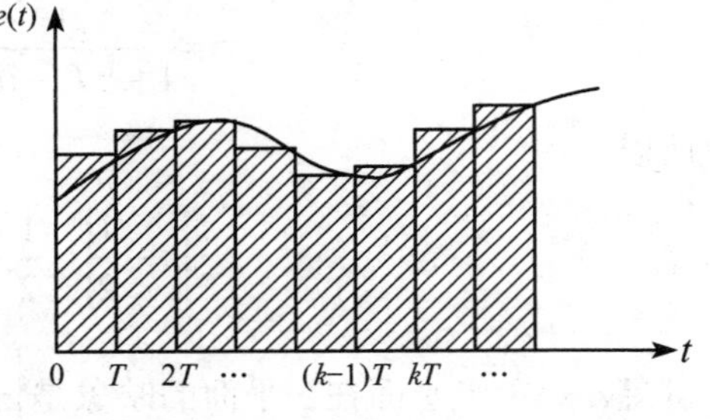

图 4.4　后向差分变换与后向矩形积分

设控制器传递函数为

$$D(s)=\frac{U(s)}{E(s)}=\frac{1}{s} \tag{4.11}$$

其微分方程为 $\dfrac{\mathrm{d}\,u(t)}{\mathrm{d}\,t}=e(t)$，对该方程两边在 $(k-1)T$ 和 kT 区间积分得

$$\int_{(k-1)T}^{kT}\frac{\mathrm{d}\,u(t)}{\mathrm{d}\,t}\mathrm{d}\,t=\int_{(k-1)T}^{kT}\mathrm{d}\,u(t)=\int_{(k-1)T}^{kT}e(t)\,\mathrm{d}\,t \tag{4.12}$$

所以

$$u(kT)-u((k-1)T)=\int_{(k-1)T}^{kT}e(t)\,\mathrm{d}\,t \tag{4.13}$$

如图 4.4 所示，式(4.13)右边的积分即为$(k-1)T$与kT区间内曲线$e(t)$下的面积，该面积用$e(kT)\times T$的矩形面积来近似代替(后向矩形积分)，于是得

$$u(kT)-u((k-1)T)=e(kT)\cdot T \tag{4.14}$$

对式(4.14)两面取z变换，得

$$U(z)-z^{-1}U(z)=TE(z) \tag{4.15}$$

$$D(z)=\frac{U(z)}{E(z)}=\frac{1}{(1-z^{-1})/T} \tag{4.16}$$

比较式(4.16)与式(4.11)，若$D(z)=D(s)$，则得到与式(4.10)相同的结果。

由图 4.4 可知，当采样周期较大时，这种变换方法精度变差。

下面分析后向差分变换对系统性能的影响。

当$s=\mathrm{j}\omega$时，由式(4.10)得

$$z=\frac{1}{1-\mathrm{j}\omega T}=\frac{1}{2}+\frac{1}{2}\frac{1+\mathrm{j}\omega T}{1-\mathrm{j}\omega T}=\frac{1}{2}+\frac{1}{2}\mathrm{e}^{\mathrm{j}2\arctan\omega T} \tag{4.17}$$

所以，s平面的虚轴在z平面上的映象是$\left|z-\frac{1}{2}\right|=\frac{1}{2}$的圆，如图 4.5 所示。

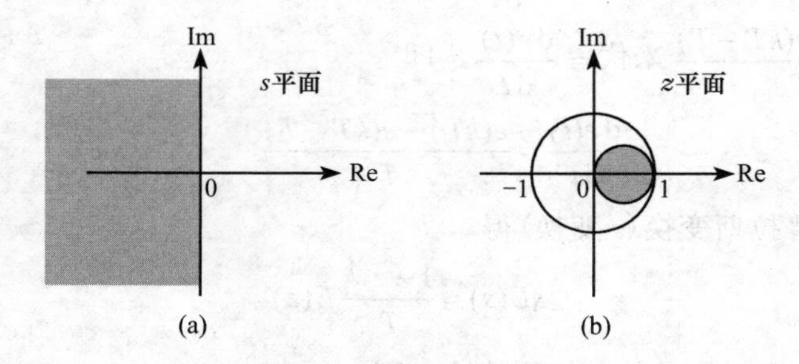

图 4.5　后向差分变换的频率映射关系

对s左半平面，设$s=-\sigma+\mathrm{j}\omega$，由式(4.10)得

$$z=\frac{1}{1+\sigma T-\mathrm{j}\omega T}=\frac{1}{2}+\frac{1}{2}\times\frac{1-\sigma T+\mathrm{j}\omega T}{1+\sigma T-\mathrm{j}\omega T} \tag{4.18}$$

所以

$$\left|z-\frac{1}{2}\right|=\frac{1}{2}\frac{\sqrt{(1-\sigma T)^2+(\omega T)^2}}{\sqrt{(1+\sigma T)^2+(\omega T)^2}}<\frac{1}{2} \tag{4.19}$$

可见，s左半平面在z平面的映象是$\left|z-\frac{1}{2}\right|=\frac{1}{2}$的圆内，如图 4.5 所示。

由上述分析过程可知，后向差分变换对系统的性能影响如下：

(1) 若$D(s)$稳定，则$D(z)$一定稳定；对一些不稳定的$D(s)$，$D(z)$也可能稳定(只要映射到z平面的单位圆内)。

(2) 由于后向差分变换不再满足z变换的定义$z=\mathrm{e}^{sT}$，因此s平面与z平面的映射关系发生了变化，s平面稳定域(左半平面)被映射到z平面单位圆内的一个小圆($|z-1/2|=1/2$)内，因此，数字控制器$D(z)$的频率响应产生较大的畸变。

严重的频率映射畸变导致变换精度下降，使后向差分变换的应用受到一定的限制，但当系统性能要求不是很高时，后向差分变换也有一定的应用。

例 4.1 已知某模拟控制系统的控制器 $D(s)=\dfrac{20(s+4)}{s+10}$，$T$=0.015s，用后向差分法设计数字控制器 $D(z)$及其差分表达式。

解 用后向差分变换，将 $s=\dfrac{1-z^{-1}}{T}$ 代入 $D(s)$得

$$D(z)=\frac{20\left(\dfrac{1-z^{-1}}{T}+4\right)}{\dfrac{1-z^{-1}}{T}+10}=\frac{20(1+4T-z^{-1})}{1+10T-z^{-1}}=\frac{20\left(1+4\times 0.015-z^{-1}\right)}{1+10\times 0.015-z^{-1}}$$
$$=\frac{20(1.06-z^{-1})}{1.15-z^{-1}}=\frac{21.2-20z^{-1}}{1.15-z^{-1}} \tag{4.20}$$

由于 $D(z)=\dfrac{U(z)}{E(z)}$，因此

$$(1.15-z^{-1})U(z)=(21.2-20z^{-1})E(z) \tag{4.21}$$

对式(4.21)两边同时进行 z 反变换，并整理得数字控制器的差分方程为

$$u(k)=0.87u(k-1)+18.43e(k)-17.39e(k-1) \tag{4.22}$$

2. *前向差分法*

前向差分变换就是用 $\dfrac{e(kT+T)-e(kT)}{T}$ 来代替 $\dfrac{\mathrm{d}e(t)}{\mathrm{d}t}$，即

$$\frac{\mathrm{d}e(t)}{\mathrm{d}t}=\frac{e(kT+T)-e(kT)}{T} \tag{4.23}$$

对式(4.23)两边进行拉普拉斯变换(z 变换)得 $sE(s)=\dfrac{zE(z)-E(z)}{T}$，若数字信号和模拟信号特性相同，则

$$s=\frac{z-1}{T}\quad 或 \quad z=1+sT \tag{4.24}$$

前向差分变换法亦称为前向矩形积分法，如图 4.6 所示。对于式(4.12)，在 kT 与 $(k+1)T$ 区间进行积分，同样用 $e(kT)\times T$ 的矩形面积来近似代替积分面积(前向矩形积分)，即可得到式(4.24)的结果。下面分析这种变换对系统性能的影响。

当 $s=\mathrm{j}\omega$ 时，$z=1+\mathrm{j}\omega T$，s 平面虚轴在 z 平面上的映象是一条与单位圆相切且平行于虚轴的直线，如图 4.7 所示。

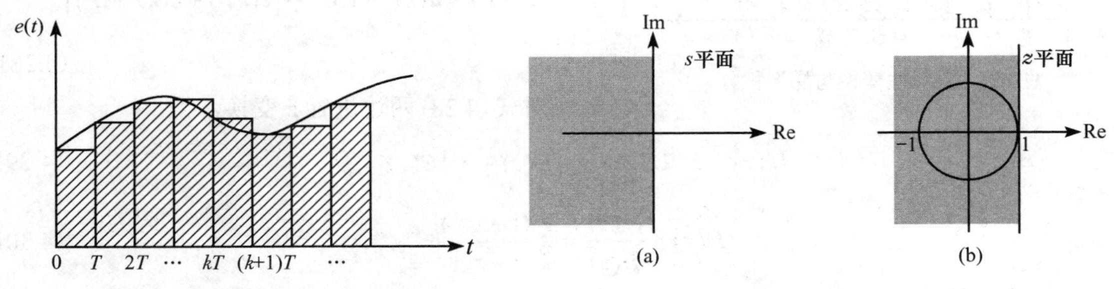

图 4.6 前向差分变换与前向矩形积分　　图 4.7 前向差分变换的频率映射关系

对 s 左半平面，设 $s=-\sigma+\mathrm{j}\omega$，于是有

$$z=1-\sigma T+\mathrm{j}\omega T$$

σ 从 0 至∞，相当于 z=1 的左边区域。

故前向差分变换对系统性能影响如下：

(1) 若 $D(s)$稳定，则 $D(z)$不一定稳定。

(2) 数字控制器 $D(z)$的频率响应会产生较大的畸变。

由于上述影响，前向差分变换是一种不安全的变换(不能保证稳定性)，尽管变换简单，但很少使用。

4.3.3 双线性变换法

双线性变换法又称为 Tustin 变换法。根据 z 变换的定义，得

$$z=\mathrm{e}^{Ts}=\mathrm{e}^{\frac{Ts}{2}}\Big/\mathrm{e}^{-\frac{Ts}{2}}$$

将 $\mathrm{e}^{\frac{Ts}{2}}$ 和 $\mathrm{e}^{-\frac{Ts}{2}}$ 分别进行泰勒级数展开，并取前两项近似，得到

$$z=\frac{1+Ts/2}{1-Ts/2}=\frac{2/T+s}{2/T-s}$$

于是得到双线性变换法的算法为

$$s=\frac{2}{T}\frac{z-1}{z+1} \quad 或 \quad z=\frac{2/T+s}{2/T-s} \tag{4.25}$$

双线性变换算法也可通过梯形积分法求得。设模拟控制器为

$$D(s)=\frac{U(s)}{E(s)}=\frac{1}{s} \tag{4.26}$$

则 $\dfrac{\mathrm{d}u(t)}{\mathrm{d}t}=e(t)$，$\int_{t_0}^{t}\mathrm{d}u(t)=\int_{t_0}^{t}e(t)\mathrm{d}t$，在 $(k-1)T$ 与 kT 区间，得

$$u(kT)=u(kT-T)+\int_{(k-1)T}^{kT}e(t)\mathrm{d}t \tag{4.27}$$

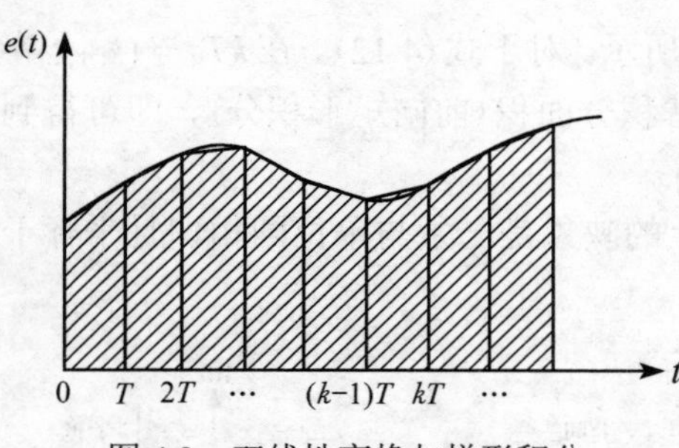

图 4.8 双线性变换与梯形积分

如图4.8所示，式(4.27)右边的积分即为$(k-1)T$与 kT 区间内曲线 $e(t)$下的面积，该面积用梯形的面积$\dfrac{T}{2}[e(kT)+e(kT-T)]$来近似代替(梯形积分)，于是得

$$u(kT)=u(kT-T)+\frac{T}{2}[e(kT)+e(kT-T)] \tag{4.28}$$

对式(4.28)两边进行 z 变换，得

$$U(z)=z^{-1}U(z)+\frac{T}{2}[E(z)+z^{-1}E(z)] \tag{4.29}$$

$$D(z)=\frac{U(z)}{E(z)}=\frac{T}{2}\frac{(1+z^{-1})}{1-z^{-1}} \tag{4.30}$$

比较式(4.30)与式(4.26)，若 $D(z)=D(s)$，则得到与式(4.25)相同的变换算法。

下面分析双线性变换对系统性能的影响。

当 $s=\mathrm{j}\omega$ 时，由式(4.25)得

$$z=\frac{2/T+\mathrm{j}\omega}{2/T-\mathrm{j}\omega}=\frac{1+\mathrm{j}\dfrac{\omega T}{2}}{1-\dfrac{\mathrm{j}\omega T}{2}}=\mathrm{e}^{\mathrm{j}2\arctan\frac{\omega T}{2}} \tag{4.31}$$

可见，s 平面虚轴映象在 z 平面的单位圆上。

对 s 左半平面，设 $s=-\sigma+\mathrm{j}\omega$，则

$$z=\frac{2/T-\sigma+\mathrm{j}\omega}{2/T+\sigma-\mathrm{j}\omega},\quad |z|=\sqrt{\frac{(2/T-\sigma)^2+\omega^2}{(2/T+\sigma)^2+\omega^2}}<1 \tag{4.32}$$

因此，s 左半平面映象在 z 平面单位圆内，如图 4.9 所示。

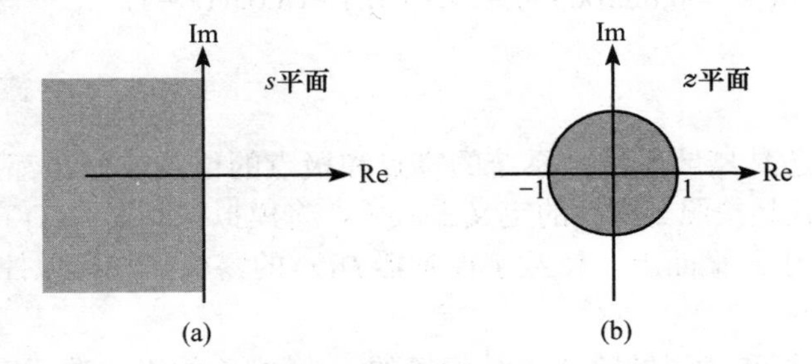

图 4.9　双线性变换的频率映射关系

因此，双线性变换的特点如下：

(1) 若 $D(s)$稳定，则 $D(z)$也稳定。

(2) 变换前后的频率响应发生畸变。

(3) 不存在频率混叠现象。

对上述特点(2)分析如下：

将 $s=\mathrm{j}\omega$ 和 $z=\mathrm{e}^{\mathrm{j}\omega_1 T}$ 代入 $s=\dfrac{2}{T}\dfrac{z-1}{z+1}$，得

$$\mathrm{j}\omega=\frac{2}{T}\frac{\mathrm{e}^{\mathrm{j}\omega_1 T}-1}{\mathrm{e}^{\mathrm{j}\omega_1 T}+1}=\frac{2}{T}\frac{\mathrm{e}^{\mathrm{j}\frac{\omega_1 T}{2}}-\mathrm{e}^{-\mathrm{j}\frac{\omega_1 T}{2}}}{\mathrm{e}^{\mathrm{j}\frac{\omega_1 T}{2}}+\mathrm{e}^{-\mathrm{j}\frac{\omega_1 T}{2}}}=\frac{2}{T}\frac{2\mathrm{j}\sin\dfrac{\omega_1 T}{2}}{2\cos\dfrac{\omega_1 T}{2}}=\mathrm{j}\frac{2}{T}\tan\frac{\omega_1 T}{2} \tag{4.33}$$

$$\omega=\frac{2}{T}\tan\frac{\omega_1 T}{2},\quad \omega_1=\frac{2}{T}\arctan\frac{\omega T}{2} \tag{4.34}$$

ω_1 与 ω 的关系如图 4.10 所示，即当 s 平面的频率 ω 从 0 变到∞时，z 平面的频率 ω_1 从 0 变到 $\dfrac{\pi}{T}\left(\dfrac{\omega_s}{2}\right)$，可见双线性变换使频率发生了较大畸变。把连续频率 $0<\omega<\infty$ 压缩到一个有限的频率范围 $0<\omega<\dfrac{\pi}{T}$。一般可采用带有修正作用的双线性变换加以改善。

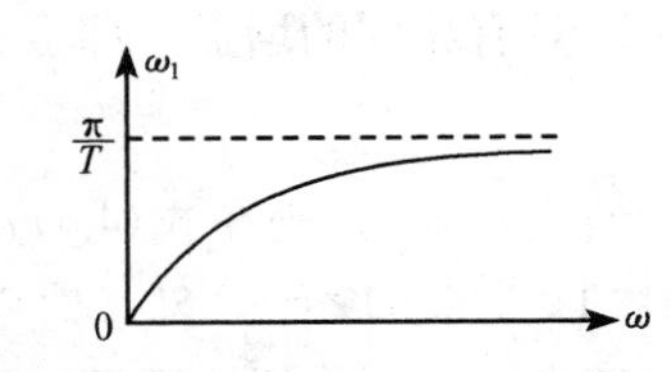

图 4.10　双线性变换产生的频率畸变

双线性变换法的变换精度要高于差分变换法，且使用方便，是工程上应用较为普遍的一种离散化方法。

例 4.2 $D(s)=\dfrac{20(s+4)}{s+10}$，$T$=0.015s，用双线性变换法设计数字控制器 $D(z)$ 及其差分方程。

解 采用双线性变换，将 $s=\dfrac{2}{T}\dfrac{z-1}{z+1}$ 代入 $D(s)$，并整理得数字控制器为

$$D(z)=\frac{20\left(\dfrac{2}{T}\dfrac{z-1}{z+1}+4\right)}{\dfrac{2}{T}\dfrac{z-1}{z+1}+10}=\frac{20\left[(1+2T)+(2T-1)z^{-1}\right]}{(1+5T)+(5T-1)z^{-1}}=\frac{19.16-18.05z^{-1}}{1-0.86z^{-1}} \tag{4.35}$$

$$D(z)=\frac{U(z)}{E(z)}=\frac{19.16-18.05z^{-1}}{1-0.86z^{-1}} \tag{4.36}$$

数字控制器的差分方程为

$$u(k)=0.86u(k-1)+19.16e(k)-18.05e(k-1) \tag{4.37}$$

4.3.4 零极点匹配法

无论是连续系统还是离散系统，系统的零点和极点的位置或分布都决定了系统的性能。所谓零极点匹配法，就是按照 z 变换的定义 $z=\mathrm{e}^{sT}$，将模拟控制器 $D(s)$ 在 s 平面上的零点和极点一一对应地映射到 z 平面上，使数字控制器 $D(z)$ 的零极点与模拟控制器 $D(s)$ 的零极点完全对应。

变换后 $D(z)$ 的分母和分子的阶次总是相等的，当 $D(s)$ 的极点数比零点数多时，缺少的零点可视作在无穷远处存在零点，可用 z 平面上的 $z=-1$ 的零点匹配。

零极点匹配法也称为匹配 z 变换法。

设模拟控制器 $D(s)$ 形式如下(其他形式可变换成这种形式)：

$$D(s)=\frac{K_{\mathrm{s}}(s+z_1)(s+z_2)\cdots(s+z_m)}{(s+p_1)(s+p_2)\cdots(s+p_n)}, \qquad n\geqslant m \tag{4.38}$$

按照 $z=\mathrm{e}^{sT}$，$D(s)$ 与 $D(z)$ 的映射关系如下：

零点映射 $\quad (s+z_i)\Rightarrow(z-\mathrm{e}^{-z_iT}),\quad i=1,2,\cdots,m \quad (4.39)$

极点映射 $\quad (s+p_j)\Rightarrow(z-\mathrm{e}^{-p_jT}),\quad j=1,2,\cdots,n \quad (4.40)$

映射后的数字控制器为

$$D(z)=\frac{K_{\mathrm{z}}(1-\mathrm{e}^{-z_1T}z^{-1})(1-\mathrm{e}^{-z_2T}z^{-1})\cdots(1-\mathrm{e}^{-z_mT}z^{-1})(1+z^{-1})^{n-m}}{(1-\mathrm{e}^{-p_1T}z^{-1})(1-\mathrm{e}^{-p_2T}z^{-1})\cdots(1-\mathrm{e}^{-p_nT}z^{-1})} \tag{4.41}$$

式中，K_{z} 为数字控制器的增益，其选择要与模拟控制器增益 K_{s} 相匹配，使得 $D(s)$ 与 $D(z)$ 在稳态时具有相同的增益，即

$$D(s)\big|_{s=0}=D(z)\big|_{z=1} \tag{4.42}$$

假设 $m<n$，则在式(4.41)中，为保证零极点数相等，把 s 平面无穷远处的 $n-m$ 个零点映射到 z 平面的 $z=-1$ 处，所以分子上出现 $(1+z^{-1})^{n-m}$。

综上所述，零极点匹配法变换的特点如下：

(1) 由于该变换符合 z 变换规律，即 $z=\mathrm{e}^{sT}$，s 左半平面映射到 z 平面的单位圆内，因此，

若 $D(s)$ 稳定，则 $D(z)$ 一定稳定。

(2) 由于零极点匹配法可获得双线性变换的效果，因此该变换不会产生频率混叠。分析如下：对式(4.38)形式的 $D(s)$，若采用双线性变换 $s=\frac{2}{T}\frac{z-1}{z+1}$，则变换后的数字控制器 $D(z)$ 将成为分子与分母同阶的传递函数模型，且分子中也同样出现 $(1+z^{-1})^{n-m}$，也就是说，控制器分子的零点与分母的极点个数相等，形式与式(4.41)相同；再加上两者的 s 平面到 z 平面的映射域相同，都是 s 的左半平面映射到 z 平面的单位圆内，因此，零极点匹配法与双线性变换的效果相近，都不会产生频率混叠。

例 4.3 $D(s)=\frac{20(s+4)}{s+10}$，$T$=0.015s，用零极点匹配法设计数字控制器 $D(z)$ 及其差分方程。

解 $D(z)=\frac{K_z\left(1-e^{-4T}z^{-1}\right)}{\left(1-e^{-10T}z^{-1}\right)}=\frac{K_z\left(1-e^{-4\times0.015}z^{-1}\right)}{1-e^{-10\times0.015}z^{-1}}=\frac{K_z\left(1-0.94z^{-1}\right)}{1-0.86z^{-1}}$

对于 K_z，有

$$\left.\frac{20(s+4)}{s+10}\right|_{s=0}=\left.\frac{K_z\left(1-0.94z^{-1}\right)}{1-0.86z^{-1}}\right|_{z=1},\qquad K_z=18.67$$

于是

$$D(z)=\frac{18.67\left(1-0.94z^{-1}\right)}{1-0.86z^{-1}}=\frac{18.67-17.55z^{-1}}{1-0.86z^{-1}} \tag{4.43}$$

控制器的差分方程为

$$u(k)=0.86u(k-1)+18.67e(k)-17.55e(k-1) \tag{4.44}$$

4.4 数字 PID 控制器

PID 控制器表示比例(proportional)-积分(integral)-微分(differential)控制规律，即控制器的输出与输入是比例-积分-微分的关系。

PID 控制器产生于 20 世纪 30 年代末，从模拟控制器到数字控制器，经过广泛的理论研究和丰富的应用实践，取得了巨大的成功，是工业控制领域应用最广泛也是最成功的一种控制器。PID 控制器成功的本质原因是这种控制器所蕴含的富有哲理的深刻思想——积分反映了输入信号的“历史”变化，比例反映了输入信号的“当前”状态，微分则表征输入信号“未来”的变化趋势。

作为一种“经久不衰”并一直在工业控制领域占主导地位的控制器，本章也把 PID 控制器作为重点来专门介绍。本节主要介绍基本 PID 控制算法、各种改进的 PID 控制算法和数字 PID 控制器的参数整定方法。

4.4.1 基本数字 PID 控制算法

数字 PID 控制器源于模拟 PID 控制器，基本数字 PID 控制算法包括位置式 PID 控制算法和增量式 PID 控制算法。

1. 模拟 PID 控制器与位置式数字 PID 算法

模拟 PID 控制器的算法为

$$u(t)=K_{\mathrm{p}}\left[e(t)+\frac{1}{T_{\mathrm{i}}}\int_{0}^{t}e(t)\mathrm{d}t+T_{\mathrm{d}}\frac{\mathrm{d}e(t)}{\mathrm{d}t}\right] \tag{4.45}$$

式中，$u(t)$ 为输出；$e(t)$ 为输入；K_{p} 为比例系数；T_{i} 为积分时间常数；T_{d} 为微分时间常数。

传递函数形式的模拟 PID 控制器为

$$D(s)=\frac{U(s)}{E(s)}=K_{\mathrm{p}}\left(1+\frac{1}{T_{\mathrm{i}}s}+T_{\mathrm{d}}s\right) \tag{4.46}$$

下面对模拟 PID 控制器进行离散化处理。对式(4.45)，用后向差分近似代替微分，得

$$\begin{cases}u(t)\approx u(kT)\\ e(t)\approx e(kT)\\ \displaystyle\int_{0}^{t}e(t)\mathrm{d}t\approx T\sum_{i=1}^{k}e(iT)\\ \displaystyle\frac{\mathrm{d}e(t)}{\mathrm{d}t}\approx\frac{e(kT)-e(kT-T)}{T}\end{cases} \tag{4.47}$$

省略采样周期 T，即 kT 记为 k(以下同)，则

$$\begin{aligned}u(k)&=K_{\mathrm{p}}\left\{e(k)+\frac{T}{T_{\mathrm{i}}}\sum_{j=1}^{k}e(j)+\frac{T_{\mathrm{d}}}{T}\left[e(k)-e(k-1)\right]\right\}\\&=K_{\mathrm{p}}e(k)+K_{\mathrm{i}}\sum_{j=1}^{k}e(j)+K_{\mathrm{d}}\left[e(k)-e(k-1)\right]\end{aligned} \tag{4.48}$$

式中，$K_{\mathrm{i}}=K_{\mathrm{p}}\dfrac{T}{T_{\mathrm{i}}}$ 为积分系数；$K_{\mathrm{d}}=K_{\mathrm{p}}\dfrac{T_{\mathrm{d}}}{T}$ 为微分系数。式(4.48)即为位置式数字 PID 控制算法，简称位置式 PID 算法。

也可直接应用后向差分变换，将 $s=\dfrac{1-z^{-1}}{T}$ 代入式(4.46)，推导出位置式数字 PID 控制器(z 变换形式)为

$$\begin{aligned}D(z)&=\frac{U(z)}{E(z)}=K_{\mathrm{p}}\left[1+\frac{T}{T_{\mathrm{i}}(1-z^{-1})}+\frac{T_{\mathrm{d}}(1-z^{-1})}{T}\right]\\&=K_{\mathrm{p}}+K_{\mathrm{i}}\frac{1}{1-z^{-1}}+K_{\mathrm{d}}(1-z^{-1})\end{aligned} \tag{4.49}$$

对式(4.49)进行 z 反变换，则同样可以得到差分方程形式的位置式 PID 算法式(4.48)，请读者自行推导。

2. 增量式数字 PID 算法

由位置式 PID 算法式(4.48)，得

$$u(k-1)=K_{\mathrm{p}}e(k-1)+K_{\mathrm{i}}\sum_{j=1}^{k-1}e(j)+K_{\mathrm{d}}\left[e(k-1)-e(k-2)\right] \tag{4.50}$$

式(4.48)与式(4.50)相减得

$$\begin{aligned}\Delta u(k)&=u(k)-u(k-1)\\&=K_{\mathrm{p}}\left[e(k)-e(k-1)\right]+K_{\mathrm{i}}e(k)+K_{\mathrm{d}}\left[e(k)-2e(k-1)+e(k-2)\right]\end{aligned} \tag{4.51}$$

式(4.51)即为增量式数字 PID 控制算法，简称增量式 PID 算法。

增量式 PID 算法表示执行机构(如阀门、步进电动机等)的调节增量，即 k 时刻相对于 $k-1$ 时刻的调节增量。

位置式 PID 算法和增量式 PID 算法是 PID 算法的两种表现形式，从本质上讲二者是一致的。由增量式 PID 算法式(4.51)得到位置式 PID 算法的另一种表达形式为

$$\begin{aligned} u(k) &= u(k-1) + \Delta u(k) \\ &= u(k-1) + K_p[e(k) - e(k-1)] + K_i e(k) \\ &\quad + K_d[e(k) - 2e(k-1) + e(k-2)] \end{aligned} \tag{4.52}$$

实际上，式(4.52)才是位置式 PID 算法的常用形式，可见即使使用位置式 PID 算法，也要计算控制增量，因为这样更简单实用。

对于式(4.48)所表示的基本形式的位置式 PID 算法，积分项的计算也不需要每次都从头累加，对计算机程序设计来说，只要略施技巧即可。

实际应用中究竟使用位置式 PID 算法还是增量式 PID 算法，关键看执行机构的特性，这一点应引起足够的重视。如果执行机构具有积分特性部件(如步进电动机、具有齿轮传递特性的位置执行机构等)，则应该采用增量式 PID 算法；如果执行机构没有积分特性部件，则应该采用位置式 PID 算法。

4.4.2 数字 PID 控制算法的工程化改进

由于 PID 控制算法的广泛应用，为解决各种实际问题，人们对 PID 控制算法的研究和总结不断深化，尤其是随着计算机技术的发展，各种对 PID 控制算法的改进或完善更容易实现，因此出现了各种改进的数字 PID 控制算法。本节介绍的改进数字 PID 控制算法包括积分分离的数字 PID 控制算法、带死区的数字 PID 控制算法、不完全微分 PID 控制算法和微分先行 PID 控制算法。

1. 积分分离的数字 PID 控制算法

许多控制系统在开始启动、停止或较大幅度改变给定信号时，控制器的输入端都会产生较大的偏差(系统的给定和输出信号之间的偏差)，如果采用 PID 控制器，则 PID 控制算法中积分项经过短时间的积累就将使控制量 $u(k)$ 变得很大甚至达到饱和(执行机构达到机械极限)，这时的控制系统处于一种非线性状态，不能根据控制器输入偏差的变化按预期控制规律来正确地改变控制量。由于积分项很大，一般要经过很长时间误差才能被减下来，因此系统会产生严重的超调。这种现象是实际控制系统所不能容忍的，必须加以改进。这种控制量的饱和主要是由 PID 控制算法中的积分项引起的，直接的改进方法就是将积分从 PID 控制算法中分离出来，构成积分分离的 PID 控制算法。算法表达式如下：

$$u(k) = K_p e(k) + K_l K_i \sum_{j=1}^{k} e(j) + K_d[e(k) - e(k-1)] \tag{4.53}$$

$$K_l = \begin{cases} 1, & |e(j)| \leqslant A \\ 0, & |e(j)| > A \end{cases} \tag{4.54}$$

式中，K_l 为逻辑系数；A 为积分分离阈值。

积分分离 PID 控制算法的基本控制思想如图 4.11 所示，当偏差绝对值超出分离阈值 A 时，积分不起作用，控制器变为 PD 控制器；当偏差绝对值在阈值 A 范围内时，积分

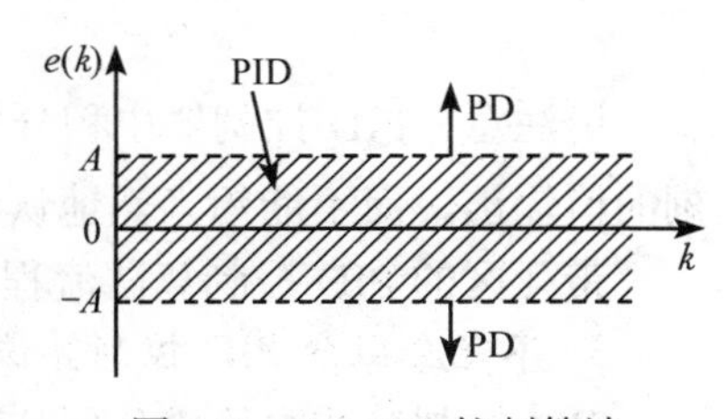

图 4.11　PD-PID 控制算法

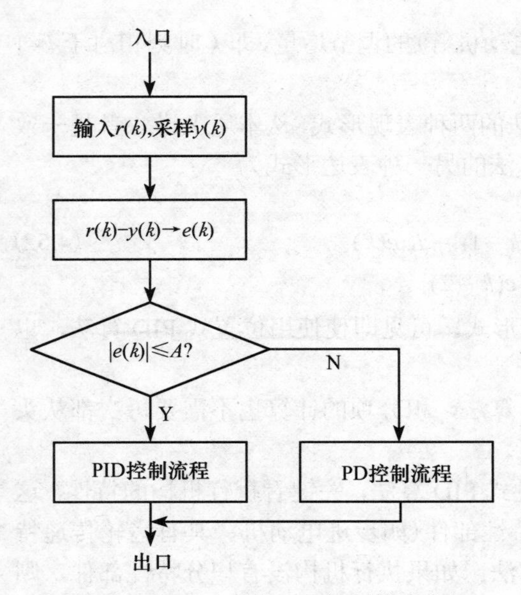

图 4.12　积分分离的 PID 控制算法流程

起作用，控制器变为 PID 控制器。因此，积分分离的 PID 控制算法又称为 PD-PID 控制算法。积分分离的 PID 控制算法流程如图 4.12 所示。

2. 带死区的数字 PID 控制算法

在实际生产过程的工艺控制系统中，一个控制系统的目标是使产品的某个性能指标达到预先设定的要求，也就是使被控变量(产品的某个参数)达到工艺要求的精度，即系统的输出与输入之间的偏差达到要求的控制精度，而不是要求偏差无限小，否则会付出很大的代价，一方面频繁的动作可能使执行机构负担过重，甚至损坏机械设备；另一方面稍复杂一些的控制过程中都会有多个控制系统并存，各个被控变量之间可能都存在一定的关联，如果过分地追求某个指标的最好，可能会影响其他指标，因此一个控制系统应该“适可而止”，达到设定目标即可。

正是在这样的背景下，带死区的 PID 控制算法应运而生，其结构如图 4.13 所示。

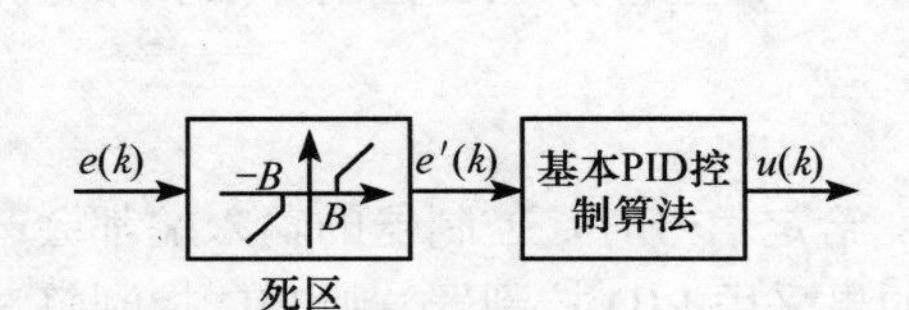

图 4.13　带死区的 PID 控制器结构

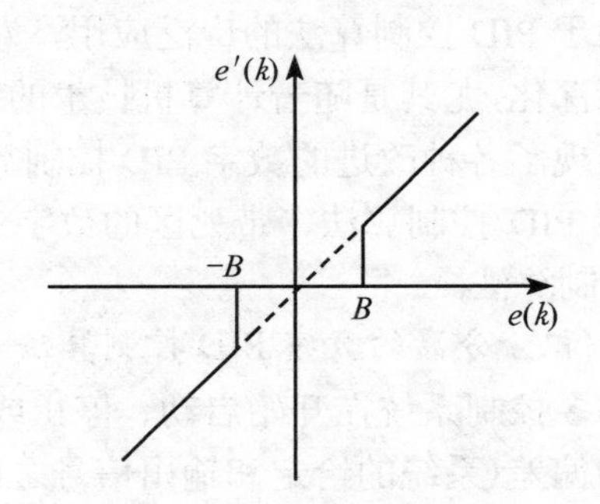

图 4.14　死区特性

死区特性如图 4.14 所示。死区算法为

$$e'(k)=\begin{cases}e(k), & |e(k)|>B\\ 0, & |e(k)|\leqslant B\end{cases} \tag{4.55}$$

由式(4.51)可知，增量式 PID 控制算法为

$$\Delta u(k)=K_{\mathrm{P}}[e'(k)-e'(k-1)]+K_{\mathrm{i}}e'(k)+K_{\mathrm{d}}[e'(k)-2e'(k-1)+e'(k-2)] \tag{4.56}$$

带死区的位置式 PID 控制算法为

$$u(k)=u(k-1)+\Delta u(k) \tag{4.57}$$

请注意，PID 控制器中积分的保持作用，当 $e'(k)=0$ 时，PID 控制器的输出保持 $k-1$ 时刻的值输出，而不能想当然地认为是零。

带死区的 PID 控制算法流程如图 4.15 所示。

3. 不完全微分 PID 控制算法

PID 控制算法中的微分环节对改善系统超调量等动态性能具有重要作用，但是它对高频干扰信号比较敏感。当控制器输入偏差信号突然变化时，PID 控制算法中的微分项将很大，持续时间又很短，这样就产生了微分失控现象。为了抑制高频干扰，克服微分失控现象，研究出了不完全微分 PID 控制算法。不完全微分 PID 控制算法源于模拟 PID 控制器，如图 4.16 所示。可以看出，低通滤波器不仅对微分项起作用，对比例和积分项也起作用，实际上可以把滤波器单独放在微分项支路上，只对微分项起作用。但应用中，扰动信号在比例和积分项中也都会有所体现，只不过在微分项中负面作用更大而已，因此，这样的不完全微分 PID 控制算法设计方案是合理而实用的。

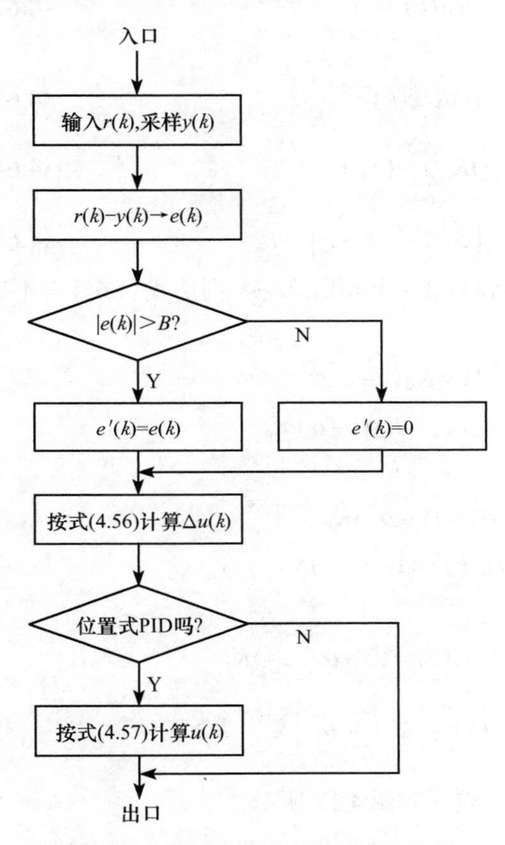

图 4.15　带死区的 PID 控制算法流程

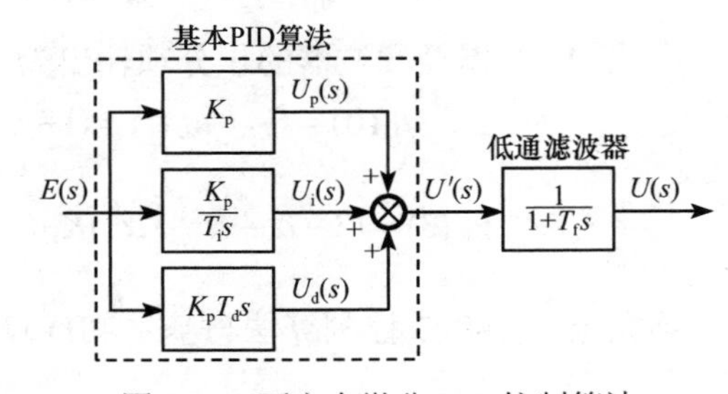

图 4.16　不完全微分 PID 控制算法

图 4.16 中低通滤波器的微分方程为

$$T_f \frac{\mathrm{d}u(t)}{\mathrm{d}t} + u(t) = u'(t) \tag{4.58}$$

用后向差分代替微分得

$$T_f \frac{u(k) - u(k-1)}{T} + u(k) = u'(k)$$

整理得

$$u(k) = \frac{T_f}{T_f + T} u(k-1) + \frac{T}{T_f + T} u'(k) \tag{4.59}$$

设 $\alpha = \frac{T_f}{T_f + T}$，则不完全微分 PID 控制算法为

$$u(k)=\alpha u(k-1)+(1-\alpha)u'(k) \tag{4.60}$$

由位置式基本 PID 控制算法式(4.48)得

$$\begin{aligned} u'(k) &= u_{\mathrm{p}}(k)+u_{\mathrm{i}}(k)+u_{\mathrm{d}}(k) \\ &= K_{\mathrm{p}}e(k)+K_{\mathrm{i}}\sum_{j=1}^{k}e(j)+K_{\mathrm{d}}\left[e(k)-e(k-1)\right] \end{aligned} \tag{4.61}$$

$u(k)$ 也是由 $u'(k)$ 的三个组成部分经滤波器叠加而成，即

$$u(k)=u_{\mathrm{fp}}(k)+u_{\mathrm{fi}}(k)+u_{\mathrm{fd}}(k) \tag{4.62}$$

由式(4.60)和式(4.61)得

$$u_{\mathrm{fp}}(k)=\alpha u_{\mathrm{fp}}(k-1)+(1-\alpha)K_{\mathrm{p}}e(k) \tag{4.63}$$

$$u_{\mathrm{fi}}(k)=\alpha u_{\mathrm{fi}}(k-1)+(1-\alpha)K_{\mathrm{i}}\sum_{j=1}^{k}e(j) \tag{4.64}$$

$$u_{\mathrm{fd}}(k)=\alpha u_{\mathrm{fd}}(k-1)+(1-\alpha)K_{\mathrm{d}}\left[e(k)-e(k-1)\right] \tag{4.65}$$

假设 PID 输入偏差 $e(k)$ 为单位阶跃信号，即 $e(k)=1,\quad k=0,1,2,\cdots$，则由式(4.65)得不完全微分项的输出为

$$u_{\mathrm{fd}}(0)=K_{\mathrm{d}}(1-\alpha)\text{，}\quad u_{\mathrm{fd}}(1)=K_{\mathrm{d}}(1-\alpha)\alpha$$

$$u_{\mathrm{fd}}(2)=K_{\mathrm{d}}(1-\alpha)\alpha^{2}\text{，}\cdots\text{，}\ u_{\mathrm{fd}}(k)=K_{\mathrm{d}}(1-\alpha)\alpha^{k}$$

由式(4.63)得经过滤波器的比例项输出为

$$u_{\mathrm{fp}}(0)=(1-\alpha)K_{\mathrm{p}}\text{，}\ u_{\mathrm{fp}}(1)=(1-\alpha^{2})K_{\mathrm{p}}$$

$$u_{\mathrm{fp}}(2)=(1-\alpha^{3})K_{\mathrm{p}}\text{，}\cdots\text{，}\ u_{\mathrm{fp}}(k)=(1-\alpha^{k+1})K_{\mathrm{p}}$$

由式(4.64)得经滤波器的积分项输出为

$$u_{\mathrm{fi}}(0)=0\text{，}\ u_{\mathrm{fi}}(1)=(1-\alpha)K_{\mathrm{i}}\text{，}\quad u_{\mathrm{fi}}(2)=(2-\alpha-\alpha^{2})K_{\mathrm{i}}$$

$$u_{\mathrm{fi}}(3)=(3-\alpha-\alpha^{2}-\alpha^{3})K_{\mathrm{i}}\text{，}\cdots\text{，}\ u_{\mathrm{fi}}(k)=\left(k-\sum_{i=1}^{k}\alpha^{i}\right)K_{\mathrm{i}},\quad k\geqslant 1$$

不完全微分 PID 控制算法与基本 PID 算法的比较，如图 4.17 所示。

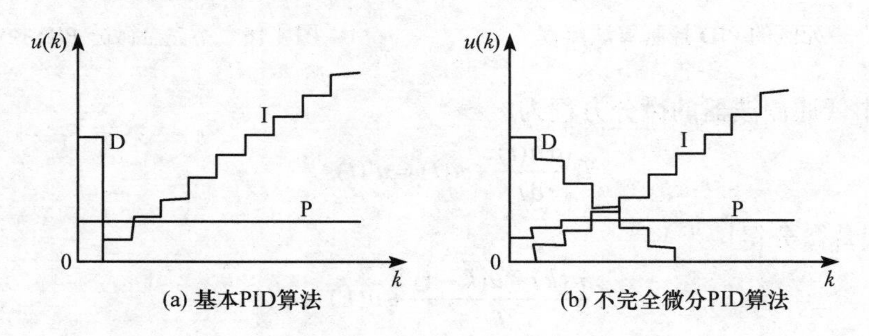

图 4.17　不完全微分 PID 的微分作用示意图

可见，基本 PID 控制算法中微分只在第一个周期起作用，而且很强，从第二个周期开始微分作用消失；而不完全微分 PID 控制算法中的微分作用则持续很长时间，因此该控制算法具有更好的抗干扰作用。

不完全微分 PID 控制算法增量形式为

$$\Delta u(k)=\alpha\Delta u(k-1)+(1-\alpha)\Delta u'(k) \tag{4.66}$$

式中

$$\Delta u'(k)=K_{\mathrm{p}}[e(k)-e(k-1)]+K_{\mathrm{i}}e(k)+K_{\mathrm{d}}[e(k)-2e(k-1)+e(k-2)]$$

4. 微分先行 PID 控制算法

在给定值频繁升降变换的场合，为了避免系统超调量过大甚至发生振荡，导致执行机构剧烈动作，需对模拟 PID 控制器进行改进，从而出现了微分先行 PID 控制器，具体结构有两种，如图 4.18 所示。

在图 4.18(a)中，只对输出微分，不对输入微分，称为输出微分先行。这种改进的 PID 控制算法适合于给定值频繁升降的场合，可以避免升降给定值引起的超调量过大。

在图 4.18(b)中，对给定值和输出量都有微分作用，称为偏差微分先行。这种改进方案适用于串级控制的副控制回路。

将模拟微分先行 PID 控制算法变换为数字控制算法，这里不再推导，感兴趣的读者可自己尝试变换。

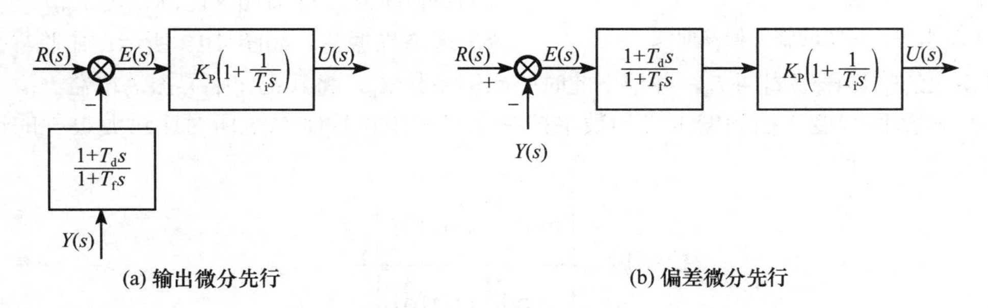

图 4.18　模拟微分先行 PID 控制器

4.4.3　数字 PID 控制器的参数整定

数字 PID 控制器的参数整定是控制器设计的重要组成部分，要整定的参数主要包括 T、K_{p}、T_{i} 和 T_{d}（也可以是 T、K_{p}、K_{i} 和 K_{d}）。本节首先分析和归纳数字 PID 控制器的各个参数对系统性能的影响，然后介绍几种生产现场实验整定 PID 参数的方法，包括扩充临界比例度法、扩充响应曲线法、归一参数整定法和试凑法。

1. 数字 PID 参数对系统性能的影响

数字 PID 参数对系统性能的影响可总结归纳如下。

(1) 比例系数 K_{p} 对系统性能的影响。

对系统静态性能的影响：在系统稳定的情况下，K_{p} 增加，稳态误差减小，进而提高控制精度。

对系统动态性能的影响：K_{p} 增加，系统响应速度加快；如果 K_{p} 偏大，系统输出振荡次数增多，调节时间加长；K_{p} 过大将导致系统不稳定。

(2) 积分时间常数 T_{i} 对系统性能的影响。

对系统静态性能的影响：积分控制能消除系统静差，但若 T_{i} 太大，积分作用太弱，以致不能消除静差。

对系统动态性能的影响：若 T_i 太小，则系统不稳定；若 T_i 太大，则对系统动态性能影响减小。

(3) 微分时间常数 T_d 对系统性能的影响。

对系统动态性能的影响：选择合适的 T_d 将使系统的超调量减小，调节时间缩短，允许加大比例控制；但若 T_d 过大或过小都会适得其反。

2. 数字 PID 控制算法的参数整定方法

数字 PID 控制算法的参数整定方法主要是借鉴模拟 PID 控制器的参数整定方法，而模拟 PID 控制器的整定方法包括理论计算和工程实验两类，考虑到实际被控对象的数学模型难以准确建立的实际情况，这里介绍几种多年来在工程实践中证明行之有效的 PID 参数实验整定方法。

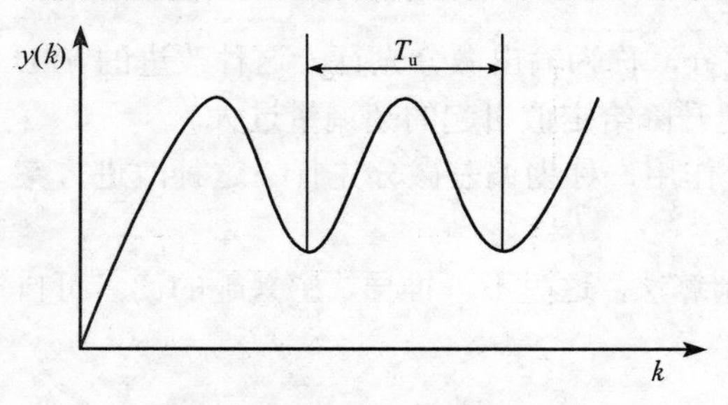

图 4.19　系统的临界振荡曲线

1) 扩充临界比例度法

(1) 选择一个合适的采样周期 T。按照采样定理和工程实践经验选择采样周期，如果对象包括纯滞后，通常可选择被控对象纯滞后时间的 1/10 为采样周期。

(2) PID 调节器只投入比例进行控制，给定输入为单位阶跃，逐渐加大比例系数 K_p，使控制系统出现临界振荡，如图 4.19 所示。由临界振荡过程求得相应的临界振荡周期 T_u，并记下此时的比例系数 K_p，将其记作临界振荡增益 K_u。

(3) 选择控制度。控制度定义为数字控制系统和模拟控制系统所对应过渡过程的误差平方的积分之比，即

$$\text{控制度}=\frac{\left[\min\int_0^{\infty}e^2(t)\,\mathrm{d}t\right]_{\mathrm{D}}}{\left[\min\int_0^{\infty}e^2(t)\,\mathrm{d}t\right]_{\mathrm{A}}} \tag{4.67}$$

控制度表明了数字控制相对模拟控制的效果，工程经验表明：当控制度为 1.05 时，数字控制与模拟控制效果相当；当控制度为 2 时，数字控制比模拟控制效果差一倍。实际应用中并不需要具体计算控制度。

(4) 根据选定的控制度，按表 4.1 求取采样周期 T 和 PID 参数 K_p、T_i 和 T_d。

表 4.1　扩充临界比例度法整定 PID 参数表

控制度	控制规律	T/T_u	K_p/K_u	T_i/T_u	T_d/T_u
1.05	PI	0.03	0.53	0.88	—
	PID	0.014	0.63	0.49	0.14
1.20	PI	0.05	0.49	0.91	—
	PID	0.043	0.47	0.47	0.16
1.50	PI	0.14	0.42	0.99	—
	PID	0.09	0.34	0.43	0.20
2.00	PI	0.22	0.36	1.05	—
	PID	0.16	0.27	0.40	0.22
模拟控制器	PI	—	0.57	0.83	—
	PID	—	0.70	0.50	0.13

(5) 按照求得的整定参数，投入系统运行，观察控制效果，按照经验再适当调整参数，直到获得满意的控制效果。

2）扩充响应曲线法

扩充响应曲线法是在模拟PID控制器响应曲线法的基础上推广应用到数字PID控制器参数整定的方法。具体步骤如下：

(1) 断开数字PID控制器，在被控对象接收控制信号的输入端直接接入一个单位阶跃信号，然后测出对象的单位阶跃响应曲线，如图4.20所示。

(2) 在响应曲线的拐点处作切线，则对象纯滞后时间τ和时间常数T_m分别为

$$\tau = OA, \quad T_m = AC$$

(3) 选择控制度。

(4) 按表4.2求取采样周期和PID参数K_p、T_i和T_d。

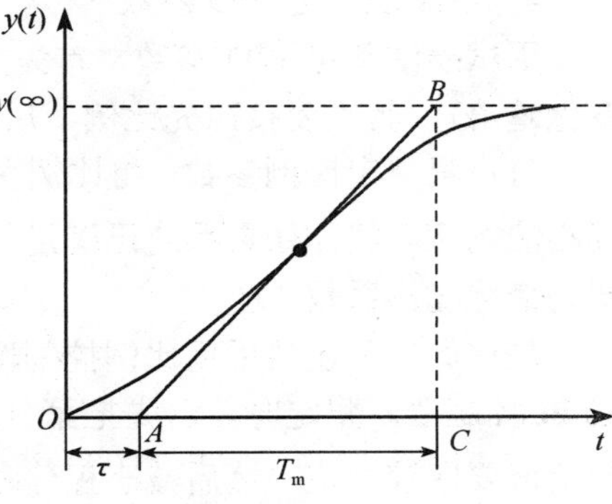

图4.20　对象阶跃响应曲线

(5) 按照求得的整定参数，投入系统运行，观察控制效果，按照经验再适当调整参数，直到获得满意的控制效果。

表4.2　扩充响应曲线法整定PID参数表

控制度	控制规律	T/τ	$K_p/(T_m/\tau)$	T_i/τ	T_d/τ
1.05	PI	0.10	0.84	3.40	—
	PID	0.05	1.15	2.00	0.45
1.20	PI	0.20	0.78	3.60	—
	PID	0.16	1.00	1.90	0.55
1.50	PI	0.50	0.68	3.90	—
	PID	0.34	0.85	1.62	0.65
2.00	PI	0.80	0.57	4.20	—
	PID	0.60	0.60	1.50	0.82

3）归一参数整定法

归一参数整定法是一种简化的扩充临界比例度整定法。

已知位置式PID控制算法(式(4.48))为

$$u(k) = K_p\left\{e(k) + \frac{T}{T_i}\sum_{j=1}^{k} e(j) + \frac{T_d}{T}[e(k) - e(k-1)]\right\}$$

所以增量式PID控制算法为

$$\Delta u(k) = K_p\left\{[e(k) - e(k-1)] + \frac{T}{T_i}e(k) + \frac{T_d}{T}[e(k) - 2e(k-1) + e(k-2)]\right\} \tag{4.68}$$

为了减少整定PID参数的数目，根据大量实际经验人为设定约束条件，如取

$$T \approx 0.1T_u, \quad T_i \approx 0.5T_u, \quad T_d = 0.125T_u \tag{4.69}$$

式中，T_u 为纯比例控制时的临界振荡周期，如图 4.19 所示。

将式(4.69)代入式(4.68)，并整理得

$$\Delta u(k)=K_p[2.45e(k)-3.5e(k-1)+1.25e(k-2)] \tag{4.70}$$

式中只有一个参数 K_p 需要整定，这使问题大大简化。可参考下面的试凑法整定唯一的参数 K_p。

4）试凑法整定 PID 参数

用试凑法整定 PID 参数，首先要熟悉 PID 各个参数变化对系统性能的影响(性能指标的变化趋势)，其次要按照先比例、后积分、再微分的步骤进行整定。具体步骤如下：

(1) 只整定比例参数。将比例系数 K_p 由小变大，观察系统的响应，直到得到反应快、超调小的响应曲线。如果系统已满足工艺性能指标要求，则只用比例控制器即可，该比例系数即为最优比例系数。

(2) 如果上述只采用比例控制器的系统的静差不能满足设计要求，则应加入积分环节构成 PI 控制器。整定时，首先把第(1)步整定的比例系数 K_p 适当减小(如取原值的 0.8)，T_i 的初始值要取较大些，然后减小积分时间常数，使系统在保持良好动态性能的情况下，静差得以消除。在此过程中，应根据对响应曲线的满意程度反复修改比例系数和积分时间常数，以期得到满意的响应过程。

(3) 若经过上述参数试凑系统的动态性能仍然不满足设计要求(主要是超调量过大或系统响应速度不够快)，则可加入微分环节，构成 PID 控制器。整定时，T_d 应从 0 逐渐增大，同时相应地改变比例系数和积分时间常数，不断试凑，直到获得满意的控制效果。

注意，上述参数整定都是针对参数 T、K_p、T_i 和 T_d，按照 PID 算法式(4.48)中参数的对应关系 $K_i=K_p\dfrac{T}{T_i}$，$K_d=K_p\dfrac{T_d}{T}$，也可以把参数整定转化为针对参数 T、K_p、K_i 和 K_d 的整定，读者可自行分析和总结对应的参数整定方法。

4.5 Smith 预估控制

4.5.1 纯滞后问题的提出

在工业过程控制(如反应器、管道混合、皮带传送、轧辊传输等)中，由于物料和能量的传输存在延时，使得被控对象具有纯滞后性质，对象的这种纯滞后性质对控制提出了严峻的挑战。一般认为，纯滞后时间 τ 与对象的主导时间常数 T_m 之比 $\tau/T_m>0.3$ 时，则该过程是具有大滞后或大迟延的工艺过程。实践表明，当 $\tau/T_m\geqslant0.5$ 时，采用常规的 PID 控制会使系统稳定性变差，甚至产生振荡。

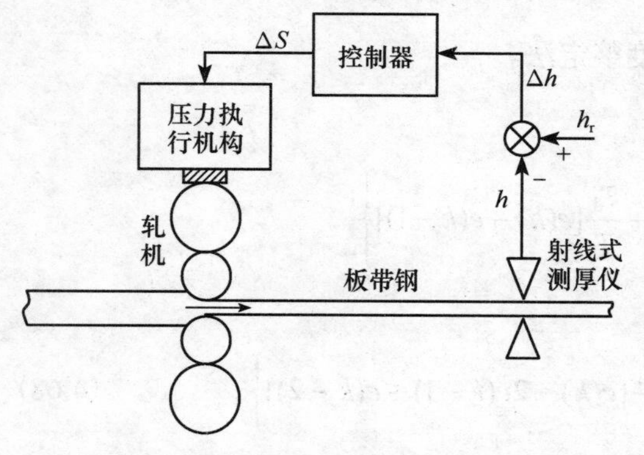

图 4.21 测厚仪式带钢厚度控制系统原理图

以带钢冷连轧机测厚仪式厚度控制系统为例，其控制原理如图 4.21 所示。图中 h_r 为出口厚度基准值；h 为出口厚度实际值；Δh 为出口厚差；ΔS 为辊缝调节量。

该系统存在较大的纯滞后时间，即带钢从轧机运行到测厚仪所需要的时间。

测厚仪式厚度自动控制系统是问世最早(20 世纪 50 年代初)的一种厚度控制形式，但由于系统中存在较大的纯滞后，若采用常规的 PID 控制，系统几乎不能正常运行，很容易出现超调和振荡的现象，因此这种厚度控制方式难以实际应用，这在当时一段时间使厚度控制问题陷入困境。测厚仪式厚度自动控制系统产生振荡的原理如图 4.22 所示。

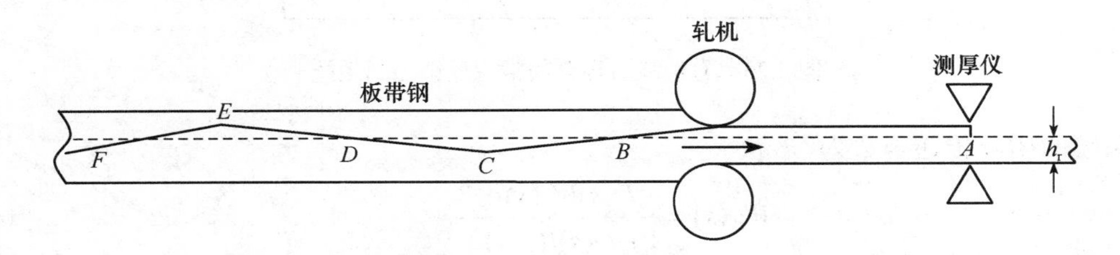

图 4.22　测厚仪式厚度自动控制系统的不稳定现象

假设来料带钢存在阶跃厚度变化(在 A 点变厚，比 h_r 厚)，理论上，当 A 点到达轧机辊缝时轧机就应该动作(向下压)，但由于检测不到，只有当 A 点到达测厚仪时才检测到厚度偏离基准值，于是轧机开始动作；当 B 点到达轧机时，厚度回到基准值，理论上轧机应该停止动作，但还是由于检测不到，因此轧机继续原来的动作(向下压)，结果使厚度向相反方向偏离基准值(比 h_r 薄)，直到 B 点到达测厚仪，才检测到厚度回到基准值，然而，此时 C 点到达轧机，实际带钢厚度已严重偏离基准值。如此分析可知，实际轧出的带钢厚度呈 $BCDEF$ 波浪形状。在上述控制过程中，控制系统处于反复超调的振荡状态。

这个例子充分说明了纯滞后对控制系统稳定性的影响，也从一个侧面显示了纯滞后问题是难以解决的。因此几十年来，纯滞后问题就一直是一个难题，并成为控制领域的一个重要研究课题。

解决纯滞后问题的方法很多，最简单的方法是通过对常规 PID 控制器的参数进行反复仔细的整定，在控制要求不太苛刻的情况下满足控制要求。还可通过对基本 PID 控制器的改进来获得相对满意的控制效果，如 4.4.2 节中介绍的微分先行 PID 控制方案图 4.18(a)，通过将微分环节移到反馈回路来加强微分作用，达到减小超调量的效果。但这些方案还是不够理想，系统的超调量还是过大，而且系统的响应比较慢。对辊道传输类纯滞后过程(不存在被控物理量的潜伏变化)，解决纯滞后问题还有一个重要的思路，就是采用间接测量或软测量的方法，直接检测相关的物理量，通过数学模型来计算要控制或测量的物理量，达到消除纯滞后特性对系统动态性能影响的目的。例如，在板带钢的厚度控制方法中，就出现了应用广泛的间接测厚厚度控制方式——厚度计式控制方式。但间接测量的一个核心问题是难以保证较高的测量精度，进而影响控制水平。下面介绍一种解决纯滞后问题的有效控制方案——Smith 预估控制。

4.5.2　Smith 预估控制设计原理

Smith 预估控制策略是由美国学者 O.J.M.Smith 于 1957 年创立的，它是针对纯滞后控制对象，建立在模型基础上的一种控制策略。

1. Smith 预估控制的设计思想

设控制对象或过程的模型为

$$W(s)=W_{\mathrm{P}}(s)\cdot \mathrm{e}^{-\tau s} \tag{4.71}$$

式中，$W_p(s)$ 为被控对象中不包括纯滞后部分的传递函数；$e^{-\tau s}$ 为纯滞后部分传递函数，τ 为纯滞后时间；$D(s)$ 为模拟控制器传递函数。有纯滞后环节的常规反馈控制系统如图 4.23 所示。

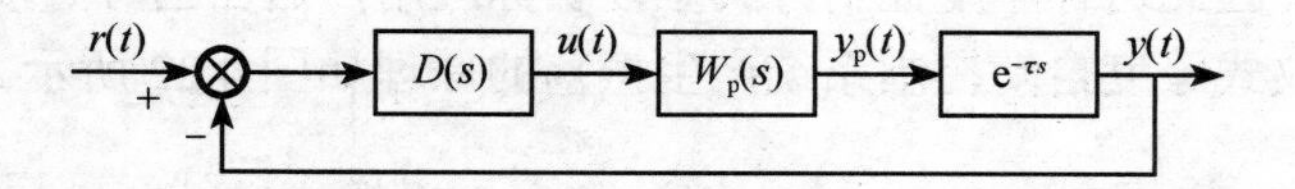

图 4.23　有纯滞后环节的常规反馈控制系统

系统的闭环传递函数为

$$W_B(s)=\frac{D(s)W_p(s)e^{-\tau s}}{1+D(s)W_p(s)e^{-\tau s}} \tag{4.72}$$

系统的特征方程为

$$1+D(s)W_p(s)e^{-\tau s}=0 \tag{4.73}$$

从系统的特征方程可以看出，造成系统难以稳定的本质是系统特征方程中含有纯滞后环节 $e^{-\tau s}$，当纯滞后时间较大时，系统就会超调过大甚至振荡。

从图 4.23 可以看出，系统特征方程之所以含有纯滞后环节，是因为系统的反馈通道中含有纯滞后环节，如果能把纯滞后环节置于反馈通道之外，即如果能把信号 $y_p(t)$ 反馈到输入端，则系统的稳定性将得到根本性的改善，这就是 Smith 期望的反馈回路配置，如图 4.24 (a) 所示。显然这个方案是无法实现的，但它却给我们这样一个启发：如果能设计一个过程模型 $W_m(s)=W_{m1}(s)\cdot e^{-\tau_m s}$，使 $W_{m1}(s)=W_p(s)$，$\tau_m=\tau$，将控制量 $u(t)$ 加到这个模型上，并用模型 $W_{m1}(s)$ 的输出信号 $y_{m1}(t)$ 来代替虚拟信号 $y_p(t)$ 反馈到输入端，如图 4.24 (b) 所示，则可得到与期望反馈配置相同的控制效果，这就是初步的 Smith 预估控制方案。

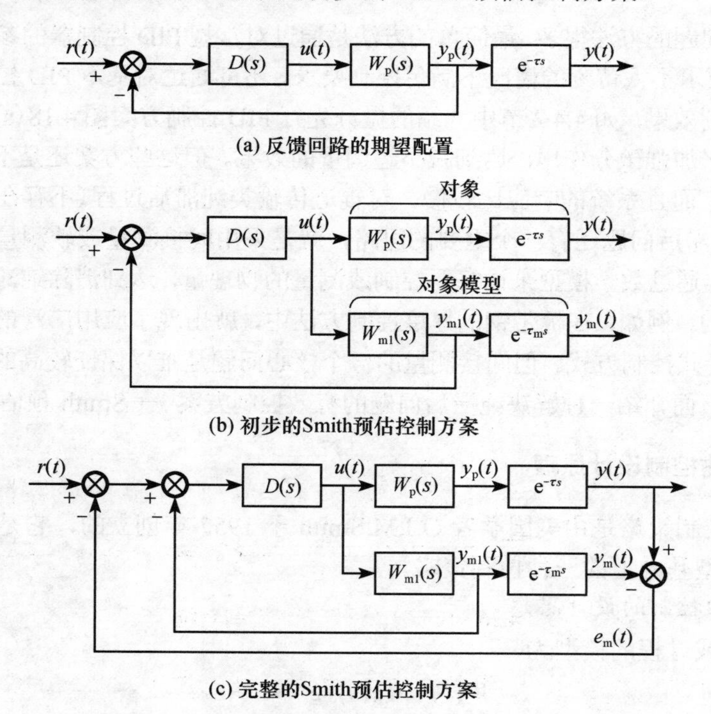

图 4.24　Smith 预估控制器的设计思想

但是，如果有负载扰动或设计的模型不准确，则由初步的 Smith 预估控制方案难以得到理想的控制效果。负载扰动或模型不准确所产生的偏差可用 $e_m(t) = y(t) - y_m(t)$ 来描述，为补偿该偏差，把 $e_m(t)$ 作为第二个反馈信号，这就是完整的 Smith 预估控制方案，如图 4.24(c) 所示。

为了便于设计，把图 4.24(c) 等效变换成图 4.25。Smith 预估器的传递函数为

$$D'(s) = \frac{Y'(s)}{U(s)} = W_{m1}(s)(1 - e^{-\tau_m s}) \tag{4.74}$$

图 4.25 的闭环传递函数为

$$W_B(s) = \frac{D(s)W_p(s)e^{-\tau s}}{1 + D(s)W_{m1}(s) + D(s)W_p(s)e^{-\tau s} - D(s)W_{m1}(s)e^{-\tau_m s}} \tag{4.75}$$

系统的特征方程为

$$1 + D(s)W_{m1}(s) + D(s)W_p(s)e^{-\tau s} - D(s)W_{m1}(s)e^{-\tau_m s} = 0 \tag{4.76}$$

如果模型设计准确，即 $W_{m1}(s) = W_p(s)$，$\tau_m = \tau$，则系统特征方程变为

$$1 + D(s)W_p(s) = 0 \tag{4.77}$$

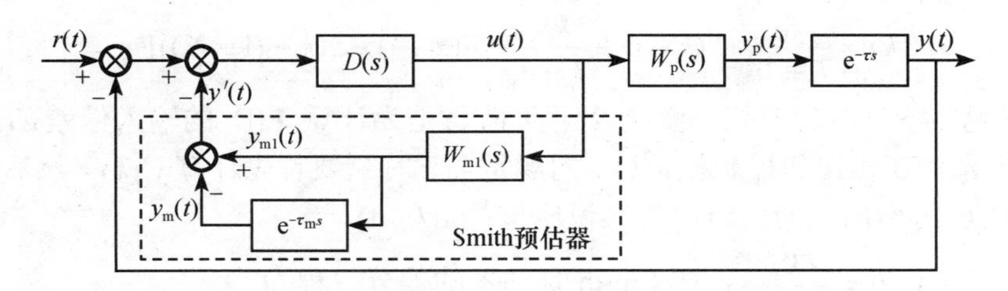

图 4.25　等效的 Smith 预估控制方案

与式(4.73)比较可以看出，采用 Smith 预估控制后，系统的特征方程中纯滞后项消失，因此有效地解决了纯滞后系统的稳定性问题。

尽管 Smith 预估控制的设计思想非常清晰，但是用模拟器件来实现几乎不可能，因此，Smith 预估控制在提出后相当长的时间都处在理论研究阶段。直到计算机技术发展起来之后，Smith 预估控制器才得以实现，因而才更体现出其实用价值。

2. 数字 Smith 预估控制系统的设计

由计算机实现的 Smith 预估控制系统如图 4.26 所示。

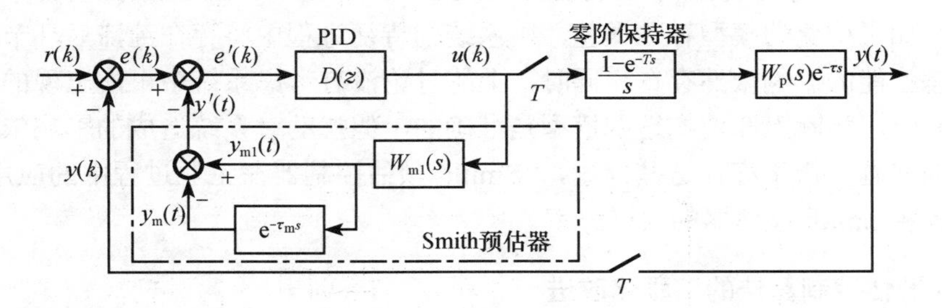

图 4.26　Smith 预估计算机控制系统

在这个计算机控制系统中，如果数字 PID 控制算法可算作已知的，那么核心问题就是 Smith 预估器的数字算法。具体设计步骤如下。

(1) 计算反馈回路偏差 $e(k)$。

$$e(k)=r(k)-y(k) \tag{4.78}$$

(2) 计算 Smith 预估器的输出 $y'(k)$。

设被控对象为具有较大纯滞后的一阶惯性环节，其传递函数为

$$W(s)=\frac{K_{\mathrm{m}}}{1+T_{\mathrm{m}}s}\mathrm{e}^{-\tau s} \tag{4.79}$$

式中，K_{m} 为被控对象的放大系数；T_{m} 为被控对象的时间常数；τ 为纯滞后时间。

设 $\tau_{\mathrm{m}}=\tau=NT$，则由式(4.74)得 Smith 预估器传递函数为

$$D'(s)=\frac{Y'(s)}{U(s)}=W_{\mathrm{m1}}(s)(1-\mathrm{e}^{-\tau_{\mathrm{m}}s})=\frac{K_{\mathrm{m}}}{1+T_{\mathrm{m}}s}(1-\mathrm{e}^{-NTs}) \tag{4.80}$$

把式(4.80)变换成微分方程形式得

$$T_{\mathrm{m}}\frac{\mathrm{d}y'(t)}{\mathrm{d}t}+y'(t)=K_{\mathrm{m}}[u(t)-u(t-NT)] \tag{4.81}$$

用后向差分代替微分得 Smith 预估器的差分方程为

$$y'(k)=\frac{T_{\mathrm{m}}}{T+T_{\mathrm{m}}}y'(k-1)+\frac{TK_{\mathrm{m}}}{T+T_{\mathrm{m}}}[u(k-1)-u(k-(1+N))] \tag{4.82}$$

请注意方程(4.82)右边的差分变换，计算 $y'(k)$ 是为计算 PID 的输入偏差 $e'(k)$ 做准备，最终目的是计算 PID 输出的控制量 $u(k)$，问题是在 k 时刻要首先计算 $y'(k)$，然后计算 $u(k)$，那么在计算 $y'(k)$ 时所用到的 $u(k)$ 严格来说应该是 $u(k-1)$。

设 $a=\frac{T_{\mathrm{m}}}{T+T_{\mathrm{m}}}$，$b=\frac{TK_{\mathrm{m}}}{T+T_{\mathrm{m}}}$，则 Smith 预估器的差分方程为

$$y'(k)=ay'(k-1)+b[u(k-1)-u(k-(1+N))] \tag{4.83}$$

(3) 计算 PID 的输入偏差 $e'(k)$。

$$e'(k)=e(k)-y'(k) \tag{4.84}$$

(4) 计算数字 PID 的输出 $u(k)$。

$$\begin{aligned}u(k)&=u(k-1)+\Delta u(k)\\&=u(k-1)+K_{\mathrm{p}}[e'(k)-e'(k-1)]+K_{\mathrm{i}}e'(k)\\&\quad+K_{\mathrm{d}}[e'(k)-2e'(k-1)+e'(k-2)]\end{aligned} \tag{4.85}$$

注意，由 Smith 预估控制系统的特征方程式(4.76)可知，Smith 预估控制方案对模型的误差十分敏感，如果构建的模型存在误差，则系统的特征方程中将存在纯滞后环节，因此纯滞后对系统动态性能的影响依然存在；同时，上述讨论没有考虑系统中可能出现的各种扰动对系统性能的影响，实际上即使构造的模型是准确的，但扰动对系统造成的影响依然存在，这是必须考虑的问题。由于存在这些问题， Smith 预估控制器在工业过程中的应用受到制约，因而出现了各种 Smith 预估器的改进方案。

4.5.3 Smith 预估控制算法的工程化改进

1. Smith 预估器的完全抗干扰改进

Smith 预估器的完全抗干扰改进方案如图 4.27 所示，即在 Smith 补偿回路中增加一个反馈环节 $W_{\mathrm{f}}(s)$。图中 $N_1(s)$、$N_2(s)$ 为作用于系统不同位置的干扰信号。

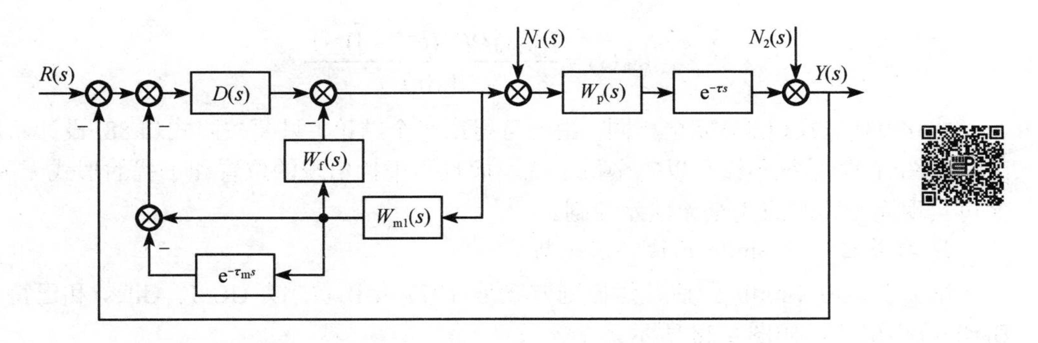

图 4.27　Smith 预估器的完全抗干扰改进方案

假设建立的对象模型是准确的，则 $W_{\mathrm{m1}}(s)=W_{\mathrm{p}}(s)$，$\tau_{\mathrm{m}}=\tau$。对干扰信号 $N_1(s)$，系统闭环传递函数为

$$\frac{Y(s)}{N_1(s)}=\frac{\left[1+W_{\mathrm{p}}(s)W_{\mathrm{f}}(s)+W_{\mathrm{p}}(s)D(s)(1-\mathrm{e}^{-\tau s})\right]W_{\mathrm{p}}(s)\mathrm{e}^{-\tau s}}{1+W_{\mathrm{p}}(s)W_{\mathrm{f}}(s)+W_{\mathrm{p}}(s)D(s)} \tag{4.86}$$

为了使系统能完全抗干扰，只要式(4.86)的分子为零，即

$$1+W_{\mathrm{p}}(s)W_{\mathrm{f}}(s)+W_{\mathrm{p}}(s)D(s)(1-\mathrm{e}^{-\tau s})=0 \tag{4.87}$$

由此得新增的反馈环节为

$$W_{\mathrm{f}}(s)=\frac{W_{\mathrm{p}}(s)D(s)(\mathrm{e}^{-\tau s}-1)-1}{W_{\mathrm{p}}(s)} \tag{4.88}$$

对 Smith 预估器的完全抗干扰改进方案的数字化设计，读者可自行尝试，这里不再详细探讨。

Smith 预估器的完全抗干扰改进方案可以实现完全跟踪或完全无偏差控制。

对于图 4.27 的系统输入 $R(s)$，系统的闭环传递函数为

$$\frac{Y(s)}{R(s)}=\frac{D(s)W_{\mathrm{p}}(s)\mathrm{e}^{-\tau s}}{1+W_{\mathrm{p}}(s)W_{\mathrm{f}}(s)+D(s)W_{\mathrm{p}}(s)} \tag{4.89}$$

将式(4.88)代入式(4.89)得

$$\frac{Y(s)}{R(s)}=\frac{D(s)W_{\mathrm{p}}(s)\mathrm{e}^{-\tau s}}{D(s)W_{\mathrm{p}}(s)\mathrm{e}^{-\tau s}}=1 \tag{4.90}$$

可见，只要按照式(4.88)来设计 $W_{\mathrm{f}}(s)$，则图 4.27 所示系统不仅可以实现完全抗干扰控制，还可以实现完全跟踪或完全无偏差控制。这是非常理想的结果，也是 Smith 预估器的完全抗干扰改进方案所表现出来的一个突出优点。

同理，对于干扰信号 $N_2(s)$，可得系统的闭环传递函数为

$$\frac{Y(s)}{N_2(s)}=\frac{1+W_{\mathrm{p}}(s)W_{\mathrm{f}}(s)+W_{\mathrm{p}}(s)D(s)(1-\mathrm{e}^{-\tau s})}{1+W_{\mathrm{p}}(s)W_{\mathrm{f}}(s)+W_{\mathrm{p}}(s)D(s)} \tag{4.91}$$

为了使系统能完全抗干扰，只要式(4.91)的分子为零，即

$$1+W_{\mathrm{p}}(s)W_{\mathrm{f}}(s)+W_{\mathrm{p}}(s)D(s)(1-\mathrm{e}^{-\tau s})=0 \tag{4.92}$$

由此得新增的反馈环节为

$$W_{\mathrm{f}}(s)=\frac{W_{\mathrm{p}}(s)D(s)(\mathrm{e}^{-\tau s}-1)-1}{W_{\mathrm{p}}(s)} \tag{4.93}$$

式(4.93)与式(4.88)完全相同。由此可得出一个结论，只要按照式(4.88)设计新增反馈环节，则图 4.27 系统不仅可以完全抗干扰，而且与干扰出现的位置和干扰的形式无关；同时，又可实现完全跟踪或完全无偏差控制。

2. 增益自适应 Smith 预估补偿控制

增益自适应 Smith 预估补偿控制方案是 1977 年由贾尔斯(R. F. Giles)和巴特利(T. M. Bartley)提出的，如图 4.28 所示。

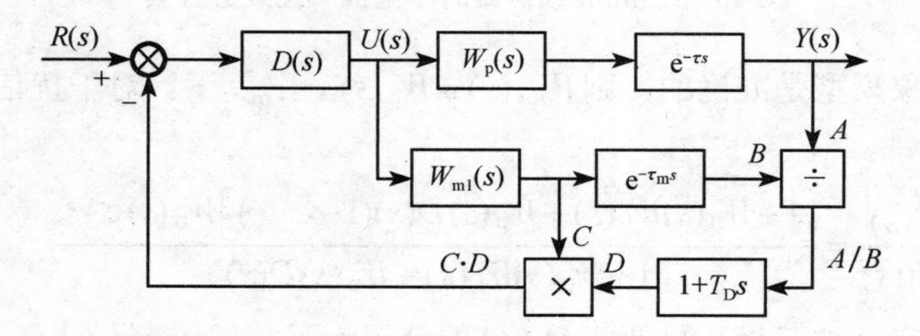

图 4.28　增益自适应 Smith 预估补偿控制方案

该方案在 Smith 补偿模型之外加了一个除法器、一个识别器(一阶微分环节，微分时间常数为T_{D})和一个乘法器。这三个环节的作用是根据预估补偿模型和过程输出信号之间的比值来提供一个自动校正预估器增益的信号。

设过程模型的初始增益$K_{\mathrm{p}}=K_{\mathrm{p0}}$，设计的预估模型增益为$K_{\mathrm{m}}=K_{\mathrm{p0}}$，过程模型为

$$W(s)=W_{\mathrm{p}}(s)\mathrm{e}^{-\tau s}=K_{\mathrm{p}}W_{\mathrm{p0}}(s)\mathrm{e}^{-\tau s} \tag{4.94}$$

设计的过程预估模型为

$$W_{\mathrm{m}}(s)=W_{\mathrm{m1}}(s)\cdot\mathrm{e}^{-\tau_{\mathrm{m}}s}=K_{\mathrm{m}}W_{\mathrm{m0}}(s)\cdot\mathrm{e}^{-\tau_{\mathrm{m}}s} \tag{4.95}$$

式中，$W_{\mathrm{m0}}(s)=W_{\mathrm{p0}}(s)$，$\tau_{\mathrm{m}}=\tau$。

在理想情况下，预估模型与实际对象模型完全相同，所以预估模型的输出与实际过程的输出完全一致，此时除法器的输出为$\dfrac{A}{B}=\dfrac{K_{\mathrm{p0}}}{K_{\mathrm{m}}}=1$，识别器的输出为$D=1$，乘法器的输出为$C\cdot D=U(s)W_{\mathrm{m1}}(s)=U(s)W_{\mathrm{p}}(s)$，该控制方案表现为理想的 Smith 预估补偿控制。

不过，理想情况是极少的，在多数情况下，实际过程模型的增益可能发生变化，偏离初始增益，或初始增益本身就存在偏差，则图 4.28 控制方案表现出增益自适应变化的 Smith 预估补偿控制作用。

假设被控对象的其他参数都保持不变，只是过程模型增益变化了ΔK_{p}，即过程模型增益由K_{p0}变化$K_{\mathrm{p}}=K_{\mathrm{p0}}+\Delta K_{\mathrm{p}}$，则除法器的输出为$\dfrac{A}{B}=\dfrac{K_{\mathrm{p0}}+\Delta K_{\mathrm{p}}}{K_{\mathrm{m}}}=\dfrac{K_{\mathrm{p0}}+\Delta K_{\mathrm{p}}}{K_{\mathrm{p0}}}$，此时，识别器中的比例作用输出为$D_{\mathrm{p}}=\dfrac{K_{\mathrm{p0}}+\Delta K_{\mathrm{p}}}{K_{\mathrm{p0}}}$，该比例作用经过乘法器的输出为

$$\begin{aligned}C\cdot D_{\mathrm{p}}&=U(s)W_{\mathrm{m1}}(s)\frac{K_{\mathrm{p0}}+\Delta K_{\mathrm{p}}}{K_{\mathrm{p0}}}=U(s)K_{\mathrm{m}}W_{\mathrm{m0}}(s)\frac{K_{\mathrm{p0}}+\Delta K_{\mathrm{p}}}{K_{\mathrm{p0}}}\\&=U(s)(K_{\mathrm{p0}}+\Delta K_{\mathrm{p}})W_{\mathrm{m0}}(s)=U(s)W_{\mathrm{p}}(s)\end{aligned} \tag{4.96}$$

可见，从静态的角度，该补偿方案已经达到了增益自适应补偿的效果。但是，增益的变化已经引起了系统输出的变化（偏离目标值），为了更有效地消除增益变化的影响，识别器中增设了微分项 $T_{D}s$ 以改善其动态识别性能，微分的作用就是识别出过程增益的变化趋势，提前增强补偿作用，提高增益自适应预估补偿的效果。

综上，在这个控制方案中，从反馈信号来看，预估模型增益自适应地随着过程模型增益的变化而变化，达到了增益自适应 Smith 预估补偿控制的目的。

本 章 小 结

本章主要介绍数字控制器的模拟化设计方法。数字控制器的模拟化设计方法是一种间接的近似设计方法，可近似设计的条件是采样频率足够高，即采样周期足够小。数字控制器模拟化设计方法的关键是连续控制器的离散化，对离散化方法的理解应注意变换对系统性能的影响，尤其是对系统稳定性和频率响应特性的影响。实用的变换方法包括后向差分变换法、双线性变换法、零极点匹配法；这几种方法中，相对来说双线性变换法的效果最好，在工程中也到了比较多的应用。数字 PID 控制器是工业领域应用最为广泛的一种实用的控制器，本章介绍了位置式和增量式两种基本 PID 控制算法；同时介绍了几种实用的改进的 PID 控制算法，包括积分分离的数字 PID 控制算法、带死区的数字 PID 控制算法、不完全微分 PID 控制算法和微分先行 PID 控制算法。对带死区的数字 PID 控制算法的理解要格外注意积分的保持特性。PID 控制器的参数整定方法主要来自工程实践，掌握这些方法应该首先了解 PID 控制算法的各个参数变化对系统性能的影响。Smith 预估控制是针对纯滞后对象并基于模型的一种控制策略，应深刻理解 Smith 预估控制的设计思想，掌握数字 Smith 预估器的设计方法。本章介绍的两种 Smith 预估控制的改进方案各有特点，Smith 预估器的完全抗干扰改进方案不仅可以完全抗干扰，而且与干扰信号出现的位置和干扰的形式无关，同时可实现完全无偏差跟踪控制；增益自适应 Smith 预估补偿控制方案则可实现预估模型增益自适应地随着过程模型增益的变化而变化。

习题与思考题

4.1 在什么情况下，计算机控制系统可以近似为连续控制系统？为什么？

4.2 数字控制器的离散化方法有哪些？各种离散化方法必须遵循的基本原则是什么？

4.3 已知连续控制系统的模拟控制器传递函数为 $D(s)=\dfrac{1}{s^2+0.2s+1}$，采样周期 $T=1\text{s}$，分别采用前向差分和后向差分法求出数字控制器传递函数 $D(z)$ 及差分形式的控制算法。

4.4 设连续控制器为 $D(s)=\dfrac{s+1}{s^2+1.4s+1}$，采样周期 $T=1\text{s}$，试用零极点匹配法设计数字控制器 $D(z)$ 及其差分形式的控制算法。

4.5 某控制系统的模拟控制器传递函数为 $D(s)=\dfrac{s+1}{0.2s+1}$，采样周期 $T=0.1\text{s}$，使用后向差分法求数字控制器传递函数 $D(z)$ 及其控制算法。

4.6 已知超前校正模拟控制器为 $D(s)=\dfrac{5(s+2)}{s+8}$，采样周期 $T=0.1\text{s}$，试用双线性变换法进行离散化求得数字控制器 $D(z)$ 及其数字控制算法。

4.7 请分别写出位置式和增量式数字 PID 控制算法，并分别推导出两种形式控制器的脉冲传递函数。

4.8　请分别说出积分分离 PID 和微分先行 PID 控制算法的特点以及能解决的主要问题。

4.9　什么是带死区的 PID 控制算法？

4.10　什么是积分饱和作用？它是怎么引起的？可以采取什么办法消除积分饱和？

4.11　在进行 PID 控制算法设计时，需要整定哪些参数？

4.12　PID 控制器的三种控制作用对系统性能各有什么影响？三个参数 k_{p}、T_{i} 和 T_{d} 变化时分别如何影响系统性能？

4.13　已知系统的校正装置为 PI 调节器，即 $D(s)=K_{\mathrm{p}}\left(1+\frac{1}{T_{\mathrm{i}}s}\right)$，其中，$K_{\mathrm{p}}=3$，$T_{\mathrm{i}}=0.5\mathrm{s}$，采样周期 $T=0.1\mathrm{s}$，试求其位置式数字控制算法。

4.14　已知模拟控制器的传递函数为 $D(s)=\frac{1+0.17s}{0.085s}$，采样周期为 0.2s，试写出数字控制器的增量式控制算法。

4.15　采用扩充临界比例度法整定数字 PID 控制算法参数，设临界振荡周期 $T_{\mathrm{u}}=2.5\mathrm{s}$，临界振荡增益 $K_{\mathrm{u}}=6$，控制度为 1.5，试确定 PID 控制算法的各个参数。

4.16　为什么说具有大的纯滞后环节的过程是难控制过程？请举例说明。

4.17*　已知某被控对象的传递函数为 $W(s)=\frac{2}{s(s+1)}$，设计的模拟控制器为 $D(s)=\frac{0.35(s+0.06)}{s+0.004}$，当采样周期 T 分别为 0.1s、1s 和 2s 时，请采用合适的离散化方法设计数字控制器，并求出相应的计算机控制系统的单位阶跃响应。

4.18*　计算机控制系统如题图 1 所示，采样周期 $T=0.1\mathrm{s}$，数字控制器 $D(z)=K_{\mathrm{p}}$，试分析比例系数 K_{p} 对系统稳态误差的影响。

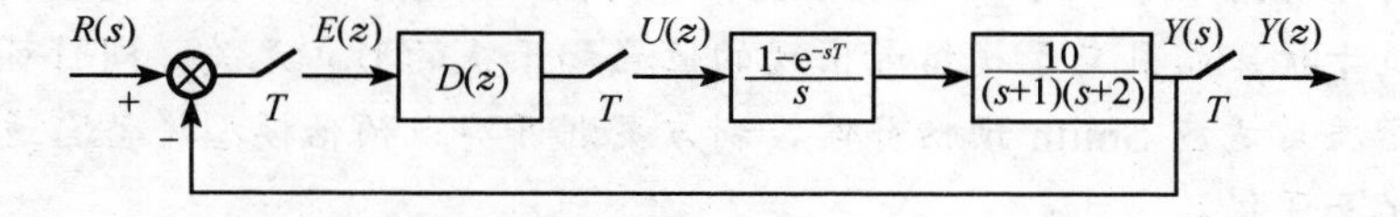

题图 1　带数字 PID 的计算机控制系统

4.19*　对具有大的纯滞后被控对象，采用常规的 PID 控制算法会产生什么现象？

4.20*　设被控对象的传递函数为 $W(s)=\frac{\mathrm{e}^{-s}}{s+1}$，采用 Smith 预估控制，试写出数字 PID 控制器的控制算法表达式 $u(k)$。

第 5 章　数字控制器的直接设计方法

5.1 引　言

第 4 章讨论的是利用模拟化设计方法对计算机控制系统进行综合与设计，其实质是在采样周期较小的情况下，将计算机控制系统近似看成连续系统进行控制器的设计，然后通过对连续控制器的离散化处理，得到计算机控制系统的数字控制算法。该方法对于不能获得被控对象准确数学模型情况下的数字控制器的设计较为实用，但是本质上属于一种近似化的设计方法，具有一定的局限性。

将连续的控制对象及其零阶保持器用适当的方法离散化后，系统完全变成离散系统，因此可以用离散系统的设计方法直接在 z 域进行控制器的设计，这就是数字控制器的直接设计方法。这种离散化的设计方法稳定性好，精度高，一般用于可以精确建立对象数学模型的情况。由于该方法是在给定的采样周期下进行设计的，因此采样周期的选择取决于被控对象的特性，不受分析设计方法的限制，可以不必选得太小，达到系统控制指标的要求即可。

离散化直接设计方法包括根轨迹设计法、频率响应设计法和解析设计法，本章主要讲述解析设计法范畴的最小拍控制设计方法和大林(Dahlin)算法，以及这两种方法的工程化改进与应用。解析设计方法是在给定计算机控制系统闭环系统脉冲传递函数的条件下，直接计算出数字控制器的脉冲传递函数，本质上属于一种极点配置的设计方法。最小拍控制属于时间最优的控制系统设计，即控制的目标是使整个闭环系统的调节时间最短；而大林算法则用于解决纯滞后被控对象的控制器设计问题。由于解析设计法依赖于被控对象模型的精确性建立，因此在工程化实用过程中，需要针对具体情况进行相应的控制算法改进或算法中关键参数的工程化选择。

本章概要　5.1 节讲述数字控制器直接设计方法的基本概念、应用范围，以及本章讲述的控制算法的本质；5.2 节介绍直接设计方法的基本原理和设计准则；5.3 节讲述有纹波最小拍控制器的设计方法，分为简单对象和复杂对象两种情况；5.4 节讲述最小拍控制器的工程化改进方法，包括无纹波最小拍控制器的设计方法，以及对输入信号类型敏感和对被控对象模型参数变化敏感两种情况下，最小拍控制算法的工程化改进方法；5.5 节讲述了大林算法的设计原理，以及该算法表现出来的振铃现象的本质和消除方法；5.6 节讲述了通过合理选择大林算法中的关键参数，解决大林算法应用过程中的振铃现象和分数时滞问题；5.7 节对数字控制器的实现方法进行了介绍。

5.2 直接设计方法基本原理

对于第 3 章图 3.11 所示的单位反馈计算机控制系统，将被控对象与零阶保持器一起离散化后，得到的离散系统如图 5.1 所示。

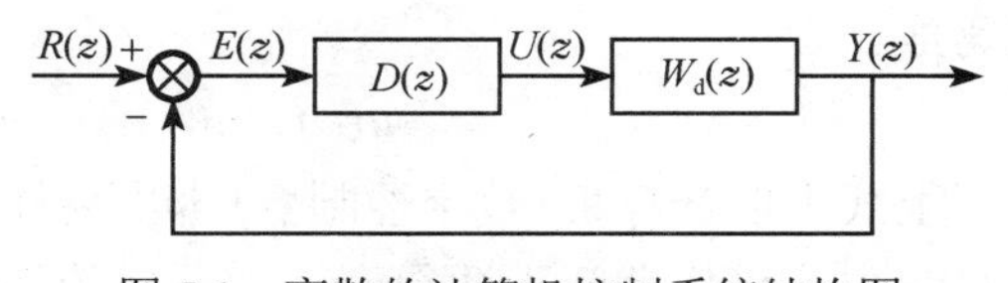

图 5.1　离散的计算机控制系统结构图

由式(3.30)可知，系统的闭环脉冲传递函数为

$$W_B(z)=\frac{Y(z)}{R(z)}=\frac{D(z)W_d(z)}{1+D(z)W_d(z)} \tag{5.1}$$

由式(3.31)可知，系统闭环误差脉冲传递函数为

$$W_e(z)=\frac{E(z)}{R(z)}=\frac{1}{1+D(z)W_d(z)} \tag{5.2}$$

由式(3.32)可知

$$W_B(z)=1-W_e(z) \tag{5.3}$$

从而得到控制器的脉冲传递函数为

$$D(z)=\frac{W_B(z)}{W_d(z)[1-W_B(z)]}=\frac{1-W_e(z)}{W_d(z)W_e(z)}=\frac{W_B(z)}{W_d(z)W_e(z)} \tag{5.4}$$

若已知被控对象的脉冲传递函数$W_d(z)$，并根据性能指标要求确定出整个系统的闭环脉冲传递函数$W_B(z)$或闭环误差脉冲传递函数$W_e(z)$，则数字控制器$D(z)$可以唯一确定。因此，可以将数字控制器直接设计法的解析设计过程归纳如下步骤：

(1) 确定被控对象的传递函数模型，该过程是算法设计的基础。直接设计方法假定已经得到了被控对象的精确模型$W(s)$，将其连同前面的零阶保持器一起离散化后，得到被控对象的广义被控模型$W_d(z)$。

(2) 根据控制系统的性能指标要求及其他约束条件，确定出闭环系统的传递函数$W_B(z)$或$W_e(z)$，或同时确定$W_B(z)$或$W_e(z)$，使二者满足式(5.3)的约束。

(3) 根据式(5.4)确定控制器传递函数模型$D(z)$。

(4) 根据$D(z)$编制控制算法。

在被控对象模型已知的前提下，直接设计方法的关键在于闭环系统脉冲传递函数$W_B(z)$(或闭环误差脉冲传递函数$W_e(z)$)的选择。$W_B(z)$或$W_e(z)$的选择(本章后续内容以确定$W_B(z)$为主)要满足计算机控制系统的基本要求，即要满足数字控制器的物理可实现性、稳定性、准确性和快速性等几个方面的要求，这就是直接设计方法的基本原则。

(1) 物理可实现性。指设计得到的数字控制器$D(z)$，在物理逻辑上必须是可实现的。判断$D(z)$在物理上能够实现的条件是$D(z)$分母的z的最高阶次n大于或等于$D(z)$分子的z的最高阶次m，即$n\geqslant m$。否则就要求数字控制器有超前输出，这是无法实现的。例如

$$D(z)=\frac{U(z)}{E(z)}=\frac{z^2+z+1}{z-1}=\frac{1+z^{-1}+z^{-2}}{z^{-1}-z^{-2}}$$

式中，$n=1$，$m=2$，$n<m$。对上式进行交叉相乘，得

$$(z^{-1}-z^{-2})U(z)=(1+z^{-1}+z^{-2})E(z)$$

对上式两边进行z反变换，得

$$u(k-1)-u(k-2)=e(k)+e(k-1)+e(k-2)$$

或写成

$$u(k)=u(k-1)+e(k+1)+e(k)+e(k-1)$$

上式表明计算机(数字控制器)本次采样输出值$u(k)$与下次采样偏差$e(k+1)$有关。由于计算机在本次采样期间无法得到下次采样的偏差值$e(k+1)$，算不出$u(k)$，计算机无法工作。如

果满足$n \geqslant m$的条件，类似上式的$e(k+1)$项就不会出现。

(2) 稳定性。指由计算机作为数字控制器的闭环控制系统，必须是稳定的。计算机控制系统的稳定性包含两方面的含义：一是整个系统的输出$Y(z)$能够较好地复现控制系统的输入$R(z)$，不能发散；二是数字控制器的输出$U(z)$也不能发散，应以较少的振荡次数驱动系统的输出$Y(z)$达到稳定状态。关于稳定性的要求将在后续的章节中进行具体讲述。

(3) 准确性。指系统的稳态指标。对于离散系统来说，要求在特定输入信号作用下，其输出序列值应该与输入序列值相等，即稳态误差为零，这就是“无差”的概念。对于计算机控制系统来说，可能还会进一步要求系统在采样点之间也没有稳态误差。

(4) 快速性。指系统的暂态指标。一般来说，暂态指标包括调节时间和超调量，这里着重强调系统的调节时间(最小拍控制)，即系统的输出响应能够在尽量短的时间内达到稳定状态，也就是要求系统的输出响应能够尽快跟踪输入信号的变化。

5.3 最小拍控制器的设计方法

所谓最小拍系统，也称为最少调整时间系统或最快响应系统，是指系统对单位阶跃输入、单位速度输入或单位加速度输入等典型输入信号，具有最快的响应速度。经过最少个采样周期，使得输出的稳态误差为零，达到输出完全跟踪输入的目的，从这个准则出发，来确定控制器$D(z)$的脉冲传递函数，即计算机的控制算法。

5.3.1 简单对象最小拍控制器设计

假定广义被控对象的脉冲传递函数$W_{\mathrm{d}}(z)$是稳定的，它在z平面单位圆上((1，0)点除外)或圆外无零点和极点，而且没有纯滞后。

最小拍系统的性能指标要求如下：

(1) 无稳态偏差。

(2) 达到稳态所需拍数(采样周期数)为最少。

下面根据这两个指标确定$W_{\mathrm{B}}(z)$。

偏差$e(t)$的z变换$E(z)$的级数形式为

$$E(z)=e(0)+e(1)z^{-1}+e(2)z^{-2}+\cdots \tag{5.5}$$

式中，$e(0),e(1),e(2),\cdots$为偏差采样值。显然，要求偏差的采样值在最短时间内达到零并保持为零，即在采样周期数(或拍数)$k \geqslant N$以后，恒有$e(k)=0$，并且N越小越好。这就要求$E(z)$为z^{-1}的多项式，而且项数越少越好。这就是最小拍系统的设计原则。

下面来研究什么样的$W_{\mathrm{B}}(z)$可使稳态偏差为零。偏差的z变换为

$$E(z)=R(z)-Y(z)=\left[1-W_{\mathrm{B}}(z)\right]R(z) \tag{5.6}$$

由z变换的终值定理可得

$$\lim_{t\to\infty} e(t)=\lim_{z\to 1}(1-z^{-1})\left[1-W_{\mathrm{B}}(z)\right]R(z) \tag{5.7}$$

因此，无稳态偏差的条件是使上式为零。于是便可从式(5.7)中求出$W_{\mathrm{B}}(z)$。

显然，使式(5.7)为零的$W_{\mathrm{B}}(z)$与输入函数$r(t)$的z变换$R(z)$有关，当输入函数$r(t)$不同时，$R(z)$也不同。下面分析不同的$R(z)$时的$W_{\mathrm{B}}(z)$。

单位阶跃输入 $r(t)=1(t)$，$R(z)=\dfrac{1}{1-z^{-1}}$

单位速度输入 $r(t)=t$，$R(z)=\dfrac{Tz^{-1}}{(1-z^{-1})^2}$

单位加速度输入 $r(t)=\dfrac{t^2}{2}$，$R(z)=\dfrac{T^2z^{-1}(1+z^{-1})}{2(1-z^{-1})^3}$

可见典型输入的 z 变换具有如下的一般形式：

$$R(z)=\frac{A(z)}{(1-z^{-1})^m} \tag{5.8}$$

式中，$A(z)$ 是不包含 $(1-z^{-1})$ 因式的 z^{-1} 多项式。

对于不同的典型输入，m 不同。单位阶跃输入，$m=1$；单位速度输入，$m=2$；单位加速度输入，$m=3$。

将式(5.8)代入式(5.7)，得

$$\lim_{t\to\infty}e(t)=\lim_{z\to 1}(1-z^{-1})\left[1-W_{\mathrm{B}}(z)\right]\frac{A(z)}{(1-z^{-1})^m} \tag{5.9}$$

很明显，要使式(5.9)等于零，$\left[1-W_{\mathrm{B}}(z)\right]$应具有如下形式：

$$1-W_{\mathrm{B}}(z)=(1-z^{-1})^m F(z) \tag{5.10}$$

式中，$F(z)$ 为不包含 $(1-z^{-1})$ 因式的 z^{-1} 多项式。

以上得到了最小拍设计的一般结果，可进一步具体化。如取 $F(z)=1$，即所设计的控制器是形式最简单、阶数最低的情况。那么有

(1) 单位阶跃输入：$m=1$时

$$\begin{cases}1-W_{\mathrm{B}}(z)=1-z^{-1}\\ W_{\mathrm{B}}(z)=z^{-1}\end{cases} \tag{5.11}$$

偏差的 z 变换为

$$\begin{aligned}E(z)&=\left[1-W_{\mathrm{B}}(z)\right]R(z)=(1-z^{-1})\frac{1}{1-z^{-1}}=1\\&=1+0\cdot z^{-1}+0\cdot z^{-2}+\cdots\end{aligned} \tag{5.12}$$

从式(5.12)可知，偏差存在一拍，即调整时间为一个采样周期 T，在第二个采样周期以后偏差恒等于零。

(2) 单位速度输入：$m=2$时

$$\begin{cases}1-W_{\mathrm{B}}(z)=(1-z^{-1})^2\\ W_{\mathrm{B}}(z)=2z^{-1}-z^{-2}\end{cases} \tag{5.13}$$

偏差的 z 变换为

$$\begin{aligned}E(z)&=\left[1-W_{\mathrm{B}}(z)\right]R(z)=(1-z^{-1})^2\frac{Tz^{-1}}{(1-z^{-1})^2}=Tz^{-1}\\&=0\cdot z^{-0}+Tz^{-1}+0\cdot z^{-2}+0\cdot z^{-3}+\cdots\end{aligned} \tag{5.14}$$

从式(5.14)可知，偏差存在两拍，即调整时间为两个采样周期，第三个采样周期以后偏差恒等于零。

(3) 单位加速度输入：$m=3$ 时

$$\begin{cases}1-W_{\mathrm{B}}(z)=(1-z^{-1})^3\\ W_{\mathrm{B}}(z)=3z^{-1}-3z^{-2}+z^{-3}\end{cases} \tag{5.15}$$

偏差的 z 变换为

$$\begin{aligned}E(z)&=\left[1-W_{\mathrm{B}}(z)\right]R(z)=(1-z^{-1})^3\frac{T^2z^{-1}(1-z^{-1})}{2(1-z^{-1})^3}\\&=0z^{-0}+\frac{T^2}{2}z^{-1}+\frac{T^2}{2}z^{-2}+0z^{-3}+\cdots\end{aligned} \tag{5.16}$$

从式(5.16)可知，偏差存在三个采样周期，从第四个采样周期以后，偏差恒等于零。

将上述三种典型输入情况汇总列于表5.1，T 为采样周期。

表5.1　三种典型输入情况汇总

输入函数 $r(t)$	$1-W_{\mathrm{B}}(z)$	$W_{\mathrm{B}}(z)$	调节时间 t_{s}
单位阶跃 $1(t)$	$1-z^{-1}$	z^{-1}	T
单位速度 t	$(1-z^{-1})^2$	$2z^{-1}-z^{-2}$	$2T$
单位加速度 $t^2/2$	$(1-z^{-1})^3$	$3z^{-1}-3z^{-2}+z^{-3}$	$3T$

从上面三种典型输入的情况可以看出，满足无稳态偏差条件的 $[1-W_{\mathrm{B}}(z)]$ 的一般形式为

$$1-W_{\mathrm{B}}(z)=(1-z^{-1})^mF(z)$$

式中，$(1-z^{-1})^m$ 是用来满足无稳态偏差条件的，若从快速性角度要求系统以最少采样周期数达到稳态值，就要求 $[1-W_{\mathrm{B}}(z)]$ 中多项式的项数尽可能少。式中 $(1-z^{-1})^m$ 因子是作为满足无稳态偏差条件的，所以不能动，那么减少 $[1-W_{\mathrm{B}}(z)]$ 多项式的项数，就只能减少 $F(z)$ 多项式的项数，最少的项数是 $F(z)=1$。因此，表5.1所列出的 $W_{\mathrm{B}}(z)$ 是同时满足无稳态偏差和快速性两项技术要求的，同样，也满足系统稳定性和物理可实现性的要求。

设计上述简单对象的最小拍控制器步骤总结如下：

(1) 根据被控对象的数学模型求出广义对象的脉冲传递函数 $W_{\mathrm{d}}(z)$。

(2) 根据输入信号类型，查表5.1确定模型 $1-W_{\mathrm{B}}(z)$，也就是系统的闭环误差脉冲传递函数模型 $W_{\mathrm{e}}(z)$。

(3) 将 $W_{\mathrm{d}}(z)$ 和 $W_{\mathrm{B}}(z)$ 代入式(5.4)，即

$$D(z)=\frac{W_{\mathrm{B}}(z)}{W_{\mathrm{d}}(z)[1-W_{\mathrm{B}}(z)]}$$

求出控制器的传递函数 $D(z)$。

(4) 根据结果求出输出序列，画出系统的响应曲线等。

例 5.1　被控对象的脉冲传递函数模型为

$$W(s)=\frac{2}{s(1+0.5s)}$$

采用零阶保持器，采样周期 $T=0.5\mathrm{s}$，试设计单位速度输入时的最小拍数字控制器。

解　(1) 该系统的广义对象脉冲传递函数为

$$W_{\mathrm{d}}(z)=Z\left[\frac{1-\mathrm{e}^{-Ts}}{s}\cdot\frac{2}{s(1+0.5s)}\right]=(1-z^{-1})Z\left[\frac{2}{s^2(1+0.5s)}\right]$$
$$=(1-z^{-1})\left[\frac{2Tz^{-1}}{(1-z^{-1})^2}-\frac{1}{1-z^{-1}}+\frac{1}{1-\mathrm{e}^{-2T}z^{-1}}\right]=\frac{0.368z^{-1}(1+0.718z^{-1})}{(1-z^{-1})(1-0.368z^{-1})}$$

由于输入为$r(t)=t$，查表 5.1 得

$$1-W_{\mathrm{B}}(z)=W_{\mathrm{e}}(z)=(1-z^{-1})^2,\quad W_{\mathrm{B}}(z)=2z^{-1}-z^{-2}$$

(2) 数字控制器的脉冲传递函数为

$$D(z)=\frac{W_{\mathrm{B}}(z)}{W_{\mathrm{d}}(z)[1-W_{\mathrm{B}}(z)]}=\frac{5.435(1-0.5z^{-1})(1-0.368z^{-1})}{(1-z^{-1})(1+0.718z^{-1})}$$

(3) 分析数字控制器$D(z)$对系统的控制效果。当输入为单位速度信号时，系统输出序列的z变换为

$$Y(z)=W_{\mathrm{B}}(z)R(z)=(2z^{-1}-z^{-2})\frac{Tz^{-1}}{(1-z^{-1})^2}$$
$$=z^{-2}+1.5z^{-3}+2z^{-4}+2.5z^{-5}+\cdots$$

上式中各项系数即为输出$y(t)$在各个采样时刻的数值，即$y(0)=0$，$y(T)=0$，$y(2T)=1$，$y(3T)=1.5$，$y(4T)=2$，…。此时，控制器输出的控制序列为

$$U(z)=\frac{Y(z)}{W_{\mathrm{d}}(z)}=\frac{W_{\mathrm{B}}(z)}{W_{\mathrm{d}}(z)}R(z)=\frac{(1-z^{-1})(1-0.368z^{-1})(2z^{-1}-z^{-2})}{0.368z^{-1}(1+0.718z^{-1})}\cdot\frac{Tz^{-1}}{(1-z^{-1})^2}$$
$$=5.435T\frac{z^{-1}-0.868z^{-2}+0.184z^{-3}}{1-0.282z^{-1}-0.718z^{-2}}$$
$$=2.717z^{-1}-1.593z^{-2}+2.00z^{-3}-0.579z^{-4}+1.275z^{-5}+\cdots$$

于是得到系统的响应信号$y(t)$和控制信号$u(t)$的曲线如图 5.2 所示。

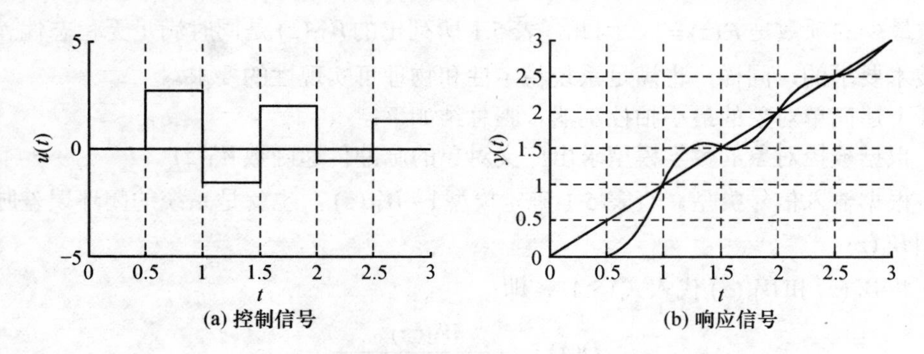

图 5.2　单位速度输入时系统控制信号与响应信号

从图 5.2(b)可以看出，当系统为单位速度输入时，经过两拍以后，输出量完全等于输入采样值，但是在采样点之间存在着一定的偏差，即存在纹波。因此该最小拍数字控制器也称为有纹波最小拍数字控制器。

从图 5.2(a)可以看出，控制器输出的控制序列$u(k)$是振荡收敛的，因此控制器的输出也是稳定的。但是，其振荡收敛的特性引起了输出的纹波存在。

再来看一下当输入为其他函数时，系统输出序列$y(k)$和控制序列$u(k)$的情况。

(4) 设输入为单位阶跃函数时，输出量 z 变换为

$$Y(z)=W_{\mathrm{B}}(z)R(z)=(2z^{-1}-z^{-2})\frac{1}{1-z^{-1}}=2z^{-1}+z^{-2}+z^{-3}+z^{-4}+\cdots$$

控制量的 z 变换为

$$\begin{aligned}U(z)&=\frac{W_{\mathrm{B}}(z)}{W_{\mathrm{d}}(z)}R(z)=\frac{(1-z^{-1})(1-0.368z^{-1})(2z^{-1}-z^{-2})}{0.368z^{-1}(1+0.718z^{-1})}\cdot\frac{1}{1-z^{-1}}\\&=5.435\frac{1-0.868z^{-1}+0.184z^{-2}}{1+0.718z^{-1}}\\&=5.435-8.511z^{-1}+7.191z^{-2}-5.160z^{-3}+\cdots\end{aligned}$$

其输出响应曲线和控制输出曲线如图 5.3 所示。从图中可以看出，按单位速度输入设计的最小拍控制系统，当输入改为阶跃函数时，系统仍然稳定，但是系统超调量非常大，即系统的动态性能变差；同时采样点之间的纹波非常严重，控制器的输出信号振荡加剧，因此整个系统的控制效果很差。

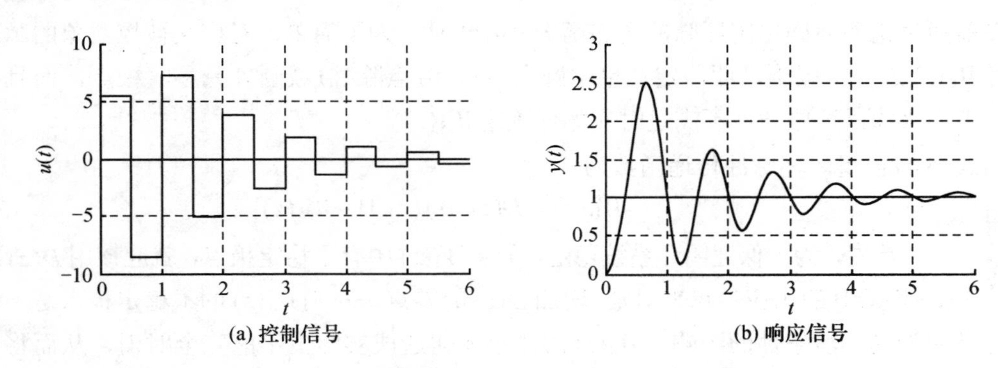

图 5.3　单位阶跃输入时系统控制信号和响应信号

(5) 若输入为单位加速度函数，则系统输出量的 z 变换为

$$\begin{aligned}Y(z)&=W_{\mathrm{B}}(z)R(z)=(2z^{-1}-z^{-2})\frac{T^2z^{-1}(1+z^{-1})}{2(1-z^{-1})^3}\\&=0.25z^{-2}+0.875z^{-3}+1.75z^{-4}+2.875z^{-5}+\cdots\end{aligned}$$

控制量的 z 变换为

$$\begin{aligned}U(z)&=\frac{W_{\mathrm{B}}(z)}{W_{\mathrm{d}}(z)}R(z)=\frac{(1-z^{-1})(1-0.368z^{-1})(2z^{-1}-z^{-2})}{0.368z^{-1}(1+0.718z^{-1})}\cdot\frac{T^2z^{-1}(1+z^{-1})}{2(1-z^{-1})^3}\\&=0.679\frac{z^{-1}+0.132z^{-2}-0.684z^{-3}+0.184z^{-4}}{1-1.282z^{-1}-0.436z^{-2}+0.718z^{-3}}\\&=0.679z^{-1}+0.960z^{-2}+1.063z^{-3}+\cdots\end{aligned}$$

其输出响应曲线和控制输出曲线如图 5.4 所示。从图中可以看出，系统输出 $y(t)$ 与参考输入 $r(t)$ 之间始终存在着偏差，控制信号 $u(t)$ 也随着时间振荡增大。稳态误差为

$$e(\infty)=\lim_{z\to1}(1-z^{-1})W_{\mathrm{e}}(z)R(z)=\lim_{z\to1}(1-z^{-1})(1-z^{-1})^2\frac{T^2z^{-1}(1+z^{-1})}{2(1-z^{-1})^3}=0.25$$

由上述分析可见，按某种典型输入设计的最小拍控制系统，当输入形式改变时，系统的性能变坏，系统输出响应和控制器输出不理想，这说明最小拍控制系统对输入信号的变化适

应性较差。

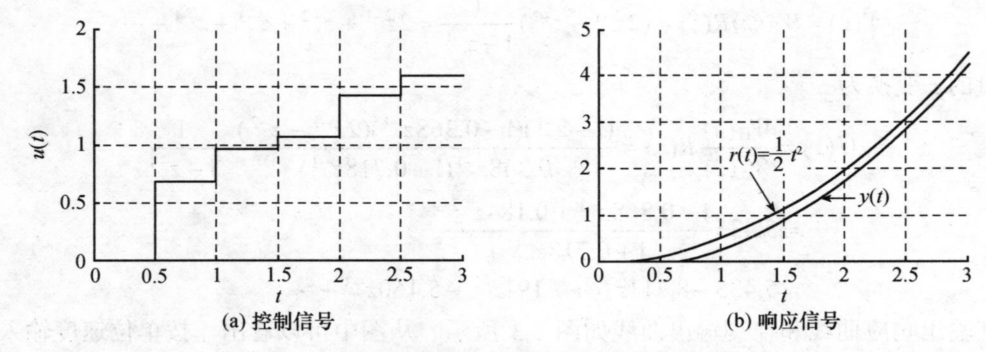

图 5.4　单位加速度输入时系统控制信号和响应信号

5.3.2　复杂对象最小拍控制器设计

在前面讨论如何确定闭环脉冲传递函数 $W_B(z)$ 时，为了简单，对广义被控对象的脉冲传递函数 $W_d(z)$ 进行了限制，即假定在单位圆上（(1，0) 点除外）或圆外无零、极点，而且无纯滞后。下面来探讨这些条件不满足时应如何确定 $W_B(z)$。

由式 (5.4) 可得闭环脉冲传递函数为

$$W_B(z)=D(z)\cdot W_d(z)\cdot[1-W_B(z)] \tag{5.17}$$

首先，为了保证闭环系统稳定，如果 $W_d(z)$ 中有不稳定极点，就应该用 $D(z)$ 或用 $[1-W_B(z)]$ 的相应零点来对消。增加 $D(z)$ 的零点来对消 $W_d(z)$ 的不稳定极点是不许可的，这是因为受环境条件的影响，$W_d(z)$ 的微小变化造成实际上不能完全对消，从而将有可能引起系统的不稳定，这一点将通过例 5.2 进行说明。因而，必须在 $[1-W_B(z)]$ 中增加相应的零点来对消 $W_d(z)$ 的不稳定极点。

其次，如果 $W_d(z)$ 中有位于单位圆上或圆外的零点，则不能用 $[1-W_B(z)]$ 的极点来对消，因为 $1-W_B(z)=W_e(z)$，即闭环误差脉冲传递函数的极点为闭环系统的特征根，而稳定的计算机控制系统，其特征根必须都位于单位圆内。同时，也不能用增加 $D(z)$ 极点的方法来对消，因为 $D(z)$ 不能有不稳定极点，否则控制器的输出序列 $u(k)$ 将发散，同样不满足计算机控制系统稳定性的要求。所以 $W_d(z)$ 中在单位圆上或圆外的零点只能原封不动地留在 $W_B(z)$ 中，即在确定 $W_B(z)$ 时，要把 $W_d(z)$ 在单位圆上或圆外的零点包括在 $W_B(z)$ 之内。

最后一个问题是，如果 $W_d(z)$ 中包括纯滞后环节 z^{-1} 的多次方 L 时，不能在 $D(z)$ 的分母上设置纯滞后环节来对消 $W_d(z)$ 的纯滞后环节。否则经过通分之后，$D(z)$ 分子的 z 的阶次 m 将高于分母 z 的阶次 n，这是不允许的，它将造成 $D(z)$ 在物理上不能实现。同时，纯滞后环节也不能用 $[1-W_B(z)]$ 中的相应因子来对消，因为 $[1-W_B(z)]$ 中没有 z^L 因子。因此，$W_d(z)$ 的纯滞后环节 z^{-L} 也必须留在 $W_B(z)$ 之内。

考虑到上述三种情况，假设广义对象 $W_d(z)$ 中有 p 个不稳定的极点，q 个不稳定的零点，纯滞后时间为 L，则系统闭环脉冲传递函数 $W_B(z)$ 的一般形式为

$$\begin{aligned}W_B(z)=[&f_1z^{-1}+f_2z^{-2}+\cdots+f_mz^{-m}+f_{m+1}z^{-(m+1)}+\cdots\\&+f_{m+p}z^{-(m+p)}](1+\beta_1z^{-1})\cdots(1+\beta_qz^{-1})z^{-L}\end{aligned} \tag{5.18}$$

式中：

(1) $f_1z^{-1},\cdots,f_mz^{-m}$ 是由输入典型函数决定的，当 $r(t)=1(t)$ 时，$m=1$；当 $r(t)=t$ 时，$m=2$；$r(t)=t^2/2$ 时，$m=3$。

(2) $f_{m+1}z^{-(m+1)},\cdots,f_{m+p}z^{-(m+p)}$ 各项为 $W_{\rm d}(z)$ 在单位圆上或圆外极点的反映。

(3) $(1+\beta_1z^{-1}),\cdots,(1+\beta_qz^{-1})$ 各项为 $W_{\rm d}(z)$ 在单位圆上或圆外的零点因式。

(4) z^{-L} 为 $W_{\rm d}(z)$ 的纯滞后环节。L 为纯滞后拍数，以采样周期 T 的整数倍计算，$L=\tau/T$，τ 为被控对象纯滞后时间。

由式(5.10)可知

$$1-W_{\rm B}(z)=(1-z^{-1})^mF_1(z)$$

即 $[1-W_{\rm B}(z)]$ 必须包含 $(1-z^{-1})^m$。

根据稳定性要求，$[1-W_{\rm B}(z)]$ 中包含广义对象 $W_{\rm d}(z)$ 中不稳定极点的情况，即

$$1-W_{\rm B}(z)=(1-a_1z^{-1})(1-a_2z^{-1})\cdots(1-a_pz^{-1})F_2(z)$$

式中，$a_1\cdots a_p$ 为 $W_{\rm d}(z)$ 在单位圆上((1，0)点除外)或圆外极点，$F_1(z)$、$F_2(z)$ 为关于 z^{-1} 的多项式。

由此可知，式(5.18)中系数 f_1，…，f_{m+p} 可由下列 $m+p$ 个方程联立求解：

$$\begin{cases} W_{\rm B}(z)\big|_{z=1}=1 \\ \left.\dfrac{{\rm d}W_{\rm B}(z)}{{\rm d}z}\right|_{z=1}=0 \\ \quad\vdots \\ \left.\dfrac{{\rm d}^{m-1}W_{\rm B}(z)}{{\rm d}z^{m-1}}\right|_{z=1}=0 \\ W_{\rm B}(z)\big|_{z=a_1}=1 \\ \quad\vdots \\ W_{\rm B}(z)\big|_{z=a_p}=1 \end{cases} \tag{5.19}$$

式(5.18)为从稳定性条件导出的 $W_{\rm B}(z)$ 的一般表达式，它考虑了广义对象 $W_{\rm d}(z)$ 带有单位圆上或圆外的零、极点以及带有纯滞后等全部情况，实际上，这三种情况不一定同时全部存在。当广义对象 $W_{\rm d}(z)$ 没有纯滞后环节时，可令式中的 $L=0$，则 $z^{-L}=1$；如果 $W_{\rm d}(z)$ 没有单位圆上或圆外极点，即 $a_1=a_2=\cdots=a_p=0$ 时，有 $f_{m+1}=f_{m+2}=\cdots=f_{m+p}=0$；如果没有单位圆上或圆外零点，则 $\beta_1=\beta_2=\cdots=\beta_q=0$。如果三种情况都不存在，则式(5.18)为表 5.1 表示的情况，即

$$1-W_{\rm B}(z)=(1-z^{-1})^m$$

$$W_{\rm B}(z)=f_1z^{-1}+f_2z^{-2}+\cdots+f_mz^{-m}$$

例 5.2 对于不稳定对象模型 $W_{\rm d}(z)=\dfrac{2.2z^{-1}}{1+1.2z^{-1}}$，试设计单位阶跃输入时的最小拍控制器。

解 (1) 不按照稳定性要求设计。对于单位阶跃输入，查表 5.1 得到 $W_{\rm B}(z)=z^{-1}$，于是有

$$D(z)=\frac{W_{\rm B}(z)}{W_{\rm d}(z)\left[1-W_{\rm B}(z)\right]}=\frac{z^{-1}}{\dfrac{2.2z^{-1}}{1+1.2z^{-1}}(1-z^{-1})}=\frac{0.4545(1+1.2z^{-1})}{1-z^{-1}}$$

输出的 z 变换为

$$Y(z)=W_{\mathrm{B}}(z)R(z)=\frac{z^{-1}}{1-z^{-1}}=z^{-1}+z^{-2}+\cdots$$

看似是一个稳定系统，但若对象产生的漂移变为

$$W_{\mathrm{d}}^{*}(z)=\frac{2.2z^{-1}}{1+1.3z^{-1}}$$

那么按上述设计的最小拍控制器的情况下，有

$$W_{\mathrm{B}}^{*}(z)=\frac{D(z)W_{\mathrm{d}}^{*}(z)}{1+D(z)W_{\mathrm{d}}^{*}(z)}=\frac{z^{-1}(1+1.2z^{-1})}{1+1.3z^{-1}-0.1z^{-2}}$$

$$Y(z)=W_{\mathrm{B}}^{*}(z)R(z)=z^{-1}+0.9z^{-2}+1.13z^{-3}+0.821z^{-4}+1.246z^{-5}+\cdots$$

系统输出响应如图 5.5 所示。可知在被控对象参数变化后，闭环系统不再稳定。

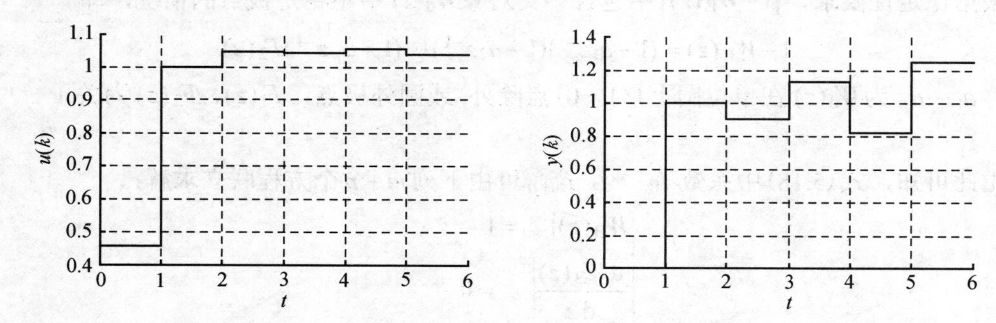

图 5.5　不按稳定性要求设计时被控对象模型参数发生变化后的系统响应

(2) 按照系统稳定性要求设计。对于单位阶跃输入，根据式(5.18)，有

$$W_{\mathrm{B}}(z)=f_1z^{-1}+f_2z^{-2}$$

根据式(5.19)，得

$$\begin{cases}W_{\mathrm{B}}(z)|_{z=1}=f_1+f_2=1\\ W_{\mathrm{B}}(z)|_{z=-1.2}=-\dfrac{f_1}{1.2}+\dfrac{f_2}{1.44}=1\end{cases}$$

解得 $f_1=-0.2$，$f_2=1.2$，于是

$$W_{\mathrm{B}}(z)=-0.2z^{-1}+1.2z^{-2}$$

则有

$$D(z)=\frac{W_{\mathrm{B}}(z)}{W_{\mathrm{d}}(z)[1-W_{\mathrm{B}}(z)]}=\frac{-0.2z^{-1}+1.2z^{-2}}{\dfrac{2.2z^{-1}}{1+1.2z^{-1}}(1+1.2z^{-1})(1-z^{-1})}=-\frac{0.091(1-6z^{-1})}{1-z^{-1}}$$

$$Y(z)=W_{\mathrm{B}}(z)R(z)=\frac{-0.2z^{-1}+1.2z^{-2}}{1-z^{-1}}=-0.2z^{-1}+z^{-2}+z^{-3}+\cdots$$

可知系统稳定。

对于 $W_{\mathrm{d}}^{*}(z)$，因为

$$W_{\mathrm{B}}^{*}(z)=\frac{D(z)W_{\mathrm{d}}^{*}(z)}{1+D(z)W_{\mathrm{d}}^{*}(z)}=\frac{0.2z^{-1}(1-6z^{-1})}{1+0.1z^{-1}-0.1z^{-2}}$$

所以有

$$Y(z)=W_{\mathrm{B}}^{*}(z)R(z)=\frac{-0.2z^{-1}(1-6z^{-1})}{(1+0.1z^{-1}-0.1z^{-2})(1-z^{-1})}$$

$$=-0.2z^{-1}+1.02z^{-2}+0.878z^{-3}+1.0142z^{-4}+\cdots$$

系统输出响应如图 5.6 所示。可知在被控对象参数变化后，闭环系统仍然稳定。

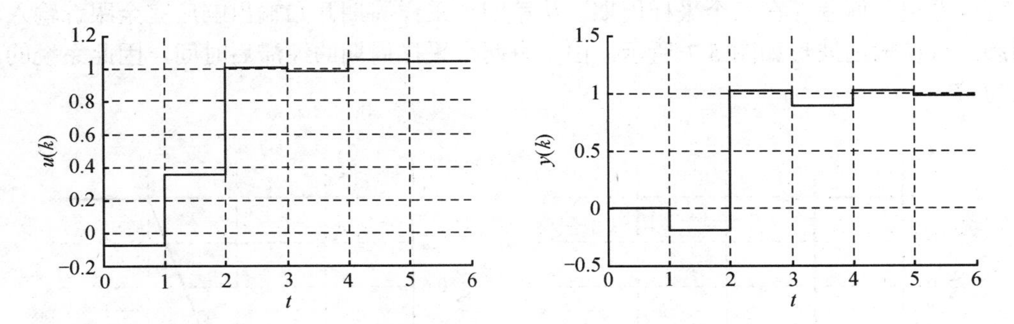

图 5.6　按稳定性要求设计时被控对象模型参数发生变化后的系统响应

例 5.3　被控对象为一积分环节加上纯滞后 e^{-2sT}，即 $W(s)=\frac{1}{s}\mathrm{e}^{-2sT}$，采用零阶保持器，试设计单位阶跃输入时的最小拍控制系统。

解　(1) 求广义对象 $W_{\mathrm{d}}(s)$ 的 z 变换 $W_{\mathrm{d}}(z)$。

$$W_{\mathrm{d}}(s)=W_{\mathrm{h0}}(s)W(s)=\frac{1-\mathrm{e}^{-sT}}{s}\cdot\frac{\mathrm{e}^{-2sT}}{s}=\mathrm{e}^{-2sT}(1-\mathrm{e}^{-sT})\frac{1}{s^{2}}$$

取 $W_{\mathrm{d}}(s)$ 的 z 变换，得出

$$W_{\mathrm{d}}(z)=z^{-2}(1-z^{-1})\frac{Tz^{-1}}{(1-z^{-1})^{2}}=\frac{Tz^{-3}}{1-z^{-1}}$$

(2) 确定脉冲传递函数 $W_{\mathrm{B}}(z)$。

由于是单位阶跃输入，$R(z)=\frac{1}{1-z^{-1}}$，$m=1$；另外，广义对象脉冲传递函数 $W_{\mathrm{d}}(z)$ 中包括滞后环节 z^{-2}，因此，闭环脉冲传递函数为

$$W_{\mathrm{B}}(z)=f_{1}z^{-1}\cdot z^{-2}$$

系数 f_1 由下式决定

$$W_{\mathrm{B}}(z)\big|_{z=1}=1$$

所以 $f_1=1$。于是有

$$W_{\mathrm{B}}(z)=z^{-1}\cdot z^{-2}=z^{-3}$$

$$1-W_{\mathrm{B}}(z)=1-z^{-3}=(1-z^{-1})(1+z^{-1}+z^{-2})$$

(3) 数字控制器 $D(z)$ 的计算。

$$D(z)=\frac{W_{\mathrm{B}}(z)}{W_{\mathrm{d}}(z)\left[1-W_{\mathrm{B}}(z)\right]}=\frac{1-z^{-1}}{Tz^{-3}}\frac{z^{-3}}{(1-z^{-1})(1+z^{-1}+z^{-2})}=\frac{1/T}{1+z^{-1}+z^{-2}}$$

(4) 求最小拍系统输出响应 $y(k)$ 的 z 变换表达式。

$$Y(z)=W_B(z)R(z)=\frac{z^{-3}}{1-z^{-1}}=z^{-3}+z^{-4}+z^{-5}+\cdots$$

（5）求偏差$e(t)$的z变换表达式。

$$\begin{aligned}E(z)=R(z)-Y(z)&=z^{-0}+z^{-1}+z^{-2}+z^{-3}+z^{-4}+\cdots-(z^{-3}+z^{-4}+z^{-5}+\cdots)\\&=z^{-0}+z^{-1}+z^{-2}\end{aligned}$$

可以看出，偏差存在三个采样周期，从第四个采样周期开始输出响应完全跟踪输入而进入稳态。系统输出波形如图 5.7 所示。由于有两个采样周期的纯滞后时间，因此系统的调整时间为$3T$。

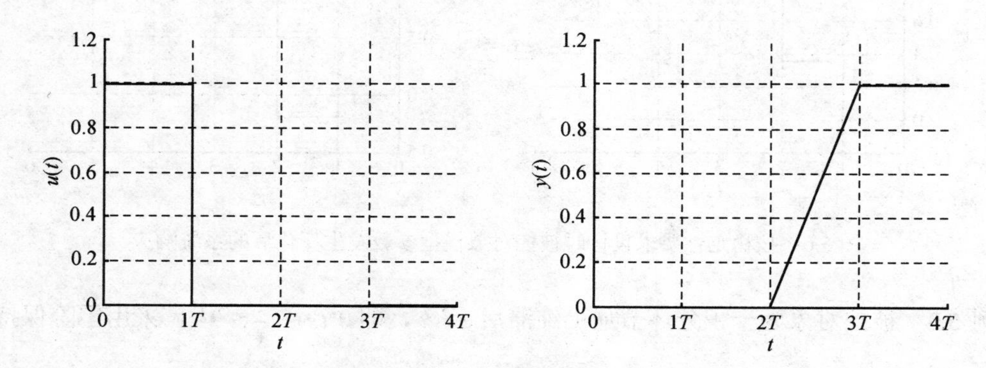

图 5.7　带有纯滞后环节的控制系统输出(T=1)

例 5.4　被控对象的传递函数为

$$W(s)=\frac{10}{s(0.1s+1)(0.05s+1)}$$

取采样周期$T=0.2$ s，试设计单位阶跃输入时最小拍控制系统。

解　（1）求广义对象的脉冲传递函数$W_d(z)$。由已知条件得广义对象脉冲传递函数为

$$W_d(z)=Z\left[\frac{1-e^{-sT}}{s}W(s)\right]=\frac{0.76z^{-1}(1+0.045z^{-1})(1+1.14z^{-1})}{(1-z^{-1})(1-0.135z^{-1})(1-0.0183z^{-1})}$$

（2）确定闭环脉冲传递函数$W_B(z)$。

从$W_d(z)$的表达式可知，在单位圆外有一个零点$z_1=-1.14$，同时，输入函数为单位阶跃函数，它的z变换式$R(z)=1/(1-z^{-1})$，$m=1$，所以，满足最小拍条件的闭环脉冲传递函数$W_B(z)$的形式为

$$W_B(z)=f_1z^{-1}(1+1.14z^{-1})$$

系数f_1可由下式确定

$$W_B(z)\big|_{z=1}=1$$

所以

$$f_1=\frac{1}{1+1.14}=0.47$$

从而有

$$W_B(z)=0.47z^{-1}(1+1.14z^{-1})$$

$$1-W_B(z)=1-0.47z^{-1}(1+1.14z^{-1}) =1-0.47z^{-1}-0.53z^{-2}$$

从上式提出 $(1-z^{-1})$ 因子，得

$$1-W_B(z)=(1-z^{-1})(1+0.53z^{-1})$$

（3）数字控制器 $D(z)$ 的计算。

$$D(z)=\frac{W_B(z)}{W_d(z)[1-W_B(z)]}$$

将 $W_B(z)$、$W_d(z)$、$[1-W_B(z)]$ 之值代入上式，得

$$\begin{aligned}D(z)&=\frac{(1-z^{-1})(1-0.135z^{-1})(1-0.0183z^{-1})}{0.76z^{-1}(1+0.045z^{-1})(1+1.14z^{-1})}\cdot\frac{0.47z^{-1}(1+1.14z^{-1})}{(1-z^{-1})(1+0.53z^{-1})}\\&=\frac{0.62(1-0.135z^{-1})(1-0.0183z^{-1})}{(1+0.045z^{-1})(1+0.53z^{-1})}\end{aligned}$$

数字控制器 $D(z)$ 的分母和分子 z 的阶次相等，即 $n=m$，故 $D(z)$ 在物理上可实现。

（4）输出响应 $y(k)$ 的 z 变换表达式

$$Y(z)=W_B(z)R(z)=\frac{0.47z^{-1}(1+1.14z^{-1})}{1-z^{-1}}=0.47z^{-1}+z^{-2}+z^{-3}+\cdots$$

输出响应 $y(k)$ 和控制序列 $u(k)$ 波形如图 5.8 所示。可见，由于 $W_d(z)$ 有一个在单位圆外的零点，引起调整时间增加一个采样周期 T，总的调整时间增到 $2T$。

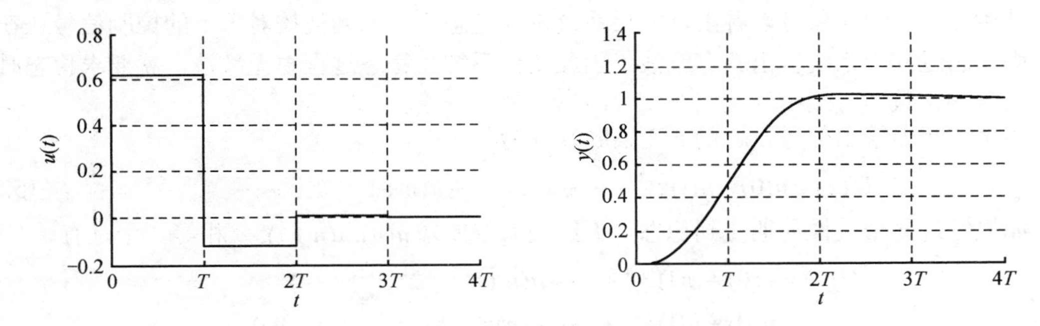

图 5.8　有不稳定零点时的系统单位阶跃响应

5.4　最小拍控制器的工程化改进

5.4.1　最小拍控制系统存在的问题

最小拍系统虽然达到了以最少的采样周期数就能完成跟踪输入函数而没有偏差的性能指标，但是还存在一些不足之处。

（1）最小拍控制系统的输出在采样点之间可能存在纹波。

虽然最小拍控制系统能满足稳、准、快及物理可实现等性能要求，即在最少拍的时间内，系统输出在采样点时刻与系统给定输入相等，但从连续系统的角度来看，在采样点之间，系统输出仍可能呈现衰减振荡的形式，称为纹波。

（2）最小拍控制系统对各种典型输入函数的适应性差。

因为最小拍控制系统是针对特定的输入信号来进行设计的，如果实际输入信号与设计时假定的输入信号类型不符，则系统的性能必定不符合设计时的期望。

(3) 最小拍控制系统对被控对象的模型参数变化敏感。

在进行最小拍控制系统设计时，必须先确定系统闭环脉冲传递函数$W_B(z)$。我们按广义被控对象的脉冲传递函数$W_d(z)$中的模型参数，在$W_B(z)$中设置了与$W_d(z)$相应的纯滞后及不稳定的零点因子，在$[1-W_B(z)]=W_e(z)$中设置了与$W_d(z)$相应的不稳定极点因子，目的是使系统的稳定性能够得到保证。

而$W_d(z)$中的零极点分布完全取决于被控对象本身的控制模型参数，当这些控制模型参数不准确或发生变化时，就会破坏这种零极点分布，造成人为加入的零极点因子不能和被控对象模型中的零极点因子相互抵消，使系统输出相应的动态性能变差，甚至使系统失去稳定。

综上所述，有必要对最小拍控制系统进行工程化的改进，使之在实际应用中得到较好的控制效果。

5.4.2 最小拍无纹波控制器的设计

最小拍系统的输出响应，在采样值之间存在着纹波，输出纹波不仅会造成偏差，而且浪费执行机构的驱动功率，增加机械磨损，应该设法消除。因此，对所设计的系统，要求经过尽可能少的采样周期之后，不仅在采样点上，而且在采样点之间也与输入量相等，这就是要求一个最小拍无纹波系统。

从例 5.1 中的现象可以看出，如果系统进入稳态后，加到被控对象上的控制信号还在波动，则稳态过程中系统输出就有纹波，因此要使系统在稳态过程中无纹波，就要求稳态时的控制信号为常数。

数字控制器输出信号$u(k)$的z变换展开式为

$$U(z)=u(0)+u(1)z^{-1}+\cdots+u(n)z^{-n}+u(n+1)z^{-(n+1)}+\cdots \tag{5.20}$$

如果经过n个采样周期达到稳态，无纹波系统要求$u(n),u(n+1),\cdots$相等，于是有

$$\begin{aligned}U(z)&=u(0)+u(1)z^{-1}+\cdots+u(n)(z^{-n}+z^{-(n+1)}+\cdots)\\&=u(0)+u(1)z^{-1}+\cdots+u(n)z^{-n}(1+z^{-1}+z^{-2}+\cdots)\\&=u(0)+u(1)z^{-1}+\cdots+u(n)z^{-n}\frac{1}{1-z^{-1}}\\&=\frac{u'(0)+u'(1)z^{-1}+\cdots+u'(n)z^{-n}}{1-z^{-1}}=\frac{U'(z)}{1-z^{-1}}\end{aligned} \tag{5.21}$$

式中，$u'(0)=u(0),\ u'(1)=u(1)-u(0),\ \cdots,\ u'(n-1)=u(n-1)-u(n-2),\ u'(n)=u(n)$，$U'(z)$为关于$z^{-1}$的多项式。

由于

$$U(z)=\frac{Y(z)}{W(z)}=\frac{W_B(z)R(z)}{W(z)} \tag{5.22}$$

设被控对象脉冲传递函数$W(z)=\dfrac{M(z)}{N(z)}$，$M(z)$、$N(z)$互质，结合式(5.8)，即

$$R(z)=\frac{A(z)}{(1-z^{-1})^m}$$

得

$$U(z)=\frac{N(z)W_{\mathrm{B}}(z)}{M(z)}R(z)=\frac{N(z)W_{\mathrm{B}}(z)A(z)}{M(z)(1-z^{-1})^{m}}=\frac{N(z)W_{\mathrm{B}}(z)}{M(z)(1-z^{-1})^{m-1}}\cdot\frac{A(z)}{1-z^{-1}} \tag{5.23}$$

要使控制信号式(5.23)具有与式(5.21)相同的形式，即分母为$1-z^{-1}$，分子为关于z^{-1}的有限项多项式，于是要求$W_{\mathrm{B}}(z)$必须包含$W(z)$的分子多项式$M(z)$；而从表5.1来看，$W_{\mathrm{B}}(z)$不可能包含$(1-z^{-1})^{m-1}$，因此要求$N(z)$必须包含因子式$(1-z^{-1})^{m-1}$，即

$$W_{\mathrm{B}}(z)=M(z)F(z) \tag{5.24}$$

$$N(z)=(1-z^{-1})^{m-1}N'(z) \tag{5.25}$$

式中，$F(z)$、$N'(z)$都是关于z^{-1}的多项式。

式(5.24)说明，设计最小拍无纹波控制器时，闭环系统脉冲传递函数必须包含对象所有的零点；而式(5.25)说明，被控对象$W(s)$中必须含有足够的积分环节($\geqslant m-1$阶)，以保证控制量$u(t)$为常数时，对象$W(s)$的稳态输出完全跟踪输入，且无纹波。因此对于阶跃输入函数，不要求被控对象包含积分环节；对于速度输入函数，要求被控对象至少包含 1 个积分环节；对于加速度输入函数，则要求被控对象至少包含2个积分环节。

因此，最小拍无纹波控制必须满足的条件如下：

(1) 被控对象$W(s)$中必须含有足够的积分环节($\geqslant m-1$阶)；

(2) 满足有纹波控制的稳定性和控制器物理可实现性的要求；

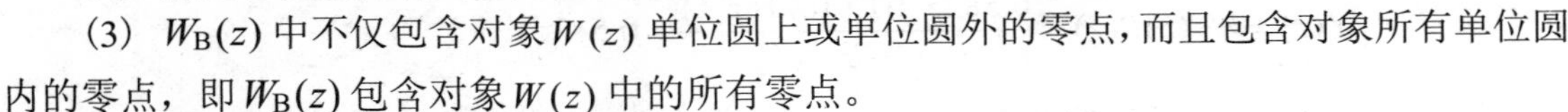

(3) $W_{\mathrm{B}}(z)$中不仅包含对象$W(z)$单位圆上或单位圆外的零点，而且包含对象所有单位圆内的零点，即$W_{\mathrm{B}}(z)$包含对象$W(z)$中的所有零点。

因此，无纹波最小拍系统$W_{\mathrm{B}}(z)$的一般形式为

$$\begin{aligned}W_{\mathrm{B}}(z)=&[f_1z^{-1}+f_2z^{-2}+\cdots+f_mz^{-m}+f_{m+1}z^{-(m+1)}+\cdots\\&+f_{m+p}z^{-(m+p)}](1+\beta_1z^{-1})\cdots(1+\beta_nz^{-1})z^{-L}\end{aligned} \tag{5.26}$$

式中，f_1，f_2，…，f_{m+p}为待定常数，与式(5.18)相同，由式(5.19)确定；$-\beta_1$，$-\beta_2$，…，$-\beta_n$为$W(z)$所有的零点。这样处理后，无纹波系统比有纹波系统的调整时间增加了若干拍，增加的拍数等于$W(z)$中在单位圆内的零点数。需要说明的是，当考虑零阶保持器的影响时，上述对象模型$W(z)$就变成了对象的广义模型$W_{\mathrm{d}}(z)$。

例 5.5 对例5.1所示系统，当输入为单位阶跃函数时，试设计最小拍无纹波系统。

解 (1) 求对象广义脉冲传递函数。从例5.1知

$$W_{\mathrm{d}}(z)=\frac{0.368z^{-1}(1+0.718z^{-1})}{(1-z^{-1})(1-0.368z^{-1})}$$

(2) 确定闭环系统脉冲传递函数$W_{\mathrm{B}}(z)$。

输入函数为单位阶跃$r(t)=1(t)$，$R(z)=\dfrac{1}{1-z^{-1}}$，$m=1$。考虑到广义对象，则脉冲传递函数$W_{\mathrm{B}}(z)$的表达式为

$$W_{\mathrm{B}}(z)=f_1z^{-1}(1+0.718z^{-1})$$

f_1为待定常数，可由式(5.19)确定。

由$W_{\mathrm{B}}(z)\big|_{z=1}=1$，得

$$f_1(1+0.718)=1, \qquad f_1=\frac{1}{1.718}=0.582$$

所以

$$W_B(z)=0.582z^{-1}(1+0.718z^{-1})$$

$$1-W_B(z)=1-0.582z^{-1}(1+0.718z^{-1})=(1-z^{-1})(1+0.418z^{-1})$$

（3）数字控制器 $D(z)$ 的计算

$$D(z)=\frac{1}{W_d(z)}\cdot\frac{W_B(z)}{1-W_B(z)}=\frac{(1-z^{-1})(1-0.368z^{-1})}{0.368z^{-1}(1+0.718z^{-1})}\cdot\frac{0.582z^{-1}(1+0.718z^{-1})}{(1-z^{-1})(1+0.418z^{-1})}$$

$$=\frac{1.582(1-0.368z^{-1})}{1+0.418z^{-1}}$$

这个 $D(z)$ 在物理上可以实现。

（4）$u(k)$ 计算。观察 $u(k)$ 的输出，检查是否有纹波。

$$U(z)=\frac{Y(z)}{W_d(z)}=\frac{W_B(z)}{W_d(z)}R(z)=\frac{0.582z^{-1}(1+0.718z^{-1})(1-z^{-1})(1-0.368z^{-1})}{0.368z^{-1}(1+0.718z^{-1})}\cdot\frac{1}{1-z^{-1}}$$

$$=1.582(1-0.368z^{-1})=1.582-0.582z^{-1}+0\cdot z^{-2}+\cdots$$

可见，$U(z)$ 输出没有波动，输出响应不会有纹波。

（5）输出响应 $y(k)$ 计算。

$$Y(z)=W_B(z)R(z)=\frac{0.582z^{-1}(1+0.718z^{-1})}{1-z^{-1}}=0.582z^{-1}+z^{-2}+z^{-3}+\cdots$$

从上式可以看出，系统的调整时间为 $2T$，比最小拍系统拖长一个采样周期 T，但是系统输出响应没有纹波。系统的控制量与输出量波形如图 5.9 所示。

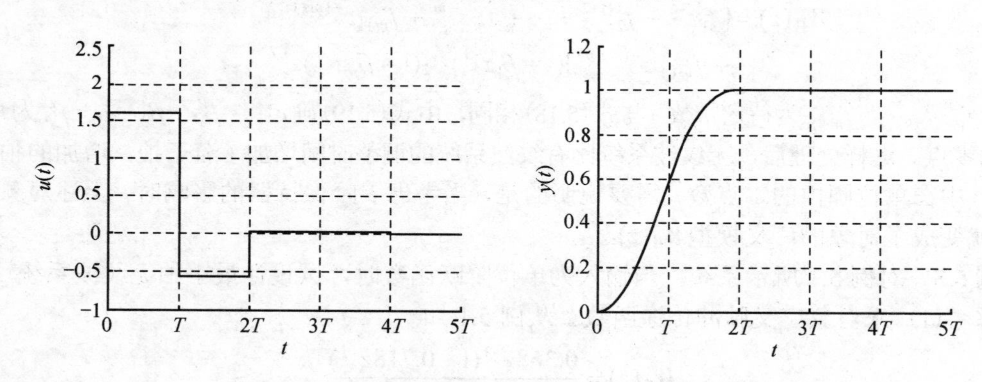

图 5.9　例 5.5 系统的控制量与输出量波形

例 5.6　例 5.1 所示系统，输入为单位速度函数 $r(t)=t$，试设计最小拍无纹波系统。

解　（1）求对象广义对象脉冲传递函数。从例 5.1 已知

$$W_d(z)=\frac{0.368z^{-1}(1+0.718z^{-1})}{(1-z^{-1})(1-0.368z^{-1})}$$

（2）$W_B(z)$ 的确定。

输入函数为单位速度函数 $r(t)=t$，$R(z)=\dfrac{Tz^{-1}}{(1-z^{-1})^2}$，$m=2$；此外，考虑到广义对象脉

冲传递函数 $W_d(z)$ 有一个零点因子 $(1+0.718z^{-1})$，因此，闭环脉冲传递函数 $W_B(z)$ 的表达式为

$$W_B(z)=(f_1z^{-1}+f_2z^{-2})(1+0.718z^{-1})$$

系数 f_1 与 f_2 由式(5.19)确定。

由 $W_B(z)\big|_{z=1}=1$，得

$$(f_1+f_2)(1+\beta)=1\text{，}\quad f_1+f_2=\frac{1}{1+\beta}$$

由 $\left.\frac{\mathrm{d}W_B(z)}{\mathrm{d}z}\right|_{z=1}=0$，得

$$-(1+\beta)(f_1+2f_2)-(f_1+f_2)\beta=0$$

从而得到

$$\begin{cases} f_1=\dfrac{2+3\beta}{(1+\beta)^2}=1.407 \\ f_2=\dfrac{1+2\beta}{(1+\beta)^2}=-0.825 \end{cases}$$

式中，$\beta=0.718$。于是有

$$W_B(z)=(1.407z^{-1}-0.825z^{-2})(1+0.718z^{-1})=1.407z^{-1}+0.186z^{-2}-0.593z^{-3}$$

$$1-W_B(z)=1-(1.407z^{-1}-0.825z^{-2})(1+0.718z^{-1})=(1-z^{-1})^2(1+0.593z^{-1})$$

(3) 数字控制器 $D(z)$ 计算。

$$\begin{aligned} D(z)&=\frac{1}{W_d(z)}\cdot\frac{W_B(z)}{1-W_B(z)} \\ &=\frac{(1-z^{-1})(1-0.368z^{-1})}{0.368z^{-1}(1+0.718z^{-1})}\cdot\frac{(1.407z^{-1}-0.825z^{-2})(1+0.718z^{-1})}{(1-z^{-1})^2(1+0.593z^{-1})} \\ &=\frac{3.823(1-0.368z^{-1})(1-0.586z^{-1})}{(1-z^{-1})(1+0.593z^{-1})} \end{aligned}$$

此数字控制器在物理上可实现。

(4) 数字控制器输出 $u(k)$ 的计算。

$$\begin{aligned} U(z)&=\frac{W_B(z)}{W_d(z)}R(z)=\frac{(f_1z^{-1}+f_2z^{-2})(1+\beta z^{-1})}{\dfrac{0.368z^{-1}(1+\beta z^{-1})}{(1-z^{-1})(1-\alpha z^{-1})}}\cdot\frac{Tz^{-1}}{(1-z^{-1})^2} \\ &=\frac{1}{0.736}\frac{(f_1z^{-1}+f_2z^{-2})(1-\alpha z^{-1})}{1-z^{-1}} \end{aligned}$$

式中，$\alpha=0.368$，$\beta=0.718$，$T=0.5$。

上式用长除法，得

$$\begin{aligned} U(z)=\frac{1}{0.736}[&f_1z^{-1}+(f_1+f_2-f_1\alpha)z^{-2}+(f_1+f_2-f_1\alpha-f_2\alpha)z^{-3} \\ &+(f_1+f_2-f_1\alpha-f_2\alpha)z^{-4}+\cdots] \end{aligned}$$

从上式可以看出，$u(k)$ 输出从第 3 个采样周期开始就达到了稳定，此后恒等于一个常数。

(5) 系统的输出响应计算。

$$Y(z)=W_B(z)R(z)=\frac{(1.407z^{-1}-0.825z^{-2})(1+0.718z^{-1})Tz^{-1}}{(1-z^{-1})^2}$$

$$=0.704z^{-2}+1.5z^{-3}+2z^{-4}+2.5z^{-5}+\cdots$$

从上式看出，输出响应从第 3 个采样周期开始完全跟踪输入，且没有纹波。与例 5.1 最小拍相比，调整时间增长一个采样周期T，但是没有纹波，系统输出波形如图 5.10 所示。

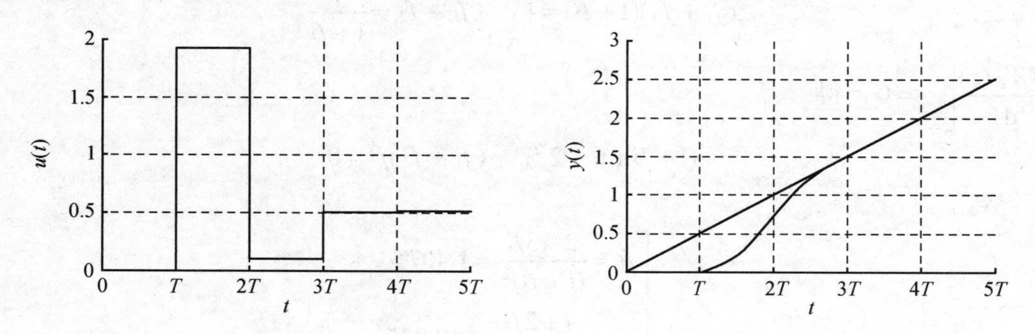

图 5.10　例 5.6 系统的控制量与输出量波形

5.4.3　针对输入信号类型敏感问题的改进

为使最小拍控制系统能够对不同类型的输入信号具有适应性，可以采用阻尼因子法。

阻尼因子法的基本思路是：在最小拍控制系统设计的基础上，通过在系统的闭环脉冲传递函数中引入附加的极点因子，又称为阻尼因子，使系统输出偏差不立即为零，而是呈现一定的阻尼衰减特性，逐渐归零。这样，系统输出响应的过渡过程时间将会有一定程度的增加，但整个系统的输出响应特性显得比较平稳，对不同输入信号的适应性也会有所改善。

阻尼因子法的实质是以延长过渡过程时间为代价，来提高系统对输入信号类型的适应性。它的目标是使得系统在输出响应的过渡过程中，纹波、超调量、过渡过程时间等性能综合最佳。

设$W_B'(z)$是最小拍控制系统的闭环脉冲传递函数，具有式(5.18)或式(5.26)的一般形式。按照阻尼因子法的设计思路，在引入n个附加极点因子后，系统的闭环脉冲传递函数为

$$W_B(z)=\frac{W_B'(z)}{\prod_{i=1}^{n}(1-c_i z^{-1})} \tag{5.27}$$

式中，c_i是引入的第i个附加极点。

一般情况下，取一个附加极点，即n=1，若$W_B'(z)$取式(5.18)的形式，则系统的闭环脉冲传递函数为

$$W_B(z)=\frac{W_B'(z)}{1-cz^{-1}}=\frac{[f_1z^{-1}+\cdots+f_{m+p}z^{-(m+p)}](1+\beta_1z^{-1})\cdots(1+\beta_q z^{-1})z^{-L}}{1-cz^{-1}} \tag{5.28}$$

若$W_B'(z)$取式(5.26)的形式，则系统的闭环脉冲传递函数为

$$W_B(z)=\frac{W_B'(z)}{1-cz^{-1}}=\frac{[f_1z^{-1}+\cdots+f_{m+p}z^{-(m+p)}](1+\beta_1z^{-1})\cdots(1+\beta_n z^{-1})z^{-L}}{1-cz^{-1}} \tag{5.29}$$

式中，c是人为加入的附加极点，而其他一些参数、待定系数、表达式与最小拍控制系统设

计原则中的含义相同。

按照上述原则进行算法设计的基本步骤为：首先人为设定附加的 c 极点；然后按照最小拍控制系统的原则确定原闭环系统传递函数模型 $W_B'(z)$ 中的待定系数；最后结合已知的广义被控对象的脉冲传递函数 $W_d(z)$，求出系统中数字控制器的脉冲传递函数 $D(z)$，从而完成数字控制器的算法设计。

需要说明的是，阻尼因子法是一种工程上的算法设计方法，它没有严格的数学推导，基本思想是在最小拍设计的基础上，通过人为地引入一个或几个附加极点，以改善最小拍控制系统的输出响应性能。

为保证闭环系统的动态和稳态性能，引入附加极点时应遵循一定的原则。

(1) 必须满足系统的稳定性要求，也就是说，它必须位于 z 平面上的单位圆内，即满足 $|c|<1$ 的要求。

(2) 应注意尽量不引起系统振荡，故它应位于 z 平面上单位圆内的正实轴上，即满足不等式 $0<c<1$ 的要求。

(3) 应兼顾系统响应的快速性和对输入信号类型的适应性两个方面的性能，c 较大时，会延长系统响应的过渡过程时间，但系统对不同类型信号输入作用时的适应性改善；反之，c 较小时，会缩短系统响应的过渡过程时间，但系统对不同类型信号输入作用时的适应性减弱。

(4) 按上述过程得到的控制系统，超调量、过渡过程时间等性能指标，不一定能够一次性满足要求，可以改变附加极点 c 的位置，进行调试，直到系统响应满足要求为止。

例 5.7 对例 5.1 所示控制系统，试在单位速度信号输入作用下的最小拍控制系统的基础上，取附加极点 $c=0.5$，按阻尼因子法进行系统算法的改进设计，并分析系统在单位阶跃、单位速度及单位加速度信号输入作用下的系统输出与系统偏差。

解 (1) 确定广义对象脉冲传递函数。从例 5.1 知

$$W_d(z)=\frac{0.368z^{-1}(1+0.718z^{-1})}{(1-z^{-1})(1-0.368z^{-1})}$$

(2) 确定加阻尼因子的系统闭环脉冲传递函数 $W_B(z)$。通过观察，我们可以看出在广义被控对象的脉冲传递函数 $W_d(z)$ 中，不包含单位圆外的零、极点，只有一个单位圆上的极点 $z=1$，按照阻尼因子法的设计原则，取

$$W_B(z)=\frac{f_1z^{-1}+f_2z^{-2}}{1-cz^{-1}}$$

由 $W_B(z)\big|_{z=1}=1$，得

$$f_1+f_2=1-c$$

由 $\left.\dfrac{\mathrm{d}W_B(z)}{\mathrm{d}z}\right|_{z=1}=0$，得

$$-(1-c)(f_1+2f_2)-(f_1+f_2)c=0$$

从而得到

$$f_1=2-c=1.5,\qquad f_2=-1$$

式中，$c=0.5$。于是有

$$W_B(z)=\frac{1.5z^{-1}-z^{-2}}{1-0.5z^{-1}}$$

$$1-W_B(z)=W_e(z)=1-\frac{1.5z^{-1}-z^{-2}}{1-0.5z^{-1}}=\frac{(1-z^{-1})^2}{1-0.5z^{-1}}$$

由系统的闭环脉冲传递函数$W_B(z)$可知，它有一个$z=0$和一个$z=0.5$的闭环极点，位于z平面上的单位圆内，故从离散系统的角度来看，系统是稳定的，即系统的输出在采样点上是稳定的，它满足计算机控制系统稳定的必要条件。

(3) 数字控制器$D(z)$计算。

$$\begin{aligned}D(z)&=\frac{1}{W_d(z)}\frac{W_B(z)}{W_e(z)}=\frac{(1-z^{-1})(1-0.368z^{-1})}{0.368z^{-1}(1+0.718z^{-1})}\cdot\frac{1.5z^{-1}-z^{-2}}{1-0.5z^{-1}}\cdot\frac{1-0.5z^{-1}}{(1-z^{-1})^2}\\&=\frac{4.076(1-0.67z^{-1})(1-0.368z^{-1})}{(1-z^{-1})(1+0.718z^{-1})}\end{aligned}$$

由于$D(z)$的分子、分母上都有常数项，满足数字控制器物理可实现性的充分条件，因此$D(z)$的物理可实现性是可以得到保证的。

下面考察闭环系统对不同输入信号作用下的输出和偏差。

(1) 在单位阶跃信号的作用下

$$Y_1(z)=R_1(z)W_B(z)=\frac{1.5z^{-1}-z^{-2}}{(1-0.5z^{-1})(1-z^{-1})}=1.5z^{-1}+1.25z^{-2}+1.13z^{-3}+\cdots$$

$$E_1(z)=R_1(z)W_e(z)=\frac{(1-z^{-1})^2}{(1-0.5z^{-1})(1-z^{-1})}=1-0.5z^{-1}-0.25z^{-2}-0.13z^{-3}-\cdots$$

所以，$e_1(\infty)=0$，过渡过程时间t_s为无限拍，系统响应曲线如图 5.11 所示。可以看出，与例 5.1 相比，超调量明显减小，但调节时间增加为无限拍，系统不再具有“最少拍且无差”性能。

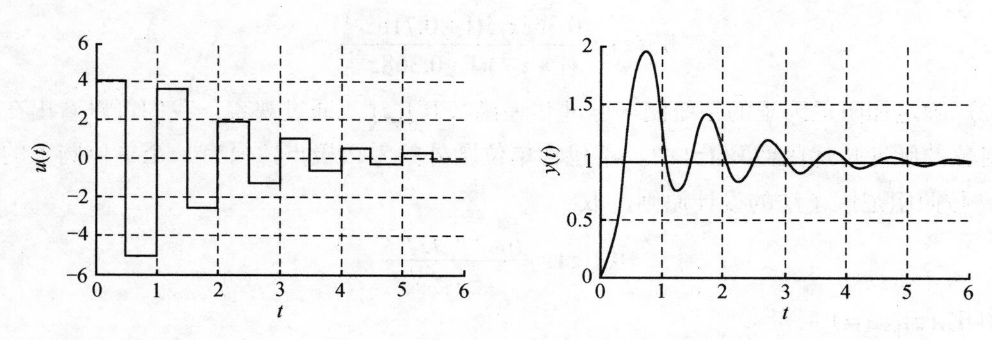

图 5.11　例 5.7 单位阶跃输入时系统控制信号和响应信号

(2) 在单位速度信号的作用下

$$Y_2(z)=R_2(z)W_B(z)=\frac{(1.5z^{-1}-z^{-2})Tz^{-1}}{(1-0.5z^{-1})(1-z^{-1})^2}=0.75z^{-2}+1.375z^{-3}+1.9375z^{-4}+\cdots$$

$$E_2(z)=R_2(z)W_e(z)=\frac{(1-z^{-1})^2\,Tz^{-1}}{(1-0.5z^{-1})(1-z^{-1})^2}=0.5z^{-1}+0.25z^{-2}+0.125z^{-3}+\cdots$$

所以，$e_2(\infty)=0$，t_s为无限拍，系统响应曲线如图 5.12 所示。与例 5.1 相比，调节时间增加为无限拍，系统不具有“最少拍无差”性能。

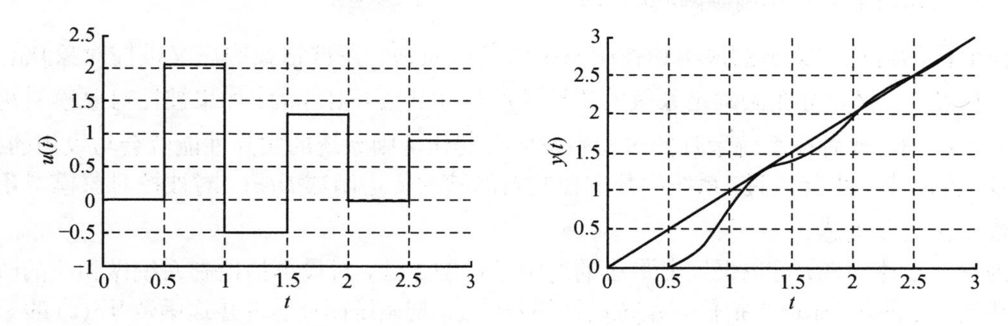

图 5.12　例 5.7 单位速度输入时系统控制信号与响应信号

(3) 在单位加速度信号的作用下

$$Y_3(z)=R_3(z)W_B(z)=\frac{(1.5z^{-1}-z^{-2})T^2z^{-1}(1+z^{-1})}{2(1-0.5z^{-1})(1-z^{-1})^3}$$
$$=0.1875z^{-2}+0.7187z^{-3}+1.5369z^{-4}+\cdots$$
$$E_3(z)=R_3(z)W_e(z)=\frac{(1-z^{-1})^2T^2z^{-1}(1+z^{-1})}{2(1-0.5z^{-1})(1-z^{-1})^3}$$
$$=0.125z^{-1}+0.3125z^{-2}+0.4063z^{-3}+\cdots$$

所以，$e_3(\infty)=\lim_{z\to1}(1-z^{-1})E_3(z)=\lim_{z\to1}\frac{T^2z^{-1}(1+z^{-1})}{2(1-0.5z^{-1})}=0.5$，系统响应曲线如图 5.13 所示。与例 5.1 相比，系统的稳态误差增大。

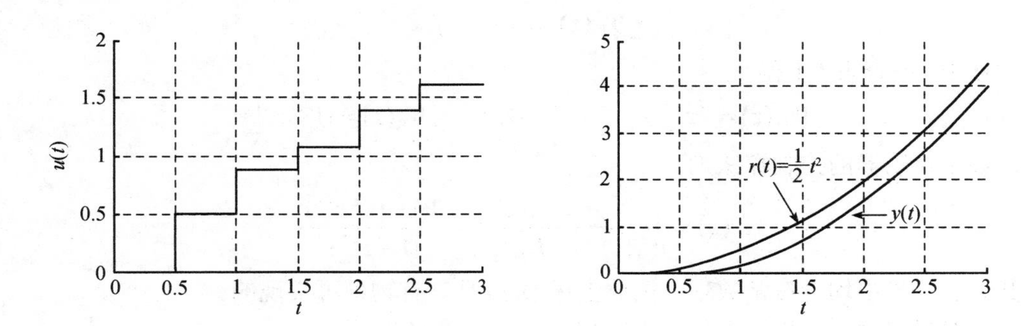

图 5.13　例 5.7 单位加速度输入时系统控制信号与响应信号

综上所述，针对阶次为 m 的输入信号，在所设计的最小拍控制系统的基础上，按阻尼因子法，通过引入附加极点 c，进行系统改进设计后，系统输出响应的过渡过程时间不再为最少拍，但可以改善系统对输入信号的适应性。即如果实际输入信号的阶次小于 m，则系统的动态性能得以改善；而如果实际输入信号的阶次大于 m，则系统的稳态误差与不加阻尼因子相比，呈增大的趋势。改变 c 的值，可以得到对于各种不同类型的输入信号均能比较适应的控制算法。

5.4.4 针对模型参数变化敏感问题的改进

在前面的讨论中给出的最小拍控制系统的设计原则，是严格按照广义被控对象$W_{\mathrm{d}}(z)$中的纯滞后及零、极点分布来确定系统的闭环脉冲传递函数$W_{\mathrm{B}}(z)$的。如果被控对象模型$W_{\mathrm{d}}(z)$的参数不准确，或者在系统运行的过程中发生了变化，则系统的实际性能就会与设想的结果存在较大的差异，也就是说，系统中数字控制器的脉冲传递函数$D(z)$，对被控对象模型$W_{\mathrm{d}}(z)$的参数变化比较敏感。

为解决上述问题，可以采用非最小的有限拍控制算法，对最小拍控制系统做相应的改进。其设计思路是：在最小拍控制系统设计的基础上，把系统闭环脉冲传递函数$W_{\mathrm{B}}(z)$的z^{-1}幂次适当地提高1～2阶，这样一来，系统的输出响应将比最小拍时多1～2拍才归零。但在选择$W_{\mathrm{B}}(z)$的结构时，由于多了若干项待定系数，可以增加一些自由度，从而可以降低系统对模型参数变化的敏感性，显然，这时的系统已经不再是最小拍无差系统，而是有限拍控制系统。

下面将针对特定的被控对象模型，并在特定输入信号的情况下，通过比较最小拍控制算法及非最小拍的有限拍控制算法时的系统输出响应，来说明采用有限拍控制算法时，系统输出对模型参数变化敏感性的改善情况。

例 5.8 设广义被控对象的脉冲传递函数$W_{\mathrm{d}}(z)=\dfrac{0.5z^{-1}}{1-0.5z^{-1}}$，采样周期$T=1\mathrm{s}$，试设计单位速度信号输入作用下的最小拍数字控制器的算法。考察当广义被控对象的脉冲传递函数变为$W_{\mathrm{d}}'(z)=\dfrac{0.6z^{-1}}{1-0.4z^{-1}}$时，系统输出响应的变化情况，并采用有限拍控制算法进行相应地改进。

解 (1) 按照最小拍控制系统的设计原则，设

$$W_{\mathrm{B}}(z)=f_1z^{-1}+f_2z^{-2}$$

根据式(5.19)或查表5.1得

$$W_{\mathrm{B}}(z)=2z^{-1}-z^{-2}\text{，}\ 1-W_{\mathrm{B}}(z)=W_{\mathrm{e}}(z)=(1-z^{-1})^2$$

所以，数字控制器的控制算法为

$$D(z)=\frac{1}{W_{\mathrm{d}}(z)}\cdot\frac{W_{\mathrm{B}}(z)}{1-W_{\mathrm{B}}(z)}=\frac{4(1-0.5z^{-1})^2}{(1-z^{-1})^2}$$

由于其分子分母中均含有常数项，因此上述$D(z)$是具有物理可实现的。

(2) 对系统进行分析。系统输出序列$y(k)$的z变换为

$$Y(z)=W_{\mathrm{B}}(z)R(z)=\frac{(2z^{-1}-z^{-2})Tz^{-1}}{(1-z^{-1})^2}=2z^{-2}+3z^{-3}+4z^{-4}+5z^{-5}+\cdots$$

所以，$y(k)=\{0,\ 0,\ 2,\ 3,\ 4,\ 5,\cdots\}$，稳态误差$e(\infty)=0$，过渡过程时间$t_{\mathrm{s}}=2$拍。系统响应如图5.14所示。

(3) 分析应用最小拍控制时，被控对象模型发生变化的情况。假设被控对象模型$W_{\mathrm{d}}(z)$中参数发生了变化，变成了$W_{\mathrm{d}}'(z)$，由于数字控制器$D(z)$已由计算机通过软件的方法进行了实现，它不可能因为被控对象模型$W_{\mathrm{d}}(z)$的变化而发生改变。

按系统结构，闭环系统的脉冲传递函数变为

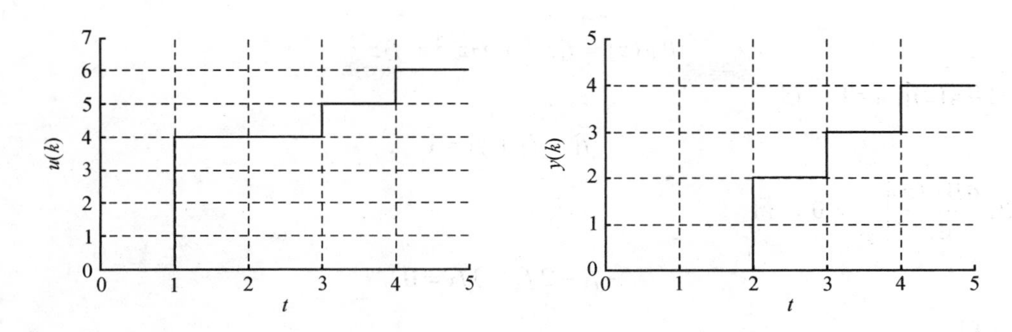

图 5.14　模型未发生变化时最小拍系统控制信号与响应信号

$$W'_{\mathrm{B}}(z)=\frac{D(z)W'_{\mathrm{d}}(z)}{1+D(z)W'_{\mathrm{d}}(z)}=\frac{2.4z^{-1}(1-0.5z^{-1})^2}{1-0.6z^{-2}+0.2z^{-3}}$$

在被控对象模型 $W_{\mathrm{d}}(z)$ 的参数未发生变化时，系统的闭环脉冲传递函数 $W_{\mathrm{B}}(z)$ 在 $z=0$ 处有二重极点，系统是绝对稳定的；而当被控对象控制模型 $W_{\mathrm{d}}(z)$ 的参数发生变化后，系统的闭环脉冲传递函数的极点分布相应地发生了变化，其极点变为 $z_1=-0.906$ 和 $z_{2,3}=0.253\pm \mathrm{j}0.12$ 三个极点。由于极点 z_1 偏离中心点较远，系统响应要经过较长的时间，才会逐步接近给定值，也就是说，系统响应的过渡过程时间增加，系统已不再具有“最小拍”性能。更严重的是，由于上述原因完全有可能造成极点位于单位圆上或单位圆外，而使系统不稳定。

这种情况下，系统的输出变为

$$\begin{aligned}Y'(z)=W'_{\mathrm{B}}(z)R(z)&=\frac{2.4z^{-1}(1-0.5z^{-1})}{1-0.6z^{-2}+0.2z^{-3}}\cdot\frac{Tz^{-1}}{(1-z^{-1})^2}\\&=2.4z^{-2}+2.4z^{-3}+4.44z^{-4}+4.56z^{-5}+6.38z^{-6}+\cdots\end{aligned}$$

相应系统的输出序列变为 $y'(k)=\{0,\ 0,\ 2.4,\ 2.4,\ 4.44,\ 4.56,\ 6.38,\cdots\}$。系统响应如图 5.15 所示。

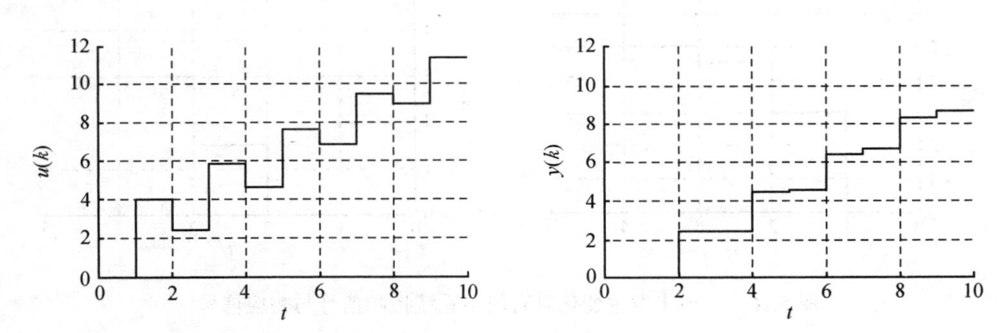

图 5.15　模型发生变化时最小拍系统控制信号与响应信号

由此可以看出，由于被控对象的模型参数发生了变化，而数字控制器的算法不变，一方面，会导致系统输出响应的动态性能变差，偏差加大；另一方面，还可能造成系统不稳定。

(4) 采用有限拍控制算法进行控制器的设计。被控对象模型参数未发生变化时，按照有限拍控制算法的设计原则，取

$$W_B(z) = f_1 z^{-1} + f_2 z^{-2} + f_3 z^{-3}$$

由 $W_B(z)\big|_{z=1}=1$，得

$$f_1 + f_2 + f_3 = 1$$

由 $\left.\dfrac{\mathrm{d}W_B(z)}{\mathrm{d}z}\right|_{z=1}=0$，得

$$-f_1 - 2f_2 - 3f_3 = 0$$

从而得到

$$f_2 = 3 - 2f_1, \quad f_3 = -2 + f_1$$

可见，上述方程组有无穷多组解。任意取 $f_1 = 1.5$，可求得

$$f_2 = 0, \quad f_3 = -0.5$$

所以

$$W_B(z) = 1.5z^{-1} - 0.5z^{-3}$$

相应数字控制器的控制算法为

$$D(z) = \frac{1}{W_d(z)} \frac{W_B(z)}{1 - W_B(z)} = \frac{3(1-0.5z^{-1})(1-0.33z^{-2})}{1-1.5z^{-1}+0.5z^{-3}}$$

由于其分子和分母中均含有常数项，因此上述 $D(z)$ 是具有物理可实现性的。

（5）对有限拍控制系统进行分析。系统输出序列 $y(k)$ 的 z 变换为

$$Y(z) = W_B(z)R(z) = \frac{(1.5z^{-1} - 0.5z^{-3})Tz^{-1}}{(1-z^{-1})^2} = 1.5z^{-2} + 3z^{-3} + 4z^{-4} + 5z^{-5} + \cdots$$

所以，系统的输出序列 $y(k) = \{0, 0, 1.5, 3, 4, 5, \cdots\}$，稳态误差 $e(\infty) = 0$，过渡过程时间 $t_s = 3$ 拍，比最小拍控制系统多了 1 拍。系统响应如图 5.16 所示。

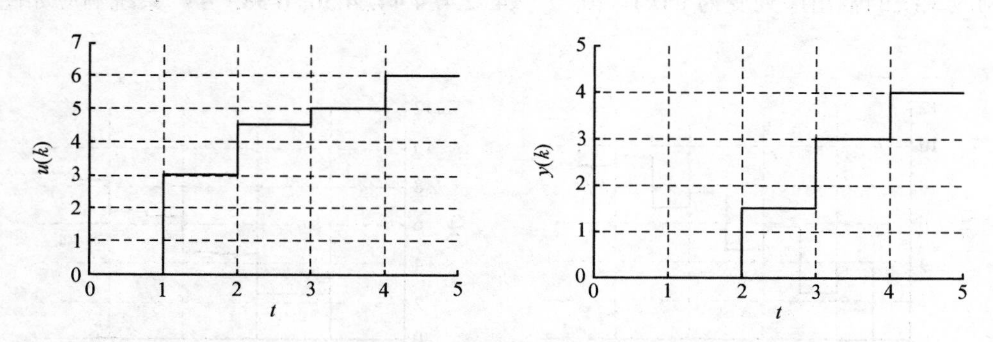

图 5.16 模型未发生变化时有限拍系统控制信号与响应信号

（6）分析应用有限拍控制时，被控对象模型发生变化的情况。若被控对象模型 $W_d(z)$ 的参数发生了同样的变化，变为 $W_d'(z)$，则系统的闭环脉冲传递函数变为

$$W_B'(z) = \frac{D(z)W_d'(z)}{1 + D(z)W_d'(z)} = \frac{1.8z^{-1}(1-0.5z^{-1})(1-0.33z^{-2})}{1-0.1z^{-1}-0.3z^{-2}-0.1z^{-3}+0.1z^{-4}}$$

可以求得系统输出序列 $y(k)$ 为

$$Y'(z)=W_B'(z)R(z)=\frac{1.8z^{-1}(1-0.5z^{-1})(1-0.33z^{-2})}{1-0.1z^{-1}-0.3z^{-2}-0.1z^{-3}+0.1z^{-4}}\cdot\frac{Tz^{-1}}{(1-z^{-1})^2}$$
$$=1.8z^{-2}+2.88z^{-3}+3.83z^{-4}+5.03z^{-5}+5.96z^{-6}+\cdots$$

相应系统的输出序列变为$y'(k)=\{0,\ 0,\ 1.8,\ 2.88,\ 3.83,\ 5.03,\ 5.96,\cdots\}$。系统响应如图 5.17 所示。

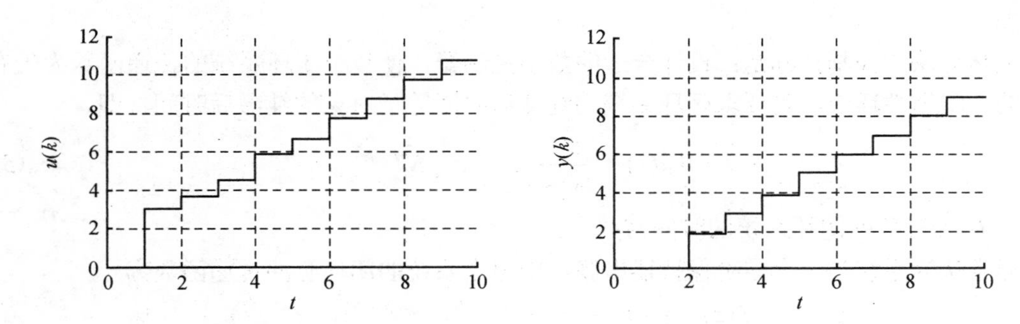

图 5.17　模型发生变化时有限拍系统控制信号与响应信号

将上述四种情况下的系统输出序列列成表 5.2 的形式。从四组系统输出序列可以看出，采用有限拍控制算法之后，虽然在理想情况下，系统的过渡过程时间增加了，但是系统对于被控对象模型参数变化的敏感性降低，达到了改进最小拍控制系统性能的目的。

表 5.2　四种情况下的系统输出序列

设计方法		系统输出	拍数
按最小拍算法设计	理想情况下	0, 0, 2, 3, 4, 5, 6, …	2
	参数变化后	0, 0, 2.4, 2.4, 4.44, 4.56, 6.38, …	∞
按有限拍算法设计	理想情况下	0, 0, 1.5, 3, 4, 5, 6,…	3
	参数变化后	0, 0, 1.8, 2.88, 3.83, 5.03, 5.96, …	∞

5.5　大 林 算 法

前面介绍的最小拍控制设计方法，只适合于某些计算机控制系统，对于系统输出的超调量有严格限制的控制系统，并不理想。在一些实际工程中，经常遇到的却是一些纯滞后调节系统，它们的滞后时间比较长。对于这样的系统，人们更感兴趣的是要求系统没有超调量或很少超调量，而调节时间则允许在较多的采样周期内结束，因此，超调是主要的设计指标。对于这样的系统，用一般的计算机控制系统设计方法是不行的，用 PID 算法效果也欠佳。大林算法是美国 IBM 公司的 E.B.Dahlin 在 1968 年针对具有大纯滞后的一阶和二阶惯性环节所提出的一种直接综合设计方法，具有良好的控制效果。

5.5.1　大林算法设计原理

设被控对象为带有纯滞后的一阶或二阶环节，即

$$W(s)=\frac{K}{T_1 s+1}\mathrm{e}^{-\tau s}, \quad \tau=NT \tag{5.30}$$

$$W(s)=\frac{K}{(T_1 s+1)(T_2 s+1)}\mathrm{e}^{-\tau s}, \quad \tau=NT \tag{5.31}$$

式中，T_1、T_2为对象时间常数；τ为对象纯滞后时间，一般假定是采样周期的整数倍；T为采样周期。

大林算法的控制目标是：设计合适的数字控制器，使整个闭环系统的传递函数为带有纯滞后的一阶惯性环节，且要求闭环系统的纯滞后时间等于对象的纯滞后时间，即

$$W_{\mathrm{B}}(s)=\frac{\mathrm{e}^{-\tau s}}{T_0 s+1}, \quad \tau=NT \tag{5.32}$$

式中，T_0为等效的闭环系统的时间常数。

通常认为系统与一个零阶保持器串联，则整个系统的闭环脉冲传递函数为

$$W_{\mathrm{B}}(z)=\frac{Y(z)}{R(z)}=Z\left[\frac{1-\mathrm{e}^{-Ts}}{s}\frac{\mathrm{e}^{-NTs}}{T_0 s+1}\right]=\frac{z^{-(N+1)}(1-\mathrm{e}^{-T/T_0})}{1-\mathrm{e}^{-T/T_0}z^{-1}} \tag{5.33}$$

由此得控制器传递函数为

$$D(z)=\frac{1}{W_{\mathrm{d}}(z)}\cdot\frac{W_{\mathrm{B}}(z)}{1-W_{\mathrm{B}}(z)}=\frac{1}{W_{\mathrm{d}}(z)}\cdot\frac{z^{-(N+1)}(1-\mathrm{e}^{-T/T_0})}{1-\mathrm{e}^{-T/T_0}z^{-1}-(1-\mathrm{e}^{-T/T_0})z^{-(N+1)}} \tag{5.34}$$

对闭环传递函数 $W_{\mathrm{B}}(s)$进行离散化处理时，要在前面串联一个零阶保持器，是为了保证 $W_{\mathrm{B}}(s)$离散得到 $W_{\mathrm{B}}(z)$后，其阶跃响应与原连续系统的阶跃响应在各采样时刻相等，而阶跃响应常用来衡量系统的控制性能。若不加零阶保持器，直接将$W_{\mathrm{B}}(s)$离散得到$W_{\mathrm{B}}(z)$后，则是两者的脉冲响应(注意不是阶跃响应)在各采样时刻相等。

基于阶跃响应相等的原则，有

$$Z^{-1}\left[W_{\mathrm{B}}(z)\frac{1}{1-z^{-1}}\right]=L^{-1}\left[W_{\mathrm{B}}(s)\frac{1}{s}\right]$$

式中，$Z^{-1}\left[W_{\mathrm{B}}(z)\frac{1}{1-z^{-1}}\right]$表示$W_{\mathrm{B}}(z)$的阶跃响应；$L^{-1}\left[W_{\mathrm{B}}(s)\frac{1}{s}\right]$表示$W_{\mathrm{B}}(s)$的阶跃响应。取上式的$z$变换，得

$$W_{\mathrm{B}}(z)\frac{1}{1-z^{-1}}=Z\left\{L^{-1}\left[W_{\mathrm{B}}(s)\frac{1}{s}\right]\right\}=Z\left[W_{\mathrm{B}}(s)\frac{1}{s}\right]$$

即

$$W_{\mathrm{B}}(z)=(1-z^{-1})Z\left[W_{\mathrm{B}}(s)\frac{1}{s}\right]$$

由第3章中的式(3.28)可知，上式可以写成如下形式：

$$W_{\mathrm{B}}(z)=Z\left[\frac{1-\mathrm{e}^{-Ts}}{s}W_{\mathrm{B}}(s)\right]$$

即为式(5.33)。

对象为具有纯滞后的一阶惯性环节时，其z传递函数为

$$W_d(z)=Z\left[\frac{1-e^{-Ts}}{s}\frac{K e^{-NTs}}{T_1s+1}\right]=K\frac{(1-e^{-T/T_1})z^{-(N+1)}}{1-e^{-T/T_1}z^{-1}} \tag{5.35}$$

将其代入式(5.34)，得控制器传递函数为

$$D(z)=\frac{(1-e^{-T/T_1}z^{-1})(1-e^{-T/T_0})}{K(1-e^{-T/T_1})[1-e^{-T/T_0}z^{-1}-(1-e^{-T/T_0})z^{-(N+1)}]} \tag{5.36}$$

同理，对象为具有纯滞后的二阶惯性环节时，其 z 传递函数为

$$W_d(z)=Z\left[\frac{1-e^{-Ts}}{s}\cdot\frac{K e^{-NTs}}{(T_1s+1)(T_2s+1)}\right]=\frac{K(c_1+c_2z^{-1})z^{-(N+1)}}{(1-e^{-T/T_1}z^{-1})(1-e^{-T/T_2}z^{-1})} \tag{5.37}$$

式中

$$\begin{cases} c_1=1+\dfrac{1}{T_2-T_1}\left(T_1e^{-T/T_1}-T_2e^{-T/T_2}\right) \\ c_2=e^{-T(1/T_1+1/T_2)}+\dfrac{1}{T_2-T_1}\left(T_1e^{-T/T_2}-T_2e^{-T/T_1}\right) \end{cases} \tag{5.38}$$

将其代入式(5.34)，得控制器传递函数为

$$D(z)=\frac{(1-e^{-T/T_0})(1-e^{-T/T_1}z^{-1})(1-e^{-T/T_2}z^{-1})}{K(c_1+c_2z^{-1})[1-e^{-T/T_0}z^{-1}-(1-e^{-T/T_0})z^{-(N+1)}]} \tag{5.39}$$

例 5.9 已知某控制系统被控对象的传递函数为 $W(s)=\frac{e^{-s}}{s+1}$，采样周期 $T=0.5s$，试用大林算法设计数字控制器 $D(z)$。

解 根据题意可知，$T_1=1$，$K=1$，$N=\tau/T=2$。考虑零阶保持器后的系统广义被控对象传递函数为

$$W_d(s)=\frac{1-e^{-sT}}{s}W(s)=\frac{(1-e^{-0.5s})e^{-s}}{s(s+1)}$$

代入式(5.35)，求得广义被控对象的脉冲传递函数为

$$W_d(z)=K\frac{(1-e^{-T/T_1})z^{-(N+1)}}{1-e^{-T/T_1}z^{-1}}=z^{-3}\frac{1-e^{-0.5}}{1-e^{-0.5}z^{-1}}=\frac{0.3935z^{-3}}{1-0.6065z^{-1}}$$

大林算法的目的就是设计一个数字控制器，使整个闭环系统的脉冲传递函数相当于一个带有纯滞后的一阶惯性环节。取 $T_0=0.1$，则由式(5.34)得到

$$\begin{aligned} D(z)&=\frac{1}{W_d(z)}\cdot\frac{z^{-(N+1)}(1-e^{-T/T_0})}{1-e^{-T/T_0}z^{-1}-(1-e^{-T/T_0})z^{-(N+1)}} \\ &=\frac{1-0.6065z^{-1}}{0.3935z^{-3}}\cdot\frac{z^{-3}(1-e^{-5})}{1-e^{-5}z^{-1}-(1-e^{-5})z^{-3}}=\frac{2.524(1-0.6065z^{-1})}{(1-z^{-1})(1+0.9933z^{-1}+0.9933z^{-2})} \end{aligned}$$

单位阶跃信号作用下，系统的控制信号序列和输出响应序列如图 5.18 所示。由图可见，控制信号序列 $u(k)$ 经过 1 个采样周期基本达到稳定，输出响应信号 $y(k)$ 经过 3 个采样周期，无超调地达到稳态值。

例 5.10 某计算机控制系统中被控对象为带有纯滞后的二阶惯性环节

$$W(s)=\frac{10e^{-12s}}{(20s+1)(30s+1)}$$

采样周期 $T=2s$，试用大林算法设计数字控制器 $D(z)$。

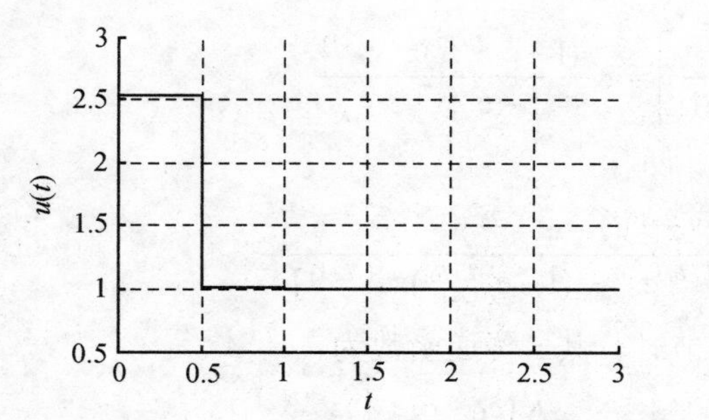

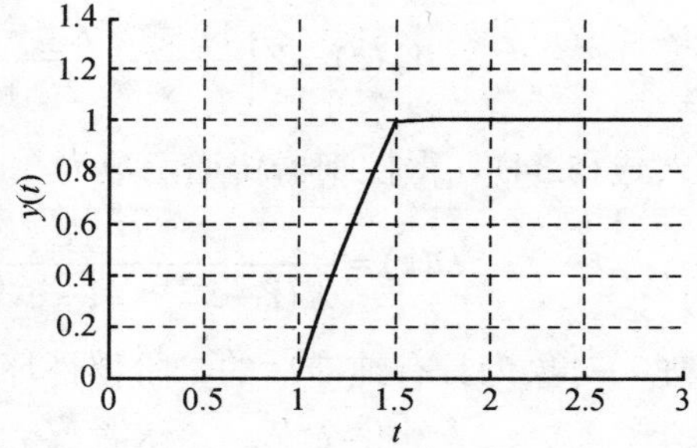

图 5.18　例 5.9 系统控制信号序列和阶跃响应序列

解　根据题意可知，$T_1=20$，$T_2=30$，$K=10$，$N=\tau/T=6$。

设计目标是使系统闭环传递函数为带有纯滞后的一阶惯性环节，其时间常数比上述两个时间常数中较小的还要小，因此选闭环传递函数 $T_0=10$。

根据式(5.38)，有

$$c_1=1+\frac{1}{T_2-T_1}\left(T_1\,\mathrm{e}^{-T/T_1}-T_2\,\mathrm{e}^{-T/T_2}\right)=0.00315$$

$$c_2=\mathrm{e}^{-T(1/T_1+1/T_2)}+\frac{1}{T_2-T_1}\left(T_1\,\mathrm{e}^{-T/T_2}-T_2\,\mathrm{e}^{-T/T_1}\right)=0.00298$$

根据式(5.39)，得数字控制器的传递函数模型为

$$\begin{aligned}D(z)&=\frac{(1-\mathrm{e}^{-T/T_0})(1-\mathrm{e}^{-T/T_1}z^{-1})(1-\mathrm{e}^{-T/T_2}z^{-1})}{K(c_1+c_2z^{-1})[1-\mathrm{e}^{-T/T_0}z^{-1}-(1-\mathrm{e}^{-T/T_0})z^{-(N+1)}]}\\&=\frac{5.7546(1-0.90484z^{-1})(1-0.93551z^{-1})}{(1+0.946z^{-1})(1-0.81873z^{-1}-0.18127z^{-7})}\end{aligned}$$

单位阶跃信号作用下，系统的控制信号序列和输出响应序列如图 5.19 所示。由图可见，控制信号序列 $u(k)$ 振荡收敛，振荡周期为 4s；系统响应信号 $y(k)$ 无超调地趋于稳态值，过渡过程时间约为 65s，控制信号的振荡对系统输出没有明显影响。

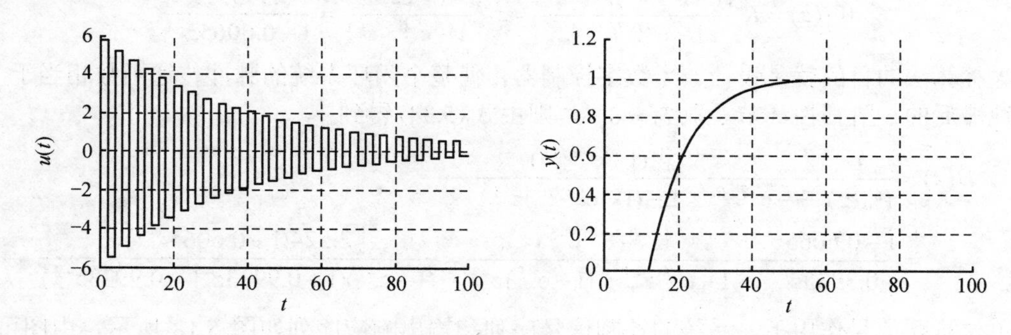

图 5.19　例 5.10 系统控制信号序列和阶跃响应序列

5.5.2　振铃现象及其消除方法

所谓振铃(ringing)现象，是指数字控制器的输出以 1/2 采样频率大幅度衰减的振荡。被控对象中惯性环节的低通特性，使得这种振荡对系统的输出几乎无任何影响，这一点通过图 5.19 得到了证明。但是振荡现象会增加执行机构的磨损，在有交互作用的多参数控制系统中，

振铃现象还有可能影响到系统的稳定性。

振铃现象与被控对象的特性、闭环时间常数、采样周期、纯滞后时间的大小等有关，下面对振铃现象产生的原因进行分析。

控制器输出$U(z)$与参考输入$R(z)$之间的关系为

$$U(z)=\frac{Y(z)}{W_{\mathrm{d}}(z)}=\frac{W_{\mathrm{B}}(z)}{W_{\mathrm{d}}(z)}R(z)=W_{\mathrm{u}}(z)R(z) \tag{5.40}$$

式中

$$W_{\mathrm{u}}(z)=\frac{W_{\mathrm{B}}(z)}{W_{\mathrm{d}}(z)}=\frac{D(z)}{1+D(z)W_{\mathrm{d}}(z)} \tag{5.41}$$

是$U(z)$到$R(z)$的闭环脉冲传递函数。

对于单位阶跃输入函数 $R(z)=1/(1-z^{-1})$，含有 z=1 的极点，如果$W_{\mathrm{u}}(z)$的极点在 z 平面的负实轴上，并且与 z=–1 点相近，则由第 3 章 3.7.1 节的暂态过程分析可知，数字控制器的输出序列$u(k)$中将含有这两种幅值相近的瞬态项，而且瞬态项的符号在不同时刻是不相同的。当两瞬态项符号相同时，数字控制器的输出控制作用加强，符号相反时，控制作用减弱，从而造成数字控制器输出序列大幅度波动，这就是造成振铃现象的主要原因。图 3.22 所显示的闭环极点分布与相应的动态响应形式也说明了这一点。

对于带纯滞后的一阶惯性环节，有

$$W_{\mathrm{u}}(z)=\frac{W_{\mathrm{B}}(z)}{W_{\mathrm{d}}(z)}=\frac{(1-\mathrm{e}^{-T/T_0})(1-\mathrm{e}^{-T/T_1}z^{-1})}{K(1-\mathrm{e}^{-T/T_1})(1-\mathrm{e}^{-T/T_0}z^{-1})} \tag{5.42}$$

它的极点 $z=\mathrm{e}^{-T/T_0}$ 永远大于零，故得出结论：在带纯滞后的一阶惯性环节组成的系统中，数字控制器输出对输入的脉冲传递函数不存在负实轴上的极点，这种关系不存在振铃现象。

对于带纯滞后的二阶惯性环节，有

$$W_{\mathrm{u}}(z)=\frac{W_{\mathrm{B}}(z)}{W_{\mathrm{d}}(z)}=\frac{(1-\mathrm{e}^{-T/T_0})(1-\mathrm{e}^{-T/T_1}z^{-1})(1-\mathrm{e}^{-T/T_2}z^{-1})}{Kc_1(1-\mathrm{e}^{-T/T_0}z^{-1})(1+\dfrac{c_2}{c_1}z^{-1})} \tag{5.43}$$

式(5.43)中有两个极点，第一个极点在$z=\mathrm{e}^{-T/T_0}$，不会引起振铃现象；第二个极点在$z=-c_2/c_1$。由式(5.38)知，在 $T\to 0$时，有

$$\lim_{T\to 0}\left(-\frac{c_2}{c_1}\right)=-1 \tag{5.44}$$

这说明可能出现负实轴上与$z=-1$相近的极点，这一极点将引起振铃现象。

振铃现象的强度用振铃幅度 RA 来衡量，通常采用在单位阶跃作用下数字控制器第 0 拍输出与第 1 拍输出的差值来衡量振铃现象强烈的程度。

由式(5.41)可知，$W_{\mathrm{u}}(z)$是 z 的有理分式，写成一般形式为

$$W_{\mathrm{u}}(z)=K_{\mathrm{s}}z^{-N}\frac{1+b_1z^{-1}+b_2z^{-2}+\cdots}{1+a_1z^{-1}+a_2z^{-2}+\cdots} \tag{5.45}$$

忽略比例系数$K_{\mathrm{s}}z^{-N}$的影响(相当于进行了归一化处理)，在单位阶跃输入函数的作用下，数字控制器输出量的 z 变换为

$$
\begin{aligned}
U(z)=R(z)W_{\mathrm{u}}(z)&=\frac{1}{1-z^{-1}}\frac{1+b_1z^{-1}+b_2z^{-2}+\cdots}{1+a_1z^{-1}+a_2z^{-2}+\cdots}\\
&=\frac{1+b_1z^{-1}+b_2z^{-2}+\cdots}{1+(a_1-1)z^{-1}+(a_2-a_1)z^{-2}+\cdots}\\
&=1+(b_1-a_1+1)z^{-1}+\cdots
\end{aligned}
\tag{5.46}
$$

所以

$$
\mathrm{RA}=1-(b_1-a_1+1)=a_1-b_1 \tag{5.47}
$$

对于带纯滞后的二阶惯性环节组成的系统，其振铃幅度由式(5.43)可得

$$
\mathrm{RA}=\frac{c_2}{c_1}-\mathrm{e}^{-T/T_0}+\mathrm{e}^{-T/T_1}+\mathrm{e}^{-T/T_2} \tag{5.48}
$$

根据式(5.44)，当$T\to 0$时，有

$$
\lim_{T\to 0}\mathrm{RA}=2 \tag{5.49}
$$

消除振铃现象的方法是：先找出$D(z)$中引起振铃现象的因子($z=-1$附近的极点)，然后令其中的$z=1$。根据终值定理，这样不影响输出的稳态值，但往往可以有效地消除振铃现象。这一点可以通过式(5.41)得到验证，因为控制器$D(z)$的极点就是闭环脉冲传递函数$W_{\mathrm{u}}(z)$的极点，因此$W_{\mathrm{u}}(z)$中$z=-1$附近的极点实际上包含在控制器$D(z)$的分母中。

对于带纯滞后的二阶惯性环节系统中，数字控制器$D(z)$如式(5.39)所示，其极点$z=-c_2/c_1$将引起振铃现象。令极点因子($c_1+c_2z^{-1}$)中$z=1$，就可消除这个振铃极点。由式(5.38)得到

$$
c_1+c_2=(1-\mathrm{e}^{-T/T_1})(1-\mathrm{e}^{-T/T_2}) \tag{5.50}
$$

消除振铃极点后控制器的形式为

$$
D(z)=\frac{(1-\mathrm{e}^{-T/T_0})(1-\mathrm{e}^{-T/T_1}z^{-1})(1-\mathrm{e}^{-T/T_2}z^{-1})}{K(1-\mathrm{e}^{-T/T_1})(1-\mathrm{e}^{-T/T_2})[1-\mathrm{e}^{-T/T_0}z^{-1}-(1-\mathrm{e}^{-T/T_0})z^{-(N+1)}]} \tag{5.51}
$$

这种消除振铃现象的方法虽然不影响输出稳态值，却改变了数字控制器的动态特性，将影响闭环系统的暂态性能。

例 5.11 对例 5.10 的被控对象，考虑消除振铃现象的影响，试用大林控制算法设计数字控制器$D(z)$。

解 根据例 5.10 可知，在采样周期$T=2\mathrm{s}$时，所设计的数字控制器传递函数模型为

$$
\begin{aligned}
D(z)&=\frac{(1-\mathrm{e}^{-T/T_0})(1-\mathrm{e}^{-T/T_1}z^{-1})(1-\mathrm{e}^{-T/T_2}z^{-1})}{K(c_1+c_2z^{-1})[1-\mathrm{e}^{-T/T_0}z^{-1}-(1-\mathrm{e}^{-T/T_0})z^{-(N+1)}]}\\
&=\frac{5.7546(1-0.90484z^{-1})(1-0.93551z^{-1})}{(1+0.946z^{-1})(1-0.81873z^{-1}-0.18127z^{-7})}
\end{aligned}
$$

其中极点$z=-0.946$将引起振铃现象，因此令$(1+0.946z^{-1})$的因子式中$z=1$，于是控制器传递函数模型变为

$$
\begin{aligned}
D(z)&=\frac{5.7546(1-0.90484z^{-1})(1-0.93551z^{-1})}{1.946(1-0.81873z^{-1}-0.18127z^{-7})}\\
&=\frac{2.9571(1-0.90484z^{-1})(1-0.93551z^{-1})}{1-0.81873z^{-1}-0.18127z^{-7}}
\end{aligned}
$$

以此控制器组成计算机控制系统进行控制，阶跃函数输入下系统的响应如图 5.20 所示。与图 5.19 相比，可以看出控制信号序列 $u(k)$ 得到了很好的抑制，消除了振铃现象，但是系统输出响应的动态过程发生了变化，出现了超调，且过渡过程时间变长。

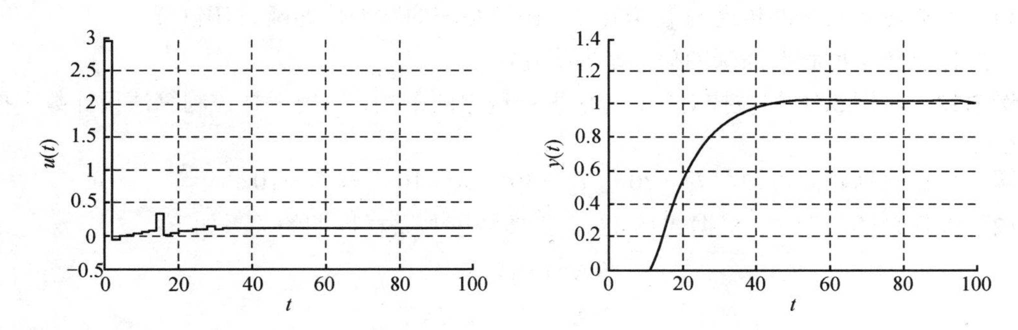

图 5.20　令振铃因子 $z=1$ 后系统的控制信号和输出信号曲线

5.6　大林算法工程应用中关键参数的选择

前面介绍的大林算法在实际应用过程中常面临两个主要的工程化问题：一个是前面所述的振铃现象，另一个就是分数时滞问题。振铃现象的原因和对控制系统性能的影响前面已经进行了详细地讲述；而分数时滞问题是指实际控制系统应用过程中，由于被控对象数学模型的不精确性和时滞 τ 的时变性，使得时滞 τ 不可能始终是采样周期的整数倍的现象。而已经得到的大林算法则是在时滞常数 τ 等于采样周期 T 整数倍的情况下推导得到的，因此分数时滞将会使控制系统的控制效果严重恶化，甚至使系统不稳定。

本节将通过选择合适的采样周期 T 和闭环系统的时间常数 T_0 的方法，分别解决大林算法面临的振铃现象和分数时滞问题，体现大林算法在实际应用中关键参数选择的重要性。

5.6.1　解决振铃现象中关键参数的选择

关于振铃现象的解决，前面已经介绍了通过令控制器传递函数中振铃因子式中的 $z=1$ 的方法加以消除，但结果是改变了控制器模型的结构，因此常常造成控制系统的动态性能变差，如出现了超调、过渡过程时间变长等。

有些工业应用场合，在尽量削弱振铃幅度的同时，不希望系统的动态性能有太大的改变，这种情况下可以通过选择合适的采样周期 T 及闭环系统时间常数 T_0 得以实现。

从式(5.48)可以看出，带纯滞后的二阶惯性环节组成的系统中，振铃幅度与被控对象的参数 T_1、T_2 有关，与闭环系统期望时间常数 T_0 以及采样周期 T 也有关。前者是被控对象固有的参数，无法改变，因此可以通过适当选择 T 和 T_0，把振铃幅度抑制在最低限度以内。有些情况下，闭环系统时间常数 T_0 作为控制系统的性能指标被首先确定了，但还可以通过式(5.48)选择采样周期 T 来抑制振铃现象。

对于纯滞后系统，通过选择关键参数 T 和 T_0，削弱振铃现象影响的大林算法数字控制器设计的一般步骤如下：

(1) 根据系统的性能，确定闭环系统的参数 T_0，给出振铃幅度 RA 的指标。

(2) 由式(5.48)所确定的振铃幅度 RA 与采样周期 T 的关系，解出给定振铃幅度下对应的采样周期 T，如果 T 有多解，则选择较大的采样周期。

(3) 确定纯滞后时间 τ 与采样周期 T 之比（τ/T）的最大整数倍 N。

(4) 计算对象的脉冲传递函数 $W_d(z)$ 及闭环系统的脉冲传递函数 $W_B(z)$。

(5) 计算数字控制器的脉冲传递函数 $D(z)$。

例 5.12 对例 5.10 的被控对象，考虑振铃现象的影响，试用大林控制算法设计数字控制器 $D(z)$。

解 (1) 根据题意可知，$T_1 = 20$，$T_2 = 30$，$K = 10$，取 $T_0 = 10$。

(2) 选择采样周期 T。根据式(5.48)，振铃幅度与采样周期的关系如下：

$$\text{RA}=1.91，T=4\text{s}$$

$$\text{RA}=1.88，T=5\text{s}$$

$$\text{RA}=1.85，T=6\text{s}$$

……

由上面的数据可以看出，采样周期加大，振铃幅度并没有明显地减小，因此，选取采样周期 T=4s。

(3) 确定纯滞后时间 τ 与采样周期 T 之比，$N = \tau / T = 12/4 = 3$。

(4) 确定对象的脉冲传递函数。根据式(5.37)和式(5.38)，有

$$W_d(z) = \frac{K(c_1 + c_2 z^{-1}) z^{-(N+1)}}{(1 - \mathrm{e}^{-T/T_1} z^{-1})(1 - \mathrm{e}^{-T/T_2} z^{-1})} = \frac{0.119 z^{-4}(1 + 0.9076 z^{-1})}{(1 - 0.8187 z^{-1})(1 - 0.8752 z^{-1})}$$

$$c_1 = 1 + \frac{1}{T_2 - T_1}\left(T_1 \mathrm{e}^{-T/T_1} - T_2 \mathrm{e}^{-T/T_2}\right) = 0.0119$$

$$c_2 = \mathrm{e}^{-T(1/T_1 + 1/T_2)} + \frac{1}{T_2 - T_1}\left(T_1 \mathrm{e}^{-T/T_2} - T_2 \mathrm{e}^{-T/T_1}\right) = 0.0108$$

(5) 根据式(5.39)得数字控制器的传递函数模型为

$$D(z) = \frac{2.773(1 - 0.8187 z^{-1})(1 - 0.8752 z^{-1})}{(1 + 0.9076 z^{-1})(1 - 0.67 z^{-1} - 0.33 z^{-4})}$$

以此控制器组成计算机控制系统进行控制，阶跃函数输入下系统的响应如图 5.21 所示。从图中可以看出，控制信号序列 $u(k)$ 的振荡幅度同图 5.19 相比明显减弱，但是输出信号动态过程变化不大。

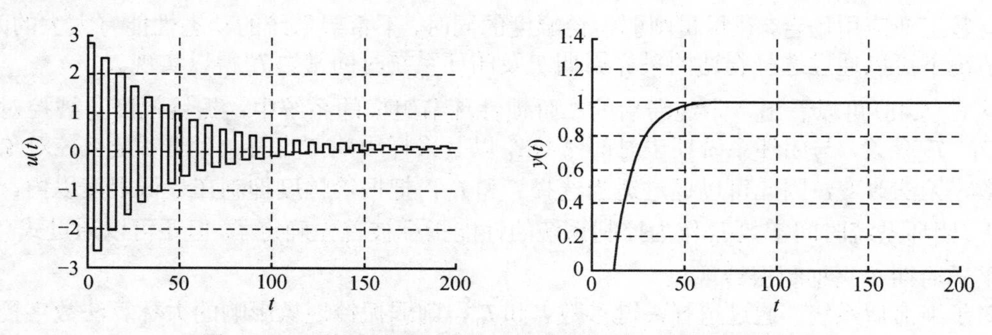

图 5.21 调整采样周期后的系统控制信号和输出信号曲线

5.6.2 解决分数时滞问题中关键参数的选择

1. 分数时滞对系统稳定性的影响

由式(5.36)可知，以纯滞后一阶惯性环节式(5.30)为对象建立的大林算法控制器为

$$D(z)=\frac{(1-a)(1-bz^{-1})}{K(1-b)[1-az^{-1}-(1-a)z^{-N-1}]} \tag{5.52}$$

式中，$a=\mathrm{e}^{-T/T_0}$；$b=\mathrm{e}^{-T/T_1}$。

若实际被控系统为

$$W(s)=\frac{K}{T_1s+1}\mathrm{e}^{-(N+\rho)Ts} \tag{5.53}$$

式中，ρ为分数时滞τ的小数部分，且$0\leqslant\rho\leqslant1$。下面通过第2章2.7节的扩展z变换来求取与此对应的广义被控对象脉冲传递函数。

$$\begin{aligned}W_{\mathrm{d}}(z)&=Z\left[\frac{1-\mathrm{e}^{-sT}}{s}W(s)\right]=(1-z^{-1})Z\left[\frac{K}{s(T_1\mathrm{s}+1)}\mathrm{e}^{-(N+\rho)Ts}\right]\\&=(1-z^{-1})z^{-N}Z\left[\frac{K}{s(T_1\mathrm{s}+1)}\mathrm{e}^{-\rho Ts}\right]=K(1-z^{-1})z^{-N}Z\left[\frac{1/T_1}{s(\mathrm{s}+1/T_1)}\mathrm{e}^{-\rho Ts}\right]\\&=K(1-z^{-1})z^{-N}\left[\frac{z^{-1}}{1-z^{-1}}-\frac{\mathrm{e}^{-(1-\rho)T/T_1}}{1-\mathrm{e}^{-T/T_1}z^{-1}}\right]=\frac{b_1+b_2z^{-1}}{1-bz^{-1}}z^{-N-1}\end{aligned} \tag{5.54}$$

式中，b的含义同前；$b_1=K(1-b^{1-\rho})$；$b_2=K(b^{1-\rho}-b)$。

由式(5.52)和式(5.54)可以求得对应的闭环系统特征方程，即

$$\begin{aligned}F(z)&=(1-b)z^{N+2}-a(1-b)z^{N+1}\\&\quad+(1-a)(b-b^{1-\rho})z+(1-a)(b^{1-\rho}-b)=0\end{aligned} \tag{5.55}$$

由式(5.55)可知，特征根是ρ的函数，因此ρ的变化将直接影响闭环系统的渐近稳定性。为此，通过选择合适的采样周期T和闭环系统的时间常数T_0值，以保证当ρ在[0,1]区间内任意变化时，式(5.55)的特征根总在z平面上的单位圆内，从而使得闭环系统的稳定性不受ρ影响。

2. 基于朱利稳定性判据的关键参数选择

定义 当被控系统时滞常数在$[NT,(N+1)T]$区间内任意变化时，若由式(5.52)的数字控制器构成的闭环系统总是稳定的，则称由大林算法数字控制器$D(z)$构成的数字闭环系统在该区间内具有绝对稳定性。

由朱利稳定性判据可知，大林算法闭环系统具有绝对稳定性的充要条件是：当ρ在[0, 1]区间内任意变化时，特征方程 (5.55)必须同时满足$(n+1=N+3)$个不等式的约束条件，其中特征方程的阶次$n=N+2$ （朱利稳定性判据见第3章3.5.2节,下述a_0、b_0、c_0等参数含义同式(3.44)）。

不难证明：$F(1)>0$，$|a_0|<a_{N+2}$，要使$|b_0|>|b_{N+1}|$，则必须有

$$(1-b)^2-(1-a)^2(b^{1-\rho}-b)^2>(1-b)(1-a)^2(b^{1-\rho}-b) \tag{5.56}$$

解不等式方程(5.56)得

$$\rho<1-\ln\{(3b-1)/2+[(1-b)^2/4+(1-b)^2/(1-a)^2]^{1/2}\}/\ln b \tag{5.57}$$

由式(5.57)可知，要使ρ在[0，1]区间内变化时，都有$|b_0|>|b_{N+1}|$，则必须有

$$(3b-1)/2+\left[(1-b)^2/4+(1-b)^2/(1-a)^2\right]^{1/2}>1 \tag{5.58}$$

化简得

$$a>(2-\sqrt{2})/2 \quad 或 \quad T_0>T/\ln(2+\sqrt{2})$$

定理 5.1 当ρ在[0，1]区间内任意变化时，闭环系统总具有绝对稳定性的必要条件是

$$a>(2-\sqrt{2})/2 \quad 或 \quad T_0>T/\ln(2+\sqrt{2}) \tag{5.59}$$

定理 5.2 若N为奇数，当ρ在[0，1]区间内任意变化时，闭环系统总具有绝对稳定性的必要条件是

$$a>1/3 \quad 或 \quad T_0>T/\ln 3 \tag{5.60}$$

证明 当N为奇数时，有

$$(-1)^{N+2}F(-1)=(1+a)(1-b)-2(1-a)(b^{1-\rho}-b) \tag{5.61}$$

当N为偶数时，有

$$(-1)^{N+2}F(-1)=(1+a)(1-b)+2(1-a)(b^{1-\rho}-b) \tag{5.62}$$

由朱利判据可知，当N为奇数时，必须有

$$(1+a)(1-b)-2(1-a)(b^{1-\rho}-b)>0 \tag{5.63}$$

即

$$\rho<1-\ln\left[(a+b-3ab+1)/(2-2a)\right]/\ln b \tag{5.64}$$

同理，要使闭环系统具有绝对稳定性，则必须有

$$\frac{a+b-3ab+1}{2-2a}>1 \tag{5.65}$$

由式(5.65)可得

$$a>1/3 \quad 或 \quad T_0>T/\ln 3$$

证毕。

推论 5.1 当N=1时，闭环系统总具有绝对稳定性的充要条件是

$$a>1/3 \quad 或 \quad T_0>T/\ln 3 \tag{5.66}$$

推论 5.2 当N=2时，闭环系统总具有绝对稳定性的充分条件是

$$a\geqslant(3-\sqrt{5})/2 \quad 或 \quad T_0\geqslant T/\ln[(3+\sqrt{5})/2] \tag{5.67}$$

证明 当$a\geqslant(2-\sqrt{2})/2$时，有

$$c_0\big|_{\rho\neq1}\geqslant c_0\big|_{\rho=1}=(-2a^2+4a-1)(1-b)^4>0$$

且当$a\geqslant(3-\sqrt{5})/2$时，有

$$|c_2|<a(1-b)^3(1-a)^2(b^{1-\rho}-b)$$

因此，要使$|c_0|>|c_2|$，只要

$$(-2a^2+4a-1)(1-b)^4>a(1-a)^2(b^{1-\rho}-b)(1-b)^3 \tag{5.68}$$

即

$$\rho<1-\ln\left\{[ba(1-a)^2+(-2a^2+4a-1)(1-b)]/[a(1-a)^2]\right\}/\ln b \tag{5.69}$$

要使闭环系统具有绝对稳定性，只要

$$\frac{ba(1-a)^2+(-2a^2+4a-1)(1-b)}{a(1-a)^2}>1$$

上式经代数变换后化简为

$$a^3-3a+1<0 \tag{5.70}$$

显然，当$a \geqslant (3-\sqrt{5})/2$时，不等式(5.70)成立，即$|c_0|>|c_2|$。证毕。

同理，对于带纯滞后的二阶惯性环节，由式(5.39)可知，大林算法控制器为

$$D(z)=\frac{(1-a)(1-b_1z^{-1})(1-b_2z^{-1})}{K(c_0+c_1z^{-1})[1-az^{-1}-(1-a)z^{-N-1}]} \tag{5.71}$$

式中

$$a=\mathrm{e}^{-T/T_0},\quad b_1=\mathrm{e}^{-T/T_1},\quad b_2=\mathrm{e}^{-T/T_2}$$

$$c_0=1-(T_1b_1-T_2b_2)/(T_1-T_2),\quad c_1=b_1b_2-(T_1b_2-T_2b_1)/(T_1-T_2)$$

当时滞τ发生变化，且$\tau=(N+\rho)T$，$0\leqslant\rho\leqslant1$时，对应的广义被控对象脉冲传递函数为

$$W_{\mathrm{d}}(z)=\frac{K[c_0(\rho)+c_1(\rho)z^{-1}+c_2(\rho)z^{-2}]z^{-N-1}}{(1-b_1z^{-1})(1-b_2z^{-1})} \tag{5.72}$$

式中

$$c_0(\rho)=1-(T_1b_1^{1-\rho}-T_2b_2^{1-\rho})/(T_1-T_2)$$

$$c_1(\rho)=\left[T_1b_1(b_1^{-\rho}-1)-T_2b_2(b_2^{-\rho}-1)\right]/(T_1-T_2)$$
$$+b_1b_2(T_1b_1^{-\rho}-T_2b_2^{-\rho})/(T_1-T_2)-(T_1b_2-T_2b_1)/(T_1-T_2)$$

$$c_2(\rho)=b_1b_2-b_1b_2(T_1b_1^{-\rho}-T_2b_2^{-\rho})/(T_1-T_2)$$

由式(5.71)和式(5.72)可得闭环特征方程为

$$\begin{aligned}&c_0z^{N+3}+(c_1-ac_0)z^{N+2}-ac_1z^{N+1}+(1-a)[c_0(\rho)-c_0]z^2\\&+(1-a)\left[c_1(\rho)-c_1\right]z+(1-a)c_2(\rho)=0\end{aligned} \tag{5.73}$$

显然式(5.73)比式(5.55)复杂得多，不易得到类似于一阶对象的解析结果。

例 5.13　已知某被控对象为带纯滞后的一阶惯性环节，参数分别为$T_1=30\mathrm{s}$，τ在10～20s任意变化。若取$T=10\mathrm{s}$，$T_0=9\mathrm{s}$，则当τ=19.99999s时，即N=1，ρ=0.999999时，分析系统的稳定性。

解　利用计算机辅助分析得到朱利阵列表和分析结果，列于表5.3。

表5.3　例5.13朱利阵列表

z^0	z^1	z^2	z^3
0.1901526	−0.1901526	−0.09331591	0.2834687
0.2834687	−0.09331591	−0.1901526	0.1901526
−0.04419652	−0.009705858	0.03615805	—

根据表中数据可知 $F(1)=0.19015279>0$，$(-1)^3F(-1)=-0.00352059<0$，不满足$(-1)^nF(-1)>0$，故由朱利判据知，该系统是不稳定的。

另外，有$T/\ln3=9.1>T_0=9$，显然，此时的闭环系统时间常数不能满足推论5.1的条件，

因此，该系统不具有绝对稳定性。可见，计算机辅助分析结果和理论结果完全一致，同时说明分数时滞将直接影响闭环系统的稳定性。计算机仿真曲线如图 5.22 所示，仿真中取 $K=1$，则控制器传递函数为

$$D(z)=\frac{(1-a)(1-bz^{-1})}{K(1-b)[1-az^{-1}-(1-a)z^{-N-1}]}=\frac{2.366(1-0.7165z^{-1})}{1-0.3292z^{-1}-0.6708z^{-2}}$$

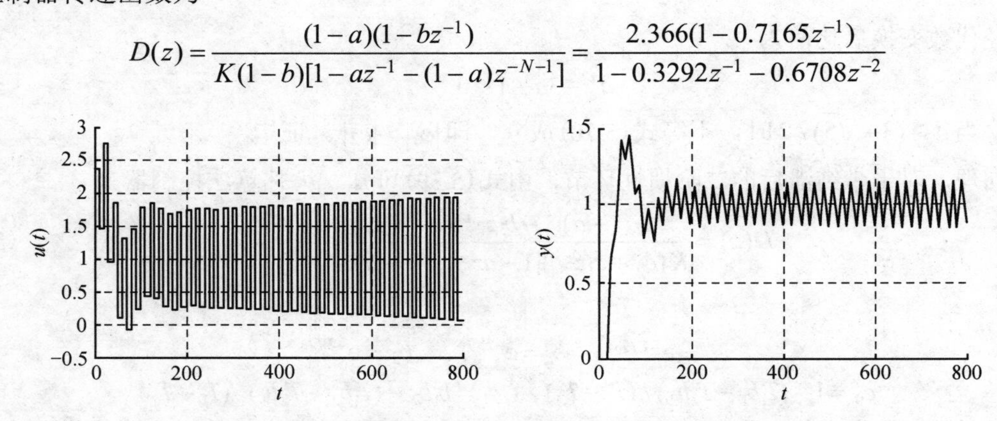

图 5.22　阶跃输入下系统控制信号与输出信号曲线

例 5.14　已知某被控对象的参数 T_1、τ 和 T 同例 5.13，若取 $T_0=10\text{s}$，分析系统的稳定性。

解　利用计算机辅助分析可得朱利阵列表和计算机辅助分析结果，列于表 5.4。

表 5.4　例 5.14 朱利阵列表

z^0	z^1	z^2	z^3
0.1791862	−0.1791862	−0.1042823	0.2834687
0.2834687	−0.1042823	−0.1791862	0.1791862
−0.04824683	−0.002546912	0.03210773	—

根据表中数据可知

$$F(1)=0.1791864>0,\quad (-1)^3F(-1)=0.0293786>0$$
$$|a_0|=0.1791862,\quad |a_3|=0.2834687,\quad 满足|a_0|<|a_3|$$
$$|b_0|=0.04824683,\quad |b_2|=0.03210773,\quad 满足|b_0|>|b_2|$$

由朱利稳定判据可知，该系统是稳定的。

另外，有 $T/\ln 3=9.1<T_0=10$，因此闭环系统时间常数 T_0 的选择符合推论 5.1 的条件，因此，数字闭环系统具有绝对稳定性。计算机仿真曲线如图 5.23 所示，仿真中取 $K=1$，则控制器传递函数为

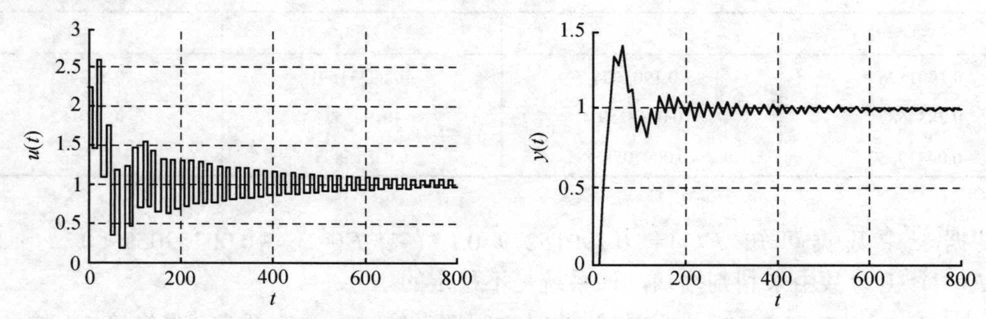

图 5.23　阶跃输入下系统控制信号与输出信号曲线

$$D(z)=\frac{(1-a)(1-bz^{-1})}{K(1-b)[1-az^{-1}-(1-a)z^{-N-1}]}=\frac{2.2296(1-0.7165z^{-1})}{1-0.3679z^{-1}-0.6321z^{-2}}$$

5.7 数字控制器的程序实现

前面几节已经讲述了各种数字控制器$D(z)$的设计方法，但$D(z)$求出后设计任务并未结束，还要在控制系统中实现。实现$D(z)$的方法有硬件电路实现和软件实现两种。从$D(z)$算式的复杂性和控制系统的灵活性出发，采用计算机软件的方法实现更适宜。

5.7.1 直接程序设计法

数字控制器$D(z)$通常可表示为

$$D(z)=\frac{U(z)}{E(z)}=\frac{a_0+a_1z^{-1}+a_2z^{-2}+\cdots+a_mz^{-m}}{1+b_1z^{-1}+b_2z^{-2}+\cdots+b_nz^{-n}}=\frac{\sum_{i=0}^{m}a_iz^{-i}}{1+\sum_{j=1}^{n}b_jz^{-j}},\qquad m\leqslant n \tag{5.74}$$

式中，$U(z)$和$E(z)$分别为数字控制器输出序列和输入序列的z变换。

从式(5.74)可求出

$$U(z)=\sum_{i=0}^{m}a_iE(z)z^{-i}-\sum_{j=1}^{n}b_jU(z)z^{-j} \tag{5.75}$$

为使计算机实现方便，把式(5.75)进行z反变换，写成如下差分方程的形式

$$u(k)=\sum_{i=0}^{m}a_ie(k-i)-\sum_{j=1}^{n}b_ju(k-j) \tag{5.76}$$

式(5.75)可以很方便地运用软件来实现。由式(5.76)可看出，每计算一次$u(k)$，要进行$m+n$次加法运算，$m+n+1$次乘法运算，$m+n$次数据传递。因为在本次采样周期输出的计算值$u(k)$在下一个采样周期就变成了$u(k-1)$，同理$e(k)$将变成$e(k-1)$，所以其余的$e(k-i)$和$u(k-j)$也要递推一次，变成$e(k-i-1)$和$u(k-j-1)$，以便下一个采样周期使用。

例 5.15 已知数字控制器脉冲传递函数为$D(z)=\dfrac{z^2+2z+1}{z^2+5z+6}$，试用直接程序设计法写出实现$D(z)$的表达式，并求出$D(z)$的差分方程。

解 根据直接程序设计法可知：对给定的数字控制器$D(z)$的分子、分母都乘以z^{-n}，其中n为分母最高次幂，便可求出以$z^{-n},z^{-(n-1)},\cdots,z^{-1}$为变量的$D(z)$的有理式表达式。

本例中$n=2$，即

$$D(z)=\frac{(z^2+2z+1)z^{-2}}{(z^2+5z+6)z^{-2}}=\frac{1+2z^{-1}+z^{-2}}{1+5z^{-1}+6z^{-2}}$$

对$D(z)$进行交叉相乘、移项，便可写出用直接程序法实现$D(z)$的表达式如下：

$$U(z)=E(z)+2E(z)z^{-1}+E(z)z^{-2}-5U(z)z^{-1}-6U(z)z^{-2}$$

根据上式所得结果知

$$n=m,\quad a_0=1,\quad a_1=2,\quad a_2=1,\quad b_1=5,\quad b_2=6$$

再进行 z 反变换，便可求得数字控制器的差分方程为

$$u(k)=e(k)+2e(k-1)+e(k-2)-5u(k-1)-6u(k-2)$$

5.7.2 串联程序设计法

串联程序设计法也称为迭代程序设计法。数字控制器的脉冲传递函数 $D(z)$ 中的零点、极点均已知时，$D(z)$ 可以写成如下形式：

$$D(z)=\frac{U(z)}{E(z)}=\frac{K(z+z_1)(z+z_2)\cdots(z+z_m)}{(z+p_1)(z+p_2)\cdots(z+p_n)},\qquad m\leqslant n \tag{5.77}$$

令

$$\begin{cases} D_1(z)=\dfrac{U_1(z)}{E(z)}=\dfrac{z+z_1}{z+p_1} \\ D_2(z)=\dfrac{U_2(z)}{U_1(z)}=\dfrac{z+z_2}{z+p_2} \\ \quad\vdots \\ D_m(z)=\dfrac{U_m(z)}{U_{m-1}(z)}=\dfrac{z+z_m}{z+p_m} \\ D_{m+1}(z)=\dfrac{U_{m+1}(z)}{U_m(z)}=\dfrac{1}{z+p_{m+1}} \\ \quad\vdots \\ D_n(z)=\dfrac{U(z)}{U_{n-1}(z)}=\dfrac{K}{z+p_n} \end{cases} \tag{5.78}$$

则

$$D(z)=D_1(z)D_2(z)\cdots D_n(z) \tag{5.79}$$

即 $D(z)$ 可看成由 $D_1(z),D_2(z),\cdots,D_n(z)$ 串联而成。为计算 $u(k)$，可先求出 $u_1(k)$，再算出 $u_2(k),u_3(k),\cdots$，最后算出 $u(k)$。

现在先计算 $u_1(k)$

$$\frac{U_1(z)}{E(z)}=D_1(z)=\frac{z+z_1}{z+p_1}=\frac{1+z_1z^{-1}}{1+p_1z^{-1}} \tag{5.80}$$

交叉相乘得

$$(1+p_1z^{-1})U_1(z)=(1+z_1z^{-1})E(z)$$

进行 z 反变换得

$$u_1(k)+p_1u_1(k-1)=e(k)+z_1e(k-1)$$

因此可得

$$u_1(k)=e(k)+z_1e(k-1)-p_1u_1(k-1)$$

以此类推，可得到 n 个迭代表达式如下：

$$
\begin{cases}
u_1(k) = e(k) + z_1 e(k-1) - p_1 u_1(k-1) \\
u_2(k) = u_1(k) + z_2 u_1(k-1) - p_2 u_2(k-1) \\
\quad\vdots \\
u_m(k) = u_{m-1}(k) + z_m u_{m-1}(k-1) - p_m u_m(k-1) \\
u_{m+1}(k) = u_m(k-1) - p_{m+1} u_{m+1}(k-1) \\
\quad\vdots \\
u(k) = K u_{n-1}(k-1) - p_n u(k-1)
\end{cases}
\tag{5.81}
$$

用式(5.81)计算$u(k)$的方法称为串行程序设计法。此方法每计算一次$u(k)$需要进行$m+n$次加减法、$m+n+1$次乘法和n次数据传送。它只需传送$u_1(k),\cdots,u_{n-1}(k)$和$u(k)$共n个数据。

例 5.16 设数字控制器$D(z)=\dfrac{z^2+3z-4}{z^2+5z+6}$，试用串行程序设计法写出$D(z)$的迭代表达式。

解 首先将分子分母分解因式。

$$
D(z) = \frac{z^2+3z-4}{z^2+5z+6} = \frac{(z+4)(z-1)}{(z+2)(z+3)}
$$

令

$$
D_1(z) = \frac{U_1(z)}{E(z)} = \frac{z+4}{z+2} = \frac{1+4z^{-1}}{1+2z^{-1}}
$$

$$
D_2(z) = \frac{U(z)}{U_1(z)} = \frac{z-1}{z+3} = \frac{1-z^{-1}}{1+3z^{-1}}
$$

将$D_1(z)$、$D_2(z)$下标分别进行交叉相乘及z反变换，得

$$
u_1(k) = e(k) + 4e(k-1) - 2u_1(k-1)
$$

$$
u(k) = u_1(k) - u_1(k-1) - 3u(k-1)
$$

5.7.3 并行程序设计法

若$D(z)$可以写成如下部分分式的形式：

$$
D(z) = \frac{U(z)}{E(z)} = \frac{k_1 z^{-1}}{1+p_1 z^{-1}} + \frac{k_2 z^{-1}}{1+p_2 z^{-1}} + \cdots + \frac{k_n z^{-1}}{1+p_n z^{-1}}
\tag{5.82}
$$

令

$$
\begin{cases}
D_1(z) = \dfrac{U_1(z)}{E(z)} = \dfrac{k_1 z^{-1}}{1+p_1 z^{-1}} \\
D_2(z) = \dfrac{U_2(z)}{E(z)} = \dfrac{k_2 z^{-1}}{1+p_2 z^{-1}} \\
\quad\vdots \\
D_n(z) = \dfrac{U_n(z)}{E(z)} = \dfrac{k_n z^{-1}}{1+p_n z^{-1}}
\end{cases}
\tag{5.83}
$$

因此可得

$$
D(z) = D_1(z) + D_2(z) + \cdots + D_n(z)
\tag{5.84}
$$

与前面类似，也可得出如下几个计算公式：

$$\begin{cases} u_1(k)=k_1e(k-1)-p_1u_1(k-1) \\ u_2(k)=k_2e(k-1)-p_2u_2(k-1) \\ \vdots \\ u_n(k)=k_ne(k-1)-p_nu_n(k-1) \end{cases} \tag{5.85}$$

求出 $u_1(k),u_2(k),\cdots,u_n(k)$ 以后，可得

$$u(k)=u_1(k)+u_2(k)+\cdots+u_n(k) \tag{5.86}$$

按式(5.85)和式(5.86)编写成计算机程序计算 $u(k)$ 的方法，称为并行程序设计法。这种方法每计算一次 $u(k)$ 就要进行 $2n-1$ 次加减法、$2n$ 次乘法和 $n+1$ 次数据传送。

例 5.17 设 $D(z)=\dfrac{3+3.6z^{-1}+0.6z^{-2}}{1+0.1z^{-1}-0.2z^{-2}}$，试用并行程序设计法写出实现 $D(z)$ 的表达式。

解 首先将 $D(z)$ 写成如下部分分式的形式：

$$\begin{aligned} D(z)&=\frac{3+3.6z^{-1}+0.6z^{-2}}{1+0.1z^{-1}-0.2z^{-2}}=\frac{0.6z^{-2}-0.3z^{-1}-3}{1+0.1z^{-1}-0.2z^{-2}}+\frac{6+3.9z^{-1}}{1+0.1z^{-1}-0.2z^{-2}} \\ &=-3+\frac{6+3.9z^{-1}}{(1+0.5z^{-1})(1-0.4z^{-1})}=-3-\frac{1}{1+0.5z^{-1}}+\frac{7}{1-0.4z^{-1}}=\frac{U(z)}{E(z)} \end{aligned}$$

令

$$D_1(z)=\frac{1}{1+0.5z^{-1}}=\frac{U_1(z)}{E(z)}$$

$$D_2(z)=\frac{1}{1-0.4z^{-1}}=\frac{U_2(z)}{E(z)}$$

则

$$U_1(z)=E(z)-0.5U_1(z)z^{-1}$$

$$U_2(z)=E(z)+0.4U_2(z)z^{-1}$$

所以

$$D(z)=-3-D_1(z)+7D_2(z)$$

将上式进行 z 反变换，求出的差分方程为

$$\begin{aligned} u(k)&=-u_1(k)+7u_2(k)-3e(k) \\ &=-[e(k)-0.5u_1(k-1)]+7[e(k)+0.4u_2(k-1)]-3e(k) \end{aligned}$$

所以

$$u(k)=0.5u_1(k-1)+2.8u_2(k-1)+3e(k)$$

以上 3 种求数字控制器 $D(z)$ 输出差分方程的方法各有所长。就计算效率而言，串行程序设计法最佳。直接程序设计法独特的优点是，式(5.76)中除 $i=0$ 时涉及 $e(k)$ 的一项外，其余各项都可在采集 $e(k)$ 之前全部计算出来，因而可大大减少计算机延时，提高系统的动态性能。另外，串行法和并行法在设计高阶数字控制器时，可以简化程序设计，只要设计出一阶或二阶的 $D(z)$ 子程序，通过反复调用子程序即可实现 $D(z)$。这样设计的程序占用内存少、容易读，且调试方便。

但必须指出，在串行和并行法程序设计中，需要将高阶函数分解成一阶或二阶的环节，这样的分解并不是在任何情况下都可以进行的。当 $E(z)$ 的零点或极点已知时，很容易分解；

但有时却要花费大量时间，有时甚至是不可能的，此时若采用直接程序设计法，则优越性更大。

本章小结

本章主要介绍了计算机控制系统的直接离散化设计方法，包括最小拍控制设计方法和大林算法，以及两种方法在工程应用过程中的算法改进或关键参数选择。本章内容是本书计算机控制系统控制器设计的核心，要求重点掌握以下内容：

(1) 直接设计方法的基本原理。该设计方法的核心是给定闭环系统的脉冲传递函数，然后根据闭环系统的脉冲传递函数和对象的广义脉冲传递函数，直接计算出控制器脉冲传递函数模型。闭环系统脉冲传递函数的给定必须满足控制器的物理可实现性、闭环系统的稳定性以及系统的稳态指标和暂态指标的要求，其中闭环系统的稳定性要求是重点。因为计算机控制系统的稳定性不但是指系统输出响应序列 $y(k)$ 的收敛，同时控制器输出序列 $u(k)$ 也不能发散，最好也是收敛非振荡的。也就是说，不但要求闭环系统脉冲传递函数的特征根都在单位圆内，控制器脉冲传递函数的特征根同样也要在单位圆内([1，0]点除外)。

(2) 最小拍控制是稳态误差为零、过渡过程时间最短的时间最优控制，应重点掌握复杂被控对象，即被控对象有纯滞后、不稳定零极点情况下，最小拍控制器的设计原理。从控制器物理可实现考虑，闭环系统传递函数 $W_B(z)$ 中应包含纯滞后环节；从控制器稳定性角度考虑，$W_B(z)$ 中应包含被控对象不稳定的零点，$1-W_B(z)$ 中，也就是闭环误差传递函数 $W_e(z)$ 中，应包含被控对象不稳定的极点。

(3) 理解和掌握最小拍控制工程化改进的原理和方法。无纹波控制的实质是消除控制器输出序列 $u(k)$ 的波动问题，其必要条件是被控对象中包含足够多（$\geqslant m-1$个）的积分环节，实现方法是将被控对象的所有零点都包含在闭环系统脉冲传递函数 $W_B(z)$ 中；利用阻尼因子法改进最小拍控制对输入信号类型敏感问题的实质，是增加闭环系统传递函数模型的极点，以延长过渡过程时间为代价，来提高系统对输入信号类型的适应性；而采用非最小的有限拍控制改进最小拍控制对模型参数变化的敏感性，其实质同样是以延长过渡过程时间为代价，但比之阻尼因子法，延长的拍数有限。

(4) 大林算法是针对带纯滞后的一阶或二阶被控对象的数字控制器设计方法，主要解决控制系统的超调问题，使系统的动态过程更加平稳，应重点掌握对大林算法工程应用过程中出现问题的解决方法。对于振铃现象问题的解决，本质上是消除控制器中靠近单位圆[−1，0]点的极点的作用，所采用的方法是找出控制器 $D(z)$ 中引起振铃现象的因子（$z=-1$附近的极点），然后令其中的 $z=1$。对大林算法中的关键参数（采样周期 T 和闭环系统传递函数的时间常数 T_0）的合适选择，则一方面可以削弱振铃幅度，另一方面可以有效地解决被控对象的分数时滞问题。一般来说，在采样周期 T 确定的情况下，适当加大时间常数 T_0，可以有效地消除时滞常数变化对控制系统性能的影响。

(5) 控制算法是通过计算机编程来实现的，通常有三种编程实现方式：直接程序设计法、串联程序设计法和并行程序设计法，实际中应根据具体情况灵活运用。

习题与思考题

5.1　什么是计算机控制系统的直接数字化设计？最小拍设计的要求是什么？在设计过程中怎样满足这些要求？它有什么局限性？怎样解决？

5.2　如题图 1 所示计算机控制系统，已知 $W_{\mathrm{d}}(z)=\dfrac{0.5z^{-1}}{1-0.5z^{-1}}$，采样周期 $T=1\mathrm{s}$，试确定单位速度输入时最小拍控制器 $D(z)$，求系统输出在采样时刻的值。

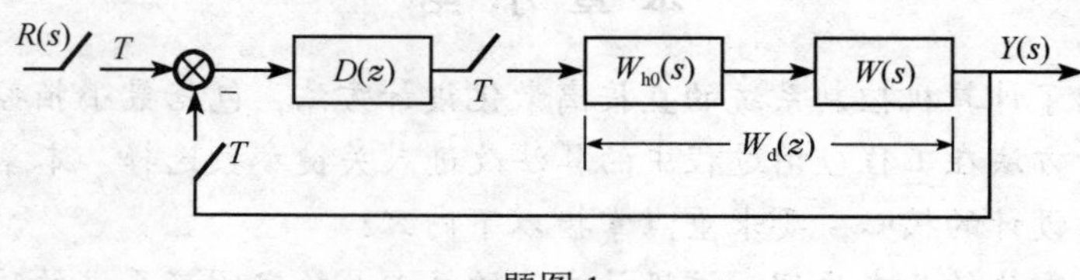

题图 1

5.3　讨论习题 5.2 已确定的控制器系统对单位阶跃输入与单位加速度输入的响应，用图形表示。说明了什么问题？如何解决？

5.4　如题图 1 所示，若 $W(s)=\dfrac{2.1}{s^2(s+1.252)}$，采样周期 $T=1\mathrm{s}$，试确定其对单位阶跃输入的最小拍无纹波控制器 $D(z)$，用图形描述控制器输出 $u(k)$、系统输出 $y(k)$。

5.5　在题图 1 中，若 $W_{\mathrm{d}}(z)=\dfrac{2+0.2z^{-1}}{1+1.2z^{-1}}$，讨论系统对单位阶跃输入的无纹波最小拍控制。

5.6　什么是振铃现象？在使用大林算法时，振铃现象是由哪一部分引起的？为什么？

5.7　振铃现象如何消除？试求出二阶惯性加纯滞后被控对象应用大林算法时无振铃的控制器。

5.8　如何通过选择大林算法控制器的关键参数解决大林算法实际应用中存在的问题？

5.9*　直接数字控制器设计中，是否允许数字控制器在单位圆外有极点？实际物理过程的稳定性取决于哪些量？

5.10*　对于复杂对象最小拍控制器的设计，常有“(1,0)点除外”的说法，试分析其原因。

5.11*　试分析 PID 控制器、Smith 预估控制器和大林算法之间的相互关系。

5.12*　应用 Matlab 对书中的例题进行仿真研究。

5.13*　最小拍控制的工程化改进还有哪些方法？

5.14*　研究一种比较综合的方法，对最小拍控制器工程化应用过程中存在的问题进行综合解决。

5.15*　如何对大林算法进行工程化改进？

5.16*　分析分数时滞情况下大林算法的振铃现象。

第 6 章　基于状态空间模型的极点配置设计方法

6.1　引　　言

计算机控制系统除了采用前两章所介绍的经典方法进行设计外，20 世纪 60 年代后研究和发展的一些现代控制理论方法也获得了广泛的应用，其中，利用状态空间方法描述系统和进行系统设计，是一种应用较早和较成熟的方法。采用状态空间模型设计时，由于可以充分利用系统的状态信息，从而可以使系统获得更好的性能，并且可以直接根据给定的系统性能要求实现综合设计。

离散系统中的极点在 z 平面上的分布与系统特性有着密切关系，合理地配置极点在 z 平面上的位置就能获得满意的系统特性。本章要解决的问题是：按照系统动态特性的要求，通过状态反馈，合理地安排极点的位置，以满足系统的动态特性。利用状态空间模型进行系统设计的方法很多，其中较为成熟和简单的方法是极点配置状态反馈方法。本章在研究系统能控性和能观性的基础上，重点讨论单输入输出系统极点配置方法的有关问题。采用全状态反馈可以充分利用系统的信息来改善和提高系统的性能，但实际应用时难于全面获得系统的状态信息。实际上，一种可行的方法是利用系统可测的输出，通过构造观测器来估计系统的状态，本章将详细讨论几种观测器的设计方法。观测器是一种动态系统，当系统加入观测器后，与原状态反馈控制规律组合起来将形成新的系统，观测器和状态反馈组合等效为一种典型的控制器。本章将主要针对调节器问题讨论观测器和状态反馈组合的一些特性。

本章概要　6.1 节介绍本章所要解决的基本问题、研究内容以及内容之间的相互关系；6.2 节介绍状态空间描述的基本概念；6.3 节介绍离散系统的状态空间模型，包括离散系统状态空间模型的建立、求解以及与 z 传递函数模型的关系；6.4 节介绍离散系统状态空间模型的能控性和能观性、能控性判据和能观性判据，以及能控标准型和能观标准型；6.5 节重点讲述状态可测时的极点配置设计方法；6.6 节详细讨论离散系统三种观测器构造方法及相关问题；6.7 节以调节系统为例，讨论观测器和状态反馈控制律组合的特性——系统设计的分离性原理，并说明观测器和状态反馈组合等效为系统的控制器；6.8 节简单介绍随动系统的设计。

6.2　状态空间描述的基本概念

6.2.1　系统动态过程的两类描述

系统是由一些既相互关联又相互制约的环节或元件组成的一个整体，可用图 6.1 表示。方块表示系统，方块以外的部分表示系统的环境。环境对系统的作用为系统输入，用 $u_1,u_2,\cdots,u_p$ 表示，其中 p 为输入变量的个数；系统对环境的作用为系统输出，用 $y_1,y_2,\cdots,y_q$ 表示，其中 q 为输出变量的个数。输入和输出称为系统的外部变量，仅仅外部变量不足以

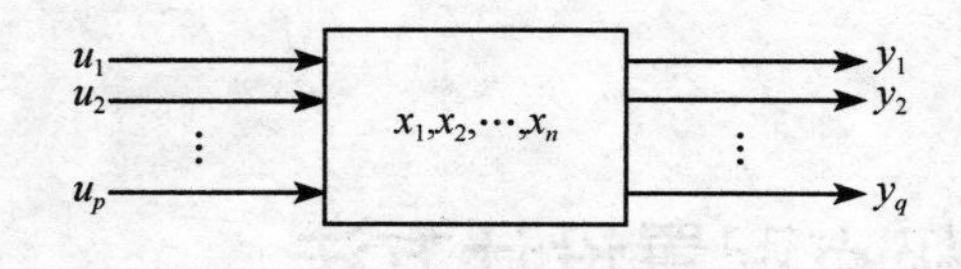

图 6.1　系统的框图表示

刻画出系统的全部特征，用以刻画系统在每个时刻所处状态的变量是系统的内部变量，用 $x_1, x_2, \cdots, x_n$ 表示。这些变量决定了系统的运动状况。要想分析和综合控制系统，先要建立它的数学模型，系统的数学模型反映了系统中各变量间的因果关系和变换关系。

选取不同的变量组之间的因果关系来表征系统的动态过程可得到两种不同模式的系统数学模型。在古典控制理论中，常采用线性微分方程和传递函数这两种输入输出的数学模型来描述线性定常动态系统。这种描述把系统当成一个“黑箱”来处理，不表征系统内部结构和内部变量，只反映外部变量即输入输出变量间的因果关系，又称为外部描述。外部描述对系统的描述是不完整的，它不能反映系统内部的某些特性。在现代控制理论中采用另一类内部描述的数学模型即状态空间描述。内部描述是基于系统内部结构分析的一类数学模型，它既用到外部变量又用到内部变量，由两个数学表达式组成，一个是反映系统内部状态的变量组 $x_1, x_2, \cdots, x_n$ 和输入变量组 $u_1, u_2, \cdots, u_p$ 之间因果关系的数学表达式，可以是微分方程或差分方程形式，称为状态方程；另一个是表征系统内部状态的变量组 $x_1, x_2, \cdots, x_n$ 与输入变量组 $u_1, u_2, \cdots, u_p$ 和输出变量组 $y_1, y_2, \cdots, y_q$ 之间关系的数学表达式，称为输出方程，它们具有代数方程的形式。这种描述表示了系统输入输出与内部状态之间的关系，是一种完整的数学描述，能完全表征系统的一切动力学特性。

6.2.2　有关状态空间描述的基本定义

1）状态

控制系统的状态是指系统过去、现在和将来的状况。例如，由做直线运动的质点所构成的系统，它的状态就是质点的位置和速度。

2）状态变量

系统的状态变量是指能完全表征系统运动状态的最小一组变量。所谓完全表征是指：

(1) 在任何时刻 $t = t_0$，这组状态变量的值 $x_1(t_0), x_2(t_0), \cdots, x_n(t_0)$ 就表示系统在该时刻的状态；

(2) 当 $t \geqslant t_0$ 时的输入 $u(t)$ 给定，且上述初始状态确定时，状态变量能完全确定系统在 $t \geqslant t_0$ 时的行为。

状态变量的最小性体现在：状态变量 $x_1(t), x_2(t), \cdots, x_n(t)$ 是为完全表征系统行为所必需最少个数的系统状态变量，减少状态变量个数将破坏表征的完整性，而增加变量的个数将是完整表征系统行为所不需要的。

很显然，做直线运动的质点，其位置和速度这两个变量可用来完全表征该质点的运动状态，因而可选作为状态变量。

3）状态向量

若一个系统有 n 个彼此独立的状态变量 $x_1(t), x_2(t), \cdots, x_n(t)$，用它们作为分量所构成的向量 $\mathbf{x}(t)$，称为状态向量，即

$$\mathbf{x}(t)=\begin{bmatrix}x_1(t)\\x_2(t)\\\vdots\\x_n(t)\end{bmatrix}$$

4）状态空间

以状态变量 $x_1(t),x_2(t),\cdots,x_n(t)$ 为坐标轴构成的 n 维空间称为状态空间。系统在任何时刻的状态，都可以用状态空间中的一个点来表示。如果给定了初始时刻 t_0 时的状态 $\mathbf{x}(t_0)$，就得到状态空间中的一个初始点，随着时间的推移，$\mathbf{x}(t)$ 将在状态空间中描绘出一条轨迹，称为状态轨迹。

5）状态方程

把系统的状态变量与输入变量之间的关系用一组一阶微分方程来描述的数学模型称为状态方程。

6）输出方程

系统输出变量与状态变量、输入变量之间关系的数学表达式称为输出方程。

7）状态空间表达式

状态方程和输出方程组合起来，构成对一个系统动态行为的完整描述，称为系统的状态空间表达式(或状态空间模型)。

6.3 离散系统的状态空间模型

离散系统的状态空间模型可以表示成如下形式:

$$\begin{cases}\mathbf{x}(k+1)=F\mathbf{x}(k)+G\mathbf{u}(k)\\\mathbf{y}(k)=C\mathbf{x}(k)+D\mathbf{u}(k)\end{cases}\tag{6.1}$$

其中，$\mathbf{x}$ 为 n 维状态向量；$\mathbf{u}$ 为 m 维控制向量；$\mathbf{y}$ 为 p 维输出向量；$F(n\times n)$ 为离散系统的状态转移矩阵；$G(n\times m)$ 为离散系统的输入矩阵或控制转移矩阵；$C(p\times n)$ 为状态输出矩阵；$D(p\times m)$ 为直接传输矩阵。

连续系统和离散系统的状态空间模型框图如图 6.2 所示，其中离散系统状态空间模型可以由下述方法得到。

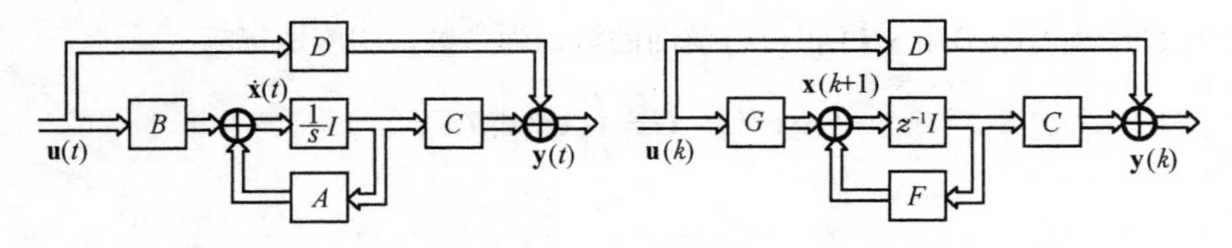

图 6.2 状态框图

6.3.1 离散状态空间模型的建立

1. 由连续状态空间模型建立离散状态空间模型

略去量化效应，计算机系统即为采样系统。如果将连续的控制对象连同它前面的零阶保持器一起离散化，则采样系统即可简化为纯粹的离散系统，为此本节讨论连续控制对象模型的离散化问题。

我们知道，连续状态方程是一阶矩阵微分方程组，而离散状态方程是一阶矩阵差分方程组。所以只要将连续部分的一阶矩阵微分方程离散化，就可得到离散状态方程。

连续状态空间表达式为

$$\begin{cases}\dot{\mathbf{x}}(t)=A\mathbf{x}(t)+B\mathbf{u}(t)\\ \mathbf{y}(t)=C\mathbf{x}(t)\end{cases} \tag{6.2}$$

求解以上状态方程，可将式(6.2)两边均乘以e^{-At}，得

$$\mathrm{e}^{-At}\,\dot{\mathbf{x}}(t)=\mathrm{e}^{-At}\,A\mathbf{x}(t)+\mathrm{e}^{-At}\,B\mathbf{u}(t)$$

因为

$$\mathrm{e}^{-At}[\dot{\mathbf{x}}(t)-A\mathbf{x}(t)]=\frac{\mathrm{d}}{\mathrm{dt}}[\mathrm{e}^{-At}\,\mathbf{x}(t)]$$

所以

$$\frac{\mathrm{d}}{\mathrm{d}t}[\mathrm{e}^{-At}\,\mathbf{x}(t)]=\mathrm{e}^{-At}\,B\mathbf{u}(t)$$

将上式由t_0至t积分，得

$$\mathrm{e}^{-At}\,\mathbf{x}(t)-\mathrm{e}^{-At_0}\,\mathbf{x}(t_0)=\int_{t_0}^{t}\mathrm{e}^{-A\tau}\,B\mathbf{u}(\tau)\mathrm{d}\tau$$

将上式左乘e^{At}，得

$$\mathbf{x}(t)=\mathrm{e}^{A(t-t_0)}\,\mathbf{x}(t_0)+\int_{t_0}^{t}\mathrm{e}^{A(t-\tau)}\,B\mathbf{u}(\tau)\mathrm{d}\tau \tag{6.3}$$

因为采样系统被控对象前有零阶保持器，所以$\mathbf{u}(t)$是阶梯输入，在两个采样点之间，即$kT\leqslant t<(k+1)T$时，$\mathbf{u}(t)=\mathbf{u}(kT)$，如积分时间取$kT\leqslant t<(k+1)T$，则$t_0=kT$，$t=(k+1)T$，$\mathbf{x}(t_0)=\mathbf{x}(kT),\mathbf{x}(t)=\mathbf{x}[(k+1)T]$（为方便以下略去$T$），于是式(6.3)变为

$$\mathbf{x}(k+1)=\mathrm{e}^{AT}\,\mathbf{x}(k)+\int_{kT}^{(k+1)T}\mathrm{e}^{A(k+1-\tau)}\,B\mathbf{u}(k)\mathrm{d}\tau \tag{6.4}$$

若令$t=kT+T-\tau$，则式(6.4)可进一步简化为

$$\mathbf{x}(k+1)=\mathrm{e}^{AT}\,\mathbf{x}(k)+\int_{0}^{T}\mathrm{e}^{At}\,B\mathrm{d}t\,\mathbf{u}(k) \tag{6.5}$$

当T等于常数时，式(6.5)中$\mathbf{x}(k)$和$\mathbf{u}(k)$前面的量均为常数，相应地记为

$$F=\mathrm{e}^{AT},\quad G=\int_{0}^{T}\mathrm{e}^{At}\,\mathrm{d}tB \tag{6.6}$$

所以

$$\mathbf{x}(k+1)=F\mathbf{x}(k)+G\mathbf{u}(k) \tag{6.7}$$

输出方程可以很容易离散化为

$$\mathbf{y}(k)=C\mathbf{x}(k) \tag{6.8}$$

式(6.7)和式(6.8)是连续模型的等效离散状态空间模型，由于连续的控制对象前面有零阶保持器，因而离散化方程的解是原方程在采样时刻的准确解，不是近似解，可见离散化的关键在于求解矩阵指数及其积分的计算。关于矩阵指数及其积分的计算，通常有以下两种计

算方法。

(1) 拉普拉斯变换法。

可以证明，连续状态方程式(6.2)所对应的矩阵 e^{At} (通常称为指数矩阵，即连续系统的状态转移矩阵)为矩阵 $(sI-A)^{-1}$ 的拉普拉斯反变换，即

$$e^{At}=L^{-1}(sI-A)^{-1} \tag{6.9}$$

由式(6.9)先求得 $(sI-A)$ 的逆矩阵，再取其拉普拉斯反变换获得 e^{At}，进而按照式(6.6)求得矩阵 F 和 G。

(2) 幂级数计算法。

将指数矩阵 e^{At} 写成幂指数形式

$$e^{At}=I+At+\frac{A^2t^2}{2!}+\frac{A^3t^3}{3!}+\cdots$$

令

$$H=\int_0^T e^{At}\,dt=IT+\frac{AT^2}{2!}+\frac{A^2T^3}{3!}+\frac{A^3T^4}{4!}+\cdots$$

于是

$$\begin{aligned}F=e^{AT}&=I+AT+\frac{A^2T^2}{2!}+\frac{A^3T^3}{3!}+\cdots\\&=I+A\left(IT+\frac{AT^2}{2!}+\frac{A^2T^3}{3!}+\cdots\right)=I+A\int_0^T e^{At}\,dt=I+AH\end{aligned} \tag{6.10}$$

$$G=\left(\int_0^T e^{At}dt\right)B=HB \tag{6.11}$$

例 6.1 已知计算机控制系统中的连续被控对象的状态空间表达式为

$$\dot{\mathbf{x}}(t)=\begin{bmatrix}-1&0\\1&0\end{bmatrix}\mathbf{x}(t)+\begin{bmatrix}1\\0\end{bmatrix}\mathbf{u}(t)$$

$$\mathbf{y}(t)=\begin{bmatrix}0&1\end{bmatrix}\mathbf{x}(t)$$

设被控对象输入 $\mathbf{u}(t)$ 是由零阶保持器输出的阶梯信号，试求该连续被控对象的离散状态空间表达式。

解 由式(6.7)和式(6.8)知，该连续被控对象所对应的离散状态空间表达式为

$$\begin{cases}\mathbf{x}(k+1)=F\mathbf{x}(k)+G\mathbf{u}(k)\\ \mathbf{y}(k)=C\mathbf{x}(k)\end{cases}$$

式中，$F=e^{AT}$, $G=\int_0^T e^{At}\,dtB$, $C=\begin{bmatrix}0&1\end{bmatrix}$, $A=\begin{bmatrix}-1&0\\1&0\end{bmatrix}$, $B=\begin{bmatrix}1\\0\end{bmatrix}$。

由于该系统为二阶系统，维数低，可采用拉普拉斯变换法计算矩阵 F 和 G。

$$(sI-A)^{-1}=\begin{bmatrix}s+1&0\\-1&s\end{bmatrix}^{-1}=\frac{1}{s(s+1)}\begin{bmatrix}s&0\\1&s+1\end{bmatrix}$$

$$e^{At}=L^{-1}\begin{bmatrix}(s+1)^{-1}&0\\ \left[s(s+1)\right]^{-1}&s^{-1}\end{bmatrix}=\begin{bmatrix}e^{-t}&0\\1-e^{-t}&1\end{bmatrix}$$

于是

$$F=\mathrm{e}^{AT}=\begin{bmatrix}\mathrm{e}^{-T} & 0\\ 1-\mathrm{e}^{-T} & 1\end{bmatrix}$$

$$G=\int_0^T\mathrm{e}^{At}\,\mathrm{d}tB=\int_0^T\begin{bmatrix}\mathrm{e}^{-t} & 0\\ 1-\mathrm{e}^{-t} & 1\end{bmatrix}\mathrm{d}t\begin{bmatrix}1\\0\end{bmatrix}=\begin{bmatrix}1-\mathrm{e}^{-T} & 0\\ T-1+\mathrm{e}^{-T} & T\end{bmatrix}\begin{bmatrix}1\\0\end{bmatrix}=\begin{bmatrix}1-\mathrm{e}^{-T}\\ T-1+\mathrm{e}^{-T}\end{bmatrix}$$

2. 由差分方程建立离散状态空间模型

对于单输入单输出线性离散系统，可用 n 阶差分方程描述为

$$\begin{aligned}&y(k+n)+a_1y(k+n-1)+\cdots+a_ny(k)\\&=b_0u(k+n)+b_1u(k+n-1)+\cdots+b_nu(k)\end{aligned}\tag{6.12}$$

选择状态变量

$$\begin{cases}x_1(k)=y(k)-h_0u(k)\\ x_2(k)=x_1(k+1)-h_1u(k)\\ x_3(k)=x_2(k+1)-h_2u(k)\\ \quad\vdots\\ x_n(k)=x_{n-1}(k+1)-h_{n-1}u(k)\end{cases}\tag{6.13}$$

而

$$x_{n+1}(k)=x_n(k+1)-h_nu(k)\tag{6.14}$$

式中

$$\begin{cases}h_0=b_0\\ h_1=b_1-a_1h_0\\ h_2=b_2-a_1h_1-a_2h_0\\ \quad\vdots\\ h_n=b_n-a_1h_{n-1}-a_2h_{n-2}-\cdots-a_nh_0\end{cases}$$

根据式(6.13)和式(6.14)建立一阶差分方程组

$$\begin{cases}x_1(k+1)=x_2(k)+h_1u(k)\\ x_2(k+1)=x_3(k)+h_2u(k)\\ \quad\vdots\\ x_{n-1}(k+1)=x_n(k)+h_{n-1}u(k)\\ x_n(k+1)=x_{n+1}(k)+h_nu(k)\\ \qquad\qquad\;=-a_nx_1(k)-a_{n-1}x_2(k)-\cdots-a_2x_{n-1}(k)-a_1x_n(k)+h_nu(k)\end{cases}\tag{6.15}$$

将式(6.15)写成向量矩阵的形式，即得状态方程。由式(6.13)第一个方程可得输出方程，其状态空间模型为

$$\begin{cases}\mathbf{x}(k+1)=F\mathbf{x}(k)+G\mathbf{u}(k)\\ \mathbf{y}(k)=C\mathbf{x}(k)+D\mathbf{u}(k)\end{cases}\tag{6.16}$$

式中

$$\mathbf{x}(k)=\begin{bmatrix} x_1(k) \\ x_2(k) \\ \vdots \\ x_n(k) \end{bmatrix}, \quad F=\begin{bmatrix} 0 & 1 & 0 & \cdots & 0 \\ 0 & 0 & 1 & \cdots & 0 \\ \vdots & \vdots & \vdots & & \vdots \\ 0 & 0 & 0 & \cdots & 1 \\ -a_n & -a_{n-1} & -a_{n-2} & \cdots & -a_1 \end{bmatrix}, \quad G=\begin{bmatrix} h_1 \\ h_2 \\ \vdots \\ h_{n-1} \\ h_n \end{bmatrix}$$

$$C=\begin{bmatrix} 1 & 0 & 0 & \cdots & 0 \end{bmatrix}, \quad D=\begin{bmatrix} h_0 \end{bmatrix}=\begin{bmatrix} b_0 \end{bmatrix}$$

例 6.2 线性定常离散系统的差分方程式为

$$y(k+3)+3y(k+2)+8y(k+1)+7y(k)=9u(k+1)+6u(k)$$

试求该系统的离散状态空间模型。

解 已知 $a_1=3, a_2=8, a_3=7, b_0=b_1=0, b_2=9, b_3=6$，由式(6.13)和式(6.14)得

$$h_1=b_1-a_1h_0=0$$
$$h_2=b_2-a_1h_1-a_2h_0=9$$
$$h_3=b_3-a_1h_2-a_2h_1-a_3h_0=-21$$

由式(6.15)和式(6.16)得

$$\begin{bmatrix} x_1(k+1) \\ x_2(k+1) \\ x_3(k+1) \end{bmatrix}=\begin{bmatrix} 0 & 1 & 0 \\ 0 & 0 & 1 \\ -7 & -8 & -3 \end{bmatrix}\begin{bmatrix} x_1(k) \\ x_2(k) \\ x_3(k) \end{bmatrix}+\begin{bmatrix} 0 \\ 9 \\ -21 \end{bmatrix}u(k)$$

$$y(k)=\begin{bmatrix} 1 & 0 & 0 \end{bmatrix}\begin{bmatrix} x_1(k) \\ x_2(k) \\ x_3(k) \end{bmatrix}$$

3. 由脉冲传递函数建立离散状态空间模型

一个线性离散系统可以用脉冲传送函数来表征，当一个系统的脉冲传递函数已知时，便可建立该系统的离散状态空间表达式。方法如下：

设线性离散系统的脉冲传递函数为

$$\frac{Y(z)}{U(z)}=\frac{b_1z^{-1}+b_2z^{-2}+\cdots+b_mz^{-m}}{1+a_1z^{-1}+a_2z^{-2}+\cdots+a_nz^{-n}}, \quad n\geqslant m \tag{6.17}$$

如果脉冲传递函数为关于 z 的形式，通过分子分母同时除以 z 的最高次幂可以化为式(6.17)。

令

$$\frac{Y(z)}{b_1z^{-1}+b_2z^{-2}+\cdots+b_mz^{-m}}=\frac{U(z)}{1+a_1z^{-1}+a_2z^{-2}+\cdots+a_nz^{-n}}=\theta(z)$$

则

$$Y(z)=b_1z^{-1}\theta(z)+b_2z^{-2}\theta(z)+\cdots+b_mz^{-m}\theta(z) \tag{6.18}$$

$$U(z)=\theta(z)+a_1z^{-1}\theta(z)+\cdots+a_nz^{-n}\theta(z) \tag{6.19}$$

由式(6.19)得

$$\theta(z)=U(z)-a_1z^{-1}\theta(z)-\cdots-a_nz^{-n}\theta(z) \tag{6.20}$$

选择状态变量

$$\begin{cases} X_1(z) = z^{-1}\theta(z) \\ X_2(z) = z^{-2}\theta(z) = z^{-1}X_1(z) \\ \quad\vdots \\ X_{n-1}(z) = z^{-n+1}\theta(z) = z^{-1}X_{n-2}(z) \\ X_n(z) = z^{-n}\theta(z) = z^{-1}X_{n-1}(z) \end{cases} \tag{6.21}$$

将式(6.21)代入式(6.18)和式(6.20)，得

$$Y(z) = b_1X_1(z) + b_2X_2(z) + \cdots + b_mX_m(z) \tag{6.22}$$

$$\theta(z) = -a_1X_1(z) - a_2X_2(z) - \cdots - a_nX_n(z) + U(z) \tag{6.23}$$

对式(6.22)和式(6.23)进行 z 反变换，得

$$y(k) = b_1x_1(k) + b_2x_2(k) + \cdots + b_mx_m(k) \tag{6.24}$$

$$\theta(k) = -a_1x_1(k) - a_2x_2(k) - \cdots - a_nx_n(k) + u(k) \tag{6.25}$$

依据差分方程，对式(6.21)进行 z 反变换，得

$$\begin{cases} x_1(k+1) = \theta(k) \\ x_2(k+1) = x_1(k) \\ x_3(k+1) = x_2(k) \\ \quad\vdots \\ x_n(k+1) = x_{n-1}(k) \end{cases} \tag{6.26}$$

综合式(6.24)和式(6.25)得到

$$\begin{cases} x_1(k+1) = -a_1x_1(k) - a_2x_2(k) - \cdots - a_nx_n(k) + u(k) \\ x_2(k+1) = x_1(k) \\ x_3(k+1) = x_2(k) \\ \quad\vdots \\ x_n(k+1) = x_{n-1}(k) \end{cases} \tag{6.27}$$

$$y(k) = b_1x_1(k) + b_2x_2(k) + \cdots + b_mx_m(k)$$

于是得到

$$\begin{cases} \mathbf{x}(k+1) = F\mathbf{x}(k) + G\mathbf{u}(k) \\ \mathbf{y}(k) = C\mathbf{x}(k) \end{cases} \tag{6.28}$$

式中

$$F = \begin{bmatrix} -a_1 & -a_2 & \cdots & -a_{n-1} & -a_n \\ 1 & 0 & \cdots & 0 & 0 \\ 0 & 1 & \cdots & 0 & 0 \\ \vdots & \vdots & & \vdots & \vdots \\ 0 & 0 & \cdots & 1 & 0 \end{bmatrix}, \quad G = \begin{bmatrix} 1 \\ 0 \\ \vdots \\ 0 \\ 0 \end{bmatrix}$$

$$C = [b_1 \quad b_2 \quad \cdots \quad b_m \quad \underbrace{0 \quad \cdots \quad 0}_{(n-m)\text{个}}]$$

如果线性离散系统的脉冲传递函数为

$$\frac{Y(z)}{U(z)}=b_0+\frac{b_1z^{-1}+b_2z^{-2}+\cdots+b_nz^{-n}}{1+a_1z^{-1}+a_2z^{-2}+\cdots+a_nz^{-n}} \tag{6.29}$$

式(6.29)等号右边的第二项相当于式(6.17)中 $n=m$ 的情况。

于是得到

$$\begin{cases}\mathbf{x}(k+1)=F\mathbf{x}(k)+G\mathbf{u}(k)\\ \mathbf{y}(k)=C\mathbf{x}(k)+D\mathbf{u}(k)\end{cases} \tag{6.30}$$

式中

$$F=\begin{bmatrix}-a_1 & -a_2 & \cdots & -a_{n-1} & -a_n\\ 1 & 0 & \cdots & 0 & 0\\ 0 & 1 & \cdots & 0 & 0\\ \vdots & \vdots & & \vdots & \vdots\\ 0 & 0 & \cdots & 1 & 0\end{bmatrix},\quad G=\begin{bmatrix}1\\0\\ \vdots\\0\\0\end{bmatrix}$$

$$C=[b_1\quad b_2\quad \cdots\quad b_{n-1}\quad b_n],\ D=b_0$$

例 6.3 设线性离散系统的脉冲传递函数为

$$\frac{Y(z)}{U(z)}=\frac{2z^2+5z+1}{z^2+3z+2}$$

试求系统的离散状态空间表达式。

解

$$\frac{Y(z)}{U(z)}=2+\frac{-z-3}{z^2+3z+2}=2+\frac{-z^{-1}-3z^{-2}}{1+3z^{-1}+2z^{-2}}$$

上式与式(6.29)比较得

$$b_0=2,\quad b_1=-1,\quad b_2=-3,\quad a_1=3,\quad a_2=2$$

代入式(6.30)可得离散状态空间表达式

$$\begin{cases}\mathbf{x}(k+1)=F\mathbf{x}(k)+G\mathbf{u}(k)\\ \mathbf{y}(k)=C\mathbf{x}(k)+D\mathbf{u}(k)\end{cases}$$

式中

$$F=\begin{bmatrix}-3 & -2\\ 1 & 0\end{bmatrix},\quad G=\begin{bmatrix}1\\0\end{bmatrix},\quad C=\begin{bmatrix}-1 & -3\end{bmatrix},\quad D=b_0=2$$

6.3.2 离散状态方程的求解

离散状态方程描述了离散控制系统内部状态随离散时间变化的规律。求解离散状态方程，就是在已知状态初值和输入序列的条件下，求出任一离散时刻系统状态序列值的过程，求出系统状态后，按输出方程可以很方便地求出系统对应时刻的输出。解离散状态方程通常有迭代法和 z 变换方法。

1. 迭代法

线性定常离散系统的状态方程为

$$\mathbf{x}(k+1)=F\mathbf{x}(k)+G\mathbf{u}(k) \tag{6.31}$$

如果已知 $k=0$ 时的系统状态 $\mathbf{x}(0)$ 以及 $k=0\to k$ 之间各个时刻的输入量 $\mathbf{u}(0),\mathbf{u}(1),\cdots,\mathbf{u}(k)$，用迭代法就能求出现时刻的状态 $\mathbf{x}(k)$，即

$$
\begin{aligned}
&\mathbf{x}(1)=F\mathbf{x}(0)+G\mathbf{u}(0)\\
&\mathbf{x}(2)=F\mathbf{x}(1)+G\mathbf{u}(1)=F^2\mathbf{x}(0)+FG\mathbf{u}(0)+G\mathbf{u}(1)\\
&\mathbf{x}(3)=F\mathbf{x}(2)+G\mathbf{u}(2)=F^3\mathbf{x}(0)+F^2G\mathbf{u}(0)+FG\mathbf{u}(1)+G\mathbf{u}(2)\\
&\qquad\vdots
\end{aligned}
$$

$$
\mathbf{x}(k)=F^k\mathbf{x}(0)+\sum_{j=0}^{k-1}F^{k-j-1}G\mathbf{u}(j),\quad k=1,2,\cdots \tag{6.32}
$$

解 $\mathbf{x}(k)$ 由两部分组成：一部分表示初始状态 $\mathbf{x}(0)$ 的组合；另一部分表示输入 $\mathbf{u}(j)$ 的组合，令

$$
\Phi(k)=F^k
$$

则

$$
\Phi(k+1)=F\Phi(k),\quad \Phi(0)=I
$$

式中，$\Phi(k)$ 称为离散系统的状态转移矩阵，将其代入式(6.32)，则得离散状态方程解的另一种形式，即

$$
\mathbf{x}(k)=\Phi(k)\mathbf{x}(0)+\sum_{j=0}^{k-1}\Phi(k-j-1)G\mathbf{u}(j),\quad k=1,2,\cdots \tag{6.33}
$$

此式又称为离散状态转移方程。将式(6.32)或式(6.33)代入输出方程，得

$$
\begin{aligned}
\mathbf{y}(k)&=CF^k\mathbf{x}(0)+C\sum_{j=0}^{k-1}F^{k-j-1}G\mathbf{u}(j)+D\mathbf{u}(k)\\
&=C\Phi(k)\mathbf{x}(0)+C\sum_{j=0}^{k-1}\Phi(k-j-1)G\mathbf{u}(j)+D\mathbf{u}(k)
\end{aligned} \tag{6.34}
$$

由此可见，离散系统的输出 $\mathbf{y}(k)$ 由初始状态 $\mathbf{x}(0)$ 和输入 $\mathbf{u}(k)$ 决定。

2. z 变换方法

对式(6.31)作 z 变换得

$$
z\mathbf{X}(z)-z\mathbf{x}(0)=F\mathbf{X}(z)+G\mathbf{U}(z)
$$

对 $\mathbf{X}(z)$ 求解得

$$
\mathbf{X}(z)=(zI-F)^{-1}[z\mathbf{x}(0)+G\mathbf{U}(z)] \tag{6.35}
$$

对式(6.35)进行 z 反变换得

$$
\mathbf{x}(k)=Z^{-1}[(zI-F)^{-1}z]\mathbf{x}(0)+Z^{-1}[(zI-F)^{-1}G\mathbf{U}(z)] \tag{6.36}
$$

比较式(6.33)和式(6.36)得

$$
\Phi(k)=Z^{-1}[(zI-F)^{-1}z]
$$

$$
\sum_{j=0}^{k-1}F^{k-j-1}G\mathbf{u}(j)=Z^{-1}[(zI-F)^{-1}G\mathbf{U}(z)]
$$

由 z 变换方法得到的解包含矩阵 $(zI-F)$ 求逆，可用分析的方法或用计算机程序进行，然后还要对 $(zI-F)^{-1}z$ 和 $(zI-F)^{-1}G\mathbf{U}(z)$ 进行 z 的反变换。

6.3.3 离散状态空间模型与 z 传递函数之间的关系

离散控制系统的状态空间模型包括状态方程和输出方程，对式(6.1)中的状态方程及输出

方程两端求 z 变换得

$$\begin{aligned} z\mathbf{X}(z) &= F\mathbf{X}(z) + G\mathbf{U}(z) \\ \mathbf{Y}(z) &= C\mathbf{X}(z) + D\mathbf{U}(z) \end{aligned} \tag{6.37}$$

在定义 z 传递函数时，假设初始条件为零。此处，同样假设系统的初始状态为 $\mathbf{x}(0)=0$，得

$$\begin{aligned} \mathbf{X}(z) &= (zI-F)^{-1}G\mathbf{U}(z) \\ \mathbf{Y}(z) &= [C(zI-F)^{-1}G+D]\mathbf{U}(z) \end{aligned}$$

则

$$\mathbf{W}(z) = \frac{\mathbf{Y}(z)}{\mathbf{U}(z)} = C(zI-F)^{-1}G+D \tag{6.38}$$

$\mathbf{W}(z)$ 称为脉冲传递函数或 z 传递函数。

假定 $\det(\bullet)$ 表示求相应行列式的值，则 $\det(zI-F)=0$ 为离散控制系统的特征方程，它是以 z 为变量的代数方程，特征方程的根称为系统的特征根或极点，特征方程及特征方程的特征根，与相应系统的稳定性和动态性能直接相关。

6.4 系统的能控性与能观性

1960 年由卡尔曼提出的系统的能控性与能观性，已成为控制系统中的两个基础性概念。对于一个控制系统，特别是多变量控制系统，必须回答的两个基本问题是：

(1) 在有限时间内，控制作用能否使系统从初始状态转移到要求的状态?

(2) 在有限时间内，能否通过对系统输出的测定来估计系统的初始状态?

前面一个问题是指控制作用对状态变量的支配能力，称为状态的能控性问题；后一个问题是指系统的输出量(或观测量)能否反映状态变量，称为状态的能观性问题。

6.4.1 能控性与能观性的概念

线性离散系统状态空间表达式为

$$\begin{cases} \mathbf{x}(k+1) = F\mathbf{x}(k) + G\mathbf{u}(k) \\ \mathbf{y}(k) = C\mathbf{x}(k) \end{cases} \tag{6.39}$$

1. 能控性定义

对于式(6.39)所示的系统，如果存在控制向量序列 $\mathbf{u}(k),\mathbf{u}(k+1),\cdots,\mathbf{u}(N-1)$，使系统从第 k 步的状态向量 $\mathbf{x}(k)$ 开始，在第 N 步到达零状态，即 $\mathbf{x}(N)=0$，其中 N 是大于 k 的有限数，就称此系统在第 k 步上是能控的，如果对每一个 k，系统的所有状态都是能控的，则称系统是状态完全能控的，简称能控。

2. 能观性定义

对于式(6.39)所示的系统，在已知输入变量 $\mathbf{u}(k)$ 的情况下，若能依据第 i 步及 $n-1$ 步的输出观测值 $\mathbf{y}(i),\mathbf{y}(i+1),\cdots,\mathbf{y}(i+n-1)$ 唯一地确定出第 i 步上的状态 $\mathbf{x}(i)$，则称系统在第 i 步是能观测的。如果系统在任何 i 步上都是能观测的，则称系统状态是完全能观测的，简称能观测。

6.4.2 能控性判据与能观性判据

1. 能控性判据

对于式(6.39)所示的线性定常离散系统，完全能控的充分必要条件是矩阵$[G \quad FG \quad F^2G \quad \cdots \quad F^{n-1}G]$的秩为$n$，该矩阵也称为系统的能控性矩阵，以$Q_c$表示，于是能控性判据可以写成

$$\operatorname{rank} Q_c = \operatorname{rank}[G \quad FG \quad F^2G \quad \cdots \quad F^{n-1}G] = n$$

例 6.4 设线性离散系统的状态空间表达式为

$$\begin{bmatrix} x_1(k+1) \\ x_2(k+1) \end{bmatrix} = \begin{bmatrix} 1 & 0.0952 \\ 0 & 0.905 \end{bmatrix} \begin{bmatrix} x_1(k) \\ x_2(k) \end{bmatrix} + \begin{bmatrix} 0.0484 \\ 0.952 \end{bmatrix} u(k)$$

$$y(k) = \begin{bmatrix} 1 & 0 \end{bmatrix} \begin{bmatrix} x_1(k) \\ x_2(k) \end{bmatrix}$$

试判断系统的能控性。

解 先求FG

$$FG = \begin{bmatrix} 1 & 0.0952 \\ 0 & 0.905 \end{bmatrix} \begin{bmatrix} 0.0484 \\ 0.952 \end{bmatrix} = \begin{bmatrix} 0.139 \\ 0.862 \end{bmatrix}$$

$$\operatorname{rank}[G \quad FG] = \operatorname{rank} \begin{bmatrix} 0.0484 & 0.139 \\ 0.952 & 0.862 \end{bmatrix} = 2$$

在控制向量不受约束的条件下，系统是完全能控的。

2. 能观性判据

对于式(6.39)所示的线性定常离散系统，完全能观的充分必要条件是矩阵$[C \quad CF \quad \cdots \quad CF^{n-1}]^{\mathrm{T}}$的秩为$n$，该矩阵也称为系统的能观性矩阵，以$Q_o$表示，于是能观性判据可以写成

$$\operatorname{rank} Q_o = \operatorname{rank} \begin{bmatrix} C \\ CF \\ \vdots \\ CF^{n-1} \end{bmatrix} = n$$

例 6.5 设线性离散系统的状态空间表达式为

$$\begin{bmatrix} x_1(k+1) \\ x_2(k+1) \\ x_3(k+1) \end{bmatrix} = \begin{bmatrix} 1 & 0 & -1 \\ 0 & -2 & 1 \\ 3 & 0 & 2 \end{bmatrix} \begin{bmatrix} x_1(k) \\ x_2(k) \\ x_3(k) \end{bmatrix} + \begin{bmatrix} 2 \\ -1 \\ 1 \end{bmatrix} u(k)$$

$$\mathbf{y}(k) = \begin{bmatrix} 0 & 0 & 1 \\ 1 & 0 & 0 \end{bmatrix} \begin{bmatrix} x_1(k) \\ x_2(k) \\ x_3(k) \end{bmatrix}$$

试判断系统的能观性。

解 系统的能观测矩阵为

$$Q_o = \begin{bmatrix} C \\ CF \\ CF^2 \end{bmatrix} = \begin{bmatrix} 0 & 0 & 1 \\ 1 & 0 & 0 \\ 3 & 0 & 2 \\ 1 & 0 & -1 \\ 9 & 0 & 1 \\ -2 & 0 & -3 \end{bmatrix}$$

由于 $\operatorname{rank} Q_o = 2$，因此系统是不能观测的。

6.4.3 能控标准型与能观标准型

离散系统状态向量的选择不是唯一的，因此系统状态空间表达式的形式也不是唯一的。在控制系统分析设计时，经常需要将对象的状态空间表达式进行必要的变换，以求得相应的标准形式，便于系统分析和设计。

1. 线性变换的一般概念

系统状态空间表达式之间的相互转换是以线性变换作为基础的。设线性定常离散系统状态向量为 $\mathbf{x}(k)$ 时，其状态空间表达式为

$$\begin{cases} \mathbf{x}(k+1) = F\mathbf{x}(k) + G\mathbf{u}(k) \\ \mathbf{y}(k) = C\mathbf{x}(k) + D\mathbf{u}(k) \end{cases} \tag{6.40}$$

则对于系统的另外一组状态向量 $\hat{\mathbf{x}}(k)$，若存在

$$\mathbf{x}(k) = P^{-1}\hat{\mathbf{x}}(k)$$

或

$$\hat{\mathbf{x}}(k) = P\mathbf{x}(k)$$

式中，P 为 $n \times n$ 维常数矩阵(称变换矩阵)，且 $|P| \neq 0$ (非奇异)，即 $\hat{\mathbf{x}}(k)$ 与 $\mathbf{x}(k)$ 为线性变换时，式(6.40)可写成

$$\begin{cases} P^{-1}\hat{\mathbf{x}}(k+1) = FP^{-1}\hat{\mathbf{x}}(k) + G\mathbf{u}(k) \\ \mathbf{y}(k) = CP^{-1}\hat{\mathbf{x}}(k) + D\mathbf{u}(k) \end{cases} \tag{6.41}$$

将式(6.41)第一个方程左乘 P，则可得系统新的状态空间表达式为

$$\begin{cases} \hat{\mathbf{x}}(k+1) = \hat{F}\hat{\mathbf{x}}(k) + \hat{G}\mathbf{u}(k) \\ \mathbf{y}(k) = \hat{C}\hat{\mathbf{x}}(k) + \hat{D}\mathbf{u}(k) \end{cases} \tag{6.42}$$

式中

$$\hat{F} = PFP^{-1}, \quad \hat{G} = PG, \quad \hat{C} = CP^{-1}, \quad \hat{D} = D$$

式(6.42)与式(6.40)形式完全一样，可见经线性变换后，系统状态空间表达式具有形式不变性。由于非奇矩阵 P 不是唯一的，因此系统状态空间表达式的具体形式也有多种。

根据线性代数，称满足特征方程

$$|\lambda I - F| = 0$$

的根 $\lambda_1, \lambda_2, \cdots, \lambda_n$ 为系统的特征值。由于经线性变换后，系统特征多项式

$$
\begin{aligned}
\left|\lambda I-\hat{F}\right| &= \left|\lambda I-PFP^{-1}\right| = \left|\lambda PP^{-1}-PFP^{-1}\right| \\
&= \left|P(\lambda I-F)P^{-1}\right| = |P|\left|\lambda I-F\right|\left|P^{-1}\right| = |P|\left|P^{-1}\right|\left|\lambda I-F\right| = \left|\lambda I-F\right|
\end{aligned}
$$

可见线性变换具有系统特征值不变性。

2. 能控标准型

只有状态能控的系统才能把状态空间表达式写成能控标准型。设单输入单输出线性定常离散系统状态空间表达式为

$$
\begin{cases}
\mathbf{x}(k+1) = F\mathbf{x}(k) + G\mathbf{u}(k) \\
\mathbf{y}(k) = C\mathbf{x}(k)
\end{cases}
\tag{6.43}
$$

系统的特征多项式为

$$
\det(zI-F) \triangleq \alpha(z) = z^n + a_1 z^{n-1} + \cdots + a_{n-1}z + a_n
$$

若系统能控，即

$$
\operatorname{rank} Q_{\mathrm{c}} = \operatorname{rank}[G \quad FG \quad F^2G \quad \cdots \quad F^{n-1}G] = n
$$

则必定存在非奇异变换

$$
\mathbf{x}(k) = P^{-1}\hat{\mathbf{x}}(k)
$$

或

$$
\hat{\mathbf{x}}(k) = P\mathbf{x}(k)
$$

可将系统状态空间表达式变换成能控标准型

$$
\begin{cases}
\hat{\mathbf{x}}(k+1) = \hat{F}\hat{\mathbf{x}}(k) + \hat{G}\mathbf{u}(k) \\
\mathbf{y}(k) = \hat{C}\hat{\mathbf{x}}(k)
\end{cases}
\tag{6.44}
$$

式中

$$
\hat{F} = PFP^{-1} = \begin{bmatrix}
0 & 1 & 0 & \cdots & 0 \\
0 & 0 & 1 & \cdots & 0 \\
\vdots & \vdots & \vdots & & \vdots \\
0 & 0 & 0 & \cdots & 1 \\
-a_n & -a_{n-1} & -a_{n-2} & \cdots & -a_1
\end{bmatrix}, \quad
\hat{G} = PG = \begin{bmatrix} 0 \\ 0 \\ \vdots \\ 0 \\ 1 \end{bmatrix}, \quad
\hat{C} = CP^{-1}
$$

而变换矩阵 P 可由下式给出：

$$
P = \begin{bmatrix} P_1 \\ P_1F \\ \vdots \\ P_1F^{n-1} \end{bmatrix}
$$

式中

$$
P_1 = [0 \quad 0 \quad \cdots \quad 1][G \quad FG \quad \cdots \quad F^{n-1}G]^{-1}
$$

3. 能观标准型

能观标准型是系统状态空间表达式的又一标准形式。同样只有状态完全能观的系统，状态空间表达式才能写成状态能观标准型。

仍然设单输入单输出线性定常离散系统状态空间表达式如式(6.43)所示，若系统状态完

全能观，即能观性矩阵满秩

$$\operatorname{rank} Q_o = \operatorname{rank}\begin{bmatrix} C \\ CF \\ \vdots \\ CF^{n-1} \end{bmatrix} = n$$

则必定存在一个非奇异矩阵

$$T = \begin{bmatrix} T_1 & FT_1 & \cdots & F^{n-1}T_1 \end{bmatrix}$$

式中

$$T_1 = \begin{bmatrix} C \\ CF \\ \vdots \\ CF^{n-1} \end{bmatrix}^{-1} \begin{bmatrix} 0 \\ 0 \\ \vdots \\ 1 \end{bmatrix}$$

当取一组状态变量

$$\mathbf{x}(k) = T\hat{\mathbf{x}}(k)$$

或

$$\hat{\mathbf{x}}(k) = T^{-1}\mathbf{x}(k)$$

时，则可以把系统状态空间表达式转化成能观标准型，即

$$\begin{cases} \hat{\mathbf{x}}(k+1) = \hat{F}\hat{\mathbf{x}}(k) + \hat{G}\mathbf{u}(k) \\ \mathbf{y}(k) = \hat{C}\hat{\mathbf{x}}(k) \end{cases} \tag{6.45}$$

式中

$$\hat{F} = T^{-1}FT = \left[\begin{array}{cccc|c} 0 & 0 & \cdots & 0 & -a_n \\ \hline 1 & 0 & \cdots & 0 & -a_{n-1} \\ 0 & 1 & \cdots & 0 & -a_{n-2} \\ \vdots & \vdots & & \vdots & \vdots \\ 0 & 0 & \cdots & 1 & -a_1 \end{array}\right], \quad \hat{G} = T^{-1}G, \quad \hat{C} = CT = \begin{bmatrix} 0 & 0 & \cdots & 1 \end{bmatrix}$$

6.5 状态可测时按极点配置设计控制规律

图 6.3(a)示出了离散化后计算机控制系统的典型结构。如果把连续的控制对象连同零阶保持器一起进行离散化，同时忽略数字控制器的量化效应，则图 6.3(a)可以简化为图 6.3(b)所示的纯离散系统。

在自动控制理论中，系统的动态性能完全取决于系统闭环传递函数的极点，极点配置法的基本思想是，由系统性能要求确定闭环系统期望的极点位置，然后依据期望极点位置确定反馈增益矩阵。

下面按照纯离散系统的情况来讨论控制器的设计，利用状态空间模型按极点配置的方法来进行设计，首先讨论调节系统（$\mathbf{r}(k)=0$）的情况，然后讨论随动系统，即进一步讨论如何引入外界参考输入 $\mathbf{r}(k)$。

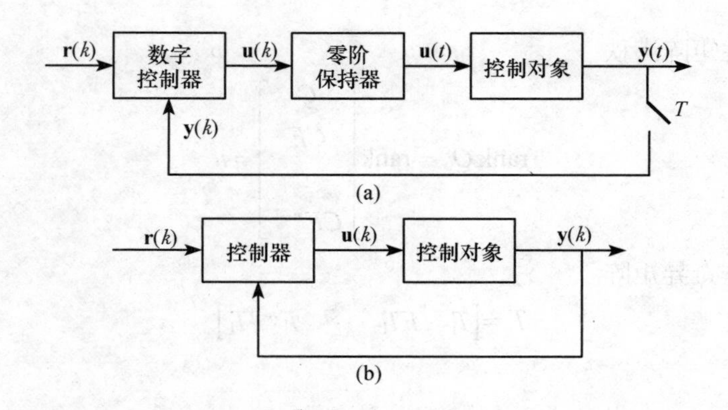

图 6.3　计算机控制系统简化为离散系统

按极点配置设计的控制器通常由两部分组成：一部分是状态观测器，它根据所测量到的输出量 $\mathbf{y}(k)$ 重构出全部状态 $\hat{\mathbf{x}}(k)$；另一部分是控制规律，它直接反馈重构的全部状态。图 6.4 示出了调节系统的情况。

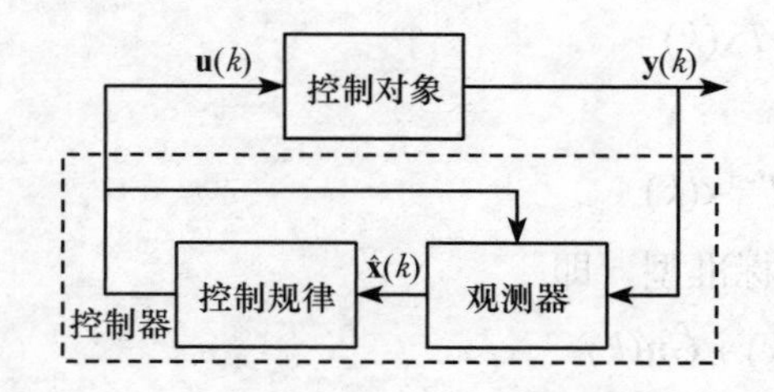

图 6.4　按极点配置设计的控制器

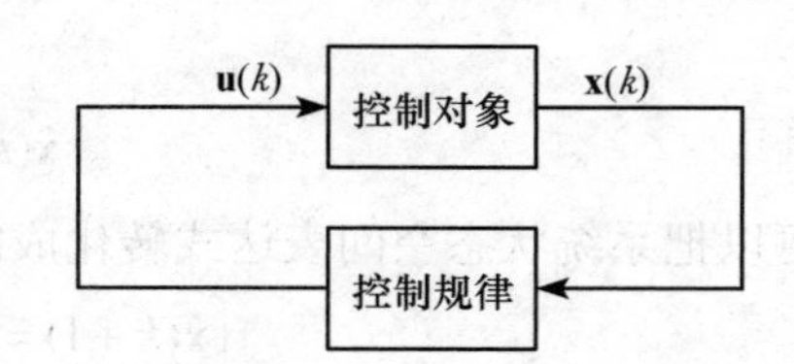

图 6.5　按极点配置设计控制规律

本节首先讨论按极点配置设计控制规律。为此，暂时假设控制规律反馈的是实际对象的全部状态，而不是重构的状态，如图 6.5 所示。

设控制对象的状态方程为

$$\mathbf{x}(k+1) = F\mathbf{x}(k) + G\mathbf{u}(k) \tag{6.46}$$

式中，$\mathbf{x} \in R^n, \mathbf{u} \in R^m$。控制规律为线性状态反馈，即

$$\mathbf{u}(k) = -L\mathbf{x}(k) \tag{6.47}$$

问题是如何设计反馈控制规律 L，以使得闭环系统具有所需要的极点配置。

将式(6.47)代入式(6.46)得到闭环系统的状态方程为

$$\mathbf{x}(k+1) = \left(F - GL\right)\mathbf{x}(k) \tag{6.48}$$

显然，闭环系统的特征方程应为

$$\left|zI - F + GL\right| = 0 \tag{6.49}$$

设给定所需要的闭环系统的极点为 $\beta_i (i = 1,2,\cdots,n)$，则很容易求得要求的闭环系统特征方程为

$$\begin{aligned}\alpha_c(z) &= (z-\beta_1)(z-\beta_2)\cdots(z-\beta_n) \\ &= z^n + \alpha_1 z^{n-1} + \cdots + \alpha_n = 0\end{aligned} \tag{6.50}$$

对比式(6.49)和式(6.50)不难得到，为了获得所需要的极点配置，反馈控制 L 应满足

$$\left|zI - F + GL\right| = \alpha_{\mathrm{c}}(z) \tag{6.51}$$

若将上式左边的行列式展开，并比较两边 z 的同次幂的系数，则一共可得到 n 个代数方程(两边均为首一多项式，即 z^n 的系数均为 1)。对于单输入的情况($m=1$)，L 中未知元素的个数与方程的个数相等，因此一般情况下可获得 L 的唯一解。下面只讨论单输入($m=1$)的情况。

可以证明，对于任意极点配置，L 具有唯一解的充分必要条件是控制对象完全能控，即

$$\text{rank}[G \quad FG \quad \cdots \quad F^{n-1}G]=n \tag{6.52}$$

这个结论的物理意义也是很明显的，只有当系统的所有状态都是能控的，才能通过适当的状态反馈控制使得闭环系统的极点放置到任意指定的位置上。

按极点配置设计控制规律的关键在于如何根据对系统性能的要求来合适地给定闭环系统的极点，以及如何根据式(6.51)方便地计算出 L。

由于人们对于 s 平面中的极点分布与系统性能的关系比较熟悉，因此可首先根据相应连续系统性能指标的要求来给定 s 平面中的极点，然后根据 $z_i=\mathrm{e}^{s_iT}(i=1,2,\cdots,n)$ 的关系求得 z 平面中的极点分布，其中 T 是采样周期。例如，对于二阶系统，可根据对系统阶跃响应的超调量和过渡时间的要求首先确定出二阶系统的阻尼系数 ξ 及无阻尼振荡频率 ω_n，进一步确定出 s 平面中的两个极点应为 $s_{1,2}=-\xi\omega_\mathrm{n}\pm\mathrm{j}\sqrt{1-\xi^2}\,\omega_\mathrm{n}$，然后进一步确定出 z 平面中的极点分布。对于高阶系统也可采用二阶系统模型，即根据性能要求首先给出一对主导极点，然后将其余的极点放在离主导极点很远的地方。

如果将闭环系统的极点均配置在原点，即让 $\alpha_\mathrm{c}(z)=z^n$，则按此设计的结果将导致最小拍控制。按照这样的控制方式，所有的状态在经过最多 n 拍后便都能够回到零(平衡状态)。采用最小拍控制避免了给定闭环系统极点的困难，从而给设计者带来方便。但是采用这种控制方式时，其控制量的幅度取决于采样周期的选取，当选取较小的采样周期时，它要求很大的控制量，这是该控制方式的一个很大的缺点。当然，如果根据各种因素合适地选取了采样周期，而所要求的控制量也在容许的范围内，那么最小拍控制的确是较好的控制方式。

根据式(6.51)计算 L 的一个最直接的方法是展开方程左边的行列式，然后通过与已知的 $\alpha_\mathrm{c}(z)$ 比较系数而解得 L 各个元素。这个方法原理上比较简单，对于低阶系统可以利用这个方法进行计算。但对于高于 3 阶的系统利用这个方法进行计算则十分困难，尤其是它不适合于用计算机来帮助求解。

另一方法是对控制对象的离散状态方程(6.46)实行非奇异变换

$$\bar{\mathbf{x}}(k)=P\mathbf{x}(k) \tag{6.53}$$

使控制对象的状态方程变为能控标准型，即

$$\bar{\mathbf{x}}(k+1)=\bar{F}\bar{\mathbf{x}}(k)+\bar{G}\mathbf{u}(k) \tag{6.54}$$

式中

$$\bar{F}=PFP^{-1}=\begin{bmatrix} 0 & & \\ \vdots & I_{n-1} & \\ 0 & & \\ -a_n & \cdots & -a_1 \end{bmatrix},\qquad \bar{G}=PG=\begin{bmatrix} 0 \\ \vdots \\ 0 \\ 1 \end{bmatrix} \tag{6.55}$$

对于新的状态 $\bar{\mathbf{x}}(k)$，式(6.47)所示的控制规律变为

$$\mathbf{u}(k)=-\bar{L}\bar{\mathbf{x}}(k) \tag{6.56}$$

式中

$$\bar{L} = LP^{-1} \tag{6.57}$$

将式(6.56)代入式(6.54)得到

$$\bar{\mathbf{x}}(k+1) = H\bar{\mathbf{x}}(k) \tag{6.58}$$

式中

$$\begin{aligned} H = \bar{F} - \bar{G}\bar{L} &= \begin{bmatrix} 0 & & \\ \vdots & I_{n-1} & \\ 0 & & \\ -a_n & \cdots & -a_1 \end{bmatrix} - \begin{bmatrix} 0 \\ \vdots \\ 0 \\ 1 \end{bmatrix} \begin{bmatrix} \bar{L}_1 & \cdots & \bar{L}_n \end{bmatrix} \\ &= \begin{bmatrix} 0 & & \\ \vdots & I_{n-1} & \\ 0 & & \\ -(a_n + \bar{L}_1) & \cdots & -(a_1 + \bar{L}_n) \end{bmatrix} \end{aligned} \tag{6.59}$$

显然，H 即为特征多项式的相伴矩阵形式，从而很容易写出闭环系统的特征方程应为

$$z^n + (a_1 + \bar{L}_n) z^{n-1} + \cdots + (a_n + \bar{L}_1) = 0 \tag{6.60}$$

将式(6.60)与式(6.50)所示的给定的闭环特征方程相比可得

$$\bar{L}_1 = \alpha_n - a_n, \quad \cdots, \quad \bar{L}_n = \alpha_1 - a_1 \tag{6.61}$$

写成向量形式为

$$\bar{L} = \begin{bmatrix} \alpha_n & \alpha_{n-1} & \cdots & \alpha_1 \end{bmatrix} - \begin{bmatrix} a_n & a_{n-1} & \cdots & a_1 \end{bmatrix} \tag{6.62}$$

参考式(6.57)可求得所需要的反馈系数阵为

$$L = \bar{L}P \tag{6.63}$$

由此可见，关键在于非奇异矩阵 P 的计算。令

$$P = \begin{bmatrix} P_1 \\ P_2 \\ \vdots \\ P_n \end{bmatrix} \tag{6.64}$$

式中，$P_i (i = 1, \cdots, n)$ 是矩阵 P 的第 i 个行向量。式(6.55)中的第一个等式可重写为

$$PF = \bar{F}P \tag{6.65}$$

即

$$\begin{bmatrix} P_1 F \\ P_2 F \\ \vdots \\ P_n F \end{bmatrix} = \begin{bmatrix} 0 & & \\ \vdots & I_{n-1} & \\ 0 & & \\ -a_n & \cdots & -a_1 \end{bmatrix} \begin{bmatrix} P_1 \\ P_2 \\ \vdots \\ P_n \end{bmatrix} \tag{6.66}$$

将式(6.66)展开得

$$\begin{cases} P_1F = P_2 \\ P_2F = P_3 = P_1F^2 \\ \vdots \\ P_{n-1}F = P_n = P_1F^{n-1} \end{cases} \tag{6.67}$$

将式(6.67)代入式(6.64)得

$$P = \begin{bmatrix} P_1 \\ P_1F \\ \vdots \\ P_1F^{n-1} \end{bmatrix} \tag{6.68}$$

根据式(6.55)的第二个等式，有

$$\bar{G} = PG = \begin{bmatrix} P_1G \\ P_1FG \\ \vdots \\ P_1F^{n-1}G \end{bmatrix} = \begin{bmatrix} 0 \\ \vdots \\ 0 \\ 1 \end{bmatrix} \tag{6.69}$$

两边转置得

$$P_1[G \quad FG \quad \cdots \quad F^{n-1}G] = [0 \quad \cdots \quad 0 \quad 1] \tag{6.70}$$

由于假设系统是能控的，因此上式中的能控性矩阵是非奇异的，从而求得

$$P_1 = EM^{-1} \tag{6.71}$$

式中

$$\begin{cases} E = [0 \quad \cdots \quad 0 \quad 1] \\ M = [G \quad FG \quad \cdots \quad F^{n-1}G] \end{cases} \tag{6.72}$$

将式(6.62)、式(6.68)及式(6.71)代入式(6.63)并参考式(6.55)可得

$$\begin{aligned} L &= [\alpha_n \quad \alpha_{n-1} \quad \cdots \quad \alpha_1]P - [a_n \quad a_{n-1} \quad \cdots \quad a_1]P \\ &= [\alpha_n \quad \alpha_{n-1} \quad \cdots \quad \alpha_1]\begin{bmatrix} EM^{-1} \\ EM^{-1}F \\ \vdots \\ EM^{-1}F^{n-1} \end{bmatrix} + [0 \quad \cdots \quad 0 \quad 1]\bar{F}P \\ &= \alpha_n EM^{-1} + \alpha_{n-1}EM^{-1}F + \cdots + \alpha_1 EM^{-1}F^{n-1} + [0 \quad \cdots \quad 0 \quad 1]PFP^{-1}P \\ &= EM^{-1}[\alpha_n I + \alpha_{n-1}F + \cdots + \alpha_1 F^{n-1}] + [0 \quad \cdots \quad 0 \quad 1]\begin{bmatrix} EM^{-1} \\ EM^{-1}F \\ \vdots \\ EM^{-1}F^{n-1} \end{bmatrix}F \\ &= EM^{-1}\left(\alpha_n I + \alpha_{n-1}F + \cdots + \alpha_1 F^{n-1} + F^n\right) \end{aligned} \tag{6.73}$$

参考式(6.72)及式(6.50)，最后可得

$$L = [0 \quad \cdots \quad 0 \quad 1]\left[G \quad FG \quad \cdots \quad F^{n-1}G\right]^{-1}\alpha_c(F) \tag{6.74}$$

式(6.74)便是利用极点配置设计控制规律的实用算法，称为 Ackermann 公式。利用该算

法可以很容易编成程序由计算机来帮助计算。下面通过一个简单的例子来说明按极点配置设计控制规律的基本步骤。

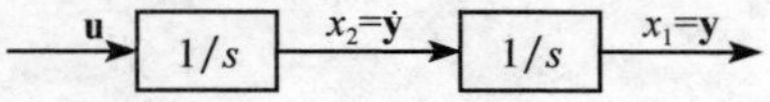

图 6.6　双积分控制对象

例 6.6　设计算机控制系统具有图 6.3 所示的结构，其中的控制对象假设为双积分环节，如图 6.6 所示。要求闭环系统的动态响应性能相当于 $\xi = 0.5$ 和 $\omega_{\rm n} = 3.6$ 的二阶连续系统，假设采样周期 $T = 0.1\,{\rm s}$，要求按调节系统（$r(k) = 0$）用极点配置方法设计状态反馈控制规律。

解　根据图 6.6，先写出控制对象的连续状态方程为

$$\dot{\mathbf{x}} = A\mathbf{x} + B\mathbf{u}$$

式中

$$\mathbf{x} = \begin{bmatrix} x_1 \\ x_2 \end{bmatrix}, \quad A = \begin{bmatrix} 0 & 1 \\ 0 & 0 \end{bmatrix}, \quad B = \begin{bmatrix} 0 \\ 1 \end{bmatrix}$$

将连续的状态方程连同它前面的零阶保持器一起离散化得到等效的离散状态方程为

$$\mathbf{x}(k+1) = F\mathbf{x}(k) + G\mathbf{u}(k)$$

利用前面介绍的算法，不难求得

$$F = {\rm e}^{AT} = \begin{bmatrix} 1 & 0.1 \\ 0 & 1 \end{bmatrix}, \quad G = \int_0^T {\rm e}^{At}\,{\rm d}tB = \begin{bmatrix} 0.005 \\ 0.1 \end{bmatrix}$$

对于该例，由于 A 和 B 的特殊形式，手工计算 F、G 也是不困难的。根据对闭环响应性能的要求，可以求得相应于 s 平面上的两个极点为

$$s_{1,2} = -\xi\omega_{\rm n} \pm {\rm j}\sqrt{1-\xi^2}\,\omega_{\rm n} = -1.8 \pm {\rm j}3.12$$

利用 $z = {\rm e}^{sT}$ 的关系，可进一步求得 z 平面的两个极点为

$$z_{1,2} = 0.835{\rm e}^{\pm {\rm j}17.9^\circ}$$

于是可得要求的闭环系统特征方程为

$$\alpha_{\rm c}(z) = (z - z_1)(z - z_2) = z^2 - 1.6z + 0.7$$

若设状态反馈控制规律特征方程为

$$L = \begin{bmatrix} L_1 & L_2 \end{bmatrix}$$

则闭环系统特征方程为

$$\begin{aligned}\alpha_{\rm c}(z) &= |zI - F + GL| = \left| z\begin{bmatrix} 1 & 0 \\ 0 & 1 \end{bmatrix} - \begin{bmatrix} 1 & 0.1 \\ 0 & 1 \end{bmatrix} + \begin{bmatrix} 0.005 \\ 0.1 \end{bmatrix}\begin{bmatrix} L_1 & L_2 \end{bmatrix} \right| \\ &= z^2 + \left(0.1L_2 + 0.005L_1 - 2\right)z + 0.005L_1 - 0.1L_2 + 1\end{aligned}$$

通过比较系数得

$$\begin{cases} 0.1L_2 + 0.005L_1 - 2 = -1.6 \\ 0.005L_1 - 0.1L_2 + 1 = 0.7 \end{cases}$$

进一步解此联立方程得

$$L_1 = 10, \quad L_2 = 3.5$$

可以看出，利用比较系数的方法来解 L 是相当麻烦的，尤其是当系统的阶数比较高时更

是如此。

利用式(6.74)的显式，可以直接求得

$$
\begin{aligned}
L&=[0\quad 1][G\quad FG]^{-1}\alpha_{\mathrm{c}}(F)\\
&=[0\quad 1][G\quad FG]^{-1}\left(F^2-1.6F+0.7I\right)=[10\quad 3.5]
\end{aligned}
$$

6.6 按极点配置设计观测器

6.5 节讨论按极点配置设计控制规律时假设所有的状态均可直接用于反馈，这在实际上常常是不可能的，尤其是对于高阶系统。因此，通常的方法是设法找到一种算法，它能够根据所测量到的输出量重构出全部状态，记 $\hat{\mathbf{x}}(k)$ 为实际状态 $\mathbf{x}(k)$ 的重构或称 $\mathbf{x}(k)$ 的估计，则让 $\mathbf{u}(k)=-L\hat{\mathbf{x}}(k)$ 以代替实际状态的反馈，如图 6.4 所示。这种能够根据输出量来重构系统状态的算法称为观测器，本节将讨论几种常用观测器的设计方法。

6.6.1 预报观测器

如果已知控制对象的状态空间表达式为

$$
\begin{cases}\mathbf{x}(k+1)=F\mathbf{x}(k)+G\mathbf{u}(k)\\ \mathbf{y}(k)=C\mathbf{x}(k)\end{cases}\tag{6.75}
$$

式中，$\mathbf{x}\in R^n,\mathbf{u}\in R^m,\mathbf{y}\in R^r$，并设 F,G,C 均为已知的对象模型参数，那么一个简单而直接的方法是构造如图 6.7 所示的开环观测器。

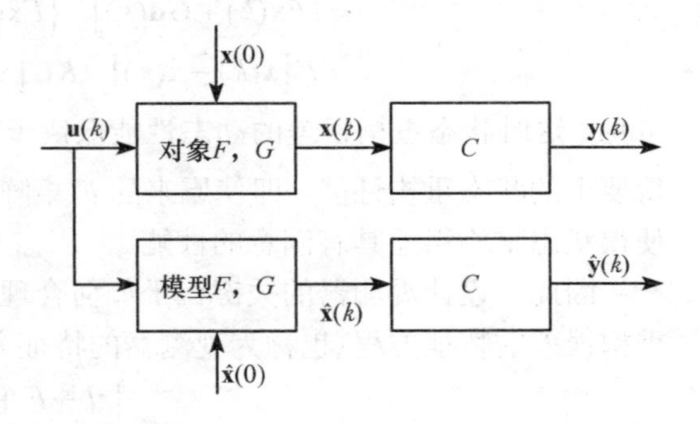

图 6.7　开环观测器

显然，开环观测器的方程为

$$
\hat{\mathbf{x}}(k+1)=F\hat{\mathbf{x}}(k)+G\mathbf{u}(k)\tag{6.76}
$$

将上式与式(6.75)比较，它们具有相同的方程参数，如果两者的初始条件也相等，即 $\hat{\mathbf{x}}(0)=\mathbf{x}(0)$，则重构状态 $\hat{\mathbf{x}}(k)$ 将始终等于实际状态 $\mathbf{x}(k)$。这当然是我们所希望的。

下面考察当 $\hat{\mathbf{x}}(0)\neq\mathbf{x}(0)$，$\hat{\mathbf{x}}(k)$ 能否跟上 $\mathbf{x}(k)$ 的变化。

令

$$
\tilde{\mathbf{x}}(k)=\mathbf{x}(k)-\hat{\mathbf{x}}(k)\tag{6.77}
$$

表示状态重构误差，将式(6.75)的第一个式子与式(6.76)相减得到

$$
\tilde{\mathbf{x}}(k+1)=F\tilde{\mathbf{x}}(k)\tag{6.78}
$$

由此可见，只要控制对象是稳定的，即 F 的特征值均在单位圆内，那么即使 $\tilde{\mathbf{x}}(0)=\mathbf{x}(0)-\hat{\mathbf{x}}(0)\neq 0$，经过一段时间后也将有 $\tilde{\mathbf{x}}(k)=\mathbf{x}(k)-\hat{\mathbf{x}}(k)\to 0$，从而说明 $\hat{\mathbf{x}}(k)$ 可以作为 $\mathbf{x}(k)$ 的状态重构。

从原理上讲，上面讨论的开环观测器在一定条件下（F 的特征值均在单位圆内）可以完成状态重构的任务，但是在实际应用中它存在着下述严重的缺点：状态重构误差的动态特性取决于系数矩阵 F（式(6.78)），即取决于对象的动态特性，而不能按照需要进行调整。当 F 具

有不稳定的特征根时，则根本不能采用这种类型的观测器。即使 F 的特征根均在单位圆内，它也往往不具有好的动态特性(否则便不需要设计控制器了)。

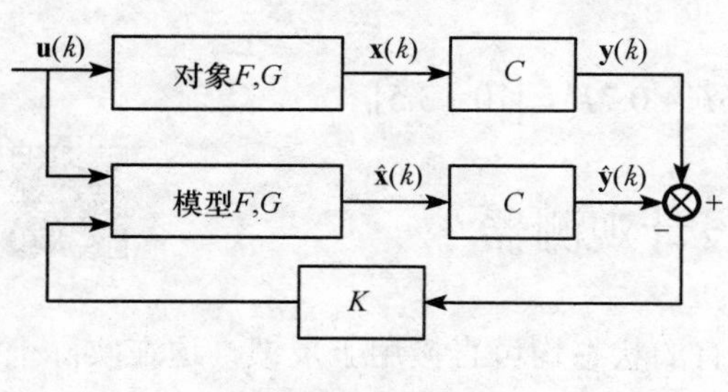

图 6.8　预报观测器

因此,上面的开环观测器并不能在实际中获得真正的应用，其中一条最重要的原因是，它只利用了输入量及模型参数进行预报,而没有利用可以测量到的输出量来进行修正。因此，自然可以想到，采用如图 6.8 所示的观测器结构形式可以较好地克服上述开环观测器的缺点。由于它利用了测量信息来进行修正,从而可以改善状态重构的性能。

针对图 6.8 可以写出相应的观测器方程为

$$\hat{\mathbf{x}}(k+1)=F\hat{\mathbf{x}}(k)+G\mathbf{u}(k)+K\left[\mathbf{y}(k)-C\hat{\mathbf{x}}(k)\right] \tag{6.79}$$

在方程(6.79)中，$(k+1)T$ 时刻的状态重构 $\hat{\mathbf{x}}(k+1)$ 只用到了 kT 时刻的测量量 $\mathbf{y}(k)$，因此称式(6.79)为预报观测器，式中 K 称为观测器增益矩阵。

将控制对象的状态方程(式(6.75)的第一个式子)与式(6.79)相减，得到状态重构误差的方程为

$$\begin{aligned}\tilde{\mathbf{x}}(k+1)&=\mathbf{x}(k+1)-\hat{\mathbf{x}}(k+1)\\&=\left[F\mathbf{x}(k)+G\mathbf{u}(k)\right]-\left\{F\hat{\mathbf{x}}(k)+G\mathbf{u}(k)+K\left[C\mathbf{x}(k)-C\hat{\mathbf{x}}(k)\right]\right\}\\&=F\left[\mathbf{x}(k)-\hat{\mathbf{x}}(k)\right]-KC\left[\mathbf{x}(k)-\hat{\mathbf{x}}(k)\right]=\left[F-KC\right]\tilde{\mathbf{x}}(k)\end{aligned} \tag{6.80}$$

可见，这时状态重构误差的动态性能取决于矩阵 $\left[F-KC\right]$，只要适当地选择增益矩阵便可获得要求的状态重构性能。即使原来的 F 矩阵具有不稳定的特征根，也能通过适当选取 K，以使得状态重构误差具有满意的性能。

因此，设计观测器的关键在于如何合理地选取观测器增益矩阵 K。根据式(6.80)，状态重构误差的特征方程(也称为观测器的特征方程)为

$$\left|zI-F+KC\right|=0 \tag{6.81}$$

状态重构的性能即重构状态 $\hat{\mathbf{x}}(k)$ 跟随实际状态 $\mathbf{x}(k)$ 的性能取决于式(6.81)的特征方程的根的分布。若根据状态重构性能的要求，给定观测器特征方程的根为 $\beta_i\,(i=1,2,\cdots,n)$，则很容易求得要求的特征方程为

$$\alpha_{\mathrm{e}}(z)=(z-\beta_1)(z-\beta_2)\cdots(z-\beta_n)=z^n+\alpha_1 z^{n-1}+\cdots+\alpha_n=0 \tag{6.82}$$

比较式(6.82)与式(6.81)可以看出，为了获得所需要的状态重构性能，应有

$$\left|zI-F+KC\right|=\alpha_{\mathrm{e}}(z) \tag{6.83}$$

若将上式左边的行列式展开，并比较两边 z 的同次幂的系数，则一共可得到 n 个代数方程。对于单输出 $(r=1)$ 的情况，K 中未知元素的个数与方程个数相等，因此一般情况下可获得 K 的唯一解。因此下面只讨论单输出 $(r=1)$ 的情况。

可以证明，对于任意指定的极点，K 具有唯一解的充分必要条件是系统完全能观，即

$$\text{rank}\begin{bmatrix} C \\ CF \\ \vdots \\ CF^{n-1} \end{bmatrix} = n \tag{6.84}$$

这个结论的物理意义也是很明显的，只有系统完全能观时，才能通过适当地选择增益矩阵K，利用输出量来调整各个状态重构跟随实际状态的响应性能。

按极点配置设计观测器的关键也在于如何合适地给定观测器的极点以及根据式(6.83)计算K。由于观测器极点的给定需根据整个控制器的设计要求统一考虑，因此这个问题下一节再讨论。

假设观测器的极点已给定，从而根据式(6.82)，观测器的特征多项式$\alpha_e(z)$便是已知的。根据式(6.83)计算K的一个最直接的方法是展开方程左边的行列式，然后通过与已知的$\alpha_e(z)$比较系数即可得K的各个元素。这种方法原理比较简单，但对于高阶系统计算比较复杂，尤其不适宜于用计算机来帮助求解。

下面设法根据式(6.83)解出K。由于矩阵转置后其行列式不变，因此式(6.83)可重写为

$$\left| zI - F^{\mathrm{T}} + C^{\mathrm{T}}K^{\mathrm{T}} \right| = \alpha_e(z) \tag{6.85}$$

对比式(6.85)与式(6.51)并建立如下对应关系：

式(6.51)	式(6.85)
F	F^{T}
G	C^{T}
L	K^{T}
$\alpha_c(z)$	$\alpha_e(z)$

从而根据式(6.74)，不难求得

$$K^{\mathrm{T}} = \begin{bmatrix} 0 & \cdots & 0 & 1 \end{bmatrix} \begin{bmatrix} C^{\mathrm{T}} & F^{\mathrm{T}}C^{\mathrm{T}} & \cdots & (F^{\mathrm{T}})^{n-1}C^{\mathrm{T}} \end{bmatrix}^{-1} \alpha_e(F^{\mathrm{T}}) \tag{6.86}$$

两边转置得

$$K = \alpha_e(F)\begin{bmatrix} C \\ CF \\ \vdots \\ CF^{n-1} \end{bmatrix}^{-1}\begin{bmatrix} 0 \\ \vdots \\ 0 \\ 1 \end{bmatrix} \tag{6.87}$$

式(6.87)便是按极点配置设计预报观测器的实用算法，即 Ackermann 公式。在式(6.87)中

$$P = \begin{bmatrix} C \\ CF \\ \vdots \\ CF^{n-1} \end{bmatrix} \tag{6.88}$$

是系统的能观性矩阵。可见只有当系统完全能观时(P阵满秩)才能按式(6.87)计算出K，它与前面给出的结论是一致的。

例 6.7 下面仍以图 6.6 所示的双积分系统为例来说明预报观测器的设计步骤。

解 已经求得控制对象的离散状态方程为

$$\mathbf{x}(k+1) = F\mathbf{x}(k) + G\mathbf{u}(k)$$

式中

$$F=\begin{bmatrix}1 & 0.1\\0 & 1\end{bmatrix},\quad G=\begin{bmatrix}0.005\\0.1\end{bmatrix}$$

根据图 6.6，系统的输出方程为

$$\mathbf{y}(k)=C\mathbf{x}(k)$$

式中

$$C=\begin{bmatrix}1 & 0\end{bmatrix}$$

从而可以写出该系统的预报观测器方程为

$$\hat{\mathbf{x}}(k+1)=F\hat{\mathbf{x}}(k)+G\mathbf{u}(k)+K\left[\mathbf{y}(k)-C\hat{\mathbf{x}}(k)\right]$$

假设要求状态重构以最快的速度跟随实际的状态，可将观测器特征方程的两个根配置在原点，即让

$$\alpha_{\mathrm{e}}(z)=z^2$$

从而根据式(6.83)有

$$\begin{aligned}|zI-F+KC|&=\left|z\begin{bmatrix}1 & 0\\0 & 1\end{bmatrix}-\begin{bmatrix}1 & 0.1\\0 & 1\end{bmatrix}+\begin{bmatrix}k_1\\k_2\end{bmatrix}\begin{bmatrix}1 & 0\end{bmatrix}\right|\\&=\begin{vmatrix}z-1+k_1 & -0.1\\k_1 & z-1\end{vmatrix}=z^2+(k_1-2)z+(1-k_1+0.1k_2)=\alpha_{\mathrm{e}}(z)=z^2\end{aligned}$$

通过比较系数，可以求得观测器增益矩阵为

$$K=\begin{bmatrix}k_1\\k_2\end{bmatrix}=\begin{bmatrix}2\\10\end{bmatrix}$$

若利用式(6.87)，首先组成能观性矩阵

$$P=\begin{bmatrix}C\\CF\end{bmatrix}=\begin{bmatrix}1 & 0\\1 & 0.1\end{bmatrix}$$

进一步求得

$$P^{-1}=\begin{bmatrix}1 & 0\\-10 & 10\end{bmatrix},\quad \alpha_{\mathrm{e}}(F)=F^2=\begin{bmatrix}1 & 0.2\\0 & 1\end{bmatrix}$$

根据式(6.87)得到

$$K=\alpha_{\mathrm{e}}(F)P^{-1}\begin{bmatrix}0\\1\end{bmatrix}=\begin{bmatrix}-1 & 2\\-10 & 10\end{bmatrix}\begin{bmatrix}0\\1\end{bmatrix}=\begin{bmatrix}2\\10\end{bmatrix}$$

显然其结果与前面结果相同。

6.6.2 现时观测器

当采用观测器结构时，实际的控制信号 $\mathbf{u}(k)$ 直接反馈的是状态重构 $\hat{\mathbf{x}}(k)$，而不是真实状态 $\mathbf{x}(k)$，即 $\mathbf{u}(k)=-L\hat{\mathbf{x}}(k)$，而采用前面介绍的预报观测器时，现时的状态重构 $\hat{\mathbf{x}}(k)$ 只用到了前一时刻的输出量 $\mathbf{y}(k-1)$，即在现时的控制信号 $\mathbf{u}(k)$ 中只包含前一时刻的输出信息。也就是说，当采用预报观测器时，输出信号将不能得到及时的反馈。当采样周期较长时，这种控

制方式将影响系统的性能。为此，可采用如下观测器结构形式

$$\overline{\mathbf{x}}(k+1)=F\hat{\mathbf{x}}(k)+G\mathbf{u}(k) \tag{6.89}$$

$$\hat{\mathbf{x}}(k+1)=\overline{\mathbf{x}}(k+1)+K\left[\mathbf{y}(k+1)-C\overline{\mathbf{x}}(k+1)\right] \tag{6.90}$$

式(6.89)便是本节一开始所介绍的开环观测器，这里将作为状态重构的一步预报。式(6.90)则根据最新得到的输出量 $\mathbf{y}(k+1)$ 来对同一时刻的状态重构进行修正。由于在这里现时的状态重构用到了现时的输出量，因此式(6.89)和式(6.90)所示的观测器称为现时观测器。

在具体实现上述现时观测器时，由于进行如式(6.89)和式(6.90)所示的计算总是需要一定时间，因此实际送出的控制信号 $\mathbf{u}(k)=-L\hat{\mathbf{x}}(k)$ 总是比测量量 $\mathbf{y}(k)$ 要延时一段时间 τ，通常称这个时间 τ 为计算延时。也就是说，对于现时观测器，其具体实现与理论上的式(6.89)和式(6.90)之间是有误差的。因此，只有当计算延时 τ 与采样周期 T 相比很小时，采用现时观测器才是合适的，否则应采用预报观测器。

下面进一步讨论如何根据极点配置来设计现时观测器的增益矩阵 K。为此，需首先求出状态重构误差方程。根据式(6.75)、式(6.89)和式(6.90)可求得

$$\begin{aligned}\tilde{\mathbf{x}}(k+1)&=\mathbf{x}(k+1)-\hat{\mathbf{x}}(k+1)\\&=F\mathbf{x}(k)+G\mathbf{u}(k)-\left\{\overline{\mathbf{x}}(k+1)+K\left[C\mathbf{x}(k+1)-C\overline{\mathbf{x}}(k+1)\right]\right\}\\&=F\mathbf{x}(k)+G\mathbf{u}(k)-\left\{F\hat{\mathbf{x}}(k)+G\mathbf{u}(k)\right.\\&\quad\left.+K\left[CF\mathbf{x}(k)+CG\mathbf{u}(k)-CF\hat{\mathbf{x}}(k)-CG\mathbf{u}(k)\right]\right\}\\&=F\left[\mathbf{x}(k)-\hat{\mathbf{x}}(k)\right]-KCF\left[\mathbf{x}(k)-\hat{\mathbf{x}}(k)\right]=\left(F-KCF\right)\tilde{\mathbf{x}}(k)\end{aligned} \tag{6.91}$$

因此，现时观测器的特征方程可以求得为

$$\left|zI-F+KCF\right|=\alpha_{\mathrm{e}}(z)=0 \tag{6.92}$$

若给定观测器的极点，即 $\alpha_{\mathrm{e}}(z)$ 已知，并仍只考虑单输出 $(r=1)$ 的情况，根据式(6.92)即可解得观测器增益矩阵 K。这里对于任意给定的极点，K 具有唯一解的充分必要条件也是系统完全能观，即式(6.84)成立。

对比式(6.83)与式(6.92)，它们的形式相同，只是式(6.92)中的 CF 代替了式(6.83)中的 C 的位置。因此，根据式(6.87)（即式(6.83)的解），可以求得现时观测器增益矩阵 K（式(6.92)的解）为

$$K=\alpha_{\mathrm{e}}(F)\begin{bmatrix}CF\\CF^2\\\vdots\\CF^n\end{bmatrix}^{-1}\begin{bmatrix}0\\\vdots\\0\\1\end{bmatrix}=\alpha_{\mathrm{e}}(F)F^{-1}P^{-1}\begin{bmatrix}0\\\vdots\\0\\1\end{bmatrix} \tag{6.93}$$

式中，P 为系统的能观性矩阵，如式(6.88)所示。可见，只有当系统完全能观时，才能由式(6.93)求得 K。根据式(6.93)也可以很容易编成计算机程序由计算机来帮助计算。

例 6.8 仍以图 6.6 所示的双积分系统为例，要求设计现时观测器。

解 根据前面结果得到

$$\begin{aligned}\alpha_{\mathrm{e}}(z)F^{-1}P^{-1}&=F^2F^{-1}P^{-1}=FP^{-1}\\&=\begin{bmatrix}1&0.1\\0&1\end{bmatrix}\begin{bmatrix}1&0\\-10&10\end{bmatrix}=\begin{bmatrix}0&1\\-10&10\end{bmatrix}\end{aligned}$$

根据式(6.93)得到

$$K = \alpha_{\mathrm{e}}(F)F^{-1}P^{-1}\begin{bmatrix}0\\1\end{bmatrix} = \begin{bmatrix}0 & 1\\-10 & 10\end{bmatrix}\begin{bmatrix}0\\1\end{bmatrix} = \begin{bmatrix}1\\10\end{bmatrix}$$

6.6.3 降阶观测器

前面讨论的两种观测器都是根据输出量重构出全部状态，观测器的阶数等于状态的个数，因此前面两种观测器均属于全阶观测器。如果所测量的输出量是其中的一部分状态，那么自然会想到，对于这些能测量的状态便没有必要再对它进行重构。因而只要根据能测量的部分状态重构出其余不能测量的状态，即只需要构造降阶的观测器来完成这个任务。

但是，如果在测量的部分状态中包含较严重的噪声，那么直接反馈这些带噪声的状态其效果未必好，这时仍可采用全阶观测器重构出全部状态，包括那些可以测量的状态。由于观测器起到了滤波的效果，因此重构的状态将受到较少的噪声干扰。

下面讨论如何构造降阶观测器，为此需将原来的状态量分成两部分，即

$$\mathbf{x}(k) = \begin{pmatrix}\mathbf{x}_a(k)\\ \mathbf{x}_b(k)\end{pmatrix} \tag{6.94}$$

式中，$\mathbf{x}_a(k)$ 表示能够测量的部分状态，即输出量 $\mathbf{y}(k)$；$\mathbf{x}_b(k)$ 表示需要重构的部分状态。据此，原来控制对象的状态方程(6.75)可以分块为

$$\begin{bmatrix}\mathbf{x}_a(k+1)\\ \mathbf{x}_b(k+1)\end{bmatrix} = \begin{bmatrix}F_{aa} & F_{ab}\\ F_{ba} & F_{bb}\end{bmatrix}\begin{bmatrix}\mathbf{x}_a(k)\\ \mathbf{x}_b(k)\end{bmatrix} + \begin{bmatrix}G_a\\ G_b\end{bmatrix}\mathbf{u}(k) \tag{6.95}$$

$$\mathbf{y}(k) = \begin{bmatrix}I & O\end{bmatrix}\begin{bmatrix}\mathbf{x}_a(k)\\ \mathbf{x}_b(k)\end{bmatrix} \tag{6.96}$$

将式(6.95)展开得

$$\mathbf{x}_a(k+1) = F_{aa}\mathbf{x}_a(k) + F_{ab}\mathbf{x}_b(k) + G_a\mathbf{u}(k) \tag{6.97}$$

$$\mathbf{x}_b(k+1) = F_{ba}\mathbf{x}_a(k) + F_{bb}\mathbf{x}_b(k) + G_b\mathbf{u}(k) \tag{6.98}$$

经整理，上面两个式子可重写为

$$\mathbf{x}_b(k+1) = F_{bb}\mathbf{x}_b(k) + F_{ba}\mathbf{x}_a(k) + G_b\mathbf{u}(k) \tag{6.99}$$

$$\mathbf{x}_a(k+1) - F_{aa}\mathbf{x}_a(k) - G_a\mathbf{u}(k) = F_{ab}\mathbf{x}_b(k) \tag{6.100}$$

将上面两式与式(6.75)的状态方程进行比较，并建立如下对应关系：

式(6.75)	式(6.99)和式(6.100)	
$\mathbf{x}(k)$	$\mathbf{x}_b(k)$	需要估计的状态
F	F_{bb}	状态方程系数矩阵
$G\mathbf{u}(k)$	$F_{ba}\mathbf{x}_a(k) + G_b\mathbf{u}(k)$	已知的输入
$\mathbf{y}(k)$	$\mathbf{x}_a(k+1) - F_{aa}\mathbf{x}_a(k) - G_a\mathbf{u}(k)$	已知的测量
C	F_{ab}	测量方程系数矩阵

根据式(6.79)所示的预报观测器方程并利用上面建立的对应关系，可以写出相应于式(6.99)和式(6.100)的观测器方程

$$\begin{aligned}\hat{\mathbf{x}}_b(k+1) = {} & F_{bb}\hat{\mathbf{x}}_b(k) + F_{ba}\mathbf{x}_a(k) + G_b\mathbf{u}(k)\\ & + K\left[\mathbf{x}_a(k+1) - F_{aa}\mathbf{x}_a(k) - G_a\mathbf{u}(k) - F_{ab}\hat{\mathbf{x}}_b(k)\right]\end{aligned} \tag{6.101}$$

上式便是根据已知测量 $\mathbf{x}_a(k)$ 估计其余状态 $\mathbf{x}_b(k)$ 的观测器方程。由于该观测器的维数等于 $\mathbf{x}_b(k)$ 的维数，它低于 $\mathbf{x}(k)$ 的维数，故称它为降阶观测器。式(6.101)虽然是按照式(6.79)的预报观测器方程推得的，但在该方程中，k+1 时刻的状态重构 $\hat{\mathbf{x}}_b(k+1)$ 也用到了 k+1 时刻的测量量 $\mathbf{x}_a(k+1)$,因此它实际上是降阶的现时观测器方程。

剩下的问题是如何根据极点配置来确定观测器增益矩阵 K，为此，需首先求出状态重构误差方程。根据式(6.99)、式(6.100)及式(6.101)可以求得

$$\begin{aligned}\tilde{\mathbf{x}}_b(k+1) &= \mathbf{x}_b(k+1) - \hat{\mathbf{x}}_b(k+1)\\ &= F_{bb}\mathbf{x}(k) + F_{ba}\mathbf{x}_a(k) + G_b\mathbf{u}(k) - \{F_{bb}\hat{\mathbf{x}}_b(k) + F_{ba}\mathbf{x}_a(k)\\ &\quad + G_b\mathbf{u}(k) + K[\mathbf{x}_a(k+1) - F_{aa}\mathbf{x}_a(k) - G_a\mathbf{u}(k) - F_{ab}\hat{\mathbf{x}}_b(k)]\}\\ &= F_{bb}[\mathbf{x}_b(k) - \hat{\mathbf{x}}_b(k)] - K[F_{ab}\mathbf{x}_b(k) - F_{ab}\hat{\mathbf{x}}_b(k)]\\ &= (F_{bb} - KF_{ab})\tilde{\mathbf{x}}_b(k)\end{aligned} \tag{6.102}$$

因此，可以求得降阶观测器的特征方程为

$$|zI - F_{bb} + KF_{ab}| = \alpha_{\mathrm{e}}(z) = 0 \tag{6.103}$$

若给定降维观测器的极点，即 $\alpha_{\mathrm{e}}(z)$ 已知，如果仍只考虑单输出($\mathbf{x}_a(k)$ 的维数为 1)的情况，根据式(6.103)即可解得增益矩阵 K。这里对于任意给定的极点，K 具有唯一解的充分必要条件也是系统完全能观，即式(6.84)成立。

对比式(6.83)与式(6.103)并参考式(6.87)，不难求得式(6.102)的解为

$$K = \alpha_{\mathrm{e}}(F_{bb})\begin{bmatrix} F_{ab} \\ F_{ab}F_{bb} \\ \vdots \\ F_{ab}F_{bb}^{n_1-1}\end{bmatrix}^{-1}\begin{bmatrix}0\\ \vdots \\ 0 \\ 1\end{bmatrix} \tag{6.104}$$

式中，n_1 为 $\mathbf{x}_b(k)$ 的维数。由于这里假定了单输出的情况，因而 $n_1 = n-1$。

例 6.9 仍以图 6.6 所示的双积分系统为例，要求设计降维观测器。假定 x_1 是能够测量的状态，x_2 是需要估计的状态。同时仍假定将观测器的极点放置在原点，即 $\alpha_{\mathrm{e}}(z) = z$。

解 前面已经求得

$$F = \begin{bmatrix} 1 & 0.1 \\ 0 & 1\end{bmatrix} = \begin{bmatrix} F_{aa} & F_{ab} \\ F_{ba} & F_{bb}\end{bmatrix}$$

根据式(6.103)有

$$|zI - F_{bb} + KF_{ab}| = z - 1 + 0.1K = \alpha_{\mathrm{e}}(z) = z$$

从而求得

$$K = 10$$

6.7 状态不可测时控制器的设计

6.7.1 分离性原理

以上分别讨论了按极点配置设计控制规律及观测器的设计，而实际的控制器是由这两部分组成的，如图 6.4 所示。在讨论控制规律的设计时，假设直接反馈所有实际的状态，即

$\mathbf{u}(k)=-L\mathbf{x}(k)$；而实现时，实际反馈的是重构的状态，即 $\mathbf{u}(k)=-L\hat{\mathbf{x}}(k)$。人们自然要问：实际的闭环系统是否具有按极点配置设计控制规律时所要求的性能?也就是说，设计控制规律时所给定的 n 个极点(以下简称控制极点)是否仍是如图 6.4 所示的实际闭环系统的极点?因为实际的闭环系统是 $2n$ 阶系统(控制对象 n 阶，观测器 n 阶)，因此如果 n 个控制极点仍是闭环极点，那么其余的 n 个极点又位于何处?下面就来回答这些问题。写出图 6.4 中各环节的方程如下：

控制对象

$$\begin{cases}\mathbf{x}(k+1)=F\mathbf{x}(k)+G\mathbf{u}(k)\\ \mathbf{y}(k)=C\mathbf{x}(k)\end{cases} \tag{6.105}$$

观测器(以预报观测器为例)

$$\hat{\mathbf{x}}(k+1)=F\hat{\mathbf{x}}(k)+G\mathbf{u}(k)+K\left[\mathbf{y}(k)-C\hat{\mathbf{x}}(k)\right] \tag{6.106}$$

控制规律

$$\mathbf{u}(k)=-L\hat{\mathbf{x}}(k) \tag{6.107}$$

为了求得闭环系统的极点，需首先求出闭环系统的状态方程。为此，令闭环系统的状态为

$$\mathbf{z}(k)=\begin{bmatrix}\mathbf{x}(k)\\ \hat{\mathbf{x}}(k)\end{bmatrix} \tag{6.108}$$

结合式(6.105)~式(6.107)得

$$\mathbf{x}(k+1)=F\mathbf{x}(k)+G\mathbf{u}(k)=F\mathbf{x}(k)-GL\hat{\mathbf{x}}(k) \tag{6.109}$$

$$\begin{aligned}\hat{\mathbf{x}}(k+1)&=F\hat{\mathbf{x}}(k)-GL\hat{\mathbf{x}}(k)+K\left[C\mathbf{x}(k)-C\hat{\mathbf{x}}(k)\right]\\ &=KC\mathbf{x}(k)+(F-GL-KC)\hat{\mathbf{x}}(k)\end{aligned} \tag{6.110}$$

结合式(6.109)和式(6.110)可得闭环系统的状态方程为

$$\mathbf{z}(k+1)=\bar{F}\mathbf{z}(k) \tag{6.111}$$

式中

$$\bar{F}=\begin{bmatrix}F & -GL\\ KC & F-GL-KC\end{bmatrix} \tag{6.112}$$

从而可以求得闭环系统的特征方程应为

$$\begin{aligned}\alpha(z)&=\left|zI-\bar{F}\right|=\begin{vmatrix}zI-F & GL\\ -KC & zI-F+GL+KC\end{vmatrix}\text{(第二列加到第一列)}\\ &=\begin{vmatrix}zI-F+GL & GL\\ zI-F+GL & zI-F+GL+KC\end{vmatrix}\text{(第二行减去第一行)}\\ &=\begin{vmatrix}zI-F+GL & GL\\ 0 & zI-F+KC\end{vmatrix}\\ &=\left|zI-F+GL\right|\cdot\left|zI-F+KC\right|\text{(根据式(6.51)和式(6.83))}\\ &=\alpha_{\mathrm{c}}(z)\alpha_{\mathrm{e}}(z)\end{aligned} \tag{6.113}$$

由此可见，闭环系统的 $2n$ 个极点由两部分组成：一部分是按极点配置设计控制规律所给定的 n 个极点，即控制极点；另一部分是按极点配置设计观测器给定的 n 个极点，即观测器极点。这就是著名的分离性原理。正是由于存在这样的分离性原理，才使得前面讨论的控制

规律和观测器的设计可以分开进行，从而简化了控制器的设计。

由于控制极点是根据系统的性能要求给定的，因此要求闭环系统的性能应主要取决于控制极点，即控制极点应是整个闭环系统的主导极点。观测器极点的引入通常将使系统的性能变差。为了减少观测器极点的影响，观测器极点所决定的状态重构的跟随速度应远远大于控制极点所决定的系统响应速度，极限情况下可将观测器极点均放置在原点，这时状态重构具有最快的跟随速度。

但是，若测量输出存在误差或测量噪声，那么状态重构的跟随速度越快，测量误差对系统的影响越大。下面简要地说明这一点。

根据式(6.106)，状态重构由两部分组成：其中 $F\hat{\mathbf{x}}(k)+G\mathbf{u}(k)$ 是根据初始状态所进行的预报，$K[\mathbf{y}(k)-C\hat{\mathbf{x}}(k)]$ 是根据测量量所进行的修正。为了加快状态重构的跟随速度，必须加大修正项，即增益矩阵 K 必须取较大的数值。若输出量的测量中存在误差或噪声，用式子表示为

$$\mathbf{y}(k)=C\mathbf{x}(k)+\boldsymbol{\omega}(k) \tag{6.114}$$

若用式(6.114)代替式(6.105)的第二个式子，则式(6.110)将变为

$$\hat{\mathbf{x}}(k+1)=KC\mathbf{x}(k)+\left(F-GL-KC\right)\hat{\mathbf{x}}(k)+K\boldsymbol{\omega}(k) \tag{6.115}$$

相应的闭环系统方程将变为

$$\mathbf{z}(k+1)=\bar{F}\mathbf{z}(k)+\bar{K}\boldsymbol{\omega}(k) \tag{6.116}$$

式中，$\bar{F}$ 同式(6.112)。

$$\bar{K}=\begin{bmatrix}0\\K\end{bmatrix} \tag{6.117}$$

可见，当要求状态重构有较快的跟随速度时，即要求观测器增益矩阵取较大的数值，从而根据式(6.116)，测量误差或噪声对系统的影响也变大。因此，观测器的极点应根据对闭环系统的整个性能要求综合考虑折中地选择。

6.7.2 控制器设计

最后归纳出调节系统按极点配置设计控制器的步骤如下：

(1) 按对系统的性能要求给定 n 个控制极点。

(2) 按极点配置设计出控制规律 L。

(3) 根据前面的讨论，合适给定观测器的极点，对于全阶观测器则需给定 n 个极点，对于降阶观测器给定 $n-1$ 个极点。若测量中不存在较大的误差或噪声，则可考虑将所有观测器极点均放置在原点，若测量中包含较大的误差或噪声，则可考虑按状态重构的跟随速度比控制极点所对应的系统响应速度快 4~5 倍的要求给定观测器的极点。

(4) 选择所采用的观测器的类型。若测量比较准确，而且测量量便是其中一个状态则可考虑选用降阶观测器，否则仍选用全阶观测器。若控制器的计算延时与采样周期的大小处于同一量级，则可考虑采用预报观测器，否则可考虑采用现时观测器。

(5) 根据给定的观测器极点及所选定的观测器类型计算增益矩阵 K。

(6) 根据所设计的控制规律及观测器由计算机来加以实现。

下面通过一个例子来说明以上设计步骤。

例 6.10 设计算机控制系统具有如图 6.9 所示的结构(因这里只考虑调节系统，故未画出参考输入)，其中控制对象的传递函数为

$$G(s)=\frac{1}{s(10s+1)}$$

要求闭环系统的性能相应于阻尼系数$\xi=0.5$、无阻尼振荡频率$\omega_n=1$的二阶连续系统，设采样周期$T=1$，要求按极点配置的方法设计控制器。

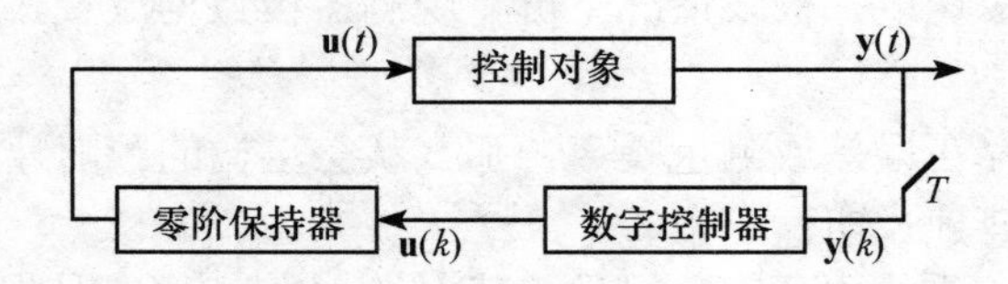

图 6.9　举例系统的结构图

解　由对象传递函数模型 $G(s)$，取$x_1=\mathbf{y}, x_2=\dot{\mathbf{y}}, \mathbf{x}=\begin{bmatrix}x_1 & x_2\end{bmatrix}^{\mathrm{T}}$，不难写出控制对象的状态空间表达式为

$$\begin{cases}\dot{\mathbf{x}}(t)=A\mathbf{x}(t)+B\mathbf{u}(t)\\ \mathbf{y}(t)=C\mathbf{x}(t)\end{cases}$$

式中

$$A=\begin{bmatrix}0 & 1\\ 0 & -0.1\end{bmatrix},\quad B=\begin{bmatrix}0\\ 0.1\end{bmatrix},\quad C=\begin{bmatrix}1 & 0\end{bmatrix}$$

将连续的控制对象及零阶保持器一起离散化，得到

$$\begin{cases}\mathbf{x}(k+1)=F\mathbf{x}(k)+G\mathbf{u}(k)\\ \mathbf{y}(k)=C\mathbf{x}(k)\end{cases}$$

式中F和G利用本章所讨论的算法及相应的程序算得

$$F=\mathrm{e}^{AT}=\begin{bmatrix}1 & 0.9516\\ 0 & 0.9048\end{bmatrix},\quad G=\int_0^T \mathrm{e}^{At}\,\mathrm{d}tB=\begin{bmatrix}0.04837\\ 0.09516\end{bmatrix}$$

根据$\xi=0.5$和$\omega_{\mathrm{n}}=1$的要求，可以求得s平面的两个控制极点为

$$s_{1,2}=-\xi\omega_{\mathrm{n}}\pm\mathrm{j}\sqrt{1-\xi^2}\,\omega_{\mathrm{n}}=-0.5\pm\mathrm{j}\frac{\sqrt{3}}{2}$$

进一步根据$z=\mathrm{e}^{sT}$的关系求得z平面的两个控制极点为

$$z_{1,2}=\mathrm{e}^{-0.5\pm\mathrm{j}\frac{\sqrt{3}}{2}}$$

从而求得相应的特征多项式应为

$$\alpha_{\mathrm{c}}=(z-z_1)(z-z_2)=z^2-0.786z+0.368$$

利用式(6.74)的算法，运行相应的程序算得控制规律为

$$L=\begin{bmatrix}6.116 & 8.648\end{bmatrix}$$

假定存在测量噪声，因此考虑选用全阶观测器。同时设此处计算延时远小于采样周期，从而采用全阶现时观测器。由于存在测量噪声，这里按观测器的极点所对应的衰减速度比控制极点所对应的衰减速度快约 5 倍的要求，选观测器的两个极点为

$$\beta_{1,2}=\left(\mathrm{e}^{-0.5}\right)^5=\mathrm{e}^{-2.5}\approx 0.08$$

从而到观测器特征多项式为

$$\alpha_{\mathrm{e}}(z)=(z-0.08)^2=z^2-0.16z+0.0064$$

利用式(6.93)所示的算法，运行相应的程序算得现时观测器的增益矩阵为

$$K=\begin{bmatrix}0.993\\0.790\end{bmatrix}$$

最后对所设计的系统进行仿真，取 $x(0)=\begin{bmatrix}1 & 0\end{bmatrix}^{\mathrm{T}}$，图 6.10 显示了仿真结果。从仿真结果可以看出，输出存在较大的超调，这是由于观测器的极点引起的，它使系统的性能变差。

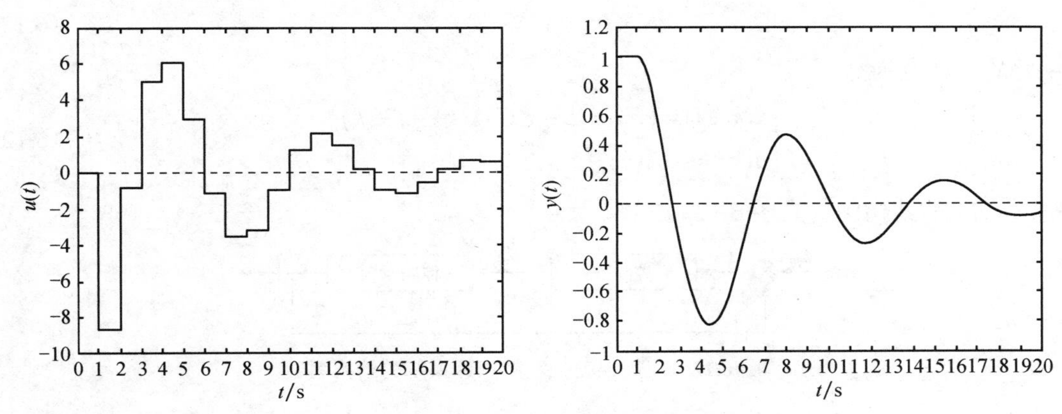

图 6.10　例题的仿真结果

6.8　随动系统的设计

前面讨论了输入条件为零时控制器的设计问题。这个问题相当于具有某一初始状态的系统按照某一规律变化到零的情况，有时称这类系统为调节器类型系统。然而在很多控制系统中，系统的输出量需要跟随输入量变化，这就是我们常说的随动系统。在此系统中，要求输出量 $y(k)$ 能够快速跟随变化着的输入量 $\mathrm{r}(k)$，并且有满意的跟踪响应性能，此系统如图 6.11 所示。

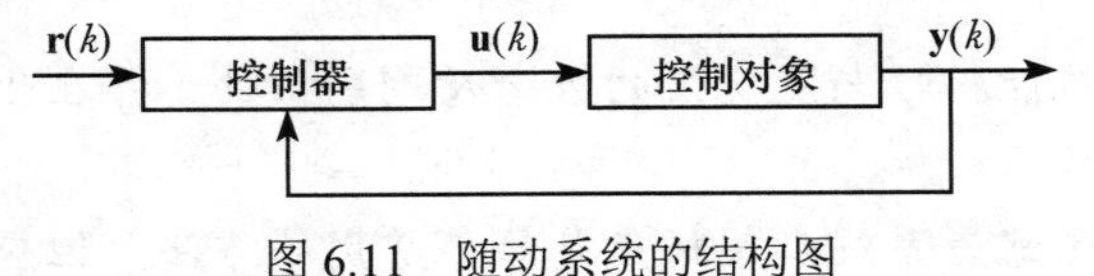

图 6.11　随动系统的结构图

控制对象方程仍为

$$\begin{cases}\mathbf{x}(k+1)=F\mathbf{x}(k)+G\mathbf{u}(k)\\ \mathbf{y}(k)=C\mathbf{x}(k)\end{cases}\tag{6.118}$$

控制器的设计分两步进行，首先用前面讲述的极点配置的设计方法设计出观测器和控制规律，以保证系统具行满意的稳定性和调节性能。然后在控制器内以适当的方式引入参考输入，以使系统具有快速的跟踪性能和较高的稳定精度。按照这个想法，图 6.11 所示系统应具有如下形式：

$$\begin{cases}\hat{\mathbf{x}}(k+1)=\left(F-GL-KC\right)\hat{\mathbf{x}}(k)+K\mathbf{y}(k)+M\mathbf{r}(k)\\ \mathbf{u}(k)=-L\hat{\mathbf{x}}(k)+N\mathbf{r}(k)\end{cases}\tag{6.119}$$

式中，L 为按极点配置设计的控制规律；K 为按极点配置设计观测器的增益矩阵。它们的设计是前面已讨论过的问题。余下的问题是如何引入参考输入，即怎样确定 M 和 N 的问题。这里仍假设系统为单输入单输出系统，即 $\mathbf{r}(k)$ 、$\mathbf{u}(k)$ 和 $\mathbf{y}(k)$ 的维数均为 1，$\mathbf{x}(k)$ 的维数为 n 。因此所求系数矩阵 M 为 $n\times 1$ 列向量，N 为标量。参考输入的引入可有不同的形式，下面只介绍其中一种，即合理地选择 M 和 N，以使控制器方程只用到参考输入与输出之间的误差量 $\mathbf{e}(k)=\mathbf{r}(k)-\mathbf{y}(k)$，这在工业过程控制中是常见的。

对于这种参考输入引入方式，由于要求控制器方程中只出现误差项，因而根据式(6.119)，必有

$$N=0,\quad M=-K \tag{6.120}$$

控制器的方程变为

$$\begin{cases}\hat{\mathbf{x}}(k+1)=\left(F-GL-KC\right)\hat{\mathbf{x}}(k)-K\mathbf{e}(k)\\ \mathbf{u}(k)=-L\hat{\mathbf{x}}(k)\end{cases} \tag{6.121}$$

于是图 6.11 的结构图变为图 6.12。

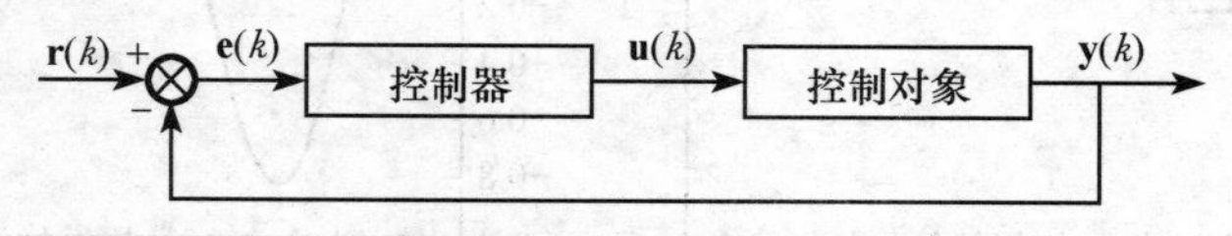

图 6.12　仅用误差控制的跟踪系统的结构图

本 章 小 结

本章详细地讨论了基于状态空间模型的极点配置设计方法。

(1) 介绍了状态空间描述的基本概念。状态空间描述属于由系统结构导出的一类内部描述。状态空间描述可完全地表征系统的动态行为和结构特性。由于计算机控制系统中控制器处理的信号都是离散信号，因此这类系统描述和分析采用离散状态空间表达形式。

(2) 介绍了离散状态空间模型的建立、求解以及与 z 传递函数之间的关系。包括由连续状态空间模型建立离散状态空间模型和由系统的差分方程、脉冲传递函数等求取离散状态空间模型。

(3) 介绍了离散系统能控性与能观性的概念及判别条件，并在此基础上给出了能控标准型与能观标准型。

(4) 通过全状态反馈配置系统期望极点是简单常用的方法，但应注意，只有单输入单输出系统才能获得唯一全状态反馈控制律，应掌握单输入单输出系统系数匹配及 Ackermann 公式求取全状态反馈的方法。

(5) 观测器设计是本章另一重点内容。应熟悉和掌握预报、现时及降阶三种观测器的构成方法及差别。可以通过极点配置设计观测器，但应掌握观测器反馈增益及期望极点的确定方法。

(6) 全状态反馈控制律和观测器组成了完整的控制器。分离原理说明了全状态反馈控制律和观测器可以独立设计。应该了解，反馈控制律和观测器实际上形成了经典设计中控制器的传递函数模型。

习题与思考题

6.1　设连续状态空间表达式为

$$\begin{cases}\dot{\mathbf{x}}(t) = A\mathbf{x}(t) + B\mathbf{u}(t) \\ \mathbf{y}(t) = C\mathbf{x}(t)\end{cases}$$

式中，$A = \begin{bmatrix} -2 & 2 \\ 0.5 & -0.75 \end{bmatrix}, B = \begin{bmatrix} 0 \\ 0.5 \end{bmatrix}, C = \begin{bmatrix} 1 & 0 \end{bmatrix}, T = 0.25\text{s}$。试求其离散状态方程。

6.2 已知离散状态方程为

$$\mathbf{x}(k+1) = F\mathbf{x}(k) + G\mathbf{u}(k)$$

式中，$F = \begin{bmatrix} 1 & -0.2 \\ 0.4 & 0.4 \end{bmatrix}, G = \begin{bmatrix} 1 \\ 1 \end{bmatrix}$。此系统是否可控?

6.3 已知离散状态空间表达式为

$$\begin{cases}\mathbf{x}(k+1) = F\mathbf{x}(k) + G\mathbf{u}(k) \\ \mathbf{y}(k) = C\mathbf{x}(k)\end{cases}$$

式中，$F = \begin{bmatrix} 1 & T \\ 0 & 1 \end{bmatrix}, G = \begin{bmatrix} \frac{T^2}{2} \\ T \end{bmatrix}, C = \begin{bmatrix} 1 & 0 \end{bmatrix}$。采样周期 $T = 1\text{s}$，此系统是否可观测?

6.4 在习题 6.1 中，若极点配置在 $z = 0.5 \pm \text{j}0.2$ 处，试按全部状态可测时，用极点配置设计控制规律。

6.5 被控对象为双积分环节，如图 6.6 所示(6.5 节)，若极点配置在 $z_1 = 0.6, z_2 = 0.8$ 处，当采样周期 $T = 0.1\text{s}$ 时，试按全部状态可测时，用极点配置设计控制规律。

6.6 现仍以习题 6.5 的数据说明观测器的设计步骤，当将观测器特征方程的两个根配置在 $z = 0.9 \pm \text{j}0.1$ 时，设计其观测器。

6.7 现仍以习题 6.5 的系统为对象，要求设计降阶观测器，假定 x_1 是能测量的状态，x_2 是需要估计的状态，将观测器的极点配置在 z=0.5，求降阶观测器的增益矩阵 K。

6.8 以习题 6.1 的数据为例，用分离原理计算反馈增益矩阵 L 与观测器增益矩阵 K。(观测器的极点配置在 $z = 0.4 \pm \text{j}0.2$，控制器的极点配置在 $z = 0.5 \pm \text{j}0.2$)

6.9* 简述能控性与能观性的概念。

6.10* 试证明：系统通过闭环反馈能够任意配置极点的充要条件是被控对象完全能控。

6.11* 观测器的类型有哪些？如何选择?

6.12* 什么是分离性原理？有何意义?

6.13* 基于状态空间模型按极点配置设计的控制器由几部分组成？概述其功能。

第 7 章　先进控制规律的设计方法

7.1　引　　言

所谓先进控制，是指那些不同于常规控制，并具有比常规控制更好控制效果的控制策略，而基于先进控制策略设计的控制规律即为先进控制规律。先进控制的任务是用来处理那些采用常规控制效果不好，甚至无法控制的复杂工业过程控制的问题。通过采用先进控制，可以改善过程动态控制的性能，减小过程变量的波动幅度，使之能更接近其优化目标值，从而将生产装置推向更接近其约束边界条件下运行，最终达到增强装置运行的稳定性和安全性，保证产品质量的均匀性，提高目标产品收率，增加装置处理量，降低运行成本，减少环境污染等目的。

先进控制的主要特点在于：

(1) 先进控制是一种基于模型的控制策略，不过这种模型的含义与以往不同，可以是一种精确的数学模型，如最优控制；也可以是一种不精确的模型，如自校正控制、模型预测控制；甚至可以是一种基于知识的模型，如模糊控制。

(2) 先进控制通常用于处理复杂的多变量过程控制问题，如大时滞、多变量耦合、被控变量与控制变量存在着各种约束等。先进控制是建立在常规单回路控制之上的动态协调约束控制，可使控制系统适应实际工业生产过程动态特性和操作要求。

(3) 先进控制的实现需要足够的计算能力作为支持平台。由于这些先进控制算法本身的复杂性，依靠常规的控制仪表难于实现，一般都是由计算机来实现的，从这个意义上讲，这些算法都可以归到计算机控制算法这一大类中。

作为计算机控制基本方法的扩展，本章将对工业应用较多的几个有代表性的先进控制规律设计方法进行简要介绍，主要包括线性二次型最优控制、自校正控制、预测控制和模糊控制等。

本章概要　7.1 节介绍本章所要解决的基本问题和研究内容；7.2 节针对二次型性能指标，给出 LQR 最优控制器的设计方法；7.3 节介绍具有在线辨识能力的自校正控制系统的设计；7.4 节介绍模型预测控制器的设计；7.5 节介绍模糊控制原理，在此基础上给出模糊 PID 控制器的设计方法。

7.2　线性二次型最优控制器的设计

7.2.1　概述

第 6 章用极点配置法解决了系统的综合问题，其主要设计参数是闭环极点的位置，而且仅限于说明单输入单输出系统。最优控制将寻求一种最优控制策略，使某一性能指标最佳，这种性能指标常以对状态及控制作用的二次型积分表示，通常称为线性二次型 LQ(linear quadratic)控制问题。虽然这种控制也是状态反馈．但与极点配置方法不同，它不仅能用于单输入单输出系统、同时也能用于多输入多输出系统及时变系统。

控制系统设计时，如果选择系统的控制规律，使给定的性能指标达到极大或极小，就可以认为该系统在某种意义上是最优的。为了便于设计，性能指标必须是系统参数的函数，并能显示出极值，易于分析、计算和实验。目前最常用的性能指标是用积分判据表示的，常称为代价函数。积分代价函数形式较多，本节主要讨论二次型的积分代价函数。

设线性时不变系统的离散状态方程为

$$\mathbf{x}(k+1)=F\mathbf{x}(k)+G\mathbf{u}(k) \tag{7.1}$$

初始条件为 $\mathbf{x}(0)=\mathbf{x}_0$，其中 $\mathbf{x}(k)$ 是 n 维状态向量，$\mathbf{u}(k)$ 是 m 维控制向量，F 和 G 分别是 $n\times n$ 和 $n\times m$ 系数矩阵。设给定如下二次型性能指标函数

$$J=\mathbf{x}^{\mathrm{T}}(N)Q_0\mathbf{x}(N)+\sum_{k=0}^{N-1}[\mathbf{x}^{\mathrm{T}}(k)Q_1\mathbf{x}(k)+\mathbf{u}^{\mathrm{T}}(k)Q_2\mathbf{u}(k)] \tag{7.2}$$

式中，Q_0 和 Q_1 是非负定对称阵，Q_2 是正定对称阵。要求确定控制序列 $\mathbf{u}(k)$（k=0, 1, …, N），以使式(7.2)所示的性能指标函数极小。称这样的控制序列 $\mathbf{u}(k)$（k=0, 1, …, N）为线性二次型控制问题的最优控制，$\mathbf{x}(k)$ 为相应的最优轨迹，J 为最优性能值。

上述代价函数中的第 1 项 $\mathbf{x}^{\mathrm{T}}(N)Q_0\mathbf{x}(N)$ 是为限制终端状态 $\mathbf{x}(N)$ 大小而引入的，它表示对终端状态大小的惩罚；第 2 项 $\mathbf{x}^{\mathrm{T}}(k)Q_1\mathbf{x}(k)$ 表示在控制过程中对状态大小的惩罚与限制；第 3 项 $\mathbf{u}^{\mathrm{T}}(k)Q_2\mathbf{u}(k)$ 表示对控制作用能量的限制，这种表达式既简单又合乎逻辑。

代价函数(7.2)中的终端时刻 N 可以任意选取，如 N 是有限的，则称为有限时间最优代价函数；若 N 趋于无限大，则称为无限时间代价函数。此时代价函数可简写为

$$J=\sum_{k=0}^{\infty}[\mathbf{x}^{\mathrm{T}}(k)Q_1\mathbf{x}(k)+\mathbf{u}^{\mathrm{T}}(k)Q_2\mathbf{u}(k)] \tag{7.3}$$

因为在无限长时间内，系统已趋于平衡状态，没有必要对终端状态进行惩罚，所以式(7.2)中的第 1 项已无意义。

线性二次型最优控制问题包括：

(1) 有限时间最优问题，此时末时刻 N 固定且为有限值；

(2) 无限时间最优问题，此时末时刻 $N=\infty$。

从工程应用角度看，可将线性二次型最优控制问题分为：

(1) 调节问题，就是综合 $\mathbf{u}(k)$，使系统由初始状态 $\mathbf{x}(0)$ 转移到平衡状态 $\mathbf{x}_{\mathrm{e}}=0$，同时使性能指标 J 极小，又称为 LQR(linear quadratic regular)问题；

(2) 跟踪问题，就是综合 $\mathbf{u}(k)$，使系统输出 $\mathbf{y}(k)$ 跟踪某参考信号 $\mathbf{y}_{\mathrm{r}}(k)$，同时使相应的二次型性能指标 J 极小。

7.2.2 LQR 最优控制器设计

1. 有限时间最优调节器问题

给定离散系统如式(7.1)所示，采样周期为 T，现在的问题是，在给定的 N 个采样周期内，寻求控制序列 $\mathbf{u}(k)(k=0,1,\cdots,N)$ 使性能指标式(7.2)最小，该设计问题称为离散定常系统有限时间最优调节器问题。

有很多方法如变分法、极大值原理或动态规划法等都可用来求解上述问题。下面采用动态规划的方法来进行求解。

定理 7.1 对于线性离散定常系统(7.1)，引入

$$S(k)=\left[F-GL(k)\right]^{\mathrm{T}}S(k+1)\left[F-GL(k)\right]+Q_1+L^{\mathrm{T}}(k)Q_2L(k) \tag{7.4}$$

式中，矩阵 L 定义为

$$L(k)=[Q_2+G^{\mathrm{T}}S(k+1)G]^{-1}G^{\mathrm{T}}S(k+1)F \tag{7.5}$$

并有终端条件 $S(N)=Q_0$。假设 $S(k)$ 有一个半正定解，$Q_2+G^{\mathrm{T}}S(k+1)G$ 是正定的，于是最优控制策略为

$$\mathbf{u}(k)=-L(k)\mathbf{x}(k) \tag{7.6}$$

它使性能指标式(7.2)最小，最小值为

$$J_{\min}=\mathbf{x}^{\mathrm{T}}(0)S(0)\mathbf{x}(0) \tag{7.7}$$

证明 用动态规划法证明本定理。

令

$$\begin{aligned}J_i&=\mathbf{x}^{\mathrm{T}}(N)Q_0\mathbf{x}(N)+\sum_{k=i}^{N-1}[\mathbf{x}^{\mathrm{T}}(k)Q_1\mathbf{x}(k)+\mathbf{u}^{\mathrm{T}}(k)Q_2\mathbf{u}(k)]\\&=\mathbf{x}^{\mathrm{T}}(N)Q_0\mathbf{x}(N)+\sum_{k=i+1}^{N-1}[\mathbf{x}^{\mathrm{T}}(k)Q_1\mathbf{x}(k)+\mathbf{u}^{\mathrm{T}}(k)Q_2\mathbf{u}(k)]+\mathbf{x}^{\mathrm{T}}(i)Q_1\mathbf{x}(i)+\mathbf{u}^{\mathrm{T}}(i)Q_2\mathbf{u}(i)\\&=J_{i+1}+\mathbf{x}^{\mathrm{T}}(i)Q_1\mathbf{x}(i)+\mathbf{u}^{\mathrm{T}}(i)Q_2\mathbf{u}(i)\end{aligned} \tag{7.8}$$

式中，$i=N-1,N-2,\cdots,0$。这就是动态规划的思想，它将一个多级决策过程转化为求解多个单级决策的过程。这里需要决策的是控制量 $\mathbf{u}(N-1),\mathbf{u}(N-2),\cdots,\mathbf{u}(0)$。下面从最末级往前来逐级求解这个最优控制序列。根据式(7.8)和(7.1)，有

$$J_{N-1}=\mathbf{x}^{\mathrm{T}}(N-1)Q_1\mathbf{x}(N-1)+\mathbf{u}^{\mathrm{T}}(N-1)Q_2\mathbf{u}(N-1)+\mathbf{x}^{\mathrm{T}}(N)Q_0\mathbf{x}(N) \tag{7.9}$$

把 $\mathbf{x}(N)=F\mathbf{x}(N-1)+G\mathbf{u}(N-1)$ 代入式(7.9)，得

$$\begin{aligned}J_{N-1}=&\left[F\mathbf{x}(N-1)+G\mathbf{u}(N-1)\right]^{\mathrm{T}}Q_0\left[F\mathbf{x}(N-1)+G\mathbf{u}(N-1)\right]\\&+\mathbf{x}^{\mathrm{T}}(N-1)Q_1\mathbf{x}(N-1)+\mathbf{u}^{\mathrm{T}}(N-1)Q_2\mathbf{u}(N-1)\end{aligned} \tag{7.10}$$

首先根据式(7.10)求解 $\mathbf{u}(N-1)$，以使 J_{N-1} 最小，式(7.10)对 $\mathbf{u}(N-1)$ 求导并令其等于零，得

$$\frac{\mathrm{d}J_{N-1}}{\mathrm{d}\mathbf{u}(N-1)}=2G^{\mathrm{T}}Q_0F\mathbf{x}(N-1)+2G^{\mathrm{T}}Q_0G\mathbf{u}(N-1)+2Q_2\mathbf{u}(N-1)=0 \tag{7.11}$$

进一步求得最优的控制策略为

$$\mathbf{u}(N-1)=-L(N-1)\mathbf{x}(N-1) \tag{7.12}$$

式中

$$L(N-1)=\left[Q_2+G^{\mathrm{T}}S(N)G\right]^{-1}G^{\mathrm{T}}S(N)F \tag{7.13}$$

$$S(N)=Q_0 \tag{7.14}$$

将式(7.12)代入式(7.10)，得到最小的 J_{N-1} 为

$$J_{N-1}=\mathbf{x}^{\mathrm{T}}(N-1)S(N-1)\mathbf{x}(N-1) \tag{7.15}$$

式中

$$S(N-1)=\left[F-GL(N-1)\right]^{\mathrm{T}}S(N)\left[F-GL(N-1)\right]+Q_1+L^{\mathrm{T}}(N-1)Q_2L(N-1) \tag{7.16}$$

重复上述步骤，可以求得，对于$k=0,1,2,\cdots N-1$，有

$$\mathbf{u}(k)=-L(k)\mathbf{x}(k) \tag{7.17}$$

$$L(k)=[Q_2+G^{\mathrm{T}}S(k+1)G]^{-1}G^{\mathrm{T}}S(k+1)F \tag{7.18}$$

$$S(k)=\left[F-GL(k)\right]^{\mathrm{T}}S(k+1)\left[F-GL(k)\right]+Q_1+L^{\mathrm{T}}(k)Q_2L(k) \tag{7.19}$$

$$S(N)=Q_0 \tag{7.20}$$

最优的性能指标函数为

$$J_{\min}=\boldsymbol{x}^{\mathrm{T}}(0)S(0)\boldsymbol{x}(0) \tag{7.21}$$

证毕。

式(7.19)称为离散时间Riccati方程，把式(7.18)的$L(k)$代入式(7.19)，得

$$S(k)=Q_1+F^{\mathrm{T}}S(k+1)F-F^{\mathrm{T}}S(k+1)G[Q_2+G^{\mathrm{T}}S(k+1)G]^{-1}G^{\mathrm{T}}S(k+1)F \tag{7.22}$$

这是Riccati方程的又一种形式。

利用式(7.18)~式(7.20)可以逆向递推计算出$S(k)$和$L(k)(k=N-1,N-2,\cdots,0)$。下面给出具体步骤：

(1) 给定参数F、G、Q_0、Q_1和Q_2；

(2) $S(N)=Q_0,k=N-1$；

(3) 按式(7.18)计算$L(k)$；

(4) 按式(7.19)计算$S(k)$；

(5) 若$k=0$，转(7)，否则转(6)；

(6) $k\leftarrow k-1$，转(3)；

(7) 输出 $L(k)$和$S(k)$ $(k=N-1,N-2,\cdots,0)$。

例 7.1 已知控制对象的状态方程为

$$\mathbf{x}(k+1)=F\mathbf{x}(k)+G\mathbf{u}(k)$$

式中

$$F=\begin{bmatrix}1 & 0.1\\0 & 1\end{bmatrix},\quad G=\begin{bmatrix}0.05\\0.1\end{bmatrix}$$

二次型性能指标函数为

$$J=\mathbf{x}^{\mathrm{T}}(N)Q_0\mathbf{x}(N)+\sum_{k=0}^{N-1}[\mathbf{x}^{\mathrm{T}}(k)Q_1\mathbf{x}(k)+\mathbf{u}^{\mathrm{T}}(k)Q_2\mathbf{u}(k)]$$

式中

$$Q_0=Q_1=\begin{bmatrix}1 & 0\\0 & 0\end{bmatrix},\quad Q_2=0.01,\ 0.1,\ 1$$

设N=51，要求：设计最优反馈控制规律$L(k)$。

解 设 $L(k)=\left[L_1(k)\quad L_2(k)\right]$，按照前面的迭代步骤，求得最优反馈控制规律如图 7.1 所示。

从图中可以看出，当迭代到一定步骤后，最优的反馈系数将趋于常数。同时也可以看到，当控制量的加权阵Q_2越小时，反馈系数越大，从而要求的控制量也越大。

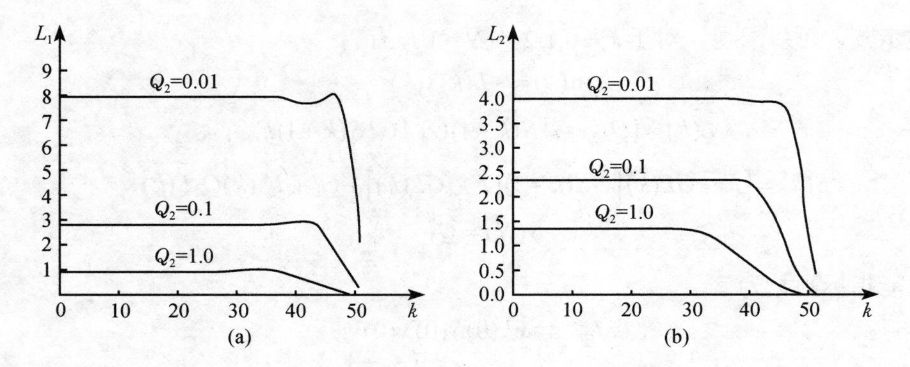

图 7.1　实例系统的时变反馈控制规律

2. 无限时间最优调节器问题

以上讨论了终端时间有限的情况，而实际系统中常常需要考虑终端时间无限的情况。如上面的例子中，当终端时刻 $N \to \infty$ 时，可求得定常的反馈增益系数，从而简化了控制器的实现，这正是我们所希望的。

设线性离散系统及初始条件仍如式(7.1)所示，要求的性能指标函数为终端时间无限的二次型性能指标函数(7.3)，即

$$J = \sum_{k=0}^{\infty} [\mathbf{x}^{\mathrm{T}}(k) Q_1 \mathbf{x}(k) + \mathbf{u}^{\mathrm{T}}(k) Q_2 \mathbf{u}(k)] \tag{7.23}$$

同时假定 F、G、Q_1 和 Q_2 都是有界的，且 Q_1 是一致非负定对称阵，Q_2 是一致正定对称阵。要求计算最优控制 $\mathbf{u}(k)(k = 0,1,\cdots,N,\cdots,\infty)$，以使式(7.23)所示的性能指标函数极小。该设计问题称为离散定常系统无限时间最优调节器问题。

将上面的有限时间调节器问题的结果加以推广，得到如下无限时间最优调节器问题的解及有关的重要性质。

对于线性离散定常系统

$$\mathbf{x}(k+1) = F\mathbf{x}(k) + G\mathbf{u}(k), \quad \mathbf{x}(0) = \mathbf{x}_0 \tag{7.24}$$

给定的二次型性能指标函数为

$$J = \sum_{k=0}^{\infty} [\mathbf{x}^{\mathrm{T}}(k) Q_1 \mathbf{x}(k) + \mathbf{u}^{\mathrm{T}}(k) Q_2 \mathbf{u}(k)] \tag{7.25}$$

式中，Q_1 是非负定对称阵；Q_2 是正定对称阵。假定 $[F,G]$ 是能稳定的，且设 D 为能使 $D^{\mathrm{T}}D = Q_1$ 成立的任何矩阵，同时假定 $[F,D]$ 是能检测的，可以证明以下几点结论。

(1) 式(7.24)具有稳态的反馈控制律

$$\begin{cases} \mathbf{u}(k) = -L\mathbf{x}(k) \\ L = \left[Q_2 + G^{\mathrm{T}}SG\right]^{-1} G^{\mathrm{T}}SF \end{cases} \tag{7.26}$$

$$J_{\min} = \mathbf{x}^{\mathrm{T}}(0) S \mathbf{x}(0) \tag{7.27}$$

(2) S 是下面离散 Riccati 代数方程的解：

$$\begin{cases} L = \left[Q_2 + G^{\mathrm{T}}SG\right]^{-1} G^{\mathrm{T}}SF \\ S = \left[F - GL\right]^{\mathrm{T}} S \left[F - GL\right] + Q_1 + L^{\mathrm{T}} Q_2 L \end{cases} \tag{7.28}$$

或

$$S = Q_1 + F^{\mathrm{T}}SF - F^{\mathrm{T}}SG(Q_2 + G^{\mathrm{T}}SG)^{-1}G^{\mathrm{T}}SF \tag{7.29}$$

（3）Riccati 矩阵方程的解同终端条件 $S(N) = Q_0$ 有关，记为 $S(k,N)$，可以证明

$$S = \lim_{N\to\infty} S(k,N) \tag{7.30}$$

（4）闭环系统 $\mathbf{x}(k+1) = (F - GL)\mathbf{x}(k)$ 是渐近稳定的。

例 7.2 已知控制对象的离散状态方程为

$$\mathbf{x}(k+1) = F\mathbf{x}(k) + G\mathbf{u}(k)$$

式中

$$F = \begin{bmatrix} 0.9512 & 0 \\ 0 & 0.9048 \end{bmatrix},\quad G = \begin{bmatrix} 4.887 & 4.887 \\ -1.1895 & 3.569 \end{bmatrix}$$

给定二次型性能指标函数为

$$J = \sum_{k=0}^{\infty}[\mathbf{x}^{\mathrm{T}}(k)Q_1\mathbf{x}(k) + \mathbf{u}^{\mathrm{T}}(k)Q_2\mathbf{x}(k)]$$

式中

$$Q_1 = \begin{bmatrix} 0.005 & 0 \\ 0 & 0.02 \end{bmatrix},\quad Q_2 = \begin{bmatrix} 1/3 & 0 \\ 0 & 3 \end{bmatrix}$$

利用递推计算公式(7.28)，算得最优的反馈控制规律为

$$L = \begin{bmatrix} 0.07125 & -0.7029 \\ 0.01357 & 0.04548 \end{bmatrix}$$

对于计算机控制系统的最优设计，最常碰到的是离散定常系统无限时间最优调节器问题，即求解最优的反馈控制规律。问题的关键在于如何适当地给定加权阵 Q_1 和 Q_2，这需要设计者对系统有充分的了解与经验。

7.2.3 跟踪系统设计

最优跟踪问题是对最优调解问题的一个推广。考虑离散线性系统

$$\begin{cases} \mathbf{x}(k+1) = F\mathbf{x}(k) + G\mathbf{u}(k), \quad \mathbf{x}(0) = \mathbf{x}_0 \\ \mathbf{y}(k) = C\mathbf{x}(k) \end{cases} \tag{7.31}$$

设系统输出 $\mathbf{y}(k)$ 跟踪参考输入 $\mathbf{y}_{\mathrm{r}}(k)$， $\mathbf{y}_{\mathrm{r}}(k)$ 为如下稳定离散线性系统的输出

$$\begin{cases} \mathbf{z}(k+1) = F_{\mathrm{r}}\mathbf{z}(k), \quad \mathbf{z}(0) = \mathbf{z}_0 \\ \mathbf{y}_{\mathrm{r}}(k) = H\mathbf{z}(k) \end{cases} \tag{7.32}$$

式中，$\mathbf{x}(k)$ 是 n 维状态向量；$\mathbf{u}(k)$ 是 m 维控制向量；$\mathbf{y}(k)$ 是 q 维输出向量，$\mathbf{z}(k)$ 是 p 维状态向量，参考输入 $\mathbf{y}_{\mathrm{r}}(k)$ 维数与系统输出 $\mathbf{y}(k)$ 相同；F、G、C、F_{r}、H 为适当维数的系统矩阵，假定 (F,G) 为完全能控，(F,C) 为完全能观，(F_{r},H) 为完全能观。

进而引入一个二次型性能指标

$$J = \sum_{k=0}^{\infty}\left\{[\mathbf{y}(k) - \mathbf{y}_{\mathrm{r}}(k)]^{\mathrm{T}}Q[\mathbf{y}(k) - \mathbf{y}_{\mathrm{r}}(k)] + \mathbf{u}^{\mathrm{T}}(k)R\mathbf{u}(k)\right\} \tag{7.33}$$

式中，Q 为非负定对称阵；R 为正定对称阵。

所谓最优跟踪问题，就是对系统(7.31)和参考输入模型(7.32)，寻找控制序列$\mathbf{u}(k)(k=0,1,\cdots,N)$，使输出$\mathbf{y}(k)$跟踪参考输入$\mathbf{y}_{\mathrm{r}}(k)$的同时，使性能指标(7.33)极小。

求解最优跟踪问题的简便途径是直接利用最优调节问题的结果。基本思路是将跟踪问题式(7.31)~式(7.33)转化为等价调节问题，对等价调节问题直接利用最优调节问题的有关结果，导出相对于跟踪问题的对应结论。

首先，导出跟踪问题的等价调节问题。定义如下增广矩阵

$$\overline{\mathbf{x}}(k)=\begin{bmatrix}\mathbf{x}(k)\\ \mathbf{z}(k)\end{bmatrix},\quad \overline{F}=\begin{bmatrix}F & 0\\ 0 & F_{\mathrm{r}}\end{bmatrix},\quad \overline{G}=\begin{bmatrix}G\\ 0\end{bmatrix} \tag{7.34}$$

对应地，定义等价调节问题性能指标中的加权矩阵

$$\overline{Q}=\begin{bmatrix}C^{\mathrm{T}}QC & -C^{\mathrm{T}}QH\\ -H^{\mathrm{T}}QC & H^{\mathrm{T}}QH\end{bmatrix},\quad \overline{R}=R \tag{7.35}$$

因此，容易证明，给定跟踪问题的等价调节问题为

$$\begin{aligned}&\overline{\mathbf{x}}(k+1)=\overline{F}\overline{\mathbf{x}}(k)+\overline{G}\mathbf{u}(k),\quad \overline{\mathbf{x}}(0)=\overline{\mathbf{x}}_0\\ &J=\sum_{k=0}^{\infty}[\overline{\mathbf{x}}^{\mathrm{T}}(k)\overline{Q}\overline{\mathbf{x}}(k)+\mathbf{u}^{\mathrm{T}}(k)\overline{R}\mathbf{u}(k)]\end{aligned} \tag{7.36}$$

式中，由(F,G)能控和参考输入模型为稳定可知$(\overline{F},\overline{G})$为能稳，由$(F,C)$和$(F_{\mathrm{r}},H)$的能观性以及$Q\geqslant 0$可保证$\overline{Q}$为正半定，而$\overline{R}=R$按假定为正定。

然后，求解最优等价调节问题。对此，参考7.2.2节，直接运用最优调节问题基本结论，对无限时间最优调节问题(7.36)，最优控制为

$$\begin{cases}\mathbf{u}(k)=-\overline{L}\overline{\mathbf{x}}(k)\\ \overline{L}=\left[\overline{R}+\overline{G}^{\mathrm{T}}\overline{S}\overline{G}\right]^{-1}\overline{G}^{\mathrm{T}}S\overline{F}\\ \overline{S}=\overline{F}^{\mathrm{T}}[\overline{S}-\overline{S}\overline{G}(\overline{R}+\overline{G}^{\mathrm{T}}\overline{S}\overline{G})^{-1}\overline{G}^{\mathrm{T}}\overline{S}]\overline{F}+\overline{Q}\end{cases} \tag{7.37}$$

最优性能指标函数为

$$J_{\min}=\overline{\mathbf{x}}^{\mathrm{T}}(0)\overline{S}\overline{\mathbf{x}}(0) \tag{7.38}$$

7.3 自校正控制器的设计

7.3.1 概述

很多控制对象的数学模型随时间和工作环境的改变而变化，其变化规律事先往往不知道。除了环境变化对控制对象有影响外，控制对象本身的变化也可影响其数学模型的参数。当控制对象的数学模型参数在小范围内变化时，可用一般的反馈控制、最优控制或补偿控制等方法来消除或减小参数变化对控制品质的有害影响。如果控制对象的参数在大范围内变化时，上面这些方法就不能圆满地解决这类问题。自适应控制器可以比较好地解决上述问题，这是因为自适应控制器本身具有逐步减小系统不确定性的能力。自适应控制系统本身能不断地检测系统参数或运行指标，根据参数的变化或运行指标的变化，改变控制参数或改变控制作用，使系统运行于最优或接近于最优工作状态。

自校正控制器是一类具有在线辨识能力的自适应控制系统，自校正控制系统结构如图7.2

所示，系统受到随机干扰作用。自校正控制器的基本思想是将参数递推估计算法与对系统运行指标的要求结合起来，形成一个能自动校正控制器参数的实时计算机控制系统。自校正控制系统由三部分组成，第一部分是参数估计器，其主要任务是根据对象的输入 u 和输出 y 的实测数据，用在线递推辨识方法辨识被控对象的参数向量 θ 和随机干扰的数学模型；第二部分是控制器参数计算，其主要任务是按照辨识求得的参数向量估值 $\hat{\theta}$ 计算控制器的参数；第三部分是控制器，按照辨识求得的参数向量估值 $\hat{\theta}$ 和对系统运行指标的要求，随时调整调节器或控制器参数，给出最优控制 u，使系统适应于本身参数的变化和环境干扰的变化，处于最优的工作状态。

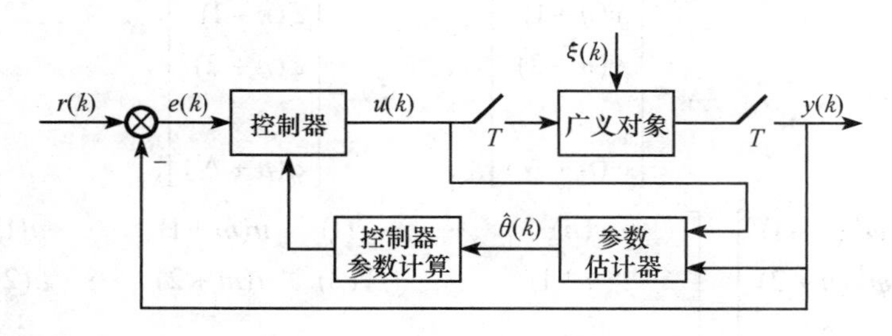

图 7.2　自校正控制系统

设计自校正控制器的主要问题是用递推辨识算法辨识系统参数，然后根据系统运行指标来确定控制器的参数。由于参数的估计方法和控制目标函数不同，原则上可以构成复杂程度各不相同的自校正控制器。但是，从工业应用的观点看，在选择参数估计方法和控制算法时，应当在满足性能指标的前提下力求简单可靠。在实际应用中，常以递推最小二乘法为参数估计方法，以最小方差为控制目标函数，下面首先介绍参数估计的最小二乘法，然后介绍最小方差控制和自校正控制器。

7.3.2　最小二乘参数辨识算法

在离散动态系统参数估计众多方法中，从理论上和实践上以最小二乘法最为成熟而且应用广泛。这里主要介绍最小二乘法的基本算法，由基本最小二乘算法派生出来的比较复杂的算法，如广义最小二乘法等，读者可参看有关系统辨识方面的书籍。

1. 一次完成最小二乘算法

设被辨识的系统模型为如下形式：

$$A(z^{-1})y(k) = B(z^{-1})u(k) + \xi(k) \tag{7.39}$$

式中

$$A(z^{-1}) = 1 + a_1 z^{-1} + \cdots + a_n z^{-n}$$
$$B(z^{-1}) = b_0 + b_1 z^{-1} + \cdots + b_m z^{-m}$$

z^{-1} 为时间后向平移算子；$y(k), u(k)$ 为系统输出与输入；$\xi(k)$ 为不可测随机干扰，假设模型阶次 n, m 均已知，而模型中的系数 a_i, b_i 是未知的。模型(7.39)即是受控自回归积分滑动平均(controlled auto-regressive integrated moving average，CARIMA）模型中 $C(z^{-1}) = 1$ 的形式。现在的问题是如何通过已测量的输出和输入数据估计模型的参数。

把待估计的模型参数和 k 时刻以前的观测数据记为向量形式，即有

$$\boldsymbol{\theta}=[a_1,a_2,\cdots,a_n,b_0,b_1,\cdots,b_m]^{\mathrm{T}}$$
$$\varphi^{\mathrm{T}}(k)=[-y(k-1),\cdots,-y(k-n),u(k),\cdots,u(k-m)]$$

则式(7.39)可以写成

$$y(k)=\varphi^{\mathrm{T}}(k)\boldsymbol{\theta}+\xi(k) \tag{7.40}$$

把 $k=1,2,\cdots n,\cdots,n+N$ 的全部数据代入式(7.40)组成 N 个方程，并且用矩阵形式表达为

$$\boldsymbol{Y}_N=\boldsymbol{\Phi}_N\boldsymbol{\theta}+\boldsymbol{\xi}_N \tag{7.41}$$

式中

$$\boldsymbol{Y}_N=\begin{bmatrix} y(n+1)\\ y(n+2)\\ \vdots \\ y(n+N)\end{bmatrix}_{N\times 1},\quad \boldsymbol{\xi}_N=\begin{bmatrix} \xi(n+1)\\ \xi(n+2)\\ \vdots \\ \xi(n+N)\end{bmatrix}_{N\times 1}$$

$$\boldsymbol{\Phi}_N=\begin{bmatrix} \varphi^{\mathrm{T}}(n+1)\\ \varphi^{\mathrm{T}}(n+2)\\ \vdots \\ \varphi^{\mathrm{T}}(n+N)\end{bmatrix}=\begin{bmatrix} -y(n) & \cdots & -y(1) & u(m+1) & \cdots & u(1)\\ -y(n+1) & \cdots & -y(2) & u(m+2) & \cdots & u(2)\\ \vdots & & \vdots & \vdots & & \vdots \\ -y(n+N-1) & \cdots & -y(N) & u(m+N) & \cdots & u(N)\end{bmatrix}_{N\times(n+m+1)}$$

最小二乘参数估计原理就是从模型参数向量 $\boldsymbol{\theta}$ 中找到估计量 $\hat{\boldsymbol{\theta}}$ ，使得模型输出与实际输出之间误差的平方和最小，所以估计准则为

$$J=\sum_{k=n+1}^{n+N}[y(k)-\varphi^{\mathrm{T}}(k)\hat{\boldsymbol{\theta}}]^2=(\boldsymbol{Y}_N-\boldsymbol{\Phi}_N\hat{\boldsymbol{\theta}})^{\mathrm{T}}(\boldsymbol{Y}_N-\boldsymbol{\Phi}_N\hat{\boldsymbol{\theta}}) \tag{7.42}$$

式(7.42)两边对 $\hat{\boldsymbol{\theta}}$ 求导，可以求得使 J 最小的 $\hat{\boldsymbol{\theta}}$ ，即

$$\frac{\partial J}{\partial \hat{\boldsymbol{\theta}}}=\frac{\partial}{\partial \hat{\boldsymbol{\theta}}}[(\boldsymbol{Y}_N-\boldsymbol{\Phi}_N\hat{\boldsymbol{\theta}})^{\mathrm{T}}(\boldsymbol{Y}_N-\boldsymbol{\Phi}_N\hat{\boldsymbol{\theta}})]=-2\boldsymbol{\Phi}_N^{\mathrm{T}}(\boldsymbol{Y}_N-\boldsymbol{\Phi}_N\hat{\boldsymbol{\theta}})=0 \tag{7.43}$$

$$\boldsymbol{\Phi}_N^{\mathrm{T}}\boldsymbol{\Phi}_N\hat{\boldsymbol{\theta}}=\boldsymbol{\Phi}_N^{\mathrm{T}}\boldsymbol{Y}_N \tag{7.44}$$

如果矩阵 $\boldsymbol{\Phi}_N^{\mathrm{T}}\boldsymbol{\Phi}_N$ 非奇异，则由上式可得

$$\hat{\boldsymbol{\theta}}=(\boldsymbol{\Phi}_N^{\mathrm{T}}\boldsymbol{\Phi}_N)^{-1}\boldsymbol{\Phi}_N^{\mathrm{T}}\boldsymbol{Y}_N \tag{7.45}$$

如果已经获得了 $k=1,2,\cdots n,\cdots,n+N$ 的全部观测数据，利用式(7.45)可以计算出最小二乘参数估计 $\hat{\boldsymbol{\theta}}$ 。由于估计量 $\hat{\boldsymbol{\theta}}$ 是在取得全部数据后一次计算出来的，故称这种算法为一次完成最小二乘算法。

2. 递推最小二乘算法

一次完成最小二乘算法虽然直观简明，但是算法需要存储全部观测数据，随着 N 增大，相应的计算量和存储空间将迅速地增加，因此一次性算法不适宜用于在线辨识。为了解决最小二乘在线辨识问题，必须用递推算法才能实现。

在进行 $n+N$ 次观测后，根据一次完成最小二乘算法可以构成输出向量 $\boldsymbol{Y}_N$ 和数据矩阵 $\boldsymbol{\Phi}_N$ ，得到最小二乘估计 $\hat{\boldsymbol{\theta}}_N=(\boldsymbol{\Phi}_N^{\mathrm{T}}\boldsymbol{\Phi}_N)^{-1}\boldsymbol{\Phi}_N^{\mathrm{T}}\boldsymbol{Y}_N$ ，当又获得了一组新的观测数据 $\{u(m+N+1),y(n+N+1)\}$ 后，同样可构成 $\boldsymbol{Y}_{N+1}$ 和 $\boldsymbol{\Phi}_{N+1}$ ，并计算出 $\hat{\boldsymbol{\theta}}_{N+1}$ 。

$\boldsymbol{Y}_{N+1}$ 和 $\boldsymbol{Y}_N$ 之间的关系为

$$\boldsymbol{Y}_{N+1}=\begin{bmatrix}\boldsymbol{Y}_N\\ y(n+N+1)\end{bmatrix} \tag{7.46}$$

$\boldsymbol{\Phi}_{N+1}$和$\boldsymbol{\Phi}_N$之间的关系为

$$\boldsymbol{\Phi}_{N+1}=\begin{bmatrix}\boldsymbol{\Phi}_N\\ \varphi^{\mathrm{T}}(n+N+1)\end{bmatrix} \tag{7.47}$$

由式(7.45)得

$$\hat{\boldsymbol{\theta}}_{N+1}=(\boldsymbol{\Phi}_{N+1}^{\mathrm{T}}\boldsymbol{\Phi}_{N+1})^{-1}\boldsymbol{\Phi}_{N+1}^{\mathrm{T}}\boldsymbol{Y}_{N+1} \tag{7.48}$$

令$\boldsymbol{P}_N=(\boldsymbol{\Phi}_N^{\mathrm{T}}\boldsymbol{\Phi}_N)^{-1}$，则有

$$\boldsymbol{P}_{N+1}=(\boldsymbol{\Phi}_{N+1}^{\mathrm{T}}\boldsymbol{\Phi}_{N+1})^{-1}=\left\{\begin{bmatrix}\boldsymbol{\Phi}_N^{\mathrm{T}} & \varphi(n+N+1)\end{bmatrix}\begin{bmatrix}\boldsymbol{\Phi}_N\\ \varphi^{\mathrm{T}}(n+N+1)\end{bmatrix}\right\}^{-1}$$

$$=\left[\boldsymbol{\Phi}_N^{\mathrm{T}}\boldsymbol{\Phi}_N+\varphi(n+N+1)\varphi^{\mathrm{T}}(n+N+1)\right]^{-1}=\left[\boldsymbol{P}_N^{-1}+\varphi(n+N+1)\varphi^{\mathrm{T}}(n+N+1)\right]^{-1}$$

对照矩阵求逆公式

$$\left[\boldsymbol{A}+\boldsymbol{BCD}\right]^{-1}=\boldsymbol{A}^{-1}-\boldsymbol{A}^{-1}\boldsymbol{B}\left[\boldsymbol{C}^{-1}+\boldsymbol{DA}^{-1}\boldsymbol{B}\right]^{-1}\boldsymbol{DA}^{-1}$$

$$\boldsymbol{P}_{N+1}=\boldsymbol{P}_N-\boldsymbol{P}_N\varphi(n+N+1)\left[1+\varphi^{\mathrm{T}}(n+N+1)\boldsymbol{P}_N\varphi(n+N+1)\right]^{-1}\varphi^{\mathrm{T}}(n+N+1)\boldsymbol{P}_N$$

令

$$\boldsymbol{K}_{N+1}=\boldsymbol{P}_N\varphi(n+N+1)\left[1+\varphi^{\mathrm{T}}(n+N+1)\boldsymbol{P}_N\varphi(n+N+1)\right]^{-1} \tag{7.49}$$

则有

$$\boldsymbol{P}_{N+1}=[I-K_{N+1}\varphi^{\mathrm{T}}(n+N+1)]\boldsymbol{P}_N \tag{7.50}$$

将式(7.46)、式(7.47)和式(7.49)代入式(7.48)，得

$$\hat{\boldsymbol{\theta}}_{N+1}=\hat{\boldsymbol{\theta}}_N+\boldsymbol{K}_{N+1}\left[y(n+N+1)-\varphi^{\mathrm{T}}(n+N+1)\hat{\boldsymbol{\theta}}_N\right] \tag{7.51}$$

递推最小二乘算法就是由式(7.49)、式(7.50)和式(7.51)三个公式构成，现在将三个方程中的时间序号 N+1 改为惯用的 k，令 $N+1=k$，则递推最小二乘算法汇总如下：

$$\begin{cases}\hat{\boldsymbol{\theta}}(k)=\hat{\boldsymbol{\theta}}(k-1)+\boldsymbol{K}(k)[y(k)-\varphi^{\mathrm{T}}(k)\hat{\boldsymbol{\theta}}(k-1)]\\ \boldsymbol{K}(k)=\boldsymbol{P}(k-1)\varphi(k)[1+\varphi^{\mathrm{T}}(k)\boldsymbol{P}(k-1)\varphi(k)]^{-1}\\ \boldsymbol{P}(k)=[I-\boldsymbol{K}(k)\varphi^{\mathrm{T}}(k)]\boldsymbol{P}(k-1)\end{cases} \tag{7.52}$$

式中，$y(n+N+1)$ 简记为 $y(k)$；$\varphi^{\mathrm{T}}(n+N+1)$ 简记为 $\varphi(k)$。

递推公式(7.52)具有明显的物理意义，新的参数估计值 $\hat{\boldsymbol{\theta}}(k)$ 由前一步的估计值 $\hat{\boldsymbol{\theta}}(k-1)$ 和修正项组成，修正项正比于新的观测数据 $y(k)$ 与前一步模型预测量 $\varphi^{\mathrm{T}}(k)\hat{\boldsymbol{\theta}}(k-1)$ 的偏差，$\boldsymbol{K}(k)$ 是修正系数矩阵。$\boldsymbol{P}(k)$ 正比于参数估计误差的方差，$\boldsymbol{P}(k)$ 越大表示参数估计值越不准确，$\boldsymbol{P}(k)$ 越小表示参数估计值越接近真值。

用递推公式估计 $\hat{\boldsymbol{\theta}}(k)$ 时，需要已知初值 $\hat{\boldsymbol{\theta}}(0)$ 和 $\boldsymbol{P}(0)$，它们可按一次完成最小二乘方法由初始几组数据计算得出。但这样计算比较麻烦，特别是在计算 $\boldsymbol{P}(0)$ 时要对矩阵求逆。通常的做法是令 $\hat{\boldsymbol{\theta}}(0)$=0，$\boldsymbol{P}(0)=\alpha I$，$\alpha$ 为充分大的数，一般选 $\alpha=10^6$。可以证明这样选择初值时递推 N 步后求得的 $\hat{\boldsymbol{\theta}}$ 和 $\boldsymbol{P}$ 与一次完成法得到的结果很接近，但可避免矩阵求逆运算。

3. 带遗忘因子的递推最小二乘算法

上述最小二乘一次性算法和递推算法，都没有区别早期观测的老数据和近期观测的新数据对参数估计的影响，这就意味着老数据和新数据对于当前参数估计所提供的信息同等重要。显然，这是不合理的。当系统参数随时间变化时，当然是新数据比老数据更能反映参数变化的状况，因此要使参数估计能够适应系统参数的时变特性，就需要用指数加权的方法来逐渐削弱或“遗忘”老数据的影响。具体做法是在递推计算过程中，每取得一个新的数据 $y(n+N+1)$ 时，将以前所有的数据都乘以一个加权因子 $\rho(0<\rho\leqslant 1)$ 后参加辨识，即

$$\boldsymbol{Y}_{N+1}=\begin{bmatrix}\rho\boldsymbol{Y}_N\\ y(n+N+1)\end{bmatrix},\quad \boldsymbol{\Phi}_{N+1}=\begin{bmatrix}\rho\boldsymbol{\Phi}_N\\ \varphi^{\mathrm{T}}(n+N+1)\end{bmatrix}$$

显然，这样使得老数据的作用以指数规律 ρ^k 衰减，并令 $\lambda=\rho^2$，λ 称为遗忘因子，仿照前面的推导过程可得带遗忘因子的递推最小二乘算法

$$\begin{cases}\hat{\boldsymbol{\theta}}(k)=\hat{\boldsymbol{\theta}}(k-1)+\boldsymbol{K}(k)[y(k)-\varphi^{\mathrm{T}}(k)\hat{\boldsymbol{\theta}}(k-1)]\\ \boldsymbol{K}(k)=\boldsymbol{P}(k-1)\varphi(k)[\lambda+\varphi^{\mathrm{T}}(k)\boldsymbol{P}(k-1)\varphi(k)]^{-1}\\ \boldsymbol{P}(k)=\dfrac{1}{\lambda}[I-\boldsymbol{K}(k)\varphi^{\mathrm{T}}(k)]\boldsymbol{P}(k-1)\end{cases}\tag{7.53}$$

遗忘因子 λ 的大小对参数估计结果有很大影响。λ 越小表明遗忘得越快，越重视当前数据，越能反映当前系统的变化，这适用于参数变化速度相对于辨识速度较快的时变系统。λ 取得越大，重视了更多历史数据，可以得到更多系统信息，因此辨识的模型精度较高，适用于参数变化速度远低于辨识速度的慢时变系统。否则，由于没有充分利用老数据中所含的系统信息，辨识精度较低。一般 λ 在 0.95~0.995 内选取。当 $\lambda=1$ 时，表示没有“遗忘”，式(7.53)就成为式(7.52)。

4. 增广最小二乘递推算法

被辨识系统的模型为CARMA形式，且其 $C(z^{-1})\neq 1$，即

$$A(z^{-1})y(k)=B(z^{-1})u(k)+C(z^{-1})\xi(k)\tag{7.54}$$

式中，$A(z^{-1})$ 和 $B(z^{-1})$ 的形式与模型(7.39)相同。

$$C(z^{-1})=1+c_1z^{-1}+\cdots+c_nz^{-n}$$

$\xi(k)$ 是零均值白噪声序列。多项式 $C(z^{-1})$ 的各项系数未知，需要辨识。这类模型参数的辨识可采用增广最小二乘法来获得模型未知参数的估计。先将 CARMA 模型(7.54)化为最小二乘格式，即

$$y(k)=\varphi^{\mathrm{T}}(k)\boldsymbol{\theta}+\xi(k)\tag{7.55}$$

式中

$$\boldsymbol{\theta}=[a_1,a_2,\cdots,a_n,b_0,b_1,\cdots,b_m,c_1,c_2,\cdots,c_n]^{\mathrm{T}}$$

$$\varphi^{\mathrm{T}}(k)=[-y(k-1),\cdots,-y(k-n),u(k),\cdots,u(k-m),\xi(k-1),\cdots,\xi(k-n)]$$

因 $\xi(k)$ 是白噪声，所以可用最小二乘法获得参数 $\boldsymbol{\theta}$ 的无偏估计。但是数据向量 $\varphi^{\mathrm{T}}(k)$ 中包含着不可测的噪声量 $\xi(k-1),\cdots,\xi(k-n)$，因而不能直接用上述最小二乘算法进行辨识。为此需要将 $\varphi^{\mathrm{T}}(k)$ 中的数据 $\xi(k-i),i=1,2,\cdots,n$ 用其估计值 $\hat{\xi}(k-i)$ 来代替，将 $\varphi^{\mathrm{T}}(k)$ 改为

$$\hat{\varphi}^{\mathrm{T}}(k)=[-y(k-1),\cdots,-y(k-n),u(k),\cdots,u(k-m),\hat{\xi}(k-1),\cdots,\hat{\xi}(k-n)]$$

式中，$\hat{\xi}(k)=0,k\leqslant 0$; 当 $k>0$ 时，按下式计算：

$$\hat{\xi}(k)=y(k)-\varphi^{\mathrm{T}}(k)\hat{\theta}(k-1)$$

或

$$\hat{\xi}(k)=y(k)-\varphi^{\mathrm{T}}(k)\hat{\theta}(k)$$

这样，根据上述最小二乘递推算法(7.52)即可得到用于模型(7.54)参数估计的增广最小二乘递推算法：

$$\begin{cases}\hat{\boldsymbol{\theta}}(k)=\hat{\boldsymbol{\theta}}(k-1)+\boldsymbol{K}(k)[y(k)-\hat{\varphi}^{\mathrm{T}}(k)\hat{\boldsymbol{\theta}}(k-1)]\\ \boldsymbol{K}(k)=\boldsymbol{P}(k-1)\hat{\varphi}(k)[1+\hat{\varphi}^{\mathrm{T}}(k)\boldsymbol{P}(k-1)\hat{\varphi}(k)]^{-1}\\ \boldsymbol{P}(k)=[I-\boldsymbol{K}(k)\hat{\varphi}^{\mathrm{T}}(k)]\boldsymbol{P}(k-1)\end{cases} \tag{7.56}$$

由上可知，增广最小二乘法是最小二乘法的一种简单推广，它不仅能获得系统控制通道模型的参数估计，还能获得噪声通道模型的参数估计，其算法和最小二乘法基本相同，所不同的只是这里的参数向量 $\boldsymbol{\theta}$ 和数据向量 $\varphi^{\mathrm{T}}(k)$ 的维数扩充了，每次估计都需要计算一次噪声估计值 $\hat{\xi}(k)$。

7.3.3 自校正控制器设计

自校正控制是目前应用很广的一类自适应控制方法。其基本思想是将参数估计递推算法与各种不同类型的控制算法结合起来，以形成能自动校正控制器参数的实时计算机控制系统。采用不同的控制算法，可组成不同类型的自校正控制器。下面通过介绍最小方差自校正控制来阐述自校正控制器的设计过程。

1. 最小方差预报和最小方差控制器设计

被控系统的模型为

$$A(z^{-1})y(k)=z^{-d}B(z^{-1})u(k)+C(z^{-1})\xi(k) \tag{7.57}$$

式中，$A(z^{-1})$、$B(z^{-1})$ 和 $C(z^{-1})$ 的形式与模型(7.54)相同；d 为系统总延时；$\xi(k)$ 为独立的随机噪声序列，且满足

$$E\{\xi(k)\}=0 \tag{7.58}$$

$$E\{\xi(i)\xi(j)\}=\begin{cases}\sigma^2, & i=j\\ 0, & i\neq j\end{cases} \tag{7.59}$$

$$\lim_{N\to\infty}\frac{1}{N}\sum_{k=1}^{N}\xi(k)^2<\infty \tag{7.60}$$

引入最小方差控制器性能指标

$$J=E\{y(k+d)-y^*(k+d)\}^2 \tag{7.61}$$

$y^*(k+d)$ 为 $k+d$ 时刻的理想输出(期望输出)，表示为

$$y^*(k+d)=R(z^{-1})r(k) \tag{7.62}$$

式中，$r(k)$ 为参考输入，$R(z^{-1})$ 为加权多项式。

由模型(7.57)可知，$y(k)$ 是一个随机过程，如果将理想输出 $y^*(k+d)$ 看成 $y(k+d)$ 的均

值，那么性能指标(7.61)就表示 $y(k+d)$ 的方差，显然使式(7.61)极小的最优控制就能使 $k+d$ 时刻输出 $y(k+d)$ 的方差最小。如果能找到 $y(k+d)$ 的最小方差预报 $y^*(k+d/k)$，那么只要令 $y^*(k+d/k)=y^*(k+d)$，就可以求出最优控制 $u(k)$。

从上述分析可知，要求使式(7.61)极小的最优控制，必须首先求 $k+d$ 时刻输出 $y(k+d)$ 的最优预报 $y^*(k+d/k)$。

利用多项式除法可以求得

$$C(z^{-1})=A(z^{-1})F(z^{-1})+z^{-d}G(z^{-1}) \tag{7.63}$$

式中，$F(z^{-1})=1+f_1z^{-1}+\cdots+f_{d-1}z^{-(d-1)}$，$G(z^{-1})=g_0+g_1z^{-1}+\cdots+g_{n-1}z^{-(n-1)}$。

对 $k+d$ 时刻的模型式(7.51)两边同时乘以 $F(z^{-1})$，得

$$F(z^{-1})A(z^{-1})y(k+d)=F(z^{-1})B(z^{-1})u(k)+F(z^{-1})C(z^{-1})\xi(k+d) \tag{7.64}$$

考虑式(7.63)，式(7.64)变为

$$y(k+d)=[G(z^{-1})y(k)+F(z^{-1})B(z^{-1})u(k)]/C(z^{-1})+F(z^{-1})\xi(k+d) \tag{7.65}$$

将式(7.65)代入性能指标式(7.61)，得

$$\begin{aligned}J=E\{&[G(z^{-1})y(k)+F(z^{-1})B(z^{-1})u(k)]/C(z^{-1})\\&+F(z^{-1})\xi(k+d)-y^*(k+d/k)\}^2\end{aligned} \tag{7.66}$$

因为$[G(z^{-1})y(k)+F(z^{-1})B(z^{-1})u(k)]/C(z^{-1})$ 是 $y(k),y(k-1),\cdots,u(k),u(k-1),\cdots$ 的线性组合，$F(z^{-1})\xi(k+d)$ 是 $\xi(k+d),\xi(k+d-1),\cdots,\xi(k+1)$ 的线性组合，这两项互不相关，所以式(7.66)可写成

$$\begin{aligned}J=&E\{[G(z^{-1})y(k)+F(z^{-1})B(z^{-1})u(k)]/C(z^{-1})-y^*(k+d/k)\}^2\\&+E\{F(z^{-1})\xi(k+d)\}^2\end{aligned} \tag{7.67}$$

显然，只有当输出预报值取

$$y^*(k+d/k)=[G(z^{-1})y(k)+F(z^{-1})B(z^{-1})u(k)]/C(z^{-1}) \tag{7.68}$$

时，性能指标(7.67)才能达到最小，即

$$J=E\{F(z^{-1})\xi(k+d)\}^2=(1+f_1^2+\cdots+f_{d-1}^2)\sigma^2 \tag{7.69}$$

根据前面的分析，最优控制律可以通过使最优预报等于理想输出得到，即

$$y^*(k+d/k)=y^*(k+d)$$

对于调节问题，理想输出 $y^*(k+d)$ 为零，于是性能指标式(7.61)变为

$$J=E\left\{y(k+d)\right\}^2 \tag{7.70}$$

最小方差调节律为

$$y^*(k+d/k)=0$$

由式(7.68)可知，调节律为

$$G(z^{-1})y(k)+F(z^{-1})B(z^{-1})u(k)=0 \tag{7.71}$$

2. 最小方差自校正调节器

当模型式(7.57)的参数未知时，即需要在线辨识参数后再进行自校正控制，由式(7.68)可知

$$C(z^{-1})y^*(k+d/k)=G(z^{-1})y(k)+F(z^{-1})B(z^{-1})u(k) \tag{7.72}$$

即

$$y^*(k+d/k)=G(z^{-1})y(k)+H(z^{-1})u(k)-C^*(z^{-1})y^*(k+d/k) \tag{7.73}$$

式中，$C^*(z^{-1})=C(z^{-1})-1=c_1z^{-1}+c_2z^{-2}+\cdots+c_nz^{-n}$，$H(z^{-1})=F(z^{-1})B(z^{-1})$。

由式(7.65)和式(7.68)可知

$$y(k+d)=y^*(k+d/k)+F(z^{-1})\xi(k+d) \tag{7.74}$$

将式(7.73)代入式(7.74)得

$$y(k+d)=G(z^{-1})y(k)+H(z^{-1})u(k)-C^*(z^{-1})y^*(k+d/k)+F(z^{-1})\xi(k+d) \tag{7.75}$$

由于最小方差调节律使$y^*(k+d/k)=0$，故调节器参数辨识方程为

$$y(k)=G(z^{-1})y(k-d)+H(z^{-1})u(k-d)+F(z^{-1})\xi(k) \tag{7.76}$$

最小方差调节律由式(7.71)给出。数据向量$\varphi^{\mathrm{T}}(k)$和参数向量$\boldsymbol{\theta}$定义如下：

$$\varphi^{\mathrm{T}}(k)=[y(k),y(k-1),\cdots,y(k-n_g),u(k),u(k-1),u(k-2),\cdots,u(k-n_h)]^{\mathrm{T}}$$

$$\boldsymbol{\theta}=[g_0,g_1,\cdots,g_{n_g},h_0,h_1,h_2,\cdots,h_{n_h}]^{\mathrm{T}}$$

则参数辨识方程(7.76)和控制律方程(7.71)可以写成

$$y(k)=\varphi^{\mathrm{T}}(k-d)\boldsymbol{\theta}+F(z^{-1})\xi(k) \tag{7.77}$$

$$\varphi^{\mathrm{T}}(k)\boldsymbol{\theta}=0 \tag{7.78}$$

采用递推最小二乘法辨识参数，有

$$\begin{cases}\hat{\boldsymbol{\theta}}(k)=\hat{\boldsymbol{\theta}}(k-1)+\boldsymbol{K}(k)[y(k)-\varphi^{\mathrm{T}}(k-d)\hat{\boldsymbol{\theta}}(k-1)]\\ \boldsymbol{K}(k)=\boldsymbol{P}(k-1)\varphi(k-d)[1+\varphi^{\mathrm{T}}(k-d)\boldsymbol{P}(k-1)\varphi(k-d)]^{-1}\\ \boldsymbol{P}(k)=[I-\boldsymbol{K}(k)\varphi^{\mathrm{T}}(k-d)]\boldsymbol{P}(k-1)\end{cases} \tag{7.79}$$

用下式来求$u(k)$：

$$\varphi^{\mathrm{T}}(k)\hat{\boldsymbol{\theta}}=0 \tag{7.80}$$

总结自校正调节器算法如下：

(1) 测取$y(k)$；

(2) 形成数据向量$\varphi(k)$和$\varphi(k-d)$；

(3) 采用递推最小二乘法估计参数$\hat{\boldsymbol{\theta}}(k)$；

(4) 根据式(7.80)求取$u(k)$。

3. 最小方差自校正控制器

系统模型为式(7.57)，性能指标为式(7.61)，最小方差自校正控制器与调节器的区别在于期望输出不同，调节器的期望输出为零，控制器的期望输出为式(7.62)的形式，即

$$y^*(k+d)=R(z^{-1})r(k) \tag{7.81}$$

具体设计过程与调节器的设计过程相同，如式(7.72)~式(7.75)所示，重写式(7.75)如下：

$$y(k+d)=G(z^{-1})y(k)+H(z^{-1})u(k)-C^*(z^{-1})y^*(k+d/k)+F(z^{-1})\xi(k+d) \tag{7.82}$$

最小方差控制律使$y^*(k+d/k)=y^*(k+d)=R(z^{-1})r(k)$，故调节器参数辨识方程为

$$y(k)=G(z^{-1})y(k-d)+H(z^{-1})u(k-d)-C^*(z^{-1})y^*(k/k-d)+F(z^{-1})\xi(k) \tag{7.83}$$

最小方差控制律方程为

$$G(z^{-1})y(k)+F(z^{-1})B(z^{-1})u(k)=y^*(k+d) \tag{7.84}$$

数据向量$\varphi^{\mathrm{T}}(k)$和参数向量$\boldsymbol{\theta}$定义如下：

$$\begin{aligned}\varphi^{\mathrm{T}}(k)=[&y(k),y(k-1),\cdots,y(k-n_g),u(k),u(k-1),u(k-2),\cdots,u(k-n_h),\\&-y^*(k+d-1/k-1),-y^*(k+d-2/k-2),\cdots,-y^*(k+d-n/k-n)]\end{aligned} \tag{7.85}$$

$$\boldsymbol{\theta}=[g_0,g_1,\cdots,g_{n_g},h_0,h_1,h_2,\cdots,h_{n_h},c_1,c_2,\cdots,c_{n_c}]^{\mathrm{T}} \tag{7.86}$$

但是数据向量$\varphi^{\mathrm{T}}(k)$中包含着过程参数$y^*(k+d-i/k-i),i=1,2,\cdots,n$未知，最优预报无法获得，用$\hat{y}^*(k)$代替$y^*(k/k-d)$，将$\varphi^{\mathrm{T}}(k)$改为

$$\hat{y}^*(k)=\hat{\varphi}(k-d)^{\mathrm{T}}\hat{\boldsymbol{\theta}}(k-d) \tag{7.87}$$

$$\begin{aligned}\hat{\varphi}^{\mathrm{T}}(k)=[&y(k),y(k-1),\cdots,y(k-n_g),u(k),u(k-1),u(k-2),\cdots,u(k-n_h),\\&-\hat{y}^*(k+d-1),-\hat{y}^*(k+d-2),\cdots,-\hat{y}^*(k+d-n)]\end{aligned} \tag{7.88}$$

则参数辨识方程(7.83)和控制律方程(7.84)可以写成

$$y(k)=\hat{\varphi}^{\mathrm{T}}(k-d)\boldsymbol{\theta}+F(z^{-1})\xi(k)$$

$$\hat{\varphi}^{\mathrm{T}}(k)\boldsymbol{\theta}=y^*(k+d)$$

采用增广最小二乘递推算法辨识参数，有

$$\begin{cases}\hat{\boldsymbol{\theta}}(k)=\hat{\boldsymbol{\theta}}(k-1)+\boldsymbol{K}(k)[y(k)-\hat{\varphi}^{\mathrm{T}}(k-d)\hat{\boldsymbol{\theta}}(k-1)]\\\boldsymbol{K}(k)=\boldsymbol{P}(k-1)\hat{\varphi}(k-d)[1+\hat{\varphi}^{\mathrm{T}}(k-d)\boldsymbol{P}(k-1)\hat{\varphi}(k-d)]^{-1}\\\boldsymbol{P}(k)=[I-\boldsymbol{K}(k)\hat{\varphi}^{\mathrm{T}}(k-d)]\boldsymbol{P}(k-1)\end{cases} \tag{7.89}$$

用下式来求$u(k)$：

$$\hat{\varphi}^{\mathrm{T}}(k)\hat{\boldsymbol{\theta}}=y^*(k+d) \tag{7.90}$$

总结自校正调节器算法如下：

(1) 测取$y(k)$；

(2) 形成数据向量$\hat{\varphi}(k)$和$\hat{\varphi}(k-d)$；

(3) 采用增广最小二乘递推算法估计参数$\hat{\boldsymbol{\theta}}(k)$；

(4) 根据式(7.90)求取$u(k)$。

7.4 模型预测控制器的设计

7.4.1 概述

预测控制是一种基于模型的先进控制技术，亦称模型预测控制(model predictive control，MPC)，它是20世纪70年代中后期在欧美工业领域出现的一类新型计算机控制算法。1978年，Richalet等在著名论文中首先阐述了这种算法产生的背景、机理与应用效果。预测控制的主要特征是：以预测模型为基础，采用二次在线滚动优化性能指标和反馈校正的策略，来克服受控对象建模误差和结构、参数与环境等不确定性因素的影响，有效地弥补了现代控制理论对复杂受控对象所无法避免的不足之处。

预测控制的思想可回溯到20世纪50年代末Kalman所提出的一种通过预测控制回路未

来行为来相应调整参数的调节器。此后，Propoi 在 1963 年提出了滚动时域控制器，Lee 和 Markus 在 1967 年的最优控制文章中涉及现今的预测控制方法。而由于计算能力的限制，直到十余年后，预测控制作为一种新的控制策略才正式由过程控制界提出。因此，最优控制与系统辨识是预测控制的理论渊源和基础。1980 年以后，出现了许多模型预测控制的工程化软件包。近几年来，预测控制的研究和发展已经突破早期研究的框架，摆脱了单调的算法研究模式，从而开始了与极点配置、自适应控制、鲁棒控制、精确线性化、解耦控制和非线性控制相结合的一类先进预测控制策略研究；并且随着智能控制技术的发展，预测控制也将向着智能预测控制方向发展，如模糊预测控制、神经元网络预测控制、遗传算法预测控制，以及自学习预测控制等；并将人工智能、大系统递阶原理等引入预测控制，构成多层智能预测控制的模式，由此，进一步增强了预测控制处理复杂对象(complex plant)、复杂任务(complex task)和复杂环境(complex environment)的能力，并拓展了预测控制综合目标和应用领域。

各种模型预测控制算法虽然在模型、控制和性能上存在许多差异，但其核心都是基于滚动时域原理，算法中包含了预测模型、滚动优化和反馈校正三个基本原理，即

(1) 在当前时刻，基于过程的动态模型，对未来某段时域内的过程输出序列做出预测，这些预测值是当前和未来控制作用的函数。

(2) 按照某个目标函数确定当前和未来控制作用的大小，这些控制作用将使未来输出预测序列沿某个参考轨迹“最优地”达到期望的输出设定值，但只实施当前控制量。

(3) 在下一时刻根据最新实测数据对前一时刻的过程输出预测序列做出校正，并重复(1)、(2)。

因此，预测控制系统的组成大致包括参考轨迹、滚动优化、预测模型、在线校正四个部分，其结构如图 7.3 所示。

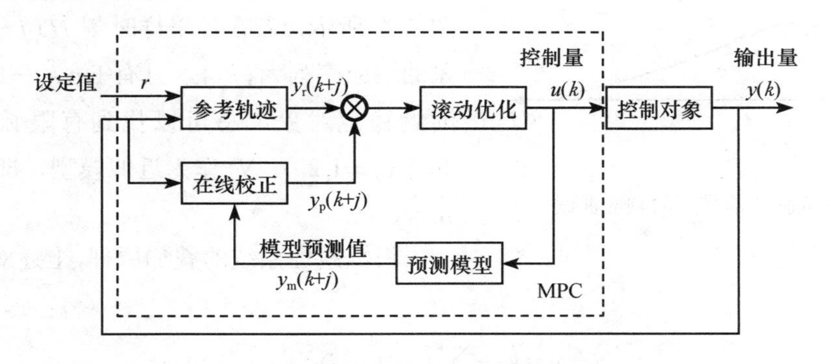

图 7.3　预测控制系统的结构示意图

在每一采样时刻，优化总是以该时刻起未来一段时域的性能为指标，同时以该时刻起的若干控制增量为优化变量，但实施时只取当前时刻的控制作用。算法可分两步来理解：在当前时刻，基于过程模型预测未来有限时域的过程输出，通过最小化输出响应与期望轨迹的偏差确定未来有限控制时域的控制增量；在所得到的控制增量中，只执行当前的控制量。

基于对生产过程测试得到的过程动态数学模型，模型预测控制算法采用在线滚动优化，且在优化过程中不断通过系统实际输出与模型预测输出之差来进行反馈校正，因此，它在一定程度上克服由于预测模型误差和某些不确定性干扰的影响，从而增强控制系统的鲁棒性。从理论上看，模型预测控制具有下列三个基本特征。

(1) 建立预测模型方便。用于描述过程动态行为的预测模型可以通过简单的实验得到，无须系统辨识这类建模过程的复杂运算。此外，由于采用了非最小化形式描述的离散卷积和模型，信息冗余量大，有利于提高系统的鲁棒性。

(2) 采用滚动优化策略。预测控制算法与通常的离散最优控制算法不同，不是采用一个不变的全局优化目标，而是采用滚动式的有限时域优化策略。这意味着优化过程不是一次离线进行，而是在线反复进行优化计算、滚动实施，从而使模型失配、时变、干扰等引起的不确定性能及时得到弥补，提高了系统的控制效果。

(3) 采用误差反馈校正。由于实际系统中存在非线性、不确定性等因素的影响，在预测控制算法中，基于不变模型的预测输出不可能与系统的实际输出完全一致，而在滚动优化过程中，又要求模型输出与实际系统输出保持一致，为此，模型预测控制采用过程实际输出与模型输出之间的误差进行反馈校正来弥补这一缺陷。这样的滚动优化可有效地克服系统中的不确定性，提高系统的控制精度和鲁棒性。

上述三个特征，体现了预测控制更符合复杂系统控制的不确定性与时变性的实际情况，是预测控制在复杂控制系统领域得到重视和实用的根本原因。

7.4.2 预测模型

预测模型以对象的内部模型，即对象在脉冲或阶跃信号作用下的时间响应为基础，用以估计系统在输入序列作用下的输出。

下面以单输入单输出系统为例进行讨论。

1. 脉冲响应预测模型

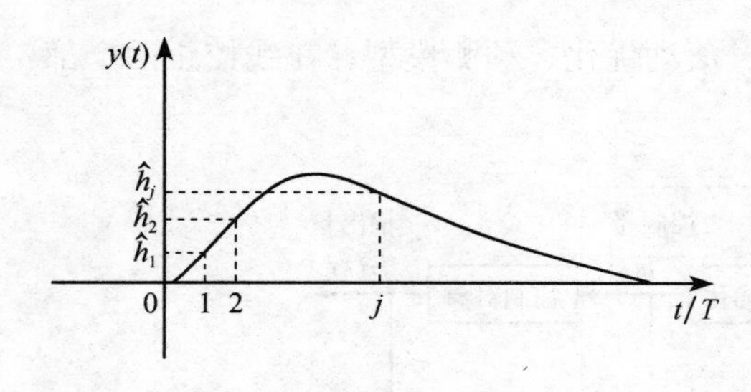

图 7.4 单位脉冲信号下的响应曲线

设对象在单位脉冲信号作用下的响应曲线如图 7.4 所示，若在各采样时刻 $jT(j=1,2,\cdots,N)$ 对象的响应序列为 $\{\hat{h}_j\}$，且有 $\lim\limits_{j\to\infty}\hat{h}_j=0$。这样对于渐近稳定对象，总可以找到有限脉冲响应序列 $\{\hat{h}_j\},(j=1,2,\cdots,N)$ 作为近似模型，即对于 $j\geqslant N$，$\hat{h}_j\approx 0$。

根据线性系统的叠加原理，上述对象的有限脉冲和模型为

$$y_{\mathrm{m}}(k)=\sum_{j=1}^{N}\hat{h}_j u(k-j) \tag{7.91}$$

式中，y 的下标 m 表示模型输出。模型向量 $\hat{\mathbf{h}}=[\hat{h}_1\ \ \cdots\ \ \hat{h}_N]^{\mathrm{T}}$ 一般保存在计算机中，也被称为内部模型。

则对象从 k 时刻起到 P 步的预测输出可表示为

$$y_{\mathrm{m}}(k+i)=\sum_{j=1}^{N}\hat{h}_j u(k+i-j),\quad i=1,2,\cdots,P \tag{7.92}$$

式(7.92)求和项实际上包括两部分：对象 k 时刻之前输入的响应和 k 时刻之后输入响应的预测，即

$$y_{\mathrm{m}}(k+i)=\sum_{j=i+1}^{N}\hat{h}_j u(k+i-j)+\sum_{j=1}^{i}\hat{h}_j u(k+i-j) \tag{7.93}$$

对 $i=1,2,\cdots,P$ ，式(7.93)的具体形式为

$$\begin{aligned}
y_{\mathrm{m}}(k+1)&=\sum_{j=2}^{N}\hat{h}_j u(k+1-j)+\hat{h}_1 u(k)\\
y_{\mathrm{m}}(k+2)&=\sum_{j=3}^{N}\hat{h}_j u(k+2-j)+\sum_{j=1}^{2}\hat{h}_j u(k+2-j)\\
&\vdots\\
y_{\mathrm{m}}(k+P)&=\sum_{j=P+1}^{N}\hat{h}_j u(k+P-j)+\sum_{j=1}^{P}\hat{h}_j u(k+P-j)
\end{aligned} \tag{7.94}$$

注意到式(7.94)中的 $u(k),\cdots,u(k+P-1)$ 是待确定的控制量。将已知控制量和未来控制量分开考虑，式(7.94)可以用向量形式表示为

$$\mathbf{y}_{\mathrm{m}}(k+1)=H_1\mathbf{u}_1(k-1)+H_2\mathbf{u}_2(k) \tag{7.95}$$

式中

$$\mathbf{y}_{\mathrm{m}}(k+1)=[y_{\mathrm{m}}(k+1)\quad y_{\mathrm{m}}(k+2)\quad\cdots\quad y_{\mathrm{m}}(k+P)]^{\mathrm{T}}$$

$$\mathbf{u}_1(k-1)=[u(k-N+1)\quad u(k-N+2)\quad\cdots\quad u(k-1)]^{\mathrm{T}}$$

$$\mathbf{u}_2(k)=[u(k)\quad u(k+1)\quad\cdots\quad u(k+P-1)]^{\mathrm{T}}$$

$$H_1=\begin{bmatrix}\hat{h}_N & \hat{h}_{N-1} & & \cdots & & \hat{h}_2\\ & \hat{h}_N & \hat{h}_{N-1} & \cdots & & \hat{h}_3\\ & & \ddots & & & \vdots\\ 0 & & & \hat{h}_N & \hat{h}_{N-1} \;\cdots & \hat{h}_{P+1}\end{bmatrix}_{P\times(N-1)},\quad H_2=\begin{bmatrix}\hat{h}_1 & & 0\\ \hat{h}_2 & \hat{h}_1 & \\ \vdots & \vdots & \ddots\\ \hat{h}_P & \hat{h}_{P-1} & \cdots & \hat{h}_1\end{bmatrix}_{P\times P}$$

如果直接把上述预测模型计算的模型输出 y_{m} 当作预测输出，即

$$y_{\mathrm{p}}(k+i)=y_{\mathrm{m}}(k+i),\quad i=1,2,\cdots,P \tag{7.96}$$

则根据一定的性能指标，可通过优化算法求出未来控制量。这一算法的结构可见图 7.5 中的不含虚线部分。由于预测输出完全依赖于预测模型，而与对象在 k 时刻的实际输出信息无关，故称其为开环预测。

上述开环预测的主要缺陷在于：当模型由于时变或非线性等因素存在误差，加上系统中的各种随机干扰，模型预测的输出不可能与实际对象的输出完全相同，这样会产生静差。因此，有必要用实测的对象输出信息构成闭环预测，以实现对未来输出预测的反馈校正。

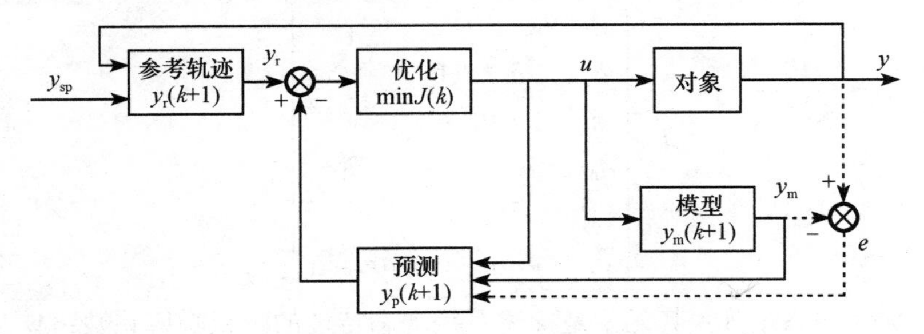

图 7.5　模型算法控制的开环预测与反馈校正

2. 阶跃响应预测模型

设对象的单位阶跃响应曲线如图 7.6 所示。将从阶跃信号加入到输出趋于稳定所用的时间 N 等分，若各分点采样值为 $\hat{a}_j\,(j=1,2,\cdots,N)$，$N$ 为截断步长，且有 $\lim\limits_{j\to\infty}\hat{a}_j=a_s$，$a_s$ 为响应曲线的稳态值。

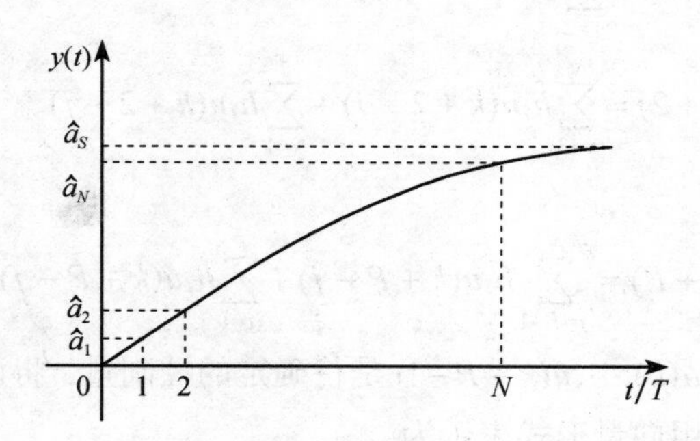

图 7.6 单位阶跃信号下的响应曲线

根据线性系统的比例和叠加原理，利用上述模型和给定的输入控制增量，可以预测系统未来时刻的输出值。如在 k 时刻加一控制增量 $\Delta u(k)$，在未来 N 个时刻的模型输出值为

$$y_{\mathrm{m}}(k+i)=y_0(k+i)+\hat{a}_j\Delta u(k),\quad i=1,2,\cdots,N \tag{7.97}$$

式中，$y_0(k+i)(i=1,2,\cdots,N)$ 是在 k 时刻不施加控制作用 $\Delta u(k)$ 的情况下，由 k 时刻起未来 N 个时刻的输出预测的初始值。如果所施加的控制增量在未来 M 个采样间隔连续变化，即 $\Delta u(k),\Delta u(k+1),\cdots,\Delta u(k+M-1)$，则系统在未来 P 个时刻的预测模型输出值应为

$$y_{\mathrm{m}}(k+i)=y_0(k+i)+\sum_{j=1}^{M}\hat{a}_{i-j+1}\Delta u(k+j-1),\quad i=1,2,\cdots,P \tag{7.98}$$

式中

$$\Delta u(k+j-1)=u(k+j-1)-u(k+j-2)$$

式(7.97)可用向量形式表示为

$$\mathbf{y}_{\mathrm{m}}(k+1)=\mathbf{y}_0(k+1)+A\Delta\mathbf{u}(k) \tag{7.99}$$

式中

$$\mathbf{y}_{\mathrm{m}}(k+1)=[y_{\mathrm{m}}(k+1)\quad y_{\mathrm{m}}(k+2)\quad\cdots\quad y_{\mathrm{m}}(k+P)]^{\mathrm{T}}$$
$$\mathbf{y}_0(k+1)=[y_0(k+1)\quad y_0(k+2)\quad\cdots\quad y_0(k+P)]^{\mathrm{T}}$$
$$\Delta\mathbf{u}(k)=[\Delta u(k)\quad \Delta u(k+1)\quad\cdots\quad \Delta u(k+M-1)]^{\mathrm{T}}$$

$$A=\begin{bmatrix}\hat{a}_1 & & & \\ \hat{a}_2 & \hat{a}_1 & 0 & \\ \vdots & \vdots & & \\ \hat{a}_M & \hat{a}_{M-1} & \cdots & \hat{a}_1 \\ \vdots & \vdots & & \vdots \\ \hat{a}_P & \hat{a}_{P-1} & \cdots & \hat{a}_{P-M+1}\end{bmatrix}_{P\times M}$$

式中，矩阵 A 称为动态矩阵，其元素是描述系统动态特性的阶跃响应系数；M 是控制时域长度；P 为优化时域长度，通常 M 和 P 满足 $M\leqslant P\leqslant N$。

模型输出初值 $y_0(k+1)$ 是由 k 时刻以前施加在系统上的控制增量产生的。如果过程是由稳态起动，则可取 $y_0(k+i)=y(k)$ 。否则，可以按以下方法来计算。

假定从 k–N 到 k–1 时刻加入的控制增量分别为 $\Delta u(k-N)$，$\Delta u(k-N+1)$，$\cdots,\Delta u(k-1)$，而在 k–N–1 时刻假定 $\Delta u(k-N-1)=\Delta u(k-N-2)=0$，则对于 $y_0(k+1)$ 的各个分量而言，有以下关系式：

$$\mathbf{y}_0(k+1)=A_0\Delta\mathbf{u}(k-1) \tag{7.100}$$

式中

$$\Delta u(k-1)=[\Delta u(k-N) \quad \Delta u(k-N+1) \quad \cdots \quad \Delta u(k-1)]^{\mathrm{T}}$$

$$A_0=\begin{bmatrix} \hat{a}_N & \hat{a}_N & \hat{a}_{N-1} & \hat{a}_{N-2} & & \cdots & & \hat{a}_3 & \hat{a}_2 \\ \hat{a}_N & \hat{a}_N & \hat{a}_N & \hat{a}_{N-1} & & \cdots & & \hat{a}_4 & \hat{a}_3 \\ \vdots & \vdots & \vdots & \vdots & \ddots & & & \vdots & \vdots \\ \hat{a}_N & \hat{a}_N & \hat{a}_N & \hat{a}_N & \cdots & \hat{a}_{N-1} & \cdots & \hat{a}_{P+2} & \hat{a}_{P+1} \end{bmatrix}_{P\times N}$$

将式(7.100)代入式(7.99)，可求出预测模型输出为

$$\mathbf{y}_{\mathrm{m}}(k+1)=A\Delta\mathbf{u}(k)+A_0\Delta\mathbf{u}(k-1) \tag{7.101}$$

式(7.101)表明，预测模型输出由两部分组成：第一项为待求的未知控制增量；第二项为过去控制量产生的系统已知输出初值。

7.4.3 预测控制算法

预测控制算法种类较多，常用的主要有模型算法控制和动态矩阵控制两种。

1. 模型算法控制

模型算法控制(model algorithmic control，MAC)最早是由 Richalet 等在 20 世纪 60 年代末应用于锅炉和精馏塔等工业过程的控制。70 年代末，Mehra 等对 Richalet 等的工作进行了总结和进一步的理论研究。MAC 基本上包括四个部分：预测模型、反馈校正、参考轨迹和滚动优化。

1) 预测模型

模型算法是基于脉冲响应预测模型的一种控制算法。

2) 反馈校正

为了在模型失配时有效地消除静差，可以在模型预测值 $\mathbf{y}_{\mathrm{m}}$ 的基础上附加一误差项 e 。在预测控制中常用一种反馈修正方法，即闭环控制，见图 7.5 中引入虚线所构成的反馈部分。具体做法是，将第 k 步的实际对象的输出测量值与预测模型输出之间的误差附加到模型的预测输出 $\mathbf{y}_{\mathrm{m}}(k+i)$ 上，得到闭环预测模型，用 $\mathbf{y}_{\mathrm{p}}(k+i)$ 表示

$$\mathbf{y}_{\mathrm{p}}(k+i)=\mathbf{y}_{\mathrm{m}}(k+i)+\mathbf{g}_0[y(k)-y_{\mathrm{m}}(k)] \tag{7.102}$$

式中，$\mathbf{y}_{\mathrm{m}}(k+i)$ 为模型的预测输出；$\mathbf{y}_{\mathrm{p}}(k+i)$ 为反馈校正后的预测输出，且 $\mathbf{y}_{\mathrm{p}}(k+i)=[y_{\mathrm{p}}(k+1) \quad y_{\mathrm{p}}(k+2) \quad \cdots \quad y_{\mathrm{p}}(k+P)]^{\mathrm{T}}$；$\mathbf{g}_0=[1 \quad 1 \quad \cdots \quad 1]^{\mathrm{T}}$，$\mathbf{g}_0$ 的元素可根据需要取其他值。

以式(7.93)表示的脉冲响应预测模型为例，写出其闭环预测模型。由式(7.102)可以得出

$$
\begin{aligned}
y_{\mathrm{p}}(k+i) &= y_{\mathrm{m}}(k+i)+[y(k)-y_{\mathrm{m}}(k)] \\
&= y(k)+[y_{\mathrm{m}}(k+i)-y_{\mathrm{m}}(k)] \\
&= y(k)+\sum_{j=1}^{N}\hat{h}_j[\Delta u(k+i-j)+\Delta u(k+i-j-1) \\
&\quad +\cdots+\Delta u(k+2-j)+\Delta u(k+1-j)], \quad i=1,2,\cdots,P
\end{aligned} \tag{7.103}
$$

式中

$$
\Delta u(k+i-j)=u(k+i-j)-u(k+i-j-1)
$$

3) 参考轨迹

在 MAC 中，控制系统的期望输出是由从当前实际输出 $y(k)$ 出发且向设定值 y_{sp} 平滑过渡的一条参考轨迹规定的。通常，参考轨迹采用从现在时刻实际输出值出发的一阶指数形式。它在未来 P 个时刻的值为

$$
\begin{cases}
y_{\mathrm{r}}(k+i)=\alpha^i y(k)+(1-\alpha^i)y_{\mathrm{sp}}, & i=1,2,\cdots,P \\
y_{\mathrm{r}}(k)=y(k)
\end{cases} \tag{7.104}
$$

式中，$\alpha=\exp(-T/\tau)$，T 为采样周期，τ 为参考轨迹的时间常数。

由式(7.104)可知，τ 越小，则 α 越小，参考轨迹就能越快地到达设定值，但是系统的鲁棒性也越差。因此，α 是 MAC 中的一个重要的设计参数，它对闭环系统的动态性能和鲁棒性都有关键作用。

4) 滚动优化

在 MAC 中，k 时刻的优化目标就是：求解未来一组 P 个控制量，使在未来 P 个时刻的预测输出 y_{p} 尽可能接近由参考轨迹所确定期望输出 y_{r}。目标函数可以采用各种不同的形式，例如可以选取

$$
J=\sum_{i=1}^{P}[y_{\mathrm{p}}(k+i)-y_{\mathrm{r}}(k+i)]^2 q_i \tag{7.105}
$$

式中，P 称为优化时域；q_i 为非负加权系数，用来调整未来各采样时刻误差在性能指标 J 中所占比重的大小。

图 7.7 表示 MAC 的参考轨迹和优化。由于参考轨迹已经确定，完全可以用常规的优化方法，如最小二乘法、梯度法、二次规划等来求解优化问题。值得注意的是，预测控制并不

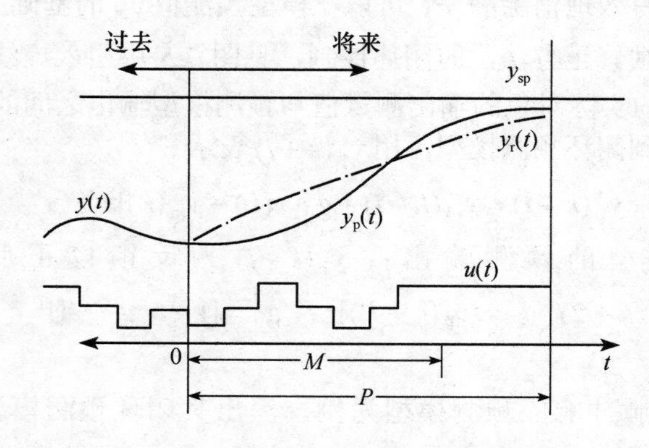

图 7.7 MAC 参考轨迹与最优化策略

采用一个不变的全局优化目标，而是采取滚动式的有限时域优化策略。其优化过程不是一次离线进行，而是在线反复进行的。尽管这种优化方式只能得到全局的次优解，但由于采用反馈校正、迭代计算和滚动实施，始终把优化建立在实际的基础上，使控制结果达到实际意义上的最优。

先考虑单步预测、单步控制的模型算法控制问题，即预测时域为P=1，控制时域为M=1。假设对象预测模型脉冲响应为$\hat{\mathbf{h}}=[\hat{h}_1 \quad \hat{h}_2 \quad \cdots \quad \hat{h}_N]^{\mathrm{T}}$。

已知开环预测模型

$$y_{\mathrm{m}}(k+i)=\sum_{j=1}^{N}\hat{h}_j u(k-j+i) \tag{7.106}$$

实现最优时，应有$y_{\mathrm{r}}(k+1)=y_{\mathrm{m}}(k+1)$。将开环预测模型式(7.106)代入，则有

$$y_{\mathrm{r}}(k+1)=y_{\mathrm{m}}(k+1)=\sum_{j=2}^{N}\hat{h}_j u(k+1-j)+\hat{h}_1 u(k) \tag{7.107}$$

由上式可以解得

$$u(k)=\frac{1}{\hat{h}_1}\left[y_{\mathrm{r}}(k+1)-\sum_{j=2}^{N}\hat{h}_j u(k+1-j)\right] \tag{7.108}$$

假设

$$y_{\mathrm{r}}(k+1)=\alpha y(k)+(1-\alpha)y_{\mathrm{sp}}$$

$$\mathbf{u}(k-1)=[u(k-1) \quad u(k-2) \quad \cdots \quad u(k+1-N)]^{\mathrm{T}}$$

$$\boldsymbol{\Phi}=\left[\mathbf{e}_2 \quad \mathbf{e}_3 \quad \cdots \quad \mathbf{e}_N \quad 0\right]$$

$$\mathbf{e}_i=[0 \quad 0 \quad \cdots \quad 1 \quad 0 \quad \cdots \quad 0]^{\mathrm{T}} \quad (\text{第}i\text{行为}1)$$

则单步控制为

$$u(k)=\frac{1}{\hat{h}_1}[\alpha y(k)+(1-\alpha)y_{\mathrm{sp}}+\hat{\mathbf{h}}^{\mathrm{T}}\boldsymbol{\Phi}\mathbf{u}(k-1)] \tag{7.109}$$

若考虑闭环预测控制，只要将闭环预测模型式(7.102)代替开环预测模型，就可以得到相应的单步控制$u(k)$为

$$u(k)=\frac{1}{\hat{h}_1}\{y_{\mathrm{r}}(k+1)-[y(k)-y_{\mathrm{m}}(k)]-\sum_{j=2}^{N}\hat{h}_j u(k+1-j)\} \tag{7.110}$$

基于同样的假设，有

$$u(k)=\frac{1}{\hat{h}_1}\{(1-\alpha)[y_{\mathrm{sp}}-y(k)]+\hat{\mathbf{h}}^{\mathrm{T}}(\mathbf{I}-\boldsymbol{\Phi})\mathbf{u}(k-1)\} \tag{7.111}$$

上述单步优化的 MAC 算法虽然简单，但它不适用于有时滞或非最小相位特性的对象。实用的 MAC 算法一般采用多步优化的策略，并且选择不同的优化时域P和控制时域M,$M<P$，而性能指标也采取如下更一般的形式：

$$J=\sum_{i=1}^{P}[y_{\mathrm{p}}(k+i)-y_{\mathrm{r}}(k+i)]^2 q_i+\sum_{j=1}^{M}[u(k+j-1)]^2 r_j \tag{7.112}$$

当取$M<P$时，意味着在$k+M-1$时刻后控制量不再改变，即

$$u(k+i)=u(k+M-1), \quad i=M,\cdots,P-1 \tag{7.113}$$

因此，开环预测模型式(7.95)应作相应的修改，这样有

$$\mathbf{y}_{\mathrm{m}}(k+1)=H_1\mathbf{u}_1(k-1)+H_2\mathbf{u}_2(k) \tag{7.114}$$

式中

$$\mathbf{y}_{\mathrm{m}}(k+1)=[y_{\mathrm{m}}(k+1) \quad y_{\mathrm{m}}(k+2) \quad \cdots \quad y_{\mathrm{m}}(k+P)]^{\mathrm{T}}$$
$$\mathbf{u}_1(k-1)=[u(k-N+1) \quad u(k-N+2) \quad \cdots \quad u(k-1)]^{\mathrm{T}}$$
$$\mathbf{u}_2(k)=[u(k) \quad u(k+1) \quad \cdots \quad u(k+M-1)]^{\mathrm{T}}$$

$$H_1=\begin{bmatrix} \hat{h}_N & \hat{h}_{N-1} & & \cdots & & \hat{h}_2 \\ & \hat{h}_N & \hat{h}_{N-1} & \cdots & & \hat{h}_3 \\ & & \ddots & & & \vdots \\ 0 & & & \hat{h}_N & \hat{h}_{N-1} \ \cdots & \hat{h}_{P+1} \end{bmatrix}_{P\times(N-1)}, \quad H_2=\begin{bmatrix} \hat{h}_1 & & 0 \\ \hat{h}_2 & \hat{h}_1 & \\ \vdots & \vdots & \\ \hat{h}_P & \hat{h}_{P-1} \ \cdots & \sum_{i=1}^{P-M+1}\hat{h}_i \end{bmatrix}_{P\times M}$$

由于模型有误差，为提高预测精度，采用预测模型输出误差反馈校正以实现如下闭环预测

$$\mathbf{y}_{\mathrm{p}}(k+1)=\mathbf{y}_{\mathrm{m}}(k+1)+\mathbf{g}_0 e(k) \tag{7.115}$$

式中，$\mathbf{g}_0=[g_1 \quad g_2 \quad \cdots \quad g_P]^{\mathrm{T}}$，$e(k)=y(k)-y_{\mathrm{m}}(k)=y(k)-\sum_{j=1}^{N}\hat{h}_j u(k-j)$，这里采用了加权的误差修正方法。

将性能指标式(7.112)写成矩阵形式有

$$\begin{aligned} J&=[\mathbf{y}_{\mathrm{p}}(k+1)-\mathbf{y}_{\mathrm{r}}(k+1)]^{\mathrm{T}}Q[\mathbf{y}_{\mathrm{p}}(k+1)-\mathbf{y}_{\mathrm{r}}(k+1)]+\mathbf{u}_2^{\mathrm{T}}(k)R\mathbf{u}_2(k) \\ &=[H_2\mathbf{u}_2(k)+H_1\mathbf{u}_1(k-1)+\mathbf{g}_0e(k)-\mathbf{y}_{\mathrm{r}}(k+1)]^{\mathrm{T}}Q[H_2\mathbf{u}_2(k)+H_1\mathbf{u}_1(k-1) \\ &\quad+\mathbf{g}_0e(k)-\mathbf{y}_{\mathrm{r}}(k+1)]+\mathbf{u}_2^{\mathrm{T}}(k)R\mathbf{u}_2(k) \end{aligned} \tag{7.116}$$

式中，$Q=\mathrm{diag}[q_1 \quad q_2 \quad \cdots \quad q_P]$ 和 $R=\mathrm{diag}[r_1 \quad r_2 \quad \cdots \quad r_M]$ 为对角加权矩阵，而 $\mathbf{y}_{\mathrm{r}}(k+1)=[y_{\mathrm{r}}(k+1) \quad y_{\mathrm{r}}(k+2) \quad \cdots \quad y_{\mathrm{r}}(k+P)]^T$ 为参考输入向量。

上式对未来控制向量 $\mathbf{u}_2(k)$ 求导，即可求出在性能指标(7.116)下的无约束MAC控制律。令 $\partial J/\partial\mathbf{u}_2(k)=0$，有

$$\mathbf{u}_2(k)=(H_2^{\mathrm{T}}QH_2+R)^{-1}H_2^{\mathrm{T}}Q[\mathbf{y}_{\mathrm{r}}(k+1)-H_1\mathbf{u}_1(k-1)-\mathbf{g}_0e(k)] \tag{7.117}$$

以上 $\mathbf{u}_2(k)$ 中共包含从当前时刻起的 M 步控制作用，因所采用的预测时域和控制时域大于前述的单步算法，包含了较丰富的信息，所以多步算法的控制效果和鲁棒性优于单步 MAC 算法。为了克服模型误差、系统的非线性和干扰等不确定因素对输出预测精度的影响，通常采用闭环控制算法，即只施加当前控制量 $u(k)$，下一时刻的控制量 $u(k+1)$ 再根据式(7.117)递推一步重算。这样，当前控制量为

$$\begin{aligned} u(k)&=(1,0,\cdots,0)(H_2^{\mathrm{T}}QH_2+R)^{-1}H_2^{\mathrm{T}}Q[\mathbf{y}_{\mathrm{r}}(k+1)-H_1\mathbf{u}_1(k-1)-\mathbf{g}_0e(k)] \\ &=\mathbf{d}^{\mathrm{T}}[\mathbf{y}_{\mathrm{r}}(k+1)-H_1\mathbf{u}_1(k-1)-\mathbf{g}_0e(k)] \end{aligned} \tag{7.118}$$

式中，$\mathbf{d}^{\mathrm{T}}=(1 \quad 0 \quad \cdots \quad 0)(H_2^{\mathrm{T}}QH_2+R)^{-1}H_2^{\mathrm{T}}Q=[d_1 \quad d_2 \quad \cdots \quad d_P]$。

可以证明，上述多步 MAC 算法由于以 u 作为控制量，本质上导致了比例性质的控制，因此，在一般性能指标下，MAC 算法会出现稳态误差。若在性能指标式(7.116)中不对控制量加以限制，即控制量加权系数 $r_j=0$，可获得无静差控制。然而，这种方法在工程实践中

是不可实现的。因此，有必要对基本的 MAC 算法作进一步改进。例如，采用增量预测模型通过滚动优化计算出控制增量Δu，从而在控制器中引入积分因子，形成增量型 MAC 算法。这种算法与下面介绍的动态矩阵控制是等价的。

2. 动态矩阵控制

动态矩阵控制(dynamic matrix control，DMC)最早在 1973 年就已应用于 Shell 石油公司的生产装置上。1979 年，Culter 等在美国化工学会年会上首次介绍了这种算法。DMC 算法是一种基于对象阶跃响应的预测控制算法，适用于有时滞、开环渐近稳定的非最小相位系统。DMC 算法包括三部分：预测模型、反馈校正和滚动优化。

1） 预测模型

动态矩阵控制算法是基于单位阶跃响应预测模型的一种控制算法。

2） 反馈校正

由于模型误差和干扰等的影响，系统的输出预测值需在预测模型输出的基础上用实际输出误差进行反馈校正，以实现闭环预测，即

$$\begin{aligned}\mathbf{y}_{\mathrm{p}}(k+1)&=\mathbf{y}_{\mathrm{m}}(k+1)+\mathbf{g}_0[y(k)-y_{\mathrm{m}}(k)]\\&=A\Delta\mathbf{u}(k)+A_0\Delta\mathbf{u}(k-1)+\mathbf{g}_0e(k)\end{aligned} \tag{7.119}$$

其中，$\mathbf{y}_{\mathrm{m}}(k+1)$为模型的预测输出；$\mathbf{y}_{\mathrm{p}}(k+1)$为反馈校正后的预测输出，且$\mathbf{y}_{\mathrm{p}}(k+1)=[y_{\mathrm{p}}(k+1)\quad y_{\mathrm{p}}(k+2)\quad\cdots\quad y_{\mathrm{p}}(k+P)]^{\mathrm{T}}$；$\mathbf{g}_0=[1\quad 1\quad\cdots\quad 1]$，$\mathbf{g}_0$的元素可根据需要取其他值。

考虑到脉冲响应系数和阶跃响应系数之间有如下关系

$$\hat{a}_i=\sum_{j=1}^{i}\hat{h}_j \tag{7.120}$$

并假设

$$\begin{cases}S_1=\sum\limits_{j=2}^{N}\hat{h}_j\Delta u(k+1-j)\\S_2=\sum\limits_{j=3}^{N}\hat{h}_j\Delta u(k+2-j)\\\quad\vdots\\S_P=\sum\limits_{j=P+1}^{N}\hat{h}_j\Delta u(k+P-j)\\P_j=\sum\limits_{i=1}^{j}S_i\end{cases} \tag{7.121}$$

而 MAC 控制算法中的闭环预测模型见下式：

$$\begin{aligned}y_{\mathrm{p}}(k+i)=y(k)+\sum_{j=1}^{N}\hat{h}_j[&\Delta u(k+i-j)+\Delta u(k+i-j-1)+\cdots+\Delta u(k+2-j)\\&+\Delta u(k+1-j)],\quad i=1,2,\cdots,P\end{aligned} \tag{7.122}$$

展开式(7.122)并稍加整理，然后将式(7.120)、式(7.121)代入，可以得到闭环预测模型为

$$\mathbf{y}_{\mathrm{p}}(k+1)=A\Delta\mathbf{u}(k)+\mathbf{g}_0y(k)+\mathbf{P} \tag{7.123}$$

式中，$\mathbf{g}_0=[1 \quad 1 \quad \cdots \quad 1]^{\mathrm{T}}$，$\mathbf{P}=[P_1 \quad P_2 \quad \cdots \quad P_P]^{\mathrm{T}}$。

式(7.123)是DMC控制算法所用闭环预测模型的另一种表述形式。

3）滚动优化

DMC控制算法采用滚动优化目标函数，其目的就是在每一时刻k，确定从该时刻起的M个控制增量$\Delta u(k),\Delta u(k+1),\cdots,\Delta u(k+M-1)$，使过程在其作用下，未来$P$个时刻的输出预测值$\hat{y}_{\mathrm{p}}(k+1),\hat{y}_{\mathrm{p}}(k+2),\cdots,\hat{y}_{\mathrm{p}}(k+P)$尽可能地接近期望值$y_{\mathrm{r}}(k+1),y_{\mathrm{r}}(k+2),\cdots,y_{\mathrm{r}}(k+P)$，即优化性能指标为

$$J=\sum_{i=1}^{P}[y_{\mathrm{r}}(k+i)-y_{\mathrm{p}}(k+i)]^2 q_i+\sum_{j=1}^{M}[\Delta u(k+j-1)]^2 r_j \tag{7.124}$$

式中，第二项是对控制增量的约束，目的是不允许控制量的变化过于激烈。q_i和r_j为加权系数，它们分别表示对跟踪误差及控制增量变化的抑制。

性能指标(7.124)也可以用向量形式表示为

$$\begin{aligned}J&=\left\|\mathbf{y}_{\mathrm{r}}(k+1)-\mathbf{y}_{\mathrm{p}}(k+1)\right\|_Q^2+\left\|\Delta\mathbf{u}(k)\right\|_R^2\\&=\left\|\mathbf{y}_{\mathrm{r}}(k+1)-A\Delta\mathbf{u}(k)-A_0\Delta\mathbf{u}(k-1)-\mathbf{g}_0 e(k)\right\|_Q^2+\left\|\Delta\mathbf{u}(k)\right\|_R^2\end{aligned} \tag{7.125}$$

式中，$\mathbf{y}_{\mathrm{r}}(k+1)$为期望值向量，且$\mathbf{y}_{\mathrm{r}}(k+1)=[y_{\mathrm{r}}(k+1) \quad y_{\mathrm{r}}(k+2) \quad \cdots \quad y_{\mathrm{r}}(k+P)]^{\mathrm{T}}$；$Q$和$R$分别是误差权矩阵和控制权矩阵，且$Q=\mathrm{diag}[q_1 \quad q_2 \quad \cdots \quad q_P]$，$R=\mathrm{diag}[r_1 \quad r_2 \quad \cdots \quad r_M]$。

上式对未来控制增量向量$\Delta\mathbf{u}(k)$求导，即可求出在性能指标式(7.125)下的无约束DMC控制律。令$\partial J/\partial\Delta\mathbf{u}(k)=0$，有

$$\Delta\mathbf{u}(k)=(A^{\mathrm{T}}QA+R)^{-1}A^{\mathrm{T}}Q[\mathbf{y}_{\mathrm{r}}(k+1)-A_0\Delta\mathbf{u}(k-1)-\mathbf{g}_0 e(k)] \tag{7.126}$$

它给出了$\Delta u(k),\Delta u(k+1),\cdots,\Delta u(k+M-1)$的最优值。但是DMC控制算法并不把它们都当作应实施的控制作用，而只是取其中的即时控制增量$\Delta u(k)$构成控制量$u(k)=u(k-1)+\Delta u(k)$施加于被控对象。到下一时刻，根据类似的优化问题递推一步求出$\Delta u(k+1)$。这就是所谓的“滚动优化”策略。在DMC控制中，每次实际需要的只是向量$\Delta\mathbf{u}(k)$中的第一个分量$\Delta u(k)$。

$$\begin{aligned}u(k)&=(1 \quad 0 \quad \cdots \quad 0)(A^{\mathrm{T}}QA+R)^{-1}A^{\mathrm{T}}Q[\mathbf{y}_{\mathrm{r}}(k+1)-A_0\Delta\mathbf{u}(k-1)-\mathbf{g}_0 e(k)]\\&=\mathbf{d}^{\mathrm{T}}[y_{\mathrm{r}}(k+1)-A_0\Delta\mathbf{u}(k-1)-\mathbf{g}_0 e(k)]\end{aligned} \tag{7.127}$$

式中，$\mathbf{d}^{\mathrm{T}}=(1 \quad 0 \quad \cdots \quad 0)(A^{\mathrm{T}}QA+R)^{-1}A^{\mathrm{T}}Q=[d_1 \quad d_2 \quad \cdots \quad d_P]$称为控制参数向量。一旦$Q,R,M$和$P$确定之后，$\mathbf{d}^{\mathrm{T}}$可离线求出，故$\Delta u(k)$的计算是十分简单的。

7.5 模糊控制器的设计

7.5.1 概述

在工业生产过程中，经常会遇到大滞后、时变和非线性的复杂系统，其中有的参数未知或变化缓慢，有的存在滞后和随机干扰，有的无法获得精确的数学模型。模糊控制器是一种新型控制器，其优点是不要求掌握被控对象的精确数学模型，而根据人的经验规则组织控制决策表，然后，由该表决定控制量的大小。

模糊控制理论是由美国著名学者加利福尼亚大学教授Zadeh于1965年首先提出的，它

以模糊数学为基础，用语言规则表示方法和先进的计算机技术，是由模糊推理进行推理决策的一种高级控制策略。

1974 年，英国伦敦大学教授 Mamdant 研制成功第一个模糊控制器，充分展示了模糊控制技术的应用前景。模糊控制技术是由模糊数学、计算机科学、人工智能、知识工程等多门学科相互渗透，且理论性很强的科学技术。下面简要介绍模糊控制的数学基础。

1. 模糊集合

在人类的思维中，有许多模糊的概念，如大、小、冷、热等，都没有明确的内涵和外延，只能用模糊集合来描述；有的概念具有清晰的内涵和外延，如男人和女人。把前者称为模糊集合，用 $\underset{\sim}{A}$ 表示，后者称为普通集合(或经典集合)。

把模糊集合的特征函数称为隶属函数，记为 $\mu_A(x)$，它表示元素 x 属于模糊集合 $\underset{\sim}{A}$ 的程度。隶属函数是模糊数学中最基本的概念，可用隶属函数来定义模糊集合；在论域 U 上的模糊集合 $\underset{\sim}{A}$，由隶属函数来表征，$\mu_A(x)$ 在 $[0,1]$ 区间内连续取值。$\mu_A(x)$ 的大小反映了元素 x 对于模糊集合的隶属程度。

例如，说明某人属于“老年人”集合的隶属函数可表达为

$$\mu_{老年人}(x)=\frac{1}{1+\left(\frac{5}{x-60}\right)^2}, \quad x>60 \tag{7.128}$$

式中，x 表示 60 岁以上的某人年龄，如果甲是 65 岁，代入式(7.128)计算，可得

$$\mu_{老年人}(65)=0.5$$

这说明，像甲这样的 65 岁人只能算是半老，因为这样的人属于“老年人”的隶属度只有 0.5，同样把 70 岁、80 岁年龄分别代入式(7.128)计算，可得

$$\mu_{老年人}(70)=0.8$$

$$\mu_{老年人}(80)=0.94$$

这表明 70 岁、80 岁的人属于“老年人”集合的隶属程度分别为 0.8 和 0.94。

2. 模糊集合的运算

对于给定论域 U 上的模糊集合 $\underset{\sim}{A}$、$\underset{\sim}{B}$、$\underset{\sim}{C}$，根据隶属函数来定义，它们之间的运算关系如下：

① 相等。$\forall x\in U$，有 $\mu_{\underset{\sim}{A}}(x)=\mu_{\underset{\sim}{B}}(x)$，则称 $\underset{\sim}{A}$ 与 $\underset{\sim}{B}$ 相等，记为 $\underset{\sim}{A}=\underset{\sim}{B}$。

② 补集。$\forall x\in U$，有 $\mu_{\underset{\sim}{B}}(x)=1-\mu_{\underset{\sim}{A}}(x)$，则称 $\underset{\sim}{B}$ 是 $\underset{\sim}{A}$ 的补集，记为 $\underset{\sim}{B}=\overline{\underset{\sim}{A}}$。

③ 子集。$\forall x\in U$，有 $\mu_{\underset{\sim}{B}}(x)\leqslant\mu_{\underset{\sim}{A}}(x)$，则称 $\underset{\sim}{B}$ 是 $\underset{\sim}{A}$ 的子集，记为 $\underset{\sim}{B}\subseteq\underset{\sim}{A}$。

④ 并集。$\forall x\in U$，有 $\mu_{\underset{\sim}{C}}(x)=\max\{\mu_{\underset{\sim}{A}}(x),\mu_{\underset{\sim}{B}}(x)\}=\mu_{\underset{\sim}{A}}(x)\vee\mu_{\underset{\sim}{B}}(x)$，则称 $\underset{\sim}{C}$ 是 $\underset{\sim}{A}$ 与 $\underset{\sim}{B}$ 的并集，记为 $\underset{\sim}{C}=\underset{\sim}{A}\cup\underset{\sim}{B}$。其中，“ max ”和“ ∨ ”表示取大运算，即取两个隶属度较大的数作为运算结果。

⑤ 交集。$\forall x\in U$，有 $\mu_{\underset{\sim}{C}}(x)=\min\{\mu_{\underset{\sim}{A}}(x),\mu_{\underset{\sim}{B}}(x)\}=\mu_{\underset{\sim}{A}}(x)\wedge\mu_{\underset{\sim}{B}}(x)$，则称 $\underset{\sim}{C}$ 是 $\underset{\sim}{A}$ 与 $\underset{\sim}{B}$ 的交集，记为 $\underset{\sim}{C}=\underset{\sim}{A}\cap\underset{\sim}{B}$。其中，“ min ”和“ ∧ ”表示取小运算，即取两个隶属度较小的数作为运算结果。

另外，普通集合论中的交换律、幂等律、结合律、分配律、吸收律和摩根定律也同样适用于模糊集合的运算。

3. 关系与模糊关系

1）关系

客观世界的各种事物之间普遍存在着联系。它的定义是：集合 A 和 B 的直积 $A\times B$ 的一个子集 R 称为 A 和 B 的二元关系，简称关系。对任意 $x\in A, y\in B$ 都只能有下列两种情况：

x 与 y 有某种关系，记为 xRy。

x 与 y 无某种关系，记为 $x\bar{R}y$。

由 A 到 B 的关系 R 也可用序对 (x,y) 来表示，其中，$x\in A, y\in B$。所有有关系 R 的序对可以构成一个 R 集。在集 A 与集 B 中各取出一个元素排成序对，所有这样的序对的集合称为 A 和 B 的直积集，记为 $A\times B=\{(x,y)|x\in A, y\in B\}$。显然，$R$ 集是 A 和 B 的直积集的一个子集，即 $R\subset(A\times B)$。

关系有如下三个特性：

(1) 自返性。集合 A 上的一个关系 R，若对 $\forall x\in A$，都有 xRx，即集合的每一个元素 x 都与自身有这一关系，则称 R 为具有自返性的关系。例如，同族关系便具有自返性，但父子关系和朋友关系不具有自返性。

(2) 对称性。一个集合 A 上的关系 R，若对 $\forall x,y\in A$，若有 xRy，必有 yRx，即满足这一关系的两个元素的地位可以对调，则称 R 为具有对称性的关系。例如，兄弟关系和朋友关系都具有对称性，但父子关系不具有对称性。

(3) 传递性。一个集合 A 上的关系 R，若对 $\forall x,y,z\in A$，若有 xRy, yRz，则必有 xRz，则称 R 为具有传递性的关系。例如，兄弟关系和同族关系具有传递性，但父子关系和朋友关系不具有传递性。

具有自返性和对称性的关系称为相容关系，具有传递性的相容关系称为等价关系。

2）模糊关系

根据以上定义的关系概念，对于模糊集合中的模糊关系可定义如下：

集合 $\underset{\sim}{A}$ 和集合 $\underset{\sim}{B}$ 的直积

$$\underset{\sim}{A}\times\underset{\sim}{B}=\{(x,y)|x\in\underset{\sim}{A}, y\in\underset{\sim}{B}\}$$

式中的一个模糊关系 $\underset{\sim}{R}$，是指以 $\underset{\sim}{A}\times\underset{\sim}{B}$ 为论域的一个模糊子集。一般说来，只要给出直积空间 $\underset{\sim}{A}\times\underset{\sim}{B}$ 中的模糊集 $\underset{\sim}{R}$ 的隶属函数 $\mu_{\underset{\sim}{R}}(x,y)$，集合 $\underset{\sim}{A}$ 到集合 $\underset{\sim}{B}$ 的模糊关系 $\underset{\sim}{R}$ 也就确定了。模糊关系也有自返性、对称性、传递性等关系。

(1) 自返性。一个模糊关系 $\underset{\sim}{R}$，若对 $\forall x\in\underset{\sim}{A}$，有 $\mu_{\underset{\sim}{R}}(x,x)=1$，即每一个元素 x 与自身隶属于模糊关系 $\underset{\sim}{R}$ 的程度为 1，则称 $\underset{\sim}{R}$ 为具有自返性的模糊关系。例如，相像关系就具有自返性，仇敌关系就不具有自返性。

(2) 对称性。一个模糊关系 $\underset{\sim}{R}$，若 $\forall x,y\in\underset{\sim}{A}$，均有 $\mu_{\underset{\sim}{R}}(x,y)=\mu_{\underset{\sim}{R}}(y,x)$，即 x 与 y 隶属于模糊关系 $\underset{\sim}{R}$ 的程度和 y 与 x 隶属于模糊关系 $\underset{\sim}{R}$ 的程度相同，则称 $\underset{\sim}{R}$ 为具有对称性的模糊关系。例如，相像关系就具有对称性，而相爱关系就不具有对称性。

(3) 传递性。一个模糊关系 $\underset{\sim}{R}$，若对 $\forall x,y,z\in\underset{\sim}{A}$，均有

$$\mu_{\underset{\sim}{R}}(x,z)\geqslant\min[\mu_{\underset{\sim}{R}}(x,y),\mu_{\underset{\sim}{R}}(y,z)]$$

即 x 与 y 隶属于模糊关系 $\underset{\sim}{R}$ 的程度和 y 与 z 隶属于模糊关系 $\underset{\sim}{R}$ 的程度中较小的一个值都小于或等于 x 和 z 隶属于模糊关系 $\underset{\sim}{R}$ 的程度，则称 $\underset{\sim}{R}$ 为具有传递性的模糊关系。

3）模糊矩阵

当 $\underset{\sim}{A}=\{x_i \mid i=1,2,\cdots,m\}$，$\underset{\sim}{B}=\{y_j \mid j=1,2,\cdots,n\}$ 是有限集合时，则 $\underset{\sim}{A}\times\underset{\sim}{B}$ 的模糊关系 $\underset{\sim}{R}$ 可用下列矩阵表示：

$$\underset{\sim}{R}=\begin{bmatrix} r_{11} & r_{12} & \cdots & r_{1n} \\ r_{21} & r_{22} & \cdots & r_{2n} \\ \vdots & \vdots & & \vdots \\ r_{m1} & r_{m2} & \cdots & r_{mn} \end{bmatrix}$$

式中，$r_{ij}=\mu_{\underset{\sim}{R}}(x_i,y_j)$，该矩阵被称为模糊矩阵，简记为 $\underset{\sim}{R}=[r_{ij}]_{m\times n}$。

对于 $\underset{\sim}{R}=[r_{ij}]_{m\times n}$，$\underset{\sim}{Q}=[q_{ij}]_{m\times n}$，模糊矩阵的交、并和补运算如下：

(1) 模糊矩阵交 $\underset{\sim}{R}\cap\underset{\sim}{Q}=[r_{ij}\wedge q_{ij}]_{m\times n}$

(2) 模糊矩阵并 $\underset{\sim}{R}\cap\underset{\sim}{Q}=[r_{ij}\vee q_{ij}]_{m\times n}$

(3) 模糊矩阵补 $\overline{\underset{\sim}{R}}=[1-r_{ij}]_{m\times n}$

模糊矩阵的乘法运算与普通矩阵的乘法运算类似，所不同的是并非两项相乘后再相加，而是先取小再取大。若 $\underset{\sim}{P}=\underset{\sim}{R}\circ\underset{\sim}{Q}$（模糊矩阵 $\underset{\sim}{R}$ 乘 $\underset{\sim}{Q}$），则 $\underset{\sim}{P}$ 中的元素

$$p_{ij}=\max\{\min[r_{ik},q_{kj}]\}=\vee[r_{ik}\wedge q_{kj}]$$

7.5.2 模糊控制原理

模糊控制系统不同于通常的微机控制系统，其主要区别是采用了模糊控制器。模糊控制器是模糊控制系统的核心部分，其结构直接影响控制系统的性能。

模糊控制器主要包括输入量模糊化接口、知识库、推理机和输出清晰化接口四个部分，如图 7.8 所示。

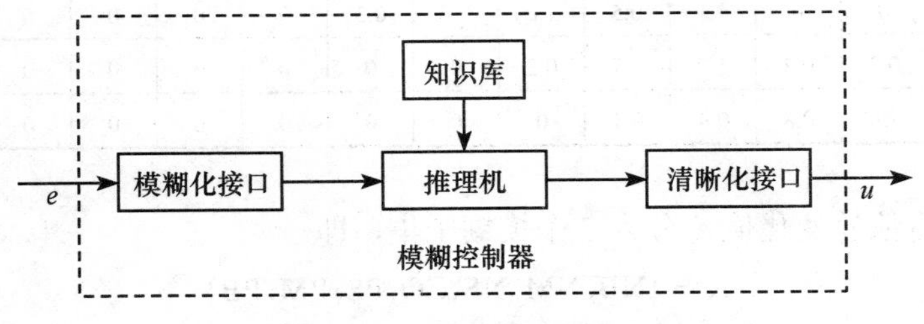

图 7.8 模糊控制器的组成

1. 模糊化接口

模糊控制器仿照人的思维进行模糊控制，必须把由输入通道采样得到的精确量变成模糊推理需要的模糊量。这种模糊化工作由模糊化接口完成。在控制系统中，一般将偏差和偏差变化率的实际变化范围称为基本论域。设偏差 x 的基本论域为 $[a,b]$，首先将 $x\in[a,b]$ 变换成 $y\in[-X_e,X_e]$ 的连续区间，变换公式如下：

$$y=\frac{2X_e}{b-a}\left(x-\frac{a+b}{2}\right)$$

设偏差所取的模糊集的论域为 $\{-n,-n+1,\cdots,0,\cdots,n-1,n\}$，这里 n 为将 $0\sim X_e$ 范围内连续变化的偏差离散化之后分成的挡数，因此可得偏差精确量 y 的模糊化的量化因子 $K_e=n/X_e$，在

实际系统中，n值不易划分过细、过密，一般取$n=6$。

同理，对于偏差变化$[-X_c, X_c]$，若选择其模糊集的论域为$\{-m,-m+1,\cdots,0,\cdots,m-1,m\}$，则偏差变化$x$的量化因子为$K_c = m / X_c$。量化因子$K_c$具有与$K_e$完全相同的特性，一般也取$m=6$。

通常人们习惯上将$[-6,+6]$变化的偏差大小表述为如下几种模糊子集：

在+6 附近称为正大，记为 PB；

在+4 附近称为正中，记为 PM；

在+2 附近称为正小，记为 PS；

稍大于 0 称为正零，记为 PO；

稍小于 0 称为负零，记为 NO；

在–2 附近称为负小，记为 NS；

在–4 附近称为负中，记为 NM；

在–6 附近称为负大，记为 NB。

因此，对于偏差e，其模糊子集$e=\{\text{NB},\text{NM},\text{NS},\text{NO},\text{PO},\text{PS},\text{PM},\text{PB}\}$，各个语言变量值的隶属函数如表 7.1 所示。

表 7.1　偏差e的语言变量值隶属度

隶属度		e的论域													
		–6	–5	–4	–3	–2	–1	–0	+0	+1	+2	+3	+4	+5	+6
模糊集合	PB	0	0	0	0	0	0	0	0	0	0	0.1	0.4	0.8	1.0
	PM	0	0	0	0	0	0	0	0	0	0.2	0.7	1.0	0.7	0.2
	PS	0	0	0	0	0	0	0	0.3	0.8	1.0	0.5	0.1	0	0
	PO	0	0	0	0	0	0	0	1.0	0.6	0.1	0	0	0	0
	NO	0	0	0	0	0.1	0.6	1.0	0	0	0	0	0	0	0
	NS	0	0	0.1	0.5	1.0	0.8	0.3	0	0	0	0	0	0	0
	NM	0.2	0.7	1.0	0.7	0.2	0	0	0	0	0	0	0	0	0
	NB	1.0	0.8	0.4	0.1	0	0	0	0	0	0	0	0	0	0

同理，可以将偏差变化值e_c分为 7 个模糊子集，即

$$e_c=\{\text{NB},\text{NM},\text{NS},\text{ZO},\text{PS},\text{PM},\text{PB}\}$$

各个语言变量值的隶属函数如表 7.2 所示。

表 7.2　偏差e_c的语言变量值隶属度

隶属度		e_c的论域												
		–6	–5	–4	–3	–2	–1	0	+1	+2	+3	+4	+5	+6
模糊集合	PB	0	0	0	0	0	0	0	0	0	0.1	0.4	0.8	1.0
	PM	0	0	0	0	0	0	0	0	0.2	0.7	1.0	0.7	0.2
	PS	0	0	0	0	0	0	0	0.9	1.0	07	0.2	0	0
	ZO	0	0	0	0	0	0.5	1.0	0.5	0	0	0	0	0
	NS	0	0	0.2	0.7	1.0	0.9	0	0	0	0	0	0	0
	NM	0.2	0.7	1.0	0.7	0.2	0	0	0	0	0	0	0	0
	NB	1.0	0.8	0.4	0.1	0	0	0	0	0	0	0	0	0

上述模糊集的隶属函数应根据实际情况来确定。一般采用下式来拟合模糊集合的隶属度：

$$\mu_{\underset{\sim}{A}}(x)=\exp\left[-\left(\frac{x-a}{b}\right)^2\right]$$

2. 知识库

知识库由数据库和规则库两部分组成。

模糊控制器的输入变量、输出变量经模糊化处理后，其全部模糊子集的隶属度或隶属函数存放于模糊控制器的数据库中，如表 7.1 和表 7.2 所示数据，在规则推理的模糊关系方程求解过程中，为推理机提供数据。但要说明的是，输入变量和输出变量的测量数据集不属于数据库存放范畴。

规则库就是用来存放全部模糊控制规则的，在推理时为“推理机”提供控制规则。模糊控制器的规则是基于专家知识或手动操作经验来建立的，它是按人的直觉推理的一种语言表示形式。模糊规则通常由一系列关系词连接而成，如 if-then、else、also、and、or 等，关系词必须经过“翻译”才能将模糊规则数值化。如果某模糊控制器的输入变量为偏差e和偏差变化e_{c}，模糊控制器的输出变量为u，其相应的语言变量为 E、EC 和 U，给出下述一族模糊规则：

(1) if E＝NB or NM and EC＝NB or NM then U=PB
(2) if E＝NB or NM and EC＝NS or NO then U=PB
(3) if E＝NB or NM and EC＝PS then U=PM
(4) if E＝NB or NM and EC＝PM or PB then U=NO
(5) if E＝NS and EC＝NB or NM then U=PM
(6) if E＝NS and EC＝NS or NO then U=PM
(7) if E＝NS and EC＝PS then U=NO
(8) if E＝NS and EC＝PM or PB then U=NS
(9) if E＝NO or PO and EC＝NB or NM then U=PM
(10) if E＝NO or PO and EC＝NS then U=PS
(11) if E＝NO or PO and EC＝NO then U=NO
(12) if E＝NO or PO and EC＝PS then U=PS
(13) if E＝NO or PO and EC＝PM or PB then U=NM
(14) if E＝PS and EC＝NB or NM then U=PS
(15) if E＝PS and EC＝NS then U=NO
(16) if E＝PS and EC＝NO or PS then U=NM
(17) if E＝PS and EC＝PM or PB then U=NM
(18) if E＝PM or PB and EC＝NB or NM then U=NO
(19) if E＝PM or PB and EC＝NS then U=NM
(20) if E＝PM or PB and EC＝NO or PS then U=NB
(21) if E＝PM or PB and EC＝PM or PB then U=NB

上述 21 条模糊条件语句可以归纳为模糊控制规则表 7.3 所示。该规则基本总结了众多被控对象手动操作过程中，各种可能出现的情况和相应的控制策略。例如，锅炉压力与加热的关系，汽轮机转速与阀门开度的关系，反应堆的热交换关系，飞机、轮船的航向与舵的关系，卫星的姿态与作用力的关系。

表 7.3　模糊控制规则

U		EC						
		PB	PM	PS	ZO	NS	NM	NB
E	PB	NB	NB	NB	NB	NM	ZO	ZO
	PM	NB	NB	NB	NB	NM	ZO	ZO
	PS	NM	NM	NM	NM	ZO	PS	PS
	PO	NM	NM	NS	ZO	PS	PM	PM
	NO	NM	NM	NS	ZO	PS	PM	PM
	NS	NS	NS	ZO	PM	PM	PM	PM
	NM	ZO	ZO	PM	PB	PB	PB	PB
	NB	ZO	ZO	PM	PB	PB	PB	PB

3. 推理机

推理机是模糊控制器中，根据输入模糊量和知识库(数据库、规则库)完成模糊推理并求解模糊关系方程，从而获得模糊控制量的功能部分。模糊控制规则也就是模糊决策，它是人们在控制生产过程中的经验总结。这些经验可以写成下列形式：

“如 A 则 B”型，也可以写成：if A then B；

“如 A 则 B 否则 C”型，也可以写成：if A then B else C；

“如 A 且 B 则 C”型，也可以写成：if A and B then C。

对于更复杂的系统，控制语言可能更复杂。例如，“如 A 且 B 且 C 则 D”型等。单输入单输出控制系统的控制决策可用“如 A 则 B”语言来描述，即若输入为 A_1，则输出为

$$B_1 = A_1 \circ \underset{\sim}{R} = A_1 \circ (A \times B)$$

双输入单输出控制系统的控制决策可用“如 A 且 B 则 C”型控制语言来描述。若输入为 B_1，A_1，则输出为

$$C_1 = (A_1 \times B_1) \circ \underset{\sim}{R} = A_1 \circ (A \times B \times C)$$

确定一个控制系统的模糊规则就是要求得模糊关系 $\underset{\sim}{R}$，而模糊关系 $\underset{\sim}{R}$ 的求得又取决于控制的模糊语言。

4. 清晰化接口

由于被控对象每次只能接收一个精确的控制量，无法接收模糊控制量，因此必须经过清晰化接口将其转换成精确量，这一过程又称为模糊判决，也称为去模糊，通常采用下述三种方法。

1) 最大隶属度方法

若对应的模糊推理的模糊集 $\underset{\sim}{C}$ 中，元素 $u^* \in U$ 满足：

$$\mu_{\underset{\sim}{C}}(u^*) \geqslant \mu_{\underset{\sim}{C}}(u), \quad u \in U$$

则取 u^* 作为控制量的精确值。

若这样的隶属度最大点 u^* 不唯一，就取它们的平均值 $\overline{u^*}$ 或 $[u_1^*, u_p^*]$ 的中点 $(u_1^* + u_p^*)/2$ 作为输出控制量(其中 $u_1^* \leqslant u_2^* \leqslant \cdots \leqslant u_p^*$)。这种方法简单、易行且实时性好，但它概括的信息量少。

2) 加权平均法

加权平均法是模糊控制系统中应用较为广泛的一种判决方法，该方法有两种形式。

(1) 普通加权平均法。控制量由下式决定

$$u^* = \frac{\sum_i \mu_{\underset{\sim}{C}}(u_i) \cdot u_i}{\sum_i \mu_{\underset{\sim}{C}}(u_i)}$$

(2) 权系数加权平均法。控制量由下式决定

$$u^* = \frac{\sum_i k_i u_i}{\sum_i k_i}$$

式中，k_i 为权系数，根据实际情况决定。当 $k_i = \mu_{\underset{\sim}{C}}(u_i)$ 时，即为普通加权平均法。通过修改加权系数，可以改善系统的响应特性。

3) 中位数判决法

在最大隶属度判决法中，只考虑了最大隶属数，而忽略了其他信息的影响。中位数判决法是将隶属函数曲线与横坐标所围成的面积平均分成两部分，以分界点所对应的论域元素 u_i 作为判决输出。

设模糊推理的输出为模糊量 $\underset{\sim}{C}$，若存在 u^*，并且使

$$\sum_{u_{\min}}^{u^*} \mu_{\underset{\sim}{C}}(u) = \sum_{u^*}^{u_{\max}} \mu_{\underset{\sim}{C}}(u)$$

则取 u^* 为控制量的精确值。

7.5.3 模糊 PID 控制器设计

1. 模糊 PID 控制器结构设计

图 7.9 所示系统的控制器采用双模糊控制器（FC_1、FC_2）结构。r、y 分别为系统的设定值和输出，d 为外部扰动输入，e 为设定值与输出的偏差，Δe 为系统输出 y 的增量。两个模糊控制器采用相似形式的模糊规则、隶属函数定义和模糊推理算法。

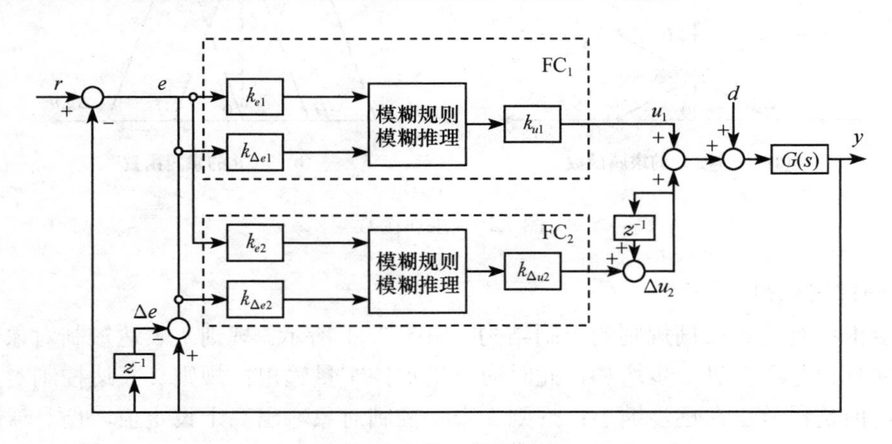

图 7.9 模糊控制系统结构

2. 输入变量及其模糊化

模糊控制器的输入量为系统偏差 e 和增量 Δe，分别乘以量化因子 k_{e*}、$k_{\Delta e*}$ 后输入量为

$$k_{e*}e(k) = k_{e*}[r(k) - y(k)] \tag{7.129}$$

$$k_{\Delta e*}\Delta e(k) = k_{e*}[y(k) - y(k-1)] \tag{7.130}$$

式中，$y(k)$、$r(k)$ 为时刻 k 的系统输出和设定值；$e(k)$ 为当前时刻给定值与输出量的偏差；$\Delta e(k)$ 为当前时刻输出值 $y(k)$ 与前一时刻输出值 $y(k-1)$ 的偏差；$*$ 代表 1，2，分别对应不同的控制器。

偏差(e)、增量(Δe)量化后的论域取为$[-L, L]$。输入语言变量在其相应的论域上定义为两个参考模糊集——负(N)、正(P)，相应的隶属函数如图 7.10(a)所示。

$$\mu_{N_{e*}} = \begin{cases} 1, & k_{e^*}e < -L \\ 0.5(1 - k_{e^*}e/L), & -L \leqslant k_{e^*}e < L \\ 0, & k_{e^*}e \geqslant L \end{cases}, \quad \mu_{P_{e*}} = \begin{cases} 0, & k_{e^*}e < -L \\ 0.5(1 + k_{e^*}e/L), & -L \leqslant k_{e^*}e < L \\ 1, & k_{e^*}e \geqslant L \end{cases} \tag{7.131}$$

$$\mu_{N_{\Delta e*}} = \begin{cases} 1, & k_{\Delta e^*}\Delta e < -L \\ 0.5\left(1 - \dfrac{k_{\Delta e^*}\Delta e}{L}\right), & -L \leqslant k_{\Delta e^*}\Delta e < L \\ 0, & k_{\Delta e^*}\Delta e \geqslant L \end{cases}, \quad \mu_{P_{\Delta e*}} = \begin{cases} 0, & k_{\Delta e^*}\Delta e < -L \\ 0.5\left(1 + \dfrac{k_{\Delta e^*}\Delta e}{L}\right), & -L \leqslant k_{\Delta e^*}\Delta e < L \\ 1, & k_{\Delta e^*}\Delta e \geqslant L \end{cases} \tag{7.132}$$

3. 输出变量及其模糊化

模糊控制器 1(FC_1)、模糊控制器 2(FC_2)的输出变量分别为 $u_1(k)$、$\Delta u_2(k)$；k_{u1}、$k_{\Delta u2}$ 分别是它们的量化因子。输出语言变量在其相应的论域上定义为三个梯形参考模糊集，分别是负(N)、零(Z)、正(P)，H、0、H 分别是其各自隶属函数的中心值，相应的隶属函数如图 7.10(b)所示。

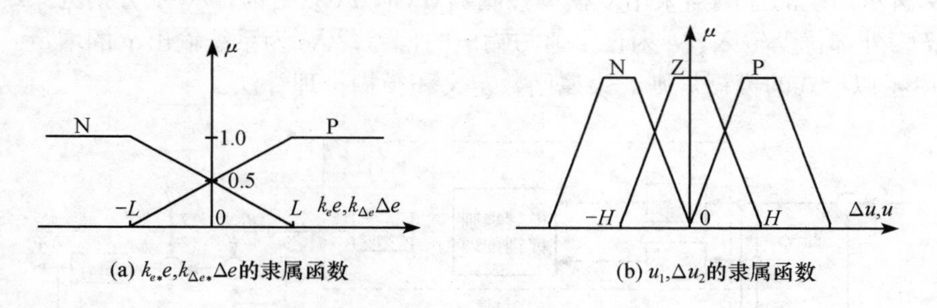

图 7.10　隶属函数

4. 模糊控制规则

这里给出仅有四条模糊规则的控制结构，如图 7.11 所示。规则 1 表达控制对象输出低于设定值，并且误差还在进一步增加，此时应该增加控制量输出；规则 2 表达控制对象输出低于设定值，但是误差正在逐步缩小；规则 3 表示控制对象输出高于设定值，但是误差正在逐步缩小，这两种情况下，应该保持控制量输出不变，使系统输出平滑地趋近设定值；规则 4 表示控制对象高于设定值，并且误差还在进一步扩大，此时应该减少控制量输出。

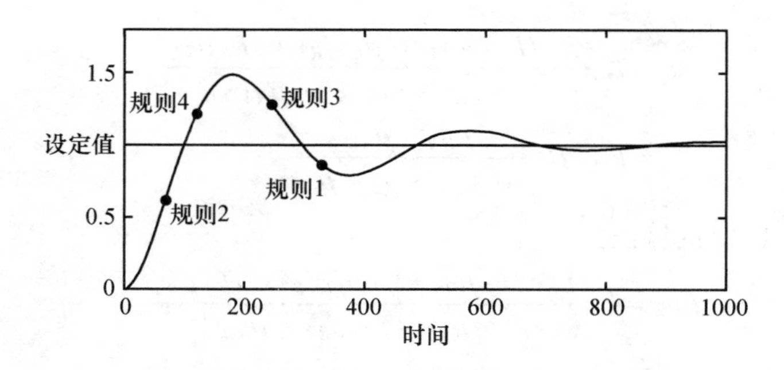

图 7.11　模糊规则分布区

由于这四条规则形式简明，内涵丰富，利用此规则设计模糊控制器，能使设计和整定过程大为简化，因此被设计者广泛采用。

FC1 的模糊控制规则：

R1　if k_{e1} e is N_{e1} and $k_{\Delta e1}$ Δe is $N_{\Delta e1}$, then u_1 is P_u；

R2　if k_{e1} e is P_{e1} and $k_{\Delta e1}$ Δe is $N_{\Delta e1}$, then u_1 is Z_u；

R3　if k_{e1} e is N_{e1} and $k_{\Delta e1}$ Δe is $P_{\Delta e1}$, then u_1 is Z_u；

R4　if k_{e1} e is P_{e1} and $k_{\Delta e1}$ Δe is $P_{\Delta e1}$, then u_1 is N_u。

FC2 的模糊控制规则：

R5　if k_{e2} e is N_{e2} and k_{e2} Δe is $N_{\Delta e2}$, then Δu_2 is $P_{\Delta u}$；

R6　if k_{e2} e is N_{e2} and k_{e2} Δe is $P_{\Delta e2}$, then Δu_2 is $Z_{\Delta u}$；

R7　if k_{e2} e is P_{e2} and k_{e2} Δe is $N_{\Delta e2}$, then Δu_2 is $Z_{\Delta u}$；

R8　if k_{e2} e is P_{e2} and k_{e2} Δe is $P_{\Delta e2}$, then Δu_2 is $N_{\Delta u}$。

5. 模糊推理与控制器输出

模糊推理过程中的“乘积”采用 Larsen 推理方法，“与”运算采用 Zadeh 模糊“与”的推理形式，“或”运算采用 Lukasiewicz 模糊“或”的推理形式，具体算法如表 7.4 所示。

表 7.4　模糊推理运算

模糊运算	公式
Zadeh 模糊“与”	$\mu_{Ri}=\mu_{A_1(k_e e)\cdot A_2(k_{\Delta e}\Delta e)}=\min[\mu_{A_1(k_e e)},\mu_{A_2(k_{\Delta e}\Delta e)}]$①
Lukasiewicz 模糊“或”	$\mu_{Ri\vee Rj}=\min[\mu_{Ri}+\mu_{Rj},1]$，$i\neq j$②
Larsen 乘积推理	$\mu\cdot F(u)$，u代表u_1或$\Delta u_2$③

注：① $A_1\subset[N_e,P_e]$，$A_2\subset[N_{\Delta e},P_{\Delta e}]$，$\mu_{A_1(k_e e)}$、$\mu_{A_2(k_{\Delta e}\Delta e)}$ 分别为 $k_e e$ 和 $k_{\Delta e}\Delta e$ 属于 A_1、A_2 的隶属度。

② R_i、R_j 代表不同的控制规则，i、j=1,…,4 或 i、j=5,…,8。

③ μ 为模糊控制规则中前提部分隶属度，$F(u)$为输出模糊集的隶属函数。

模糊控制器的输出由加权平均清晰化算法求得。各输出模糊集是关于中心值(–H，0，H)对称的，如图 7.10(b)所示，由此得到以下结论。

模糊控制器 1(FC_1)的输出为

$$u_1 = K_{u1} \cdot \frac{-H \cdot \mu_{R1} + 0 \cdot \mu_{R2\vee R3} + H \cdot \mu_{R4}}{\mu_{R1} + \mu_{R2\vee R3} + \mu_{R4}} = k_{u1} \cdot H \frac{\mu_{R4} - \mu_{R1}}{\mu_{R1} + \mu_{R2\vee R3} + \mu_{R4}} \tag{7.133}$$

模糊控制器 2(FC_2)的输出为

$$\Delta u_2 = k_{\Delta u2} \cdot \frac{-H \cdot \mu_{R5} + 0 \cdot \mu_{R6\vee R7} + H \cdot \mu_{R8}}{\mu_{R5} + \mu_{R6\vee R7} + \mu_{R8}} = k_{\Delta u2} \cdot H \frac{\mu_{R8} - \mu_{R5}}{\mu_{R5} + \mu_{R6\vee R7} + \mu_{R8}} \tag{7.134}$$

将表 7.4 的计算公式代入式(7.133)、式(7.134)，可求得系统在不同的运行区间时模糊控制器 FC_1、FC_2 的输出控制量。

模糊控制器总的输出为

$$u_{FC} = u_1 + \sum_0^k \Delta u_2 \tag{7.135}$$

控制器共有 k_{e1}、$k_{\Delta e1}$、k_{e2}、$k_{\Delta e2}$、k_{u1}、$k_{\Delta u2}$、H、L 8 个控制参数，H 是输出控制量最大限幅值，通常根据控制需求确定；L 是隶属函数归一化参数。为使推导证明简便，令 $k_{e1} = k_{e2}$，$k_{\Delta e1} = k_{\Delta e2}$，$H=L=1$。

取 $\beta(|e|) = 4 - 2k_{e1}|e|$，$\beta(|\Delta e|) = 4 - 2k_{\Delta e1}|\Delta e|$，可以得到如下形式的模糊控制器：

(1) 当 $-1 \leqslant k_{e1}e \leqslant 1$，$-1 \leqslant k_{\Delta e1}\Delta e \leqslant 1$，$k_{e1}|e| \leqslant k_{\Delta e1}|\Delta e|$ 时

$$\begin{aligned} u_{FC} &= \frac{k_{u1}k_{e1}e + k_{u1}k_{\Delta e1}\Delta e}{\beta(|\Delta e|)} + \sum_0^k \frac{k_{\Delta u2}k_{e1}e + k_{\Delta u2}k_{\Delta e1}T\dfrac{\Delta e}{T}}{\beta(|\Delta e|)} \\ &\approx \frac{k_{u1}k_{e1} + k_{\Delta u2}k_{\Delta e1}T}{\beta(|\Delta e|)}e + \sum_0^k \frac{k_{\Delta u2}k_{e1}}{\beta(|\Delta e|)}e + \frac{k_{u1}k_{\Delta e1}}{\beta(|\Delta e|)}\Delta e \end{aligned} \tag{7.136}$$

(2) 当 $-1 \leqslant k_{e1}e \leqslant 1$，$-1 \leqslant k_{\Delta e1}\Delta e \leqslant 1$，$k_{e1}|e| > k_{\Delta e1}|\Delta e|$ 时

$$\begin{aligned} u_{FC} &= \frac{k_{u1}k_{e1}e + k_{u1}k_{\Delta e1}\Delta e}{\beta(|\Delta e|)} + \sum_0^k \frac{k_{\Delta u2}k_{e1}e + k_{\Delta u2}k_{\Delta e1}T\dfrac{\Delta e}{T}}{\beta(|e|)} \\ &\approx \frac{k_{u1}k_{e1} + k_{\Delta u2}k_{\Delta e1}T}{\beta(|e|)}e + \sum_0^k \frac{k_{\Delta u2}k_{e1}}{\beta(|e|)}e + \frac{k_{u1}k_{\Delta e1}}{\beta(|e|)}\Delta e \end{aligned} \tag{7.137}$$

式中，$\beta(|\Delta e|) \in [2,4]$，$\beta(|e|) \in [2,4]$。

由 $\dot{e} \approx \Delta e / T$（$T$ 为采样周期）、式(7.136)、式(7.137)，可以推导出该模糊 PID 控制器的更为简化的形式。

当 $-1 \leqslant k_{e1}e \leqslant 1$，$-1 \leqslant k_{\Delta e1}\Delta e \leqslant 1$ 时

$$u_{FC}(k) \approx k_{FC}(k)\left\{e(k) + \sum_0^k \frac{T}{T_{Fi}}e(k) + \frac{T_{Fd}}{T}\Delta e(k)\right\} \tag{7.138}$$

式中

$$
\begin{cases}
k_{\mathrm{FC}}(k)=\dfrac{k_{u1}k_{e1}+k_{\Delta u2}k_{\Delta e1}T}{\min\Big(\beta\big(|e(k)|\big),\beta\big(|\Delta e(k)|\big)\Big)} \\
T_{Fi}=\dfrac{\left(k_{u1}k_{e1}+k_{\Delta u2}k_{\Delta e1}T\right)T}{k_{\Delta u2}k_{e1}} \\
T_{Fd}=\dfrac{k_{u1}k_{\Delta e1}T}{k_{u1}k_{e1}+k_{\Delta u2}k_{\Delta e1}T}
\end{cases}
\tag{7.139}
$$

同理可求得系统在其他工作区间的控制器输出计算公式。

由式(7.138)、式(7.139)可见，本模糊 PID 控制器具有与常规 PID 控制器相似的结构形式，k_{e1}、$k_{\Delta e1}$、k_{u1} 和 $k_{\Delta u2}$ 为 4 个待定的控制器参数。

本 章 小 结

本章介绍了几种先进控制规律的设计方法。

(1) 介绍了线性二次型最优控制器的设计方法。针对确定性离散控制系统，考虑二次型性能指标，采用动态规划方法给出了使性能指标极小的最优控制策略，在此基础上给出了跟踪系统的设计方法。

(2) 介绍了自校正控制器的设计方法。自校正控制的基本思想是将参数递推估计算法与对系统运行指标的要求结合起来，形成一个能自动校正控制器参数的实时计算机控制系统。以递推最小二乘法为参数估计方法，以最小方差为控制目标函数，介绍了自校正控制器的设计过程。

(3) 介绍了模型预测控制器的设计方法。介绍了基于脉冲响应模型的模型控制算法和基于阶跃响应模型的动态矩阵控制算法。

(4) 介绍了模糊控制器的设计方法。模糊控制器主要包括输入量模糊化接口、知识库、推理机、输出清晰化接口四个部分。最后介绍了模糊 PID 控制器的设计过程。

习题与思考题

7.1 什么是离散系统的二次型最优控制？

7.2 什么是二次型性能指标？有何含义？

7.3 简述自校正控制器的组成。

7.4 自校正控制策略的主要依据是什么？

7.5 试述递推最小二乘估计算法与一次完成最小二乘算法相比较之优越性。

7.6 预测控制器由哪几部分组成？各部分有何作用？

7.7 简述预测控制的特点。

7.8 什么是模糊逻辑、模糊推理和模糊矩阵？

7.9 模糊控制器主要由哪几部分组成？各部分有何作用？

7.10* 闭环极点指标和二次型性能指标有何区别和联系？

7.11* 试理解增广最小二乘估计算法的推导过程，并画出其流程图。

7.12* 比较模型控制算法和动态矩阵控制算法。

7.13* 试比较传统 PID 控制、直接数字控制以及模糊控制在应用上有什么异同点？

第 8 章　基于网络的控制技术

8.1 引　　言

计算机控制系统结构基本上经历了直接数字控制系统(DDC)，集散控制系统(DCS)，现场总线控制系统(FCS)，网络控制系统(NCS)，直到 2012 年以后出现的云控制系统(CCS)。实际上，网络控制系统和云控制系统都属于一种基于网络的控制技术，而云控制系统可以看作是网络控制系统的进一步发展阶段。

控制系统中引入网络和云计算技术，带来了新的不确定性，给控制系统设计与分析带来了新的机遇和挑战。对于不确定性问题的解决，可以从两个角度进行研究：一是考虑到网络和云计算的特性，将现有控制系统设计和分析方法分别应用于网络控制与云控制系统，研究基于网络和云计算特性的控制系统新理论和新方法；二是针对网络与云计算的特点，研究网络和云计算本身的调度、协调和优化问题。本章将从第一个角度介绍基于网络的控制技术，包括网络控制系统和云控制系统的建模与控制器设计方法。

网络控制是云控制的基础，因此本章将首先介绍网络控制的基本概念和研究内容，然后分析网络控制系统的主要特性之一——时延特性，进而完成网络控制系统的建模和经典 PID 控制器设计工作。在此基础上，介绍云控制系统的基本概念和研究内容，进行云控制系统时延特性的分析，进而完成云控制系统的建模与极点配置控制器设计。本章的思路是应用本书前面章节讲述的控制器设计方法，解决网络控制系统和云控制系统控制器设计的新问题。

本章概要　8.1 节介绍基于网络的控制技术内容，以及内容之间的相互关系；8.2 节介绍网络控制系统的基本概念和研究内容；8.3 节分析网络控制系统的时延特性，进而进行网络控制系统 PID 控制器的设计；8.4 节介绍云控制系统的基本概念和研究内容；8.5 节分析云控制系统时延特性产生的过程，并基于极点配置设计方法进行云控制器设计。

8.2　网络控制系统概述

8.2.1　网络控制系统的基本概念

网络控制系统(NCS)是指传感器、控制器和执行器机构通过通信网络形成闭环的控制系统。也就是说，在 NCS 中控制部件间通过共享通信网络进行信息(对象输出、参考输入和控制器输出等)交换。图 8.1 是网络控制系统的典型结构图，即在计算机控制系统的基础上，在控制器和被控对象之间加入通信网络(有线或无线网络)，使传感器到控制器的反馈通道信息传输和控制器到执行器的前向通道信息传输通过通信网络进行，从而实现了对被控对象的计算机远程控制。

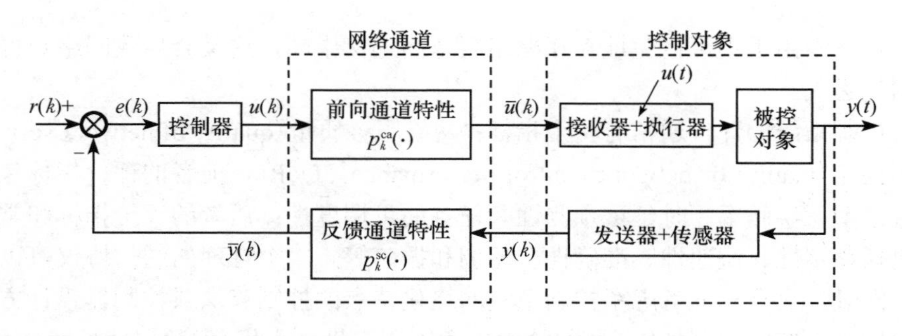

图 8.1　网络控制系统结构图

由于通信网络所表现出来的复杂性和不确定特性，相当于在控制器与控制对象之间增加了一个不确定的动态环节，其中反馈通道的动态特性用 $p_k^{sc}(\cdot)$ 表示，前向通道的动态特性用 $p_k^{ca}(\cdot)$ 表示，下角标 k 表示网络 k 时刻的动态特性。反馈通道的信息 $y(k)$ 经过网络传输到达控制器变成了 $\bar{y}(k)$，$\bar{y}(k)=p_k^{sc}[y(k)]$；前向通道的信息 $u(k)$ 经过网络传输到达执行器变成了 $\bar{u}(k)$，$\bar{u}(k)=p_k^{ca}[u(k)]$。网络的加入也使控制对象的结构发生了变化，增加了通信接收器和通信发送器。通信接收器包括通信网络接口和 D/A 转换器，通过网络接口接收数字控制信号并进行数/模转换后作用于执行器；通信发送器包括 A/D 转换器和通信网络接口，将检测信号进行模/数转换后变成数字信号，通过网络接口将数字信号打包发送到网络上。

因此，将通信网络引入控制系统，连接智能现场设备和自动化系统，实现现场设备控制的分布化和网络化的同时，也增加了控制系统的复杂性。与传统的点对点控制模式相比，这种网络化的控制模式具有信息资源共享、连接线数大大减少、易于扩展、易于维护、高效、可靠和灵活等优点，但同时由于网络通信带宽、承载能力和服务能力的限制，使数据的传输不可避免地存在时延、丢包、多包传输及抖动等诸多问题，导致控制系统性能的下降甚至不稳定，同时也给控制系统的分析、设计带来了很大困难，因此对这个问题的研究和探索是极为必要的。近年来国内外许多学者开展了该领域的研究。

与常规计算机控制系统相比，网络控制系统具有如下的特点：

(1) 结构网络化。NCS 最显著的特点体现在网络体系结构上，它支持如总线型、星型、树型等拓扑结构，与传统分层控制系统的递阶结构相比显得更加扁平和稳定。

(2) 节点智能化。带有 CPU 的智能化节点之间通过网络实现信息传输和功能协调，每个节点都是组成网络的一个细胞，且具有各自相对独立的功能。

(3) 控制现场化和功能分散化。网络化结构使原先由中央控制器实现的任务下放到智能化现场设备上执行，使危险得到了分散，从而提高了系统的可靠性和安全性。

(4) 系统开放化和产品集成化。NCS 的开发遵循一定标准进行，是一个开放的系统。只要不同厂家根据统一标准来开发自己的产品，这些产品之间便能实现互操作和集成。

控制系统中引入网络后，网络自身特点将不可避免地造成网络控制系统的复杂性，主要表现在如下方面：

(1) 网络环境下，多用户共享通信线路且流量变化不规则，这必然导致网络时延，同时采用不同的网络协议会使时延具有不同的性质。

(2) 传输数据流经众多的计算机和通信设备且路径不唯一，这会导致网络时延和网络数据包的时序错乱。

(3) 在网络中由于不可避免地存在网络阻塞和连接中断，这又会导致网络数据包的时序错乱和数据包丢失。

对网络控制系统的评价通常有两个指标：网络服务质量(quality of network service，QoS)和网络控制性能(quality of network control performance，QoP)。前者的评价指标包括网络吞吐量、传输效率、误码率、时延可预测性和任务的可调度性；后者的评价指标和常规控制系统一样，包括稳定性、快速性、准确性、超调和振荡等。一个合理的通信协议可以确保网络服务质量；同时，只有充分考虑了控制系统网络化特点的控制算法或控制器设计方案，才能够保证网络控制系统的控制性能。网络协议的静态服务性能指标(如数据帧长度、通信速率、网络拓扑等)和动态服务性能指标(如网络时延特性、丢包率等)都将影响控制网络系统的整体性能。特别是考虑网络时延和信息丢失对系统稳定性和各项控制性能指标的影响，对于网络控制系统研究具有重要的意义。

8.2.2 网络控制系统的研究内容

网络控制系统给控制领域带来显著利益的同时，也存在很多难以解决的问题。由于控制系统通过网络形成闭环控制，网络中存在的不确定因素必然给控制系统的分析和设计带来很多困难。

1) 共享资源的优化调度

当多个控制回路连接到同一控制网络时，网络带宽的优化调度问题就变得格外重要。这时控制性能的好坏不仅依赖于控制算法的设计，还要依靠共享网络资源的调度。在计算机科学研究领域，单 CPU 或多 CPU 系统的实时调度算法已经得到充分的研究，但对网络控制系统来说，调度算法不仅要满足可调度性，还要满足控制系统的稳定性。

2) 网络诱导时延

多用户共享通信网络且流量变化不规则，导致网络诱导时延，降低系统的性能甚至引起系统不稳定。在 NCS 中可能存在多种不同性质的时延(常数、有界、随机时变等)，属于哪一种主要由网络的协议、负荷、带宽等来决定。网络诱导时延的存在使得系统的分析变得非常复杂，虽然时延系统的分析和建模近年来取得很大进展，但由于网络控制系统中时延的不确定性，使得现有的方法一般不能直接应用。

3) 单包传输和多包传输

单包传输是指 NCS 中的传感器、控制器的一个待发送数据被捆在一个数据包中一起发送。而多包传输是指 NCS 中的传感器、控制器的一个待发送的数据被分成多个数据包进行传输。在 NCS 中，当需要一次性传输的数据量过大，又受到单包字节大小的限制时，就必须将这些数据分成多个数据包进行传输。另外，由于 NCS 的传感器和执行器常常是分散分布的，要将这些数据放在一个数据包中往往是不可能的。

4) 数据包的时序错乱

在网络环境下，被传输的数据流经众多计算机和通信设备，传输的路径不唯一， 这必然会导致数据包的时序错乱。时序错乱使得原来有一定先后次序的数据包，在从源节点发到目标节点时，其到达的时序与原来的时序不同。时序错乱将会导致该到达的数据包不能按时到达，使得控制系统不能及时地利用信息，或者错误地利用了信息。

5) 数据包丢失

在 NCS 中，由于不可避免地存在网络阻塞和连接中断，这又必然会导致数据包的丢失。

虽然大多数网络都具有重传机制，但它们也只能在一个有限的时间内传输，当超出这个时间后，数据就会丢失。传统的点对点结构的控制系统基本上都是同步和定时的系统，它可以对系统中参数或者未建模动态具有较强的鲁棒性，但却可能不能容忍数据网络的结构和参数的改变(网络中的数据包丢失可以看成网络结构和参数的改变)。因此在 NCS 的设计中，对数据包的丢失问题必须寻找相应的解决方法。

6）节点的驱动方式

NCS 的节点有两种驱动方式：时钟驱动和事件驱动。时钟驱动是指网络节点在一个确定的时间到达时开始动作；事件驱动是指网络节点在一个特殊事件发生时开始动作。NCS 的传感器一般采用时钟驱动；而控制器和执行器既可以是时钟驱动，也可以是事件驱动。一般情况下，控制器和执行器多采用事件驱动方式，因为该方式能够及时地利用信息，减少时延。但是当进行多包传输或产生时序错乱时，事件驱动机制将变得复杂，设计上存在很大困难。

对网络控制系统的研究包括三个方面：

1）对网络的控制(control of network)

围绕网络的服务质量，从拓扑结构、任务调度算法和介质访问控制层协议等不同的角度提出解决方案，满足系统对实时性的要求，减小网络时延、时序错乱、数据包丢失等一系列问题，可以运用运筹学和控制理论的方法来实现。研究内容包括 NCS 体系结构和通信协议的研究、NCS 时延分析和网络调度、NCS 数据包传送的问题、NCS 中带通信约束的控制问题、NCS 的系统与信息的集成等。

2）通过网络的控制(control through network)

指在现有的网络条件下，设计相适应的 NCS 控制器，保证系统具有良好的控制性能，可以通过建立 NCS 数学模型进而采用控制理论的方法进行研究。研究内容包括 NCS 的数学模型建立方法、NCS 的极点配置设计方法、NCS 的最优化设计方法、NCS 的鲁棒控制设计方法、NCS 的智能控制设计方法、NCS 的性能分析等。

3）控制与网络的综合(integrated control and network)

着眼于 NCS 的总体性能指标，在分别考虑提高网络性能和控制性能的基础上，综合优化和提高整个 NCS 的性能。研究内容包括协同考虑控制与调度、NCS 中的并行计算等。

8.3 网络控制系统建模与控制器设计

网络控制系统的复杂性主要表现为随机时延、数据包丢失、数据包时序错乱等，对控制系统的性能产生不可低估的影响，甚至影响控制系统的稳定性。由于数据在网络中传输时间的不确定性，再加上数据出错和丢失等现象，使网络控制具有其特殊性。因此，深入分析网络特性产生的原因及其对控制的影响，对于网络控制器的设计具有重要的意义。下面主要对网络的时延特性进行分析，并在此基础上进行控制器的设计。

8.3.1 网络控制系统时延特性

在网络控制系统中，采样、计算和执行等控制操作可能在不同网络节点中完成，因而，其信息采集、传递和处理的时序过程将不同于传统的集中式控制系统。在集中式控制系统中，系统时延主要存在于设备接口硬件和处理器运算能力。在网络控制系统中，时延不仅同接口硬件和处理器运算能力有关，而且更大程度上是受到控制网络协议的影响。通过分析网络控制系统中节点间信息传递的时序过程和时延构成，可以明确对控制网络协议动态服务性能指标产生重要影响的环节，从而有针对性地进一步量化分析和对协议性能进行改进。

下面简述控制网络中由源节点到目的节点信息产生、发送、传输、接收与处理的全过程，分析其时序和时延的构成情况。源-目的节点对可以是传感-控制节点对、控制-执行节点对、传感-监控节点对等。

信息从源节点发送至目的节点时序过程大体可以分为三个部分：源节点内时序 $\tau_{\text{src-delay}}$、网络传输时序 $\tau_{\text{network-delay}}$、目的节点内时序 $\tau_{\text{des-delay}}$。源节点内时序又由两部分时延构成：处理器处理时延 $\tau_{\text{src-processor}}$ 和节点内通信等待时延 $\tau_{\text{src-wait}}$。源节点内处理器时延包括硬件接口处理时延 $\tau_{\text{src-hardware}}$、控制应用计算时延 $\tau_{\text{src-compute}}$、协议报构成时延 $\tau_{\text{src-form}}$ 等。源节点内通信等待时延包括信息队列等待时延 $\tau_{\text{src-queue}}$、网络堵塞时延 $\tau_{\text{src-block}}$。网络传输时序也由两部分构成：数据帧发送时间 $\tau_{\text{network-send}}$、线路信号时延 $\tau_{\text{network-signal}}$。数据帧发送时间的大小同网络速率、数据帧长度等静态服务性能指标相关。电信号在线路中传播终归需要一定时间，即线路信号时延。目的节点内时序过程同样由两部分时延构成：目的节点内通信等待时延 $\tau_{\text{des-wait}}$ 和处理器处理时延 $\tau_{\text{des-processor}}$。目的节点内通信等待时延只包含信息队列等待时延 $\tau_{\text{des-queue}}$；其处理器时延则包括协议报分拆时延 $\tau_{\text{des-split}}$、控制应用计算时延 $\tau_{\text{des-compute}}$、硬件接口处理时延 $\tau_{\text{des-processor}}$ 等。节点间信息传递的整个时序过程如图 8.2 所示。

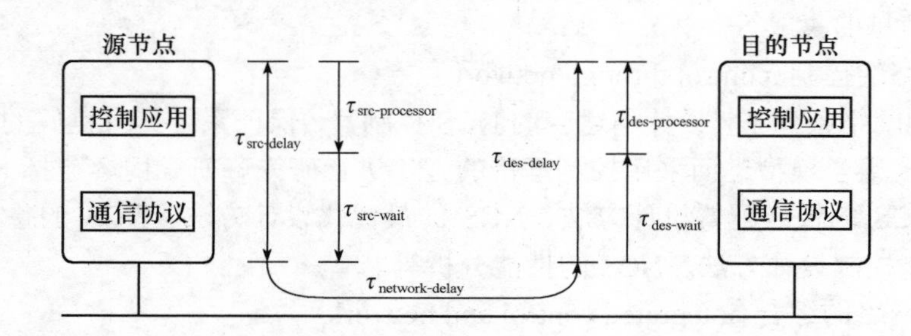

图 8.2　网络控制系统中节点间信息传递的时序过程图

由上述分析可知，节点间信息传递总时延 $\tau_{\text{total-delay}}$ 构成的表达式为

$$
\begin{aligned}
\tau_{\text{total-delay}} &= \tau_{\text{src-delay}} + \tau_{\text{network-delay}} + \tau_{\text{des-dealy}} \\
&= (\tau_{\text{src-processor}} + \tau_{\text{src-wait}}) + (\tau_{\text{network-send}} + \tau_{\text{network-signal}}) + (\tau_{\text{des-wait}} + \tau_{\text{des-processor}}) \\
&= [(\tau_{\text{src-hardware}} + \tau_{\text{src-compute}} + \tau_{\text{src-form}}) + (\tau_{\text{src-queue}} + \tau_{\text{src-block}})] \\
&\quad + (\tau_{\text{network-send}} + \tau_{\text{network-signal}}) + [\tau_{\text{des-queue}} + (\tau_{\text{des-split}} + \tau_{\text{des-compute}} + \tau_{\text{des-processor}})]
\end{aligned} \tag{8.1}
$$

节点间信息传递时延的详细构成如图 8.3 所示。图中，硬件接口处理时延指模入/模出、开入/开出、传感器、执行机构等电气或机械硬件接口设备导致的时延，在网络控制系统中，这一时延值在几十至几百微秒，一般不会超过毫秒级。在传感类型节点中，控制应用计算时延主要指软件滤波等算法导致的处理器运算时间；在控制类型节点中，控制应用计算时延主要是如 PID、模糊等控制算法占用的计算时间；在执行节点中，它则为互动连锁等逻辑检验处理时间，其值与所采用算法、控制规模有一定关系；但底层控制网络中它一般也不超过几十毫秒。任何网络协议数据帧的构成和分拆都需要一定处理器时间，其时延与协议类型和处理器运算速度有关。在底层控制网络中，通常它也在毫秒级以内。在目的节点中，以上三部

分时延与源节点中对应项具有相同性质和数量级。

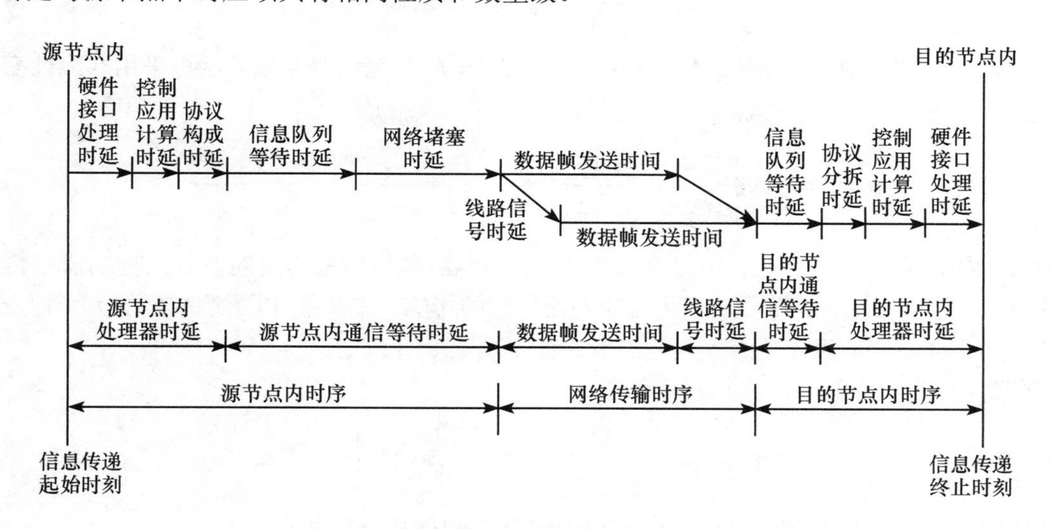

图 8.3 节点间信息传输时延的构成情况图

可见，当控制节点处理器类型、硬件接口和控制算法确定后，通过相关硬件参数与所需处理器运算指令数，网络控制系统的硬件接口时延、控制计算时延、协议处理时延等也可基本确定下来。它们大小的估计和求取，在传统计算机控制系统设计中已有相应方法。

在源节点中，待发送数据帧将先进入发送缓冲区进行发送队列排序，从而导致信息队列等待时延。其值大小跟发送缓冲区大小、发送排序方式有关。例如，在 LONWorks 总线控制网络中，神经元芯片节点就有两个优先级发送缓冲区和两个普通发送缓冲区。处于发送队列最前端的消息是否能够发送，还将取决于网络线路当前是否可用。根据 MAC 层协议的不同，信息队列等待时延和网络堵塞时延将有很大不同。在网络控制系统分析与设计中，MAC 层协议导致的堵塞和等待时延不仅数量级比较大，而且同整个时延构成的其他部分相比，其时延不确定性也更强。例如，对于 10M 以太网 CSMA/CD 协议，在数据帧平均长度为 500 字节，连续冲突次数达到 10 次时，其网络传输时延将可达到 108.6ms；对于 TokenBus 类型控制网络协议 P-Net 而言，若单个令牌平均数据长度为 200 位，网络传输速率为 78.6Kbit/s，子网节点数目为 8 个时，其令牌传递周期也将达到 25.7ms。再者，考虑时延变化量的大小：P-Net 网络协议仍处在前述情况下，网络仅一个令牌有数据传输同所有令牌均有数据传输，两者之间时延相差 5.3 倍；以太网 CSMA/CD 协议中，1 次碰撞和 10 次碰撞的退避时延最大能够相差 1023 倍，并且它还可能由于多次碰撞丢失数据帧。

通过上述时序过程、时延构成的定性和定量分析，可以看出：由于网络控制系统具有局域性，各种控制网络 MAC 层协议对于其信息传递时延与可靠性的差异具有相当重要的影响。

8.3.2 PID 网络控制器设计

在工业过程控制系统中，PID 控制仍是应用最为广泛的控制方法。根据对连续系统的设计，将求得的连续 PID 控制器进行离散化，即可求得近似等效的数字 PID 控制器，并由计算机来加以实现。

理想模拟 PID 控制器的传递函数如第 4 章式(4.46)所示，这里重写如下：

$$D(s)=\frac{U(s)}{E(s)}=K_{\mathrm{p}}+\frac{K_{\mathrm{i}}}{s}+K_{\mathrm{d}}s \tag{8.2}$$

式中，K_{p}为比例系数，$K_{\mathrm{i}}=K_{\mathrm{p}}/T_{\mathrm{i}}$为积分系数，$K_{\mathrm{d}}=K_{\mathrm{p}}T_{\mathrm{d}}$为微分系数。这里采用双线性变换法，将上式离散化，得到

$$D(z)=D(s)\Big|_{s=\frac{2}{T}\frac{1-z^{-1}}{1+z^{-1}}}=\frac{U(z)}{E(z)}=K_{\mathrm{p}}+\frac{K_{\mathrm{i}}T}{2}\frac{1+z^{-1}}{1-z^{-1}}+\frac{2K_{\mathrm{d}}}{T}\frac{1-z^{-1}}{1+z^{-1}} \tag{8.3}$$

式中，T为采样周期。式(8.3)中没有像第4章式(4.48)那样将采样周期T并入控制器参数K_{i}和K_{d}中，是为了减小采样周期变化对控制器性能的影响，是离散PID控制器的另一种表达方式。如采样周期一直保持不变，则二者之间本质上是一致的。

由式(8.3)，可得

$$u(k)=\left[K_{\mathrm{p}}+\frac{K_{\mathrm{i}}T}{2}\frac{1+z^{-1}}{1-z^{-1}}+\frac{2K_{\mathrm{d}}}{T}\frac{1-z^{-1}}{1+z^{-1}}\right]e(k) \tag{8.4}$$

这是位置式PID控制算法，进一步可以得到增量式PID控制算法：

$$\Delta u(k)=\left[K_{\mathrm{p}}(1-z^{-1})+\frac{K_{\mathrm{i}}T}{2}(1+z^{-1})+\frac{2K_{\mathrm{d}}}{T}\frac{1-2z^{-1}+z^{-2}}{1+z^{-1}}\right]e(k) \tag{8.5}$$

常规PID控制器应用于网络控制系统的环境，由于网络特性的影响，PID控制器所控制的广义对象(包括网络与控制对象)实际上相当于一个时变系统，因此需要对PID控制器的参数K_{p}、K_{i}和K_{d}进行在线修正，得到一种具有适应网络环境能力的PID控制器，我们称之为PID网络控制器。

为简单计，选控制器类型为PI控制器，控制算法为

$$u_{\mathrm{PI}}(k)=u_{\mathrm{PI}}(k-1)+\left(K_{\mathrm{p}}+\frac{K_{\mathrm{i}}T}{2}\right)e(k)+\left(-K_{\mathrm{p}}+\frac{K_{\mathrm{i}}T}{2}\right)e(k-1) \tag{8.6}$$

根据选定的目标函数，对控制参数K_{p}和K_{i}进行在线修正，此种方法称为直接参数修正法(direct parameters tuning)。下面对根据直接参数修改法得到的PID网络控制器推导如下：

在线修正的目标函数可以取为极小化瞬时目标函数：

$$J(k)=e^2(k) \tag{8.7}$$

$J(k)$起到对反应时间和收敛速度的瞬时惩罚作用。

控制参数K_{p}和K_{i}的调整用最速下降算法，于是有

$$K_{\mathrm{p}}(k+1)=K_{\mathrm{p}}(k)-\eta\nabla J(K_{\mathrm{p}}) \tag{8.8}$$

$$K_{\mathrm{i}}(k+1)=K_{\mathrm{i}}(k)-\eta\nabla J(K_{\mathrm{i}}) \tag{8.9}$$

式中，η是下降速率，

$$\nabla J(K_{\mathrm{p}})=\frac{\partial J(k)}{\partial e(k)}\frac{\partial e(k)}{\partial u_{\mathrm{PI}}(k)}\frac{\partial u_{\mathrm{PI}}(k)}{\partial K_{\mathrm{p}}(k)} \tag{8.10}$$

$$\nabla J(K_{\mathrm{i}})=\frac{\partial J(k)}{\partial e(k)}\frac{\partial e(k)}{\partial u_{\mathrm{PI}}(k)}\frac{\partial u_{\mathrm{PI}}(k)}{\partial K_{\mathrm{i}}(k)} \tag{8.11}$$

由式(8.6)、式(8.7)得

$$\frac{\partial J(k)}{\partial e(k)}=2e(k) \tag{8.12}$$

$$\frac{\partial e(k)}{\partial u_{\mathrm{PI}}(k)}=\frac{1}{K_{\mathrm{p}}(k)+\frac{K_{\mathrm{i}}(k)T}{2}} \tag{8.13}$$

$$\frac{\partial u_{\mathrm{PI}}(k)}{\partial K_{\mathrm{p}}(k)}=e(k)-e(k-1) \tag{8.14}$$

$$\frac{\partial u_{\mathrm{PI}}(k)}{\partial K_{\mathrm{i}}(k)}=\frac{T}{2}(e(k)-e(k-1)) \tag{8.15}$$

综上整理得

$$K_{\mathrm{p}}(k+1)=K_{\mathrm{p}}(k)-4\eta\frac{e^2(k)-e(k)e(k-1)}{2K_{\mathrm{p}}(k)+K_{\mathrm{i}}(k)T} \tag{8.16}$$

$$K_{\mathrm{i}}(k+1)=K_{\mathrm{i}}(k)-2T\eta\frac{e^2(k)+e(k)e(k-1)}{2K_{\mathrm{p}}(k)+K_{\mathrm{i}}(k)T} \tag{8.17}$$

例 8.1 对于直流电机网络控制系统，其被控对象电机传递函数模型为

$$G(s)=\frac{2029.826}{(s+26.29)(s+2.296)} \tag{8.18}$$

设网络时延τ为满足均匀分布的随机量，其取值范围为$\tau=(90\%\sim100\%)\tau_{\max}$；当网络最大时延$\tau_{\max}$分别取为$\tau_{\max}=2.6\text{ms},5.1\text{ms},10.1\text{ms},20.1\text{ms}$时，采样周期 T 分别取为$T=3\text{ms},6\text{ms},12\text{ms},24\text{ms}$。试分析采用常规 PI 控制器和采用 PI 网络控制器的控制效果。

解 (1) 常规 PI 控制器的控制效果分析。给定系统的参考输入为阶跃信号$\omega_0(t)=200\text{rad/s}$，采用常规PI控制算法计算控制器阶跃跟踪的控制信号$u(k)$，取控制参数$K_{\mathrm{p}}=1$，$K_{\mathrm{i}}=0.7$。图 8.4 表示存在不同网络时延τ的情况下，采用题中给定的 4 种采样周期 T，闭环系统的输出$\omega(t)$的阶跃响应曲线。

图 8.4 表明，随着网络时延的增大和采样周期的加大，网络控制系统的阶跃响应$\omega(t)$性能逐渐变差，表现为系统超调量变大，调节时间变长；当网络时延增大到一定值时（$\tau_{\max}=10.1\text{ms},20.1\text{ms}$），系统变得不稳定(此时 T=12ms, 24ms)。

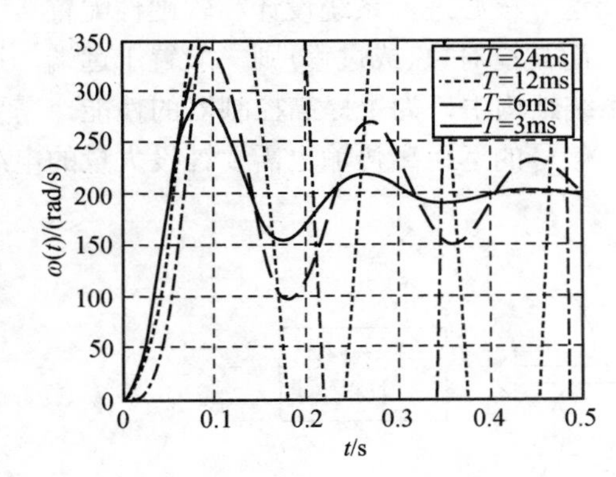

图 8.4 采用常规 PI 控制器的控制效果

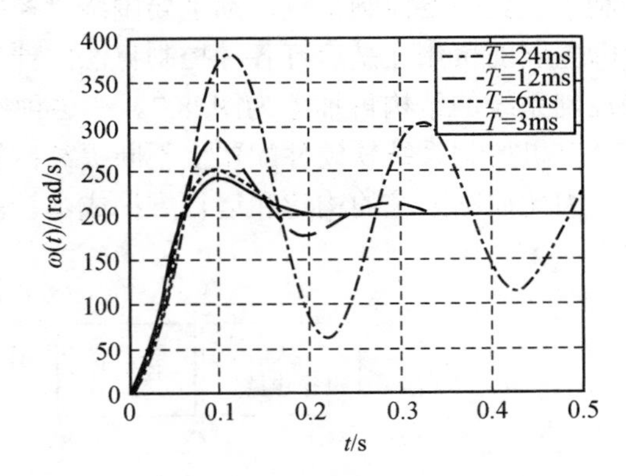

图 8.5 采用 PI 网络控制器的控制效果

(2) 采用 PI 网络控制器的控制效果分析。跟踪同样的阶跃信号 $\omega_0(t)$，采用 PI 网络控制算法计算控制器阶跃跟踪的控制信号 $u(k)$，取初始 $K_p=1$，$K_i=0.7$。在题中给定的网络时延 τ 和采用周期 T 下，仿真结果如图 8.5 所示。

从图 8.5 可以看出，采用 PI 网络控制器进行在线参数修正后，直流电机网络控制系统在不同的网络时延和采样周期下，其阶跃响应 $\omega(t)$ 的性能大为改善，时延较小情况下（$\tau_{\max}=2.6\text{ms},5.1\text{ms}$），系统的超调量进一步变小，调节时间变短；时延较大情况下（$\tau_{\max}=10.1\text{ms},20.1\text{ms}$），系统的不稳定问题得到了较好解决。

8.4 云控制系统概述

8.4.1 云控制系统的基本概念

云控制系统(CCS)是云参与并作为核心环节的计算机控制系统。一般来说，云中包含全部的控制算法，但是在有边缘计算参与的典型云控制系统中，由于边缘层卸载了部分实时性要求强的控制任务，因此云中也可能只包含部分控制算法(如计算量大的优化算法等)。由于边缘计算也属于云计算的一种，因此本书统一将其抽象为云计算模型。图 8.6 是云控制系统的典型结构图，该结构由云端、网络端和对象端三部分组成。即在网络控制系统的基础上，将控制器置于云端，传感器到控制器的反馈通道信息传输和控制器到执行器的前向通道信息传输通过通信网络与云端进行交互，从而实现了对被控对象的计算机远程控制。

图 8.6 云控制系统理论结构模型

云控制系统的出现也使计算机控制系统设计的理念发生了深刻的变化。纵观目前常规计算机控制系统的设计以及所使用的各种控制系统，即从集中控制系统，分散控制系统，总线控制系统到网络控制系统，都主要围绕“控制器”这一核心进行系统设计和软硬件配置，工程师主要的聚焦点是运行各种控制算法的计算机，而被控对象(或过程)则一般置于远端，这些控制系统的结构可抽象为图 8.7。在这种控制系统结构中，为了提高控制器的性能，需要在计算机控制系统软硬件配置上不断提高；另外，信号的远距离传输也需要铺设大量的电缆等，因此控制系统的构建和运行维护成本较高。

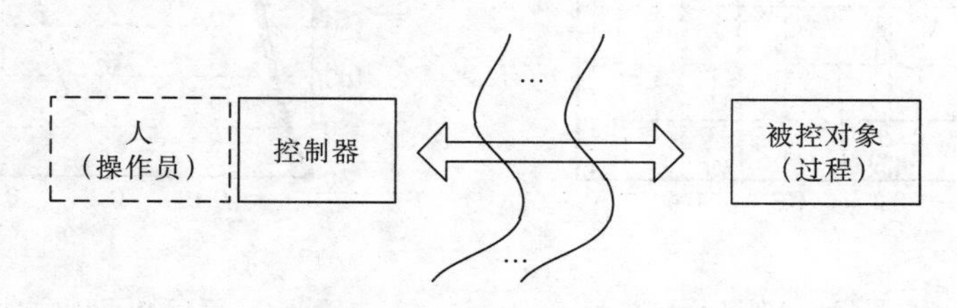

图 8.7 各类控制系统的抽象结构

而基于云计算的控制系统结构(如图 8.8 所示)，其核心理念是使控制系统设计围绕被控对象(或过程)进行，而将控制器置于远方，工程师的主要聚焦点是被控对象，而不是控制器(计算机)，这有利于工程师对被控对象实时状态的把控。高速通信信道和云计算的出现为这种控制系统结构提供了可能性，工程师可以将各种控制器(控制算法，优化算法等)置于远方的“云”中，构成云控制器，而被控对象端只需要通过高速通信信道发送现场检测信号和接收远方控制信号即可。

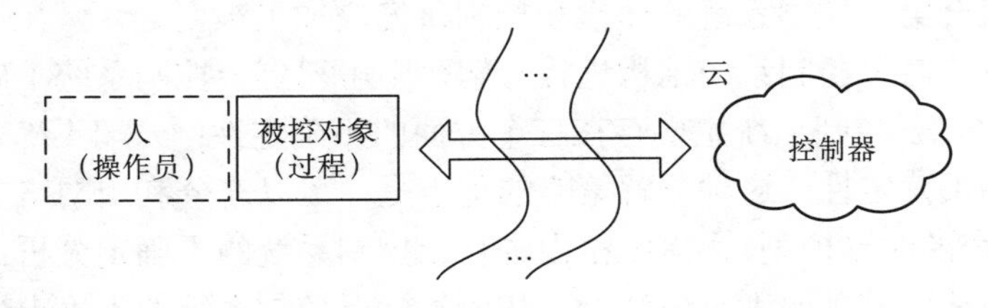

图 8.8　云控制系统抽象结构

云控制系统的一种具体实现结构如图 8.9 所示。在云端服务器建立数据库、控制算法库、优化算法库等，彼此互相连接，通过服务器软件进行云端管理。云端服务器通过互联网与各个被控对象端进行信息交换。被控对象端顶层为互联网通信接口，中层为检测器与执行器，底层为被控对象。检测器实时检测底层被控对象的各个状态变量，并通过通信端口提交至云端服务器；执行器依据通信端口接收从云端传来的控制信号，进而对被控对象的各操作变量进行实时控制。监控端可以是移动设备终端(如手机等)或者计算机，通过互联网与云端进行信息交换，供工程师实时监控被控对象的运行状态。

该结构可以有效克服现有控制系统控制算法更新替换不灵活、对于系统硬件要求高的问题，使控制系统设计更加灵活方便。在不增加硬件成本的前提下，工程师可以针对不同被控对象的不同状态，灵活地选择云控制器中相应的控制算法，实现多种被控对象的“定制化”控制。

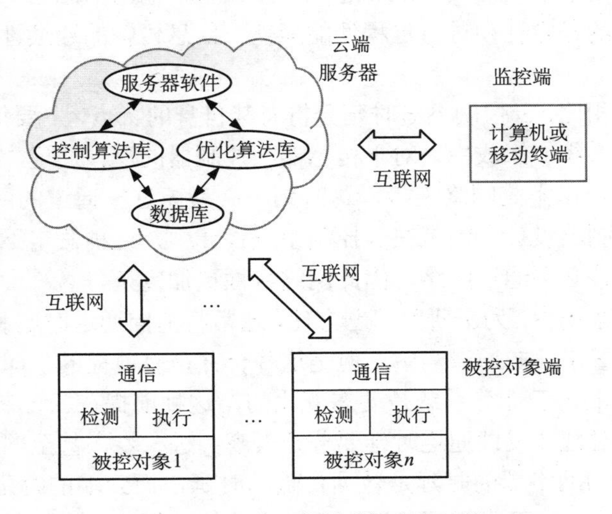

图 8.9　一种云控制系统实现结构

8.4.2 云控制系统的研究内容

从图 8.6 可以看出，云控制系统是云计算与网络控制系统的融合，包括了网络控制系统的全部特性。网络控制系统本身由于通信网络的复杂性和被控对象的模型误差而具有不确定性，云控制系统由于云计算的加入而进一步增加了系统的不确定性，其主要原因是云计算平台负载动态变化，计算资源也动态变化，多种资源动态变化导致云计算系统不确定性的存在。众多不确定性的混合给云控制系统的建模和控制研究增加了难度。

为了便于分析，对云控制系统结构进行分解，则可得到云控制系统不确定性分解图，如图 8.10 所示。可见，云控制系统主要存在三个方面的不确定性：云端不确定性、网络端不确定性和被控对象端不确定性。这种分解策略的优点是：可以充分利用网络控制系统的理论成果(如网络控制系统的时延模型)，集中精力进行云控制系统的不确定分析；在此基础上，将三种不确定性模型按照某种原则有效结合，从而建立云控制系统的不确定性模型，简化云控制系统不确定性建模的难度。

图 8.10 云控制系统不确定性分解图

云控制系统中由于云计算这一动态资源的加入，相较网络控制系统，不确定性更多，如时延不确定性、丢包现象、时序错乱现象等，其中时延的不确定性由于云计算中资源的动态调度更加突出，是一种最主要的不确定特性。由于时延的存在，系统的前向通道和反馈通道就不能保证系统正常、稳定地工作。前向通道的时延相当于被控设备接收不到控制信息，而反馈通道的时延相当于系统没有负反馈，系统等价于开环系统，导致系统容易发散。而且由于系统中有时延，控制信息不能实时地传递给被控设备，输出信息也不能实时地反馈给控制器，从而使整个系统的稳定性和过渡过程性能变差，信息传输的连续性遭到破坏，系统输出响应严重变形。

与网络控制系统相比，云控制系统时延分析有其自身的特点，主要体现在如下几个方面：

(1) 在网络控制系统的组成中，对于传感器到控制器的反馈通道，或者控制器到执行器前向通道，二者之一可以不是网络连接，这时则不必考虑这一通道的网络特性(网络时延)，这样就会大大简化控制器设计。但是在云控制系统设计中，这种假定不存在，因为传感器或者执行器与云端的连接必须通过网络，因此网络特性更加复杂。

(2) 在网络控制系统中，为了研究问题方便，通常将前向通道时延和反馈通道时延合并，成为一个总的时延，置于前向通道当中。但是这种合并是有前提的，即控制器的结构和参数不随时间改变。事实上，云计算系统是动态变化的，这种前提在云控制系统中不一定成立，云控制系统前向通道时延和反馈通道时延要分开考虑；进一步，甚至网络端时延和云端时延也应该分开考虑，因为网络端的时延是数据传输的时延，而云端的时延是数据计算的时延。

(3) 一般来说，云端的可靠性要远远大于网络端的可靠性，因此云端的时延不确定性一般会服从某一概率分布，较少会发生极端情况。以丢包为例，云端丢包的概率会很小，而网络端的丢包概率会很大，一旦发生丢包现象，则网络端时延就会取极值(最大情况)。

对云控制系统的研究目前还处于初始阶段，参照网络控制系统的研究内容，大体上包括三个方面：

1）对云的控制(control of cloud)

围绕云计算的服务质量，从服务模式、虚拟化技术、负载均衡技术、集群技术、容错技术、分布计算技术等不同的角度提出解决方案，满足系统对实时性的要求，减小云计算时延、数据包时序错乱、数据包丢失等一系列问题，可以运用运筹学和控制理论的方法来实现。

2）通过云的控制(control through cloud)

指在现有的云计算条件下，设计相适应的 CCS 控制器，保证 CCS 良好的控制性能和稳定性，可以通过建立 CCS 数学模型用控制理论的方法进行研究。包括 CCS 的数学模型，CCS 的极点配置设计方法，CCS 的最优化设计方法，CCS 的鲁棒控制设计方法，CCS 的性能分析等。

3）云控制的安全性问题(cloud control security)

在云控制系统中，云服务器端通过网络将控制指令传输给被控对象的执行器端，同时，被控对象中的传感器将检测到的数据反馈给云服务器端。在这个过程中，若通信网络遭受攻击，会影响系统的运行性能，严重的甚至会影响系统稳定性。因此，保证云控制系统的安全性、可靠性十分重要。目前，针对云控制系统的主要网络攻击形式包括拒绝服务(denial-of-service, DoS)攻击，假数据注入(false data injection, FDI)攻击，重放(replay)攻击等。

8.5 云控制系统建模与控制器设计

云控制系统在结构上表现为云计算与信息物理系统的深度融合，在性能上体现为云计算和网络控制系统的特性。云控制系统由于计算模式的动态性、通信网络的复杂性、数据的混杂性等原因，往往具有不确定性。云计算的引入不但使云控制系统结构更加复杂，而且不确定性分析也更加复杂。其中，时延不仅使系统的结构特性发生改变，影响系统的稳定性和控制性能，而且使系统丧失定常性、完整性、因果性和确定性，因此研究带有时延的云控制系统建模与控制方法是非常必要的。

本节基于云控制系统不确定性分解策略，将系统时延分解为云端时延和网络端时延(假设被控对象本身无时滞)，进一步地，根据时延产生的不同位置将时延分为前向通道时延和反馈通道时延。前向通道指的是由控制器的输出到执行器的输入，反馈通道指的是由传感器的输出到控制器的输入。为了简单起见，将同一通道的时延叠加，构成云控制系统的前向总时延和反馈总时延，接下来将分别分析云端时延和网络端时延产生的原因，并在此基础上进行云控制系统的控制器设计。

8.5.1 云控制系统时延特性

1. 云端时延分析

云端环境复杂，云控制系统数据处理、传输、调度、存储等都是在云端完成的，云端任务执行的复杂性和动态性造成了云端时延的不确定性，给控制系统分析带来很大难度。一般来说，云端任务执行原理采用的是 MapReduce 架构，因此本节主要基于云端 MapReduce 任务执行架构给出云端任务执行模型，并基于该执行模型进行云端时延分析。

MapReduce 任务执行架构如图 8.11 所示，图中给出的是具有五个输入端口和三个输出端口的 MapReduce 架构，实际应用中可以根据任务类型灵活选择 MapReduce 架构输入端口和输出端口数目。MapReduce 架构下对于任务处理主要包括五个阶段：输入(Input)、映射(Map)、变换(Shuffle)、规约(Reduce)和输出(Output)。任务输入(Input)到云端主节点后，主节点负责接收任务并对任务进行分割(Split)，然后把分割后的任务映射(Map)给从节点，同时监控从节点的任务执行情况。从节点执行分配的计算任务并将计算结果输出。从节点的计算结果输出后会被按照一定的规则进行变换(Shuffle)，然后送到相应的 Reduce 分区进行规约(Reduce)，最终将规约结果输出(Output)，任务执行完成。

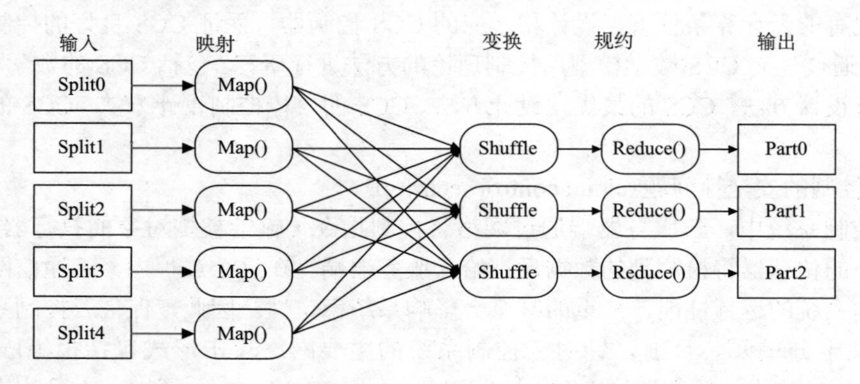

图 8.11　MapReduce 任务执行架构

因此，MapReduce 任务执行架构的主要思想就是对复杂任务进行分割后分配给多个从节点进行计算，提高任务的执行效率。它对于任务的执行主要包含两个阶段：Map 阶段和 Reduce 阶段。云端的时延也是在这两个阶段产生的。为了便于时延的分析，本节给出了云端基于 MapReduce 任务执行模型如图 8.12 所示。

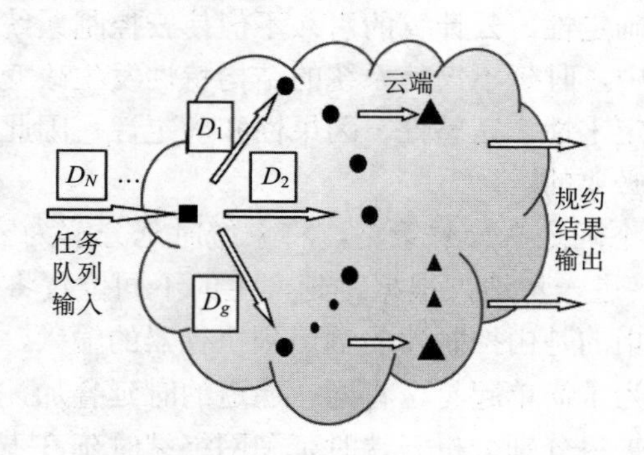

图 8.12　云端基于 MapReduce 任务执行模型

■主节点 CT；●从节点 C_i；▲规的节点 R_j

在该模型中，云端主要包含三类节点：主节点 CT、从节点 $C_i(i=1,2,\cdots,M)$、规约节点 $R_j(j=1,2,\cdots,K)$。具体任务执行过程如下：复杂任务以任务队列的形式进入云端主节点，主节点接收任务并将复杂任务队列分割成 N 个任务块 $D_1,D_2,\cdots,D_N$，$D_1,D_2,\cdots,D_g$ 任务块被均匀映射到 g 个从节点执行，其他任务块在主节点等待，等 $D_1,D_2,\cdots,D_g$ 任务块执行完毕后，$D_{g+1},\cdots,D_N$ 任务块也会被依次均匀映射到 g 个从节点执行，所有任务块执行完毕后，Map 阶段结束。从节点执行结果均匀分配到规约节点 R_j 进行规约输出，规约完毕后，Reduce 阶段结束，至此云端任务执行过程结束。

云端基于 MapReduce 任务执行模型是在认为各种资源是静态的情况下进行分析的，而实际上，每个采样时刻输入云端的任务队列是动态的，计算资源也是动态的。因此，将动态因素加入云端基于 MapReduce 任务执行模型，建立基于 MapReduce 动态任务执行模型，此时主节点的作用除了任务映射外还包括任务管理。任务队列传输到主节点后，主节点 CT 会根据任务的大小将任务队列分割为 n 个任务块，并在云端发送控制任务要求，包括完成任务所需计算资源以及相应的控制算法，云端所有从节点都可以接收这个要求，这个要求应该包括以下信息：

(1) 输出节点 O 的 IP 地址；

(2) 控制器应用的控制算法及控制算法中相应的参数；

(3) 与输出节点 O 相连的被控对象具体数学模型；

(4) 完成控制任务需要的计算负荷。

当有空闲从节点接收到要求后，对要求进行核实能够满足控制要求时，C_i 会向主节点 CT 发送状态反馈，反馈包含以下内容：

(1) 任务传输到从节点 C_i 的传输时延 τ_i 以及可能丢包数 P_i；

(2) 从节点 C_i 可用计算能力 CCA_i。

当 C_i 的反馈信息到达 CT 后，CT 会利用预先设定好的优先级评估函数 S_i 对 C_i 的优先级进行评估，具体优先级评估函数为

$$S_i = \alpha f(\tau_i) + \beta g(P_i) + \gamma h(\text{CCA}_i) \tag{8.19}$$

式中，α, β, γ 参数值分别代表传输时延、可能丢包数以及可用计算能力在优先级评估中所占的权值，参数值越大，说明该参数代表的内容对优先级影响越大，实际应用中可以根据优先级需要调整参数值。$f(\tau_i)$、$g(P_i)$、$h(\text{CCA}_i)$ 为离差标准化归一化函数，这里以 $g(P_i)$ 为例进行归一化函数介绍。假设 N 个节点的可能丢包数分别为 $P_1, P_2, \cdots, P_N$，其中最大丢包数为 $P_{\max}$，最小丢包数为 $P_{\min}$，则归一化后的第 i 个节点的可能丢包数为 $P_i' = \dfrac{P_i - P_{\min}}{P_{\max} - P_{\min}}$，归一化后的 P_i' 在[0,1]范围内取值。同样地，对传输时延以及可用计算能力采用同种方法进行归一化处理。总之，传输时延 τ_i 越短，可能丢包数 P_i 越小，可用计算能力 CCA_i 越高，则 C_i 优先级越高。

主节点 CT 将收到的所有愿意从节点的优先级进行排序，具体排序内容见表 8.1。排序后主节点会选择排在前 g 位的从节点分配任务并执行。

表 8.1 愿意从节点列表

节点	IP 地址	优先级	排序
C_1	Add_1	S_1	1
C_2	Add_2	S_2	2
⋮	⋮	⋮	⋮
C_g	Add_g	S_g	g
⋮	⋮	⋮	⋮
C_N	Add_N	S_N	N

每个采样时刻，主节点 CT 都会根据当前任务队列需求，决定该时刻任务队列分割数量 n 以及所需从节点数 g，并向所有从节点发送要求。所有活动的从节点都会向 CT 发送反馈，CT 依据从节点反馈信息根据优先级进行从节点的更替。因此本文所给的基于 MapReduce 动态任务执行模型是一个动态管理过程，主节点 CT 不断寻找愿意从节点，删除并替换失效从节点，该模型符合云端各种资源动态变化的特点。

云端资源动态变化给云端时延带来很大的不确定性。为了便于分析，在对基于 MapReduce 动态任务执行模型下信息传递时延进行分析前，先做如下假设：

(1) 每次任务执行中，任务队列都是均匀分割的；

(2) 每个从节点的计算能力是一致的；

(3) 任务队列均匀地分配给从节点和规约节点。

接下来进行时延分析。从图 8.12 可以看出，假设某个采样时刻任务队列进入主节点后被分割为 n 个任务块，并依次被分配到 g 个从节点。如果一个任务队列在一个从节点计算所用的时间为 T_{C}，则在 g 个从节点计算所用时间为

$$T_{\text{compute}}=\frac{T_{\mathrm{C}}}{g} \tag{8.20}$$

从节点将计算结果输送给规约节点进行任务计算结果的规约输出，假设一个任务块的规约时间为 T_{I}，一共有 r 个规约节点，则 n 个任务块的规约时间

$$T_{\text{Reduce}}=\frac{n\times T_{\mathrm{I}}}{r} \tag{8.21}$$

假设任务队列的映射时间为 T_{map}，任务在云端的传输时间为 $T_{\text{cloud-transfer}}$，因此云控制系统云端部分前向时延 $\tau_{\text{cloud}}^{\text{ca}}$ 和反馈时延 $\tau_{\text{cloud}}^{\text{sc}}$ 分别为

$$\tau_{\text{cloud}}^{\text{ca}}(n,r)=T_{\text{Reduce}} \tag{8.22}$$

$$\tau_{\text{cloud}}^{\text{sc}}(g)=T_{\text{Map}}+T_{\text{compute}}+T_{\text{cloud-transfer}} \tag{8.23}$$

可以看出，云端时延为任务块数 n、从节点数 g 以及任务规约节点数 r 的函数，不同的 n、g 和 r 的取值会获得不同的云端时延。本节所给出的云端基于 MapReduce 动态任务执行模型，充分考虑了云端资源的动态变化，基于此分析的时延也是动态不确定的，符合云端的特征。

2. 网络端时延分析

一般网络传输时延组成如图 8.13 所示，信息从源节点发送至目的节点主要包括三个过程：源节点、网络传输、目的节点。

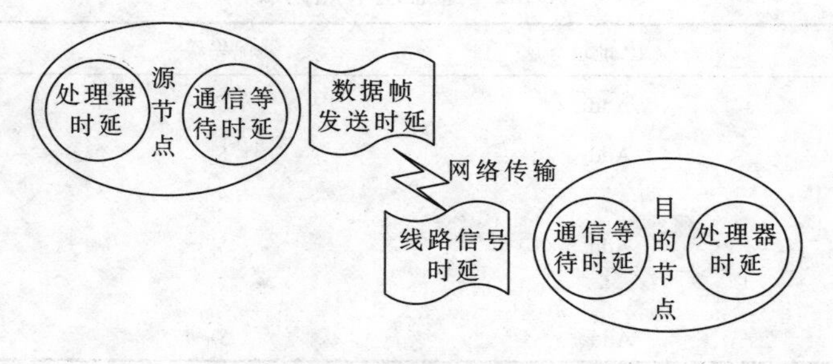

图 8.13　一般网络传输时延组成

定义源节点内的处理器时延为 T_{sp}，源节点内通信等待时延为 T_{sw}，网络传输时延为 $T_{net\text{-}transfer}$，目的节点内通信等待时延为 T_{dw}，目的节点内处理器时延为 T_{dp}。

如图 8.14 所示，在云控制系统中，采集的数据信息和控制信号是通过网络实现传输的。但是与一般网络控制系统的信息传输不同，云控制系统中反馈通道的目的节点和前向通道的源节点在云端，相应的处理器时延以及通信等待时延应该考虑放在云端时延中分析。这里基于现有的一般网络传输时延组成，给出云控制系统网络端的时延组成。

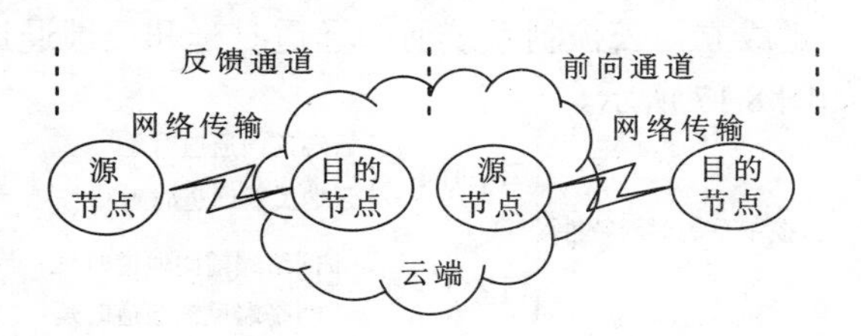

图 8.14　云控制系统信息传输过程

云控制系统中的控制器存在云端，因此反馈通道中的目的节点在云端，所以分析网络端时延特性时只需考虑源节点内处理器时延、通信等待时延和网络传输时延。网络端的反馈通道时延组成如图 8.15 所示。

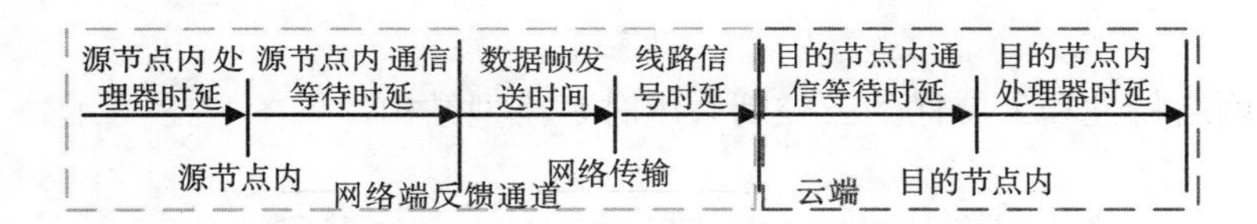

图 8.15　网络端反馈通道时延组成

控制信号从云端发出，因此前向通道的源节点在云端，所以分析网络端时延特性时只需考虑网络传输时延和目的节点内处理器时延、通信等待时延。网络端的前向通道时延组成如图 8.16 所示。

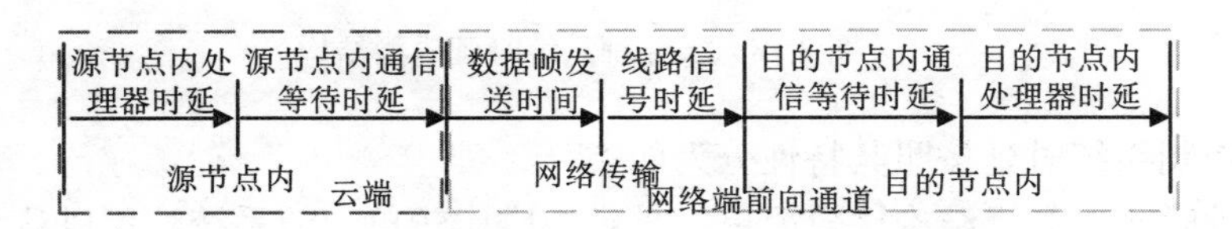

图 8.16　网络端前向通道时延组成

因此云控制系统中网络端前向时延 τ_{net}^{ca} 和反馈时延 τ_{net}^{sc} 分别为

$$\tau_{net}^{ca} = T_{net\text{-}transfer} + T_{dp} + T_{dw} \tag{8.24}$$

$$\tau_{net}^{sc} = T_{sp} + T_{sw} + T_{net\text{-}transfer} \tag{8.25}$$

3. 云控制系统时延模型

云控制系统的不确定性是云端不确定性和网络控制系统不确定性的组合，因此云控制系统时延特性可以按网络端时延和云端时延分别考虑。对于一个控制系统而言，根据控制器的位置可以将云端时延和网络端时延细分为两部分：前向通道时延(也称前向时延)和反馈通道时延(也称反馈时延)。前向时延的存在使得被控对象不能实时地接收控制器发出的控制信息，而反馈时延的存在使得系统状态不能得到及时的反馈，两个时延对于系统的影响是不一样的。网络控制系统中为了研究问题方便，通常将前向通道时延和反馈通道时延合并成一个总的时延，置于前向通道当中。但是这种合并是有前提的，即控制器的结构和参数不随时间改变。事实上，传统工业控制系统和网络控制系统中往往设计控制器后就不再改变控制器结构，但是对于云端控制器，由于资源的动态调配，除了人为地调整控制器参数和结构，云端的不确定性也常常造成控制器参数和结构动态调整，以更好地适应被控对象的实时变化。因此这种假设在云控制系统中不一定成立，云控制系统前向通道时延和反馈通道时延要分开考虑。云控制系统的时延分解图如图 8.17 所示。

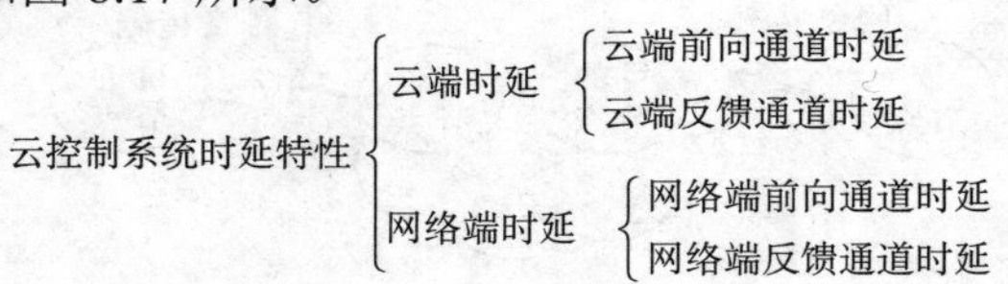

图 8.17　云控制系统时延分解图

基于上述分析，可以认为云端时延和网络端时延是相互独立的。因此，采用叠加策略，云控制系统前向时延 τ^{ca} 和反馈时延 τ^{sc} 分别为

$$\tau^{ca}=\tau_{net}^{ca}+\tau_{cloud}^{ca} \tag{8.26}$$

$$\tau^{sc}=\tau_{net}^{sc}+\tau_{cloud}^{sc} \tag{8.27}$$

综合考虑网络特性和云特性的云控制系统时延模型结构，如图 8.18 所示。

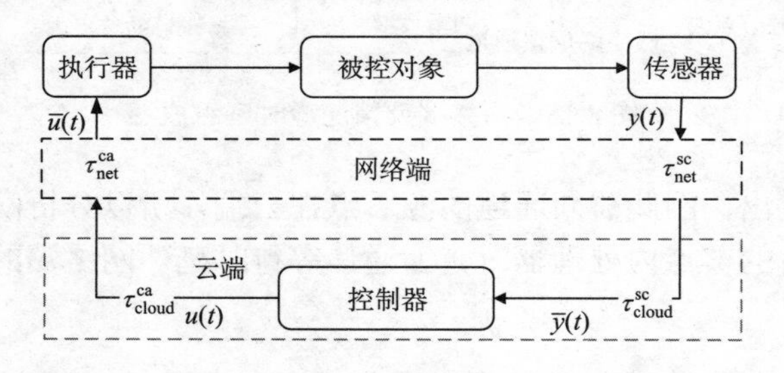

图 8.18　云控制系统时延模型结构

可以将云控制系统时延按照其特性分为两类：

(1) 确定性时延。对于结构比较简单、时延构成比较单一的系统，可以认为系统的时延是确定的。可以用确定性理论进行系统建模，将系统建模为一个确定性系统。

(2) 随机时延。对于结构复杂，时延构成影响因素比较多的系统，不同时刻时延变化比较大，不能认为系统时延是确定的。只能用不确定性理论进行系统建模，将系统建模为不确定性系统。

在云控制系统中，由于云端信息处理具有不确定性，再加上网络负载、外界扰动以及信息数据大小等不确定性因素的影响，云控制系统的时延会表现出随机性。因此云控制系统更应该建模为一种具有随机时延的云控制系统。

目前针对随机时延的处理主要有三种情况：第一种是对随机时延进行确定化，用确定性的理论进行建模研究，通过设置接收缓冲区将随机时延转化为确定时延，并且缓冲区长度应该大于最大的时间延迟。第二种是应用 Markov 相关定理进行分析，将随机时延视为概率分布已知的随机变量，将云控制系统建模为随机系统，用随机理论对其进行分析。但是应用Markov理论进行分析的前提是概率已知的，而实际云控制系统中随机时延的概率分布很难获得。第三种情况是对于包含随机时延的云控制系统使用区间矩阵分析的方法，即认为随机时延为系统的不确定性部分，采用不确定建模方法将系统建模为不确定的系统。区间矩阵分析充分考虑了系统的不确定性，更符合系统特性，在不确定系统建模分析中得到了广泛的应用。

8.5.2 极点配置云控制器设计

时延云特性降低了云控制系统的性能，甚至造成系统不稳定。本节针对确定的连续被控对象，将时延纳入被控对象构建广义被控对象的状态空间模型，设计云控制系统的离散极点配置云控制器，其控制器包含两部分：观测器和状态反馈控制律。观测器主要根据传感器输出进行状态重构，然后基于重构的状态进行状态反馈控制律设计。

被控对象的状态空间模型为

$$\begin{cases}\dot{\mathbf{x}}(t)=A\mathbf{x}(t)+B\mathbf{u}(t)\\ \mathbf{y}(t)=C\mathbf{x}(t)\end{cases} \tag{8.28}$$

式中，$\mathbf{x}(t)\in R^n,\mathbf{u}(t)\in R^m,\mathbf{y}(t)\in R^r$ 分别为被控对象的状态、输入和输出向量，$A\in R^{n\times n},B\in R^{n\times m},C\in R^{r\times n}$ 为系统矩阵。

当系统的状态变量不可测时，系统的状态反馈控制器将包括控制律和观测器两部分，带时延的云控制系统结构如图8.19所示。可以将云控制系统的时延不确定性纳入到控制器的设计中，而对于被控对象来说，模型保持式(8.30)不变，通过设计合适的控制器来补偿时延不确定性对系统性能造成的影响，这是从被控对象的角度来审视控制器的。而本节则是从控制器的角度来审视被控对象，将云控制系统的不确定性纳入被控对象模型中，对式(8.30)的模型进行修正，此时的广义被控对象是带有时延不确定性的；然后，针对修正后的不确定模型设计云控制器。

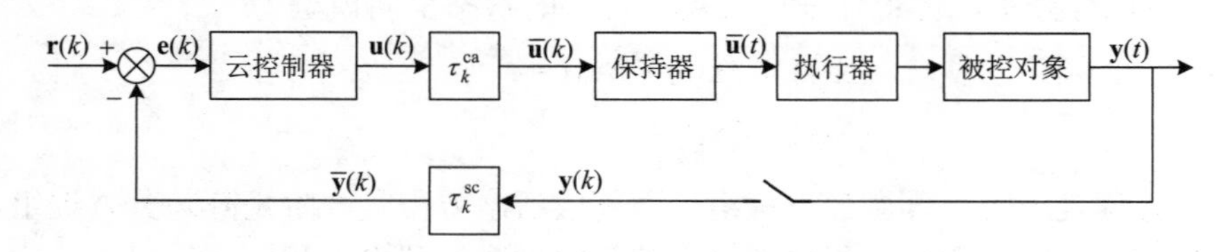

图8.19 带时延的云控制系统结构图

定理8.1 对于图8.19所示的云控制系统，如果云控制器的结构或参数变化，则前向时延 τ_k^{ca} 和反馈时延 τ_k^{sc} 不能简单相加当作一个总时延 τ_k 来看待，如图8.20所示。

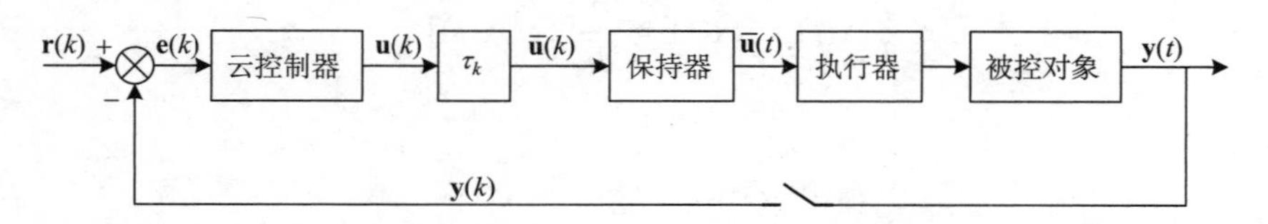

图8.20 带时延的云控制系统非等效结构图

证明 设 $\mathbf{u}(t)=f[t,\mathbf{y}(t)]$。对于图8.19所示系统，有

$$\mathbf{u}(t)=f[t,\mathbf{y}(t-\tau_k^{\mathrm{sc}})]$$

$$\bar{\mathbf{u}}(t)=\mathbf{u}(t-\tau_k^{\mathrm{ca}})=f[t-\tau_k^{\mathrm{ca}},\mathbf{y}(t-\tau_k^{\mathrm{sc}}-\tau_k^{\mathrm{ca}})]=f[t-\tau_k^{\mathrm{ca}},\mathbf{y}(t-\tau_k)]$$

对于图 8.20 所示系统，有

$$\mathbf{u}(t)=f[t,\mathbf{y}(t)]$$

$$\bar{\mathbf{u}}(t)=\mathbf{u}(t-\tau_k)=f[t-\tau_k,\mathbf{y}(t-\tau_k)]$$

如果控制器的结构和参数是固定的，那么控制器就只是输出的函数，则

$$f[t-\tau_k^{\mathrm{ca}},\mathbf{y}(t-\tau_k)]=f[t-\tau_k,\mathbf{y}(t-\tau_k)]$$

但由于云计算的动态调度、丢包、控制算法切换等造成控制器结构参数发生改变，因此并不能简单合并前向时延和反馈时延。证毕。

考虑前向时延和反馈时延云特性的离散云控制系统如图 8.21 所示。由于反馈通道时延的影响，传感器的测量输出在 t 时刻输入到云端的信号为 $\mathbf{y}(t-\tau^{\mathrm{sc}})$。由于前向通道时延的影响，云控制器的控制信号 $\mathbf{u}(t)$ 在 t 时刻输入到被控对象的信号为 $\mathbf{u}(t-\tau^{\mathrm{ca}})$。

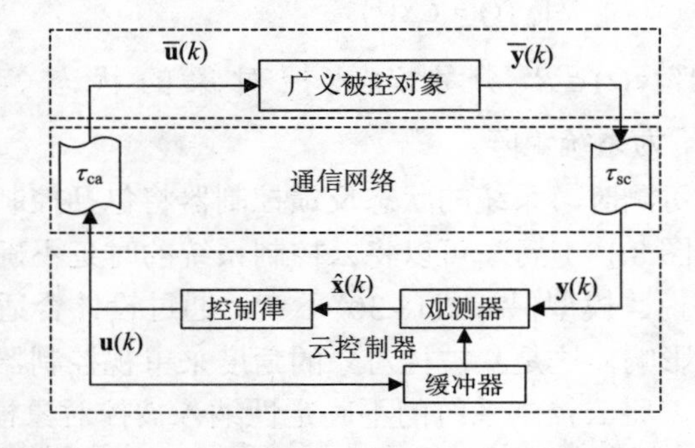

图 8.21　离散云控制系统结构

对式(8.28)进行修正，可得连续广义被控对象的状态空间模型为

$$\begin{cases}\dot{\mathbf{x}}(t)=A\mathbf{x}(t)+B\mathbf{u}(t-\tau^{\mathrm{ca}})\\ \mathbf{y}(t)=C\mathbf{x}(t-\tau^{\mathrm{sc}})\end{cases}\tag{8.29}$$

连续状态方程是一阶矩阵微分方程组，而离散状态方程是一阶矩阵差分方程组。所以只要将连续部分的一阶矩阵微分方程离散化，就可得到离散状态方程。

求解状态方程，可将式(8.29)两边均乘以 e^{-At}，得

$$\mathrm{e}^{-At}\dot{\mathbf{x}}(t)=\mathrm{e}^{-At}A\mathbf{x}(t)+\mathrm{e}^{-At}B\mathbf{u}(t-\tau^{\mathrm{ca}})\tag{8.30}$$

因为

$$\mathrm{e}^{-At}[\dot{\mathbf{x}}(t)-A\mathbf{x}(t)]=\frac{\mathrm{d}}{\mathrm{d}t}[\mathrm{e}^{-At}\mathbf{x}(t)]\tag{8.31}$$

所以

$$\frac{\mathrm{d}}{\mathrm{d}t}[\mathrm{e}^{-At}\mathbf{x}(t)]=\mathrm{e}^{-At}B\mathbf{u}(t-\tau^{\mathrm{ca}})\tag{8.32}$$

将上式由 t_0 至 t 积分，得

$$\mathrm{e}^{-At}\mathbf{x}(t)-\mathrm{e}^{-At_0}\mathbf{x}(t_0)=\int_{t_0}^{t}\mathrm{e}^{-As}B\mathbf{u}(s-\tau^{\mathrm{ca}})\mathrm{d}s\tag{8.33}$$

将上式左乘 e^{At}，得

$$\mathbf{x}(t)=\mathrm{e}^{A(t-t_0)}\mathbf{x}(t_0)+\int_{t_0}^{t}\mathrm{e}^{A(t-s)}B\mathbf{u}(s-\tau^{\mathrm{ca}})\mathrm{d}s \tag{8.34}$$

因为采样系统被控对象前有零阶保持器，所以 $\mathbf{u}(t)$ 是阶梯输入，在两个采样点之间，由于前向时延的影响，当 $kT\leqslant t<kT+\tau_k^{\mathrm{ca}}$ 时，$\mathbf{u}(t-\tau^{\mathrm{ca}})=\mathbf{u}[(k-1)T]$，当 $kT+\tau_k^{\mathrm{ca}}\leqslant t<(k+1)T$ 时，$\mathbf{u}(t-\tau^{\mathrm{ca}})=\mathbf{u}(kT)$，如积分时间取 $kT\leqslant t<(k+1)T$，则 $t_0=kT$，$t=(k+1)T$，$\mathbf{x}(t_0)=\mathbf{x}(kT)$，$\mathbf{x}(t)=\mathbf{x}[(k+1)T]$（为方便，以下变量中略去 T），于是式(8.34)变为

$$\mathbf{x}(k+1)=\mathrm{e}^{AT}\mathbf{x}(k)+\int_{kT}^{kT+\tau_k^{\mathrm{ca}}}\mathrm{e}^{A(kT+T-s)}B\mathbf{u}(k-1)\mathrm{d}s+\int_{kT+\tau_k^{\mathrm{ca}}}^{(k+1)T}\mathrm{e}^{A(kT+T-s)}B\mathbf{u}(k)\mathrm{d}s \tag{8.35}$$

若令 $t=kT+T-s$，则式(8.35)可进一步简化为

$$\mathbf{x}(k+1)=\mathrm{e}^{AT}\mathbf{x}(k)+\int_{0}^{T-\tau_k^{\mathrm{ca}}}\mathrm{e}^{At}\mathrm{d}tB\mathbf{u}(k)+\int_{T-\tau_k^{\mathrm{ca}}}^{T}\mathrm{e}^{At}\mathrm{d}tB\mathbf{u}(k-1) \tag{8.36}$$

求解输出方程需要先求得 $\mathbf{x}(t-\tau^{\mathrm{sc}})$ 的解，令 $\tau=\tau^{\mathrm{ca}}+\tau^{\mathrm{sc}}$，$t=t-\tau^{\mathrm{sc}}$，由式(8.34)可得

$$\mathbf{x}(t-\tau^{\mathrm{sc}})=\mathrm{e}^{A(t-t_0)}\mathbf{x}(t_0-\tau^{\mathrm{sc}})+\int_{t_0}^{t}\mathrm{e}^{A(t-s)}B\mathbf{u}(s-\tau)\mathrm{d}s \tag{8.37}$$

所以，输出方程变为

$$\mathbf{y}(t)=C\mathbf{x}(t-\tau^{\mathrm{sc}})=C[\mathrm{e}^{A(t-t_0)}\mathbf{x}(t_0-\tau^{\mathrm{sc}})+\int_{t_0}^{t}\mathrm{e}^{A(t-s)}B\mathbf{u}(s-\tau)\mathrm{d}s] \tag{8.38}$$

因为被控对象前有零阶保持器，所以 $\mathbf{u}(t)$ 是阶梯输入，由于前向时延和反馈时延的影响，当 $(k-1)T+\tau_k^{\mathrm{sc}}\leqslant t<(k-1)T+\tau_k$ 时，$\mathbf{u}(t-\tau)=\mathbf{u}[(k-2)T]$；当 $(k-1)T+\tau_k\leqslant t<kT$ 时，$\mathbf{u}(t-\tau)=\mathbf{u}[(k-1)T]$。如积分时间取 $(k-1)T+\tau_k^{\mathrm{sc}}\leqslant t<kT$，则 $t_0=(k-1)T+\tau_k^{\mathrm{sc}}$，$t=kT$，$\mathbf{x}(t_0-\tau^{\mathrm{sc}})=\mathbf{x}[(k-1)T]$，$\mathbf{y}(t)=\mathbf{x}(kT)$，于是式(8.38)变为

$$\mathbf{y}(k)=C[\mathrm{e}^{A(T-\tau_k^{\mathrm{sc}})}\mathbf{x}(k-1)+\int_{(k-1)T+\tau_k^{\mathrm{sc}}}^{(k-1)T+\tau_k}\mathrm{e}^{A(kT-s)}B\mathbf{u}(k-2)\mathrm{d}s+\int_{(k-1)T+\tau_k}^{kT}\mathrm{e}^{A(kT-s)}B\mathbf{u}(k-1)\mathrm{d}s] \tag{8.39}$$

若令 $t=kT-s$，则式(8.39)可进一步简化为

$$\mathbf{y}(k)=C[\mathrm{e}^{A(T-\tau_k^{\mathrm{sc}})}\mathbf{x}(k-1)+\int_{0}^{T-\tau_k}\mathrm{e}^{At}\mathrm{d}tB\mathbf{u}(k-1)+\int_{T-\tau_k}^{T-\tau_k^{\mathrm{sc}}}\mathrm{e}^{At}\mathrm{d}tB\mathbf{u}(k-2)] \tag{8.40}$$

结合式(8.36)和式(8.40)可得，考虑网络传输时延的云控制系统广义被控对象的离散状态空间方程为

$$\begin{cases}\mathbf{x}(k+1)=G_1\mathbf{x}(k)+H_1\mathbf{u}(k)+H_2\mathbf{u}(k-1)\\ \mathbf{y}(k)=G_2\mathbf{x}(k-1)+H_3\mathbf{u}(k-1)+H_4\mathbf{u}(k-2)\end{cases} \tag{8.41}$$

式中，$G_1=\mathrm{e}^{AT}$，$G_2=C\mathrm{e}^{A(T-\tau_k^{\mathrm{sc}})}$，$H_1=\int_0^{T-\tau_k^{\mathrm{ca}}}\mathrm{e}^{At}\mathrm{d}tB$，$H_2=\int_{T-\tau_k^{\mathrm{ca}}}^{T}\mathrm{e}^{At}\mathrm{d}tB$，$H_3=C\int_0^{T-\tau_k}\mathrm{e}^{At}\mathrm{d}tB$，$H_4=C\int_{T-\tau_k}^{T-\tau_k^{\mathrm{sc}}}\mathrm{e}^{At}\mathrm{d}tB$。

直接写出观测器方程为

$$\begin{aligned}\hat{\mathbf{x}}(k+1)=&G_1\hat{\mathbf{x}}(k)+H_1\mathbf{u}(k)+H_2\mathbf{u}(k-1)\\&+K[\mathbf{y}(k)-G_2\hat{\mathbf{x}}(k-1)-H_3\mathbf{u}(k-1)-H_4\mathbf{u}(k-2)]\end{aligned} \tag{8.42}$$

式中，$\hat{\mathbf{x}}(k)$ 为观测器重构状态向量，$K=[k_1,k_2,\cdots,k_n]^{\mathrm{T}}$ 为观测器增益矩阵。

控制律设计为

$$\mathbf{u}(k)=-L\hat{\mathbf{x}}(k) \tag{8.43}$$

式中，$L=[l_1,l_2,\cdots,l_n]$ 为控制律增益矩阵。

为了求出闭环系统的极点，需首先求出闭环系统的状态方程。为此，令闭环系统的状态为

$$\mathbf{f}(k)=\begin{bmatrix}\mathbf{x}(k)\\ \mathbf{e}(k)\end{bmatrix} \tag{8.44}$$

设状态重构误差 $\mathbf{e}(k)=\mathbf{x}(k)-\hat{\mathbf{x}}(k)$，结合式(8.41)~式(8.43)得

$$\begin{aligned}\mathbf{x}(k+1)&=G_1\mathbf{x}(k)-H_1L\hat{\mathbf{x}}(k)-H_2L\hat{\mathbf{x}}(k-1)\\&=(G_1-H_1L)\mathbf{x}(k)+H_1L\mathbf{e}(k)-H_2L\mathbf{x}(k-1)+H_2L\mathbf{e}(k-1)\end{aligned} \tag{8.45}$$

$$\mathbf{e}(k+1)=G_1\mathbf{e}(k)-KG_2\mathbf{e}(k-1) \tag{8.46}$$

可得闭环系统的状态方程为

$$\begin{bmatrix}\mathbf{x}(k+1)\\ \mathbf{e}(k+1)\end{bmatrix}=\begin{bmatrix}G_1-H_1L & H_1L\\ 0 & G_1\end{bmatrix}\begin{bmatrix}\mathbf{x}(k)\\ \mathbf{e}(k)\end{bmatrix}+\begin{bmatrix}-H_2L & H_2L\\ 0 & -KG_2\end{bmatrix}\begin{bmatrix}\mathbf{x}(k-1)\\ \mathbf{e}(k-1)\end{bmatrix} \tag{8.47}$$

即

$$\mathbf{f}(k+1)=A_1\mathbf{f}(k)+A_2\mathbf{f}(k-1) \tag{8.48}$$

其中，$A_1=\begin{bmatrix}G_1-H_1L & H_1L\\ 0 & G_1\end{bmatrix}, A_2=\begin{bmatrix}-H_2L & H_2L\\ 0 & -KG_2\end{bmatrix}$。

对式(8.48)左右两边同时求 z 变换可得

$$z\mathbf{F}(z)=A_1\mathbf{F}(z)+A_2z^{-1}\mathbf{F}(z) \tag{8.49}$$

整理可得闭环系统的特征方程为

$$\alpha(z)=\left|z^2I-zA_1-A_2\right|=0 \tag{8.50}$$

将式(8.50)展开可得

$$\alpha(z)=z^{4n}+f_1(K,L)z^{4n-1}+\cdots+f_{4n-1}(K,L)z+f_{4n}(K,L) \tag{8.51}$$

其中，$f_i(\cdot)(i=1,2,\cdots,4n)$ 为向量 K 和 L 的函数。

闭环极点是根据系统的性能要求给定的。一般来说，闭环系统的性能主要取决于控制极点，也即控制极点应是整个闭环系统的主导极点。观测器极点的引入通常使闭环系统的性能变差。为了减少观测器极点的影响，观测器极点所决定的状态重构的跟随速度应远大于控制极点所决定的系统响应速度，极限条件下可将观测器极点均放置在原点处，这时状态重构具有最快的跟随速度。

由于时延云特性的引入，系统闭环极点的个数为 $4n$。假设从系统控制要求出发获得系统的 $2n$ 个期望控制极点 $\lambda_1^*,\lambda_2^*,\cdots,\lambda_{2n}^*$，$2n$ 个期望观测器极点 $\lambda_{2n+1}^*,\lambda_{2n+2}^*,\cdots,\lambda_{4n}^*$，根据求得的期望极点可以获得期望的闭环特征方程

$$(z-\lambda_1^*)(z-\lambda_2^*)\cdots(z-\lambda_{4n}^*)=z^{4n}+a_1^*z^{4n-1}+\cdots+a_{4n-1}^*z+a_{4n}^* \tag{8.52}$$

其中 $a_i^*(i=1,2,\cdots,4n)$ 为期望闭环特征多项式的系数。

根据式(8.51)和式(8.52)的同次幂系数相等可得

$$\begin{cases} f_1(K,L) = a_1^* \\ f_2(K,L) = a_2^* \\ \quad \vdots \\ f_{4n}(K,L) = a_{4n}^* \end{cases} \tag{8.53}$$

求解上述多元方程组，最终可获得系统状态观测器增益矩阵 K 和控制律增益矩阵 L 。

若 $f_i(\cdot)$ 为向量 K 和 L 的线性函数，其表达式为

$$f_i(K,L) = f_{i,1}k_1 + f_{i,2}k_2 + \cdots + f_{i,n}k_n + f_{i,n+1}l_1 + f_{i,n+2}l_2 + \cdots + f_{i,2n}l_n \tag{8.54}$$

则式(8.53)可以整理为

$$F_{4n\times 2n}X_{2n\times 1} = Q_{4n\times 1} \tag{8.55}$$

其中， $F_{4n\times 2n} = \begin{bmatrix} f_{1,1} & f_{1,2} & \cdots & f_{1,2n} \\ f_{2,1} & f_{2,2} & \cdots & f_{2,2n} \\ \vdots & \vdots & & \vdots \\ f_{4n,1} & f_{4n,2} & \cdots & f_{4n,2n} \end{bmatrix}$， $X_{2n\times 1} = \left[k_1,\cdots,k_n,l_1,\cdots,l_n\right]^{\mathrm{T}}$， $Q_{4n\times 1} = \left[a_1^*,\cdots,a_{4n}^*\right]^{\mathrm{T}}$ 。

由线性代数相关知识可知，式(8.53)有唯一解的充分必要条件是： $\mathrm{rank}(F_{4n\times 2n}) = \mathrm{rank}(F_{4n\times 2n}, Q_{4n\times 1}) = 2n$ ，即矩阵 $F_{4n\times 2n}$ 列满秩，且与增广矩阵 $(F_{4n\times 2n}, Q_{4n\times 1})$ 的秩相等。

为了检验本节设计的云特性控制器性能，下面通过典型环节的仿真实验进行验证。

例 8.2 假设连续被控对象的状态空间表达式为

$$\begin{cases} \dot{\mathbf{x}}(t) = A\mathbf{x}(t) + B\mathbf{u}(t) \\ \mathbf{y}(t) = C\mathbf{x}(t) \end{cases}$$

式中， $A = \begin{bmatrix} 0 & 1 \\ 0 & -0.1 \end{bmatrix}, B = \begin{bmatrix} 0 \\ 0.1 \end{bmatrix}, C = \begin{bmatrix} 1 & 0 \end{bmatrix}$ 。

假设采样周期 T=1s ，前向时延和反馈时延 $\tau^{\mathrm{ca}} = \tau^{\mathrm{sc}}$=0.4s ，系统的总时延 τ=0.8s ，要求闭环系统的性能相应于阻尼系数 ξ=0.5 、无阻尼振荡频率 ω_n=0.4 的二阶连续系统。

解 将时延云特性纳入被控对象中可得广义被控对象的状态空间模型为

$$\begin{cases} \dot{\mathbf{x}}(t) = A\mathbf{x}(t) + B\mathbf{u}(t - \tau^{\mathrm{ca}}) \\ \mathbf{y}(t) = C\mathbf{x}(t - \tau^{\mathrm{sc}}) \end{cases}$$

将连续的被控对象及零阶保持器一起离散化，得到

$$\begin{cases} \mathbf{x}(k+1) = G_1\mathbf{x}(k) + H_1\mathbf{u}(k) + H_2\mathbf{u}(k-1) \\ \mathbf{y}(k) = G_2\mathbf{x}(k-1) + H_3\mathbf{u}(k-1) + H_4\mathbf{u}(k-2) \end{cases}$$

式中各参数利用本节的算法计算得到

$$G_1 = \begin{bmatrix} 1 & 0.9516 \\ 0 & 0.9048 \end{bmatrix}, \quad G_2 = \begin{bmatrix} 1 & 0.5824 \end{bmatrix}, \quad H_1 = \begin{bmatrix} 0.01765 \\ 0.05824 \end{bmatrix},$$

$$H_2 = \begin{bmatrix} 0.03073 \\ 0.03694 \end{bmatrix}, \quad H_3 = 0.001987, \quad H_4 = 0.01566$$

进一步可得闭环云控制系统的状态方程为

$$\mathbf{f}(k+1) = A_1\mathbf{f}(k) + A_2\mathbf{f}(k-1)$$

式中

$$A_1=\begin{bmatrix} G_1-H_1L & H_1L \\ 0 & G_1 \end{bmatrix},\quad A_2=\begin{bmatrix} -H_2L & H_2L \\ 0 & -KG_2 \end{bmatrix}$$

两边求 z 变换可得

$$z\mathbf{F}(z)=A_1\mathbf{F}(z)+A_2z^{-1}\mathbf{F}(z)$$

整理可得闭环系统的特征多项式为

$$\alpha(z)=z^{4n}+f_1(K,L)z^{4n-1}+\cdots+f_{4n-1}(K,L)z+f_{4n}(K,L)$$

根据 ξ=0.5 和 ω_n=0.4 的要求，可以求得 s 平面的两个主控制极点为

$$s_{1,2}=-\xi\omega_n\pm \mathrm{j}\omega_n\sqrt{1-\xi^2}=-0.2\pm \mathrm{j}0.2\sqrt{3}$$

进一步根据 $z=\mathrm{e}^{sT}$ 的关系，求得 z 平面的两个主控制极点为

$$z_{1,2}=\mathrm{e}^{-0.2\pm \mathrm{j}0.2\sqrt{3}}$$

这里按其他极点所对应的衰减速度比主控制极点所对应的衰减速度快约 5 倍的要求，选择剩下的六个极点为

$$\beta_{1,2,3,4,5}=0.368,\quad \beta_6=0$$

从而得到期望的闭环特征多项式为

$$\begin{aligned}\alpha_e(z)&=(z-z_1)(z-z_2)(z-\beta_1)^5(z-\beta_6)\\&=z^8-3.3800z^7+4.8578z^6-3.8167z^5+1.7665z^4-0.4819z^3+0.0718z^2\end{aligned}$$

通过比较系数，利用 MATLAB 可以求得观测器增益矩阵和控制律增益矩阵分别为

$$K=\begin{bmatrix}0.2269\\0.0072\end{bmatrix},\quad L=\begin{bmatrix}1.8516 & 6.6885\end{bmatrix}$$

若不考虑时延云特性，利用分离性定理，按照极点配置方法设计常规控制器，很容易求得观测器增益矩阵和控制律增益矩阵分别为

$$K=\begin{bmatrix}1.1688\\0.3028\end{bmatrix},\quad L=\begin{bmatrix}1.3661 & 3.1391\end{bmatrix}$$

下面分别对常规控制器和云控制器的控制效果进行仿真分析，可得具体控制效果对比图如图 8.22 所示。图中 u_1、y_1 为常规控制器作用下的无时延云特性云控制系统的控制信号和系统输出曲线，u_2、y_2 为常规控制器作用下的时延云特性云控制系统的控制信号和系统输出曲线，u_3、y_3 为云控制器作用下的时延云特性云控制系统的控制信号和系统输出曲线。

对比图 8.22 中的曲线可知，在常规控制器的作用下，云控制系统在加入时延云特性前后的控制信号输出曲线和系统输出曲线均能收敛到零，即控制系统稳定。但是加入时延后，控制系统的控制信号和系统输出曲线出现明显波动，控制系统的超调量、调整时间增加，说明时延云特性的加入使得云控制系统的动态性能降低。而在云控制器的作用下，加入相同时延云特性的云控制系统控制输出曲线和系统输出曲线均能收敛到零，且动态性能依然良好，说明考虑时延云特性设计的云控制器能有效补偿或抵消时延给控制系统带来的影响。

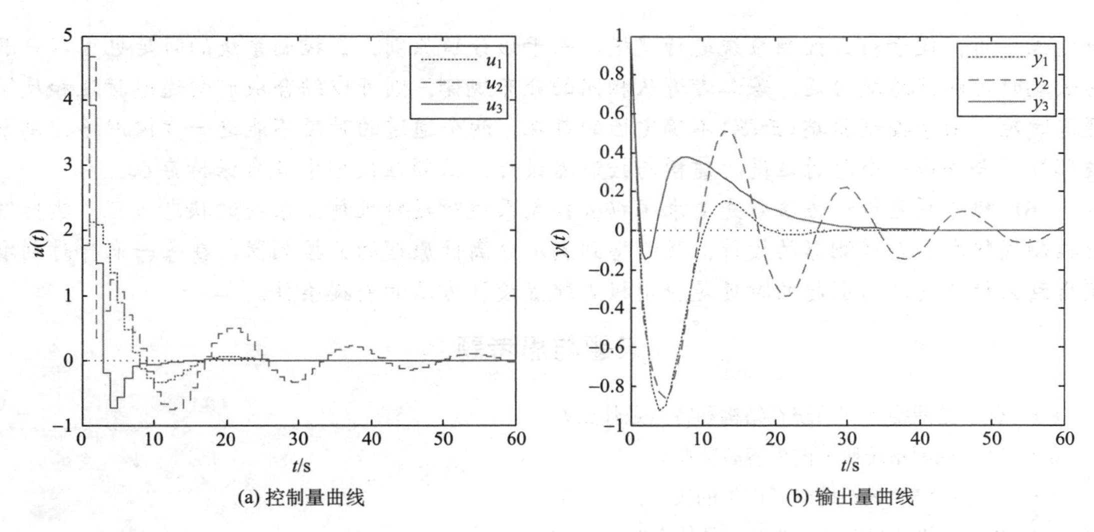

图 8.22　云特性影响控制效果对比图

本 章 小 结

本章介绍了基于网络的控制技术，包括网络控制系统和云控制系统。首先介绍网络控制系统的基本概念和研究内容，然后对网络控制系统的时延特性进行分析，在此基础上设计了PID 网络控制器。云控制系统是一个全新的概念，是网络控制系统发展的新阶段。本章在网络控制系统设计的基础上，介绍了云控制系统的基本概念和研究内容，对云控制系统的时延特性进行了分析，并基于极点配置方法进行了云控制器设计。本章的思路是应用本书前面章节介绍的内容，研究和解决基于网络进行控制出现的新问题，加深对前面章节内容的理解。要求了解和掌握如下内容：

(1) 网络控制系统的实质是常规计算机控制系统的前向通道和反馈通道利用控制网络来实现，因此，相当于在控制器(计算机)和对象(包括传感和执行机构)之间增加了一个不确定的动态环节，该动态环节影响了计算机控制系统的控制性能。因此网络控制器设计的主要任务之一就是如何克服网络动态环节对控制系统的影响，这也是网络控制系统控制器的设计与常规计算机控制系统控制器设计的主要区别。

(2) 信息从源节点发送至目的节点时序过程大体可以分为三个部分：源节点内时序，网络传输时序，目的节点内时序。网络传输时延会降低系统的性能，使系统的稳定范围变窄，甚至使系统变得不稳定。

(3) 常规 PID 控制算法应用于网络控制系统需要进行改进，即 PID 的控制参数要根据某一反映系统动态误差的性能指标，不断进行调整，以适应网络控制系统的要求。

(4) 云控制系统是在网络控制系统的基础上，将所有的控制器模型置于云端，用“软计算机”代替“硬计算机”进行控制算法的实时计算。由于云计算不确定性的存在，给控制系统的设计带来了新的问题，即控制器端也存在不确定性。云控制系统的特性除了包括网络控制系统的所有特性外，还有云计算本身的特性。因此云控制器设计的主要任务是如何克服云计算和网络两种动态特性对控制系统的影响，这也是云控制系统控制器的设计与网络控制系统控制器设计的主要区别。

(5) 将云控制系统的不确定性分解为云端、网络端和被控对象端三部分，是为了简化不确定性分析，便于对云控制系统进行建模。基于该分解原则，云控制系统的时延也可以分解为云端时延和网络端时延，若二者遵从相同的分布规律，则可以结合成前向通道时延和反馈通道时延。由于控制器端(云端)不确定性的存在，两个通道的时延不能进一步像网络控制系统那样，合并成一个总时延进行建模与控制器设计，必须在模型中各自保持存在。

(6) 极点配置设计方法首先要求根据云控制系统时延特性建立系统的状态方程，然后进行控制规律和状态观测器的设计，最终得到满足分离性原理的云控制器。在每一采样时刻准确得到云计算与网络引起的时延是应用极点配置设计方法的前提条件。

习题与思考题

8.1 什么是网络控制系统？结构和特点是什么？

8.2 网络控制系统研究的内容有哪些？

8.3 简述网络控制系统时延产生的过程。

8.4 PID 网络控制器设计的要点是什么？

8.5 什么是云控制系统？结构和特点是什么？

8.6 云控制系统的不确定性有哪些？为什么要进行不确定性分解？

8.7 简述云控制系统时延产生的过程。

8.8 极点配置云控制器设计的要点是什么？

8.9 简述云控制系统与网络控制系统的区别和联系。

8.10 给出一个云控制系统应用的实例并进行分析。

8.11* 控制网络的类型有几种分类方法？具体内容是什么？

8.12* 简述 EtherNet、CAN、ControlNet 三种网络的通信协议。

8.13* 网络控制系统的其他特性(如丢包特性)是什么？对系统特性有何影响？

8.14* 采用其他性能指标的 PID 网络控制器如何设计？

8.15* 试设计 Smith 网络控制器。

8.16* 什么是云计算？简述其定义和特点。

8.17* 简述云计算的关键技术。

8.18* 组建云计算平台有哪些工具？

8.19* 云控制系统除了时延特性，还有哪些特性需要考虑？

8.20* 试用基于李雅普诺夫稳定性的方法进行云控制器设计。

第9章　计算机控制系统仿真分析

9.1　引　　言

从事控制系统分析和设计的技术人员常常会为所面临的巨大且烦琐的计算工作量而苦恼。例如，分析复杂控制系统的动态性能时，需要对系统的微分方程进行求解；在进行控制器设计时，经常需要绘制系统的频率响应曲线；在采用根轨迹法配置系统的期望零点、极点时，需要先绘制出系统的根轨迹图；在计算机控制系统设计完成后，需要校核系统的性能等。如果能够借助计算机本身强大的计算和绘图功能，再加上系统仿真的软件平台，这些问题都可以很容易地解决，从而极大地提高系统分析和设计的效率。本章针对计算机控制系统，在介绍系统仿真基本概念和仿真工具软件的基础上，介绍了信号变换特性分析、模型描述与性能分析、控制器设计分析等仿真方法，以便加深对计算机控制系统理论的理解，为后续的学习和研究打下基础。

本章概要　9.1节介绍本章所要解决的基本问题和研究内容；9.2节介绍系统仿真的基本概念及相关的仿真软件；9.3节介绍计算机控制系统中的信号类型及相关的信号仿真分析；9.4节介绍计算机控制系统的建模及性能分析，包括传递函数建模、状态空间建模、模型辨识及神经网络建模；9.5节重点讲述数字控制器的设计及仿真，并以PID控制器为例介绍通过仿真进行控制器设计的过程。

9.2　系统仿真的概念及分类

9.2.1　系统仿真的基本概念

系统仿真是指根据被研究真实系统的数学模型研究系统性能的一门学科，就是根据系统分析的目的，在分析系统各要素性质及其相互关系的基础上，建立能描述系统结构或行为过程且具有一定逻辑关系的仿真模型，据此进行试验或定量分析，以获得正确决策所需的各种信息。现在系统仿真尤指利用计算机去研究数学模型的方法。

9.2.2　系统仿真的分类

仿真所遵循的基本原则是相似原理，即几何相似、环境相似和性能相似。依据这个原理，仿真可分为物理仿真、数学仿真和混合仿真。

物理仿真就是利用几何相似原理，制作一个与实际系统相似但几何尺寸较小或较大的物理模型(如飞机模型放在与气流场相似的风洞中)进行实验研究。数学仿真是应用数学相似原理，构成数学模型在计算机上进行研究。它由软硬件仿真环境、动画、图形显示、输出打印设备等组成。在仿真研究中，数学仿真只要有一台数学仿真设备(如计算机等)就可以对不同的控制系统进行仿真实验和研究，而且进行一次仿真实验的准备工作也比较简单，主要是被控系统的建模、控制方式的确立和计算机编程。而物理仿真则需要进行大量的设备制造、安装、接线及调试工作，投资大、周期长、灵活性差、改变参数困难、模型难以重复使用，且实验数据处理也不方便。数学仿真实验所需的时间比物理仿真大大缩短，实验数据的处理也比物理仿真简单得多。但由于物理仿真具有信号连续、运算速度快、直观形象、可靠性高等特点，故至今仍然广泛使用。混合仿真又称物理-数学仿真，它是把数学仿真、物理仿真和实体结合起来，也就是将系统的一部分描述成数学模型，放入计算机，而其余部分则构建其物理模型或直接采用实体，组成一个复杂的仿真系统。这种在仿真环节中有部分实物介入的混合仿真也称为半实物仿真或半物理仿真。

由于数学仿真的主要工具是计算机，因此一般又称为“计算机仿真”。计算机仿真根据被研究系统的特征可分为两大类：连续系统仿真及离散事件系统仿真。前者可对系统建立用微分方程或差分方程等描述的数学模型，并将其放在计算机上进行试验；后者面对的是由某种随机事件驱动引发状态变化的系统的数学描述(非数学方程式描述，通常是用流程图或网络图描述)，并将它放在计算机上进行试验。计算机仿真能够为许多实物提供方便、“活的数学模型”，因此，凡是可以用模型进行实验的，几乎都可以用计算机仿真来研究被仿真系统本身的各种特性，选择最佳参数和设计最合理的系统方案。随着计算机技术的发展，计算机仿真得到越来越广泛的应用。

9.2.3　计算机仿真的基本过程

计算机仿真首先应建立系统的数学模型，并将数学模型转化为仿真计算模型，编写仿真程序，通过运行仿真模型实现对实际系统的仿真。现代计算机仿真由仿真系统的软件/硬件环境、动画与图形显示、输入/输出等设备组成。计算机仿真实质上包括三个基本要素：系统、系统模型和计算机。基本活动包括：模型建立(建模)、仿真模型建立(二次建模)和仿真实验，如图 9.1 所示。

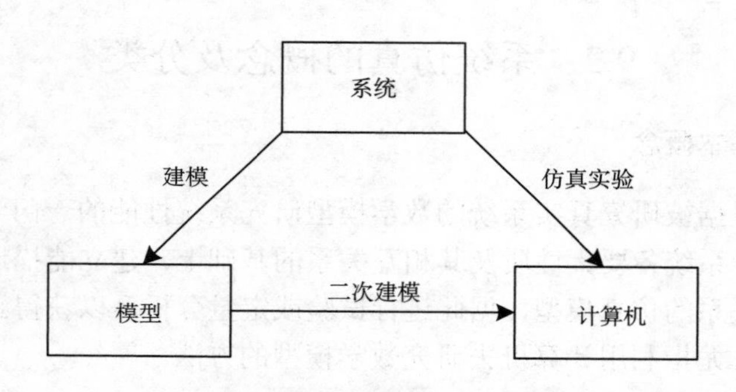

图 9.1　计算机仿真的基本内容

将实际系统抽象为数学模型，称为一次模型化，它还涉及系统辨识技术问题，统称建模问题；将数学模型转换为可在计算机上运行的仿真模型，称为二次建模(仿真模型建立)问题，这涉及仿真技术问题，统称仿真实验。仿真软件要将其管理的数学模型转变为能在计算机内存中实现的仿真模型。计算机仿真过程流程图如图 9.2 所示。

计算机仿真的一般过程可描述如下：

(1) 根据仿真目的确定仿真方案。

确定仿真方案就是确定相应的仿真结构和方法，规定仿真的边界条件与约束条件。

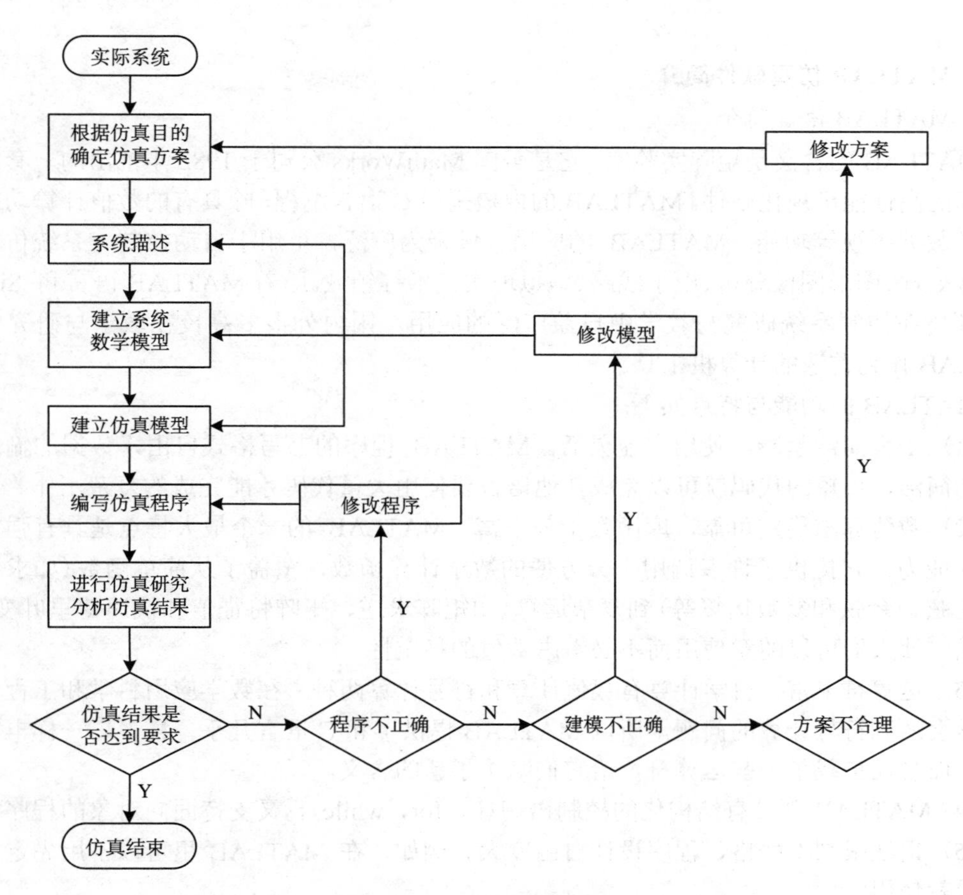

图 9.2　计算机仿真过程流程图

(2) 建立系统的数学模型。

对于简单的系统，可以通过某些基本定律来建立数学模型。而对于复杂的系统，则必须利用实验方法通过系统辨识技术来建立数学模型。数学模型是系统仿真的依据，所以数学模型的准确性十分重要。

(3) 建立仿真模型。

就连续系统而言，建立仿真模型就是通过对原系统的数学模型进行离散化处理，即建立相应的差分方程。

(4) 编写仿真程序。

(5) 进行仿真实验。

设定实验环境、条件，进行实验，并记录仿真数据。

(6) 仿真结果分析。

根据实验要求和仿真目的对仿真结果进行分析处理，以便修正数学模型、仿真模型及仿真程序，或者修正/改变原型系统，以进行新的实验。模型是否能够正确地表示实际系统，并不是一次完成的，而是需要比较模型和实际系统的差异，通过不断地修正和验证而完成的。

9.2.4 MATLAB 仿真软件简介

1. MATLAB 语言简介

MATLAB 的含义是矩阵实验室，它是美国 MathWorks 公司于 1982 年推出的一套用于数值计算的高性能可视化软件。MATLAB 的内核采用 C 语言编程，除具有的数值计算功能外，还具备数据图视等功能。MATLAB 的应用领域极为广泛，可用于自动控制、系统仿真、数字信号处理、图形图像分析、电子线路、虚拟现实技术等领域。随着 MATLAB 语言和 Simulink 仿真环境在控制系统研究与教学中日益广泛的应用，国内外很多高校在教学与研究中都将 MATLAB 作为首选的计算机工具。

MATLAB 的功能与特点如下：

(1) 语言简洁紧凑，使用方便灵活。MATLAB 程序的书写格式自由，数据的输入、输出语句简洁，很短的代码就可以完成其他语言要使用大量代码才能完成的复杂工作。

(2) 数值算法稳定可靠，库函数十分丰富。MATLAB 的一个最大特点是具有强大的数值计算能力，它提供了许多调用十分方便的数学计算函数，覆盖了从简单函数(如求和、三角、正弦、余弦和复数运算等)到复杂运算(如矩阵求逆、矩阵特征值和快速傅里叶变换等)的算法，使人们可以随意使用而不必考虑数值的稳定性。

(3) 运算符丰富。科学计算有数值计算和符号计算两种。在数学应用科学和工程计算领域，常会遇到符号计算的问题，所以 MATLAB 提供了和 C 语言几乎一样多、一样丰富的运算符，而且还重载了一些运算符，给它们赋予了新的含义。

(4) MATLAB 既具有结构化的控制语句(if，for，while)，又支持面向对象的程序设计。

(5) 语法限制不严格，程序设计自由度大。例如，在 MATLAB 里可以不用先定义或声明变量就使用它们。

(6) 程序的可移植性好。MATLAB 程序几乎不用修改就可以移植到其他的机型和操作系统中运行。

(7) 数据分析和可视化功能。对科学研究和工程计算中的大量原始数据用于分析时，通常可以用图形的方式显现出来，这不仅使数据间的关系清晰明了，而且对于揭示其本质起着较大的作用，方便显示程序的运行结果。

(8) 具有强大的工具箱。

(9) 源程序具有开放性。系统的可扩充能力强，除了内部函数外，所有的 MATLAB 核心文件和工具箱文件都提供了 MATLAB 源文件。用户可通过对源文件的修改生成自己所需要的工具箱。

(10) MATLAB 解释执行语言。MATLAB 程序不用编译生成可执行文件就可以运行，解释执行时程序的执行速度较慢，效率比 C 语言低，而且无法脱离 MATLAB 环境运行 MATLAB 程序，这是 MATLAB 的缺点。但是 MATLAB 的编程效率远远高于一般的高级语言，这使人们可以把大量的时间花费在对控制系统的算法研究上，而不是浪费在大量的代码上。

(11) 文字处理。MATLAB Notebook 成功地将 MATLAB 与文字处理系统 Microsoft Word 结合为一个整体，它允许用户从 Word 访问 MATLAB 的数值计算和可视化结果，这就为用户进行文字处理、科学计算、工程设计创造了一个统一的工作环境。

(12) Simulink 动态仿真。MATLAB 提供了一个模拟动态系统的交互式程序 Simulink。允许用户通过 Simulink 提供丰富的功能块，迅速创建系统的模型，并动态控制该系统。

在 Windows 环境下，启动 MATLAB 后，就打开了一个 MATLAB 操作界面，如图 9.3 所示。

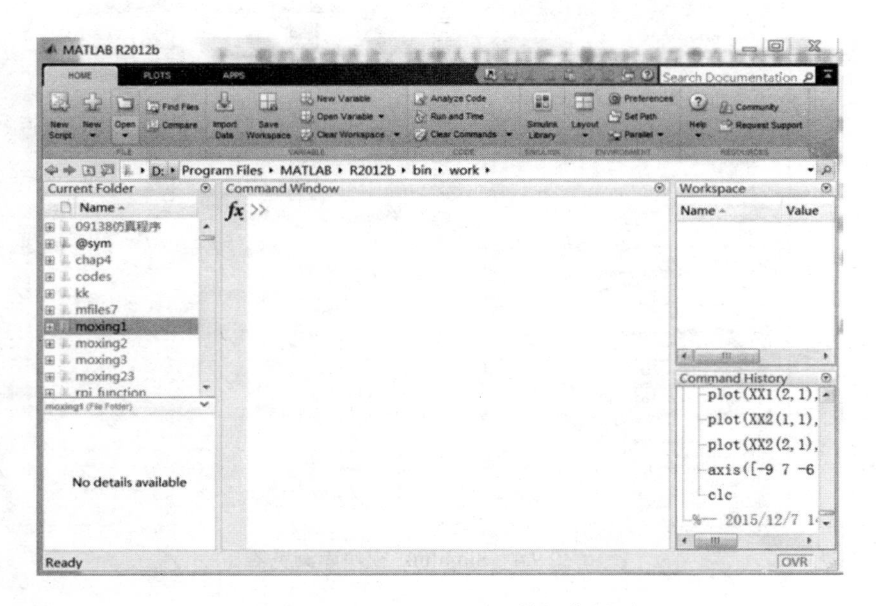

图 9.3　MATLAB R2012b 的操作界面

2. *Simulink 仿真介绍*

Simulink 是一个交互式动态系统建模、仿真和分析图形环境，是一个进行基于模型的嵌入式系统开发的基础开发环境。作为 MATLAB 的重要组成部分，Simulink 具有相对独立的功能和使用方法，它是对基于信号流图的动态系统进行仿真、建模和分析的软件包，它不但支持连续、线性系统的仿真，而且支持离散、非线性系统的仿真。Simulink 提供了对系统信号流图进行组态的仿真平台，通过 Simulink 模块库建立系统的仿真模型，可直观、方便地对系统进行动态仿真。

在 MATLAB 的命令窗口运行命令 Simulink 或单击 MATLAB 操作桌面上的 Simulink 图标，便可打开 Simulink 模块库浏览器(Simulink Library Browser)窗口，如图 9.4 所示。其中，窗口的左边是 Simulink 模块库的各个子库图标，双击对应的子库图标就可以打开该子库。

3. *S 函数介绍*

在实际应用中，对一个工程的不同控制系统进行设计时，如果已经使用 M 文件建立了一个动态模型，为了能方便地重复使用，可以将模型加入到 S 函数中，然后使用独立的 Simulink 模型来模拟这些控制系统。或者，如果发现有些过程或复杂的控制器(算法)用普通的 Simulink 模块不容易搭建，这时，用户可以使用 Simulink 支持的 S 函数格式，用 MATLAB 语言或 C 语言等写出描述过程(或复杂的控制器)的程序，构成 S 函数模块，然后像标准 Simulink 模块那样直接调用，达到整个系统在 Simulink 环境下仿真的目的。

S 函数(S-function)或称系统函数(system function)，是用户借以自建 Simulink 模块所必需的、具有特殊调用格式的函数文件。S 函数有固定的程序格式，它可以用 MATLAB 语言直接编写。此外，S 函数还允许采用 C、C++、Fortran 等语言编写，只不过用这些语言编写程序时，需要用编译器生成动态链接库(DLL)文件，就可以在 Simulink 中直接调用了。

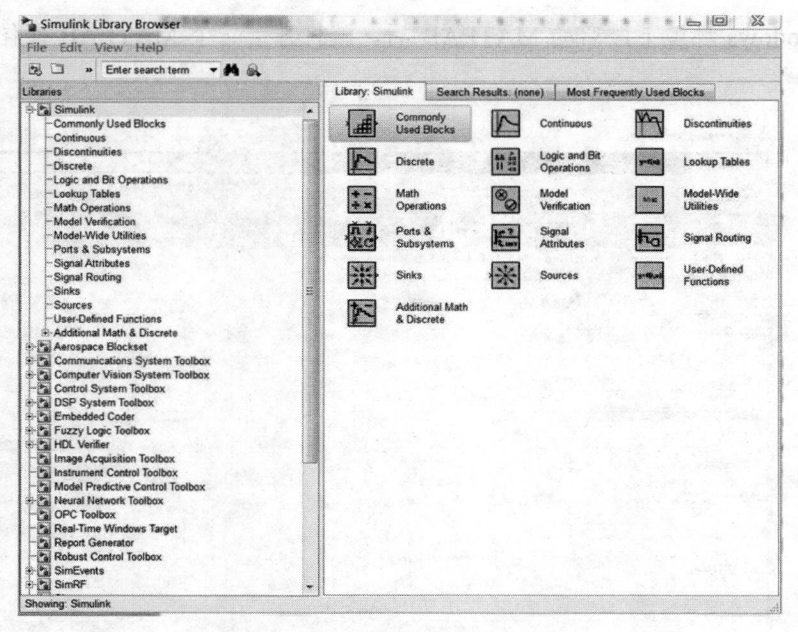

图 9.4　Simulink 模块库浏览器

9.3　计算机控制系统信号仿真分析

9.3.1　信号的种类

在计算机控制系统中，系统结构及信号表示如图 9.5 所示。由图可知，计算机控制系统同时存在三种完全不同的信号——模拟信号、离散模拟信号和数字信号。计算机获取信息的过程是：一个原来在时间上连续、幅值上也连续的模拟信号，经过一定采样周期的采样器采

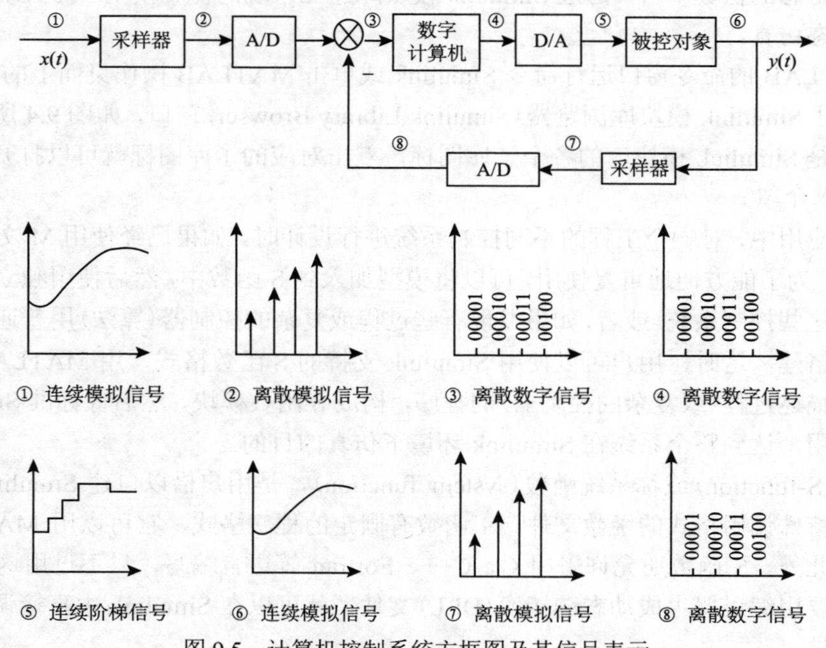

图 9.5　计算机控制系统方框图及其信号表示

样，变换成离散信号，经 A/D 转换量化和编码，就变成计算机接受的时间上离散、幅值上量化的数字信号。计算机对输入信息进行处理，输出离散数字信号，经过 D/A 转换和保持器变成分段连续的模拟信号传送给连续的被控对象。

在计算机控制系统中，每个采样周期都要进行一次控制修正。因此在每个采样周期内控制器都要完成三项工作：对连续信号进行采样、编码(A/D 变换)，然后进行必要的数码运算，最后将运算结果由输出寄存器经解码网络把数码转换成连续信号(D/A 变换)。以下简单介绍 A/D 和 D/A 变换的工作原理。

1. A/D 转换器

A/D 转换实际是采样、编码的过程。将采样信号在数值上表示成二进制数的过程称为量化或编码。如果采用四舍五入的整量化方法，A/D 转换器的编码过程如图 9.6 所示，图中表示的数码是采用四位 A/D 变换所得的结果(其中 q 为量化单位)。由图可见，编码会使得信号失真，给系统带来误差。为了减少编码引起的不利影响，一般要求量化单位足够小，这样就要求计算机和 A/D、D/A 转换器有足够的字长。若采样编码过程可以近似瞬间完成，并用理想脉冲等效替代数字信号，则数字信号可以看成脉冲信号，A/D 变换器可以用理想采样开关来替代。

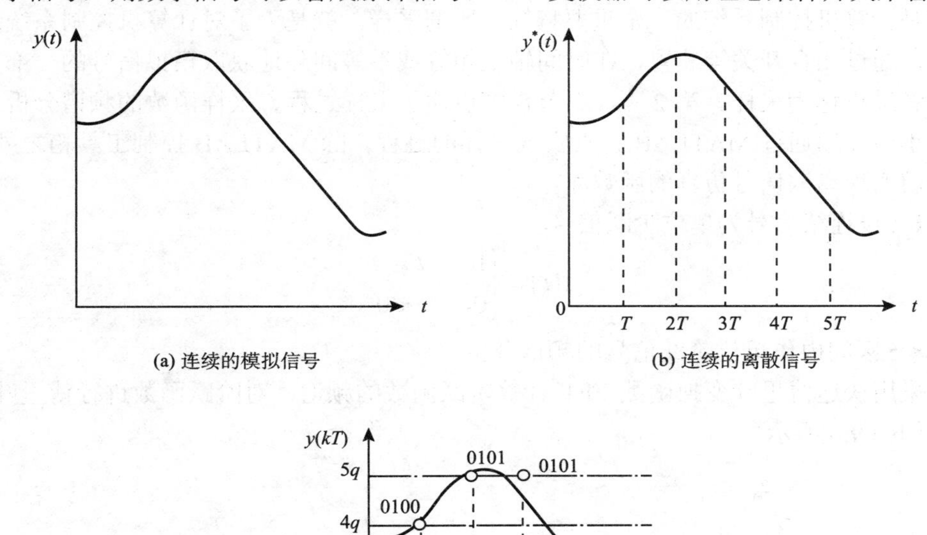

(a) 连续的模拟信号　　(b) 连续的离散信号

(c) 数字信号

图 9.6　A/D 变换的编码过程

2. D/A 转换器

D/A 转换过程是将数字信号变换成连续的模拟信号的过程，如图 9.7 所示。D/A 转换最简单的方法是利用计算机的输出寄存器，使得每个采样周期内保持数字信号为常值(即零阶保持器)，然后再经过 D/A 变换器的解码网络，将数字信号转变为连续的模拟阶梯信号，这样计算机控制系统就被模拟化了。

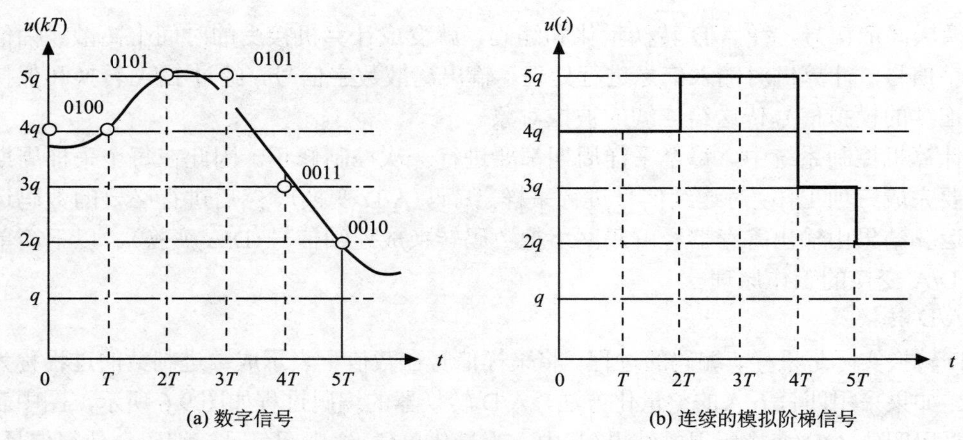

图 9.7　D/A 变换的信号恢复过程

9.3.2　脉冲采样与 MATLAB 仿真

采样是计算机控制系统的一个重要特征。所谓采样，就是为了对计算机控制系统进行测试或分析，通过闭合开关等装置，在时间轴上相等或不等间隔地获取模拟信号的一部分，这种作用或者过程称为采样。第 2 章 2.2 节详细讲述了采样过程、采样函数的频谱分析及采样定理，本小节介绍通过 MATLAB 仿真实现采样的过程。除 MATLAB 控制工具箱之外，RPI 函数是专门实现离散信号仿真的函数库。

例 9.1　设连续信号为单位阶跃信号

$$1(t)=\begin{cases}1, & t\geqslant 0\\ 0, & t<0\end{cases}$$

试在 $0\leqslant t\leqslant 5$ 区间内作单位阶跃信号的频谱分析。

解　采用快速傅里叶变换函数 FFT 计算阶跃函数的频谱，对阶跃函数进行傅里叶变换，相关频谱如图 9.8 所示。

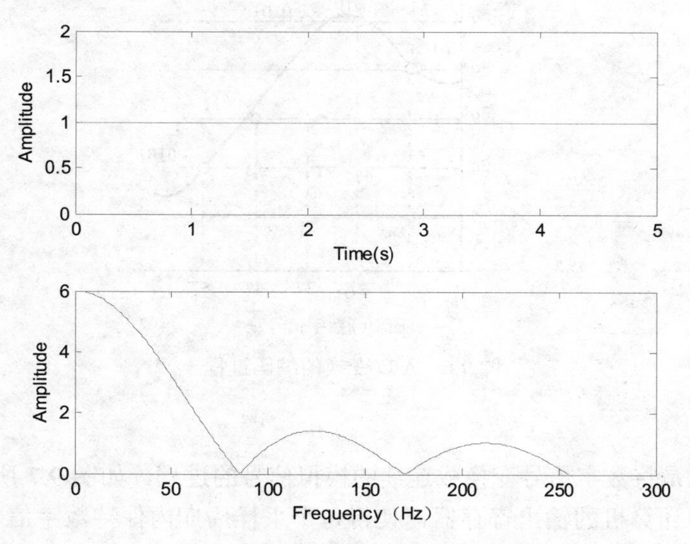

图 9.8　单位阶跃信号及其频谱图

幅值-Amplitude；频率-Frequency（Hz）；时间-Time(s)，以下图同

例 9.2 对例 9.1 中的阶跃信号以采样周期为 1s 对其进行采样，求采样信号的频谱。

解 采用快速傅里叶变换函数 FFT 计算采样信号的频谱，相关频谱如图 9.9 所示。

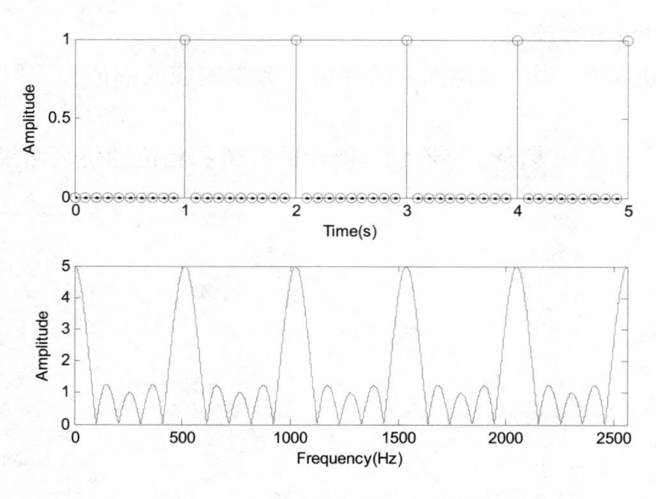

图 9.9 单位阶跃采样信号的频谱图

9.3.3 保持器与 MATLAB 仿真

在一个实际的计算机控制系统中，零阶保持器(ZOH)是由 D/A 转换器来实现的，而 MATLAB 仿真实现是由 ZOH 指令完成的。当 ZOH 的输入为采样信号 $u^*(t)$ 时，ZOH 的输出为 $u(t)=u(kT)$，$kT \leqslant t<(k+1)T$。

1. 零阶保持器的输出

例 9.3 若频率为 1Hz 的连续周期信号为 $u(t)=\sin(2\pi t)$，以频率 10Hz 对其采样，再使用采样信号通过 ZOH，试画出 $t=0$ 到 $t=1\text{s}$ 的 ZOH 输出。

解 仿真结果如图 9.10 所示。

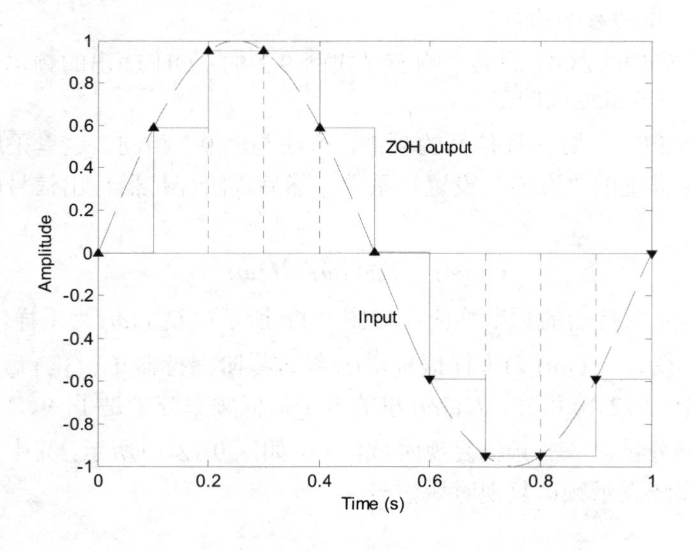

图 9.10 零阶保持器的输出图

由仿真图 9.10 可以看出原始连续信号和零阶保持器输出信号之间的差异。其中，虚线为原始的连续正弦波信号，箭头表示的是采样信号，实线表示的是零阶保持器的输出信号(采样保持后的正弦波信号)。

2. 零阶保持器的频率响应

例 9.4 试画出 0~30Hz 频率范围的零阶保持器频率响应的幅值和相位图，其中采样频率为 10Hz。

解 0~30Hz 频率范围的零阶保持器频率响应的幅值和相位图仿真结果如图 9.11 所示。

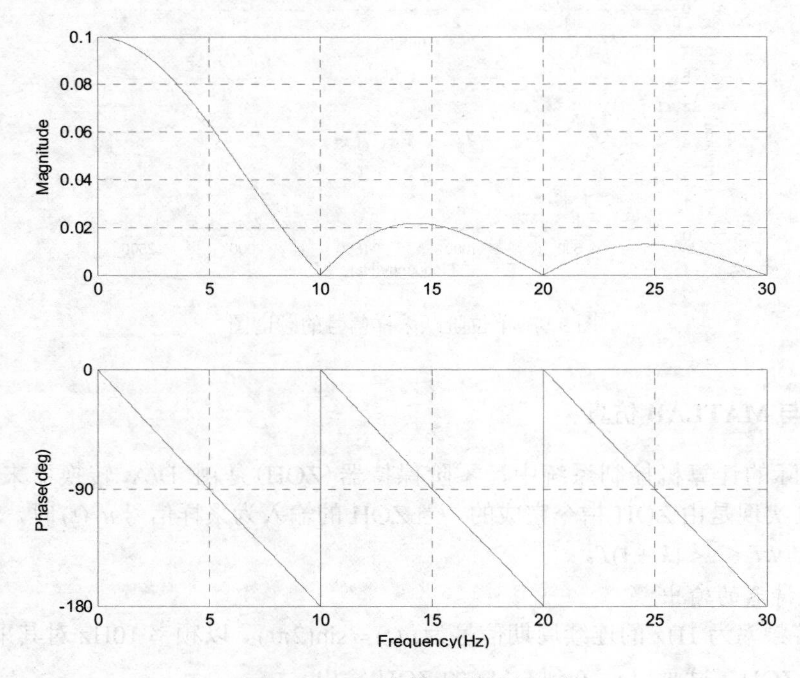

图 9.11 零阶保持器的频率响应

3. 零阶保持器输出的频率响应

例 9.5 试用例 9.4 的 ZOH 的频率响应寻找例 9.3 的 ZOH 输出的频率谱，然后画出由 $u(kT)$ 的 5 个最低频率分量组成的信号。

解 首先用函数 FFT 计算采样信号的频谱，方法与例 9.2 相同。这里采用 RPI 函数库里的 small20 函数对频谱里的“准零”设置零系数。然后零阶保持器输出信号的频谱由下式得到

$$U(\mathrm{j}\omega)=W_{\mathrm{h0}}(\mathrm{j}\omega)U^{*}(\mathrm{j}\omega)$$

式中，$W_{\mathrm{h0}}(\mathrm{j}\omega)$ 为零阶保持器的频率响应，如图 9.11 所示；$U^{*}(\mathrm{j}\omega)$ 为采样信号 $u^{*}(t)$ 的频率响应，如图 9.12(a)所示；$U(\mathrm{j}\omega)$ 为采样信号 $u^{*}(t)$ 经过零阶保持器 $W_{\mathrm{h0}}(\mathrm{j}\omega)$ 后的信号频谱，如图 9.12(b)所示。由图 9.12(b)可知，$U(\mathrm{j}\omega)$ 里的五个最低频率分量是 1、9、11、19 和 21Hz，根据这五个最低频率分量对应的频谱复现时域信号，如图 9.12(c)所示，其中虚线表示零阶保持器的输出信号，实线表示频谱复现时域信号。

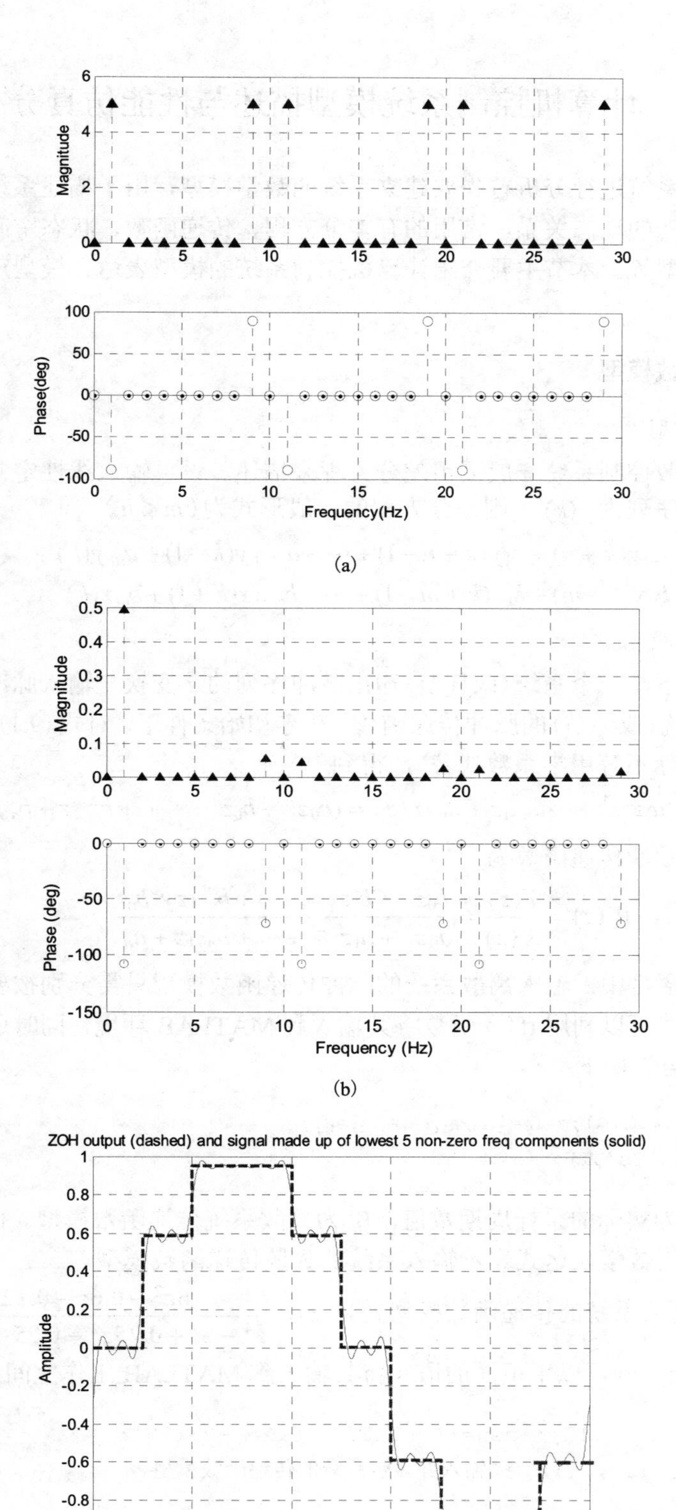

图 9.12 零阶保持器输出的频谱与复现信号

9.4 计算机控制系统模型描述与性能仿真分析

对计算机控制系统进行分析首先要建立系统的数学模型，用于描述系统输入、输出变量及其内部各变量之间的动态关系，常用的有差分方程、传递函数、状态空间模型、数据拟合模型、神经网络模型等。本节主要介绍计算机控制系统的模型表达、模型辨识方法以及性能分析的相关知识。

9.4.1 离散传递函数模型

1. 差分方程模型

线性常系数离散控制系统一般采用差分方程来描述。设单输入线性定常离散系统的输入序列为$x(k)$，输出序列为$y(k)$，则差分方程的一般形式为（$m \leqslant n$）

$$\begin{aligned} & a_0 y(k+n) + a_1 y(k+n-1) + \cdots + a_{n-1} y(k+1) + a_n y(k) \\ & = b_0 x(k+m) + b_1 x(k+m-1) + \cdots + b_{m-1} x(k+1) + b_m x(k) \end{aligned} \tag{9.1}$$

2. 脉冲传递函数

在零初始条件下，一个系统(或环节)输出脉冲序列的 z 变换与输入脉冲序列的 z 变换之比，被定义为该系统(或环节)的脉冲传递函数。在零初始条件下，对式(9.1)两边取 z 变换(这里假设 m=n，若实际不等用零系数代替)，得到

$$(a_0 z^n + a_1 z^{n-1} + \cdots a_{n-1} z + a_n) Y(z) = (b_0 z^n + b_1 z^{n-1} + \cdots + b_{n-1} z + b_n) X(z)$$

所以该离散系统的脉冲传递函数为

$$W(z) = \frac{Y(z)}{X(z)} = \frac{b_0 z^n + b_1 z^{n-1} + \cdots + b_{n-1} z + b_n}{a_0 z^n + a_1 z^{n-1} + \cdots + a_{n-1} z + a_n} \tag{9.2}$$

在 MATLAB 语言中，输入离散系统的脉冲传递函数模型只需分别按要求输入系统的分子和分母多项式，就可以利用 tf() 函数将其输入到 MATLAB 环境，同时还需要输入系统的采样周期 T，具体语句如下：

```
num=[b0,b1,…,bn-1,bn];den=[a0,a1,…,an-1,an];
W=tf(num,den,'Ts',T);
```

其中，T 应该输入为实际的采样周期数值，W 为离散系统传递函数模型。此外，定义算子 z = tf('z',T)，则可以用数学表达式表示输入系统的离散传递函数模型。

例 9.6 假设离散系统的传递函数模型为$W(z) = \dfrac{6z^2 - 0.6z - 0.12}{z^4 - z^3 + 0.25z^2 + 0.25 - 0.125}$，且系统的采样周期为 $T = 0.1$s，则可以用下面的语句将其输入到 MATLAB 工作空间：

```
>> num=[6 -0.6 -0.12]; den=[1 -1 0.25 0.25 -0.125];
W=tf(num,den,'Ts',0.1)  % 输入并显示系统的传递函数模型
```

该模型还可以采用算子方式直接输入：

```
>> z=tf('z',0.1);
W=(6*z^2-0.6*z-0.12)/(z^4-z^3+0.25*z^2+0.25*z-0.125)
```

离散系统的时间延迟模型一般可以写成

$$W(z)=\frac{Y(z)}{X(z)}=\frac{b_0z^n+b_1z^{n-1}+\cdots+b_{n-1}z+b_n}{a_0z^n+a_1z^{n-1}+\cdots+a_{n-1}z+a_n}z^{-d} \tag{9.3}$$

这就要求实际延迟时间是采样周期 T 的整数倍，即时间延迟常数为 dT 。若要输入这样的传递函数模型，只需将传递函数的 ioDelay 属性设置成 d，即 H.ioDelay = d。

若将式(9.2)中传递函数分子和分母同时除以 z^n，则系统的传递函数变换成

$$\hat{W}(z^{-1})=\frac{b_0+b_1z^{-1}+\cdots+b_{n-1}z^{-n+1}+b_nz^{-n}}{a_0+a_1z^{-1}+\cdots+a_{n-1}z^{-n+1}+a_nz^{-n}} \tag{9.4}$$

该模型是离散传递函数的另一种表示形式，多用于表示滤波器。

3. 零极点增益模型

零极点增益模型实际上是传递函数的另一种表现形式，其原理是分别对系统传递函数的分子、分母进行因式分解处理，以获得系统的零点和极点的表示形式。线性离散系统的零极点增益模型描述为

$$W(z)=\frac{Y(z)}{X(z)}=K\frac{(z-z_1)(z-z_2)\cdots(z-z_m)}{(z-p_1)(z-p_2)\cdots(z-p_n)} \tag{9.5}$$

式中，K 为系统增益；$z_i(i=1,2,\cdots,m)$ 为零点；$p_j(j=1,2,\cdots,n)$ 为极点。

在 MATLAB 中零极点增益模型用 $[z,p,k]$ 矢量组表示。其中，z 表示零点向量，p 表示极点向量，k 表示标量形式的增益。再使用 zpk() 函数就可以输入该模型，注意输入离散系统模型时还应该同时输入采样周期。

例 9.7 已知离散系统的零极点模型为

$$W(z)=0.6\frac{(z-0.5)(z-0.5+\mathrm{j}0.5)(z-0.5-\mathrm{j}0.5)}{(z+0.5)(z+0.3)(z+0.2)(z+0.1)}$$

其采样周期 $T=0.1$s，可以用下面的语句输入该系统的数学模型：

```
>> z=[0.5;0.5-0.5i;0.5+0.5i]; p=[-0.5;-0.3;-0.2;-0.1]; k=0.6;
W=zpk(z,p,k,'Ts',0.1)
```

可以得出系统的传递函数模型为

$$W(z)=0.6\frac{(z-0.5)(z^2-z+0.5)}{(z+0.5)(z+0.3)(z+0.2)(z+0.1)}$$

9.4.2 离散状态空间模型

线性定常离散系统状态空间模型的一般形式为

$$\begin{cases}\mathbf{x}[(k+1)T]=F\mathbf{x}(kT)+G\mathbf{u}(kT)\\ \mathbf{y}(kT)=C\mathbf{x}(kT)+D\mathbf{u}(kT)\end{cases} \tag{9.6}$$

在 MATLAB 中，使用 ss() 函数可以将其输入到 MATLAB 的工作空间中，具体形式如下：

```
W=ss(F,G,C,D,'Ts',T)
```

例 9.8 线性定常离散系统的状态空间表达式为

$$\mathbf{x}(k+1)=\begin{bmatrix}1 & 5\\ 3 & 5\end{bmatrix}\mathbf{x}(k)+\begin{bmatrix}2 & 8\\ 4 & 0\end{bmatrix}\mathbf{u}(k)$$

$$\mathbf{y}(k)=[7 \quad 9]\mathbf{x}(k)$$

在 MATLAB 环境下建立状态空间模型，采样周期为 0.3s。

解 MATLAB 程序如下：

```
>> F=[1,5;3,5];
G=[2,8;4,0];
C=[7,9];
D=zeros(1,2);
sys=ss(F,G,C,D,0.3)
```

运行结果为

```
a =
        x1  x2
   x1    1   5
   x2    3   5

  b =
        u1  u2
   x1    2   8
   x2    4   0

  c =
        x1  x2
   y1    7   9

  d =
        u1  u2
   y1    0   0

Sample time: 0.3 seconds
Discrete-time state-space model.
```

9.4.3 离散系统的模型辨识

前面介绍的方法均是假定系统的数学模型已知而展开的，这些数学模型往往可以通过已知规律推导得出。但在实际应用中并不是所有的受控对象都可以推导出数学模型，很多受控对象甚至连系统的结构都是未知的，所以需要从实测的系统输入输出数据或其他数据，用数值的手段重构其数学模型，这样的办法称为系统辨识。本小节介绍离散系统的辨识方法。

类似于 9.4.1 节中叙述的那样，离散系统传递函数可以表示为

$$W(z^{-1})=\frac{b_1+b_2z^{-1}+\cdots+b_mz^{-m+1}}{1+a_1z^{-1}+\cdots+a_nz^{-n}}z^{-d} \tag{9.7}$$

它对应的差分方程为

$$\begin{aligned}&y(t)+a_1y(t-1)+a_2y(t-2)+\cdots+a_ny(t-n)\\&=b_1u(t-d)+b_2u(t-d-1)+\cdots+b_mu(t-d-m+1)+\varepsilon(t)\end{aligned} \tag{9.8}$$

式中，$\varepsilon(t)$ 为残差信号。这里，为方便起见，输出信号简记为 $y(t)$，且用 $y(t-1)$ 表示输出信号 $y(t)$ 在前一个采样周期处的函数值，这种模型又称为自回归历遍模型（auto-regressive exogenous，ARX）。

假设已经测出了一组输入信号 $u=[u(1),u(2),\cdots,u(M)]^{\mathrm{T}}$ 和一组输出信号 $y=[y(1),y(2),\cdots,y(M)]^{\mathrm{T}}$，则由式（9.8）可以写出

$$\begin{aligned}&y(1)=-a_1y(0)-a_2y(1-2)-\cdots-a_ny(1-n)+b_1u(1-d)+\cdots+b_mu(2-m-d)+\varepsilon(1)\\&y(2)=-a_1y(1)-a_2y(2-2)-\cdots-a_ny(2-n)+b_1u(2-d)+\cdots+b_mu(3-m-d)+\varepsilon(2)\\&\qquad\vdots\\&y(M)=-a_1y(M-1)-a_2y(M-2)-\cdots-a_ny(M-n)+b_1u(M-d)\\&\qquad+\cdots+b_mu(M+1-m-d)+\varepsilon(M)\end{aligned}$$

式中，$y(t)$ 和 $u(t)$ 在 $t\leqslant 0$ 时的初值均假设为零。上述方程可以写成矩阵形式

$$\boldsymbol{y}=\boldsymbol{\Phi\theta}+\boldsymbol{\varepsilon} \tag{9.9}$$

式中

$$\boldsymbol{\Phi}=\begin{bmatrix}y(0)&\cdots&y(1-n)&u(1-d)&\cdots&u(2-m-d)\\y(1)&\cdots&y(2-n)&u(2-d)&\cdots&u(3-m-d)\\\vdots&&\vdots&\vdots&&\vdots\\y(M-1)&\cdots&y(M-n)&u(M-d)&\cdots&u(M+1-m-d)\end{bmatrix} \tag{9.10}$$

$$\boldsymbol{\theta}^{\mathrm{T}}=\begin{bmatrix}-a_1&-a_2&\cdots&-a_n&b_1&\cdots&b_m\end{bmatrix},\quad \boldsymbol{\varepsilon}^{\mathrm{T}}=\begin{bmatrix}\varepsilon(1)&\cdots&\varepsilon(M)\end{bmatrix} \tag{9.11}$$

为使得残差的平方和最小，即 $\min\limits_{\theta}\sum\limits_{i=1}^{M}\varepsilon^2(i)$，可以得出待定参数 θ 最优估计值为

$$\boldsymbol{\theta}=[\boldsymbol{\Phi}^{\mathrm{T}}\boldsymbol{\Phi}]^{-1}\boldsymbol{\Phi}^{\mathrm{T}}\mathbf{y} \tag{9.12}$$

该方法最小化残差的平方和，故这样的辨识方法又称为最小二乘法。

MATLAB 的系统辨识工具箱中提供了各种各样的系统辨识函数，其中 ARX 模型的辨识可以由 arx() 函数加以实现。如果已知输入信号的列向量 u，输出信号的列向量 y，并选定了系统的分子多项式阶次 $m-1$，分母多项式阶次 n 及系统的纯滞后 d，则可以通过 $T=\mathrm{arx}([y,u],[n,m,d])$ 命令辨识出系统的数学模型，该函数将直接显示辨识的结果，且所得的 T 为一个结构体，其 $T.B$ 和 $T.A$ 分别表示辨识得出的分子和分母多项式模型。这里将通过例 9.9 来介绍离散系统的辨识问题求解方法。

例 9.9 假设已知系统的实测输入与输出数据如表 9.1 所示，且已知系统分子和分母阶次分别为 3 和 4，则可以根据这些数据辨识出系统的传递函数模型。

首先将系统的输入输出数据输入到 MATLAB 的工作空间，然后直接调用 arx() 函数辨识出系统的参数。

表 9.1 已知系统的输入输出数据

t	$u(t)$	$y(t)$	t	$u(t)$	$y(t)$	t	$u(t)$	$y(t)$
0	1.4601	0	1.6	1.4483	16.4106	3.2	1.056	11.8713
0.1	0.8849	0	1.7	1.4335	14.3359	3.3	1.4454	13.8566
0.2	1.1854	8.7606	1.8	1.0282	15.7463	3.4	1.0727	14.6944
0.3	1.0887	13.1939	1.9	1.4149	18.1179	3.5	1.0349	17.8659
0.4	1.413	17.4100	2	0.7463	17.7840	3.6	1.3769	17.6543
0.5	1.3096	17.6361	2.1	0.9822	18.8104	3.7	1.1201	16.6386
0.6	1.0651	18.7627	2.2	1.3505	15.3086	3.8	0.8621	17.1071
0.7	0.7148	18.5296	2.3	0.7078	13.7004	3.9	1.2377	16.5373
0.8	1.3571	17.0414	2.4	0.8111	14.8178	4	1.3704	14.6430
0.9	1.0557	13.4154	2.5	0.8622	13.2354	4.1	0.7157	15.0862
1	1.1923	14.4539	2.6	0.8589	12.2993	4.2	1.245	16.8058
1.1	1.3335	14.5900	2.7	1.183	11.6001	4.3	1.0035	14.7641
1.2	1.4374	16.1104	2.8	0.9177	11.6074	4.4	1.3654	15.4976
1.3	1.2905	17.6853	2.9	0.859	13.7662	4.5	1.1022	14.6790
1.4	0.841	19.4981	3	0.7122	14.195	4.6	1.2675	16.6552
1.5	1.0245	19.5935	3.1	1.2974	13.7630	4.7	1.0431	16.6301

```
>> u=[1.4601,0.8849,1.1854,1.0887,1.413,1.3096,1.0651,0.7148,…
1.3571,1.0557,1.1923,1.3335,1.4374,1.2905,0.841,1.0245, …
1.4483,1.4335,1.0282,1.4149,0.7463,0.9822,1.3505,0.7078, …
0.8111,0.8622,0.8589,1.183,0.9177,0.859,0.7122,1.2974, …
1.056,1.4454,1.0727,1.0349,1.3769,1.1201,0.8621,1.2377, …
1.3704,0.7157,1.245,1.0035,1.3654,1.1022,1.2675,1.0431]';
y=[0,0,8.7606,13.1939,17.4100,17.6361,18.7627,18.5296,17.0414, …
13.4154,14.4539,14.5900,16.1104,17.6853,19.4981,19.5935, …
16.4106,14.3359,15.7463,18.1179,17.7840,18.8104,15.3086, …
13.7004,14.8178,13.2354,12.2993,11.6001,11.6074,13.7662, …
14.1950,13.7630,11.8713,13.8566,14.6944,17.8659,17.6543, …
16.6386,17.1071,16.5373,14.643,15.0862,16.8058,14.7641, …
15.4976,14.6790,16.6552,16.6301]';
t1=arx([y,u],[4,4,1])  %直接辨识系统模型
```

这样就可以得出辨识模型结果如下：

```
Discrete-time ARX model:  A(z)y(t) = B(z)u(t) + e(t)
  A(z) = 1 - z^-1 + 0.25 z^-2 + 0.25 z^-3 - 0.125 z^-4
  B(z) = 4.83e-08 z^-1 + 6 z^-2 - 0.5999 z^-3 - 0.1196 z^-4
Sample time: 1 seconds
Estimated using ARX on time domain data, MSE: 7.244e-10。
```

由显示的参数可知系统模型为

$$W(z^{-1})=\frac{4.83\times10^{-8}+6z^{-1}-0.5999z^{-2}-0.1196z^{-3}}{1-z^{-1}+0.25z^{-2}+0.25z^{-3}-0.125z^{-4}}z^{-1}$$

即

$$W(z)=\frac{4.83\times10^{-8}z^3+6z^2-0.5999z-0.1196}{z^4-z^3+0.25z^2+0.25z-0.125}$$

辨识结果中还显示了均方误差为 7.244e–10，可见该误差较小。事实上，上述数据是由例 9.6 直接生成的，经过比较发现，二者还是很相近的。此外，由于辨识语句中并未提供采样周期信息，因此结果中的采样周期数值是不确切的。系统采样周期需要用表 9.1 中给出的时间信息来确定。比较正规的辨识方法是，用 iddata() 函数处理辨识数据，再用 tf() 函数提取系统的传递函数模型：

```
>> U=iddata(y,u,0.1);   % 0.1为采样周期
T=arx(U,[4,4,1]);   % 系统辨识
H=tf(T); G=H(1)   % 将辨识结果转换成离散传递函数模型
```

也可以得出系统的传递函数模型

$$W(z)=\frac{4.83\times10^{-8}z^3+6z^2-0.5999z-0.1196}{z^4-z^3+0.25z^2+0.25z-0.125}$$

直接用 tf() 函数提取出来的传递函数模型是双输入传递函数矩阵，其第一个传递函数是所需要的传递函数，第 2 个是从误差信号 $\varepsilon(k)$ 到输出信号的传递函数，这里可以忽略。

其实若不直接使用系统辨识工具箱中的 arx() 函数，也可以立即用式(9.10)和式(9.11)直接辨识系统的模型参数：

```
>> Phi=[[0;y(1:end-1)] [0;0;y(1:end-2)],…
[0;0;0; y(1:end-3)] [0;0;0;0;y(1:end-4)], …
[0;u(1:end-1)] [0;0;u(1:end-2)], …
[0;0;0; u(1:end-3)] [0;0;0;0;u(1:end-4)]]; %建立Φ
T=Phi\y; T'  %辨识出结果，其中Φ\y 即可求出最小二乘解
```

得出的辨识参数向量 $T^{\mathrm{T}}=[1,-0.25,-0.25,0.125,0,6,-0.5999,-0.1196]$。

下面的语句可以重建传递函数模型：

```
>> Gd=tf(ans(5:8),[1,-ans(1:4)],'Ts',0.1) %重建传递函数模型
```

可以辨识出系统模型为

$$W(z)=\frac{-5.824\times10^{-7}z^3+6z^2-0.5999z-0.1196}{z^4-z^3+0.25z^2+0.25z-0.125}$$

用 $\boldsymbol{u}$ 信号去激励辨识出的传递函数模型，由控制系统工具箱中的 lsim() 函数可以直接绘制出时域响应曲线。还可以将原始输出数据叠印在该图上，如图 9.13 所示。可见，得出的辨识模型很接近原始数据。

```
>> t=0:0.1:4.7; lsim(Gd,u,t); hold on; plot(t,y,'o')
```

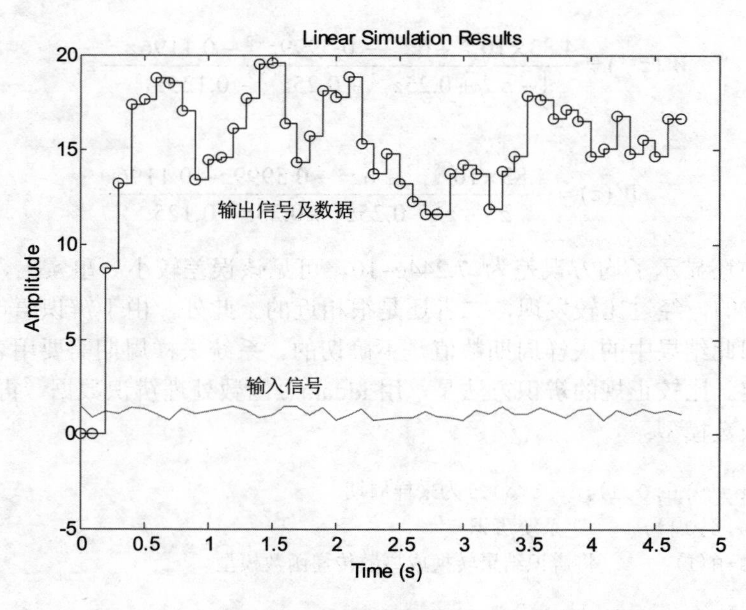

图 9.13　系统辨识模型的拟合结果

系统辨识工具箱还提供了一个程序界面 System Identification Tool，可以用可视化的方式进行离散模型的辨识。在 MATLAB 命令窗口中输入 ident 命令，则将给出一个如图 9.14 所示的程序界面，该界面允许用户用可视化的方法对系统进行辨识。若想辨识模型，首先应该输入相应的数据，这可以通过单击界面左上角的列表框，选择 Import Data 栏目的 Time-Domain Data 选项，这时将得出如图 9.15(a)所示的窗口，在 Input 和 Output 栏目中分别填写系统的输入和输出数据，单击 Import 按钮完成数据输入。

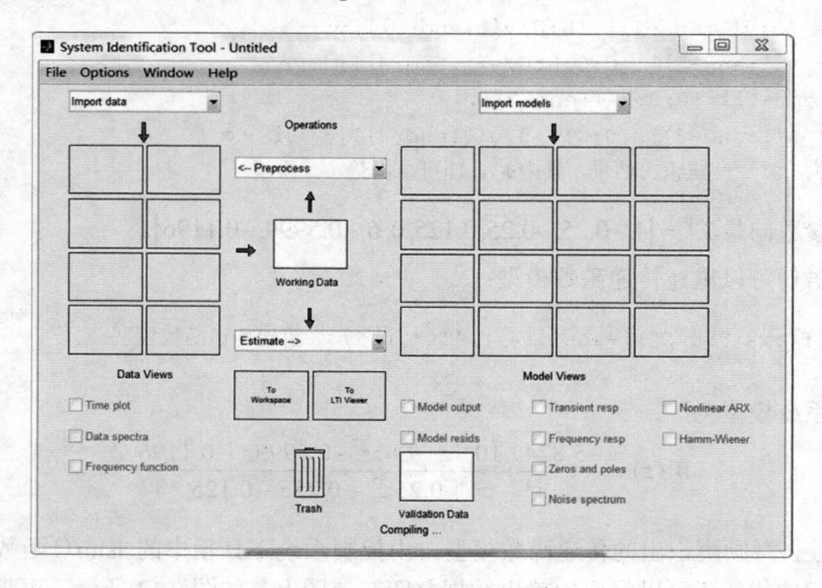

图 9.14　系统辨识程序界面

这时若想辨识 ARX 模型，可以选择主界面中间部分的 Estimate 辨识列表框，从中选择 Polynomial Models 选项，将得出如图 9.15(b)所示的窗口，用户可以选择系统的阶次进行辨识，然后单击 Estimate 按钮，将自动辨识出系统的离散传递函数模型。双击辨识主界面中的辨识模型图标，将弹出一个显示窗口，如图 9.16 所示。可见，辨识的结果与 arx() 函数辨识的结果完全一致，因为界面调用的语句是一样的。

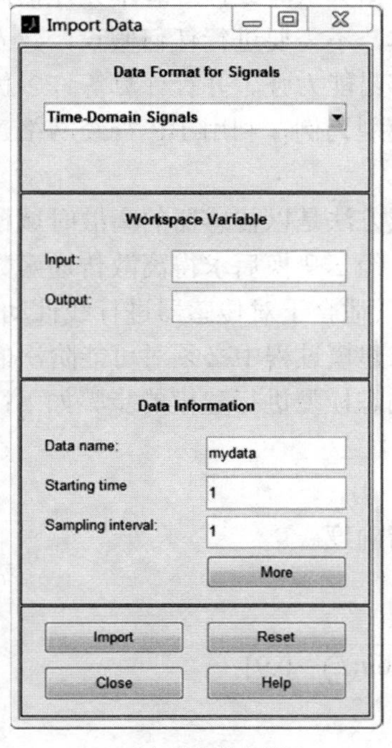

(a) 数据输入窗口

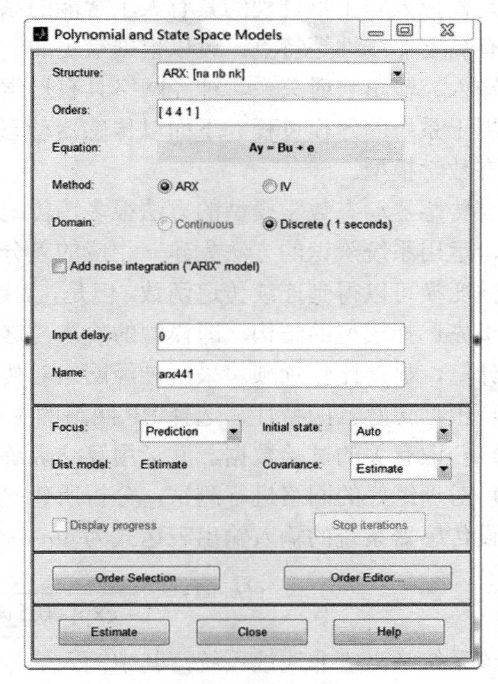

(b) 阶次选择窗口

图 9.15　系统辨识参数设置窗口

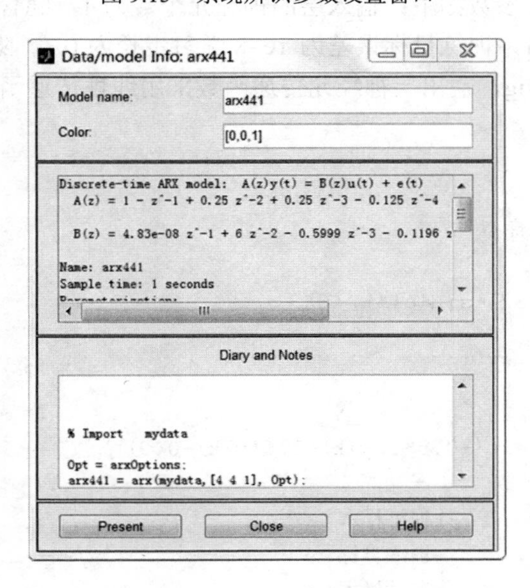

图 9.16　系统辨识结果的显示窗口

9.4.4 神经网络建模

神经网络建模方法属于系统辨识的范畴，所以也称为基于神经网络的系统辨识方法。神经网络是模拟人脑生物过程的具有人工智能的系统，是由大量非线性处理单元连接而成的网络，具有高度非线性等特点，可以根据给定的学习样本，不需要进行任何假设，建立系统的非线性输入、输出映射关系。神经网络具有自学习、容错能力强、并行计算等许多优点，被广泛应用于系统的建模过程。下面以传感器动态数学模型为例，利用 BP 神经网络建立传感器的动态数学模型。

建立传感器动态数学模型的方法很多，传统的时域方法是以传感器的离散时域校准数据为基础，运用系统辨识的方法先建立相应的差分方程，经 z 变换后求得离散传递函数，然后由双线性变换可以得到连续传递函数。但是，上述方法只适合于对传感器进行线性动态建模，且必须事先选择模型的结构，即模型的阶次。这样，在建模过程中必须对可能阶次的模型都要进行计算，显得比较烦琐。采用神经网络对传感器动态模型进行建模的步骤如下：

(1) 根据传感器的特性，选择 BP 网络的主要参数。

(2) 获取有关的试验数据，并运用算法训练网络。

(3) 对训练好的网络进行测试，分析所建模型的精确度。

假设传感器系统的输入输出表达式为

$$y(k+1)=\frac{0.8}{1+\exp[-0.5y(k)-0.6u(k)-0.9]}$$

显然，该系统是高度非线性系统，其中输入信号为

$$u(k)=\sin(\pi k/32)+\sin(\pi k/16)$$

设置 BP 网络的相关参数如下：输入层的神经元个数为 1，隐含层的神经元个数为 20，输出层的神经元个数为 1，训练目标误差为 1e–8,学习步长为 0.3，隐含层神经元的传递函数采用 S 型正切函数 tansig，输出层神经元传递函数采用线性传递函数 purelin，训练算法为 trainlm。

具体程序说明如下：

```
% 产生训练样本与测试样本
for k=1:100
    u(k)=sin(pi*k/32)+sin(pi*k/16)
end
y(1)=0;
for k=1:99
    y(k+1)=0.8/(1+exp(-0.5*1/y(k)-0.6*u(k)-0.9))
end
P1=u;                  %训练样本
T1=y;                  %训练目标
P2=u;                  %测试样本
T2=y;                  %测试目标
%归一化
[PN1,minp,maxp,TN1,mint,maxt]=premnmx(P1,T1);
PN2=tramnmx(P2,minp,maxp);
```

```
TN2=tramnmx(T2,mint,maxt);
%设置网络参数
NodeNum=20;                              %隐藏节点数
TypeNum=1;                               %输出节点数
TF1='tansig';TF2='purelin';              %判别函数
net=newff(minmax(PN1),[NodeNum TypeNum],{TF1 TF2});
%指定训练参数
net.trainFcn='trainlm';
net.trainParam.show=20;                  %训练显示间隔
net.trainParam.lr=0.3;                   %学习步长
net.trainParam.mc=0.95;                  %动量项系数
%分块计算Hessian矩阵(仅对Levenberg-Marquardt算法有效)
net.trainParam.mem_reduc=1;
net.trainParam.epochs=1000;              %最大训练次数
net.trainParam.goal=1e-8;                %最小均方误差
net.trainParam.min_grad=1e-20;           %最小梯度
net.trainParam.time=inf;                 %最大训练时间
net=train(net,PN1,TN1);                  %训练
%测试
YN1=sim(net,PN1);                        %训练样本实际输出
YN2=sim(net,PN2);                        %测试样本实际输出
MSE1=mean((TN1-YN1).^2);
MSE2=mean((TN2-YN2).^2);
%反归一化
Y2=postmnmx(YN2,mint,maxt);
%结果作图
plot(1:length(T2),T2,'r-',1:length(Y2),Y2,'b*');
legend('原始数据','回归数据');
```

运行结果如图 9.17 所示。

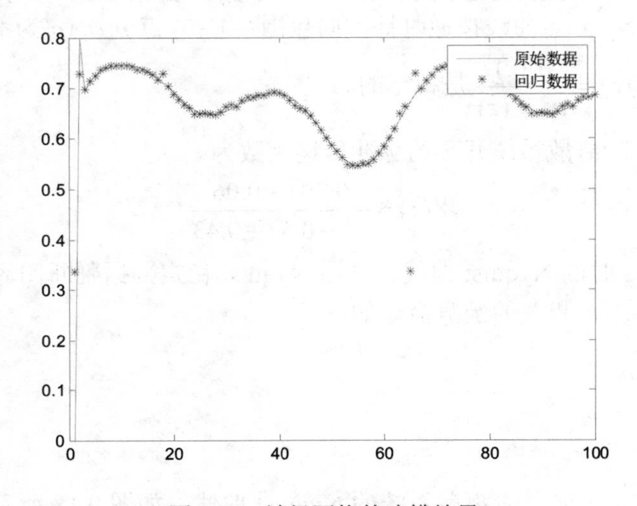

图 9.17　神经网络的建模结果

9.4.5 计算机控制系统频域性能的仿真分析

第 3 章 3.8 节介绍了计算机控制系统的频域特性分析方法，本节给出具体的仿真分析过程，主要包括绘制 Nyquist 曲线图和 Bode 图。

1. 离散系统的 Nyquist 曲线图

绘制离散系统 Nyquist 曲线采用函数 dnyquist()，具体的函数命令调用格式如下：

```
[re,im,w]=dnyquist(a,b,c,d,Ts)
[re,im,w]=dnyquist(a,b,c,d,Ts,iu)
[re,im,w]=dnyquist(num,den,Ts)
[re,im,w]=dnyquist(num,den,Ts,ω)
```

函数命令使用说明：

(1) 根据 dnyquist 函数可计算并绘制出离散线性系统的 Nyquist 曲线。当缺省输出变量引用函数时，dnyquist()函数可在当前图形窗口中绘制。

(2) 根据 dnyquist(num,den,Ts) 可绘制出脉冲传递函数 $W(z)=\dfrac{\text{num}(z)}{\text{den}(z)}$ 对应系统的 Nyquist 曲线。Ts 是采样周期。输入参数(num,den)是系统开环脉冲传递函数 $W(z)=\dfrac{\text{num}(z)}{\text{den}(z)}$ 的分子与分母，num(z)与 den(z)两者都按 z 的递减幂次排列。

(3) 根据 dnyquist(a,b,c,d,Ts)可以绘制系统的一组 Nyquist 曲线，每条曲线相应于离散状态空间模型

$$\begin{cases} x(k+1)=ax(k)+bu(k) \\ y(k)=cx(k)+du(k) \end{cases}$$

的输入输出组合，其角频率范围是函数自动选取的，频率点在 0 到 $\dfrac{\pi}{T_s}$ 弧度之间选取。而在响应快速变化的位置系统会自动选用更多的采样点。

dnyquist()函数可以用来确定离散系统的稳定性。如果已经绘制出离散系统开环的 Nyquist 曲线，并且 Nyquist 曲线按逆时针方向包围 $(-1, \mathrm{j}0)$ 点 p 次(p 为不稳定开环极点的个数)，则闭环系统 $W_B(z)=\dfrac{W(z)}{1+W(z)}$ 是稳定的。

例 9.10 已知二阶离散系统开环的脉冲传递函数为

$$W(z)=\frac{0.70z+0.06}{z^2-0.5z+0.43}$$

求离散系统当 T_s=0.1s 时的 Nyquist 曲线，并用 Nyquist 稳定判据判断闭环系统的稳定性。

解 根据题目要求，相关的函数命令如下：

```
num=[0.7 0.06];
den=[1 -0.5 0.43];
dnyquist(num,den,0.1)
```

程序运行后，即可得到二阶离散系统的 Nyquist 曲线，如图 9.18 所示。

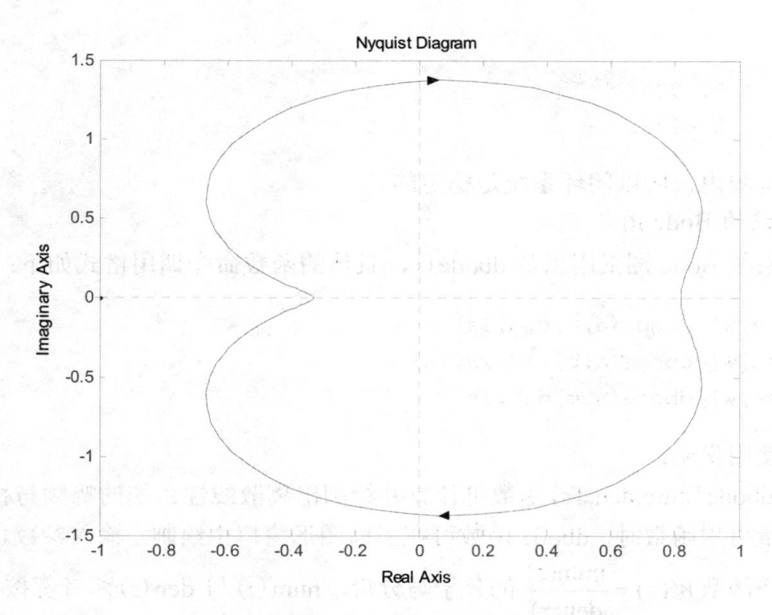

图 9.18　二阶离散系统的 Nyquist 曲线

为了应用 Nyquist 稳定判据判断闭环系统的稳定性，必须知道开环传递函数 $W(z)$ 不稳定极点的个数。

求开环传递函数 $W(z)$ 的极点：

```
p=[1 -0.5 0.43];
roots(p)
```

运行后可得

```
ans =
   0.2500 + 0.6062i
   0.2500 - 0.6062i
```

开环传递函数的根都在 z 平面单位圆内，全为稳定根。

图 9.18 中，Nyquist 曲线没有包围 $(-1, \mathrm{j}0)$ 点，且 $W(z)$ 不稳定根个数 $p=0$，所以由 $W(z)$ 构成的闭环系统是稳定的。

另外，根据开环传递函数 $W(z)$ 可以求出闭环传递函数

$$W_{\mathrm{B}}(z)=\frac{W(z)}{1+W(z)}=\frac{0.70z+0.06}{z^2+0.2z+0.49}$$

闭环系统的特征方程为

$$z^2+0.2z+0.49=0$$

求特征方程的根：

```
p=[1 0.2 0.49];
roots(p)
```

运行后可得

```
ans =
  -0.1000 + 0.6928i
  -0.1000 - 0.6928i
```

特征根都在单位圆内，所以闭环系统是稳定的。

2. 离散系统的 Bode 图

绘制离散系统 Bode 图采用函数 dbode()，具体的函数命令调用格式如下：

```
[mag,phase,w]=dbode(a,b,c,d,Ts)
[mag,phase,w]=dbode(a,b,c,d,Ts,iu)
[mag,phase,w]=dbode(num,den,Ts)
```

函数命令使用说明：

(1) 根据 dbode(num,den,Ts) 函数可计算并绘制出离散线性系统的幅频与相频响应曲线。当缺省输出变量引用函数时，dbode 函数可在当前图形窗口中绘制。输入参数(num,den)是系统开环脉冲传递函数 $W(z)=\dfrac{\mathrm{num}(z)}{\mathrm{den}(z)}$ 的分子与分母，num (z) 与 den (z) 两者都按 z 的递减幂次排列。

(2) 根据 dbode(a,b,c,d,Ts) 可以绘制系统的一组 Bode 曲线图，每条曲线相应于离散状态空间模型

$$\begin{cases}x(k+1)=ax(k)+bu(k)\\ y(k)=cx(k)+du(k)\end{cases}$$

的输入输出组合，其角频率范围是函数自动选取的，频率点在 0 到 $\dfrac{\pi}{T_{\mathrm{s}}}$ 弧度之间选取，而在响应快速变化的位置系统会自动选用更多的采样点。

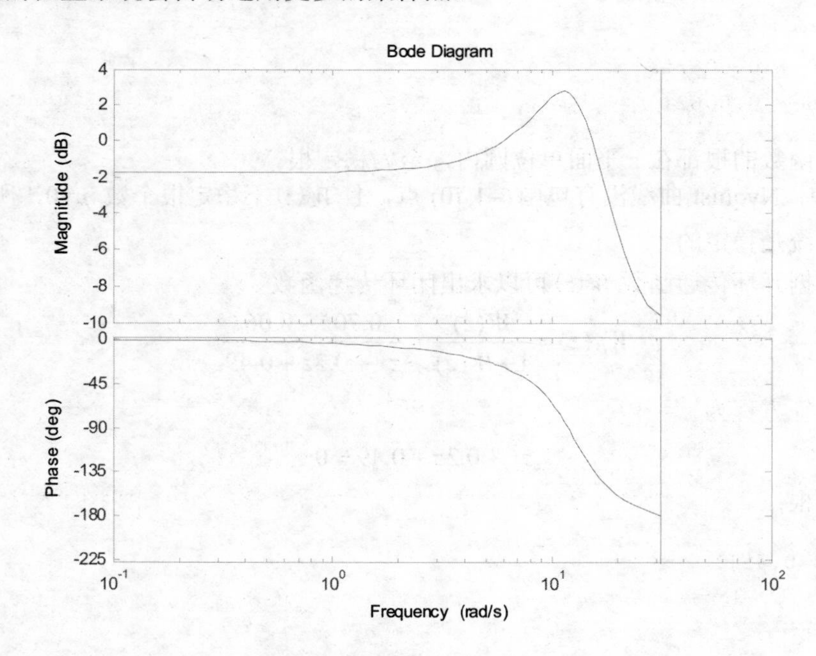

图 9.19　二阶离散系统的 Bode 图

例 9.11 已知二阶离散系统开环的脉冲传递函数为

$$W(z)=\frac{0.70z+0.06}{z^2-0.5z+0.43}$$

求离散系统在 T_s=0.1s 时的 Bode 图曲线。

解 根据题目要求，相关的函数命令如下：

```
num=[0.7 0.06];
den=[1 -0.5 0.43];
dbode(num,den,0.1)
```

程序运行后，即可得到二阶离散系统的 Bode 图曲线，如图 9.19 所示。

9.5 数字控制器设计及其仿真

计算机控制系统的设计，是指在给定系统性能指标的条件下，设计出数字控制器，使系统达到要求的性能指标。本节以 PID 控制器为例介绍数字控制器的设计及仿真过程。PID 控制是指由反馈系统偏差的比例、积分和微分的线性组合构成的反馈控制规律。这种控制方法的优点是原理简单，直观易懂，便于实现，是工业过程控制中应用最为广泛的一种控制方法。根据第 4 章 4.4.3 节，我们知道，比例控制可以减小稳态误差，但不能完全消除；积分作用可以消除稳态误差，但对阻尼有不利影响；微分作用可以改善系统的动态特性，所以合理地选择 PID 三个参数十分重要。下面采用 MATLAB 仿真介绍参数的选择过程。

9.5.1 比例控制器设计

例 9.12 考虑带有参考输入的单位反馈控制系统如图 9.20 所示，被控对象为 $W(s)=\dfrac{4}{(2s+1)(0.5s+1)}$，其中采样周期 $T=0.1\text{s}$，设计比例控制器 $D(z)=K_p$。

根据第 4 章 4.4.3 节可知，当比例增益 K_p 增大时，系统的响应速度加快，但是超调量会增加。因此，一个控制器的典型设计通常需要权衡几项主要性能，最终给出一个折中方案。设计者必须反复选取一个适当的 K_p，利用仿真结果最终确定一个相对最优的比例增益 K_p。利用 MATLAB 仿真软件非常容易实现这一功能。

本节介绍两种 MATLAB 仿真方法：一是对于一定范围内的 K_p 值执行一个近似连续的离散时间扫描，并从中挑选出相对满足设计要求的增益 K_p；二是利用根轨迹分析的方法确定 K_p。本节仅就时域性能指标要求来设计控制器，同时考虑一些频域的性能指标来评估所设计的控制器，如增益、相位裕度和带宽，以获取更加直观的认识。

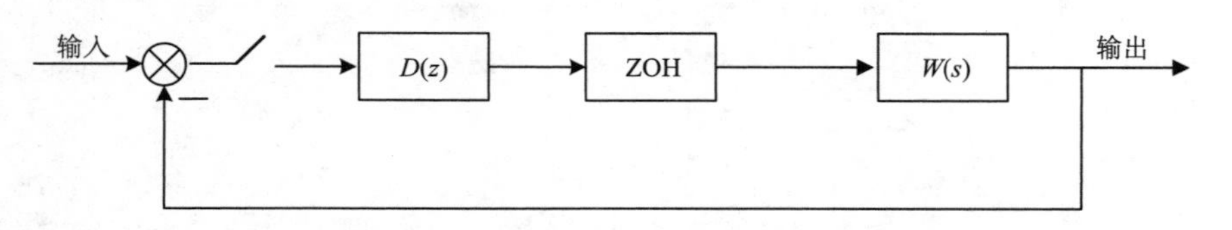

图 9.20 单位反馈控制系统结构图

分析 比例控制器的设计步骤如下：

(1) 根据系统开环传递函数，在 z 平面内画出随变量 K_p 变化的根轨迹图，并且用命令 rlocfind 和数据标记功能确定控制器增益 K_p^*，使闭环系统处于临界稳定；再用命令 dzline 和 rlocfind 确定 K_p，使闭环系统有一对具有阻尼比 $\xi = 0.8$ 的复极点。

(2) 在一幅图中画出关于几个 $K_p < K_p^*$ 的单位阶跃输入的闭环系统响应，并利用 RPI 函数库中的指令 kststs 找出阶跃响应的最大值、上升时间、峰值时间、稳态误差和超调量，并且将结果显示在表格里。最后通过反复试验确定稳态误差不超过 20%超调量的单位阶跃响应的最大控制器增益 $K_p^\#$，并最终确定具有这个增益的闭环系统的增益和相位裕度。

(3) 用增益 $K_p^\#$ 画出单位阶跃参考输入的响应图，并确定稳态响应的值。

解 根据题意，不考虑零阶保持器的影响，则被控对象的 z 传递函数模型为

$$W(z) = \frac{0.01842z + 0.01695}{(z - 0.8185)(z - 0.9515)}$$

于是开环系统的根轨迹如图 9.21(a)所示。根轨迹有两个分支起始于开环极点 $z=0.8185$ 和 $z=0.9515$，在实轴 $z=0.884$ 处相交，然后随 K_p 的增加移出单位圆外。最终，这些分支一起在负实轴上 $z=-2.7238$ 周围出现，一条分支终止在开环零点 $z=-0.9201$，而另一条沿负实轴趋近无穷远处。这个渐近的特性是由开环系统的极点比零点多一个引起的。

使用命令 rlocfind 且将光标置于根轨迹与单位圆的交叉处时，可知 $K_p^* \approx 14$，以及两个相应的闭环极点约为 $0.7552 \pm \mathrm{j}0.6687$，如图 9.21(a)所示。

另一种方法就是利用 MATLAB 的数据标记功能精确定位单位圆交点的位置的方法，当将光标置于根轨迹与等阻尼线 $\xi = 0.8$（图中用虚线表示）交点处时，对应阻尼比 $\xi = 0.8$ 的 $K_p = 0.3367$，其闭环极点为 $0.8821 \pm \mathrm{j}0.0763$。

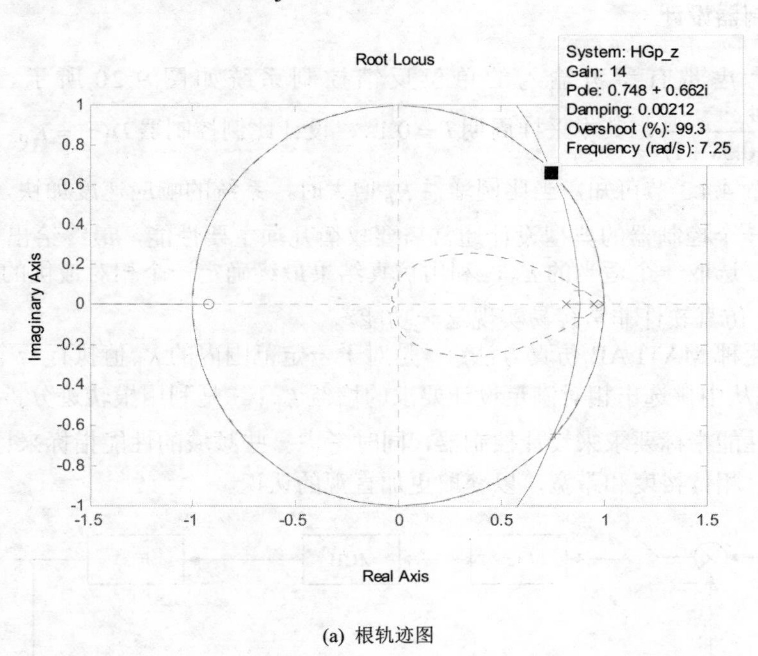

(a) 根轨迹图

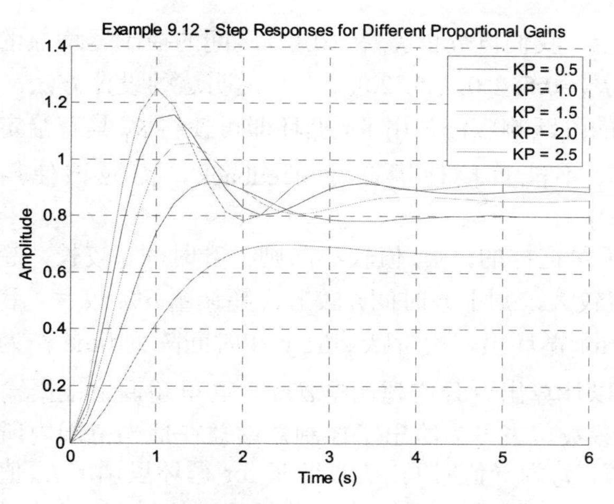

Example 9.12 - Step Responses for Different Proportional Gains
KP = 0.5
KP = 1.0
KP = 1.5
KP = 2.0
KP = 2.5
Amplitude
Time (s)

(b) 对于 K_p 变化的单位阶跃响应

Bode Diagram
Gm = 20.3 dB (at 7 rad/s) , Pm = 58.2 deg (at 1.81 rad/s)
Magnitude (dB)
Phase (deg)
Frequency (rad/s)

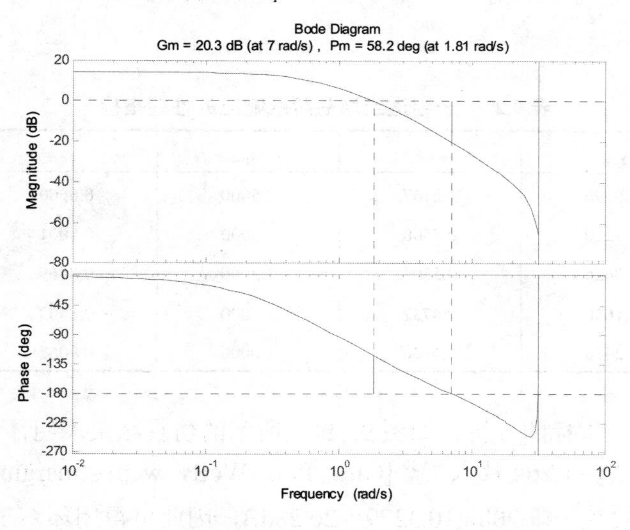

(c) Bode 图

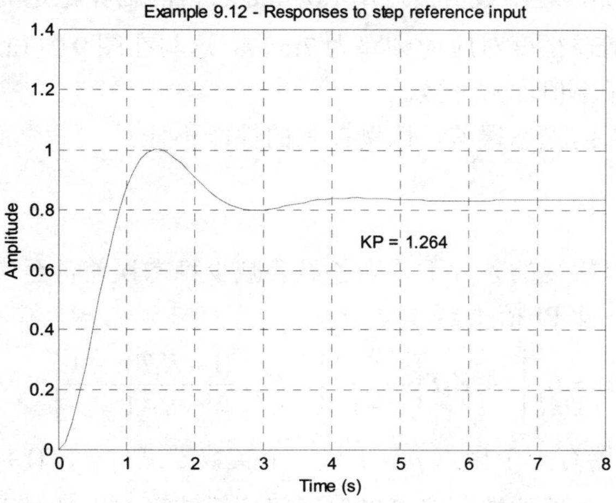

Example 9.12 - Responses to step reference input
KP = 1.264
Amplitude
Time (s)

(d) K_p=1.264 阶跃响应

图 9.21　比例控制图

在上述分析的基础上，我们再分析 K_p 在(0,14)区间的控制器增益的几种阶跃响应。通过几次试验后，我们选取 K_p=0.5, 1.0, 1.5, 2.0, 2.5 来说明这种设计方法。为了在一幅图上产生所求的控制器增益描述的阶跃响应图，用 for 循环即可使得 K_p 具有给定值。注意，最后计算并画出阶跃响应图时，不能直接使用命令 feedback，而应该使用闭环系统的定义式 $K_p * W(z) / (1 + K_p * W(z))$。

对图 9.21(b)的分析是这样的，K_p 值较小，则上升时间 t_r 较长，超调量 $\delta\%$ 较小，稳态误差较大；反之，K_p 值较大，则上升时间 t_r 较短，超调量 $\delta\%$ 较大，稳态误差较小。

在阶跃响应产生的 for 循环里，用阶跃响应 y 和时间阵列 time 作为第一、第二个输入参数，通过函数 kstats 可以计算出百分比超调量 $\delta\%$。这里超调量根据输出的稳态值 y_{ss} 定义，它成为 kstats 的第三个参数。表 9.2 给出了控制器增益在适当范围内所得到的仿真实验数据(其中 y_{max} 为输出最大值，t_p 为峰值时间)。通过在 for 循环里调节 K_p 值在一个小的间隔内，或通过手动输入给定的 K_p 值并且执行包含在 for 循环里的指令，我们发现 K_p=1.264 将产生 20%的超调量。

表 9.2　一组适当增益阶跃响应的性能指标

K_p	y_{max}	t_r	t_p	y_{ss}	$\delta\%$
0.5000	0.6996	1.2167	2.5000	0.6660	4.9334
1.0000	0.9220	0.7500	1.6000	0.8001	15.2517
1.5000	1.0625	0.5702	1.3000	0.8569	23.9562
2.0000	1.1650	0.4732	1.1000	0.8903	31.0610
2.5000	1.2480	0.4100	1.0000	0.9067	37.2834

下面是对频域性能指标的分析。如图 9.21(d)所示的仿真结果表明，当 K_p=1.264 时将产生 20%的超调量。将 K_p=1.264 代入指令[Gm，Pm，WcR，wcp]＝margin(KP *FG)得到增益裕度的数值 km＝10.3279，即 20log10.3279＝20.28dB，因此可得闭环系统稳定的控制器增益 K_p^*=1.264×10.3279=13.05，这个数值接近用 rlocfind 获得的临界稳定的数值 14。同时，由图 9.21(c)仿真结果可知，增益裕度对应的频率为 7rad/s，这与在图 9.21(a)中右上角的根轨迹分支与单位圆交点对应的频率值非常一致。

结论　由于具有较大的稳态误差，比例控制的性能不佳。

9.5.2 比例积分控制器设计

在超调量和阻尼可以接受的条件下，为了显著减少稳态误差甚至实现零稳态误差，在控制器中引入一个积分项，即 PI 控制器。

$$D(z) = K_p\left[1 + K_i T\left(\frac{z}{z-1}\right)\right] = K_p\left[\frac{(1+K_i T)z - 1}{z-1}\right] \tag{9.13}$$

由此可以看出，PI 控制器有一个极点 $p_1 = 1$ 和一个实数零点 $z_1 = 1/(1+K_i T)$，且实数零点位于极点的左侧。满足这一条件的控制器可以保证闭环系统稳定，且对于阶跃响应输入可实现零稳态误差。设计方法与比例控制相同。

例 9.13　已知系统同例 9.12，$K_i^{\#}$ 为系统稳定的临界积分增益，试设计一个 PI 控制器。

分析 （1）积分增益 $K_{\mathrm{i}}=0,0.3,0.4,0.5,0.6$ 和 1.0，以 0.2 为增量从 0.3 至 1.1 选取比例增益 K_{p} 的一组值，画出单位阶跃响应图，且选择一个 $K_{\mathrm{i}}^{\#}$ 来生成理想阻尼和 2%稳定时间 $t_{\mathrm{s}} \leqslant 5s$，$K_i^{\#}$ 为满足稳态条件的最大控制器增益。

（2）画出 $K_{\mathrm{i}}=K_{\mathrm{i}}^{\#}$ 时 K_{p} 变化的根轨迹图，然后用命令 rlocfind 按照 K_{p} 对准轨迹上的几个点，从而求出闭环系统为临界稳定的增益 K_{p}^{*}。

（3）在 $K_{\mathrm{i}}=K_{\mathrm{i}}^{\#}$ 时选择最大的 K_{p}，并使得单位阶跃的超调量小于 10%。最后计算并画出参考输入为单位阶跃的响应图，并与比例控制器相比评估 PI 控制器的优点。

仿真结果与分析 （1）当积分增益 K_{i} 较小时，如 $K_{\mathrm{i}}=0.3$（图 9.22(a)），随着 K_{p} 的增加阶跃响应显示出向 y=1 方向前进的趋势。但是，暂态响应开始超调，从而引起一个较大的稳定时间 t_{s}。当 K_{i} 取值适中，如 $K_{\mathrm{i}}=0.5$ 时（图 9.22(b)），阶跃响应的瞬态值对于所有的 K_{p} 值在 t>6s 时，便可达到零稳态误差。当 K_{i} 较大时，如 $K_{\mathrm{i}}=1.0$ 时（图 9.22(c)），阶跃响应显示系统已经不具有足够的阻尼，产生了一个较长的稳定时间 t_{s} 和较大的超调量 M(%)。所以，可以推测当 $K_{\mathrm{i}}=0.5$ 时，阶跃响应满足 2%稳定时间 $t_{\mathrm{s}} \leqslant 5\mathrm{s}$ 的要求。

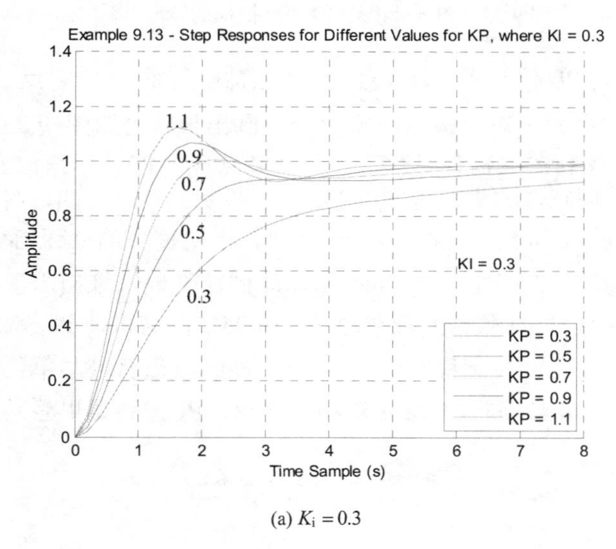

(a) $K_{\mathrm{i}}=0.3$

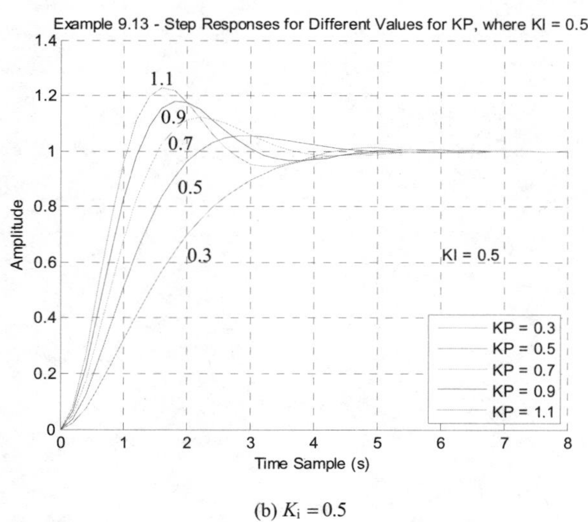

(b) $K_{\mathrm{i}}=0.5$

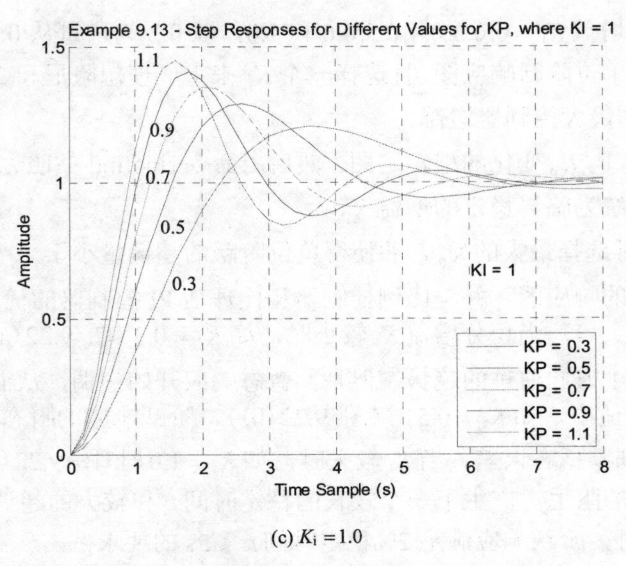

(c) $K_{\mathrm{i}}=1.0$

图 9.22　PI 控制器比例增益扫描的阶跃响应

(2) 对于 $K_{\mathrm{i}}=0.5$，PI 控制器 $D(z)$ 有一个极点 $p_1=1$ 和一个零点 $z_1=1/(1+0.5\times0.1)=0.9524$，该零点有效地抵消了对象极点 z=0.9515。画出根轨迹如图 9.23(a)所示。利用指令 rlocfind，可以确定 PI 控制器根轨迹中两个分支交叉点(z=0.905)和其他五个复数段根轨迹分支点的 K_{p} 值。根据 PI 控制器的根轨迹图 9.23(b)、图 9.23 (c)可知，对于 $K_{\mathrm{p}}=0.2266$ 时，闭外系统将有双重极点 z=0.905；当 $K_{\mathrm{p}}=10.3689$ 时，根轨迹与单位圆相交，称为系统稳定的临界比例增益 K_{p}^*。与例 9.12 相比，即 PI 控制与比例控制根轨迹相比，可以看出 $K_{\mathrm{i}}=0.5$ 积分项的效果是，用新极点 $p_1=1$ 代替开环对象极点 0.9515。这将使 PI 控制器根轨迹的复数段略微向右移动，因此，与比例控制根轨迹相比，PI 控制器根轨迹与单位圆相交的频率变小，即由 7.25rad/s 变成 6.53rad/s。同理，与实轴相交的点，PI 控制器也略向右移动，即由 0.884 变成 0.905。

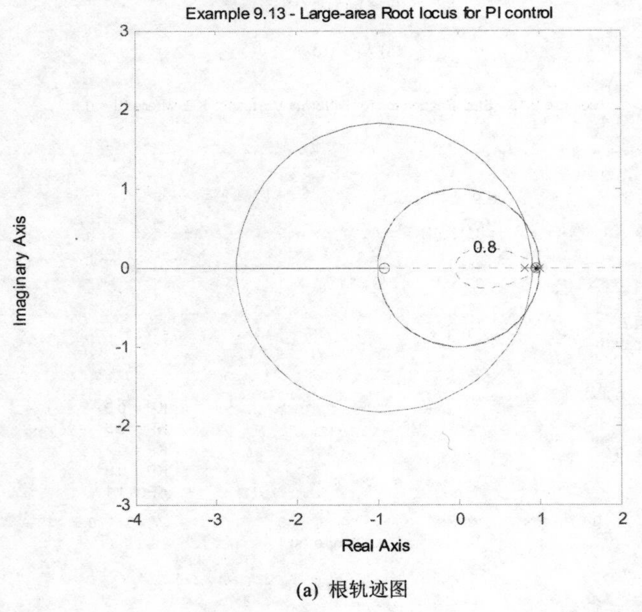

(a) 根轨迹图

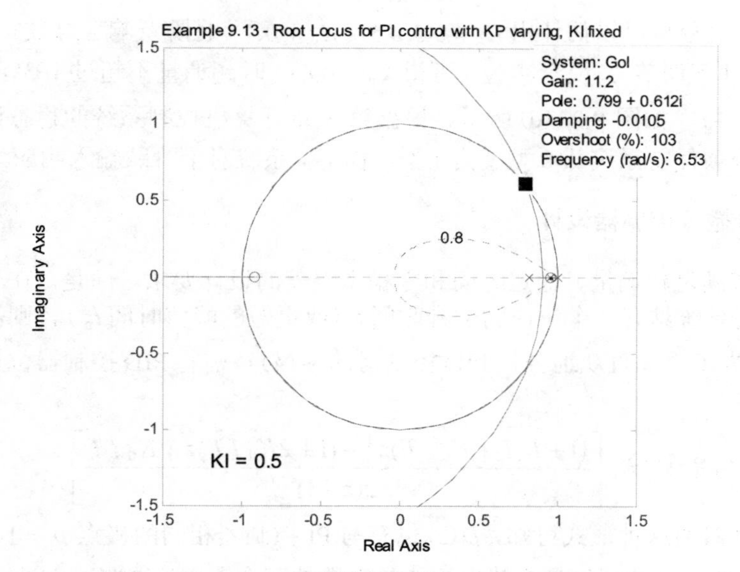

(b) 根轨迹放大图

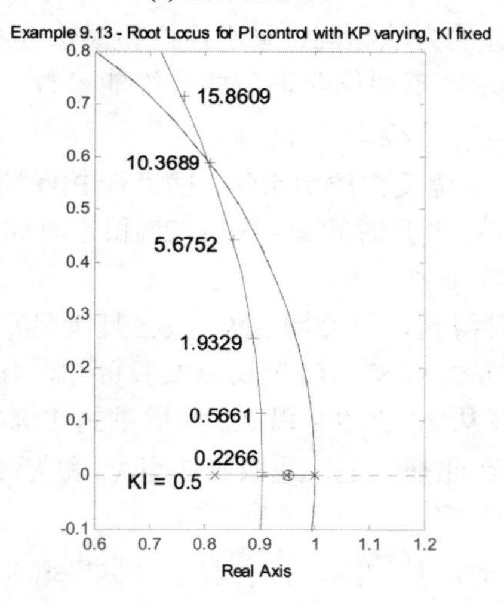

(c) 根轨迹局部图

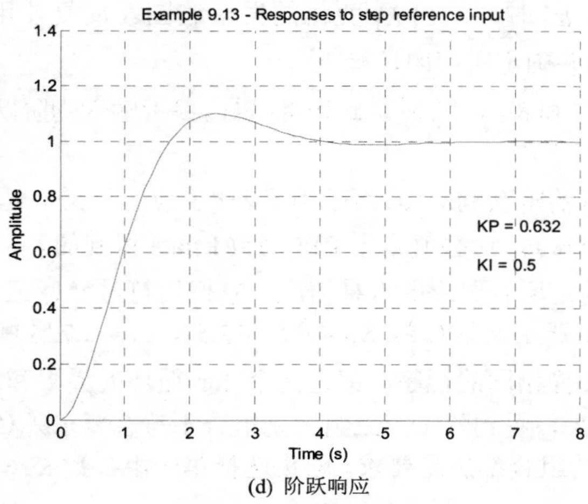

(d) 阶跃响应

图 9.23　PI 控制器根轨迹图

(3) 根据上述分析可以估计出 $K_{\mathrm{i}}=0.5, 0.5 \leqslant K_{\mathrm{p}} \leqslant 0.7$，且阶跃响应导致约 10%的超调量。在 $K_{\mathrm{i}}=0.5$ 的条件下调节 K_{p} 反复实验，可得 $K_{\mathrm{p}}=0.632$ 时超调量不超过 10%，2%稳定时间为 4s 的最大比例增益，如图 9.23(d)所示。根据第 3 章计算机控制系统的稳态误差分析可知，PI 控制器的积分项使得系统从 0 型变为 I 型，而 I 型系统对于阶跃输入响应为零稳态误差。

9.5.3 比例积分微分控制器设计

PI 控制系统满足超调量、稳定时间和零稳态误差的设计要求。但是，在不增加超调量的条件下，若需要系统具有一个更快的上升时间 t_{r} (或更短的峰值时间 t_{p})，则需在控制器中包含一个微分项。为了更加直观地分析 PID 控制器的零极点，需将 PID 控制器位置表达式通分，得到下面的式子

$$D(z)=K_{\mathrm{p}}\left[\frac{(1+K_{\mathrm{i}}T+K_{\mathrm{d}}/T)z^{2}-(1+2K_{\mathrm{d}}/T)z+K_{\mathrm{d}}/T}{z(z-1)}\right] \tag{9.14}$$

由 PID 控制器的这种形式可知，$D(z)$ 也有与 PI 控制器相同的极点 $p_1=1$，但同时又附加了一个极点 $p_2=0$，以及可能是实数也可能是复数的两个零点，这取决于设计者对增益 K_{i} 和 K_{d} 的选取。与 PI 控制器设计的方法相同，采用模拟和根轨迹的增益-扫描的方法。为了达到超调量和上升时间的设计要求，需要同时调节两个性能参数：比例增益 K_{p} 和微分增益 K_{d}，而且可能有几组满足要求的 K_{p} 和 K_{d}。

例 9.14 系统同例 9.12 单位反馈控制系统，试设计 PID 控制器，使得单位阶跃响应满足设计要求：超调量 $\delta\% \leqslant 5\%$；上升时间 $t_{\mathrm{r}} \leqslant 0.3$；2%稳定时间 $t_{\mathrm{s}} \leqslant 1\,\mathrm{s}$。

分析 PID 控制器的设计步骤如下：

(1) 在 PI 控制器设计时得到，积分增益 $K_{\mathrm{i}}=0.5$ 且满足 $t_{\mathrm{s}} \leqslant 6\mathrm{s}$。在 PID 控制器设计时，我们固定 $K_{\mathrm{i}}=0.5$ 不变而调节 K_{p} 和 K_{d}。经过反复实验可知，当选取微分增益 $K_{\mathrm{d}}=0.3, 0.4, 0.5$ 和 0.6 中的任意一个值，以及从 2.3 到 2.9 以 0.2 为增量的比例增益 K_{p} 的扫描，画出单位阶跃响应，这称为增益扫描法。在此基础上，选取第 2 组 K_{p} 和 K_{d} 值，用于搜索以 0.05 为增量的 K_{p} 和 K_{d}。

(2) 运行一串带有网格的增益扫描，且选取一对临界增益 K_{p}^{*} 和 K_{d}^{*} 来实现满足题目要求的阶跃响应。

(3) 在 $K_{\mathrm{i}}=0.5, K_{\mathrm{d}}=K_{\mathrm{d}}^{*}$ 时，画出 K_{p} 变化的根轨迹图。反复使用 rlocfind 找出对应于 $K_{\mathrm{p}}=K_{\mathrm{p}}^{*}$ 的根轨迹上的点并确定所有闭环极点。

(4) $K_{\mathrm{i}}=0.5, K_{\mathrm{d}}=K_{\mathrm{d}}^{*}$ 和 $K_{\mathrm{p}}=K_{\mathrm{p}}^{*}$ 时，画出 8s 以内参考输入为阶跃响应图，最后与 PI 控制结果相比较。

解 这里不显示仿真的阶跃响应图，而采用了表 9.3 给出了三个要求的数值(上升时间 t_{r}，2%稳定时间 t_{s} 和超调量 $\delta\%$)，这些值是用 RPI 函数 kstats 得到的。

从表 9.3 中能看到满足所有要求的五种情况，它们用符号**标记在表的相应行里。基于这些结果，将注意力限制在定义为 $0.4 \leqslant K_{\mathrm{d}} \leqslant 0.5$ 和 $2.5 \leqslant K_{\mathrm{p}} \leqslant 2.7$ 区域的第二组增益扫描里。

运行与第一组增益扫描相同的程序，但是两个 for 循环的界限和增量被修改，得到了表 9.4 的结果。检查这些结果，看到除了第三组个别组合不符合要求外(它们用符号**标记在表的相应行里)，其他所有的组合都满足要求。随机选择第一组参数 $K_{\mathrm{d}}=0.4$ 用于画出参考输入响应图。

表 9.3　增益扫描产生的阶跃响应的性能参量

K_p	K_d	t_r	t_s	$\delta\%$
2.3000	0.3000	0.3704	1.7000	5.5087
2.5000	0.3000	0.3333	1.6000	5.9603
2.7000	0.3000	0.3079	1.5000	6.5562
2.9000	0.3000	0.2817	1.4000	7.3126
2.3000	0.4000	0.3264	0.6000	1.1894
2.5000	0.4000	0.2883	0.5000	1.1029 **
2.7000	0.4000	0.2535	0.4000	1.7867 **
2.9000	0.4000	0.2379	0.6000	3.6183 **
2.3000	0.5000	0.2611	1.1000	0.6892
2.5000	0.5000	0.2414	1.1000	0.6885
2.7000	0.5000	0.2225	1.0000	2.3156 **
2.9000	0.5000	0.2036	0.9000	4.4746 **
2.3000	0.6000	0.2326	1.4000	0.0243
2.5000	0.6000	0.2093	1.4000	2.1714
2.7000	0.6000	0.1846	1.3000	6.6882
2.9000	0.6000	0.1680	1.3000	10.7139

表 9.4　增益扫描产生的阶跃响应的性能参量

K_p	K_d	t_r	t_s	$\delta\%$
2.5000	0.4000	0.2883	0.5000	1.1029
2.5500	0.4000	0.2777	0.4000	1.0833
2.6000	0.4000	0.2665	0.4000	1.0642
2.6500	0.4000	0.2576	0.4000	1.4069
2.7000	0.4000	0.2535	0.4000	1.7867
2.5000	0.4500	0.2560	0.9000	0.9247
2.5500	0.4500	0.2515	0.9000	0.9129
2.6000	0.4500	0.2471	0.9000	0.9010
2.6500	0.4500	0.2428	0.9000	1.0993
2.7000	0.4500	0.2385	0.9000	1.7951
2.5000	0.5000	0.2414	1.1000	0.6885 **
2.5500	0.5000	0.2367	1.0000	0.6864
2.6000	0.5000	0.2319	1.0000	1.1673
2.6500	0.5000	0.2272	1.0000	1.7616
2.7000	0.5000	0.2225	1.0000	2.3156

取 $K_i = 0.50$，$K_d = 0.40$，为 K_p 画根轨迹，如图 9.24 所示。轨迹分支上从实轴向上移动的点表示对应于它们旁边 K_p 值的闭环极点。当 $K_p = 2.70$ 时，闭环极点是 $z = 0.3633 \pm \mathrm{j}0.3103$，0.8604 和 0.9318，主要闭环极点特性接近于 $\xi = 0.7$ 的阻尼比。

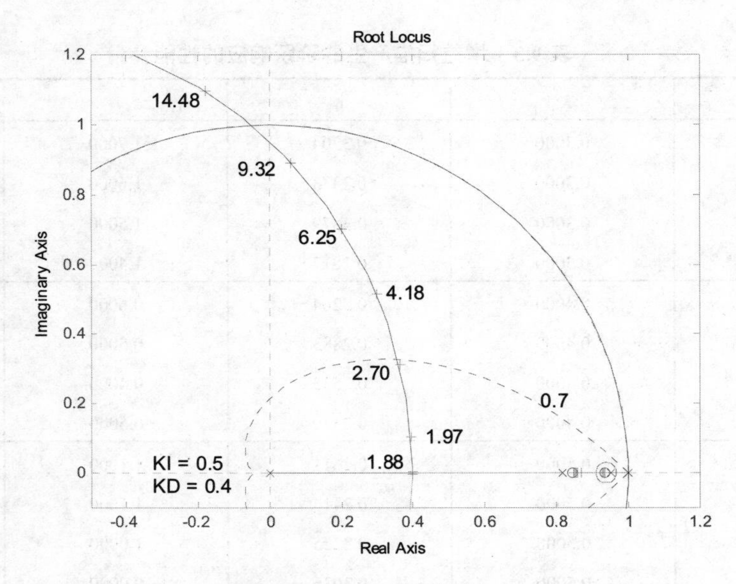

图 9.24　PID 控制器根轨迹图

利用所设计的三个参数 $K_{\mathrm{p}} = 2.70$，$K_{\mathrm{i}} = 0.50, K_{\mathrm{d}} = 0.40$ 画出系统的闭环阶跃响应，如图 9.25 所示。由仿真结果可知，PID 控制系统的超调量为 1.8%，稳态误差为零，响应时间为 0.4s。比例控制在响应速度和稳态误差两个方面存在不足之处，PI 控制虽然稳态误差为零，但它的上升时间比 PID 控制慢得多。

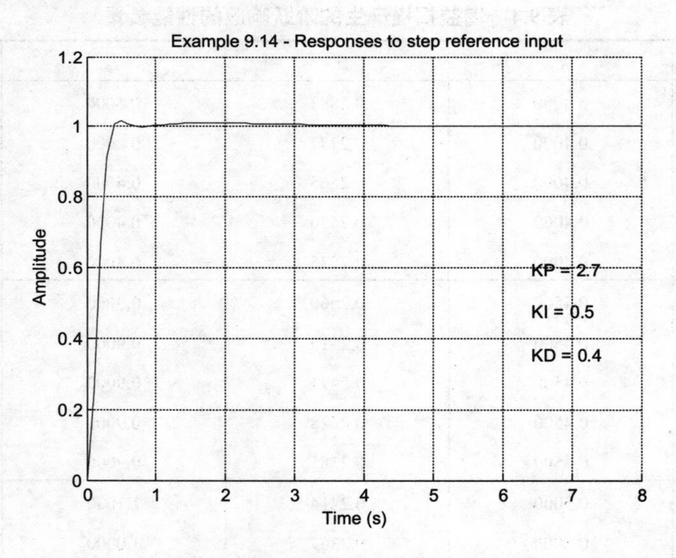

图 9.25　PID 控制器的系统阶跃响应

本 章 小 结

本章主要介绍了计算机控制系统的仿真技术，希望读者通过本章的学习了解利用仿真实现控制器的设计过程；介绍了系统仿真的基本概念及仿真的基本过程，针对计算机控制系统中的信号通过频域进行了分析，主要包括脉冲采样和保持器；介绍了计算机控制系统建模的仿真过程，包括传递函数建模、状态空间建模、模型辨识及神经网络建模，并在此基础上对模型进行了频域性能分析；最后重点讲述了数字控制器的设计及仿真，以PID控制器为例介绍了通过仿真进行控制器设计的过程。

习题与思考题

9.1 什么是系统仿真？它所遵循的原则是什么？

9.2 系统仿真的基本过程是什么？

9.3 设连续信号为斜坡函数

$$r(t)=\begin{cases}t, & t\geqslant 0\\ 0, & t<0\end{cases}$$

试在$0\leqslant t\leqslant 5$区间内作斜坡信号的频谱分析。

9.4 对习题9.3中的斜坡函数以采样周期为1s对其进行采样，求采样信号的频谱。

9.5 若频率为1Hz的连续周期信号为$u(t)=\cos(\pi t)$，以频率10Hz对其采样，再使用采样信号通过ZOH，试画出$t=0$到$t=1\text{s}$的ZOH输出。

9.6 试画出习题9.5中0~30Hz频率范围的零阶保持器频率响应的幅值和相位图，其中采样频率为10Hz。

9.7 试用习题9.6的ZOH的频率响应寻找习题9.4的ZOH输出的频率谱，然后画出由$u(kT)$的5个最低频率分量组成的信号。

9.8 已知一个离散时间系统的输入输出数据由下表给出，用最小二乘法辨识出系统的脉冲传递函数模型。

习题9.8的输入输出数据

t	$u(t)$	$y(t)$	t	$u(t)$	$y(t)$	t	$u(t)$	$y(t)$
1	0.9103	0	9	0.9910	54.5252	17	0.6316	62.1589
2	0.7622	18.4984	10	0.3653	65.9972	18	0.8847	63.0000
3	0.2625	31.4285	11	0.2470	62.9181	19	0.2727	68.6356
4	0.0475	32.3228	12	0.9826	57.5592	20	0.4364	60.8267
5	0.7361	28.5690	13	0.7227	67.6080	21	0.7665	57.1745
6	0.3282	39.1704	14	0.7534	70.7397	22	0.4777	60.5321
7	0.6326	39.8825	15	0.6515	73.7718	23	0.2378	57.3803
8	0.7564	46.4963	16	0.0727	74.0165	24	0.2749	49.6011

9.9 假设例9.12中，设计要求是实现不超过1s的上升时间，找出满足要求的K_p值。

9.10* 在例9.13中的PI控制器设计过程中，探讨K_i选择何值时，将不再会有一个近似的零极点抵消。对于这些K_i值，画出根轨迹，并检验在$z=1$附近根轨迹的变化。

9.11* 在例9.13中，假设参考输入时斜坡函数，分析系统的稳态误差，并画出闭环系统的响应。

9.12* 在例9.14中，研究对于K_i不等于0.5的情况，是否能找到满足性能指标要求的PID控制器增益组合。

9.13* 在例9.14中，设计一个比例微分(PD)控制器，分析系统的暂态响应和稳态误差。

9.14* 在例9.14中，假设参考输入是斜坡函数，分析系统的稳态误差，并画出闭环系统的响应。

第 10 章　计算机控制系统的设计与实现

10.1　引　　言

计算机控制系统的工程设计是理论联系实际的综合应用的过程，涉及的技术领域比较广泛，它不仅需要相关的控制理论、电子技术、计算机硬软件、传感器及执行机构等方面的知识，还必须具备生产工艺知识、系统的综合调试能力等。计算机控制系统随其应用环境、控制对象、控制方式、规模大小等的不同而千差万别，但系统的设计原则是一致的，设计的基本内容和主要步骤大体相同。通常包括以下几方面：系统总体控制方案设计、系统硬件设计与选择、系统软件设计与开发、系统调试等。本章将从工程实际出发，重点对计算机控制系统工程设计中的共性问题进行深入探讨。

本章概要　10.1 节介绍本章的所要研究的基本内容；10.2 节介绍计算机控制系统工程设计的基本原则；10.3 节介绍计算机控制系统的硬件设计方法；10.4 节介绍计算机控制系统的软件设计方法，内容包括控制对象分析、数字控制器的实现问题、数字信号的滤波技术；10.5 节对数字控制器的程序实现问题进行了深入分析，包括数字控制器的采样与量化误差分析与处理、微分控制器的工程化处理方法、数字控制器模块性能指标的评价与检验方法等；10.6 节介绍采样周期与量化效应；10.7 节介绍计算机控制系统的可靠性与抗干扰技术，包括提高可靠性的措施、对干扰的来源及传播途径的分析、消除或抑制干扰影响的方法。

10.2　计算机控制系统的设计原则与设计方法

10.2.1　设计原则

计算机控制系统针对不同的控制对象，其设计的具体要求尽管有所不同，但设计的基本要求大体相同，这就是设计的原则，一般包含以下几方面。

1）满足生产过程对所设计系统的性能要求

这是一条最基本的也是最重要的设计原则。生产过程对计算机控制系统的性能要求，可能是定性的要求，也可能是定量的要求；可能以任务书形式明确规定，也可能要求系统设计人员，通过生产过程的了解而得到；特别重要的系统设计可能还要组织专门的研究，并通过书面的形式进行详细规定。

进行系统设计之前，需对控制对象进行深入调查、分析，熟悉工艺流程，了解具体的控制要求，确定系统所要完成的任务，包括要实现的功能、动态性能、控制精度、现场环境、完成设计的时间等。根据这些任务写好设计任务说明书，作为整个设计的依据。

2）系统具有良好的操作性能

系统良好的操作性能是指系统的操作使用简单、直观，符合操作者的操作习惯。这个要求对控制系统来说是非常重要的，无论是进行硬件设计还是软件设计，都必须考虑这个问题。

在系统硬件配置方面，系统的控制开关、按钮、显示部分不要太多、太复杂，且它们的大小、位置的安排布置都应使操作者实际观察、操作更便捷；而人机界面一定要尽量降低对操作人员专业知识的要求，就是使系统操作过程“傻瓜化”。

3）系统具有良好的通用性和可扩展性

构成多回路系统，是计算机控制系统的特点，一套计算机控制系统一般可以控制多个设备和不同的过程参数，但由于各个控制对象的要求是不同的，还可能发生变化，包括控制回路数的增减。

针对这种情况，在进行系统设计时，应考虑系统对各种不同设备和控制对象的适应能力，使系统在不进行大幅度变化的情况下就能适应新的情况，这就是对系统的通用性和可扩展能力的要求，通俗地说，就是使系统的组织结构“积木化”。

要使控制系统达到通用性和可扩展性的要求，在进行系统设计时，必须使硬件、软件标准化、模块化。在插件板、接口及总线部分尽量采用标准总线结构，实现标准化设计，以便在需要扩充时，只要增加插件板就能实现。

系统设计时的各项性能指标应留有一定的裕量，这是实现扩充的一个前提条件，如 CPU 的工作速度、电源功率、内存容量、输入/输出通道等，均应留有一定的裕量。

4）系统具有尽可能高的可靠性

可靠性高是计算机控制系统设计最重要的部分，是系统设计时必须考虑的性能指标，因为系统的可靠性高可以保障生产顺利进行。在计算机控制系统设计时，通常应采用后援手段，如配置常规控制装置或手动控制装置，关键设备或装置，应采用冗余配置且能够自动切换等途径，来提高系统工作过程的可靠性。

系统的可靠性问题指标虽然可以明确量化，但难以在系统投入生产实际之前，在短时间内检验这一指标。因此，系统可靠性的提高是一个逐步进化的过程，在这个过程中，积累的经验远比理论的指导所起的作用更直接、更重要。另外，提高系统可靠性，需要付出更多的硬件、软件成本，增加系统设计的工作量。

5）系统具有高性价比

计算机及其应用技术的特点是发展变化快，各种新技术和新产品不断出现，这就要求在进行计算机控制系统时，要尽量缩短系统的设计周期，降低系统的成本，提高系统的性价比。

10.2.2 设计方法

计算机控制系统的设计会因控制对象、控制目标的不同而有很大的差别，但系统设计的主要步骤是大致相同的，一般包括以下几方面。

1）需求分析

系统设计的第一步是对被控对象进行深入调查、分析，熟悉生产过程的流程，充分了解具体的控制要求，确定所设计的控制系统应该具有的功能及性能指标，这就是系统需求分析的过程。

系统需求分析的结果形成设计任务说明书，任务说明书采用工艺图、时序图或控制流程图等形式，对系统的功能和性能要求进行适当的描述。另外，设计任务说明书还应对系统成本、可靠性、可维护性等方面的安排和考虑进行说明。设计任务说明书是整个控制系统的总体要求和依据。

2）总体设计

系统的总体设计就是根据需求分析，形成由子系统或功能模块构成的系统总体架构。在这一总体架构中，可以体现出各子系统或功能模块之间的相互联系，确定计算机控制系统硬件和软件的基本结构。

3）子系统的模块化设计

由总体设计确定的子系统需要进行进一步的深化设计，具体完成子系统各功能模块的硬件和软件设计。对于硬件和软件都必须采用模块化、标准化设计。

4）系统的调试

计算机控制系统的调试是一个自下而上的检验、调试过程。首先，检验采用标准化设计的硬件和软件模块，确保这些模块完全符合设计要求；其次，检验由标准化的硬件和软件模块组成的子系统，确保各模块之间的组合、工作协调，经调试确保子系统能够完成预先为其规定的任务；最后，对计算机控制系统进行整体调试，确保构成计算机控制系统的子系统间不发生冲突，并保证系统在任何工况下，能够实现设计任务书中规定的任务和功能。

10.3 计算机控制系统的硬件设计

计算机控制系统的硬件设计总体上包括三方面内容：计算机部分、执行机构与驱动技术，检测机构与传感器技术。关于计算机部分的设计要求与原则，在前面章节中已有论述。下面主要对后两项硬件设计内容加以介绍。

10.3.1 执行机构与驱动技术

在计算机控制系统中，计算机所做出的控制决策一般需要通过执行机构与驱动装置执行、落实到生产过程之中。执行机构与驱动装置是计算机控制系统中的关键一环，其种类繁多，这里仅就常见的执行机构与驱动技术的基本问题进行简要介绍。

对于执行机构最广泛的定义是：一种能提供直线或旋转运动的驱动装置，它利用某种驱动能源并在某种控制信号作用下工作。

执行机构使用液体、气体、电力或其他能源并通过电动机、气缸或其他装置将其转化成驱动作用。基本的执行机构用于把阀门驱动至全开或全关的位置，用于控制阀的执行机构能够精确地使阀门走到任何位置。尽管大部分执行机构都是用于开关阀门，但是如今的执行机构的设计远远超出了简单的开关功能，它们包含了位置感应装置、力矩感应装置、电极保护装置、逻辑控制装置、数字通信模块及PID控制模块等，而这些装置全部安装在一个紧凑的外壳内。 对一些高压大口径的阀门，所需的执行机构输出力矩非常大，这时所需执行机构必须提高机械效率并使用高输出的电动机，从而平稳地操作大口径阀门。

采用电动机及其驱动器构成的电气传动系统直接驱动机械设备，是常见的驱动技术。在精度要求不高的计算机控制系统中，一般采用通用型的传动系统，主要有直流电气传动系统、交流电气传动系统、同步电动机传动系统等；在高精度的计算机控制系统中，通常采用伺服驱动系统、直线电动机驱动系统等高精度的传动系统。

10.3.2 检测机构与传感器技术

传感器是能够感受规定的被测量并按照一定规律转换成可用输出信号的器件和装置，通常由敏感元件和转换元件组成。其中，敏感元件是指传感器中能直接感受和响应被测量的部分；转换元件是指传感器中能将敏感元件的感受或响应的被测量转换成适于传输和测量的电信号部分。传感器的共性就是利用物理定律或物质的物理、化学、生物特性，将非电量(如位移、速度、加速度、力等)输入转换成电量(电压、电流、电容、电阻等)输出。

根据传感器的定义，传感器的基本组成分为敏感元件和转换元件两部分，分别完成检测和转换两个基本功能。值得指出的是，一方面，并不是所有传感器都能明显地区分敏感元件和转换元件这两个部分，如半导体气敏或湿度传感器、热电偶、压电晶体、光电器件等，它们一般是将感受到的被测量直接转换为电信号输出，即将敏感元件和转换元件两者的功能合二为一；另一方面，只由敏感元件和转换元件组成的传感器通常输出信号较弱，还需要信号调理电路将输出信号进行放大并转换为容易传输、处理、记录和显示的形式。信号调理电路的作用，一是把来自传感器的信号进行转移和放大，使其更适合作进一步处理和传输，多数情况下是将各种电信号转换为电压、电流、频率等少数几种便于测量的电信号；二是进行信号处理，即对经过调理的信号进行滤波、调制和解调、衰减、运算、数字化处理等。常见的信号调理与转换电路有放大器、电桥、振荡器、电荷放大器等。另外，传感器的基本部分和信号调理电路还需要辅助电源提供工作能量。

在计算机控制系统中，对检测机构与传感器的基本要求是：检测精度、检测机构的量程，以及适用的环境等。在系统调试过程中，对于来自传感器或检测机构的被检测信号，主要需要做两项处理工作：一是消除或抑制干扰信号；二是在计算机内对被检测信号所表示的物理量要进行校准。一般是经传感器对基准信号源进行检测，将由此检测到的信号送入计算机，据此建立起计算机内部的检测信号数值与实际物理量值的关系，如压力传感器，基准信号源是 5kg 砝码，计算机内获得的检测信号数值是 1000。

对被检测信号所表示的物理量的校准，在检测机构或传感器的整个量程内，一般要进行多点校准，相邻两点之间采用线性化处理。

10.4 计算机控制系统的软件设计

计算机控制系统的软件设计一般是设计系统的应用软件，它包括监控软件、控制软件和信息管理软件三部分，在此重点讨论控制软件中的数字控制器的设计与实现问题。

10.4.1 控制对象分析

控制对象是指所要控制的装置或设备。由物理意义上的控制对象抽象出数学意义上的被控对象，是设计计算机控制系统的前提所在。这需要对生产过程和设备等控制对象的深刻理解，物理意义上的控制对象与数学意义上的被控对象并不是一一对应的，同一个物理意义上的控制对象可能对应不同的数学意义上的被控对象，一个物理意义上的控制对象可能对应多个数学意义上的被控对象，由这些被控对象构成的闭环控制可能是级联关系，也可能是并列关系；数学意义上的被控对象有时是由物理意义上的控制对象抽象出的数学模型和计算机内部构建的检测模型共同构成。

例如，控制对象的物理实现为采用交流电动机和调速器构成的传动系统进行定位控制，若采用速度信号作为被控对象模型的输入，位移作为输出，可抽象出数学意义上的被控对象模型为一阶积分环节；若采用转矩信号作为被控对象模型的输入，位移作为输出，可抽象出数学意义上的被控对象模型为二阶积分环节。

又如，单相逆变电源的功能是将波动的直流电压源经逆变器逆变为幅值相位恒定的正弦波电压。我们对这个物理控制对象的控制，可采用瞬时正弦波电压信号作为输入，正弦波电压为输出，可根据逆变器的工作机理构建第一个被控对象模型。

对这个物理控制对象的控制，可同时加入幅值和相位控制。由于只能直接检测单相逆变电源输出电压的瞬时值，输出电压的幅值和相位需由输出电压的瞬时值的计算间接获得，若增加幅值输入和幅值输出控制，根据逆变器的工作机理和幅值计算公式可构建第二个被控对象模型。同理可构建输出电压的相位被控对象模型。

由此可见，对单相逆变电源的控制，可抽象出 3 个数学意义上的被控对象模型，对这一物理对象可采用 3 个闭环控制环节进行控制。对于这些并列闭环控制，要特别注意它们之间是否有冲突，若有严重冲突，不宜同时使用。

对于复杂的控制对象，其数学模型的建立，是依据既往的经验和对生产工艺和设备的理解而完成的，往往不能一次建立得十分准确、完善，需要在计算机控制系统的调试过程中不断修正、完善。 另外，控制对象的数学模型建立和完善也可通过系统辨识方式来实现，但是，辨识的方法和规则除了需要相关的理论知识外，仍然脱离不了对生产工艺和设备的认知和经验。

10.4.2 数字控制器的实现问题

数字控制器的设计是计算机控制系统设计的关键所在，它包括数字控制器的理论设计与程序实现两部分。数字控制器的理论设计就是根据被控对象和所确定的计算机控制系统的指标，设计出数字控制器的输入和输出函数的差分方程数学表达式。这种设计理论和方法在本书的前述章节中进行了充分的分析和论述，不再赘述。在此重点对数字控制器程序实现中出现的问题进行深入探讨。

实际上，在数字控制器的理论设计时，主要对连续信号的时间离散问题进行了考虑，一般并未涉及因连续信号的幅值量化所带来的量化误差问题。计算机控制系统的 A/D 模数转换器的字宽有限，且计算机的运算字宽也不是无限的，因此，在数字控制器程序实现过程中，幅值量化所形成的误差对计算机控制系统造成的影响是设计者所必须面对的问题。另外，计算机控制系统大多都有实时性要求，数字控制器从输入到输出的一次循环运算必须在一定的时间内完成，而计算机的运算速度却受其主频限制，因此，简化计算、提高数字控制器程序的执行速度，是数字控制器程序实现过程中的又一个重要问题。

提高数字控制器的计算精度与程序的执行速度，是数字控制器程序实现所追求的目标。在计算机 CPU 确定的条件下，这两个指标是矛盾的，因为提高数字控制器的计算精度可通过提高运算字位来实现，而提高运算字位，一般来讲，会增加计算的复杂程度，降低程序的执行速度。因此，在数字控制器的程序实现过程中，对其精度和快速性问题不可片面强调其一，需以实现计算机控制系统的目标为依据，进行折中考虑。

数字控制器是否满足预先制定的设计要求，需要通过实验对数字控制器的程序模块进行全面的检验，采用模拟化设计时，就是检验其与模拟控制器的模拟符合程度，这是数字控制器程序实现中的重要一环。利用计算机仿真软件工具进行数字仿真研究，可大大降低这一实验环节的技术难度，提高检验效率，避免对数字控制器程序模块检验的疏漏。在数字控制器设计过程加入检验环节，实际上是实现了数字控制器设计流程结构的闭环化，这样可大大提高所设计的数字控制器的可靠性。

数字控制器的计算精度与程序执行速度，是贯穿数字控制器的程序实现过程的核心问题。

因此，10.5 节将以数字控制器的计算精度与程序执行速度以及数字控制器程序模块的检验方法为主线，通过举例进行深入的理论分析与探讨。

10.4.3 信号的数字滤波技术

在计算机控制系统中，被采样的信号常常带有某些谐波干扰分量，在传输中又会引进一些干扰信号，这样的失真信号如不经处理，以恢复原信号，则会影响系统的性能指标，严重时甚至使系统无法正常工作。在模拟系统中，信号的处理是采用不同形式的有源或无源滤波器，如低通、高通、带通和带阻滤波器等。而在计算机控制系统中则采用数字滤波器，它是由软件编程来实现的。数字滤波器有许多优点，如不需要硬件设备，多个输入通道使用同样的滤波程序，使用灵活，只要改变滤波器程序即可实现不同的滤波效果等。现介绍几种常见的数字滤波器。

1）均值滤波

在一个采样周期内连续采样几个值，取其平均值作为实际测量值。均值滤波的数学表达式如下：

$$Y=\frac{1}{N}\sum_{i=1}^{N}X_i \tag{10.1}$$

式中，Y 为数字滤波器输出；X_i 为第 i 次采样值；N 为采样次数。

均值滤波法的实质是对信号的平滑处理，其平滑程度取决于采样次数 N。N 越大，计算结果越准确，但灵敏度降低，因此，对 N 的取值应视具体情况进行折中处理。

2）中值滤波

连续采样三次 X_1、X_2、X_3，去掉最大值和最小值，取中间值作为本次采样值。其数学表达式如下：

如果 $X_1\leqslant X_2\leqslant X_3$，则中值滤波器输出为 $Y=X_2$。

中值滤波方法对去掉脉动性的干扰比较有效，但不宜用于快速变化的变量的处理。

3）抗干扰中值滤波

外界的干扰信号中常有脉冲型干扰信号，而且幅值时小时大，为了消除这种瞬间的干扰信号，常采用抗干扰中值滤波措施。其具体做法如下：

连续采样 N 次，得到 N 次采样值 $X_1, X_2,\cdots, X_N$，将 N 次采样值按数值由小到大排列为 $X_1\leqslant X_2\leqslant\cdots\leqslant X_N$，去掉其中的最小值 X_1 和最大值 X_N，然后对剩余的采样值进行均值运算，其运算结果作为滤波器输出 Y，其计算公式为

$$Y=\frac{1}{N-2}\sum_{i=2}^{N-1}X_i \tag{10.2}$$

4）限幅滤波

大的随机干扰或者采样电路的不稳定，使得采样的数据明显偏离实际值，或者两次采样之间的变化很大，这时需要利用限幅滤波方法。

限幅滤波法的基本思路是：根据被滤波信号的实际变化范围及变化的频率，确定滤波器的参数，即上、下极限幅度 Y_{h}、Y_{l}，及变化极限 ΔY_0，对于一个采样值 $x(k)$，限幅滤波器的输出 $y(k)$ 按如下公式处理：

$$y(k)=\begin{cases}x(k), & Y_l \leqslant x(k) \leqslant Y_h, \left| x(k)-y(k-1)\right| \leqslant \Delta Y_0 \\ y(k-1)+\Delta Y_0, & x(k)-y(k-1) > \Delta Y_0 \\ y(k-1)-\Delta Y_0, & x(k)-y(k-1) < -\Delta Y_0 \\ Y_h, & x(k) > Y_h \\ Y_l, & x(k) < Y_l \end{cases} \tag{10.3}$$

式中，滤波器的参数 Y_h 和 Y_l 为被滤波信号的最大允许值和最小允许值，它们与被测信号的变化范围有关；ΔY_0 与采样周期及被测信号的正常变化率有关，实际应用中，这些参数需要根据具体情况而定。

这种限幅滤波器是针对特定的被测信号而设计的，它加入了较多的人工干预成分，如果设计者对被测信号的特性理解深刻，做到滤波器的参数与被测信号达到良好的匹配，可达到极佳的滤波效果。否则，如果这些参数选择不当，非但不能得到理想的滤波效果，还会影响到系统的性能。

5）惯性滤波

惯性滤波法是由连续域中的一阶惯性滤波器经离散化处理后得到的。惯性滤波法的数学表达式为

$$y(k)=\alpha y(k-1)+(1-\alpha)y(k), \quad 0<\alpha<1 \tag{10.4}$$

即滤波器当前时刻的输出值 $y(k)$，是上次采样时刻的输出值 $y(k-1)$ 与本次输入采样值 $x(k)$ 的加权平均值，参数 α 就是 $y(k-1)$ 的权，称为滤波系数。α 越大，表示上次滤波器输出值在本次滤波器输出值中所占比重越大，即所谓的惯性越大。数字惯性滤波器与模拟滤波器的用法和作用相同，只是不需要硬件。

10.5 数字控制器程序实现的性能分析

10.5.1 计算机控制系统的数值误差来源

对于连续被控对象的计算机控制系统，被控对象的模拟反馈信号通过 A/D 转换器转化为数字量，根据预先设计的控制器的离散数学模型，计算机通过软件编程的方法，依据系统的数字给定量与反馈量，计算出控制器的输出数字量，从而实现控制功能。分析这一过程中，我们不难发现误差形成的原因如下：

(1) 在建立控制器的离散数学模型时，需对其参数进行量化，因而会产生参数量化误差。

(2) 在信号转换过程中，由于 A/D 转换器的数字量字长有限，同时，受 A/D 转换时间和采样周期的影响，因此会在检测的反馈信号中产生采样量化误差。

(3) 因计算机控制系统的实时性要求，在计算机编程中所采用的数字量的字长也是有限的，因此会产生计算误差。

下面对计算机控制系统的这些数值误差来源进行具体说明分析。

1. A/D 转换器采样量化产生的误差

在连续被控对象的计算机控制系统中，A/D 转换器是必不可少的，其作用是将模拟反馈信号转换成数字控制器可以识别和处理的数字信号形式。在 A/D 转换器对模拟信号的转换过程中，会形成采样和量化误差。量化误差与 A/D 转换器的字长有关，字长越长，量化误差越小。采样误差与 A/D 转换器的转换时间和采样周期相关，一般采样周期越小，A/D 转换时间

越短，采样误差越小。关于采样量化误差的具体情况，将在 10.6 节进行专门的分析讨论。

2. *数字控制器程序实现时产生的参数量化误差*

数字控制器理论设计的基本方法有模拟化设计方法和直接数字化设计方法，依据这些方法，经过理论设计，我们可以得到数字控制器的脉冲传递函数 $D(z)$，其中必定包含有常系数的参数。由于计算机控制中采用的字位宽度是有限的，这些控制器参数的有效位不能取无限长，必然存在数值取舍误差，这一定会在控制器的输出上有所反应，导致输出误差，我们把这一过程中形成的控制器输出误差称为参数量化误差。

参数量化误差也是计算机控制系统所特有的。在模拟控制器中，电路元器件的参数误差也会对控制器造成影响，但两者有很大的不同。模拟控制器的参数误差虽会引起控制器零极点分布的变化，但不会引起控制器结构的根本改变；而数字控制器的参数量化误差，特别是对采用模拟化方法设计的数字控制器，可能会产生严重影响，甚至改变控制器结构，违背设计初衷。下面以一阶惯性滤波器设计为例，将模拟控制器与数字控制器设计对比分析，说明数字控制器的参数量化误差可能引起的严重的不良影响。

例 10.1 采用双线性变换法，将一阶惯性滤波器 $D(s)=\dfrac{100}{10s+1}$ 离散化，采样周期 T=0.002s，设计数字控制器 $D(z)$。

解 采用双线性离散法离散 $D(s)$

$$D(z)=\left.\frac{100}{10s+1}\right|_{s=1000\cdot\frac{1-z^{-1}}{1+z^{-1}}}=\frac{100(1+z^{-1})}{10001-9999z^{-1}}$$

设数字控制器的输入为 $x(k)$，输出为 $y(k)$，则由 $D(z)$ 可求出输入和输出的差分方程为

$$y(k)=\frac{9999}{10001}y(k-1)+\frac{100[x(k)+x(k-1)]}{10001} \tag{10.5}$$

对差分方程的系数保留两位小数，则

$$y(k)\approx 1.00y(k-1)+0.01[x(k)+x(k-1)] \tag{10.6}$$

在上面的例题中，各步的推导是严谨的，只是在最后一步，对差分方程作了近似处理。我们仔细观察近似处理所得的最终差分方程，不难发现它表示的是一个纯积分环节。可见，我们因对参数近似处理，不经意地改变了控制器的原始设计结构。

在对较复杂的控制器设计时，这种因对参数的近似、量化处理，而对控制器造成的改变程度是我们难以预知和察觉的，但是，我们可以通过对最终的差分方程的理论分析和实验来检测出这种改变。

采用理论分析时，对例 10.1 中的最终的差分方程进行 z 变换，可发现其极点 $z_i=-1$，经分析判断，控制器为纯积分环节。

采用实验检验的方法是：在设计的原始目标控制器 $D(s)$ 和经对参数近似、量化处理的数字控制器 $D(z)$ 上，施加同样的输入信号，通过比较、分析两者的输出的偏差情况，确定经过参数量化处理后的数字控制器是否达到设计要求。输入信号选用阶跃信号，可检验、评估控制器的时域特性；输入信号选用正弦信号，可检验、评估控制器的频域特性；对数字控制器只采用其中的一种方式评估可能不够全面，两种方式都采用可全面地评估数字控制器的特性。

3. *数字控制器程序实现时产生的运算误差*

数字控制器是由计算机通过软件编程实现的，由于计算机控制系统有实时性要求，计算

机完成数字控制器计算所采用的字宽是有限的，因此，通过编程实现数字控制器与理论设计的数字控制器必然会产生计算误差。这些误差可归结为如下 3 种：

(1) 溢出误差。所谓溢出是指在计算机进行加减运算时，运算结果超出了相应的数据表示范围。在编程过程中，正常情况下，当运算结果正溢出时，系统运算结果应置为正上限数值；当运算结果负溢出时，系统运算结果应置为负下限数值。但是，若对运算结果溢出的处理不当，会出现异常情况，即当运算结果溢出时，未对溢出进行处理，会造成运算结果正溢出时，系统体现出的结果是负下限数值，运算结果负溢出时，系统体现出的结果是正上限数值。这种情况可能造成控制器输出在正、负值之间振荡。实质上，溢出误差是由于未对溢出进行正确处理的编程错误所致，因此，数字控制器程序实现时，要特别注意易被忽视的溢出处理问题。

(2) 微分环节产生的误差。当数字控制器的输入信号的幅值变化速率相对采样频率较低时，在多数采样周期内，输入信号的变化量小于最小量化单位，则输入信号多数相邻采样点之间采样值的偏差为零，因此数字控制器的微分功能不能在其输出上被体现出来。

(3) 累积误差。对于脉冲传递函数含有极点的数字控制器，在计算当前采样时刻的输出值时，会与控制器以往采样时刻的输出值有关，也就是说，当前采样时刻输出值的误差既与输入信号的量化误差有关，也与以往控制器的输出误差有关，因此，这种输出误差具有累积效应。这种累积误差是数字控制器最为主要的误差，必须加以重点关注。下面我们仍以一阶惯性滤波器的设计为例，对累积误差的形成情况进行分析。

对于例 10.1 中的惯性环节，式(10.5)是经双线性变换离散后的差分方程

$$y(k)=\frac{9999}{10001}y(k-1)+\frac{100[x(k)+x(k-1)]}{10001}$$

这里不对参数进行量化，只分析因输入/输出变量的量化而产生的累积误差问题。

若所设计的滤波器(控制器)用于对 A/D 转换器的输入信号进行滤波，A/D 转换器为 8 位整数，那么我们很自然地想到对上式进行取整运算

$$y(k)=\mathrm{INT}\left[\frac{9999}{10001}y(k-1)+\frac{100[x(k)+x(k-1)]}{10001}\right] \tag{10.7}$$

式中，符号 $\mathrm{INT}(\cdot)$ 表示对括号内的变量进行取整运算。

分析(10.7)式不难发现，当 $x(k)\leqslant 50$，输出的初始值为零时，则输出 $y(k)=0$，这就是累积误差问题。对于来自 8 位 A/D 转换器的输入变量来说，$x(k)=50$ 不算是小数字，但在所设计的数字滤波器的输出上居然没有反应，可见，累积误差是数字控制程序实现中的一个严重的问题，它可能导致数字控制器失效。

上面的举例仅在于说明累积误差的形成原因。对于这种简单的控制器，发现累积误差并不困难；但对于比较复杂的控制器，在程序设计时很容易忽略这一问题。因此在程序设计中，形成一套规范的设计方法和对数字控制器的检验方法，将累积误差抑制到可接受的范围是十分必要的。累积误差的抑制可在编程之初通过合理地选择运算字宽来实现，检验累积误差则是在编程之后通过检验数字控制器的时域特性和频域特性来实现。

10.5.2 数字控制器的精度确定原则及保证措施

1. 数字控制器的精度确定原则

在设计计算机控制系统时，模拟信号经传感器的检测精度与 A/D 转换器的位数，是与计算机控制系统的精度指标要求相匹配的。一般来说，传感器的精度与 A/D 转换器的位数越高，

其价格越高。因此，合理的选择应该是：传感器和 A/D 转换器的精度应高于计算机控制系统要求的控制精度，但也不应有过大的余量。

数字控制器与传感器以及 A/D 转换器是串联关系，在对算机控制系统的精度指标影响方面具有同等地位。因此，数字控制器的运算精度最低应该与传感器和 A/D 转换器部分的精度相同，数字控制器应该能够对 A/D 转换器最小分辨单位的数字量做出反应。这种数字控制器的精度确定的原则，可作为数字控制器运算字宽的选择依据。

2. 数字控制器原理设计时产生的误差分析

数字控制器在原理设计时产生的参数误差，主要发生在经过模拟化方法设计出的数字控制器方面。模拟化设计方法，是根据控制系统的性能指标要求，设计出模拟控制器传递函数 $D(s)$，再由 $D(s)$ 经适当的离散方法求出数字控制器脉冲传递函数 $D(z)$。误差产生于由 $D(s)$ 求出 $D(z)$ 的过程。这种离散化产生的误差是不可避免的，但是一般来说可通过提高 $D(z)$ 的参数保留字位宽度加以部分解决。

但是，无限提高参数的字宽是不现实的。实际做法是：在数字控制器 $D(z)$ 与 $D(s)$ 允许的误差范围内，确定 $D(z)$ 参数所要保留的精度。判别数字控制器 $D(z)$ 与 $D(s)$ 的误差情况是解决问题的关键，可选择的方法有三种：

（1）由 $D(z)$ 与 $D(s)$ 的零极点情况进行理论分析，评估 $D(z)$ 与 $D(s)$ 的等价或近似程度；

（2）在 $D(z)$ 与 $D(s)$ 的输入端施加阶跃信号，对比两个控制器的输出响应，在时域内评估 $D(z)$；

（3）在 $D(z)$ 与 $D(s)$ 的输入施加正弦信号，对比两个控制器的输出响应，在频域内评估 $D(z)$。

3. 合理选择控制器程序的字宽

在保证数字控制器的运算精度与传感器和 A/D 转换器部分的精度相同的前提下，我们希望找出控制器的最小运算字宽，因为在完成同样的控制运算功能的条件下，控制器采用较低的字宽会有较高的程序执行速度。但是，若控制器采用的字宽过低，会因数字控制器的误差过大而难以实现其控制功能。数字控制器的精度与执行速度同等重要，确定控制器的最小运算字宽是数字控制器设计中不可忽视的环节。下面通过设计举例分析说明这一问题。

例 10.2 将一阶惯性滤波器 $D(s)=K_{\mathrm{d}}/(T_{\mathrm{d}}s+1)$ 按双线性变换方法离散化，设计出数字控制器。对数字控制器的具体要求为：T 为采样周期，设 $2T_{\mathrm{d}}/T$ 为整数；输入信号 $x(k)$为整数，且 $x(k)\leqslant X_{\mathrm{m}}$；参数 T_d 的可调整范围为 0～T_{m}，K_{d} 可调整范围为 0～K_{m}；在整个参数变化范围内，数字控制器能对输入信号的最小分辨单位做出反应。

解 按双线性变换方法离散 $D(s)$

$$D(z)=\left.\frac{K_{\mathrm{d}}}{T_{\mathrm{d}}s+1}\right|_{s=\frac{2}{T}\cdot\frac{1-z^{-1}}{1+z^{-1}}}=\frac{K_{\mathrm{d}}(1+z^{-1})}{\dfrac{2T_{\mathrm{d}}}{T}+1-\left(\dfrac{2T_{\mathrm{d}}}{T}-1\right)z^{-1}}$$

设输入变量为 $x(k)$，输出变量为 $y(k)$，控制器的差分形式为

$$y(k)=\frac{2T_{\mathrm{d}}/T-1}{2T_{\mathrm{d}}/T+1}y(k-1)+\frac{K_{\mathrm{d}}}{2T_{\mathrm{d}}/T+1}[x(k)+x(k-1)]$$

上面只完成了对数字控制器的理论设计。即使不对参数进行量化处理，只对上式的变量进行取整量化运算，也会造成数字控制器某种程度上的失效。因此，需扩大中间运算字宽，提高中间运算精度。具体做法如下：

假设$M = 2T_d / T + 1$，K_d为整数，且数字控制器的输入信号为整数，为使数字控制器对输入的最小整数单位 1 做出反应，需要对输出信号的中间运算结果保留更高的精度，这里将输出信号扩大 M 倍进行取整运算并保存，在最终输出结果时，对中间运算输出信号缩小 M 倍后取整运算。设$Y_M(k) = M \times y(k)$，则上面的差分方程表示为

$$\begin{cases} M_x = K_d[x(k) + x(k-1)] \\ M_y = (M-2) \cdot Y_M(k-1) \\ Y_M(k) = \text{INT}(M_y / M + M_x) \\ y(k) = \text{INT}\left[Y_M(k) / M\right] \end{cases}$$

现在需要对上式的中间运算字宽进行确定。首先判断中间运算变量 M_x、M_y、Y_M 的最大数值，这里关键是确定输出的最大值。由于该控制器为一阶惯性滤波器，因此输出的最大值为 $K_m X_m$。中间运算变量 M_x、M_y、Y_M 的最大数值确定为

$$\begin{cases} M_{x\max} = 2K_m \cdot X_m \\ M_m = \dfrac{2T_m}{T+1} \\ M_{y\max} = (M_m - 2) \cdot M_m \cdot K_m X_m \\ Y_{M_{\max}}(k) = M_m \cdot K_m X_m \end{cases}$$

如果计算机采用二进制运算，对应的中间运算变量的字宽应该满足

$$\begin{cases} n_1 \geqslant \log_2(M_{x\max}) \\ n_2 \geqslant \log_2(M_{y\max}) \\ n_2 \geqslant \log_2[Y_{M\max}(k)] \end{cases}$$

由于计算机内对数字的处理运算，一般采用 8 位为一个字，16 位为一个字节，32 位为双字节的形式，因此，我们选择中间运算的字宽时，只能在计算机允许的数字处理形式中选取。例如，$n_1 \geqslant 10.5$ 时，选择 $n_1 = 16$。

尽管通过提高中间运算字宽提高了运算精度，能使控制器对输入信号的最小整数单位 1 做出反应，但是由于计算中对输出信号的中间变量 $Y_M(k)$存在取整运算，因此在最终的输出结果中一定存在误差。这种误差是否为计算机控制系统所允许，需要通过对数字控制器的实验来检验。

例 10.3 将二阶阻尼滤波器$D(s) = \dfrac{\omega_n^2}{s^2 + 2\xi\omega_n s + \omega_n^2}$按双线性变换方法离散化，设计出数字控制器。对数字控制器的具体要求为：T为采样周期；输入信号 $x(k)$为整数，且$x(k) \leqslant X_m$；参数ξ的可调整范围为$\xi_{\min} \sim \xi_{\max}$，$\omega_n$的可调整范围为$\omega_{\min} \sim \omega_{\max}$；在整个参数变化范围内，数字控制器能对输入信号的最小分辨单位做出反应。

解 按双线性变换方法离散$D(s)$：

$$D(z) = D(s)\Big|_{s=\frac{2}{T}\cdot\frac{1-z^{-1}}{1+z^{-1}}}$$

$$= \frac{\omega_n^2(1 + 2z^{-1} + z^{-2})}{\left[\left(\dfrac{2}{T}\right)^2 + \dfrac{4}{T}\xi\omega_n + \omega_n^2\right] + 2\left[\omega_n^2 - \left(\dfrac{2}{T}\right)^2\right]z^{-1} + \left[\left(\dfrac{2}{T}\right)^2 - \dfrac{4}{T}\xi\omega_n + \omega_n^2\right]z^{-2}}$$

设输入变量为 $x(k)$ 、输出变量为 $y(k)$，控制器的差分形式为

$$y(k)=\frac{-2\left[\omega_n^2-\left(\frac{2}{T}\right)^2\right]y(k-1)-\left[\left(\frac{2}{T}\right)^2-\frac{4}{T}\xi\omega_n+\omega_n^2\right]y(k-2)}{\left(\frac{2}{T}\right)^2+\frac{4}{T}\xi\omega_n+\omega_n^2}+\frac{\omega_n^2[x(k)+2x(k-1)+x(k-2)]}{\left(\frac{2}{T}\right)^2+\frac{4}{T}\xi\omega_n+\omega_n^2}$$

令

$$a_1=\frac{-2\left[\omega_n^2-\left(\frac{2}{T}\right)^2\right]}{\left(\frac{2}{T}\right)^2+\frac{4}{T}\xi\omega_n+\omega_n^2},\quad a_2=-\frac{\left(\frac{2}{T}\right)^2-\frac{4}{T}\xi\omega_n+\omega_n^2}{\left(\frac{2}{T}\right)^2+\frac{4}{T}\xi\omega_n+\omega_n^2},\quad b=\frac{\omega_n^2}{\left(\frac{2}{T}\right)^2+\frac{4}{T}\xi\omega_n+\omega_n^2}$$

则

$$y(k)=a_1y(k-1)+a_2y(k-2)+b[x(k)+2x(k-1)+x(k-2)]$$

对差分方程两边同乘一个能使方程的所有系数为整数的最小正整数 M。在数字控制器实现时，差分方程将转化如下形式：

$$\begin{cases}M_x=M\cdot b\cdot[x(k)+2x(k-1)+x(k-2)]\\ M_y=a_1M\cdot Y_M(k-1)+a_2M\cdot Y_M(k-2)\\ Y_M(k)=\mathrm{INT}(M_y/M+M_x)\\ y(k)=\mathrm{INT}\left[Y_M(k)/M\right]\end{cases}$$

下面判断中间运算变量 M_x、M_y、Y_M 的最大数值。这里关键是确定输出的最大值，由于该控制器为二阶阻尼滤波器，输出的最大值在输入函数为幅值为 X_m 的阶跃信号且参数 $\xi=\xi_{min}$ 时出现，可通过仿真求出，其值为 y_{max}。中间运算变量 M_x、M_y、Y_M 的最大数值确定为

$$\begin{cases}M_{x\max}=4bM\cdot X_m\\ M_{y\max}=(a_1+a_2)\cdot M\cdot y_{max}\\ Y_M(k)_{max}=M\cdot y_{max}\end{cases}$$

据此，我们不难选择出中间运算各步骤的最小字宽。同样对数字控制器输出的精度情况仍需实验来验证。

例 10.4 对于一般形式的离散数字控制器 $D(z)=\sum_{j=0}^{m}b_jz^{-j}\Big/\sum_{i=0}^{n}a_iz^{-i}$，参数 a_i 和 b_j 为实数，设计出量化后数字控制器。对数字控制器的具体要求为：T 为采样周期；输入信号 $x(k)$为整数，且 $x(k)\leqslant X_m$；参数 a_i 的可调整范围为 $a_{i\min}\sim a_{i\max}$，b_j 的可调整范围为 $b_{j\min}\sim b_{j\max}$；在整个参数变化范围内，数字控制器能对输入信号的最小分辨单位做出反应。

解 设输入变量为 $x(k)$，输入变量为 $y(k)$，控制器的差分形式为

$$y(k)=-\frac{1}{a_0}\sum_{i=1}^{n}a_i y(k-i)+\frac{1}{a_0}\sum_{j=0}^{m}b_j x(k-j)$$

对差分方程两边同乘一个能使方程的所有系数为整数的最小正整数 M。在数字控制器实现时，差分方程将转化如下形式：

$$\begin{cases}M_x=\sum_{j=0}^{m}\frac{b_j M}{a_0}\cdot x(k-j)=\sum_{j=0}^{m}B_j\cdot x(k-j)=\sum_{j=0}^{m}M_j\\ M_y=-\sum_{i=1}^{n}\frac{a_i M}{a_0}\cdot y(k-i)=-\sum_{i=1}^{n}A_i\cdot y(k-i)=-\sum_{j=1}^{m}M_i\\ Y_M(k)=\mathrm{INT}(M_y/M+M_x)\\ y(k)=\mathrm{INT}\left[Y_M(k)/M\right]\end{cases}$$

式中，A_i 和 B_j 为整数。

下面判断中间运算变量 M_x、M_y、Y_M 的最大数值。这里关键是确定输出的最大值，对未进行变量量化的控制 $D(z)$，施加输入函数为幅值 X_m 的阶跃信号，通过仿真可寻找出整个参数的可调整范围内的输出最大值，其值为 $y_{\max}$，不过这一过程可能比较复杂。中间运算变量 M_x、M_y、Y_M 的最大数值确定为

$$M_{x\max}=\sum_{j=0}^{m}B_j\cdot X_\mathrm{m}，\quad M_{y\max}=-\sum_{i=0}^{n}A_i\cdot y_{\max}，\quad Y_M(k)_{\max}=M\cdot y_{\max}$$

除了中间运算变量 M_x、M_y、Y_M 外，若 A_i 的正负符号不同，中间变量 M_i 的最大值可能大于 M_x 的最大值，需要对其确定；若 B_j 的正负符号不同，同样需要确定中间变量 M_j 的最大值。确定方法如下：首先要找出绝对值最大的系数 $A_{\max}$、$B_{\max}$ 为

$$\begin{cases}A_{\max}=\max\left(|A_1|,|A_2|,\ldots|A_n|\right)\\ B_{\max}=\max\left(|B_0|,|B_2|,\ldots|B_M|\right)\end{cases}$$

然后可由下式求出最大值

$$\begin{cases}M_{j\max}=B_{\max}\cdot X_\mathrm{m}\\ M_{i\max}=A_{\max}\cdot y_{\max}\end{cases}$$

由以上求出的中间变量的最大值，我们可以选择出中间运算各步骤的最小字宽。同样对数字控制器输出的精度情况仍需实验来验证。

以上各例数字控制器的输入信号为整数，即为控制器的分辨率为 1 的设计情况。若所设计的数字控制器的分辨率为小数时，可将输入信号放大为整数处理。

决定数字控制器的中间运算字宽的因素，除输入信号的数字范围外，还有采样周期和控制器适应的参数变化范围，采样周期越小，参数变化范围越大，应选取的中间运算字宽就越宽。

10.5.3 微分环节的处理措施与工程实现方法

PID 控制算法中的微分环节对改善系统超调量等动态性能具有重要作用，但它对高频干扰信号比较敏感，一般较少直接采用。实际应用中，微分功能常采用在微分环节前增加一阶惯性滤波环节来实现，由此形成的微分功能被称为不完全微分环节。其传递函数如下：

$$D(s)=\frac{T_{\mathrm{d}}s}{T_{\mathrm{d}}s+1}=1-\frac{1}{T_{\mathrm{d}}s+1}$$

从上面的传递函数看，不完全微分环节相当于一个比例环节和一个一阶惯性滤波环节的并联，实际上在对其离散、编程过程中，回避了纯微分环节的实现问题。

纯微分环节除易受高频干扰影响外，其自身在程序实现方面上也存在需要特别注意的问题。因此，在控制器中若含微分环节，必须将其分离出来，进行单独处理。

1. 对含微分环节控制器的处理措施

一般在经过化简整理后的脉冲传递函数中，我们无法分离出纯微分环节。只有在模拟化设计方法中，在模拟控制器设计阶段，当控制器传递函数的分子阶次高于分母阶次时才能分离出纯微分环节。例如

$$D(s)=\frac{b_{n+m}s^{n+m}+b_{n+m-1}s^{n+m-1}+\cdots+b_1s+b_0}{a_ns^n+a_{n-1}s^{n-1}+\cdots+a_1s+a_0}$$

对上式分离出纯微分环节，控制器传递函数转化为如下形式：

$$D(s)=\frac{d_ns^n+d_{n-1}s^{n-1}+\cdots+d_1s+d_0}{a_ns^n+a_{n-1}s^{n-1}+\cdots+a_1s+a_0}+\sum_{i=0}^{m}c_is^i$$

该表达式的后面部分为纯微分环节，在程序设计时需要专门处理。

实际上，高阶微分控制很少采用，下面仅对常用的一阶微分控制的算法问题进行深入分析讨论。

2. 后向差分离散方法的微分情况分析

在对微分环节进行程序设计时，量化误差和微分控制器输出值限幅影响是不容忽视的。微分环节进行程序设计的目标就是希望其达到模拟微分控制器的效果，检验微分控制器的功能，采用斜坡函数作为输入来检验最为有效。对模拟微分控制器和程序实现的数字微分控制器的输入加斜坡函数，对它们的输出响应进行对比分析，可以发现量化误差对数字微分控制器的严重影响。下面通过举例来说明。

例 10.5 微分控制器的传递函数为 $D(s)=s$，其输入函数 $x(t)=t$，求输出 $y(t)$。

解 输入与输出函数的拉普拉斯变换函数关系为

$$Y(s)=D(s)\cdot X(s)=s\cdot\frac{1}{s^2}=\frac{1}{s}$$

对上式进行拉普拉斯反变换得 $y(t)=1$。

例 10.6 对上面例子的微分控制器传递函数进行后向差分离散，得脉冲传递函数为 $D(z)=(1-z^{-1})/T$，T 为采样周期，其输入为函数 $x(t)=t$ 的采样函数，采样数值只保留整数，求输出 $y(k)$。

解 经过变换求解可得

$$y(k)=[x(k)-x(k-1)]/T$$

若不计采样量化误差，则

$$y(k)=[kT-(k-1)T]/T=1$$

数字控制器与模拟控制器在采样点时刻数值一致，与采样周期的大小无关。

但是，由于本例中的采样数值只保留整数，存在着采样量化误差，采样周期的选取将对输出产生严重影响。

如选取采样周期 $T=1\text{s}$ 时

$$x(k)=k\text{，}\quad k=1,2,3,\cdots\text{，}\qquad y(k)=[k-(k-1)]/1=1$$

如选取采样周期 $T=0.2\text{s}$ 时

$$x(k)=\text{INT}(0.2k)\text{，}\quad k=1,2,3,\cdots$$

式中，$\text{INT}(\cdot)$ 表示对括号内的数值舍去小数部分，进行取整运算。

$x(k)$ 只在采样周期5倍时刻发生变化，图10.1表示了在0~3s数字微分控制的工作情况。图10.1的上部分为输入函数 $x(t)=t$ 的采样值 $x(k)$ 情况；图10.1的下部分为输出 $y(k)$ 经零阶保持器后的情况。

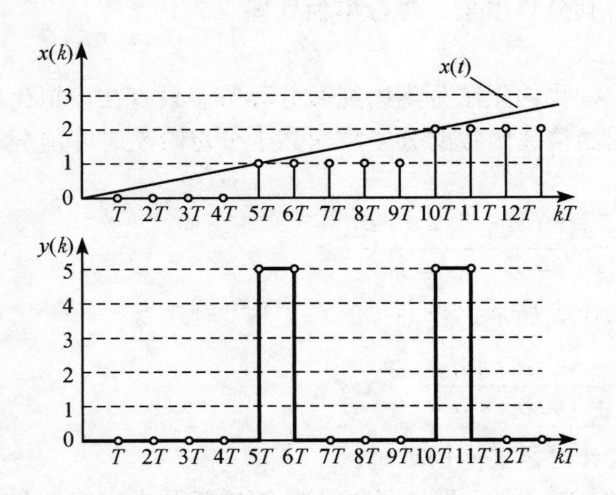

图 10.1　采样周期 $T=0.2\text{s}$ 的微分控制器输入输出波形

从输出情况看，与微分控制器应输出的结果有着巨大的差距。随着采样周期的减小，数字微分控制器的效果变差，这种与采样定理相悖的结果，是由于输入量的量化误差造成的。

但是，对于这种不良的微分效果，需要通过对程序编制方法的改进加以校正，而且完全能够校正。下面对所提出的校正方法进行具体阐述。

输入信号的相邻两个采样值之差 $e(k)=x(k)-x(k-1)$，观察图10.1不难发现，当采样频率较高且输入信号的变化率较小时，会出现输入量的相邻两个采样值之差为零的情况。

假如 $e(k)$ 不为零，该时刻前有 n 个偏差为零，即 $e(k-1)=\cdots=e(k-n)=0$，则输出可按如下修正公式计算：

$$y(k)=\frac{x(k)-x(k-1)}{(n+1)T}$$

若 $e(k+1)=e(k+2)=\cdots=e(k+m)=0$，当 $m\leqslant n+1$ 时，微分控制器的输出为

$$y(k+1)=y(k+2)=\cdots=y(k+m)=y(k)$$

当 $m>n+1$ 时，微分控制器的输出为

$$\begin{cases}y(k+1)=y(k+2)=\cdots=y(k+n+1)=y(k)\\ y(k+n+2)=y(k+n+3)=\cdots=y(k+m)=0\end{cases}$$

用上述这种修正的微分控制器的算法进行计算时，例10.6中的输出在 $k>4$ 之后，$y(k)=1$。可见，只要采用的计算方法得当，并不会出现数字微分控制器的控制效果随着采样频率的提高而变差、失效的问题；实际上，采样频率越高，获取的外部输入信号的信息越全面，微分控制器的控制输出可以做得更准确、更细腻。

微分控制器的程序实现是否正确，可用图10.2的三角波输入来进行检验。当输入函数为 $x(t)=At+B$ 时，微分控制器 $D(s)=T_{\text{d}}s$ 时，输出 $y(t)=A\cdot T_{\text{d}}$。我们拿这一输出标准来衡量数字微分控制器的程序编制效果。

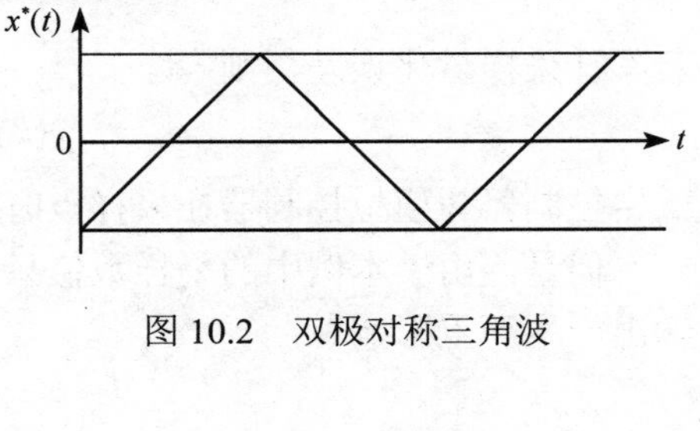

图 10.2　双极对称三角波

用图 10.2 所示的对称三角波输入来检验数字微分控制器，是一种有效的方法。当所设计的微分控制器适用的输入函数斜率变化范围为$-A_{\max} \to +A_{\max}$时，实验过程中，在$0 \to A_{\max}$范围内连续改变三角波输入函数的斜率A，检验输出情况，若$y(k) = A \cdot T_{\mathrm{d}}$，且在斜率转折点输出情况正常，则可确定所设计出的数字微分控制器，在输入函数的变化率不超出$-A_{\max} \to +A_{\max}$范围时，可正常实现微分控制功能。

3. 双线性变换离散方法的微分情况分析

双线性变换离散方法是数字控制器设计中普遍采用的一种方法，下面我们对采用双线性变换离散方法的微分控制器程序实现情况进行分析。微分控制器为$D(s) = s$，经双线性变换离散后的脉冲传递函数为$D(z) = \dfrac{2}{T} \cdot \dfrac{1 - z^{-1}}{1 + z^{-1}}$，将其表示成输入输出的差分方程形式为

$$y(k) = -y(k-1) + \frac{2}{T} \cdot [x(k) - x(k-1)]$$

在输入函数为单位斜坡函数，即$x(k) = kT$，且量化误差为 1 的条件下，求出数字微分控制器的输出。图 10.3(a)和图 10.3(b)为采样周期$T = 1\mathrm{s}$和$T = 0.2\mathrm{s}$时微分控制器的输出经零阶保持后的波形。

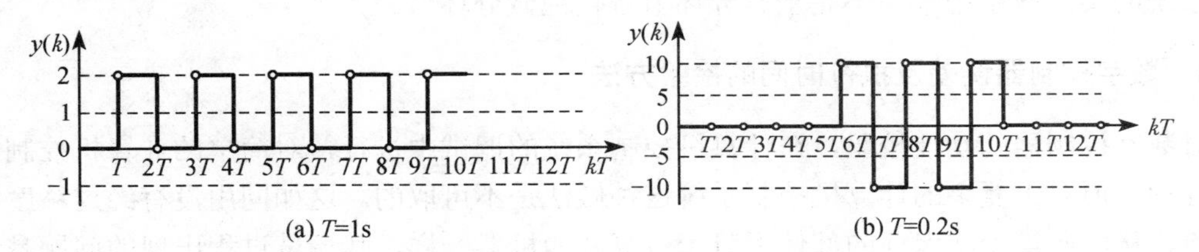

图 10.3　数字微分控制器输出

从图 10.3(a)可看出，输出值是脉动的，只是两个相邻采用点的输出平均值等于 1，即$[y(k) + y(k-1)]/2 = 1$。而同样的情况，采用后向差分离散方法的微分控制器的输出为$y(k)=1$。

从图 10.3(b)可看出，每 10 个采样周期内，输出值有 3 个周期为 10，2 个周期为−10，从每 10 个采样周期内输出值的平均意义上来看，输出值也为 1，即

$$\frac{1}{10}\sum_{i=0}^{9} y(k-i) = 1$$

与同样情况的采用后向差分离散方法的微分控制器的输出相比，其输出值的脉动幅度更大，情况更差。

一般来说，控制器的输出幅值的脉动会对控制系统的性能指标造成不良影响，微分控制器也是如此。微分控制器的这种输出幅值的脉动不仅会对计算机控制系统的指标造成不良影响，同时可能造成微分调节作用的失效。

4. 微分控制功能的工程化实现方法

从前面的分析可知，对于纯微分环节控制的程序实现，后向差分离散法优于双线性变换离散方法。在后向差分离散法的基础上，对数字微分算法进行修正，在任意采样周期下可使数字微分控制器更好地达到预期效果。采用修正的微分算法的情况下，采样周期越小，数字微分控制器的效果越好。

对于数字微分控制器性能的验证，需要通过对其输入加双极性对称三角波信号，观察分析输出响应来完成；也可对其输入加正弦波信号，观察分析输出响应来完成。

实际上，无论是计算机数字控制系统还是模拟控制系统，采用纯微分控制都要求其输入为无高频干扰的信号，否则其输出很容易达到饱和限幅值。用模拟运算放大器并不是不能构成纯微分电路，而是没有实用意义。

因此在计算机数字控制系统中，与模拟控制系统一样，采用不完全微分环节来近似实现微分功能是一种更好的选择。不完全微分环节的传递函数的表达式如下：

$$D(s)=\frac{T_{\mathrm{d}}s}{T_{\mathrm{d}}s+1}$$

在这个环节上施加单位斜坡信号 $x(t)=t$，分析其输出响应与纯微分环节的区别。其输出为

$$y(t)=L^{-1}\left[D(s)\cdot X(s)\right]=L^{-1}\left[\frac{T_{\mathrm{d}}s}{T_{\mathrm{d}}s+1}\cdot\frac{1}{s^2}\right]=1-\mathrm{e}^{-\frac{1}{T_{\mathrm{d}}}t}$$

纯微分环节的单位斜坡响应为 $y(t)=1$。

可见，对于输入信号变化率的稳态响应，纯微分环节与不完全微分环节是一样的，区别只在暂态响应上。不完全微分避免了纯微分环节在实现上的特殊问题，因此，建议在计算机控制系统的实际应用中采用不完全微分环节替代纯微分环节。

10.5.4 数字控制器误差及执行时间的检验方法

对数字控制器的功能校验，在计算机控制系统的调试中进行，对简单的计算机控制系统是可行的，但对于复杂的计算机控制系统这种做法是不可取的。这如同用没有经过精度等指标检验、从而质量无法保证的部件组装一台复杂的机器一样，其调试过程出现的问题是无法想象的。

对数字控制器功能的校验，特别是对通用类型的控制环节，如 PID 调节器、一阶滤波器等，应不依赖于特定的系统而进行独立的实验来校验。

对数字控制器功能的校验包括两方面的内容：误差校验和程序执行时间校验。误差校验可用阶跃响应比较校验和频率响应比较校验方法，对于纯微分环节用斜坡函数输入响应比较方法和频率响应比较校验方法较好。程序执行时间应在所采用的计算机上检测。下面将对这些方法进行具体介绍。

1）阶跃响应比较校验方法

数字控制器的设计一般多采用模拟化设计方法，其过程是先设计出模拟控制器 $D(s)$，再将其离散化为理论形式的数字控制器 $D(z)$，最后将 $D(z)$ 量化为可在计算机上实现的数字控制器 $D^*(z)$，它在计算机上以量化后的差分方程形式体现。

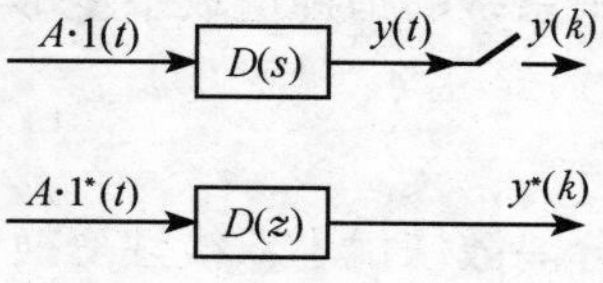

图 10.4 对比实验示意图

首先检验理论形式的数字控制器 $D(z)$ 与模拟控制器 $D(s)$ 的拟合程度，如图 10.4 所示。在 $D(s)$ 与 $D(z)$ 的输入端分别施加阶跃信号，它们的输出响应在采样点的值分别为 $y(k)$ 和 $y^*(k)$，通过分析误差 $e(k)=y(k)-y^*(k)$，来判断离散化的数字控制器 $D(z)$ 是否符合要求；若不符合，则需提高参数在量化时的保留精度。

然后检验量化后的数字控制器 $D^*(z)$与模拟控制器 $D(s)$的拟合程度。在 $D(s)$与 $D^*(z)$的输入端分别施加阶跃信号，它们的输出响应在采样点的值分别为 $y(k)$和 $y^*(k)$，通过分析误差 $e(k)=y(k)-y^*(k)$，来判断离散化的数字控制器 $D(z)$是否符合要求；若不符合要求，需对 $D^*(z)$

进行修正。如果控制器的输入信号的最大值为 A_m，为减小这种检验工作的疏漏，最好多做几组不同幅值的输入信号的实验，信号幅值可取为 $A=A_m/n$，n 为自然数。通过分析误差 $e(k)=y(k)-y^*(k)$，来判断离散化的数字控制器 $D^*(z)$是否符合要求；若不符合，需提高计算机运算字宽和修改程序加以解决。

2）频率响应比较校验方法

频率响应比较校验方法与前述阶跃响应比较法步骤相同，不同点在于输入信号采用正弦信号，$x(t)=A\sin(\omega t)$。通过分析误差，确定 $D(z)$以及最终的控制器 $D^*(z)$是否符合要求。

为避免检验工作的疏漏，实验要覆盖控制器的整个参数变化范围，同时要覆盖控制器应该适应的输入信号的频率和幅值变化范围。

3）数字控制器单次循环计算最大运算时间的检测方法

数字控制器单次循环时间的检测需在所采用的控制计算机上进行。可在不同的输入条件下，通过对控制器软件模块的多次循环调用，检测出程序的执行时间，经过多次实验，可测试出数字控制器单次循环的最长时间。若所用的控制计算机具有对软件模块执行时间的测试功能，会简化这种检测工作。

一般来说，控制计算机在一个采样周期内会完成许多控制模块的计算工作。对于一个特定的控制模块来说，其程序的单次循环时间应远小于采样周期。在编制程序之前，一般预先对各控制模块允许的单次循环的最长时间进行了限定。

10.5.5 控制算法不同编排结构的优缺点分析

1）针对控制算法的直接型编排结构的分析

直接型编排结构的数字控制器，在程序编制过程中，在保证同样精度的情况下，需要确定字宽的中间变量较多，一般需要较宽字节，运算的步骤也较多，因此其编程较复杂，执行速度较慢。在有可能的条件下，尽量将控制器化成部分分式的代数和形式，采用并联型编排结构编程。

2）针对控制算法的串联型编排结构的分析

采用串联型编排结构的数字控制器，若要求数字控制器的总相对误差为 Q，设有 m 个串联环节相对误差为 Q_1，为保证精度要求，各环节串联后的精度应相对大于或等于数字控制器的精度要求，即 $(1-Q_1)^m \geqslant 1-Q$。一般误差相对较小，可近似表示为 $1-mQ_1 \geqslant 1-Q$，即 $Q_1 \leqslant Q/m$。

由此可见，采用串联型编排结构的数字控制器，要求串联的各环节要有更高的精度或者更小的误差，这意味着各串联的环节需要采用更宽的运算字宽。

3）针对控制算法的并联型编排结构的分析

采用并联型编排结构的数字控制器，数字控制器的并联环节与数字控制器的总的相对误差相同，因此采用并联型的编程方式，控制器的各环节的中间运算变量的字宽较短，具有较高的运算速度。另外，在采用多 CPU 内核的硬件运算部件来实现数字控制器时，并联型编排结构可使数字控制器的实现并行运算，大大提高控制器的计算速度。因此，在条件允许的情况下，尽量采用并联型编排结构编程。

10.6 量化效应与采样周期误差分析

10.6.1 A/D 转换的量化误差与孔径误差

1. 量化误差

A/D 转换的量化误差从理论上讲不是一个确定的数值，而是在一定的范围内变化的随机变量，但工程上为了叙述及处理方便，通常所称的量化误差，是相应变化范围的最大值。假定 A/D 转换器对输入模拟信号的转换量程为 $0 \sim X_{\mathrm{m}}$，A/D 转换器的字长为 n，则其量化误差为

$$q = X_{\mathrm{m}} / 2^n \tag{10.8}$$

2. 孔径误差

设 T 为采样周期，T_{c} 为 A/D 转换器的转换时间，并假定 $T \geqslant T_{\mathrm{c}}$。由于只在 T_{c} 时间内观察到输入信号 $x(t)$ 的变化，对 A/D 转换器来说，T_{c} 就相当于一个时间窗口，称为孔径；而时间窗口的宽度 T_{c} 则称为 A/D 转换器的孔径时间。

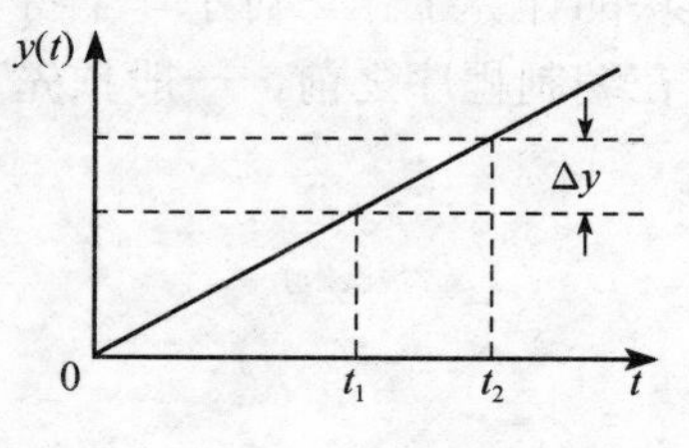

图 10.5　孔径误差形成

A/D 转换器的孔径时间对于变化的信号在转换过程中会形成一定误差，如图 10.5 所示。如果被转换的模拟信号不是一个恒定的常量，而是随时间变化形成了连续时间函数 $y(t)$，则在有一定孔径时间 T_{c} 的情况下，A/D 转换器将产生孔径误差。

设 t_1 为转换起始时刻，$y(t_1)$ 为预定的采样值，由于 T_{c} 的存在，最终被 A/D 转换的采样值为

$$y(t_2) = y(t_1) + \Delta y$$

式中，$t_2 = t_1 + T_{\mathrm{c}}$，$\Delta y$ 为孔径误差，被 A/D 转换造成的孔径误差可以表示为

$$\Delta y = T_{\mathrm{c}} \frac{\mathrm{d}y}{\mathrm{d}t} \tag{10.9}$$

若孔径误差过大，可通过选用转换速度更高的 A/D 转换器或在 A/D 转换器之前加采样保持器来解决。

10.6.2 采样周期造成的误差

在计算机控制系统中，一般来说，采样周期 T 远大于 A/D 转换器的孔径时间度 T_{c}，对变化的模拟信号的影响远超 A/D 转换器的孔径时间的影响。我们采用正弦信号作为 A/D 转换器的模拟量输入，来分析采样周期 T 对变化信号的影响程度。

设被转换的模拟信号为正弦函数 $x(t) = X_{\max} \sin(\omega t + \theta_0)$，信号周期为 $T_0 = 2\pi / \omega$。采样周期为 T 时，$x(t)$ 的实际采样函数为

$$x^*(t) = X_{\max} \sin(\omega kT + \theta_0), \qquad kT \leqslant t < kT + T \tag{10.10}$$

设 $T_0 / T = m$，m 为自然数；$x^*(t)$ 是周期为 T_0 的周期函数，可表示为如下三角函数形式的傅里叶级数表达式：

$$\begin{cases} x^*(t) = a_0 + \sum_{n=1}^{\infty}[a_n \cos(n\omega t) + b_n \sin(n\omega t)] \\ a_0 = \dfrac{1}{T_0}\displaystyle\int_{t-T_0}^{t} x^*(t)\mathrm{d}t \\ a_n = \dfrac{2}{T_0}\displaystyle\int_{t-T_0}^{t} x^*(t)\cos(n\omega t)\mathrm{d}t \\ b_n = \dfrac{2}{T_0}\displaystyle\int_{t-T_0}^{t} x^*(t)\sin(n\omega t)\mathrm{d}t \end{cases} \tag{10.11}$$

采样前的模拟信号只有基波分量，分析采样前后的误差情况，实际上就是将实际采样函数 $x^*(t)$ 的基波信号的幅值相位与模拟信号相比较。为此，只需求出基波的系数 a_1 和 b_1。将式(10.10)代入式(10.11)，求出系数 a_1 和 b_1：

$$\begin{aligned} a_1 &= \frac{2X_{\max}}{T_0}\sum_{i=k-m}^{k-1}\int_{iT}^{(i+1)T}\sin(\omega iT+\theta_0)\cos(\omega t)\mathrm{d}t \\ &= \frac{2X_{\max}}{T_0}\sum_{i=k-m}^{k-1}\sin(\omega iT+\theta_0)\int_{iT}^{(i+1)T}\cos(\omega t)\mathrm{d}t \\ &= \frac{2X_{\max}}{\omega T_0}\sum_{i=k-m}^{k-1}\sin(\omega iT+\theta_0)\{\sin[(\omega(i+1)T)]-\sin(\omega iT)\} \\ &= \frac{4X_{\max}}{2\pi}\sin\left(\frac{\omega T}{2}\right)\sum_{i=k-m}^{k-1}\sin(\omega iT+\theta_0)\cos\left(\omega iT+\frac{\omega T}{2}\right) \\ &= \frac{X_{\max}}{\pi}\sin\left(\frac{\pi}{m}\right)\sum_{i=k-m}^{k-1}\left[\sin\left(\frac{4\pi}{m}i+\theta_0+\frac{\pi}{m}\right)-\sin\left(\frac{\pi}{m}-\theta_0\right)\right] \\ &= -\frac{mX_{\max}}{\pi}\sin\left(\frac{\pi}{m}\right)\sin\left(\frac{\pi}{m}-\theta_0\right)+A \end{aligned} \tag{10.12}$$

式中，$A=\dfrac{X_{\max}}{\pi}\sin\left(\dfrac{\pi}{m}\right)\displaystyle\sum_{i=k-m}^{k-1}\sin\left(\dfrac{4\pi}{m}i+\theta_0+\dfrac{\pi}{m}\right)$。

$$\begin{aligned} b_1 &= \frac{2X_{\max}}{T_0}\sum_{i=k-m}^{k-1}\int_{iT}^{(i+1)T}\sin(\omega iT+\theta_0)\sin(\omega t)\mathrm{d}t \\ &= \frac{2X_{\max}}{T_0}\sum_{i=k-m}^{k-1}\sin(\omega iT+\theta_0)\int_{iT}^{(i+1)T}\sin(\omega t)\mathrm{d}t \\ &= \frac{4X_{\max}}{2\pi}\sin\left(\frac{\omega T}{2}\right)\sum_{i=k-m}^{k-1}\sin(\omega iT+\theta_0)\sin\left(\omega iT+\frac{\omega T}{2}\right) \\ &= \frac{X_{\max}}{\pi}\sin\left(\frac{\pi}{m}\right)\sum_{i=k-m}^{k-1}\left[\cos\left(\frac{\pi}{m}-\theta_0\right)-\cos\left(\frac{4\pi}{m}i+\theta_0+\frac{\pi}{m}\right)\right] \\ &= \frac{mX_{\max}}{\pi}\sin\left(\frac{\pi}{m}\right)\cos\left(\frac{\pi}{m}-\theta_0\right)+B \end{aligned} \tag{10.13}$$

式中，$B=-\dfrac{X_{\max}}{\pi}\sin\left(\dfrac{\pi}{m}\right)\displaystyle\sum_{i=k-m}^{k-1}\cos\left(\dfrac{4\pi}{m}i+\theta_0+\dfrac{\pi}{m}\right)$。

将式(10.12)和式(10.13)的最终结果合在一起为

$$\begin{cases} a_1 = -\dfrac{mX_{\max}}{\pi}\sin\left(\dfrac{\pi}{m}\right)\sin\left(\dfrac{\pi}{m}-\theta_0\right)+A \\ A = \dfrac{X_{\max}}{\pi}\sin\left(\dfrac{\pi}{m}\right)\sum\limits_{i=k-m}^{k-1}\sin\left(\dfrac{4\pi}{m}i+\theta_0+\dfrac{\pi}{m}\right) \\ b_1 = \dfrac{mX_{\max}}{\pi}\sin\left(\dfrac{\pi}{m}\right)\cos\left(\dfrac{\pi}{m}-\theta_0\right)+B \\ B = -\dfrac{X_{\max}}{\pi}\sin\left(\dfrac{\pi}{m}\right)\sum\limits_{i=k-m}^{k-1}\cos\left(\dfrac{4\pi}{m}i+\theta_0+\dfrac{\pi}{m}\right) \end{cases} \tag{10.14}$$

由式(10.14)可求出实际采样函数的基波 $x_1^*(t)$ 的幅值和相位，其表达式为

$$x_1^*(t) = \sqrt{a_1^2+b_1^2}\sin(\omega t+\theta_1)$$

式中，$\theta_1 = \arctan(a_1/b_1)$。

与原函数相比，幅值误差为

$$\Delta X = X_{\max} - \sqrt{a^2+b^2} \tag{10.15}$$

相位误差为

$$\Delta\theta = \theta_0 - \theta_1 \tag{10.16}$$

以上是分析采样周期 T 对正弦信号模拟量输入精度影响的实际方法。下面，我们将这种实际采样过程以理想采样函数加零阶保持器的理论模式来进行分析。

将计算机对输入信号的采样过程，看作是输入信号经过理想采样器和零阶保持器串联而进入计算机。对于正弦模拟信号的基波，理想采样器相当于一个放大倍数为 $1/T$ 的放大器，与零阶保持器串联后形成的整体传递函数为

$$D(s) = \frac{1}{T}\cdot\frac{1-\mathrm{e}^{-sT}}{s} \tag{10.17}$$

令 $s = \mathrm{j}\omega$，得到其频率特性为

$$D(\mathrm{j}\omega) = \frac{\sin(\omega T/2)}{\omega T/2}\mathrm{e}^{-\mathrm{j}\frac{\omega T}{2}}$$

幅频特性为

$$|D(\mathrm{j}\omega)| = \frac{\sin(\omega T/2)}{\omega T/2}$$

相频特性为

$$\underline{/D(\mathrm{j}\omega)} = \frac{\omega T}{2} = \frac{\pi}{m}$$

所以正弦信号 $x(t) = X_{\max}\sin(\omega t)$ 经过理想采样和零阶保持器后，其基波分量为

$$\begin{aligned} x_1^*(t) &= \frac{\sin(\omega T/2)}{\omega T/2}X_{\max}\sin(\omega t+\theta_0-\omega T/2) \\ &= \frac{m\sin(\pi/m)}{\pi}X_{\max}\sin(\omega t+\theta_0-\pi/m) \end{aligned} \tag{10.18}$$

幅值误差为

$$\Delta X = \left[1 - \frac{m\sin(\pi / m)}{\pi}\right] X_{\max}$$

相位误差为

$$\theta_1 = \pi / m$$

对比这种理论分析结果和式(10.14)的实际计算结果，从中不难发现不尽相同。只有在式(10.14)中的 $A=B=0$ 的情况下，两者才相同。实际上，在式(10.14)中，不是 m 为任何整数的情况下，都有 $A=B=0$ 的结果存在，也就是说，以理想采样函数为基础的理论分析方法，在对实际的采样变量进行分析时，存有一定的误差。

下面以 $m=2$ 为例来对这种理论计算的误差情况进行分析。将 $m=2$ 代入式(10.14)得

$$\begin{cases} a_1 = -\dfrac{2X_{\max}}{\pi}\sin\left(\dfrac{\pi}{2}\right)\sin\left(\dfrac{\pi}{2} - \theta_0\right) + A \\ A = \dfrac{X_{\max}}{\pi}\sin\left(\dfrac{\pi}{2}\right)\displaystyle\sum_{i=k-2}^{k-1}\sin\left(\dfrac{4\pi}{2}i + \theta_0 + \dfrac{\pi}{2}\right) \\ b_1 = \dfrac{2X_{\max}}{\pi}\sin\left(\dfrac{\pi}{2}\right)\cos\left(\dfrac{\pi}{2} - \theta_0\right) + B \\ B = -\dfrac{X_{\max}}{\pi}\sin\left(\dfrac{\pi}{2}\right)\displaystyle\sum_{i=k-2}^{k-1}\cos\left(\dfrac{4\pi}{2}i + \theta_0 + \dfrac{\pi}{2}\right) \end{cases}$$

即

$$\begin{cases} a_1 = -\dfrac{2X_{\max}}{\pi}\cos\theta_0 + A \\ A = \dfrac{X_{\max}}{\pi}2\cos\theta_0 \\ b_1 = \dfrac{2X_{\max}}{\pi}\sin\theta_0 + B \\ B = \dfrac{X_{\max}}{\pi}2\sin\theta_0 \end{cases}$$

从而

$$\begin{cases} a_1 = 0 \\ b_1 = \dfrac{4X_{\max}}{\pi}\sin\theta_0 \end{cases}$$

相位为

$$\theta_1 = \arctan(a_1 / b_1) = 0$$

于是有

$$x_1^*(t) = \frac{4X_{\max}}{\pi}\sin(\theta_0)\sin(\omega t) \tag{10.19}$$

相位误差为

$$\Delta\theta = \theta_0 - \theta_1 = \theta_0$$

式(10.19)为实际的计算结果，它表示基波的幅值与采样点和被采样正弦信号的相位关系有关，这与实际情况相符合，如采样点落在正弦信号的过零点时，计算机内所得到的采样信

号的基波幅值无法检出，只能得到幅值为零的结果。

而式(10.18)表明，m=2 的情况下，无论采样点和被采样的正弦信号的相位关系如何，都可以求出与输入函数幅值比例恒定的基波的幅值，这与实际不符合。

从上面的对比分析可以得出如下结论：采样周期越大(或 m 越小)，周期函数的幅值和相位误差越大；采用以理想采样函数为基础的理论分析方法，在对实际的采样变量进行分析时存在一定的误差，随着采样频率的提高，即 m 增大，理论分析方法结果与实际计算结果趋同。

10.7 计算机控制系统的可靠性与抗干扰技术

现代化连续的生产过程中，为了保证生产设备和装置的稳定安全运行，按预定要求生产出质量优良的产品，对计算机控制系统提出了高可靠性的要求。连续生产过程的计算机控制系统以及处于连续生产过程中的关键设备，一旦出现故障，就会酿成事故，造成重大经济损失。为此，在计算机控制系统设计之初，必须对系统的可靠性这一重要问题进行认真考虑。计算机控制系统是由硬件和软件组成的，提高计算机控制系统的可靠性必须从这两方面入手。提高系统可靠性的设计原则可大致概括为如下几方面：应保证系统的硬件和软件自身质量，降低自身损坏和冲突的概率；提高硬件和软件对外部信号的抗干扰、抗冲击能力；系统的硬件和软件要有冗余设计和备份；硬件和软件设计要使系统有故障诊断处理能力，可将事故危害范围降低到最低限度。

10.7.1 提高可靠性的措施

在计算机控制系统的设计过程中，有关可靠性设计的硬件和软件措施，可归纳如下。

1. 硬件方面的措施

(1) 选用优质组件。选择名牌企业生产的高性能、规格化、系列化的优质器件或组件，作为硬件基础的芯片或电子线路板级，保证质量。

(2) 采用模块化、标准化的系统结构。目前用于工业控制的计算机产品，许多都是模块化、结构标准化的通用型产品，一般是按功能设计的独立模板，如中央处理器模板、A/D 转换模板、D/A 转换模板、数字量输入/输出模板及人机通信模板等。当所设计的计算机控制系统较大时，一般选用这种专业厂商生产的通用型计算机产品。若所开发的计算机控制产品需从基础的芯片级或电子线路板级设计时，应从模块化、标准化的结构思想出发进行设计。

(3) 冗余设计。采用硬件冗余是提高系统可靠性的一种有效方法。硬件冗余可以在元件级、模板级及系统级上进行，一般与软件配合来完成。这种系统只要有一套独立的部件或装置不发生故障，系统便可继续工作。

能够在备份装置间相互影响的故障被称为相依故障；反之，称为独立故障。例如，对电气并联系统而言，开路故障为独立故障，短路故障为相依故障。但对电气串联系统而言，情况则恰恰相反。

针对独立故障和相依故障，冗余设计可分别采用热备份和冷备份两种形式。在热备份系统中，每个备份的元器件或分系统与正常的元器件或分系统均同时工作。这种系统对于独立故障，只有待所有备份的元器件或分系统都失效时，系统才失效。所以对于独立故障，热备份系统能够有效地提高系统的可靠性。但对于相依故障，情况则相反，任何一个元器件或分系统失效，都会导致整个系统发生故障。这时备份元器件不但无益，反而有害。所以热备份系统只能用于元器件相依故障概率低于独立故障概率的系统。

在冷备份系统中，元器件或者分系统的切换可以靠人工操作进行，也可以采用自动切换器。冷备份系统的主要优点是隔离了各个分系统之间相依故障的影响，这等效于把每个分系统中的相依故障转换为独立故障，从而有效地提高了相依故障的备份冗余系统的可靠性。另外，由于每个备份设备的分系统都处于待命状态，因此能够降低设备的损耗，进一步提高系统的可靠性。

(4) 抗干扰、抗冲击设计。在系统硬件设计和选用时，除其性能参数能够满足系统的要求外，还要考虑防湿、防尘、防电磁干扰、防机械振动冲击等问题。

2. 软件方面的措施

(1) 软件采用模块设计。模块化的软件设计方法是解决复杂问题的一种系统方法。按照对系统及软件功能的分析和研究，合理地进行软件的模块划分，并明确每个模块所要完成的功能及与其他模块的调用和被调用关系，据此设计出各个子模块。

实际上，目前专业厂商生产的通用型计算机产品，如工控机、PLC 等，在其系统软件中提供了大量的通用软件模块，采用这些通用软件模块进行系统软件组态设计，大大降低了计算机控制系统应用软件设计的工作量。

(2) 应对通用软件模块和系统软件进行充分测试，避免软件的自身冲突。软件的调试、验证是软件设计的重要步骤，在软件设计过程中，首先对于通用软件的模块，不论这些模块是通用型计算机产品所附带的，还是自主设计的，都要对其进行充分测试。即在所设计系统要求的参数、输入变量变化范围内及在规定的时间内，验证这些模块是否能够正确地完成既定的设计功能，若没达到设计要求，必须通过反复修改调试，直到使其完全达到设计目标为止。

在对软件模块验证的基础上，对系统进行测试、验证、修改，以保证系统功能的正确实现，避免软件自身冲突的发生。

(3) 对输入信号的抗干扰设计。软件中设计滤波器，抑制和消除干扰的影响。

(4) 系统的软件应具有一定的故障自诊断和自修复能力。进行软件设计时，可以考虑加入具有故障实时自诊断的软件功能模块，以便在系统运行过程中，及时检测可能发生的故障。对于发现的故障进行自修复或报警。

(5) 看门狗技术。看门狗实质上是一种由 CPU 监控的定时器，看门狗定时器的运行是靠硬件和相应的软件的配合来实现的。它实现“看门”的机理是：在一个预先确定的时间内，若没有得到来自 CPU 的清零脉冲信号，则看门狗定时器将向 CPU 的复位端输出一个复位脉冲信号，这样可使因故障而导致程序陷于死循环的计算机系统重新从头开始工作。

实际上，计算机控制系统在可靠性要求不是很高时，未必采用上述全部方法和措施。但是抗干扰技术可以说是所有计算机控制系统都会不同程度上采用的措施，因此下面将对抗干扰技术进行详细的分析介绍。

10.7.2 干扰的来源及传播途径

在生产现场，计算机控制系统与被控对象、信号检测点往往分布在多个不同的地方，也许它们之间相距较远，致使控制线与信号线距离较长，这就使得生产现场的各种强烈的电磁干扰源，容易从不同的渠道干扰计算机控制系统的正常工作。如电网的波动、大型设备的启停、高压设备和大功率的电力电子设备等都会产生较强的电磁干扰。它们主要是通过长信号连接线和直接辐射的方式干扰计算机控制系统，有的是通过连接电网的动力电源线传播的，有的是沿着长长的信号线、控制电源线和地线传导的，还有的是以直接辐射的方式干扰计算机控制系统。

在计算机控制系统中，最容易受电磁干扰影响的是被检测信号，一般被检测信号往往是十分微弱的低频信号，如用于测温的热电偶产生的热电势，用于检测压力的传感器产生的电压等只有毫伏级，这样微弱的信号很容易被电磁干扰所湮没，因此必须采取抗干扰措施，消除或抑制干扰信号，才能使计算机控制系统正常工作。

10.7.3 消除或抑制干扰影响的方法

1. 过程通道的抗干扰措施

在计算机控制系统的过程通道中，被检测信号最易受到干扰影响，因此解决过程通道干扰问题，重点是解决被检测信号的抗干扰问题。按干扰对检测信号的作用方式不同，可分为常态干扰与共态干扰两种，对于两种干扰，需采用不同的抗干扰措施予以解决。

干扰分为电磁干扰和非电磁干扰，在此只针对电磁干扰问题进行探讨。

1）常态干扰及其抑制

所谓常态干扰，是指叠加在被测信号上的噪声电压。被测信号是有用的直流或缓慢变化的交流信号，而噪声电压是无用的变化较快的杂乱无章的交变电压。常态干扰信号与被测信号在回路中所处的地位是相同的，总是二者相加作为输入信号。所以常态干扰又称为串模干扰，如图 10.6 所示。U_s 作为输入信号，U_{cm} 为噪声信号。

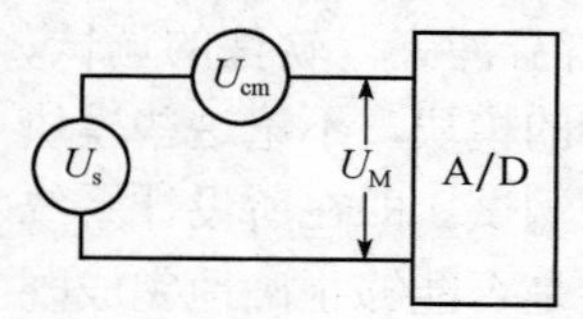

图 10.6　常态干扰示意图

对于电磁常态干扰的抑制，常从干扰信号的来源和特性入手，以下是常用的几种措施。

（1）强、弱电平信号线、电力线与信号线应分开布线，尽量避免两导线平行，并保持规定的距离。

（2）采用屏蔽措施。对测量仪表进行良好的电磁屏蔽，测量仪表的信号线应选用带有屏蔽层的双绞线或同轴电缆线。在外电磁场严重的场合，应采用外加金属管布线，同一电平的信号线可用同一根电缆。屏蔽高频电磁场辐射，屏蔽层可以用低阻金属材料做成；屏蔽低频电磁场辐射，屏蔽层应由高导磁材料做成。

（3）屏蔽层必须一点接地。屏蔽层若要发挥屏蔽电磁场干扰的作用，应接大地，而且必须一点接地。若屏蔽层两点接地，空间的干扰电磁波穿过屏蔽层两个接地点与大地形成的闭合导通回路，会在屏蔽层产生感应电流，这个电流会通过屏蔽层与受其屏蔽保护的信号线之间的寄生电容干扰信号。因此屏蔽层若多点接地，往往会引入强烈干扰，这时屏蔽层起了适得其反的作用。

（4）采用滤波器。对于比被测信号频率高的常态干扰，采用输入低通滤波器来抑制高频干扰；对于比被测信号频率低的常态干扰，采用输入高通滤波器来抑制低频干扰；对于频率落于被测信号频率两侧的常态干扰，采用输入带通滤波器来抑制干扰。

2）共态干扰及其抑制

所谓共态干扰，是指 A/D 转换器的两个输入端共有的干扰电压，又称共模干扰，它可以是直流也可以是交流电压。它的幅值有时可达几伏或几十伏甚至更高电压值，这主要取决于现场噪声源及计算机设备的接地情况，如图 10.7 所示。计算机端的输入信号与被测信号 U_s 的参考接地点往往存在着电位差 U_{cm}，对于 A/D 转换器的两个输入端 A 和 B 来说，$U_A=U_s+U_{cm}$，

U_B=U_{cm}，显然，U_{cm}是 A/D 转换器输入端上的共有干扰电压。

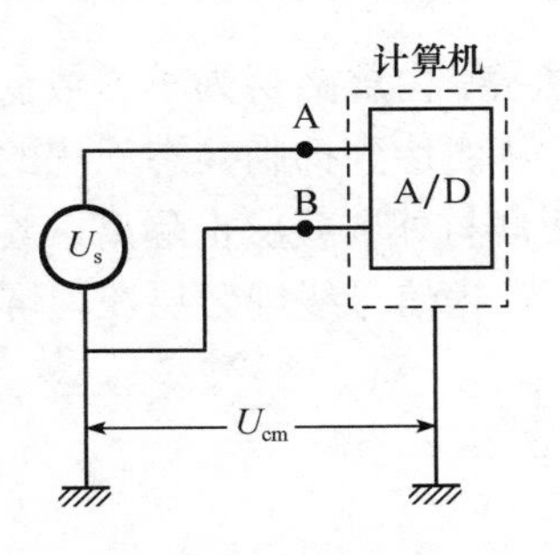

图 10.7　共态干扰示意图

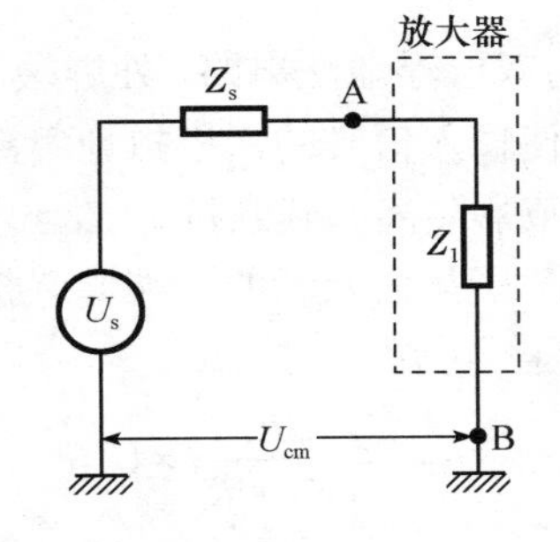

图 10.8　单端对地输入方式

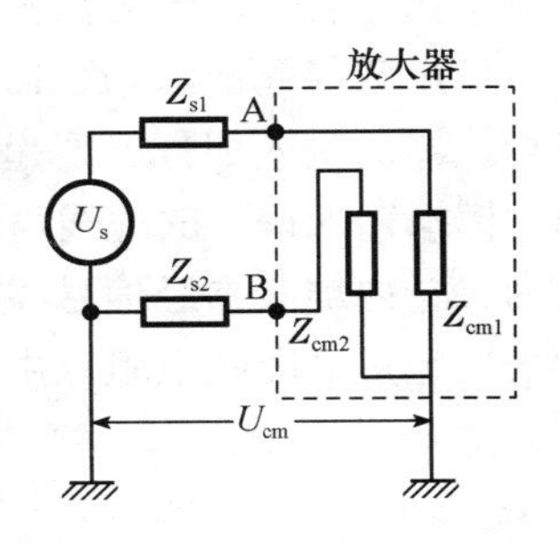

图 10.9　双端对地输入方式

抑制共态干扰就是抑制共态干扰电压向常态干扰电压的转化，常用的措施有以下几种。

(1) 浮地法。由于被测信号往往都是很微弱的，需要进行放大后再进入 A/D 转换器，放大器有单端对地输入和双端对地输入两种方式。对于存在共态干扰的场合，不能采用单端对地的方式，因为这种放大器的一个输入端与电源的地线相接，这样会把共态干扰电压转化成常态干扰电压全部引入 A/D 转换器，如图 10.8 所示。所以必须采用双端的输入方式，如图 10.9 所示。图中 Z_s、Z_{s1}、Z_{s2}为信号源和传输导线的电阻，Z_1、Z_{cm1}、Z_{cm2}是放大器输入端的输入阻抗(包括传输导线对地漏电组和分布电容)。

由图 10.9 可见，共态干扰电压 U_{cm}对两个输入端形成回路，每个输入端 A 和 B 的干扰电压为

$$U_A = \frac{Z_{cm1}}{Z_{s1} + Z_{cm1}} \times U_{cm}$$

$$U_B = \frac{Z_{cm2}}{Z_{s2} + Z_{cm2}} \times U_{cm}$$

在两个输入端 A 和 B 上常态干扰电压为

$$U_{AB} = U_A - U_A = \left(\frac{Z_{cm1}}{Z_{s1} + Z_{cm1}} - \frac{Z_{cm2}}{Z_{s2} + Z_{cm2}} \right) \times U_{cm}$$

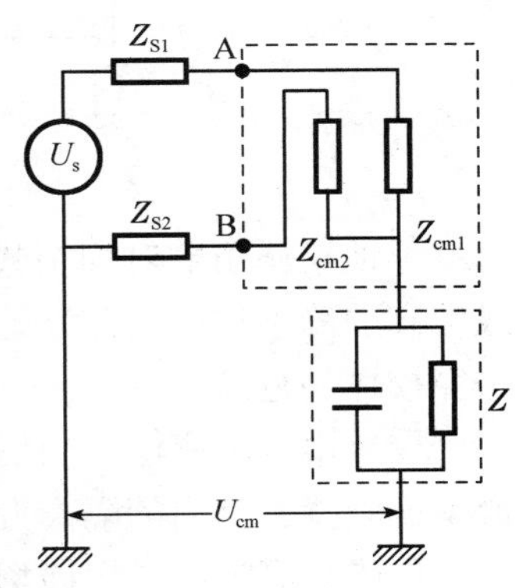

图 10.10　浮地法电路示意图

若 Z_{s1}=Z_{s2}，Z_{cm1}=Z_{cm2}，则 U_{AB}=0，说明不会将共态干扰电压转化为常态干扰电压。实际上做不到，国际上规定 $Z_{s1} - Z_{s2} = 1\text{k}\Omega$ 为标准，显然，Z_{s1}、Z_{s2}越小，Z_{cm1}、Z_{cm2}越大越接近时，U_{AB}越小。一般情况下，共态干扰电压总是转化为一定的常态干扰电压 U_{nm}出现在两个输入端之间。实际上增大 Z_{cm}不是无限的，因此可采用信号源单端接地，而放大器对地隔离，即浮地，如图 10.10 所示。图中 Z 为对地漏抗，它由漏电阻与分布电容组成，其阻抗值很大。所以可使共态电压对被测信号的干扰减小到最低程度。

为了衡量一个输入电路的抑制共态干扰的能力，常用共模抑制比 CMRR 来表示，即

$$\text{CMRR} = 20\lg \frac{U_{cm}}{U_{nm}} (\text{dB})$$

式中，U_{cm}为共模干扰电压；U_{nm}为由 U_{cm}转化成的常态干扰电压，显然，U_{nm}越小，CMRR 越大，抑制能力越强。

(2) 选用仪表放大器。用仪表放大器提高共模抑制比，仪表放大器是一种专门用来分离共模干扰与有用信号的器件。

(3) 双层浮地法。图 10.11 为双层浮地法电路，外屏蔽层为机壳，内屏蔽层为一屏蔽盒，将转换器的输入部分屏蔽起来，使输入信号的“模拟地”浮空，从而达到抑制共态干扰的目的。模拟输入信号的地线与内屏蔽盒隔离，其漏抗为 Z_1。内屏蔽盒与外屏蔽层也隔离，其漏抗为 Z_2。内屏蔽盒经信号线的屏蔽层与信号源的一端并联接地。R_c 为信号线屏蔽层在内屏蔽盒与接地点之间的电阻。由图 10.11 可知

$$U_{cm1} = \frac{R_c}{Z_2 + R_c} \times U_{cm}$$

U_{cm1} 才是两根信号线上产生的共模干扰电压。因为屏蔽层的电阻 R_c 很小，漏抗为 Z_2 又很大，所以，$U_{cm1} \ll U_{cm}$。再经内屏蔽层的进一步浮地作用，会将共态电压对被测信号的干扰抑制到更低程度。

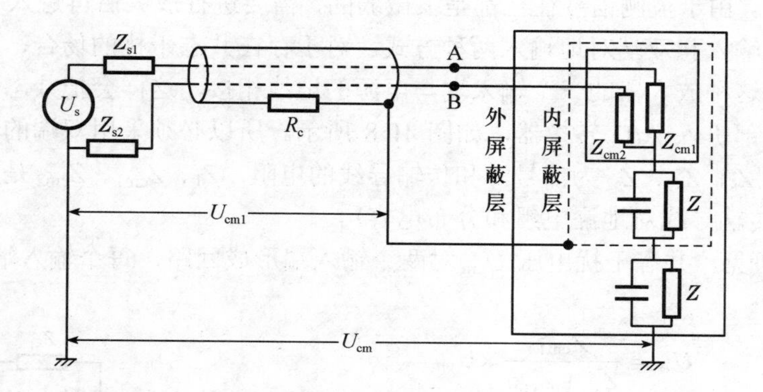

图 10.11　双层浮地法电路

浮地措施虽然对抑制共模干扰十分有效，但也存在缺点，即浮地设备相对大地有可能形成较高的静电压。因此浮地设备应与大地有较高的绝缘电阻，否则，其电路元器件有被静电击穿损坏的危险。

(4) 电气隔离法。当信号地与放大器地隔离时，共模干扰电压不能形成回路，就不能形成串模干扰。常用的隔离方法有电磁隔离和光电隔离两种方法。

电磁隔离方法采用磁场来传递信息，类似变压器原级与副级之间没有电气联系，没有公共电位点。常见的隔离种类很多，如隔离变压器、脉冲变压器、调制解调器式放大器、电压互感器、电流互感器等。

光电隔离方法是采用光电隔离器，依靠光来传递信息的。光电隔离器分为开关性光电隔离器和模拟光电隔离器两类。光电隔离器的主要优点是信息单向传递，体积小，功耗低。

2. 电源系统的抗干扰措施

在计算机控制系统的计算机部分和过程通道中，有许多干扰来自电网或控制电源本身。因此，需要在控制电源系统中采取抗干扰措施。常见的措施有如下几种。

(1) 计算机控制系统控制部分的电源入口加装隔离变压器或滤波器。在计算机控制系统中一般包括计算机、过程通道和执行机构、被控对象，计算机和过程通道主要是信息处理和传递部分，即控制部分；执行机构和被控对象是能量传递和消耗部分，即动力部分。后一部

分消耗的电源功率较大，容易对控制部分造成干扰，通常在控制部分的电源进线入口加装隔离变压器或滤波器，以避免干扰信号由电网窜至计算机控制系统的控制部分。

(2) 将计算机控制系统控制部分的各单元独立供电。特别是对检测单元进行独立供电，可避免计算机经电源对检测单元的干扰，进一步提高系统的抗干扰能力。

(3) 采用交流稳压电源为计算机控制系统的控制部分供电。这样可避免电网电压的波动对计算机控制部分的影响。

(4) 采用备用电源和不间断电源(UPS)为计算机控制系统的控制部分供电。这是为了避免电源突然中断对计算机工作的影响，在计算机控制系统的供电系统中采用的一种防范措施。

3. 地线配置的抗干扰措施

在计算机控制系统中，接地线的合理设计与布置，对系统抑制电磁干扰及安全可靠运行起着至关重要的作用。

1) 地线的种类

计算机控制系统中大致有以下几种接地线。

(1) 数字地(又称逻辑地)。这种地作为逻辑开关网络的电位参考点，一般处于线路板上，不一定真正与大地相接。

(2) 模拟地。这种地作为A/D转换器前置放大器的电位参考点，一般处于线路板上，不一定真正与大地接地点。

(3) 功率地。一般指为执行机构提供动力的电力设备的零电位，如变频调速器、直流调速器、动力开关柜等装置的接地点，这些接地点必须接大地。

(4) 信号地。传感器的零电位，一般可与信号线的屏蔽层连接。

(5) 保护地(机壳地)。与设备金属外壳相连，必须与大地相接。它有两个作用：一是保证机壳为大地电位，即“不带电”，以确保操作人员的人身安全；二是起屏蔽作用，保护设备自身不受电磁干扰，同时不对其他设备造成干扰。

2) 地线的配置原则

上述几种地线在计算机控制系统中如何连接、布置是一个大问题，它直接关系到系统的抗干扰能力和工作的稳定性与可靠性。在工程实际中对地线应采取以下处理措施。

(1) 在电子线路板上，数字电路与模拟电路独立供电，数字地与模拟地分别布线，仅在线路板电源进线端子处相连。

(2) 功率地、信号地和保护地应分别布线，各自独立地连接到生产现场的接地点连接大地，现场的接地点应接地良好。功率地、信号地、保护地及交流电源的零线不可在控制柜上就近连接，尤其是它们不能与零线连接。在干扰十分严重的情况下，需要单独设置信号地，以最大限度地降低电磁干扰对被检测信号的影响。

本章小结

本章主要介绍了计算机控制系统工程设计的基本方法，具体内容包括：设计计算机控制系统的基本原则和主要步骤；计算机控制系统工程实现中的特殊问题及处理这些问题的基本原则和方法；模拟信号转换为数字信号过程中的采样误差与量化误差问题；抑制电磁干扰的基本方法。要求重点掌握以下内容：

(1) 计算机控制系统的工程设计的基本原则和主要步骤。

(2) 计算机控制系统的工程化设计方法，包括计算机控制系统的硬件设计与选择、计算机控制系统软件设计中的控制对象分析、数字控制器的量化误差分析与处理、信号的滤波技术。特别需要注意的是在数字控制器模块设计过程中的检验环节，以使数字模块设计流程闭环化。

(3) 模拟信号转换为数字信号过程中的采样误差与量化误差问题。对模拟信号进行时间离散时，形成的采样误差与采样周期有关。量化误差是信号进行 A/D 转换过程产生的。量化误差与采样误差对计算机控制系统影响具有同等地位，不可忽视。

(4) 电磁干扰对计算机控制系统的正常运行存在严重的威胁。针对不同干扰的来源、传播途径及干扰方式，消除或抑制电磁干扰的影响所应采用的各种措施。

习题与思考题

10.1 计算机控制系统的设计应遵循哪些原则？

10.2 计算机控制系统的设计有哪些基本步骤？

10.3 计算机控制系统的数值误差来源有哪些？

10.4 建立实际被控对象的数学模型时，应注意哪些问题？

10.5 在计算机控制系统中，针对电磁干扰问题，可以采用哪些抗干扰措施？

10.6 数字控制器的精度确定原则是什么？保证数字控制器的精度的措施有哪些？

10.7 在计算机控制系统中，造成所设计数字控制器失效的原因是什么？

10.8 在数字控制器的程序实现过程中要注意哪些问题？可用哪些方法检验数字控制器的实现效果？

10.9 简述计算机控制系统中的微分环节的处理措施和工程实现方法。

10.10* 将二阶阻尼滤波器 $D(s)=\dfrac{\omega_n^2}{s^2+2\xi\omega_n s+\omega_n^2}$ 按后向差分变换方法离散化，设计出量化后的数字控制器。对数字控制器的具体要求为：T 为采样周期；输入信号 $x(k)$ 为整数，且 $x(k)\leqslant X_m$；参数 ξ 的可调整范围为 $\xi_{min}\sim\xi_{max}$，ω_n 的可调整范围为 $\omega_{min}\sim\omega_{max}$。在整个参数变化范围内，数字控制器能对输入信号的最小分辨单位做出反应。

(1) 要求用数学方法或仿真方法求出输出的最大值 y_m，及该情况下的参数 ξ 和 ω_n 的值。

(2) 用 MATLAB 仿真软件编制出能对将数字二阶阻尼滤波器的频域特性进行测试程序。

10.11* 关于实际计算机控制系统的采样周期选取问题，有一种常见的说法是：“采样周期不能选得太大，也不能选得太小”，而且，它来自设计和调试实际计算机控制系统的经验。你认为这种说法正确吗？若这种说法正确，那么是采样定理错了吗？通过深入分析，说明问题究竟出在哪里。

10.12* 试列举出一个实际被控对象可以写出多个理论被控对象数学模型的例子，并通过分析说明若根据被控对象数学模型构成多闭环控制系统，各闭环控制之间是否存在耦合？若存在，是否有利于系统的总的控制目标？若存在不利的相互影响，如何采取趋利避害的措施？

10.13* 有一含有整数次谐波的 50Hz 电压信号，采用计算机设计一个数字频谱检测仪，问：若采样频率为 64kHz，在保证一定精度的前提下，可检测到的最高次谐波是多少次？在计算机内，通过提高对信号的放大倍数，是否可提高各次谐波的幅值检测精度？对上述问题要求通过计算分析来解决。若电压信号基波频率变为 50.5Hz，采样频率不变，对上述问题进行重新分析思考，会得出什么结论？

10.14* 若以通用计算机工业控制产品设计计算机控制系统，在采用标准软件模块进行控制系统的软件组态时，你最希望计算机厂家对这些标准软件模块提供哪些信息？

10.15* 若你是一个较复杂的计算机控制系统的软件设计的总负责人，你向程序员布置数字控制模块设计任务时，会提出怎样的具体要求？你打算如何检验程序员编制的数字控制模块产品的质量？

参考文献

奥斯特罗姆 K J, 威特马克 B, 1987. 计算机控制系统. 王晓陵, 等译. 哈尔滨: 哈尔滨船舶工程学院出版社.

曹成志, 2001. 微型计算机控制新技术. 北京: 机械工业出版社.

陈炳和, 2008. 计算机控制原理与应用. 北京: 北京航空航天大学出版社.

DESHPANDE P B, ASH R H, 1991. 计算机过程控制——先进控制策略的应用. 张新薇, 陈永, 译. 北京: 中国科学技术出版社.

范承亚, 谢宋和, 1990. Dahlin 算法绝对稳定性分析. 石油大学学报(自然科学版), 14(5): 95~100.

冯培悌, 1990. 计算机控制技术. 杭州: 浙江大学出版社.

高金源, 等, 2001. 计算机控制系统——理论、设计与实现. 北京: 北京航空航天大学出版社.

高金源, 夏洁, 2007. 计算机控制系统. 北京: 清华大学出版社.

葛宝明, 林飞, 李国国, 等, 2007. 先进控制理论及其应用. 北京: 机械工业出版社.

关守平, 周玮, 尤富强, 2008. 网络控制系统. 北京: 电子工业出版社.

郭庆鼎, 孙宜标, 王丽梅, 2006. 现代永磁电动机交流伺服系统. 北京: 中国电力出版社.

郝丽娜, 2009. 计算机仿真技术及 CAD. 北京: 高等教育出版社.

何克忠, 李伟, 1998. 计算机控制系统. 北京: 清华大学出版社.

金以慧, 2001. 过程控制. 北京: 清华大学出版社.

李华, 范多旺, 2007. 计算机控制系统. 北京: 机械工业出版社.

李嗣福, 2006. 计算机控制基础. 合肥: 中国科学技术大学出版社.

李铁桥, 张虹, 2005. 计算机控制理论与应用. 哈尔滨: 哈尔滨工业大学出版社.

李正军, 2005. 计算机控制系统. 北京: 机械工业出版社.

刘晨辉, 1984. 多变量过程控制系统解耦理论. 北京: 水利电力出版社.

刘丁, 2006. 自动控制理论. 北京: 机械工业出版社.

刘建昌, 周玮, 王明顺, 2006. 计算机控制网络. 北京: 清华大学出版社.

刘士荣, 等, 2008. 计算机控制系统. 北京: 机械工业出版社.

苗秀敏, 朱金钧, 1995. 计算机控制系统及应用. 北京: 北京科学技术出版社.

邵惠鹤, 1997. 工业过程高级控制. 上海: 上海交通大学出版社.

舒迪前, 饶立昌, 柴天佑, 1993. 自适应控制. 沈阳: 东北大学出版社.

舒志兵, 周玮, 李运华, 等, 2006. 交流伺服运动控制系统. 北京: 清华大学出版社.

孙增圻, 2008. 计算机控制理论与应用. 北京: 清华大学出版社.

田涛, 2006. 过程计算机控制及先进控制策略的实现. 北京: 机械工业出版社.

王建辉, 顾树生, 2007. 自动控制原理. 北京: 清华大学出版社.

王锦标, 2008. 计算机控制系统. 北京: 清华大学出版社.

王树青, 等, 2001. 先进控制技术及应用. 北京: 化学工业出版社.

吴坚, 赵英凯, 黄玉清, 2002. 计算机控制系统. 武汉: 武汉理工大学出版社.

吴健珍, 2014. 控制系统 CAD 与数字仿真. 北京: 清华大学出版社.

席爱民, 2004. 计算机控制系统. 北京: 高等教育出版社.

徐大诚, 邹丽新, 丁建强, 2003. 微型计算机控制技术及应用. 北京: 高等教育出版社.

徐建军, 闫丽梅, 2008. 计算机控制系统理论与应用. 北京: 机械工业出版社.

许勇, 2008. 计算机控制技术. 北京: 机械工业出版社.

薛定宇, 2006. 控制系统计算机辅助设计. 北京: 清华大学出版社.

杨国安, 2008. 数字控制系统：分析、设计与实现. 西安：西安交通大学出版社.

杨佳，许强，徐鹏，等, 2012. 控制系统 MATLAB 仿真与设计. 北京：清华大学出版社.

俞金寿, 2002. 工业过程先进控制. 北京：中国石化出版社.

张国范，顾树生, 1997. 微型计算机控制技术. 沈阳：东北大学出版社.

张国范，顾树生，王明顺，等, 2004. 计算机控制系统. 北京：冶金工业出版社.

张莉松，胡祐德，徐立新, 2006. 伺服系统原理与设计. 3 版. 北京：北京理工大学出版社.

张嗣瀛，高立群, 2006. 现代控制理论. 北京：清华大学出版社.

赵邦信, 2008. 计算机控制技术. 北京：科学出版社.

郑大钟, 2002. 线性系统理论. 北京：清华大学出版社.

周浩敏, 2001. 数字处理技术基础. 北京：北京航空航天大学出版社.

周 J H，弗雷德里克 D K，切巴特 N W, 2004. 离散时间控制问题：使用 MATLAB 及其控制系统工具箱. 曹秉刚，王健，译. 西安：西安交通大学出版社.

HAJ-ALI A, YING H, 2004. Structural analysis of fuzzy controllers with nonlinear input fuzzy sets in relation to nonlinear PID control with variable gains. Automatica, 40(9): 1551~1559.

OGATA K, 2005. Discrete-time control systems. 2nd ed. 北京：机械工业出版社.

YING H, 1993. The simplest fuzzy controllers using different inference methods are different nonlinear proportional-integral controllers with variable gains. Automatica, 29(6): 1579~1589.